KB046836

기본 수학의 정석®

기하

홍성대 지음

동영상 강의 ▶
www.sungji.com

성지출판(주)

머 리 말

고등학교에서 다루는 대부분의 과목은 기억력과 사고력의 조화를 통하여 학습이 이루어진다. 그중에서도 수학 과목의 학습은 논리적인 사고력이 중요시되기 때문에 진지하게 생각하고 따지는 학습 태도가 아니고서는 소기의 목적을 달성할 수가 없다. 그렇기 때문에 학생들이 수학을 딱딱하게 여기는 것은 당연한 일이다. 더욱이 수학은 계단적인 학문이기 때문에 그 기초를 확고히 하지 않고서는 막중한 부담감만 주는 귀찮은 과목이 되기 쉽다.

그래서 이 책은 논리적인 사고력을 기르는 데 힘쓰는 한편, 기초가 없어 수학 과목의 부담을 느끼는 학생들에게 수학의 기본을 튼튼히 해 줌으로써 쉽고도 재미있게, 그러면서도 소기의 목적을 달성할 수 있도록, 내가 할 수 있는 온갖 노력을 다 기울인 책이다.

진지한 마음으로 처음부터 차근차근 읽어 나간다면 수학 과목에 대한 부담감은 단연코 사라질 것이며, 수학 실력을 향상시키는 데 있어서 필요충분한 벗이 되리라 확신한다.

끝으로 이 책을 내는 데 있어서 아낌없는 조언을 해주신 서울대학교 윤옥경 교수님을 비롯한 수학계의 여러분들께 감사드린다.

1966. 8. 31.

지은이 홍 성 대

개정판을 내면서

지금까지 수학 I, 수학 II, 확률과 통계, 미적분 I, 미적분 II, 기하와 벡터로 세분되었던 고등학교 수학 과정은 2018학년도 고등학교 입학생부터 개정 교육과정이 적용됨에 따라

수학, 수학 I, 수학 II, 미적분, 확률과 통계,
기하, 실용 수학, 경제 수학, 수학과제 탐구

로 나뉘게 된다. 이 책은 그러한 새 교육과정에 맞추어 꾸며진 것이다.

특히, 이번 개정판이 마련되기까지는 우선 남진영 선생님과 박재희 선생님의 도움이 무척 컸음을 여기에 밝혀 둔다. 믿음직스럽고 훌륭한 두 분 선생님이 개편 작업에 적극 참여하여 꼼꼼하게 도와준 덕분에 더욱 좋은 책이 되었다고 믿어져 무엇보다도 뿌듯하다.

또한, 개정판을 낼 때마다 항상 세심한 조언을 아끼지 않으신 서울대학교 김성기 명예교수님께는 이 자리를 빌려 특별히 깊은 사의를 표하며, 아울러 편집부 김소희, 송연정, 박지영, 오명희 님께도 감사한 마음을 전한다.

「수학의 정석」은 1966년에 처음으로 세상에 나왔으니 올해로 발행 51주년을 맞이하는 셈이다. 거기다가 이 책은 이제 세대를 뛰어넘은 책이 되었다. 할아버지와 할머니가 고교 시절에 펼쳐 보던 이 책이 아버지와 어머니에게 이어졌다가 지금은 손자와 손녀의 책상 위에 놓여 있다.

이처럼 지난 반세기를 거치는 동안 이 책은 한결같이 학생들의 뜨거운 사랑과 성원을 받아 왔고, 이러한 관심과 격려는 이 책을 더욱 좋은 책으로 다듬는 데 큰 힘이 되었다.

이 책이 학생들에게 두고두고 사랑 받는 좋은 벗이요 길잡이가 되기를 간절히 바라마지 않는다.

2017. 3. 1.

지은이 홍 성 대

차 례

6. 직선과 원의 벡터방정식

7. 공간도형

8. 정사영과 전개도

9. 공간좌표

10. 공간벡터의 성분과 내적

1. 포물선의 방정식

포물선의 방정식／
포물선과 직선의 위치 관계

§ 1. 포물선의 방정식

1 포물선의 정의

평면 위에서 한 정점과 이 점을 지나지 않는 한 정직선에 이르는 거리가 같은 점의 자취를 포물선이라고 한다.

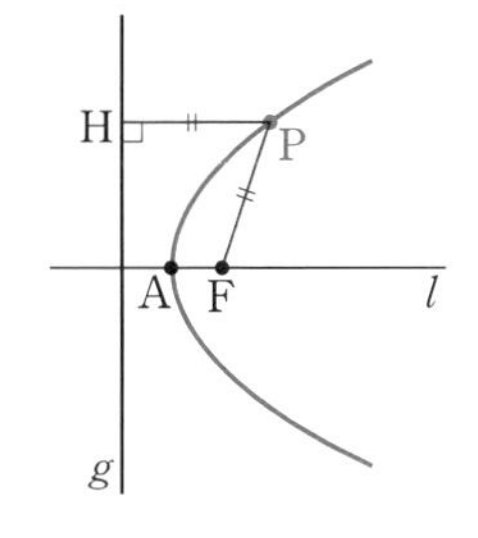

이때, 정점을 포물선의 초점, 정직선을 포물선의 준선이라고 한다.

또, 포물선의 초점을 지나고 준선에 수직인 직선을 포물선의 축, 포물선과 축의 교점을 포물선의 꼭짓점이라고 한다.

오른쪽 그림에서 $\overline{\mathbf{PF}}=\overline{\mathbf{PH}}$ 이고

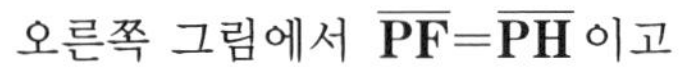

이다.

2 포물선의 방정식의 표준형

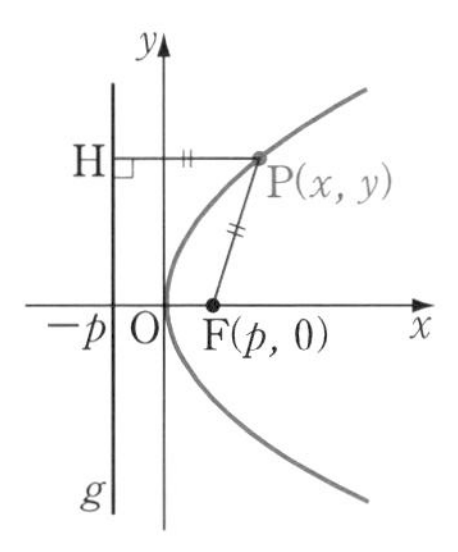

포물선의 축을 x축, 꼭짓점을 지나고 준선에 평행한 직선을 y축이라 하고, 포물선의 초점 F의 좌표를 $(p,\ 0)$이라고 하자.

포물선 위의 점 $\mathrm{P}(x,\ y)$에서 준선 g에 내린 수선의 발을 H라고 하면 $\overline{\mathrm{PF}}=\overline{\mathrm{PH}}$ 이므로

$$\sqrt{(x-p)^2+y^2}=|x+p|$$

$$\therefore\ (x-p)^2+y^2=(x+p)^2 \qquad \therefore\ \boldsymbol{y^2=4px}$$

이것을 포물선의 방정식의 표준형이라고 한다.

같은 방법으로 포물선의 축을 y축, 꼭짓점을 지나고 준선에 평행한 직선을 x축, 포물선의 초점 F의 좌표를 $(0,\ p)$로 하는 포물선의 방정식을 구하면

$$x^2=4py$$

이다. 이 꼴도 포물선의 방정식의 표준형이다.

기본정석 **포물선의 방정식의 표준형**

(1) 초점이 점 $(p,\ 0)$, 준선이 직선 $x=-p$ 인 포물선의 방정식은

$$y^2=4px \quad (단,\ p\neq0)$$

역으로 포물선 $y^2=4px$ (단, $p\neq0$)에서

초점의 좌표 : $(p,\ 0)$,
준선의 방정식 : $x=-p$,
꼭짓점의 좌표 : $(0,\ 0)$

이다.

$p>0$일 때

(2) 초점이 점 $(0,\ p)$, 준선이 직선 $y=-p$ 인 포물선의 방정식은

$$x^2=4py \quad (단,\ p\neq0)$$

역으로 포물선 $x^2=4py$ (단, $p\neq0$)에서

초점의 좌표 : $(0,\ p)$,
준선의 방정식 : $y=-p$,
꼭짓점의 좌표 : $(0,\ 0)$

이다.

$p>0$일 때

Advice 1° 위의 그래프는 모두 $p>0$일 때의 포물선이다.
$p<0$일 때에는 위의 그래프를

y축 또는 x축에 대하여 대칭이동한 포물선

이 된다.

2° 포물선의 방정식 $x^2=4py$는 기본 수학(하) (p. 208)에서 공부한 이차함수와 같은 꼴이다. 이 단원에서는 초점, 준선과 같은 포물선의 특징을 중심으로 공부한다.

보기 1 다음을 만족시키는 포물선의 방정식을 구하여라.

(1) 초점 $(1, 0)$, 준선 $x=-1$　　(2) 초점 $(-2, 0)$, 준선 $x=2$

(3) 초점 $(0, 2)$, 준선 $y=-2$　　(4) 초점 $(0, -1)$, 준선 $y=1$

연구 위의 조건에 적합한 그래프를 그리면 다음과 같다.

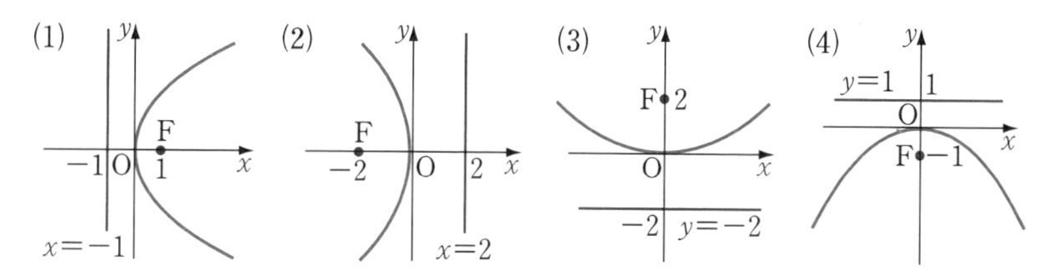

위의 그림과 같이 모두 꼭짓점이 원점인 포물선이므로 구하는 포물선의 방정식은 $y^2=4px$ 또는 $x^2=4py$ 꼴이다. 이때,

$$|p| \Longleftrightarrow \overline{\mathrm{OF}}$$ (꼭짓점과 초점 사이의 거리)

이다. 또, p의 부호는

왼쪽 또는 아래로 볼록한 포물선이면 $\Longrightarrow$ $p>0$　　⇦ (1), (3)

오른쪽 또는 위로 볼록한 포물선이면 $\Longrightarrow$ $p<0$　　⇦ (2), (4)

을 이용하여 정한다.

(1) $y^2=4px$에서 $p=1$인 경우이므로 $\boldsymbol{y^2=4x}$

(2) $y^2=4px$에서 $p=-2$인 경우이므로 $\boldsymbol{y^2=-8x}$

(3) $x^2=4py$에서 $p=2$인 경우이므로 $\boldsymbol{x^2=8y}$

(4) $x^2=4py$에서 $p=-1$인 경우이므로 $\boldsymbol{x^2=-4y}$

보기 2 다음 포물선의 초점의 좌표와 준선의 방정식을 구하여라.

(1) $y^2=8x$　　(2) $y^2=-12x$　　(3) $x^2=y$　　(4) $x^2=-2y$

연구 일반적으로

정석 $\boldsymbol{y^2=4px}$ $\Longrightarrow$ 초점 $(\boldsymbol{p}, 0)$, 준선 $\boldsymbol{x=-p}$

$\boldsymbol{x^2=4py}$ $\Longrightarrow$ 초점 $(0, \boldsymbol{p})$, 준선 $\boldsymbol{y=-p}$

(1) $4p=8$이므로 $p=2$　$\therefore$ 초점 $\boldsymbol{(2, 0)}$, 준선 $\boldsymbol{x=-2}$

(2) $4p=-12$이므로 $p=-3$　$\therefore$ 초점 $\boldsymbol{(-3, 0)}$, 준선 $\boldsymbol{x=3}$

(3) $4p=1$이므로 $p=\dfrac{1}{4}$　$\therefore$ 초점 $\boldsymbol{\left(0, \dfrac{1}{4}\right)}$, 준선 $\boldsymbol{y=-\dfrac{1}{4}}$

(4) $4p=-2$이므로 $p=-\dfrac{1}{2}$　$\therefore$ 초점 $\boldsymbol{\left(0, -\dfrac{1}{2}\right)}$, 준선 $\boldsymbol{y=\dfrac{1}{2}}$

**Note* (1)~(4)의 그래프를 그리고, 초점과 준선을 나타내어 보아라.

3 포물선의 평행이동

이를테면 포물선 $y^2=4px$를 x축의 방향으로 2만큼, y축의 방향으로 3만큼 평행이동한 포물선의 방정식은

$$(\boldsymbol{y}-3)^2=4\boldsymbol{p}(\boldsymbol{x}-2)$$

이다. 또, 이 포물선의 초점, 준선, 꼭짓점은 각각

초점 : $(p,\ 0) \longrightarrow (p+2,\ 3)$

준선 : $x=-p \longrightarrow x=-p+2$

꼭짓점 : $(0,\ 0) \longrightarrow (2,\ 3)$

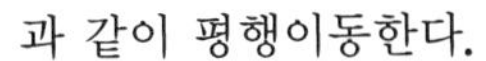

과 같이 평행이동한다.

같은 방법으로 $x^2=4py$ 꼴의 포물선의 평행이동도 생각할 수 있다.

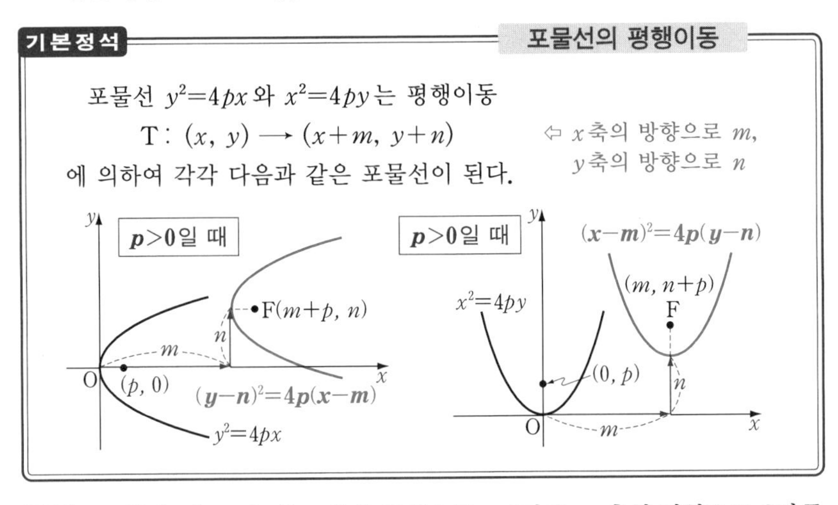

보기 3 포물선 $y^2=-4x$를 x축의 방향으로 -4만큼, y축의 방향으로 2만큼 평행이동한 포물선의 방정식을 구하여라. 또, 이 포물선의 초점의 좌표, 준선의 방정식, 꼭짓점의 좌표를 구하여라.

연구 평행이동한 포물선의 방정식은

$$(\boldsymbol{y}-2)^2=-4(\boldsymbol{x}+4) \quad \cdots\cdots ㉠$$

또, $y^2=-4x=4\times(-1)\times x$에서 이 포물선의 초점, 준선, 꼭짓점은 각각

$$(-1,\ 0),\quad x=1,\quad (0,\ 0)$$

이므로 ㉠의 초점, 준선, 꼭짓점은 각각 $(-5,\ 2)$, $x=-3$, $(-4,\ 2)$

4 포물선의 방정식의 일반형

포물선의 방정식 $(y-n)^2=4p(x-m)$을 전개하여 정리하면

$$y^2-4px-2ny+n^2+4pm=0$$

여기에서 $-4p=\mathrm{A}$, $-2n=\mathrm{B}$, $n^2+4pm=\mathrm{C}$로 놓으면

$$\boldsymbol{y^2+\mathrm{A}x+\mathrm{B}y+\mathrm{C}=0} \qquad \Leftarrow p\neq 0\text{이므로 } \mathrm{A}\neq 0$$

이고, 이것을 포물선의 방정식의 일반형이라고 한다.

이것은 축이 y축에 수직인 포물선의 방정식의 일반형이고, 축이 x축에 수직인 포물선의 방정식의 일반형은 다음과 같다.

$$\boldsymbol{x^2+\mathrm{A}x+\mathrm{B}y+\mathrm{C}=0} \qquad \Leftarrow p\neq 0\text{이므로 } \mathrm{B}\neq 0$$

기본정석 **포물선의 방정식의 일반형**

(1) 축이 $\boldsymbol{y}$축에 수직인 포물선의 방정식은

$\Longrightarrow$ $\boldsymbol{y^2+\mathrm{A}x+\mathrm{B}y+\mathrm{C}=0}$ (단, $\mathrm{A}\neq 0$)

(2) 축이 $\boldsymbol{x}$축에 수직인 포물선의 방정식은

$\Longrightarrow$ $\boldsymbol{x^2+\mathrm{A}x+\mathrm{B}y+\mathrm{C}=0}$ (단, $\mathrm{B}\neq 0$)

Advice | 위의 포물선의 방정식의 일반형을 관찰해 보면

$\boldsymbol{xy}$항이 없고 $\boldsymbol{x}$, $\boldsymbol{y}$ 중 어느 한 문자에 관해서만 이차식

임을 알 수 있다.

보기 4 다음 포물선의 방정식을 표준형으로 고쳐라.

(1) $y^2-4x+8y-4=0$ (2) $x^2+2x-3y-5=0$

연구 이차인 문자에 관한 식을 완전제곱의 꼴로 고친다.

(1) $y^2-4x+8y-4=0$에서 $(y+4)^2-16=4x+4$ $\therefore$ $\boldsymbol{(y+4)^2=4(x+5)}$

(2) $x^2+2x-3y-5=0$에서 $(x+1)^2-1=3y+5$ $\therefore$ $\boldsymbol{(x+1)^2=3(y+2)}$

보기 5 축이 y축에 수직이고, 세 점 $(0, 0)$, $(0, -2)$, $(-4, 2)$를 지나는 포물선의 방정식을 구하여라.

연구 구하는 포물선의 방정식을 $y^2+\mathrm{A}x+\mathrm{B}y+\mathrm{C}=0$이라고 하자.

세 점 $(0, 0)$, $(0, -2)$, $(-4, 2)$를 지나므로

$$\mathrm{C}=0, \quad 4-2\mathrm{B}+\mathrm{C}=0, \quad 4-4\mathrm{A}+2\mathrm{B}+\mathrm{C}=0$$

세 식을 연립하여 풀면 $\mathrm{A}=2$, $\mathrm{B}=2$, $\mathrm{C}=0$ $\therefore$ $\boldsymbol{y^2+2x+2y=0}$

**Note* 축이 x축에 수직인 포물선의 방정식을 구할 때에는

$x^2+\mathrm{A}x+\mathrm{B}y+\mathrm{C}=0$ 또는 $y=ax^2+bx+c$로 놓는다.

기본 문제 1-1 다음을 만족시키는 점의 자취의 방정식을 구하여라.

(1) 점 F(4, 0)과 직선 $x=-2$로부터 같은 거리에 있는 점

(2) 점 F(0, -1)과 직선 $y=3$으로부터 같은 거리에 있는 점

정석연구 이와 같은 문제를 해결하는 방법으로

공식을 이용하는 방법, 포물선의 정의를 이용하는 방법

이 있다. 답안을 작성할 때에는 후자의 방법을 택하는 것이 좋다.

모범답안 조건을 만족시키는 점을 P(x, y)라고 하면(아래 그림 참조)

(1) $\overline{\text{PF}}=\sqrt{(x-4)^2+y^2}$ 이고, 점 P와 직선 $x=-2$ 사이의 거리는 $|x+2|$이므로 $\sqrt{(x-4)^2+y^2}=|x+2|$

$\therefore (x-4)^2+y^2=(x+2)^2$ $\therefore$ $\boldsymbol{y^2=12(x-1)}$ ← 답

(2) $\overline{\text{PF}}=\sqrt{x^2+(y+1)^2}$ 이고, 점 P와 직선 $y=3$ 사이의 거리는 $|y-3|$이므로 $\sqrt{x^2+(y+1)^2}=|y-3|$

$\therefore x^2+(y+1)^2=(y-3)^2$ $\therefore$ $\boldsymbol{x^2=-8(y-1)}$ ← 답

Advice | 그래프로 나타내어 공식에 대입하면 다음과 같다.

(1)은 초점 (4, 0),
준선 $x=-2$,
꼭짓점 (1, 0),
(2)는 초점 (0, -1),
준선 $y=3$,
꼭짓점 (0, 1)
인 포물선이다.

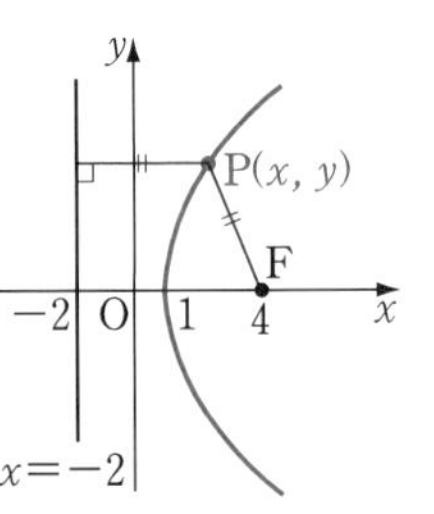

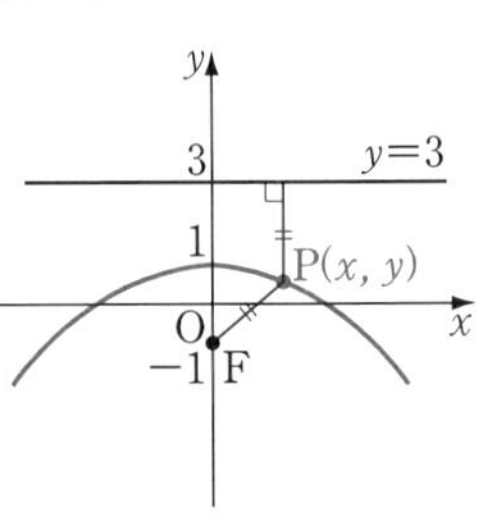

정석 꼭짓점이 점 $(\boldsymbol{m}, \boldsymbol{n})$인 포물선의 방정식은

$\Longrightarrow$ $\boldsymbol{(y-n)^2=4p(x-m)}$, $\boldsymbol{(x-m)^2=4p(y-n)}$

이고, $|p|$는 꼭짓점과 초점 사이의 거리이므로

(1) $(y-n)^2=4p(x-m)$에서 $(y-0)^2=4\times3(x-1)$

(2) $(x-m)^2=4p(y-n)$에서 $(x-0)^2=4\times(-2)\times(y-1)$

유제 **1**-1. 다음을 만족시키는 포물선의 방정식을 구하여라.

(1) 초점 (3, 0), 준선 $x=1$

(2) 초점 (-1, 2), 준선 $x=3$

(3) 초점 (0, 3), 준선 $y=-1$

(4) 초점 (-1, -2), 준선 $y=4$

답 (1) $\boldsymbol{y^2=4(x-2)}$ (2) $\boldsymbol{(y-2)^2=-8(x-1)}$
(3) $\boldsymbol{x^2=8(y-1)}$ (4) $\boldsymbol{(x+1)^2=-12(y-1)}$

기본 문제 1-2 다음 포물선의 꼭짓점, 초점의 좌표와 준선의 방정식을 구하여라.

(1) $y^2+4x-6y+9=0$ (2) $x^2+2x-8y+17=0$

정석연구 일반형으로 나타내어진 포물선의 방정식에서 꼭짓점, 초점, 준선을 구할 때에는 준 방정식을

$$(\boldsymbol{y-n})^2=4\boldsymbol{p}(\boldsymbol{x-m}) \quad \text{또는} \quad (\boldsymbol{x-m})^2=4\boldsymbol{p}(\boldsymbol{y-n})$$

의 꼴로 변형한 다음

첫째 : 포물선 $y^2=4px$ 또는 $x^2=4py$의 꼭짓점, 초점, 준선을 구하고,

둘째 : 이들을 x축의 방향으로 m, y축의 방향으로 n만큼 평행이동한다.

모범답안 (1) $y^2-6y+9=-4x$

$\therefore (y-3)^2=-4x$ ……①

그런데 포물선 $y^2=-4x$에서

꼭짓점 $(0, 0)$, 초점 $(-1, 0)$,

준선 $x=1$

이므로 포물선 ①에서

꼭짓점 $(\mathbf{0}, \mathbf{3})$, 초점 $(\mathbf{-1}, \mathbf{3})$, 준선 $\boldsymbol{x}=\mathbf{1}$ ← 답

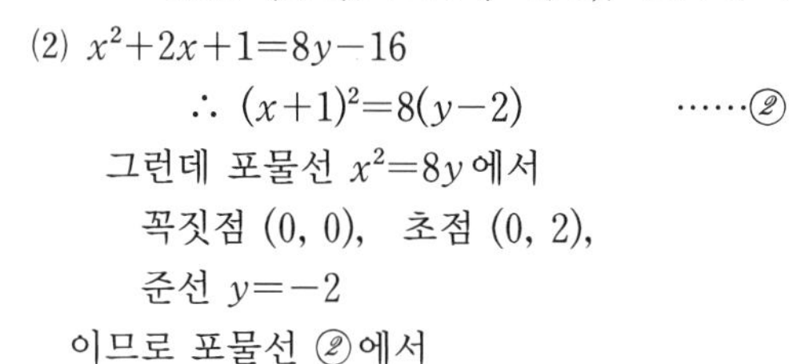

(2) $x^2+2x+1=8y-16$

$\therefore (x+1)^2=8(y-2)$ ……②

그런데 포물선 $x^2=8y$에서

꼭짓점 $(0, 0)$, 초점 $(0, 2)$,

준선 $y=-2$

이므로 포물선 ②에서

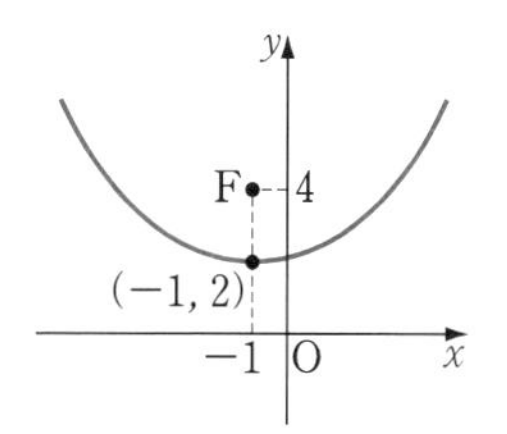

꼭짓점 $(\mathbf{-1}, \mathbf{2})$, 초점 $(\mathbf{-1}, \mathbf{4})$, 준선 $\boldsymbol{y}=\mathbf{0}$ ← 답

유제 **1**-2. 다음 포물선의 꼭짓점, 초점의 좌표와 준선의 방정식을 구하여라.

(1) $y^2-8x+4y+12=0$ (2) $x^2-4x-8y+28=0$

답 (1) 꼭짓점 $(\mathbf{1}, \mathbf{-2})$, 초점 $(\mathbf{3}, \mathbf{-2})$, 준선 $\boldsymbol{x}=\mathbf{-1}$

(2) 꼭짓점 $(\mathbf{2}, \mathbf{3})$, 초점 $(\mathbf{2}, \mathbf{5})$, 준선 $\boldsymbol{y}=\mathbf{1}$

유제 **1**-3. 두 포물선 $y^2=4(x-a)$와 $y^2=-8x$의 초점이 서로 같을 때, 상수 a의 값을 구하여라. 답 $\boldsymbol{a}=\mathbf{-3}$

유제 **1**-4. 포물선 $4x-y^2+4y+4=0$의 초점과 직선 $3x-4y+1=0$ 사이의 거리를 구하여라. 답 **2**

기본 문제 1-3 좌표평면 위에서 점 A(1, 0)을 출발하여 포물선 $y^2=4x$ 위의 점 P(x, y)를 지나 점 B(5, 4)에 이르는 거리의 최솟값을 구하여라.

정석연구 오른쪽 그림과 같이 직선 g를 준선, 직선 l을 축, 점 A를 초점, 점 B를 포물선 오른쪽의 한 정점이라고 하자.

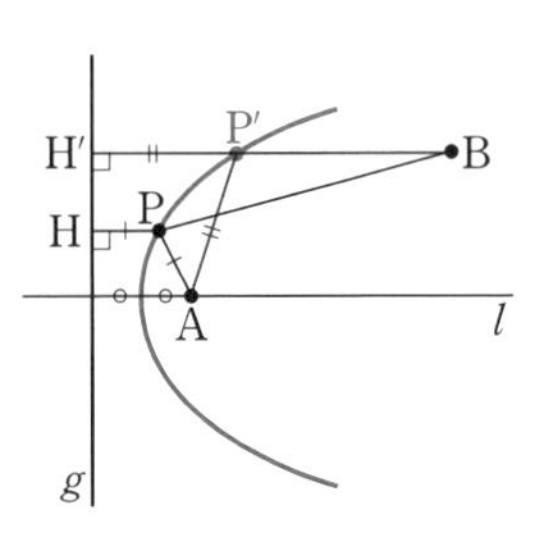

포물선 위의 점 P에 대하여 $\overline{PA}+\overline{PB}$가 최소일 때는 점 P가 점 B에서 준선 g에 그은 수선과 포물선이 만나는 점 P′일 때이다.

(증명) 오른쪽 그림과 같이 포물선 위의 점 P에서 준선 g에 내린 수선의 발을 H, 점 B에서 준선 g에 내린 수선의 발을 H′이라고 하자. 이때, 선분 BH′과 포물선이 만나는 점을 P′이라고 하면 $\overline{PA}=\overline{PH}$, $\overline{P'A}=\overline{P'H'}$이므로

$$\overline{PA}+\overline{PB}=\overline{PH}+\overline{PB}\ge\overline{BH'}=\overline{P'H'}+\overline{P'B}=\overline{P'A}+\overline{P'B}$$

이 문제에서는 점 A(1, 0)이 포물선 $y^2=4x$의 초점이므로 위의 성질을 이용하여 풀 수 있다.

정석 포물선의 초점이나 준선에 관한 문제
$\Longrightarrow$ 포물선의 정의를 이용해 본다.

모범답안 $y^2=4x$에서 $4p=4$ $\quad\therefore\ p=1$

곧, 포물선 $y^2=4x$의 초점은 점 (1, 0)이고, 준선은 직선 $x=-1$이다. 여기에서 주어진 점 A(1, 0)은 포물선의 초점이다.

따라서 점 P가 점 B에서 준선 $x=-1$에 그은 수선 BH′과 포물선이 만나는 점 P′일 때, $\overline{PA}+\overline{PB}$가 최소이다 (위의 **정석연구** 참조).

이때, B(5, 4), H′(−1, 4)이므로 $\overline{PA}+\overline{PB}$의 최솟값은

$$\overline{BH'}=5-(-1)=\mathbf{6} \longleftarrow \boxed{답}$$

유제 **1**-5. 오른쪽 그림과 같이 포물선 모양인 강이 포물선의 초점 위치에 있는 마을 P와 또 다른 마을 Q를 돌아 흐르고 있다. 강변의 한 곳에 하수 처리장을 건설하려고 하는데 하수 처리장으로부터 두 마을까지의 직선거리의 합이 최소가 되도록 하려면 A, B, C, D, E 중 어느 곳이 좋은가?

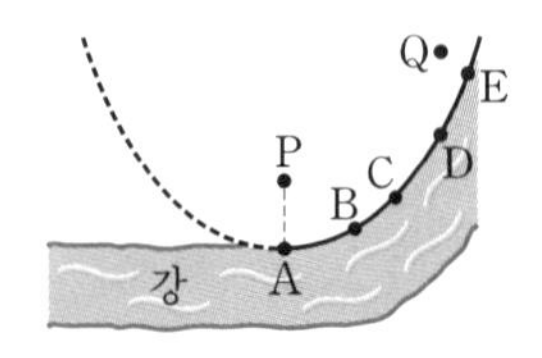

답 **D**

기본 문제 1-4 점 A$(-6, 0)$과 포물선 $y^2=3x$ 위를 움직이는 점 P를 연결하는 선분 AP를 1 : 2로 내분하는 점 Q의 자취의 방정식을 구하여라.

정석연구 조건을 만족시키는 점을 여러 개 잡아 연결해 보면 점 Q의 자취는 오른쪽 그림의 초록 포물선임을 예측할 수 있다.

일반적으로 점 Q의 좌표를 (x, y)로 놓고 주어진 조건을 써서 x와 y의 관계식을 구하면 된다.

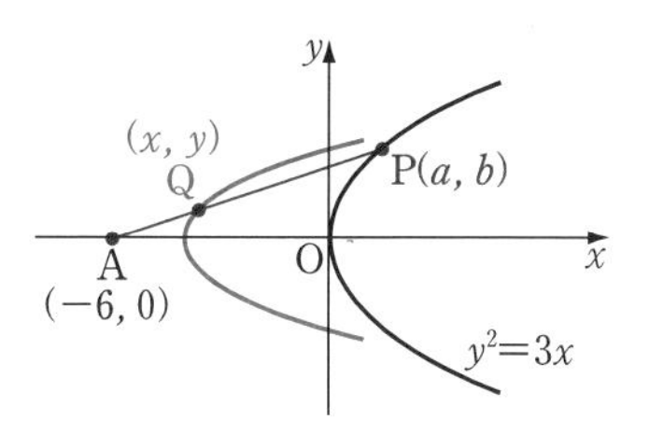

정석 자취를 구하는 방법
(i) 조건을 만족시키는 점의 좌표를 (x, y)라 하고,
(ii) 주어진 조건을 써서 x와 y의 관계식을 구한다.

모범답안 점 P의 좌표를 (a, b)라고 하면 P는 주어진 포물선 위의 점이므로

$$b^2=3a \qquad \cdots\cdots ①$$

또, 점 Q의 좌표를 (x, y)라고 하면 Q는 선분 AP를 1 : 2로 내분하는 점이므로

$$x=\frac{1\times a+2\times(-6)}{1+2}, \quad y=\frac{1\times b+2\times 0}{1+2}$$

$$\therefore a=3x+12, \quad b=3y \qquad \cdots\cdots ②$$

②를 ①에 대입하면 $(3y)^2=3(3x+12)$ $\therefore$ $\boldsymbol{y^2=x+4}$ ⟵ 답

Advice | 두 점 A(x_1, y_1), B(x_2, y_2)에 대하여 선분 AB를 $m : n$으로 내분하는 점을 P, 외분하는 점을 Q라고 하면 ⇦ 기본 수학(하) p. 14

$$\mathrm{P}\left(\frac{mx_2+nx_1}{m+n}, \frac{my_2+ny_1}{m+n}\right), \quad \mathrm{Q}\left(\frac{mx_2-nx_1}{m-n}, \frac{my_2-ny_1}{m-n}\right)$$

유제 **1**-6. 점 A$(2, -2)$와 포물선 $y=2x^2$ 위의 점을 연결하는 선분의 중점의 자취의 방정식을 구하여라.
답 $\boldsymbol{y=4x^2-8x+3}$

유제 **1**-7. 포물선 $y^2=4x$ 위의 점 P와 초점 F를 연결하는 선분 PF를 2 : 1로 외분하는 점의 자취의 방정식을 구하여라.
답 $\boldsymbol{y^2=-4x+8}$

유제 **1**-8. 점 A$(2, 3)$과 포물선 $y=x^2$ 위의 점을 연결하는 선분의 삼등분점 중에서 점 A에 가까운 점 Q의 자취의 방정식을 구하여라.
답 $\boldsymbol{y=3x^2-8x+\frac{22}{3}}$

기본 문제 1-5 좌표평면 위를 움직이는 점 $P(2\cos\theta,\ 4+2\sin\theta)$에 대하여 다음 물음에 답하여라. 단, θ는 실수이다.

(1) 점 P의 자취는 원임을 보여라.

(2) 이 원에 외접하고 동시에 x축에 접하는 원의 중심의 자취의 방정식을 구하여라.

정석연구 (1) $x=2\cos\theta,\ y=4+2\sin\theta$로 놓고 θ를 소거하여 $x,\ y$의 관계식을 구해 본다. 이때, 수학 I 에서 공부하는 다음 **정석**을 이용해 보아라.

정석 $\sin^2\theta+\cos^2\theta=1$ ⇦ 기본 수학 I p. 97

(2) 두 원의 반지름의 길이가 각각 $r_1,\ r_2$이고 두 원의 중심 사이의 거리가 d일 때, 두 원이 접할 조건은 다음과 같다. ⇦ 기본 수학(하) p. 61

정석 외접할 때 $d=r_1+r_2$, 내접할 때 $d=|r_1-r_2|$

모범답안 (1) $x=2\cos\theta,\ y=4+2\sin\theta$라고 하면

$$x^2+(y-4)^2=4(\cos^2\theta+\sin^2\theta) \quad \therefore\ x^2+(y-4)^2=4$$

따라서 점 P의 자취는 중심이 C(0, 4)이고 반지름의 길이가 2인 원이다.

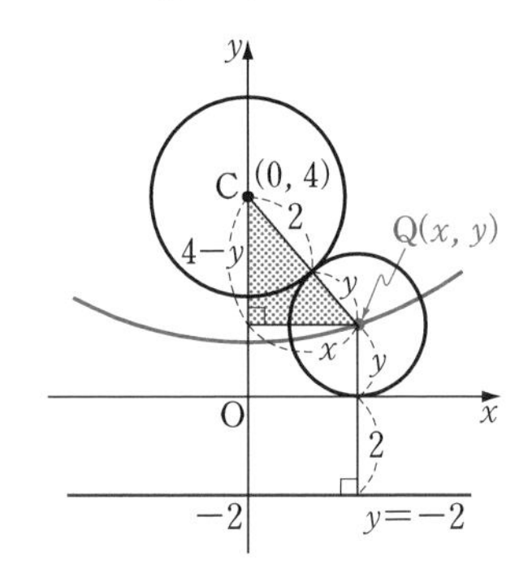

(2) 구하는 원의 중심을 $Q(x,\ y)$라고 하면 이 원의 반지름의 길이는 y이다.

그런데 두 원의 중심 사이의 거리가 반지름의 길이의 합과 같으므로

$$\sqrt{x^2+(y-4)^2}=y+2$$

양변을 제곱하여 정리하면

$$\boldsymbol{x^2=12(y-1)} \longleftarrow \boxed{답}$$

Advice | $\overline{QC}=y+2$이므로 점 Q에서 점 C에 이르는 거리와 직선 $y=-2$에 이르는 거리가 같다. 따라서 점 Q의 자취는 초점이 점 C(0, 4)이고 준선이 직선 $y=-2$인 포물선이다.

유제 **1**-9. 원 $x^2+y^2=1$에 외접하고 동시에 직선 $y=-2$에 접하는 원의 중심의 자취의 방정식을 구하여라. 답 $\boldsymbol{x^2=6y+9}$

유제 **1**-10. 좌표평면 위를 움직이는 점 $P(3+\cos\theta,\ \sin\theta)$의 자취에 외접하고 동시에 y축에 접하는 원의 중심의 자취의 방정식을 구하여라.
단, θ는 실수이다. 답 $\boldsymbol{y^2=8(x-1)}$

§ 2. 포물선과 직선의 위치 관계

1 포물선과 직선의 위치 관계

수학(하)에서 공부한 원과 직선의 위치 관계는

서로 다른 두 점에서 만나는 경우, 접하는 경우, 만나지 않는 경우

의 세 경우로 나누어 생각할 수 있다. ⇦ 기본 수학(하) p. 54

또, 이 관계는 원과 직선을 직접 그리지 않고도 이차방정식의 판별식만을 이용하여 알아볼 수 있었다.

포물선과 직선의 위치 관계도 직선이 포물선의 준선에 수직이 아니면 위의 세 경우로 나누어 생각할 수 있다.

또, 이 관계 역시 이차방정식의 판별식을 이용하여 알아볼 수 있다.

한편 준선에 수직인 직선은 포물선과 한 점에서 만나고 접하지 않는다.

보기 1 직선 $y=x+n$과 포물선 $y^2=4x$의 위치 관계가 다음과 같을 때, 실수 n의 값 또는 값의 범위를 구하여라.

(1) 서로 다른 두 점에서 만난다. (2) 접한다. (3) 만나지 않는다.

연구 직선과 곡선의 방정식에서 y를 소거하면 교점의 x좌표를 구할 수 있다.

정석 $\boldsymbol{y=f(x)}$, $\boldsymbol{y=g(x)}$의 그래프의 교점의 $\boldsymbol{x}$좌표
$\Longleftrightarrow$ 방정식 $\boldsymbol{f(x)=g(x)}$의 실근

$y=x+n$ ······① $y^2=4x$ ······②

①을 ②에 대입하면 $(x+n)^2=4x$

$\therefore\ x^2+2(n-2)x+n^2=0$ ······③

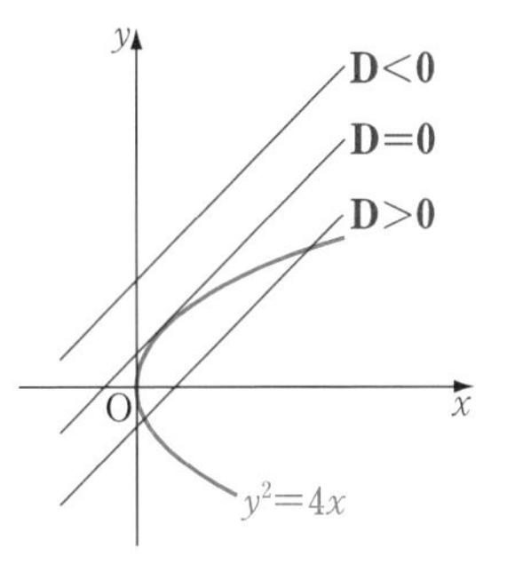

(1) ①이 ②와 서로 다른 두 점에서 만나려면 ③이 서로 다른 두 실근을 가져야 하므로

$D/4=(n-2)^2-n^2>0$

$\therefore\ \boldsymbol{n<1}$

(2) ①이 ②에 접하려면 ③이 중근을 가져야 하므로

$D/4=(n-2)^2-n^2=0$

$\therefore\ \boldsymbol{n=1}$

(3) ①이 ②와 만나지 않으려면 ③이 허근을 가져야 하므로

$D/4=(n-2)^2-n^2<0 \quad \therefore\ \boldsymbol{n>1}$

기본정석 **포물선과 직선의 위치 관계**

포물선과 직선의 위치 관계

직선 : $\boldsymbol{y=mx+n}$ $(\boldsymbol{m\neq 0})$ ……①

포물선 : $\boldsymbol{f(x,\ y)=0}$ ……②

①과 ②에서 y를 소거하면

$f(x,\ mx+n)=0$ ……③

③의 판별식을 D라고 하면

		$\boldsymbol{f(x,\ mx+n)=0}$의 근		직선과 포물선
D>0	⟺	서로 다른 두 실근	⟺	서로 다른 두 점에서 만난다
D=0	⟺	중근	⟺	접한다
D<0	⟺	서로 다른 두 허근	⟺	만나지 않는다

2 포물선의 접선의 방정식

판별식을 이용하면 포물선의 접선의 방정식을 구할 수 있다. 다음 **보기**에서 접점 또는 접선의 기울기가 주어질 때, 접선의 방정식을 구해 보자.

보기 2 포물선 $y^2=12x$ 위의 점 $(3,\ 6)$에서의 접선의 방정식을 구하여라.

연구 $y^2=12x$ ……①

구하는 접선의 방정식을 $y=mx+n$ …②

로 놓고, ②를 ①에 대입하면

$(mx+n)^2=12x$

$\therefore\ m^2x^2+2(mn-6)x+n^2=0$ ……③

②가 ①에 접하면 ③이 중근을 가지므로

$D/4=(mn-6)^2-m^2n^2=0$ $\therefore\ mn=3$ ……④

한편 ②는 점 $(3,\ 6)$을 지나므로 $3m+n=6$ ……⑤

④, ⑤를 연립하여 풀면 $m=1,\ n=3$

②에 대입하면 $\boldsymbol{y=x+3}$

보기 3 포물선 $y^2=8x$에 접하고 기울기가 2인 직선의 방정식을 구하여라.

연구 $y^2=8x$ ……① $y=2x+n$ ……②

②를 ①에 대입하고 정리하면 $4x^2+4(n-2)x+n^2=0$ ……③

②가 ①에 접하면 ③이 중근을 가지므로

$D/4=4(n-2)^2-4n^2=0$ $\therefore\ n=1$ $\therefore\ \boldsymbol{y=2x+1}$ ⇦ ②

같은 방법으로 하면 다음 공식을 얻는다.

기본정석 **포물선의 접선의 방정식**

(1) 포물선 $y^2=4px$ 위의 점 (x_1, y_1)에서의 접선의 방정식은

$$\Longrightarrow y_1y=2p(x+x_1)$$

포물선 $x^2=4py$ 위의 점 (x_1, y_1)에서의 접선의 방정식은

$$\Longrightarrow x_1x=2p(y+y_1)$$

(2) 포물선 $y^2=4px$에 접하고 기울기가 m인 직선의 방정식은

$$\Longrightarrow y=mx+\frac{p}{m}$$

Advice | 곡선 위의 점 (x_1, y_1)에서의 접선의 방정식을 구할 때에는

x^2 대신 $\Longrightarrow$ x_1x $\qquad$ y^2 대신 $\Longrightarrow$ y_1y

x 대신 $\Longrightarrow$ $\frac{1}{2}(x+x_1)$ $\qquad$ y 대신 $\Longrightarrow$ $\frac{1}{2}(y+y_1)$

을 대입한다고 기억하면 된다.

이를테면 앞면의 **보기 2**의 접선의 방정식은 $y^2=12x$에 y^2 대신 $6\times y$를, x 대신 $\frac{1}{2}(x+3)$을 대입하면 ⇦ $x_1=3$, $y_1=6$

$$6y=12\times\frac{1}{2}(x+3) \qquad \therefore\ \boldsymbol{y=x+3}$$

3 미분법을 이용한 포물선의 접선의 기울기 구하기

앞면의 **보기 2**와 **보기 3**에서 접선의 기울기는 미적분에서 공부하는 음함수의 미분법을 이용하여 구할 수도 있다. ⇦ 기본 미적분 p. 122

보기 2에서 $y^2=12x$의 양변을 x에 관하여 미분하면

$$2y\frac{dy}{dx}=12 \qquad \therefore\ \frac{dy}{dx}=\frac{6}{y}\ (y\neq0)$$

점 $(3, 6)$에서의 접선의 기울기는 $\left[\frac{dy}{dx}\right]_{\substack{x=3\\y=6}}=\frac{6}{6}=1$

따라서 접선의 방정식은 $y-6=1\times(x-3)$ $\quad\therefore\ \boldsymbol{y=x+3}$

또, **보기 3**에서 $y^2=8x$의 양변을 x에 관하여 미분하면

$$2y\frac{dy}{dx}=8 \qquad \therefore\ \frac{dy}{dx}=\frac{4}{y}\ (y\neq0)$$

기울기가 2일 때 $\frac{4}{y}=2$ $\quad\therefore\ y=2$ $\quad\therefore\ x=\frac{1}{2}$

따라서 접선의 방정식은 $y-2=2\left(x-\frac{1}{2}\right)$ $\quad\therefore\ \boldsymbol{y=2x+1}$

기본 문제 1-6 다음 물음에 답하여라.

(1) 포물선 $y^2=4x$와 직선 $x=1$의 교점에서 포물선에 접하는 직선의 방정식을 구하여라.

(2) 점 $(2,\ 0)$과 직선 $x=-2$에서 같은 거리에 있는 점의 자취에 접하고 직선 $y=x+3$에 수직인 직선의 방정식을 구하여라.

정석연구 (1) 먼저 포물선과 직선의 교점을 구한 다음

정 석 포물선 $\boldsymbol{y^2=4px}$ 위의 점 $(\boldsymbol{x_1,\ y_1})$에서의 접선의 방정식은

$$\Longrightarrow \boldsymbol{y_1y=2p(x+x_1)}$$

임을 이용한다.

(2) 먼저 조건에 맞는 자취의 방정식을 구한다. 그리고 접선의 방정식은

정 석 포물선 $\boldsymbol{y^2=4px}$에 접하고 기울기가 $\boldsymbol{m}$인 직선의 방정식은

$$\Longrightarrow \boldsymbol{y=mx+\frac{p}{m}}$$

임을 이용하여 구한다.

모범답안 (1) $y^2=4x$와 $x=1$을 연립하여 풀면 $x=1,\ y=\pm2$이므로 교점의 좌표는 $(1,\ 2),\ (1,\ -2)$이다.

따라서 이 점에서의 접선의 방정식은 각각

$2y=2(x+1),\ -2y=2(x+1)$ $\quad\therefore\ \boldsymbol{y=x+1,\ y=-x-1}$ ← 답

(2) 점 $(2,\ 0)$과 직선 $x=-2$에서 같은 거리에 있는 점을 $\mathrm{P}(x,\ y)$라고 하면

$$\sqrt{(x-2)^2+y^2}=|x+2| \quad \therefore\ (x-2)^2+y^2=(x+2)^2$$

$$\therefore\ y^2=8x$$ ⇦ $y^2=4\times2x$에서 $p=2$

한편 직선 $y=x+3$에 수직인 직선의 기울기는 -1이므로 구하는 직선의 방정식은

$$y=-1\times x+\frac{2}{-1} \quad \therefore\ \boldsymbol{y=-x-2}$$ ← 답

유제 **1**-11. 포물선 $x^2=12y$ 위의 점 $(-6,\ 3)$에서의 접선의 방정식을 구하여라.

답 $\boldsymbol{y=-x-3}$

유제 **1**-12. 포물선 $y^2=-20x$에 접하는 직선 중에서 다음을 만족시키는 직선의 방정식을 구하여라.

(1) 직선 $y=5x+3$에 평행하다.

(2) 직선 $y=-x-2$에 수직이다.

답 (1) $\boldsymbol{y=5x-1}$ (2) $\boldsymbol{y=x-5}$

기본 문제 1-7 포물선 $y^2=4x$ 에 접하고 점 $(-2, 1)$을 지나는 직선의 방정식을 구하여라.

정석연구 다음 두 가지 방법을 생각할 수 있다.

(i) 판별식을 이용한다.

정석 접한다 $\Longleftrightarrow$ 중근을 가진다 $\Longleftrightarrow$ $\mathbf{D=0}$

(ii) 공식을 이용한다.

정석 포물선 $\boldsymbol{y^2=4px}$ 위의 점 $(\boldsymbol{x_1},\ \boldsymbol{y_1})$에서의 접선의 방정식은

$$\Longrightarrow \boldsymbol{y_1y=2p(x+x_1)}$$

여기에서 점 $(-2, 1)$이 포물선 위의 점이 아니므로 위의 공식에 직접 대입할 수 없다는 점에 특히 주의하여라.

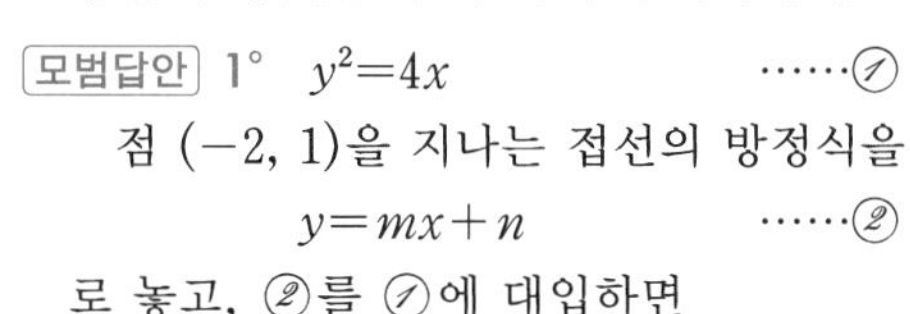

모범답안 1° $y^2=4x$ ······①

점 $(-2, 1)$을 지나는 접선의 방정식을

$y=mx+n$ ······②

로 놓고, ②를 ①에 대입하면

$(mx+n)^2=4x$

$\therefore\ m^2x^2+2(mn-2)x+n^2=0$ ···③

②가 ①에 접하면 ③이 중근을 가지므로

$D/4=(mn-2)^2-m^2n^2=0 \quad \therefore\ mn=1$ ······④

한편 ②는 점 $(-2, 1)$을 지나므로 $-2m+n=1$ ······⑤

④, ⑤를 연립하여 풀면 $m=-1,\ n=-1$ 또는 $m=\dfrac{1}{2},\ n=2$

$$\therefore\ \boldsymbol{y=-x-1,\ y=\frac{1}{2}x+2} \longleftarrow \text{답}$$

모범답안 2° 접점의 좌표를 (x_1, y_1)이라고 하면(위의 그림 참조)

접선의 방정식은 $y_1y=2(x+x_1)$

이 직선이 점 $(-2, 1)$을 지나므로 $y_1=2(-2+x_1)$ ······⑥

한편 점 (x_1, y_1)은 포물선 $y^2=4x$ 위의 점이므로 $y_1{}^2=4x_1$ ······⑦

⑥을 ⑦에 대입하면 $4(x_1-2)^2=4x_1 \quad \therefore\ x_1{}^2-5x_1+4=0$

$\therefore\ x_1=1, 4 \quad \therefore\ y_1=-2, 4 \quad \therefore\ \boldsymbol{y=-x-1,\ y=\frac{1}{2}x+2} \longleftarrow$ 답

유제 **1**-13. 포물선 $y^2=-4x$ 에 접하고 점 $(0, 1)$을 지나는 직선의 방정식을 구하여라.

답 $\boldsymbol{x=0,\ y=-x+1}$

연습문제 1

1-1 오른쪽 그림과 같이 선분 AB의 길이와 같은 길이의 실을 점 P와 T자의 한끝 B에 고정시킨다. 그리고 연필로 실을 팽팽하게 유지하면서 직선 l을 따라 T자를 수평으로 이동시킬 때, 점 Q가 그리는 도형은 다음 중 어느 것의 일부인가?

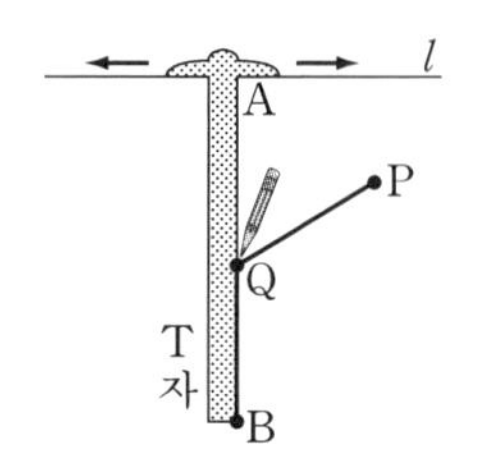

① l에 평행한 직선　② l에 수직인 직선
③ P가 초점인 포물선　④ A가 초점인 포물선
⑤ P가 중심인 원

1-2 원 $(x-2)^2+y^2=1$의 중심을 초점으로 하고 원점을 꼭짓점으로 하는 포물선이 있다. 이 포물선이 점 $(a, 4)$를 지날 때, 실수 a의 값은?

① 1　② $\sqrt{2}$　③ $\sqrt{3}$　④ 2　⑤ 3

1-3 점 $(6, 5)$를 지나고, 초점이 점 $(3, 1)$이며, 준선이 x축에 수직인 포물선의 방정식을 구하여라.

1-4 포물선 $y^2=4px$의 초점을 지나는 직선이 포물선과 만나는 두 점을 A, B라 하고, 이 점에서 포물선의 준선에 내린 수선의 발을 각각 A′, B′이라고 하자. 선분 AA′과 BB′의 길이가 각각 5와 3일 때, 선분 AB와 A′B′의 길이를 구하여라.

1-5 초점이 F인 포물선 $y^2=x$ 위에 $\overline{FP}=4$인 점 P가 있다. 오른쪽 그림과 같이 선분 FP의 연장선 위에 $\overline{FP}=\overline{PQ}$가 되도록 점 Q를 잡을 때, 점 Q의 x좌표는?

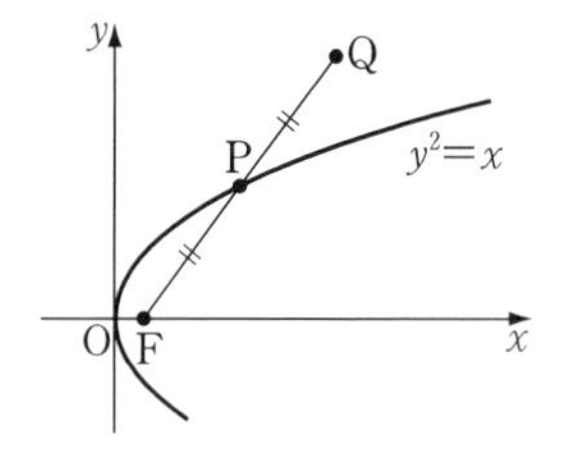

① $\frac{25}{4}$　② $\frac{13}{2}$　③ $\frac{27}{4}$　④ 7　⑤ $\frac{29}{4}$

1-6 포물선 $y^2=4x$와 직선 $y=n$ (단, n은 자연수)의 교점을 P_n이라 하고, 포물선의 초점을 F라고 할 때, $\overline{FP_1}+\overline{FP_2}+\overline{FP_3}+\cdots+\overline{FP_{10}}$의 값을 구하여라.

1-7 포물선 $y^2=4x$의 초점을 F, 준선이 x축과 만나는 점을 P, 점 P를 지나고 기울기가 양수인 직선 l이 포물선과 만나는 두 점을 A, B라고 하자.
$\overline{FA}:\overline{FB}=1:2$일 때, 직선 l의 기울기를 구하여라.

1-8 오른쪽 그림과 같이 포물선 $y^2=4px$의 초점 F를 지나는 직선과 포물선이 만나는 두 점 A, B에서 x축에 내린 수선의 발을 각각 C, D라고 하자. 점 F가 선분 AB를 $1:3$으로 내분하고, 사각형 ACBD의 넓이가 $12\sqrt{3}$일 때, 선분 AF의 길이를 구하여라.

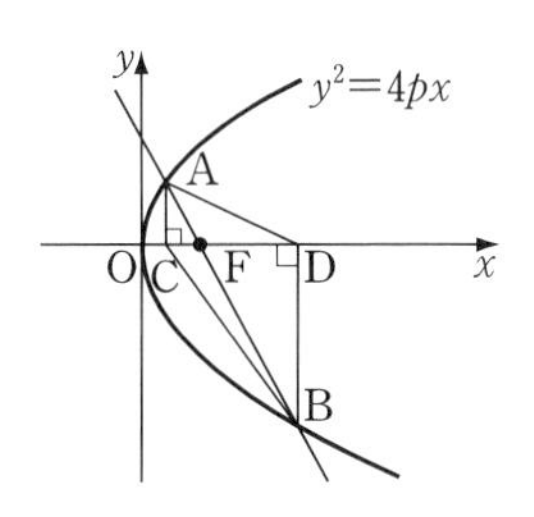

1-9 오른쪽 그림과 같이 꼭짓점이 원점 O이고 초점이 F인 포물선과 점 F를 지나고 기울기가 1인 직선이 만나는 두 점 중에서 제1사분면에 있는 점을 A, 제4사분면에 있는 점을 B라고 하자. 선분 AF를 대각선으로 하는 정사각형의 한 변의 길이가 2일 때, 선분 AB의 길이를 구하여라.

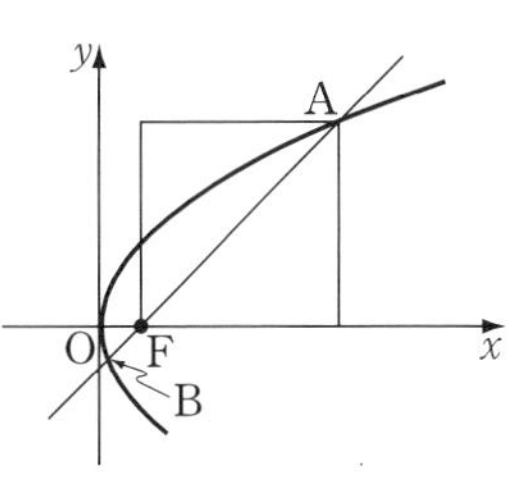

1-10 오른쪽 그림과 같이 x축 위에 두 점 A, B가 있다. 포물선 p_1의 꼭짓점은 A, 초점은 B이고, 포물선 p_2의 꼭짓점은 B, 초점은 원점 O이며, 두 포물선은 y축 위의 점 C, D에서 만난다. $\overline{AB}=1$일 때, 선분 CD의 길이는?

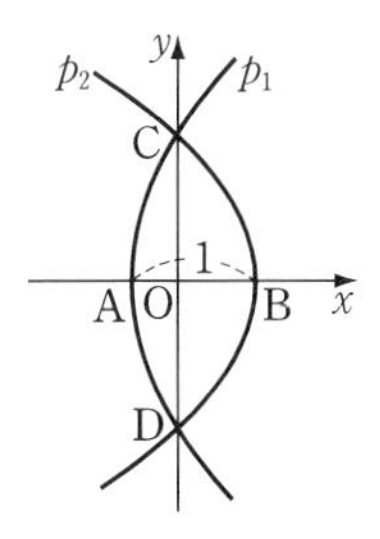

① $\sqrt{5}-1$ ② $4(\sqrt{2}-1)$ ③ $\sqrt{2}+1$
④ $2(\sqrt{5}-1)$ ⑤ $\sqrt{5}+1$

1-11 포물선 $x^2=4py$(단, $p>0$)에 대하여 점 P$(0, 2)$를 지나고 기울기가 양수인 직선이 포물선과 제1사분면에서 만나는 점을 A, 준선과 만나는 점을 B라 하고, 준선이 y축과 만나는 점을 C라고 하자. $\triangle$ABC의 무게중심이 이 포물선의 초점 F일 때, $\overline{AF}+\overline{CF}$의 값을 구하여라.

1-12 점 A$(0, 1)$을 지나고 x축에 의하여 잘린 현의 길이가 2인 원의 중심의 자취의 방정식을 구하여라.

1-13 점 P(a, b)가 원 $x^2+y^2=1$ 위를 움직일 때, 점 Q$(ab, a+b)$의 자취의 방정식을 구하여라.

1-14 포물선 $y^2=4(x-2)$와 직선 $x-y-2=0$에 대하여

(1) 포물선과 직선의 교점의 좌표를 구하여라.

(2) (1)의 두 교점을 지나고 준선이 직선 $y=-1$인 포물선의 방정식을 구하여라.

1-15 직선 $y=x+m$과 포물선 $y^2=4x$가 서로 다른 두 점 P, Q에서 만날 때,

(1) 선분 PQ의 길이가 8일 때, 상수 m의 값을 구하여라.

(2) 선분 PQ의 중점의 자취의 방정식을 구하여라.

1-16 포물선 $y^2=4px$ (단, $p>0$) 위의 점 $(p,\ q)$에서의 접선이 점 $(1,\ 3)$을 지날 때, $p+q$의 값은?

① 2 ② 3 ③ 4 ④ 5 ⑤ 6

1-17 포물선 $y^2=4x$ 위의 점 $\mathrm{P}(a,\ b)$에서의 접선이 x축과 만나는 점을 Q라고 하자. $\overline{\mathrm{PQ}}=4\sqrt{5}$일 때, a^2+b^2의 값은?

① 21 ② 32 ③ 45 ④ 60 ⑤ 77

1-18 포물선 $y^2=nx$의 초점과 포물선 위의 점 $(n,\ n)$에서의 접선 사이의 거리를 d라고 할 때, $d^2\geq 40$을 만족시키는 자연수 n의 최솟값을 구하여라.

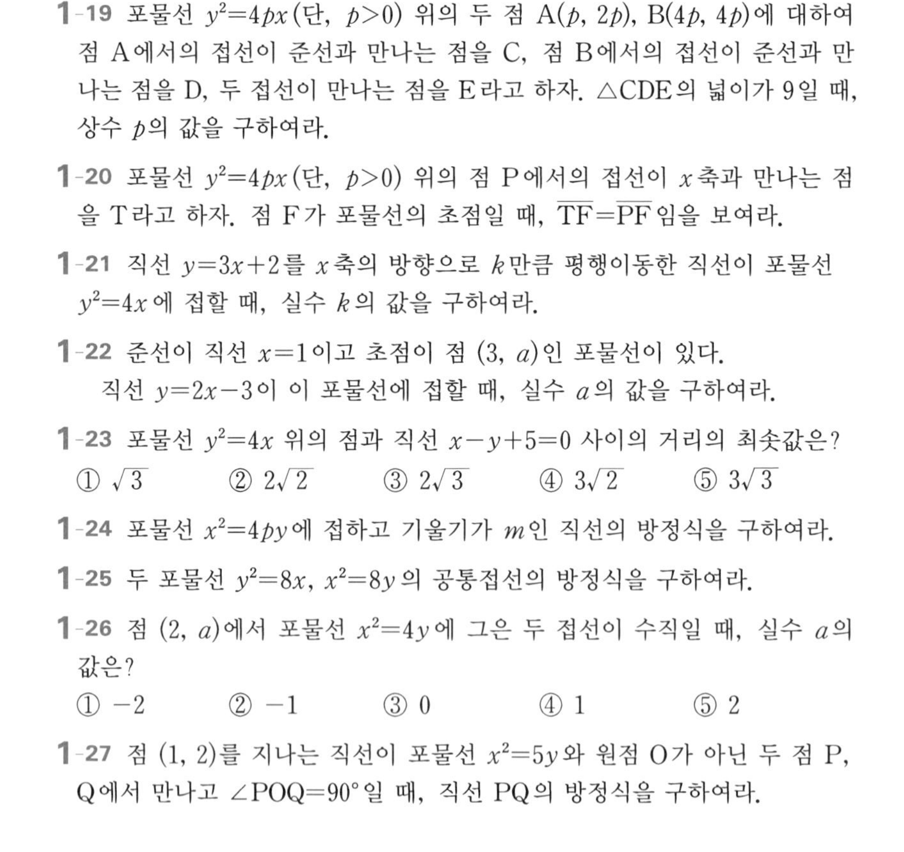

1-19 포물선 $y^2=4px$ (단, $p>0$) 위의 두 점 $\mathrm{A}(p,\ 2p)$, $\mathrm{B}(4p,\ 4p)$에 대하여 점 A에서의 접선이 준선과 만나는 점을 C, 점 B에서의 접선이 준선과 만나는 점을 D, 두 접선이 만나는 점을 E라고 하자. △CDE의 넓이가 9일 때, 상수 p의 값을 구하여라.

1-20 포물선 $y^2=4px$ (단, $p>0$) 위의 점 P에서의 접선이 x축과 만나는 점을 T라고 하자. 점 F가 포물선의 초점일 때, $\overline{\mathrm{TF}}=\overline{\mathrm{PF}}$임을 보여라.

1-21 직선 $y=3x+2$를 x축의 방향으로 k만큼 평행이동한 직선이 포물선 $y^2=4x$에 접할 때, 실수 k의 값을 구하여라.

1-22 준선이 직선 $x=1$이고 초점이 점 $(3,\ a)$인 포물선이 있다.
직선 $y=2x-3$이 이 포물선에 접할 때, 실수 a의 값을 구하여라.

1-23 포물선 $y^2=4x$ 위의 점과 직선 $x-y+5=0$ 사이의 거리의 최솟값은?

① $\sqrt{3}$ ② $2\sqrt{2}$ ③ $2\sqrt{3}$ ④ $3\sqrt{2}$ ⑤ $3\sqrt{3}$

1-24 포물선 $x^2=4py$에 접하고 기울기가 m인 직선의 방정식을 구하여라.

1-25 두 포물선 $y^2=8x$, $x^2=8y$의 공통접선의 방정식을 구하여라.

1-26 점 $(2,\ a)$에서 포물선 $x^2=4y$에 그은 두 접선이 수직일 때, 실수 a의 값은?

① -2 ② -1 ③ 0 ④ 1 ⑤ 2

1-27 점 $(1,\ 2)$를 지나는 직선이 포물선 $x^2=5y$와 원점 O가 아닌 두 점 P, Q에서 만나고 $\angle\mathrm{POQ}=90^\circ$일 때, 직선 PQ의 방정식을 구하여라.

2. 타원의 방정식

타원의 방정식／타원과 직선의 위치 관계

§ 1. 타원의 방정식

1 타원의 정의

평면 위의 두 정점으로부터의 거리의 합이 일정한 점의 자취를 타원이라고 한다. 이때, 두 정점을 타원의 초점이라고 한다.

이 관계를 이용하여 다음과 같이 타원을 그릴 수 있다.

곧, 평면 위의 두 정점 F, F′에 길이가 $2a$ (단, $2a>\overline{\mathrm{FF'}}$)인 실의 양 끝을 고정하고 오른쪽 그림과 같이 P의 자리에 연필을 끼워 실을 팽팽하게 잡아당기면서 연필을 움직이면 동점 P는

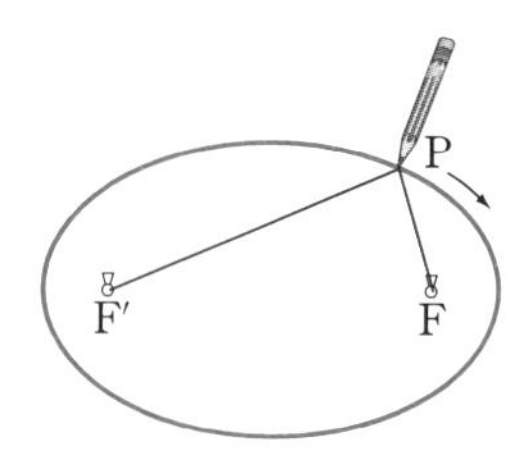

$$\overline{\mathrm{PF}}+\overline{\mathrm{PF'}}=2a$$

를 만족시키며 움직인다.

따라서 점 P가 그리는 도형의 자취는 타원이다.

2 타원의 방정식의 표준형

이제 좌표평면에서 타원의 방정식이 어떻게 나타내어지는가를 알아보자.

오른쪽 그림과 같이 타원의 초점 F, F′을 지나는 직선을 x축으로, 선분 FF′의 수직이등분선을 y축으로 잡고, 두 점 F, F′의 좌표를 각각

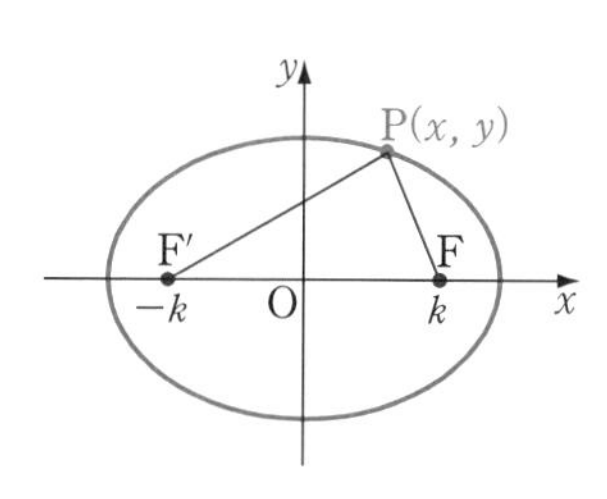

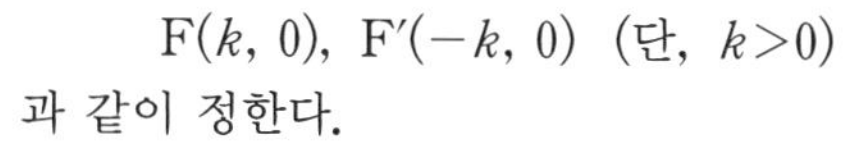

$$\mathrm{F}(k,\ 0),\ \mathrm{F'}(-k,\ 0)\ \ (\text{단, } k>0)$$

과 같이 정한다.

두 점 F, F′으로부터의 거리의 합이 $2a$(단, $a>k$)인 점을 P$(x,\ y)$라고 하면 $\overline{\mathrm{PF}}+\overline{\mathrm{PF'}}=2a$이므로

$$\sqrt{(x-k)^2+y^2}+\sqrt{(x+k)^2+y^2}=2a$$

$$\therefore\ \sqrt{(x+k)^2+y^2}=2a-\sqrt{(x-k)^2+y^2}$$

양변을 제곱하여 정리하면 $a\sqrt{(x-k)^2+y^2}=a^2-kx$

다시 양변을 제곱하여 정리하면 $(a^2-k^2)x^2+a^2y^2=a^2(a^2-k^2)$

여기에서 $a^2-k^2=b^2$(단, $b>0$)으로 놓으면 $b^2x^2+a^2y^2=a^2b^2$

양변을 a^2b^2으로 나누면 ⇦ $ab\neq0$

$$\boldsymbol{\frac{x^2}{a^2}+\frac{y^2}{b^2}=1}\ \textbf{(단, } \boldsymbol{a>b>0,\ k^2=a^2-b^2}\textbf{)} \qquad \cdots\cdots ①$$

이다. 이 식을 **타원의 방정식의 표준형**이라고 한다.

또, ①에

$y=0$을 대입하면 $x=\pm a$,

$x=0$을 대입하면 $y=\pm b$

이므로 이 타원은

그림 ①

x축과 A$(a,\ 0)$, A′$(-a,\ 0)$,

y축과 B$(0,\ b)$, B′$(0,\ -b)$

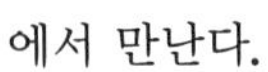

에서 만난다.

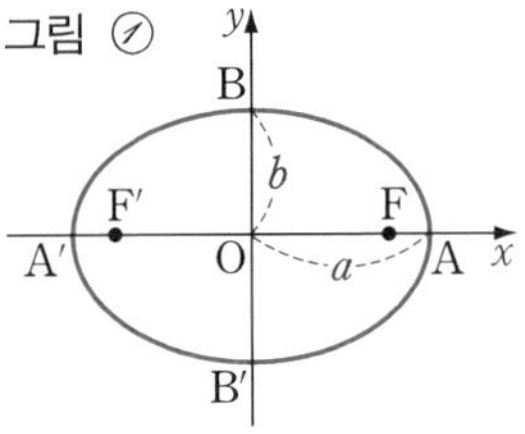

이때, 두 선분 AA′, BB′을 **타원의 축**이라 하고, 특히 선분 AA′(초점을 지나는 축)을 **타원의 장축**, 선분 BB′을 **타원의 단축**이라고 한다. 장축의 길이는 타원 위의 한 점에서 두 초점에 이르는 거리의 합인 $2a$이다.

또, 두 축의 교점을 **타원의 중심**이라 하고, 타원이 두 축과 만나는 네 점 A, A′, B, B′을 **타원의 꼭짓점**이라고 한다.

한편 ①에서

$$\boldsymbol{b>a>0}$$

인 경우도 타원의 방정식이 된다.

이때, 초점은

F$(0,\ k)$, F′$(0,\ -k)$ (단, $k^2=b^2-a^2$)

와 같이 y축 위의 점이다.

그림 ②

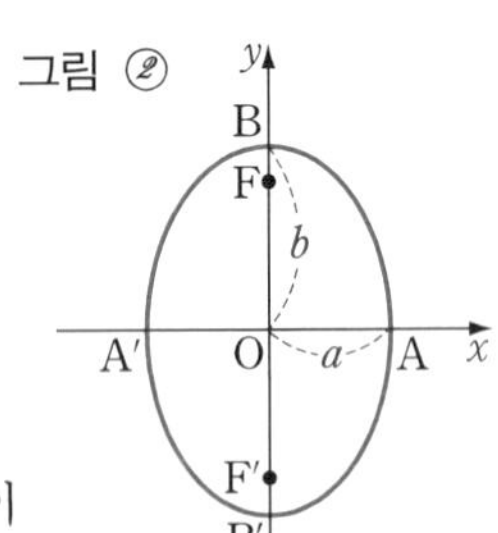

그리고 선분 BB′이 장축, 선분 AA′이 단축이며, 타원 위의 한 점에서 두 초점에 이르는 거리의 합은 $2b$이다.

이상을 정리하면 다음과 같다.

기본정석 — **타원의 방정식의 표준형**

방정식

$$\frac{x^2}{a^2}+\frac{y^2}{b^2}=1 \ (\text{단, } a>0,\ b>0,\ a\neq b)$$

은 타원을 나타내며, 이 식을 타원의 방정식의 표준형이라고 한다.

(1) $a>b>0$일 때(앞면의 그림 ① 참조)

장축의 길이 : $2a$, 단축의 길이 : $2b$

초점의 좌표 : $(k, 0)$, $(-k, 0)$ 단, $k=\sqrt{a^2-b^2}$ ⇦ $a^2-k^2=b^2$

(2) $b>a>0$일 때(앞면의 그림 ② 참조)

장축의 길이 : $2b$, 단축의 길이 : $2a$

초점의 좌표 : $(0, k)$, $(0, -k)$ 단, $k=\sqrt{b^2-a^2}$ ⇦ $b^2-k^2=a^2$

보기 1 다음 방정식이 나타내는 타원의 초점, 꼭짓점, 중심의 좌표와 장축, 단축의 길이를 구하여라.

(1) $\dfrac{x^2}{25}+\dfrac{y^2}{16}=1$ (2) $\dfrac{x^2}{16}+\dfrac{y^2}{25}=1$

연구 타원의 방정식 $\dfrac{x^2}{a^2}+\dfrac{y^2}{b^2}=1$에서 먼저 a와 b의 대소를 비교하여 초점이 x축 위의 점인지 또는 y축 위의 점인지를 확인해야 한다.

정석 타원 $\dfrac{x^2}{a^2}+\dfrac{y^2}{b^2}=1$(단, $a>0$, $b>0$)에서

⟹ $a>b$일 때, 초점은 x축 위에 있다.
$a<b$일 때, 초점은 y축 위에 있다.

(1) $\dfrac{x^2}{5^2}+\dfrac{y^2}{4^2}=1$에서 $a=5$, $b=4$인 경우이므로 초점은 x축 위에 있다.

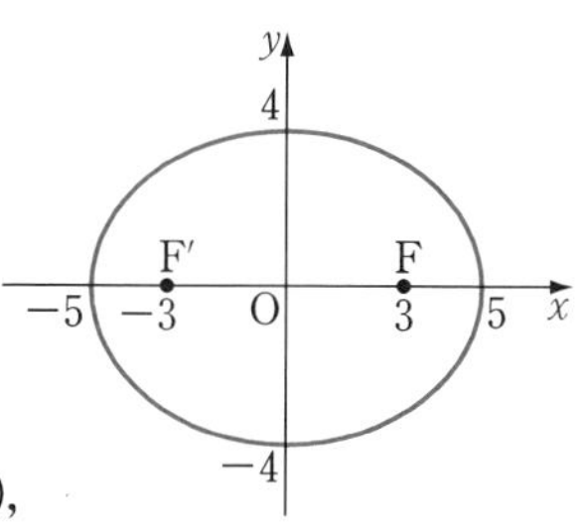

한편

$$k=\sqrt{a^2-b^2}=\sqrt{5^2-4^2}=3$$

이므로

초점 **(3, 0), (−3, 0)**,

꼭짓점 **(5, 0), (−5, 0), (0, 4), (0, −4)**,

중심 **(0, 0)**,

장축의 길이 $2a=2\times5=\mathbf{10}$, 단축의 길이 $2b=2\times4=\mathbf{8}$

이고, 타원은 오른쪽 위와 같다.

(2) $\dfrac{x^2}{4^2}+\dfrac{y^2}{5^2}=1$에서 $a=4$, $b=5$인 경우이므로 초점은 y축 위에 있다. 한편

$$k=\sqrt{b^2-a^2}=\sqrt{5^2-4^2}=3$$

이므로

초점 $(\mathbf{0},\ \mathbf{3})$, $(\mathbf{0},\ \mathbf{-3})$,

꼭짓점 $(\mathbf{4},\ \mathbf{0})$, $(\mathbf{-4},\ \mathbf{0})$, $(\mathbf{0},\ \mathbf{5})$, $(\mathbf{0},\ \mathbf{-5})$,

중심 $(\mathbf{0},\ \mathbf{0})$,

장축의 길이 $2b=2\times5=\mathbf{10}$,

단축의 길이 $2a=2\times4=\mathbf{8}$

이고, 타원은 오른쪽과 같다.

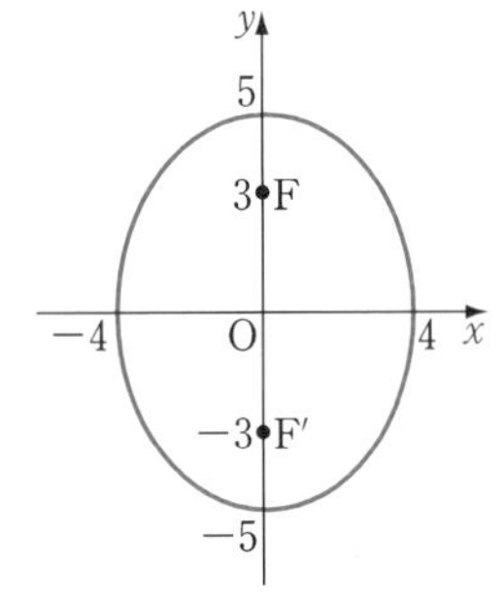

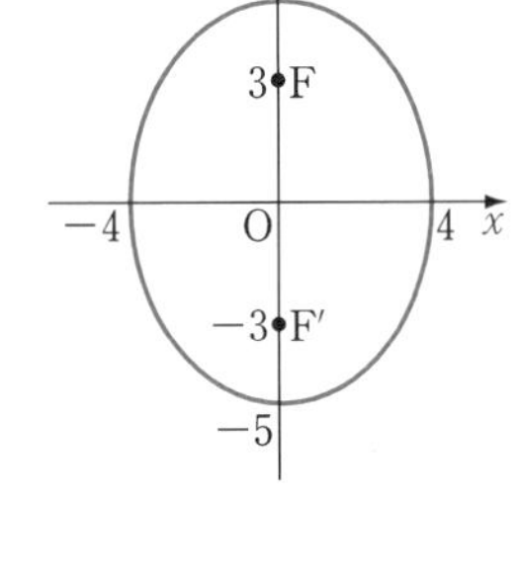

3 타원의 평행이동

타원 $\dfrac{x^2}{a^2}+\dfrac{y^2}{b^2}=1$ ……①

은 평행이동

$$\mathbf{T}:\ (\boldsymbol{x},\ \boldsymbol{y}) \longrightarrow (\boldsymbol{x}+\boldsymbol{m},\ \boldsymbol{y}+\boldsymbol{n})$$

에 의하여 타원

$$\frac{(\boldsymbol{x}-\boldsymbol{m})^2}{\boldsymbol{a}^2}+\frac{(\boldsymbol{y}-\boldsymbol{n})^2}{\boldsymbol{b}^2}=\mathbf{1} \quad \cdots\cdots ②$$

로 이동된다.

이때, 타원은 오른쪽과 같고, 다음을 알 수 있다.

(i) ①, ②의 장축의 길이와 단축의 길이는 각각 같다.

(ii) ②의 초점, 꼭짓점, 중심은 각각 ①의 초점, 꼭짓점, 중심을 x축의 방향으로 m만큼, y축의 방향으로 n만큼 평행이동한 것이다.

보기 2 타원 $\dfrac{(x+3)^2}{9}+\dfrac{(y-2)^2}{4}=1$의 초점과 중심의 좌표를 구하여라.

연구 타원 $\dfrac{x^2}{3^2}+\dfrac{y^2}{2^2}=1$ ……①

을 x축의 방향으로 -3만큼, y축의 방향으로 2만큼 평행이동한 것이다. 그런데

$$k=\sqrt{a^2-b^2}=\sqrt{3^2-2^2}=\sqrt{5}$$

이므로 타원 ①에서

초점 $(\sqrt{5},\ 0)$, $(-\sqrt{5},\ 0)$,

중심 $(0,\ 0)$

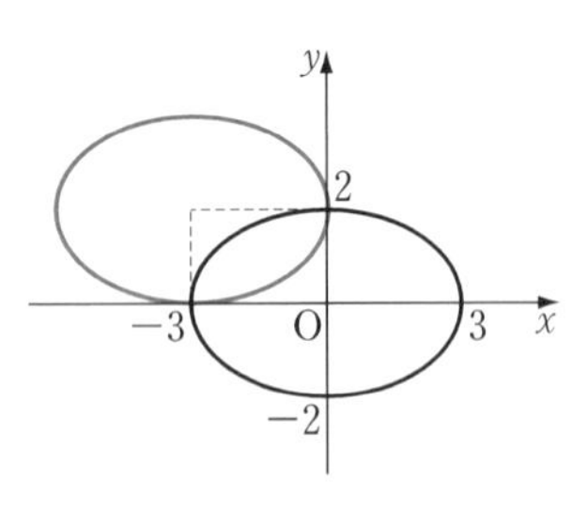

이다. 따라서 구하는 초점과 중심의 좌표는 다음과 같다.

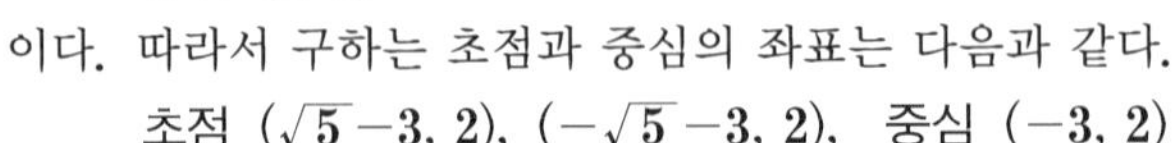

초점 $(\sqrt{\mathbf{5}}-\mathbf{3},\ \mathbf{2})$, $(-\sqrt{\mathbf{5}}-\mathbf{3},\ \mathbf{2})$, 중심 $(\mathbf{-3},\ \mathbf{2})$

기본 문제 2-1 다음을 만족시키는 점 P의 자취의 방정식을 구하여라.

(1) 두 점 F(4, 0), F′(−4, 0)으로부터의 거리의 합이 10인 점 P

(2) 두 점 F(0, 2), F′(0, −2)로부터의 거리의 합이 6인 점 P

정석연구 타원의 정의를 이용하는 자취 문제이다.

정석 자취 문제를 다루는 기본 방법은
첫째 — 조건을 만족시키는 점을 $\mathbf{P}(\boldsymbol{x},\ \boldsymbol{y})$라 하고,
둘째 — 주어진 조건을 써서 $\boldsymbol{x}$와 $\boldsymbol{y}$의 관계식을 구한다.

모범답안 (1) 조건을 만족시키는 점을 P$(x,\ y)$라고 하면

$$\overline{\mathrm{PF}}+\overline{\mathrm{PF'}}=10 \qquad \therefore\ \sqrt{(x-4)^2+y^2}+\sqrt{(x+4)^2+y^2}=10$$

$$\therefore\ \sqrt{(x+4)^2+y^2}=10-\sqrt{(x-4)^2+y^2}$$

양변을 제곱하여 정리하면 $5\sqrt{(x-4)^2+y^2}=25-4x$

다시 양변을 제곱하여 정리하면 $\boldsymbol{9x^2+25y^2=225}$ ← 답

(2) 조건을 만족시키는 점을 P$(x,\ y)$라고 하면

$$\overline{\mathrm{PF}}+\overline{\mathrm{PF'}}=6 \qquad \therefore\ \sqrt{x^2+(y-2)^2}+\sqrt{x^2+(y+2)^2}=6$$

$$\therefore\ \sqrt{x^2+(y+2)^2}=6-\sqrt{x^2+(y-2)^2}$$

양변을 제곱하여 정리하면 $3\sqrt{x^2+(y-2)^2}=9-2y$

다시 양변을 제곱하여 정리하면 $\boldsymbol{9x^2+5y^2=45}$ ← 답

Advice | 두 점 F$(k,\ 0)$, F′$(-k,\ 0)$으로부터의 거리의 합이 $2a$인 점의 자취는 타원이므로 자취의 방정식은

$$\frac{x^2}{a^2}+\frac{y^2}{b^2}=1 \ (\text{단, } a>b>0,\ k^2=a^2-b^2)$$

로 나타낼 수 있다.

(1)의 경우 $2a=10$, $k=4$이므로 $a=5$, $5^2-b^2=4^2$ $\therefore\ b^2=3^2$

$$\therefore\ \frac{x^2}{5^2}+\frac{y^2}{3^2}=1 \quad \text{곧,}\ \frac{x^2}{25}+\frac{y^2}{9}=1$$

(2)의 경우에 대해서도 같은 방법으로 구할 수 있다.

유제 **2**-1. 두 점 F$(0,\ \sqrt{5})$, F′$(0,\ -\sqrt{5})$로부터의 거리의 합이 6인 점의 자취의 방정식을 구하여라. 답 $9x^2+4y^2=36$

유제 **2**-2. 두 점 A(0, 0), B(4, 0)으로부터의 거리의 합이 8인 점의 자취의 방정식을 구하여라. 답 $3(x-2)^2+4y^2=48$

기본 문제 2-2 타원 $4x^2+9y^2-16x-54y+61=0$에 대하여 다음을 구하여라.

(1) 장축의 길이 (2) 단축의 길이 (3) 중심의 좌표
(4) 꼭짓점의 좌표 (5) 초점의 좌표

정석연구 주어진 이차방정식과 같이 xy항이 없고 x^2항과 y^2항의 계수가 같은 부호의 다른 값일 때, 이 식은 축이 좌표축에 수직인 타원을 나타낸다. 그리고 이와 같은 꼴의 식을 타원의 방정식의 일반형이라고 한다.

정석 타원의 방정식의 일반형은

$$\Longrightarrow \mathbf{A}x^2+\mathbf{B}y^2+\mathbf{C}x+\mathbf{D}y+\mathbf{E}=0 \text{ (단, AB}>0,\ \text{A}\neq\text{B)}$$

이와 같이 일반형으로 주어진 타원의 장축의 길이, 단축의 길이, 중심의 좌표, 꼭짓점의 좌표, 초점의 좌표 등을 구할 때에는 준 식을

$$\frac{(x-m)^2}{a^2}+\frac{(y-n)^2}{b^2}=1$$

의 꼴로 고친 다음, 타원 $\dfrac{x^2}{a^2}+\dfrac{y^2}{b^2}=1$의 평행이동을 생각하면 된다.

모범답안 준 식에서 $4(x-2)^2+9(y-3)^2=36$

$$\therefore\ \frac{(x-2)^2}{3^2}+\frac{(y-3)^2}{2^2}=1 \quad \cdots\cdots ①$$

또, $$\frac{x^2}{3^2}+\frac{y^2}{2^2}=1 \quad \cdots\cdots ②$$

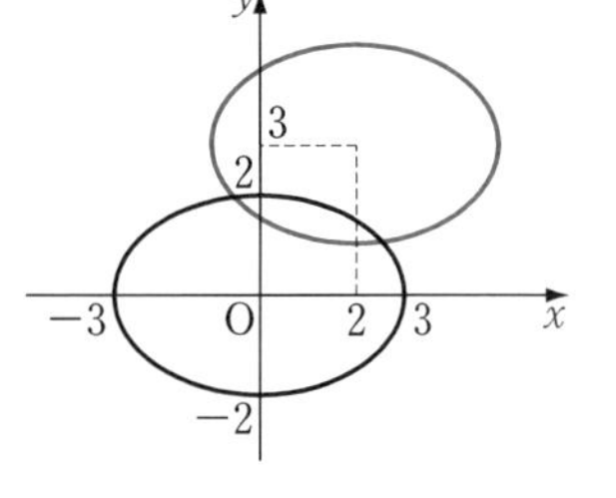

로 놓으면 타원 ①은 타원 ②를 x축의 방향으로 2만큼, y축의 방향으로 3만큼 평행이동한 것이다. 그런데 ②에서

장축의 길이 6, 단축의 길이 4, 중심 (0, 0),
꼭짓점 (3, 0), (−3, 0), (0, 2), (0, −2),
초점 $(\sqrt{5}, 0)$, $(-\sqrt{5}, 0)$

이므로 ①에 대해서는 다음과 같다.

답 (1) **6** (2) **4** (3) **(2, 3)** (4) **(5, 3), (−1, 3), (2, 5), (2, 1)**
(5) $\mathbf{(2+\sqrt{5}, 3), (2-\sqrt{5}, 3)}$

유제 **2**-3. 타원 $x^2+4y^2+4x-8y+4=0$의 장축의 길이, 단축의 길이, 중심의 좌표, 초점의 좌표를 구하여라.

답 장축의 길이 **4**, 단축의 길이 **2**, 중심 **(−2, 1)**,
초점 $\mathbf{(-2+\sqrt{3}, 1), (-2-\sqrt{3}, 1)}$

기본 문제 2-3 점 P(1, 0)을 지나고 기울기가 0이 아닌 직선이 타원 $3x^2+4y^2=12$와 만나는 두 점을 A, B라고 하자. 두 점 A, B와 점 C(−1, 0)을 꼭짓점으로 하는 △ABC의 둘레의 길이를 구하여라.

[정석연구] $3x^2+4y^2=12$를 표준형으로 변형하면

$$\frac{x^2}{4}+\frac{y^2}{3}=1 \qquad 곧, \quad \frac{x^2}{2^2}+\frac{y^2}{(\sqrt{3})^2}=1 \qquad \cdots\cdots ㉠$$

이다.

정석 타원 $\boldsymbol{\frac{x^2}{a^2}+\frac{y^2}{b^2}=1}$ (단, $\boldsymbol{a>b>0}$)에서

초점 $\boldsymbol{(k, 0), (-k, 0)}$ (단, $\boldsymbol{k=\sqrt{a^2-b^2}}$)

을 이용하면 ㉠에서

$$k=\sqrt{2^2-(\sqrt{3})^2}=1$$

이므로 주어진 타원의 초점의 좌표는 (1, 0), (−1, 0)이다. 곧, P(1, 0), C(−1, 0)은 주어진 타원의 초점이다.

따라서 타원 위의 한 점에서 두 초점에 이르는 거리의 합은 장축의 길이와 같다는 사실을 이용할 수 있다.

정석 점 **P**가 초점이 **F, F′**이고 장축의 길이가 $\boldsymbol{2a}$인

타원 위의 점이면 $\Longrightarrow$ $\boldsymbol{\overline{PF}+\overline{PF'}=2a}$

[모범답안] $3x^2+4y^2=12$에서

$$\frac{x^2}{2^2}+\frac{y^2}{(\sqrt{3})^2}=1$$

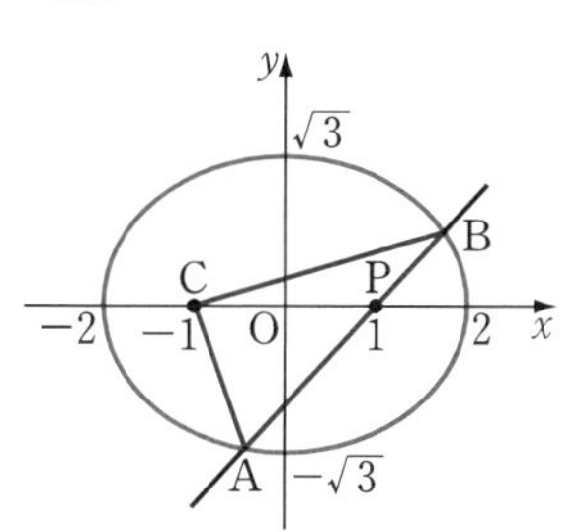

이므로 점 P(1, 0)과 점 C(−1, 0)은 이 타원의 초점이다.

한편 타원의 정의에 의하여

$$\overline{AC}+\overline{AP}=\overline{BC}+\overline{BP}=2\times2=4 \quad ⇦ 2a$$

이므로 △ABC의 둘레의 길이는

$$(\overline{AC}+\overline{AP})+(\overline{BC}+\overline{BP})=4+4=8 \longleftarrow \boxed{답}$$

[유제] **2**-4. y축 위의 점 A(0, a)와 타원 $\dfrac{x^2}{25}+\dfrac{y^2}{9}=1$ 위를 움직이는 점 P가 있다.

타원의 한 초점 F에 대하여 $\overline{AP}-\overline{FP}$의 최솟값이 1일 때, a의 값을 구하여라.

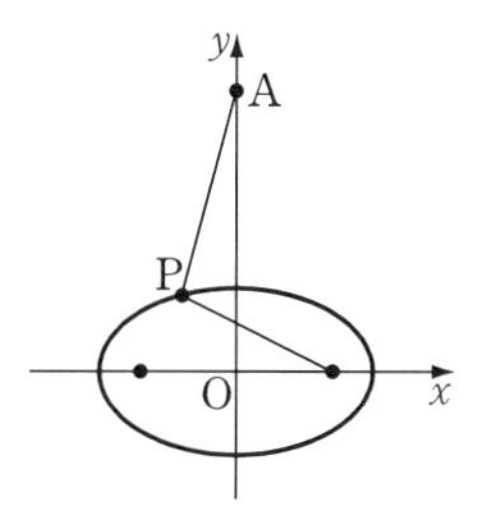

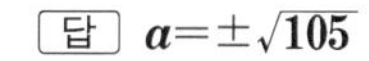
[답] $\boldsymbol{a=\pm\sqrt{105}}$

기본 문제 2-4 다음 두 타원이 서로 합동일 때, 아래 물음에 답하여라.

$2x^2+3y^2=6$ ……① $2x^2+3y^2-8ax-6by=0$ ……②

(1) a, b 사이의 관계식을 구하여라.

(2) a, b가 (1)의 관계식을 만족시키면서 변할 때, 타원 ②의 중심의 자취의 방정식을 구하여라.

정석연구 (1) 두 타원이 서로 합동이므로 평행이동, 대칭이동 또는 회전 등에 의하여 두 타원은 완전히 겹쳐진다.

정석 두 타원이 서로 합동이면 ⟹ 장축, 단축의 길이가 각각 같다.

(2) 타원 ②의 중심의 좌표를 (x, y)로 놓고 (1)의 결과를 이용하여 x와 y의 관계식을 구하면 된다.

모범답안 (1) $\dfrac{x^2}{3}+\dfrac{y^2}{2}=1$ ……① $2x^2+3y^2-8ax-6by=0$ ……②

②에서 $2(x-2a)^2+3(y-b)^2=8a^2+3b^2$

양변을 6으로 나누면 $\dfrac{(x-2a)^2}{3}+\dfrac{(y-b)^2}{2}=\dfrac{8a^2+3b^2}{6}$

이 타원과 타원 ①이 서로 합동이 되기 위한 조건은

$$\frac{8a^2+3b^2}{6}=1 \qquad \therefore\ \mathbf{8a^2+3b^2=6} \leftarrow \text{답}$$

(2) 타원 ②의 중심의 좌표를 (x, y)라고 하면 $x=2a$, $y=b$

$a=\dfrac{1}{2}x$, $b=y$를 (1)의 결과에 대입하면

$$8\times\left(\frac{1}{2}x\right)^2+3\times y^2=6 \qquad \therefore\ \frac{\boldsymbol{x^2}}{\mathbf{3}}+\frac{\boldsymbol{y^2}}{\mathbf{2}}=\mathbf{1} \leftarrow \text{답}$$

Advice | 타원 E_1 : $\dfrac{x^2}{a^2}+\dfrac{y^2}{b^2}=1$과 타원 E_2 : $\dfrac{x^2}{b^2}+\dfrac{y^2}{a^2}=1$은 장축의 길이, 단축의 길이가 각각 같으므로 서로 합동이다.

여기서 타원 E_1은 타원 E_2를 직선 $y=x$에 대하여 대칭이동한 것이다.

유제 **2**-5. 곡선 $x^2+3y^2-6x-12y+7=0$을 평행이동하여 곡선 $x^2+3y^2=c$를 얻었다. 상수 c의 값을 구하여라. 답 $\mathbf{c=14}$

유제 **2**-6. 다음 두 타원이 서로 합동일 때, a, b 사이의 관계식과 타원 ②의 중심의 자취의 방정식을 구하여라.

$x^2+2y^2=2$ ……① $x^2+2y^2-2ax+8by=0$ ……②

답 $\mathbf{a^2+8b^2=2}$, $\mathbf{x^2+2y^2=2}$

기본 문제 2-5 다음 물음에 답하여라.

(1) 두 점 A, B가 $\overline{AB}=3$을 만족시키며 각각 x축, y축 위를 움직일 때, 선분 AB를 1 : 2로 내분하는 점의 자취의 방정식을 구하여라.

(2) 점 F(1, 0)과 직선 $x=4$에 이르는 거리의 비가 1 : 2인 점의 자취의 방정식을 구하여라.

정석연구 자취 문제를 해결하는 기본 방법은

첫째 — 조건을 만족시키는 점을 $\mathbf{P(x,\ y)}$라 하고,

둘째 — 주어진 조건을 써서 $\boldsymbol{x}$와 $\boldsymbol{y}$의 관계식을 구한다.

모범답안 (1) $A(a,\ 0)$, $B(0,\ b)$라고 하면

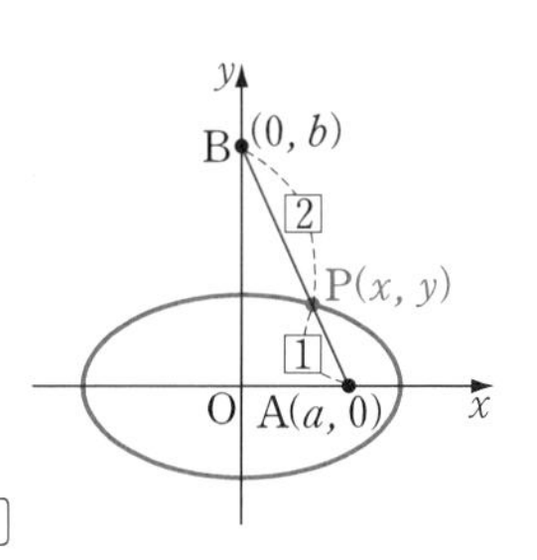

$\overline{AB}=3$이므로 $a^2+b^2=9$ ……①

조건을 만족시키는 점을 $P(x,\ y)$라고 하면

$$x=\frac{1\times0+2\times a}{1+2},\quad y=\frac{1\times b+2\times0}{1+2}$$

$$\therefore\ a=\frac{3}{2}x,\quad b=3y$$

①에 대입하여 정리하면 $\boldsymbol{x^2+4y^2=4}$ ← 답

(2) 조건을 만족시키는 점을 $P(x,\ y)$라 하고, 점 P에서 직선 $x=4$에 내린 수선의 발을 H라고 하면

$$\overline{PF}=\sqrt{(x-1)^2+y^2}\quad ……①$$

$$\overline{PH}=|4-x|\quad ……②$$

그런데 문제의 조건에서

$\overline{PF}:\overline{PH}=1:2$ $\quad\therefore\ 2\overline{PF}=\overline{PH}$

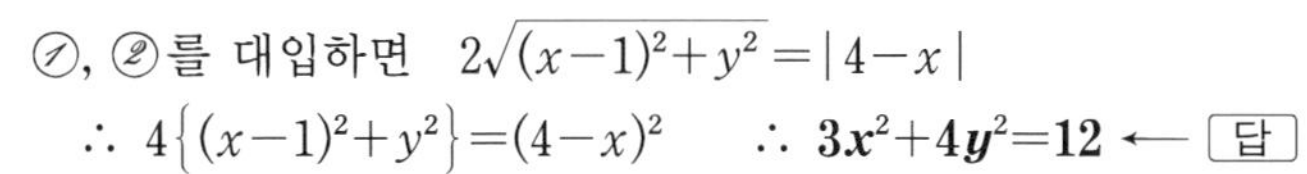

①, ②를 대입하면 $2\sqrt{(x-1)^2+y^2}=|4-x|$

$\therefore\ 4\{(x-1)^2+y^2\}=(4-x)^2$ $\quad\therefore\ \boldsymbol{3x^2+4y^2=12}$ ← 답

유제 **2**-7. 두 점 A, B가 $\overline{AB}=4$를 만족시키며 각각 x축, y축 위를 움직일 때, 선분 AB를 3 : 1로 내분하는 점의 자취의 방정식을 구하여라.

답 $\boldsymbol{9x^2+y^2=9}$

유제 **2**-8. 점 $(-1,\ 0)$과 직선 $x=-9$에 이르는 거리의 비가 1 : 3인 점의 자취의 방정식을 구하여라.

답 $\boldsymbol{8x^2+9y^2=72}$

유제 **2**-9. 점 $(0,\ 1)$과 직선 $y=4$에 이르는 거리의 비가 1 : 2인 점의 자취의 방정식을 구하여라.

답 $\boldsymbol{4x^2+3y^2=12}$

§2. 타원과 직선의 위치 관계

1 타원과 직선의 위치 관계

타원과 직선의 위치 관계는

서로 다른 두 점에서 만나는 경우, 접하는 경우, 만나지 않는 경우

의 세 경우로 나누어 생각할 수 있다.

또, 이 관계는 이차방정식의 판별식을 이용하여 알아볼 수 있다.

보기 1 직선 $y=x+n$과 타원 $2x^2+y^2=6$의 위치 관계가 다음과 같을 때, 실수 n의 값 또는 값의 범위를 구하여라.

(1) 서로 다른 두 점에서 만난다. (2) 접한다. (3) 만나지 않는다.

연구 $y=x+n$ ……① $2x^2+y^2=6$ ……②

①을 ②에 대입하고 정리하면 $3x^2+2nx+n^2-6=0$ ……③

이 방정식의 실근이 ①, ②의 교점의 x좌표와 같다. 따라서

(1) ①이 ②와 서로 다른 두 점에서 만나려면 ③이 서로 다른 두 실근을 가져야 하므로

$D/4=n^2-3(n^2-6)>0$ ∴ $\boldsymbol{-3<n<3}$

(2) ①이 ②에 접하려면 ③이 중근을 가져야 하므로

$D/4=n^2-3(n^2-6)=0$ ∴ $\boldsymbol{n=-3, 3}$

(3) ①이 ②와 만나지 않으려면 ③이 허근을 가져야 하므로

$D/4=n^2-3(n^2-6)<0$ ∴ $\boldsymbol{n<-3,\ n>3}$

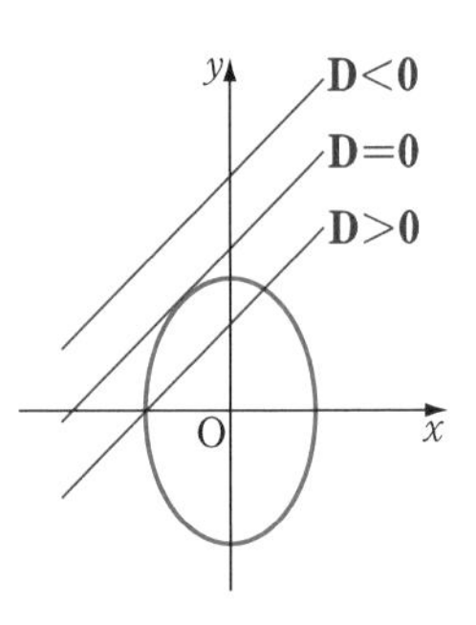

기본정석 — **타원과 직선의 위치 관계**

직선 : $\boldsymbol{y=mx+n}$ ……① 타원 : $\boldsymbol{f(x, y)=0}$ ……②

①과 ②에서 y를 소거하면 $f(x, mx+n)=0$ ……③

③의 판별식을 D라고 하면

		$f(x, mx+n)=0$의 근		직선과 타원
D>0	⟺	서로 다른 두 실근	⟺	서로 다른 두 점에서 만난다
D=0	⟺	중근	⟺	접한다
D<0	⟺	서로 다른 두 허근	⟺	만나지 않는다

2 타원의 접선의 방정식

판별식을 이용하여 타원 위의 점이 주어졌을 때의 접선의 방정식과 기울기가 주어졌을 때의 접선의 방정식을 구해 보자.

보기 2 타원 $2x^2+y^2=9$ 위의 점 $(2,\ 1)$에서의 접선의 방정식을 구하여라.

연구 $2x^2+y^2=9$ ……①

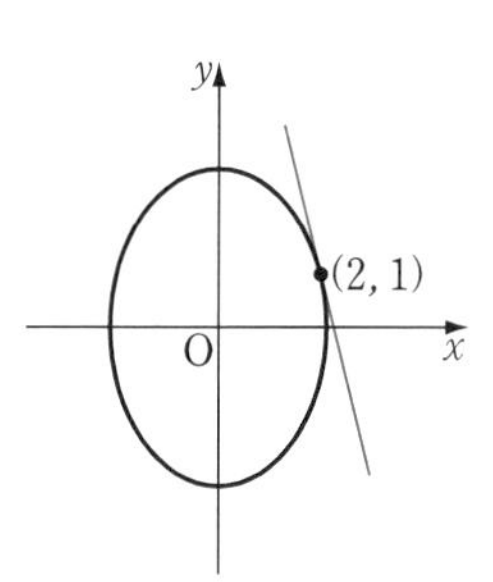

점 $(2,\ 1)$을 지나는 접선의 방정식을

$y=mx+n$ ……②

로 놓자.

②를 ①에 대입하고 정리하면

$(m^2+2)x^2+2mnx+n^2-9=0$ ……③

②가 ①에 접하면 ③이 중근을 가지므로

$\mathrm{D}/4=m^2n^2-(m^2+2)(n^2-9)=0$

정리하면 $9m^2-2n^2+18=0$ ……④

한편 ②는 점 $(2,\ 1)$을 지나므로 $2m+n=1$ ……⑤

④, ⑤를 연립하여 풀면 $m=-4,\ n=9$ $\therefore$ $\boldsymbol{y=-4x+9}$

보기 3 타원 $4x^2+9y^2=36$에 접하고 기울기가 $\sqrt{3}$인 직선의 방정식을 구하여라.

연구 $4x^2+9y^2=36$ ……① $y=\sqrt{3}x+n$ ……②

②를 ①에 대입하고 정리하면 $31x^2+18\sqrt{3}nx+9n^2-36=0$ ……③

②가 ①에 접하면 ③이 중근을 가지므로

$\mathrm{D}/4=(9\sqrt{3}n)^2-31(9n^2-36)=0$ $\therefore$ $n^2=31$ $\therefore$ $n=\pm\sqrt{31}$

따라서 구하는 직선의 방정식은 $\boldsymbol{y=\sqrt{3}x\pm\sqrt{31}}$

위와 같은 방법으로 하면 다음 공식을 얻는다.

기본정석 — **타원의 접선의 방정식**

(1) 타원 $\dfrac{x^2}{a^2}+\dfrac{y^2}{b^2}=1$ 위의 점 $(x_1,\ y_1)$에서의 접선의 방정식은

$$\Longrightarrow \frac{x_1x}{a^2}+\frac{y_1y}{b^2}=1$$

(2) 타원 $\dfrac{x^2}{a^2}+\dfrac{y^2}{b^2}=1$에 접하고 기울기가 m인 직선의 방정식은

$$\Longrightarrow y=mx\pm\sqrt{a^2m^2+b^2}$$

*Note 위의 공식은 a^2, b^2의 대소에 관계없이 성립한다.

Advice 1° 곡선 위의 점 (x_1, y_1)에서의 접선의 방정식을 구할 때에는

$$x^2 \text{ 대신 } \Longrightarrow x_1x, \quad y^2 \text{ 대신 } \Longrightarrow y_1y$$

를 대입한다고 기억하면 된다.

이를테면 앞면의 **보기 2**의 접선의 방정식은 $2x^2+y^2=9$에 x^2 대신 $2\times x$를, y^2 대신 $1\times y$를 대입하면 ⇦ $x_1=2,\ y_1=1$

$$2\times 2x+y=9 \quad \therefore\ \boldsymbol{y=-4x+9}$$

2° 앞면의 **기본정석**의 공식을 이용하여 접선의 방정식을 구해도 된다.

이를테면 앞면의 **보기 3**에서 타원의 방정식은 $\dfrac{x^2}{9}+\dfrac{y^2}{4}=1$

곧, $a^2=9,\ b^2=4,\ m=\sqrt{3}$이므로 구하는 접선의 방정식은

$$y=\sqrt{3}\,x\pm\sqrt{9\times(\sqrt{3}\,)^2+4} \quad \therefore\ \boldsymbol{y=\sqrt{3}\,x\pm\sqrt{31}}$$

3 미분법을 이용한 타원의 접선의 기울기 구하기

포물선의 접선의 기울기를 구하는 경우와 마찬가지로 **미적분**에서 공부하는 음함수의 미분법을 이용하여 타원의 접선의 기울기를 구할 수도 있다.

⇦ 기본 미적분 p. 122

이를테면 앞면의 **보기 2**에서 $2x^2+y^2=9$의 양변을 x에 관하여 미분하면

$$4x+2y\frac{dy}{dx}=0 \quad \therefore\ \frac{dy}{dx}=-\frac{2x}{y}\ (y\neq 0) \quad \cdots\cdots ㉮$$

점 $(2,\ 1)$에서의 접선의 기울기는 $\left[\dfrac{dy}{dx}\right]_{\substack{x=2\\y=1}}=-\dfrac{2\times 2}{1}=-4$

따라서 접선의 방정식은 $y-1=-4(x-2) \quad \therefore\ \boldsymbol{y=-4x+9}$

그런데 ㉮에서 $y\neq 0$이어야 하므로 타원 $2x^2+y^2=9$ 위의 점 $\left(\pm\dfrac{3}{\sqrt{2}},\ 0\right)$에서의 접선의 방정식은 위와 같은 방법으로 구할 수 없다.

이와 같이 음함수의 미분법을 이용하여 이차곡선의 접선의 방정식을 구할 때에는 $\dfrac{dy}{dx}$의 값이 존재하지 않는 경우, 곧 접선이 x축에 수직인 경우를 따로 생각해야 한다는 것에 주의하여라.

보기 4 음함수의 미분법을 이용하여 타원 $x^2+4y^2=16$ 위의 점 $(2,\ \sqrt{3}\,)$에서의 접선의 방정식을 구하여라.

연구 양변을 x에 관하여 미분하면 $2x+8y\dfrac{dy}{dx}=0 \quad \therefore\ \dfrac{dy}{dx}=-\dfrac{x}{4y}\ (y\neq 0)$

$$\therefore\ \left[\frac{dy}{dx}\right]_{\substack{x=2\\y=\sqrt{3}}}=-\frac{2}{4\sqrt{3}}=-\frac{1}{2\sqrt{3}}$$

따라서 구하는 접선의 방정식은 $y-\sqrt{3}=-\dfrac{1}{2\sqrt{3}}(x-2)$

$$\therefore\ \boldsymbol{x+2\sqrt{3}\,y=8}$$

기본 문제 2-6 타원 $2x^2+3y^2=30$에 대하여 다음 물음에 답하여라.

(1) 이 타원에 접하고, 직선 $y=x$에 수직인 직선의 방정식을 구하여라.

(2) 이 타원 위의 점과 직선 $x+y=10$ 사이의 거리의 최솟값을 구하여라.

정석연구 (1) 직선 $y=x$에 수직인 직선의 기울기는 -1이므로 타원의 방정식을 표준형으로 고친 다음, 아래 **정석**을 이용한다.

정석 타원 $\dfrac{x^2}{a^2}+\dfrac{y^2}{b^2}=1$에 접하고 기울기가 m인 직선의 방정식은

$$\Longrightarrow \boldsymbol{y=mx\pm\sqrt{a^2m^2+b^2}}$$

(2) 오른쪽 그림과 같이 거리가 최소인 점에서의 접선은 직선 $x+y=10$과 평행하다.

따라서 최솟값은 접점 P와 직선 $x+y=10$ 사이의 거리와 같다.

또, 이 값은 접선 l과 직선 $x+y=10$ 사이의 거리와도 같다.

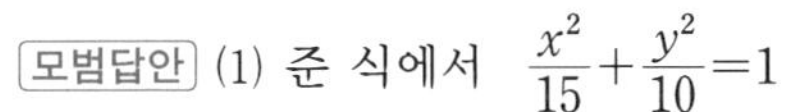

모범답안 (1) 준 식에서 $\dfrac{x^2}{15}+\dfrac{y^2}{10}=1$

구하는 직선의 기울기는 -1이므로 직선의 방정식은

$$y=-1\times x\pm\sqrt{15\times(-1)^2+10}$$

$$\therefore\ \boldsymbol{y=-x+5,\ y=-x-5} \longleftarrow \text{답}$$

(2) 직선 $x+y=10$의 기울기가 -1이므로 구하는 최솟값은 접선 $y=-x+5$와 직선 $x+y=10$ 사이의 거리와 같다.

따라서 구하는 최솟값은 접선 위의 한 점 $(0,\ 5)$와 직선 $x+y-10=0$ 사이의 거리와 같다.

$$\therefore\ \frac{|0+5-10|}{\sqrt{1^2+1^2}}=\frac{5}{\sqrt{2}}=\boldsymbol{\frac{5\sqrt{2}}{2}} \longleftarrow \text{답}$$

유제 **2**-10. 타원 $9x^2+16y^2=144$에 접하는 직선 중에서 다음을 만족시키는 직선의 방정식을 구하여라.

(1) 직선 $y=x+2$에 평행하다. (2) 직선 $y=x+1$에 수직이다.

(3) 기울기가 양수이고 x축과 이루는 예각의 크기가 60°이다.

답 (1) $\boldsymbol{y=x\pm5}$ (2) $\boldsymbol{y=-x\pm5}$ (3) $\boldsymbol{y=\sqrt{3}x\pm\sqrt{57}}$

유제 **2**-11. 타원 $2x^2+y^2=6$ 위의 점과 직선 $y=x+5$ 사이의 거리의 최솟값을 구하여라.

답 $\sqrt{2}$

기본 문제 2-7 점 (3, 1)에서 타원 $5x^2+9y^2=45$에 그은 접선의 방정식을 구하여라.

[정석연구] 다음 두 가지 방법을 생각할 수 있다.

(i) 판별식을 이용한다.

정석 접한다 ⟺ 중근을 가진다 ⟺ $\mathrm{D}=0$

(ii) 공식을 이용한다.

정석 타원 $\mathbf{A}\boldsymbol{x}^2+\mathbf{B}\boldsymbol{y}^2=\mathbf{C}$ 위의 점 $(\boldsymbol{x}_1,\ \boldsymbol{y}_1)$에서의 접선의 방정식은
$$\Longrightarrow \mathbf{A}\boldsymbol{x}_1\boldsymbol{x}+\mathbf{B}\boldsymbol{y}_1\boldsymbol{y}=\mathbf{C}$$

이 문제의 경우는 점 (3, 1)이 타원 위의 점이 아니므로 위의 공식에 직접 대입할 수 없다는 것에 주의해야 한다.

[모범답안] 접점의 좌표를 $(x_1,\ y_1)$이라고 하면

$$5x_1^2+9y_1^2=45 \quad \cdots\cdots ①$$

이고, 접선의 방정식은

$$5x_1x+9y_1y=45$$

이 직선이 점 (3, 1)을 지나므로

$$15x_1+9y_1=45$$

곧, $3y_1=15-5x_1$ ······②

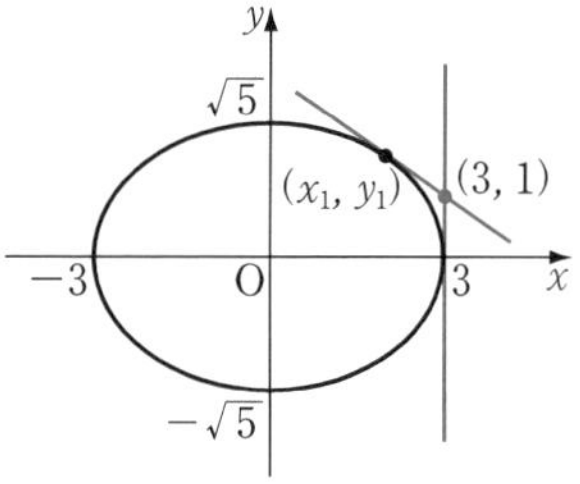

①, ②에서 y_1을 소거하면

$$5x_1^2+(15-5x_1)^2=45 \quad \therefore\ x_1^2-5x_1+6=0$$

$\therefore\ x_1=2,\ 3 \quad \therefore\ y_1=\dfrac{5}{3},\ 0 \quad \therefore\ \boldsymbol{y}=-\dfrac{\mathbf{2}}{\mathbf{3}}\boldsymbol{x}+\mathbf{3},\ \ \boldsymbol{x}=\mathbf{3}$ ← [답]

Advice | 접선의 방정식을 $y=mx+n$으로 놓고 판별식을 이용하여 $m,\ n$의 값을 구할 수도 있으나, 이와 같은 방법을 쓸 때에는 이 식이 x축에 수직인 직선을 나타낼 수 없다는 것에 주의해야 한다. 따라서 점 (3, 1)을 지나고 x축에 수직인 직선, 곧 직선 $x=3$이 접선이 되는지를 따로 확인해야 한다.

[유제] **2**-12. 다음 타원 위의 주어진 점에서의 접선의 방정식을 구하여라.

(1) $2x^2+3y^2=5$, 점 $(1,\ -1)$ (2) $4x^2+9y^2=40$, 점 $(1,\ 2)$

[답] (1) $\mathbf{2}\boldsymbol{x}-\mathbf{3}\boldsymbol{y}=\mathbf{5}$ (2) $\mathbf{2}\boldsymbol{x}+\mathbf{9}\boldsymbol{y}=\mathbf{20}$

[유제] **2**-13. 점 (3, 2)에서 타원 $x^2+4y^2=4$에 두 접선을 그을 때, 두 접점을 연결하는 선분의 중점의 x좌표를 구하여라. [답] $\dfrac{\mathbf{12}}{\mathbf{25}}$

연습문제 2

2-1 다음을 만족시키는 타원의 방정식을 구하여라.

(1) 초점이 점 $(0,\ 1)$, $(0,\ -1)$이고, 네 꼭짓점 중에서 두 꼭짓점이 점 $(1,\ 0)$, $(-1,\ 0)$이다.

(2) 초점이 점 $(0,\ 3)$, $(0,\ -3)$이고, 장축의 길이가 10이다.

(3) 두 초점이 타원 $4x^2+9y^2=36$의 두 초점과 같고, 점 $(3,\ 2)$를 지난다.

2-2 점 $\mathrm{P}(x,\ y)$로부터 두 점 $\mathrm{F}(\sqrt{2},\ 0)$, $\mathrm{F}'(-\sqrt{2},\ 0)$에 이르는 거리의 합은 4이고, 점 P로부터 원점에 이르는 거리는 $\sqrt{3}$이다.

점 P가 제1사분면의 점일 때, x, y의 값을 구하여라.

2-3 오른쪽 그림과 같이 중심이 원점인 타원의 한 초점을 F, 타원과 y축이 만나는 한 점을 A라고 하자. 직선 AF의 방정식이 $y=\dfrac{1}{2}x-1$일 때, 타원의 장축의 길이는?

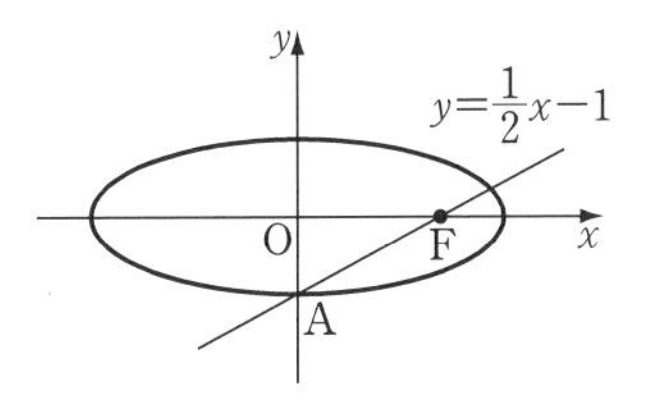

① $2\sqrt{5}$ ② $2\sqrt{6}$ ③ 5

④ $2\sqrt{7}$ ⑤ $4\sqrt{2}$

2-4 이차곡선 $x^2-4x+9y^2-5=0$과 중심이 점 $(2,\ 0)$이고 반지름의 길이가 a인 원이 서로 다른 네 점에서 만날 때, 실수 a의 값의 범위를 구하여라.

2-5 타원 $\dfrac{x^2}{4}+\dfrac{y^2}{a}=1$ (단, $0<a<4$)의 두 초점을 F, F′이라 하고, 단축 위의 한 꼭짓점을 P라고 하자. $\angle\mathrm{FPF}'=60^\circ$일 때, 상수 a의 값을 구하여라.

2-6 타원 $\dfrac{x^2}{a^2}+\dfrac{y^2}{b^2}=1$의 한 초점을 $\mathrm{F}(k,\ 0)$ (단, $k>0$)이라 하고, 이 타원이 x축과 만나는 점 중에서 x좌표가 음수인 점을 A, y축과 만나는 점 중에서 y좌표가 양수인 점을 B라고 하자. $\angle\mathrm{AFB}=60^\circ$이고, $\triangle\mathrm{AFB}$의 넓이가 $6\sqrt{3}$일 때, a^2+b^2의 값을 구하여라.

2-7 오른쪽 그림과 같이 타원 $\dfrac{x^2}{36}+\dfrac{y^2}{20}=1$의 두 초점을 F, F′이라 하고, 초점 F에 가장 가까운 꼭짓점을 A라고 하자. 이 타원 위의 한 점 P에 대하여 $\angle\mathrm{PFF}'=60^\circ$일 때, $\overline{\mathrm{PA}}^2$의 값을 구하여라.

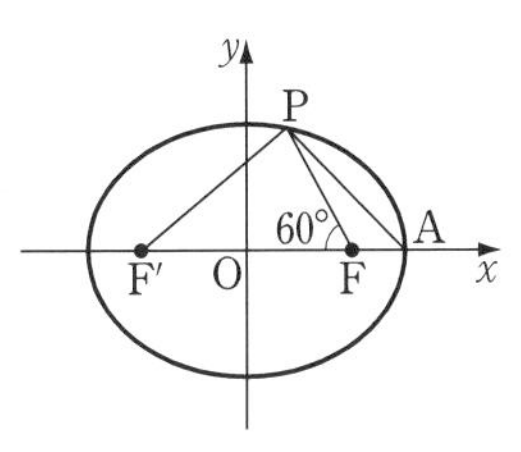

2-8 장축의 길이가 각각 16, 24인 두 타원이 점 F를 한 초점으로 공유하고, 서로 다른 두 점 P, Q에서 만난다.

두 타원의 나머지 초점이 각각 F_1, F_2이고, 세 점 F_1, F, F_2가 이 순서로 한 직선 위에 있을 때, $|\overline{PF_1}-\overline{PF_2}|+|\overline{QF_1}-\overline{QF_2}|$의 값은?

① 8 ② 10 ③ 12 ④ 14 ⑤ 16

2-9 두 초점이 F, F′이고, 장축의 길이가 10, 단축의 길이가 6인 타원이 있다. 중심이 F이고 점 F′을 지나는 원과 이 타원의 두 교점 중에서 한 점을 P라고 할 때, △PFF′의 넓이는?

① $2\sqrt{10}$ ② $3\sqrt{5}$ ③ $3\sqrt{6}$ ④ $3\sqrt{7}$ ⑤ $\sqrt{70}$

2-10 타원 $\dfrac{x^2}{36}+\dfrac{y^2}{16}=1$의 두 초점을 F, F′이라고 하자. 이 타원 위의 점 P가 $\overline{OP}=\overline{OF}$를 만족시킬 때, $\overline{PF}\times\overline{PF'}$의 값을 구하여라. 단, O는 원점이다.

2-11 점 A(6, 0)을 중심으로 하는 원이 타원 $\dfrac{x^2}{36}+\dfrac{y^2}{20}=1$과 제1사분면에 있는 점 P에서 만난다. 점 B(−4, 0)에 대하여 $\overline{PA}+\overline{PB}=12$일 때, 선분 PA의 길이를 구하여라.

2-12 두 점 A(5, 0), B(−5, 0)에 대하여 장축이 선분 AB인 타원의 두 초점을 F, F′이라고 하자. 또, 초점이 F이고 꼭짓점이 원점인 포물선이 타원과 만나는 두 점을 P, Q라고 하자.

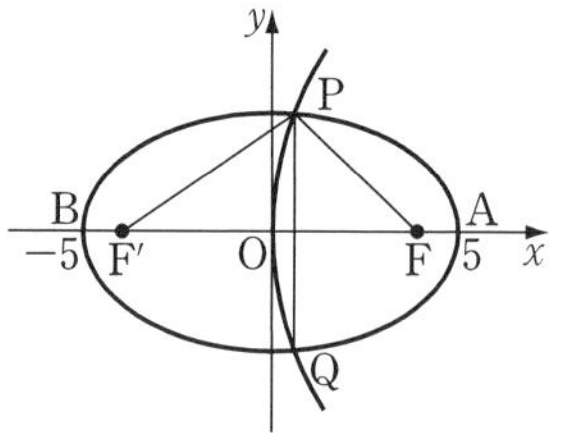

$\overline{PQ}=2\sqrt{10}$일 때, $\overline{PF}\times\overline{PF'}$의 값은?

① $\dfrac{99}{4}$ ② 25 ③ $\dfrac{101}{4}$ ④ $\dfrac{51}{2}$ ⑤ $\dfrac{103}{4}$

2-13 타원 $4x^2+9y^2=36$ 위의 점 중에서 점 (1, 0)에 가장 가까운 점의 좌표를 구하여라.

2-14 원 $x^2+y^2=36$ 위를 움직이는 점 P와 점 A(4, 0)에 대하여 다음 두 조건을 만족시키는 점 Q의 자취는 타원의 일부가 된다. 이 타원의 방정식을 구하여라. 단, 점 P의 y좌표는 0이 아니고, O는 원점이다.

(가) 점 Q는 선분 OP 위에 있다.

(나) 점 Q를 지나고 직선 AP에 평행한 직선이 ∠OQA를 이등분한다.

2-15 $x=4\cos t+1$, $y=3\sin t$인 점 (x, y)의 자취는 타원이다. 이 타원의 초점의 좌표를 구하여라.

⇦ 수학 I (삼각함수)

2-16 포물선 $y^2=x$와 타원 $ax^2+16y^2=16a$가 만나는 점에서의 두 곡선의 접선이 서로 수직일 때, 양수 a의 값을 구하여라.

2-17 타원 $4x^2+9y^2=36$ 위의 점 P에 대하여 다음 물음에 답하여라.

(1) 점 P에서 x축에 내린 수선의 발을 H라고 할 때, △OHP의 넓이의 최댓값을 구하여라. 단, O는 원점이다.

(2) 점 P에서의 접선이 x축, y축과 만나서 만들어지는 삼각형의 넓이의 최솟값을 구하여라.

2-18 타원 $x^2+4y^2=4$에 접하고 기울기가 1인 두 직선 사이의 거리는?

① $2\sqrt{2}$ ② $\sqrt{10}$ ③ $2\sqrt{3}$ ④ 4 ⑤ $2\sqrt{5}$

2-19 두 점 $(2, 0)$, $(-2, 0)$을 지나고 장축과 단축이 각각 y축, x축 위에 있는 타원이 있다. 직선 $y=2x+5$가 이 타원에 접할 때, 타원의 방정식을 구하여라.

2-20 점 $(0, 2)$에서 타원 $\dfrac{x^2}{8}+\dfrac{y^2}{2}=1$에 그은 두 접선의 접점을 각각 P, Q라 하고, 타원의 두 초점 중 하나를 F라고 할 때, △PFQ의 둘레의 길이를 구하여라.

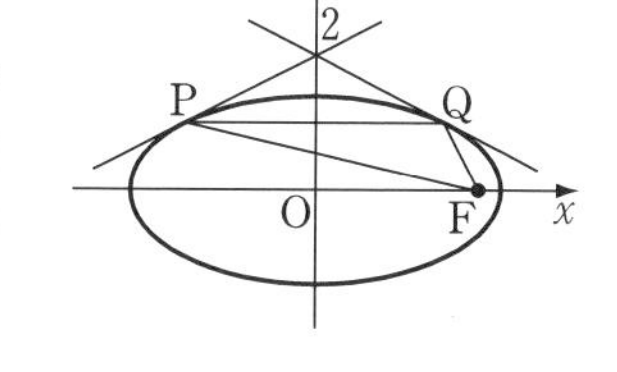

2-21 타원 $\dfrac{x^2}{9}+\dfrac{y^2}{5}=1$의 두 초점 중 x좌표가 양수인 점을 F라고 하자. y축 위의 점 A$(0, t)$(단, $t>0$)에서 타원에 그은 접선 중 하나와 직선 AF가 서로 수직이다. 접점을 P라고 할 때, △APF의 넓이를 구하여라.

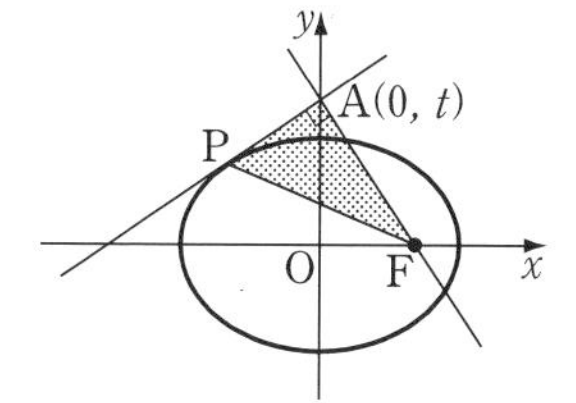

2-22 타원 $\dfrac{x^2}{4}+y^2=1$의 네 꼭짓점을 연결하여 만든 사각형에 내접하는 타원 $\dfrac{x^2}{a^2}+\dfrac{y^2}{b^2}=1$이 있다. 타원 $\dfrac{x^2}{a^2}+\dfrac{y^2}{b^2}=1$의 두 초점이 F$(b, 0)$, F'$(-b, 0)$일 때, 양수 a, b의 값을 구하여라.

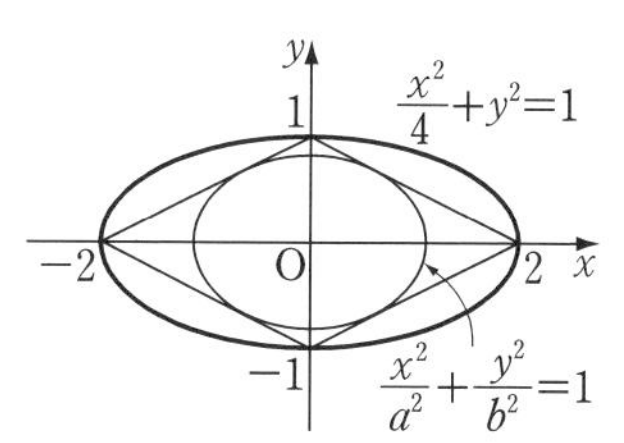

2-23 점 A$(0, 4)$와 타원 $\dfrac{x^2}{5}+y^2=1$ 위를 움직이는 점 P가 있다. 두 점 A, P를 지나는 직선이 원 $x^2+(y-3)^2=1$과 만나는 두 점 중에서 A가 아닌 점을 Q라고 할 때, 점 Q의 자취의 길이는?

① $\dfrac{\pi}{6}$ ② $\dfrac{\pi}{4}$ ③ $\dfrac{\pi}{3}$ ④ $\dfrac{2}{3}\pi$ ⑤ $\dfrac{3}{4}\pi$

3. 쌍곡선의 방정식

쌍곡선의 방정식／
쌍곡선과 직선의 위치 관계

§ 1. 쌍곡선의 방정식

1 쌍곡선의 정의

평면 위의 두 정점으로부터의 거리의 차가 일정한 점의 자취를 쌍곡선이라고 한다. 이때, 두 정점을 쌍곡선의 초점이라고 한다.

오른쪽 그림과 같이 실의 어느 한 점에 연필 끝을 꼭 붙들어 매어 고정시킨 다음 양쪽의 실을 F, F′에 감고, F′ 아래의 두 가닥의 실을 함께 잡아 위로 늦춰 주거나 아래로 잡아당긴다. 이때, F, F′에 감은 실을 팽팽하게 하면서 P를 움직이면 $\overline{\mathrm{PF'}}$과 $\overline{\mathrm{PF}}$의 줄고 느는 길이가 같으므로 차는 항상 일정하다. 곧, P는

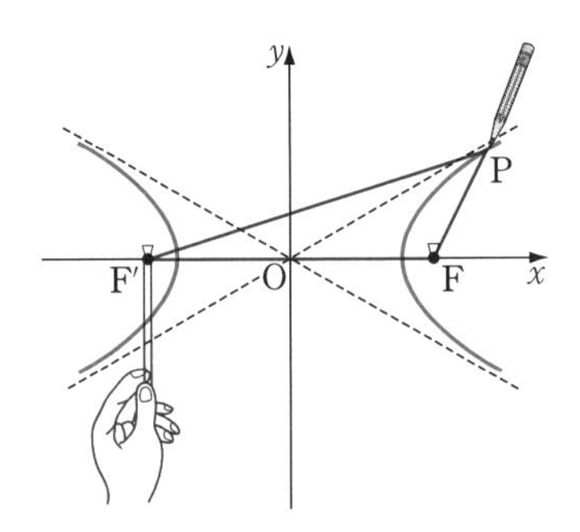

$$\overline{\mathrm{PF'}}-\overline{\mathrm{PF}}=2a \text{ (일정)}$$

인 관계를 유지하면서 움직인다.

따라서 점 P가 움직이면서 그리는 곡선은 두 점 F, F′으로부터의 거리의 차가 일정한 점의 자취인 쌍곡선의 일부이다.

***Note** 1° 위의 그림에서 점 P를 점 F보다 점 F′에 가깝게 하여

$$\overline{\mathrm{PF}}-\overline{\mathrm{PF'}}=2a \text{ (일정)}$$

인 관계를 유지하면서 움직이면 위의 그림의 왼쪽 곡선을 얻는다.

2° 타원의 경우 연필이 실의 어느 한 점에 고정되어 있지 않고 실을 따라 움직였지만, 쌍곡선의 경우 연필이 실의 한 점에 고정되어 움직인다.

2 쌍곡선의 방정식의 표준형

오른쪽 그림과 같이 쌍곡선의 초점 F, F′을 지나는 직선을 x축으로, 선분 FF′의 수직이등분선을 y축으로 잡고, 두 점 F, F′의 좌표를 각각

$$\mathbf{F}(k,\ 0),\ \mathbf{F}'(-k,\ 0)\ \ (\text{단, } k>0)$$

과 같이 정한다.

두 점 F, F′으로부터의 거리의 차가

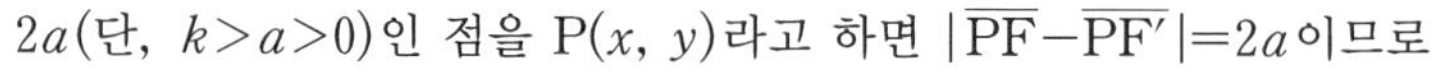

$2a$(단, $k>a>0$)인 점을 $\mathrm{P}(x,\ y)$라고 하면 $|\overline{\mathrm{PF}}-\overline{\mathrm{PF'}}|=2a$이므로

$$\sqrt{(x-k)^2+y^2}-\sqrt{(x+k)^2+y^2}=\pm 2a$$

$$\therefore\ \sqrt{(x-k)^2+y^2}=\sqrt{(x+k)^2+y^2}\pm 2a$$

양변을 제곱하여 정리하면 $a\sqrt{(x+k)^2+y^2}=\pm(kx+a^2)$

다시 양변을 제곱하여 정리하면 $(k^2-a^2)x^2-a^2y^2=a^2(k^2-a^2)$

여기에서 $k^2-a^2=b^2$(단, $b>0$)으로 놓으면 $b^2x^2-a^2y^2=a^2b^2$

양변을 a^2b^2으로 나누면 ⇦ $ab\neq 0$

$$\frac{x^2}{a^2}-\frac{y^2}{b^2}=1\ \ (\text{단, } a>0,\ b>0,\ k^2=a^2+b^2) \quad \cdots\cdots ㉮$$

이다.

이 식을 쌍곡선의 방정식의 표준형이라고 한다.

또, ㉮에 $y=0$을 대입하면

$$x=\pm a$$

이므로 쌍곡선과 x축은 두 점

$$\mathrm{A}(a,\ 0),\quad \mathrm{A}'(-a,\ 0)$$

에서 만난다.

그림 ㉮

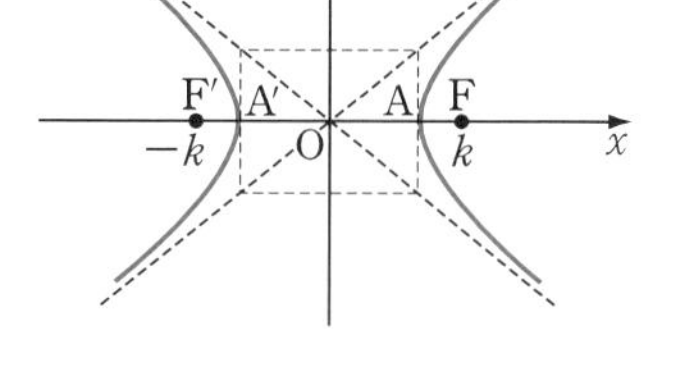

그러나 ㉮에 $x=0$을 대입하면 이 식을 만족시키는 y의 값이 존재하지 않으므로 y축과 만나지 않는다.

이때, 점 A, A′을 쌍곡선의 꼭짓점이라 하고, 선분 AA′을 쌍곡선의 주축, 선분 AA′의 중점 O를 쌍곡선의 중심이라고 한다.

또, 쌍곡선의 주축의 길이는 쌍곡선 위의 임의의 한 점에서 두 초점에 이르는 거리의 차인 $2a$이다.

같은 방법으로 쌍곡선의 초점 F, F′을 지나는 직선을 y축으로, 선분 FF′의 수직이등분선을 x축으로 잡고, 두 점 F, F′의 좌표를 각각

$\mathbf{F}(0,\ k)$, $\mathbf{F}'(0,\ -k)$ (단, $k>0$)

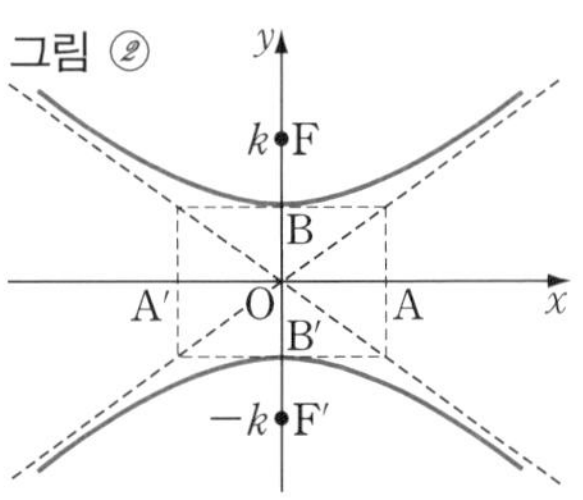

라고 하면 $|\overline{\mathrm{PF}}-\overline{\mathrm{PF}'}|=2b$ (단, $k>b>0$) 인 점 $\mathrm{P}(x,\ y)$의 자취의 방정식은

$$\frac{x^2}{a^2}-\frac{y^2}{b^2}=-1$$

(단, $a>0$, $b>0$, $k^2=a^2+b^2$)

이다.

이 곡선은 오른쪽 그림과 같이 x축과 만나지 않고, y축과 두 점 $\mathrm{B}(0,\ b)$, $\mathrm{B}'(0,\ -b)$에서 만난다.

기본정석 **쌍곡선의 방정식의 표준형**

(1) $\dfrac{x^2}{a^2}-\dfrac{y^2}{b^2}=1$ (단, $a>0$, $b>0$, $k^2=a^2+b^2$) ⇦ 앞면의 그림 ①

⟹ 주축의 길이 : $2a$, 초점의 좌표 : $(k,\ 0)$, $(-k,\ 0)$

(2) $\dfrac{x^2}{a^2}-\dfrac{y^2}{b^2}=-1$ (단, $a>0$, $b>0$, $k^2=a^2+b^2$) ⇦ 위의 그림 ②

⟹ 주축의 길이 : $2b$, 초점의 좌표 : $(0,\ k)$, $(0,\ -k)$

보기 1 다음 방정식이 나타내는 쌍곡선의 주축의 길이, 꼭짓점의 좌표, 초점의 좌표를 구하여라.

(1) $9x^2-16y^2=144$ (2) $9x^2-16y^2=-144$

연구 (1) $\dfrac{x^2}{4^2}-\dfrac{y^2}{3^2}=1$에서 $a=4$, $b=3$인 경우

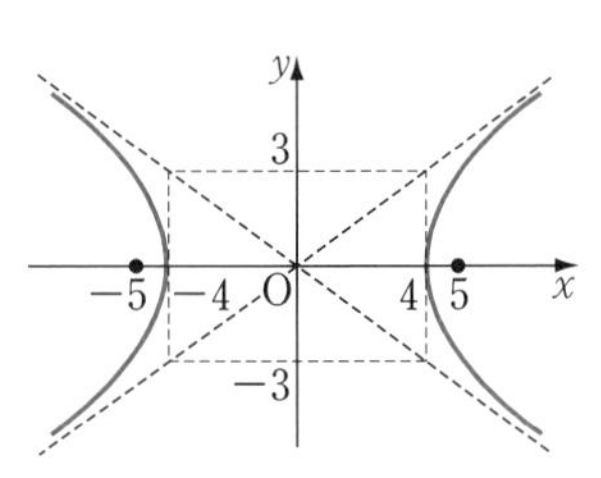

이므로 $k=\sqrt{a^2+b^2}=\sqrt{4^2+3^2}=5$

따라서

주축의 길이 $2a=2\times4=8$

꼭짓점 $(4,\ 0)$, $(-4,\ 0)$ ⇦ $y=0$

초점 $(5,\ 0)$, $(-5,\ 0)$

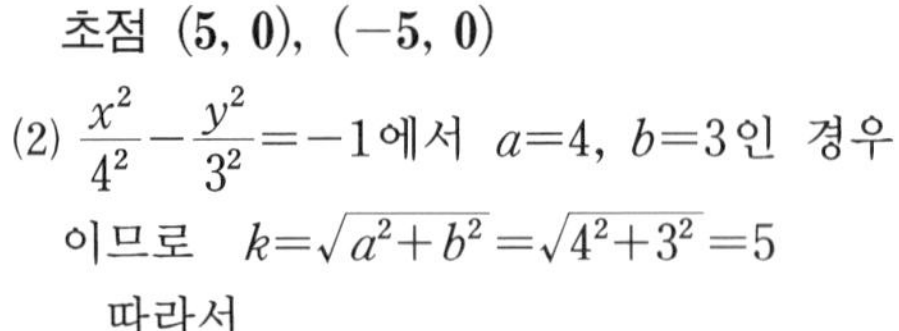

(2) $\dfrac{x^2}{4^2}-\dfrac{y^2}{3^2}=-1$에서 $a=4$, $b=3$인 경우

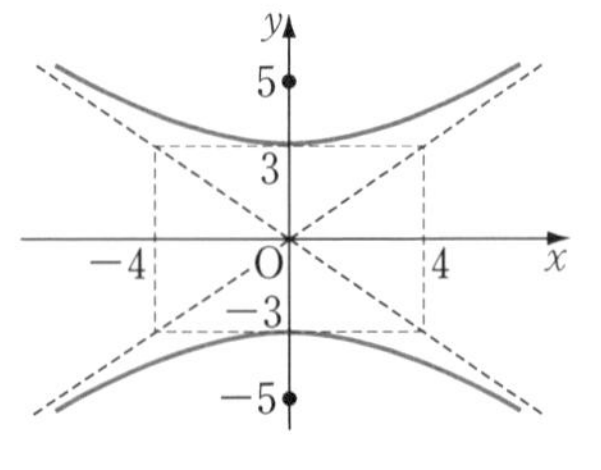

이므로 $k=\sqrt{a^2+b^2}=\sqrt{4^2+3^2}=5$

따라서

주축의 길이 $2b=2\times3=6$

꼭짓점 $(0,\ 3)$, $(0,\ -3)$ ⇦ $x=0$

초점 $(0,\ 5)$, $(0,\ -5)$

Advice | 앞면의 두 쌍곡선

$$\frac{x^2}{4^2}-\frac{y^2}{3^2}=1 \qquad \cdots\cdots①$$

$$\frac{x^2}{4^2}-\frac{y^2}{3^2}=-1 \qquad \cdots\cdots②$$

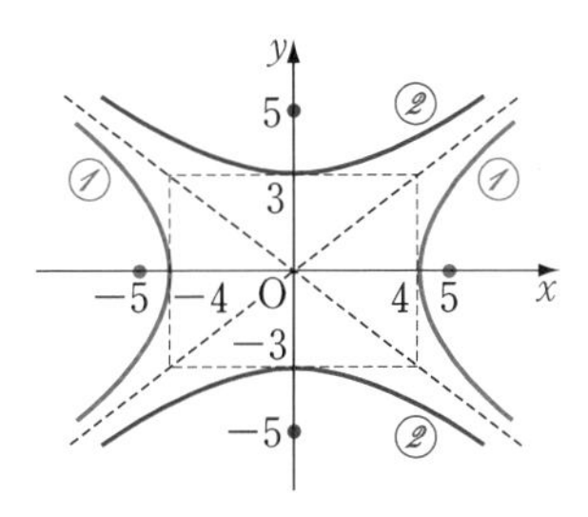

를 좌표평면 위에 동시에 나타내면 오른쪽 그림과 같다. 이때, ①, ②를 서로 켤레쌍곡선이라고 한다. 켤레쌍곡선은 우변의 부호만 다르다.

3 쌍곡선의 점근선

쌍곡선 $\dfrac{x^2}{a^2}-\dfrac{y^2}{b^2}=1$ $\cdots\cdots①$

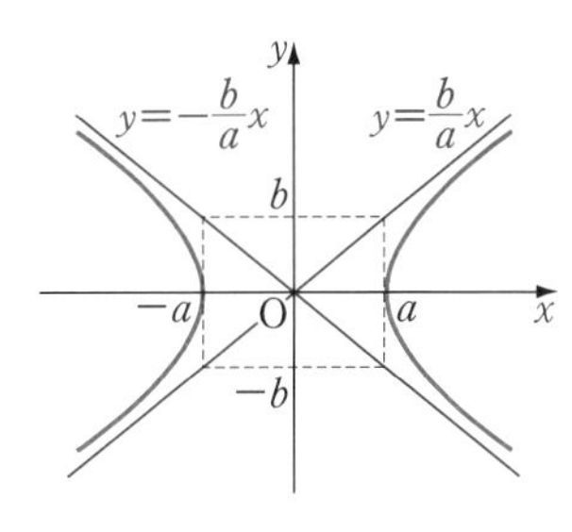

에서 $y^2=\dfrac{b^2}{a^2}(x^2-a^2)$

$\therefore\ y=\pm\dfrac{b}{a}\sqrt{x^2-a^2}=\pm\dfrac{b}{a}\sqrt{x^2\left(1-\dfrac{a^2}{x^2}\right)}$

곧, $y=\pm\dfrac{b}{a}x\sqrt{1-\left(\dfrac{a}{x}\right)^2}$ $\cdots\cdots②$

그런데 x의 절댓값이 커짐에 따라 $\left(\dfrac{a}{x}\right)^2$의 값은 0에 가까워지므로 ②는

$$y=\pm\frac{b}{a}x \qquad \cdots\cdots③$$

에 접근한다.

따라서 쌍곡선 ①은 원점에서 멀어짐에 따라 두 직선 ③에 한없이 가까워짐을 알 수 있다. 이런 뜻에서 ③의 두 직선

$$y=\frac{b}{a}x, \qquad y=-\frac{b}{a}x$$

를 쌍곡선 ①의 **점근선**이라고 한다. 쌍곡선의 개형을 그릴 때에는 보통 점근선을 함께 나타낸다.

위의 두 점근선의 방정식을 각각 변형하면

$$y=\frac{b}{a}x \text{에서 } \frac{x}{a}-\frac{y}{b}=0, \qquad y=-\frac{b}{a}x \text{에서 } \frac{x}{a}+\frac{y}{b}=0$$

이므로 이 점근선의 방정식은 다음과 같이 하나의 식으로 나타낼 수 있다.

$$\left(\frac{x}{a}-\frac{y}{b}\right)\left(\frac{x}{a}+\frac{y}{b}\right)=0 \qquad \text{곧, } \frac{x^2}{a^2}-\frac{y^2}{b^2}=0$$

이것은 쌍곡선의 방정식 ①의 우변을 0으로 놓은 것과 같다.

특히 두 점근선이 직교하는 쌍곡선을 **직각쌍곡선**이라고 한다.

기본정석 — 쌍곡선의 점근선

쌍곡선 $\dfrac{x^2}{a^2}-\dfrac{y^2}{b^2}=\pm1$의 점근선의 방정식은

$$\Longrightarrow \dfrac{x^2}{a^2}-\dfrac{y^2}{b^2}=0 \quad \text{곧, } y=\pm\dfrac{b}{a}x$$

보기 2 다음 쌍곡선의 점근선의 방정식을 구하여라.

(1) $9x^2-16y^2=144$ (2) $9x^2-16y^2=-144$

연구 (1) $\dfrac{x^2}{4^2}-\dfrac{y^2}{3^2}=1$에서 $\dfrac{x^2}{4^2}-\dfrac{y^2}{3^2}=0$ $\therefore$ $y=\pm\dfrac{3}{4}x$

(2) $\dfrac{x^2}{4^2}-\dfrac{y^2}{3^2}=-1$에서 $\dfrac{x^2}{4^2}-\dfrac{y^2}{3^2}=0$ $\therefore$ $y=\pm\dfrac{3}{4}x$

*Note 쌍곡선 (1), (2)는 p. 44의 **보기 1**의 곡선과 같고, 점근선은 굵은 점선이다.

4 쌍곡선의 평행이동

쌍곡선 $\dfrac{x^2}{a^2}-\dfrac{y^2}{b^2}=1$ ……①

은 평행이동

$\mathbf{T}: (x,\ y) \longrightarrow (x+m,\ y+n)$

에 의하여 쌍곡선

$\dfrac{(x-m)^2}{a^2}-\dfrac{(y-n)^2}{b^2}=1$ ……②

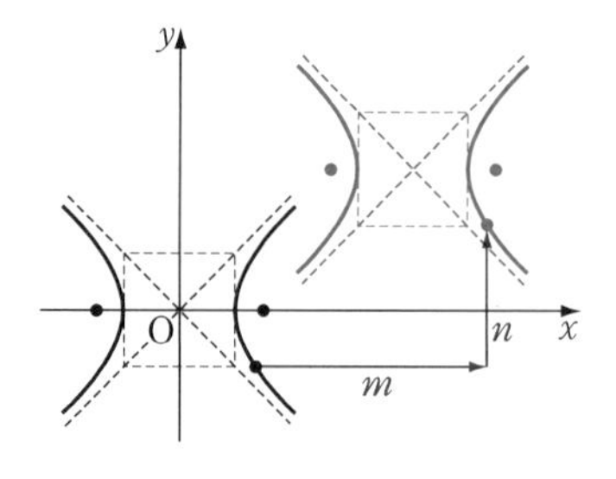

로 이동된다. 이때, 쌍곡선은 오른쪽과 같고, 다음을 알 수 있다.

(i) ①, ②의 주축의 길이는 같다.

(ii) ②의 중심, 꼭짓점, 초점, 점근선은 각각 ①의 중심, 꼭짓점, 초점, 점근선을 x축의 방향으로 m만큼, y축의 방향으로 n만큼 평행이동한 것이다.

보기 3 쌍곡선 $\dfrac{(x-3)^2}{9}-\dfrac{(y+2)^2}{4}=1$의 초점과 중심의 좌표를 구하여라.

연구 쌍곡선 $\dfrac{x^2}{3^2}-\dfrac{y^2}{2^2}=1$ ……①

을 x축의 방향으로 3만큼, y축의 방향으로 -2만큼 평행이동한 것이다.

그런데 ①에서 $k=\sqrt{a^2+b^2}=\sqrt{3^2+2^2}=\sqrt{13}$ 이므로

초점 $(\sqrt{13},\ 0),\ (-\sqrt{13},\ 0)$, 중심 $(0,\ 0)$

이다. 따라서 구하는 초점과 중심의 좌표는 다음과 같다.

초점 $(\sqrt{13}+3,\ -2),\ (-\sqrt{13}+3,\ -2)$, 중심 $(3,\ -2)$

기본 문제 3-1 다음을 만족시키는 점 P의 자취의 방정식을 구하여라.
(1) 두 점 F(5, 0), F′(−5, 0)으로부터의 거리의 차가 6인 점 P
(2) 두 점 F(0, 5), F′(0, −5)로부터의 거리의 차가 8인 점 P

[정석연구] 쌍곡선의 정의를 이용하는 자취 문제이다.

정석 자취 문제를 다루는 기본 방법은
첫째 — 조건을 만족시키는 점을 $\mathbf{P}(\boldsymbol{x}, \boldsymbol{y})$라 하고,
둘째 — 주어진 조건을 써서 $\boldsymbol{x}$와 $\boldsymbol{y}$의 관계식을 구한다.

[모범답안] (1) 조건을 만족시키는 점을 $P(x, y)$라고 하면

$$|\overline{PF}-\overline{PF'}|=6 \quad \therefore \sqrt{(x-5)^2+y^2}-\sqrt{(x+5)^2+y^2}=\pm 6$$
$$\therefore \sqrt{(x-5)^2+y^2}=\sqrt{(x+5)^2+y^2}\pm 6$$

양변을 제곱하여 정리하면 $3\sqrt{(x+5)^2+y^2}=\pm(5x+9)$

다시 양변을 제곱하여 정리하면 $\boldsymbol{16x^2-9y^2=144}$ ← [답]

(2) 조건을 만족시키는 점을 $P(x, y)$라고 하면

$$|\overline{PF}-\overline{PF'}|=8 \quad \therefore \sqrt{x^2+(y-5)^2}-\sqrt{x^2+(y+5)^2}=\pm 8$$
$$\therefore \sqrt{x^2+(y-5)^2}=\sqrt{x^2+(y+5)^2}\pm 8$$

양변을 제곱하여 정리하면 $4\sqrt{x^2+(y+5)^2}=\pm(5y+16)$

다시 양변을 제곱하여 정리하면 $\boldsymbol{16x^2-9y^2=-144}$ ← [답]

Advice | 두 점 $F(k, 0)$, $F'(-k, 0)$으로부터의 거리의 차가 $2a$인 점의 자취는 쌍곡선이므로 자취의 방정식은

$$\frac{\boldsymbol{x^2}}{\boldsymbol{a^2}}-\frac{\boldsymbol{y^2}}{\boldsymbol{b^2}}=\mathbf{1} \text{ (단, } \boldsymbol{a>0,\ b>0,\ k^2=a^2+b^2}\text{)}$$

로 나타낼 수 있다.

(1)의 경우 $2a=6$, $k=5$이므로 $a=3$, $3^2+b^2=5^2$ $\therefore b^2=4^2$

$$\therefore \frac{x^2}{3^2}-\frac{y^2}{4^2}=1 \quad \text{곧, } \frac{\boldsymbol{x^2}}{\mathbf{9}}-\frac{\boldsymbol{y^2}}{\mathbf{16}}=\mathbf{1}$$

(2)의 경우에 대해서도 같은 방법으로 구할 수 있다.

[유제] **3**-1. 두 점 F(0, 4), F′(0, −4)로부터의 거리의 차가 6인 점의 자취의 방정식을 구하여라. [답] $\boldsymbol{9x^2-7y^2=-63}$

[유제] **3**-2. 두 점 F(6, 0), F′(−2, 0)으로부터의 거리의 차가 6인 점의 자취의 방정식을 구하여라. [답] $\boldsymbol{7(x-2)^2-9y^2=63}$

기본 문제 3-2 쌍곡선 $4x^2-9y^2-32x+36y-8=0$에 대하여 다음을 구하여라.

(1) 주축의 길이 (2) 중심의 좌표 (3) 꼭짓점의 좌표
(4) 초점의 좌표 (5) 점근선의 방정식

정석연구 주어진 이차방정식과 같이 xy항이 없고 x^2항과 y^2항의 계수의 부호가 다를 때, 이 식은 쌍곡선을 나타낸다. 그리고 이와 같은 꼴의 식을 쌍곡선의 방정식의 일반형이라고 한다.

정 석 쌍곡선의 방정식의 일반형은

$$\Longrightarrow \mathbf{A}x^2+\mathbf{B}y^2+\mathbf{C}x+\mathbf{D}y+\mathbf{E}=0 \text{ (단, } \mathbf{AB}<0)$$

이와 같이 일반형으로 주어진 쌍곡선의 주축의 길이, 중심의 좌표, 꼭짓점의 좌표, 초점의 좌표, 점근선의 방정식 등을 구할 때에는 준 식을

$$\frac{(x-m)^2}{a^2}-\frac{(y-n)^2}{b^2}=\pm1$$

의 꼴로 고친 다음, 쌍곡선 $\dfrac{x^2}{a^2}-\dfrac{y^2}{b^2}=\pm1$의 평행이동을 생각하면 된다.

모범답안 준 식에서 $4(x-4)^2-9(y-2)^2=36$

$\therefore \dfrac{(x-4)^2}{3^2}-\dfrac{(y-2)^2}{2^2}=1$ ……① 또, $\dfrac{x^2}{3^2}-\dfrac{y^2}{2^2}=1$ ……②

로 놓으면 쌍곡선 ①은 쌍곡선 ②를 x축의 방향으로 4만큼, y축의 방향으로 2만큼 평행이동한 것이다.

그런데 ②에서

주축의 길이 6, 중심 $(0, 0)$,
꼭짓점 $(3, 0)$, $(-3, 0)$,
초점 $(\sqrt{13}, 0)$, $(-\sqrt{13}, 0)$,
점근선 $y=\pm\dfrac{2}{3}x$

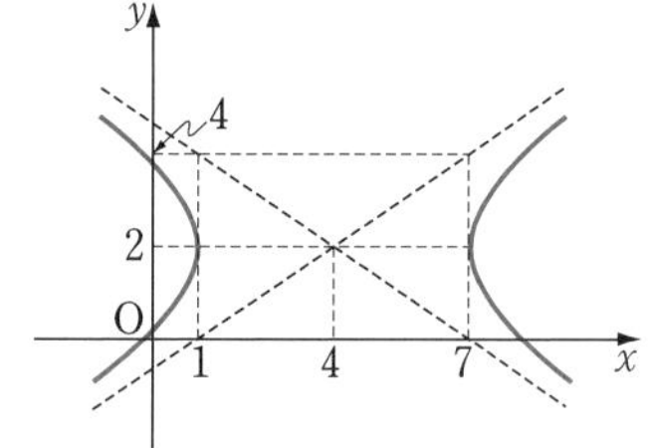

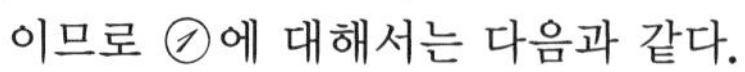
이므로 ①에 대해서는 다음과 같다.

답 (1) **6** (2) $(4, 2)$ (3) $(7, 2)$, $(1, 2)$
(4) $(\sqrt{13}+4, 2)$, $(-\sqrt{13}+4, 2)$ (5) $y=\pm\dfrac{2}{3}(x-4)+2$

유제 **3**-3. 쌍곡선 $x^2-4y^2-2x-16y-19=0$의 주축의 길이, 초점의 좌표, 점근선의 방정식을 구하여라.

답 주축의 길이 4, 초점 $(1\pm\sqrt{5}, -2)$, 점근선 $y=\pm\dfrac{1}{2}(x-1)-2$

기본 문제 3-3 좌표평면 위의 점 P에서 두 직선

$$x-2y=0, \qquad x+2y=0$$

에 내린 수선의 발을 각각 A, B라고 할 때, $\overline{\mathrm{PA}}\times\overline{\mathrm{PB}}=20$이 되는 점 P의 자취의 방정식을 구하여라.

정석연구 자취 문제를 해결하는 기본 방법은

첫째 — 조건을 만족시키는 점을 $\mathbf{P}(\boldsymbol{x},\ \boldsymbol{y})$라 하고,
둘째 — 주어진 조건을 써서 $\boldsymbol{x}$와 $\boldsymbol{y}$의 관계식을 구한다.

이 문제에서는 점과 직선 사이의 거리에 관한 조건이 주어져 있으므로 다음 점과 직선 사이의 거리를 구하는 공식을 이용해 보아라.

정석 점 $\mathbf{P}(\boldsymbol{x_1},\ \boldsymbol{y_1})$과 직선 $\boldsymbol{ax+by+c=0}$ 사이의 거리 $\boldsymbol{d}$는

$$\Longrightarrow \boldsymbol{d=\frac{|ax_1+by_1+c|}{\sqrt{a^2+b^2}}}$$

모범답안 점 P의 좌표를 $(x,\ y)$라고 하면

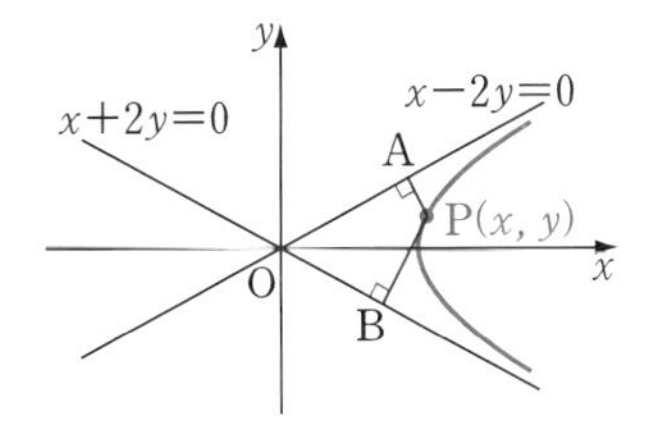

$$\overline{\mathrm{PA}}=\frac{|x-2y|}{\sqrt{1^2+(-2)^2}}=\frac{|x-2y|}{\sqrt{5}},$$

$$\overline{\mathrm{PB}}=\frac{|x+2y|}{\sqrt{1^2+2^2}}=\frac{|x+2y|}{\sqrt{5}}$$

문제의 조건에서 $\overline{\mathrm{PA}}\times\overline{\mathrm{PB}}=20$이므로

$$\frac{|x-2y|}{\sqrt{5}}\times\frac{|x+2y|}{\sqrt{5}}=20$$

$\therefore\ |x^2-4y^2|=100 \qquad \therefore\ x^2-4y^2=\pm100$

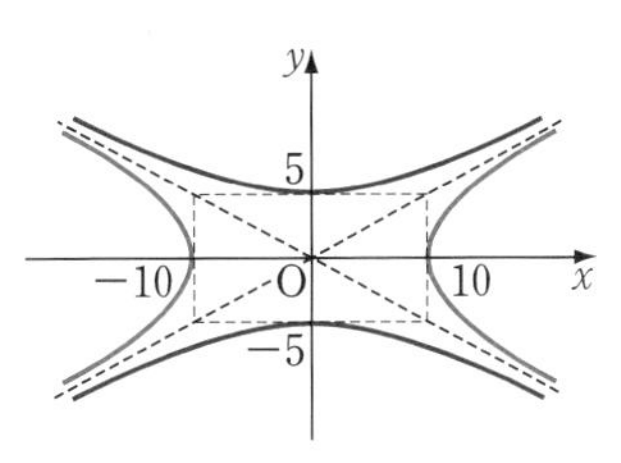

따라서 점 P의 자취는 직선 $x\pm2y=0$을 점근선으로 하는 한 쌍의 켤레쌍곡선이다.

답 $\boldsymbol{x^2-4y^2=100,\ x^2-4y^2=-100}$

유제 **3**-4. 좌표평면 위의 점 P에서 두 직선 $x+3y=0$, $x-3y=0$에 내린 수선의 발을 각각 A, B라고 할 때, $\overline{\mathrm{PA}}\times\overline{\mathrm{PB}}=10$이 되는 점 P의 자취의 방정식을 구하여라. 답 $\boldsymbol{x^2-9y^2=100,\ x^2-9y^2=-100}$

유제 **3**-5. 좌표평면 위의 점 P에서 x축, y축에 내린 수선의 발을 각각 A, B라고 할 때, $\overline{\mathrm{PA}}\times\overline{\mathrm{PB}}=1$이 되는 점 P의 자취의 방정식을 구하여라.

답 $\boldsymbol{xy=1,\ xy=-1}$

기본 문제 3-4 점 F(8, 0)과 직선 $x=2$에 이르는 거리의 비가 2 : 1인 점의 자취의 방정식을 구하여라.

정석연구 이 문제도 역시 조건을 만족시키는 점을 P$(x,\ y)$로 놓고, 주어진 조건을 써서 x와 y의 관계식을 구하면 된다.

모범답안 조건을 만족시키는 점을 P$(x,\ y)$라 하고, 점 P에서 직선 $x=2$에 내린 수선의 발을 H라고 하면

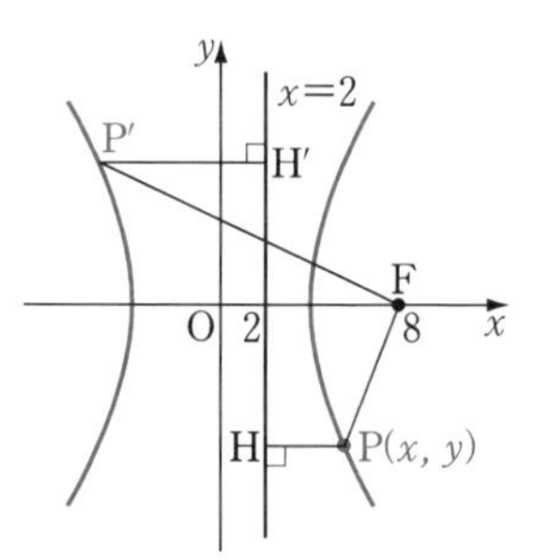

$$\overline{\text{PF}}=\sqrt{(x-8)^2+y^2},\quad \overline{\text{PH}}=|x-2|$$

그런데 문제의 조건에서

$$\overline{\text{PF}}:\overline{\text{PH}}=2:1 \quad \text{곧, } \overline{\text{PF}}=2\overline{\text{PH}}$$

$$\therefore\ \sqrt{(x-8)^2+y^2}=2|x-2|$$

$$\therefore\ (x-8)^2+y^2=4(x-2)^2$$

전개하여 정리하면 $\boldsymbol{3x^2-y^2=48}$ ← 답

Advice | 한 점과 한 직선에 이르는 거리의 비가 1 : 1인 점의 자취(**기본 문제 1-1**)는 포물선, 거리의 비가 1 : 2인 점의 자취(**기본 문제 2-5**)는 타원이 된다는 것을 이미 공부하였다.

일반적으로 한 정점 F와 한 직선 l에 이르는 거리의 비가

$$\overline{\textbf{PF}}:\overline{\textbf{PH}}=\boldsymbol{d}:\textbf{1}\ (\boldsymbol{d}\text{는 상수})$$

인 점 P의 자취는 d의 값에 따라 포물선, 타원, 쌍곡선 중 하나가 된다.

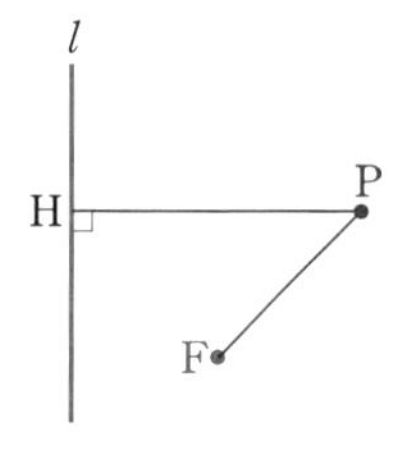

$\boldsymbol{d=1}$이면 ⟹ 포물선
$\boldsymbol{0<d<1}$이면 ⟹ 타 원
$\boldsymbol{d>1}$이면 ⟹ 쌍곡선

유제 **3**-6. 점 F(4, 0)과 직선 $x=1$에 이르는 거리의 비가 다음과 같은 점의 자취의 방정식을 구하여라.

(1) 1 : 1 (2) 1 : 2 (3) 2 : 1

답 (1) $\boldsymbol{y^2-6x+15=0}$ (2) $\boldsymbol{3(x-5)^2+4y^2=12}$ (3) $\boldsymbol{3x^2-y^2=12}$

유제 **3**-7. 점 F(0, 4)와 직선 $y=-2$에 이르는 거리의 비가 다음과 같은 점의 자취의 방정식을 구하여라.

(1) 1 : 1 (2) 1 : 2 (3) 2 : 1

답 (1) $\boldsymbol{x^2-12y+12=0}$ (2) $\boldsymbol{4x^2+3(y-6)^2=48}$ (3) $\boldsymbol{x^2-3(y+4)^2=-48}$

기본 문제 3-5 오른쪽 그림과 같이 중심이 O, 반지름의 길이가 r인 원과 한 정점 A가 있다.

원 위를 움직이는 점 P에 대하여 선분 AP의 수직이등분선이 직선 OP와 만나는 점을 Q라고 할 때, 다음 경우 점 Q의 자취는 어떤 도형을 이루는가?

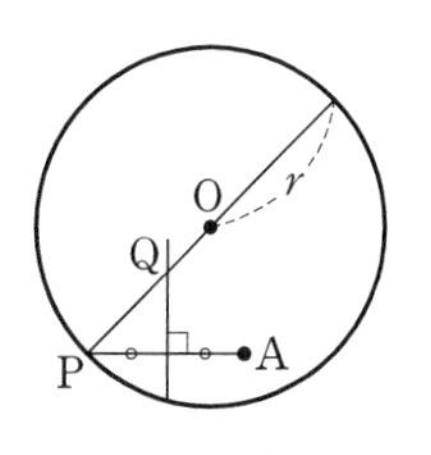

(1) 점 A가 원의 내부에 있다.　　　(2) 점 A가 원의 외부에 있다.

정석연구 원, 포물선, 타원, 쌍곡선은

원 $\Longrightarrow$ 한 정점에서 거리가 일정하다
포물선 $\Longrightarrow$ 한 정점과 한 직선에 이르는 거리가 같다
타 원 $\Longrightarrow$ 두 정점에 이르는 거리의 합이 일정하다
쌍곡선 $\Longrightarrow$ 두 정점에 이르는 거리의 차가 일정하다

를 만족시키는 점의 자취이다.

모범답안 점 Q가 선분 AP의 수직이등분선 위에 있으므로 $\overline{QP}=\overline{QA}$

(1) $\overline{QO}+\overline{QA}=\overline{QO}+\overline{QP}=\overline{PO}=r$ (일정)

따라서 초점이 **O, A**이고 장축의 길이가 $\boldsymbol{r}$인 타원 ← 답

(2) (그림 ①) 점 Q가 $\overline{OP}$를 점 O 방향으로 연장한 반직선 위에 있을 때,

$\overline{QA}-\overline{QO}=\overline{QP}-\overline{QO}=\overline{OP}=r$

(그림 ②) 점 Q가 $\overline{OP}$를 점 P 방향으로 연장한 반직선 위에 있을 때,

$\overline{QO}-\overline{QA}=\overline{QO}-\overline{QP}=\overline{OP}=r$

곧, $|\overline{QO}-\overline{QA}|=r$ (일정)

이므로 초점이 **O, A**이고 주축의 길이가 $\boldsymbol{r}$인 쌍곡선 ← 답

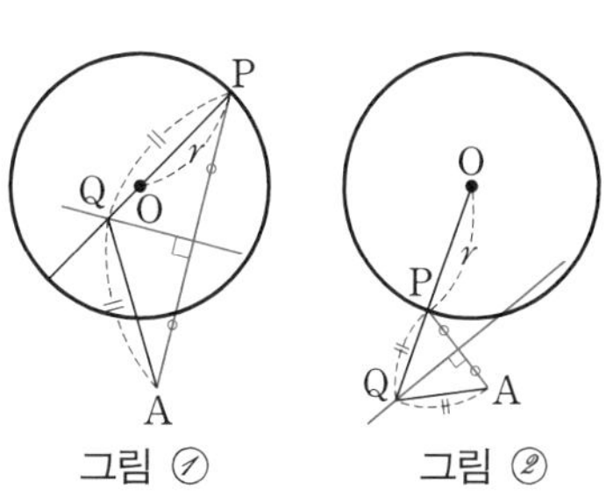

그림 ①　　　그림 ②

유제 **3**-8. 오른쪽 그림과 같이 자의 한쪽 끝이 A에 고정되어 있다. 실의 한쪽 끝은 B에, 다른 한쪽 끝은 자의 다른 끝 C에 묶고 실을 항상 팽팽하게 하여 자를 점 A를 중심으로 회전시킬 때, 그림의 점 P가 움직이며 만드는 도형을 구하여라.　　　답 초점이 **A, B**인 쌍곡선의 일부

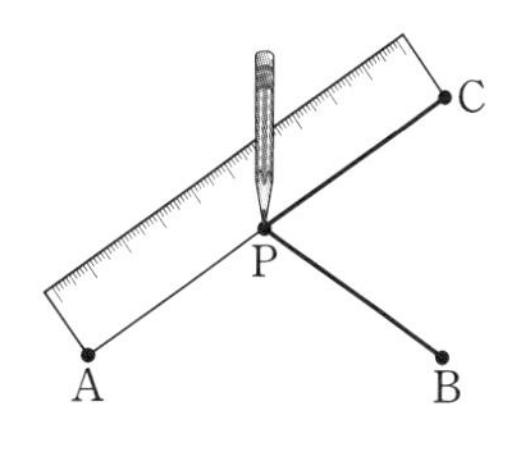

§2. 쌍곡선과 직선의 위치 관계

1 쌍곡선과 직선의 위치 관계

쌍곡선과 직선의 위치 관계는 직선이 쌍곡선의 점근선에 평행하지 않으면

서로 다른 두 점에서 만나는 경우, 접하는 경우, 만나지 않는 경우

의 세 경우로 나누어 생각할 수 있다.

한편 점근선에 평행한 직선은 쌍곡선과 한 점에서 만나고 접하지 않는다.

보기 1 직선 $y=x+n$과 쌍곡선 $2x^2-3y^2=6$의 위치 관계가 다음과 같을 때, 실수 n의 값 또는 값의 범위를 구하여라.

(1) 서로 다른 두 점에서 만난다. (2) 접한다. (3) 만나지 않는다.

연구 $y=x+n$ ……① $2x^2-3y^2=6$ ……②

①을 ②에 대입하여 정리하면 $x^2+6nx+3n^2+6=0$ ……③

이 방정식의 실근이 ①, ②의 교점의 x좌표와 같다. 따라서

(1) ③이 서로 다른 두 실근을 가져야 하므로

$D/4=9n^2-(3n^2+6)>0$

$\therefore n^2-1>0 \quad \therefore \boldsymbol{n<-1,\ n>1}$

(2) ③이 중근을 가져야 하므로

$D/4=9n^2-(3n^2+6)=0$

$\therefore n^2-1=0 \quad \therefore \boldsymbol{n=-1,\ 1}$

(3) ③이 허근을 가져야 하므로

$D/4=9n^2-(3n^2+6)<0$

$\therefore n^2-1<0 \quad \therefore \boldsymbol{-1<n<1}$

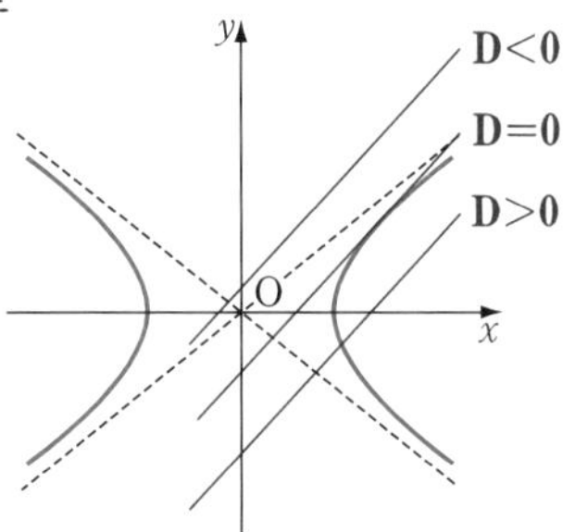

기본정석 쌍곡선과 직선의 위치 관계

직선 : $\boldsymbol{y=mx+n}$ ……① 쌍곡선 : $\boldsymbol{f(x,\ y)=0}$ ……②

①과 ②에서 y를 소거하면 $f(x,\ mx+n)=0$ ……③

③이 x에 관한 이차방정식일 때, 판별식을 D라고 하면

		$\boldsymbol{f(x,\ mx+n)=0}$의 근		직선과 쌍곡선
D>0	⟺	서로 다른 두 실근	⟺	서로 다른 두 점에서 만난다
D=0	⟺	중근	⟺	접한다
D<0	⟺	서로 다른 두 허근	⟺	만나지 않는다

2 쌍곡선의 접선의 방정식

판별식을 이용하여 쌍곡선 위의 점이 주어졌을 때의 접선의 방정식과 기울기가 주어졌을 때의 접선의 방정식을 구해 보자.

보기 2 쌍곡선 $3x^2-2y^2=10$ 위의 점 $(2,\ 1)$에서의 접선의 방정식을 구하여라.

연구 $3x^2-2y^2=10$ ……①

점 $(2,\ 1)$을 지나는 접선의 방정식을 $y=mx+n$ ……②

로 놓고, ②를 ①에 대입하면 $3x^2-2(mx+n)^2=10$

$\therefore\ (3-2m^2)x^2-4mnx-2(n^2+5)=0$ ……③

②가 ①에 접하면 ③이 중근을 가지므로

$\mathrm{D}/4=4m^2n^2+2(3-2m^2)(n^2+5)=0 \quad \therefore\ 10m^2-3n^2-15=0$ ……④

한편 ②는 점 $(2,\ 1)$을 지나므로 $2m+n=1$ ……⑤

④, ⑤를 연립하여 풀면 $m=3,\ n=-5 \quad \therefore\ \boldsymbol{y=3x-5}$

***Note** 일반적으로 점근선과 기울기가 같은 직선은 쌍곡선과 만나지 않거나(점근선인 경우) 한 점에서 만나고(점근선이 아닌 경우), 접하지는 않는다.
따라서 ②가 ①에 접하면 ③에서 $3-2m^2\neq0$이다.

보기 3 쌍곡선 $4x^2-5y^2=20$에 접하고 기울기가 1인 직선의 방정식을 구하여라.

연구 $4x^2-5y^2=20$ ……① $y=x+n$ ……②

②를 ①에 대입하여 정리하면 $x^2+10nx+5n^2+20=0$ ……③

②가 ①에 접하면 ③이 중근을 가지므로

$$\mathrm{D}/4=(5n)^2-(5n^2+20)=0 \quad \therefore\ n=-1,\ 1$$

$$\therefore\ \boldsymbol{y=x-1,\ y=x+1}$$

위와 같은 방법으로 하면 다음 공식을 얻는다.

기본정석 — 쌍곡선의 접선의 방정식

(1) 쌍곡선 $\dfrac{x^2}{a^2}-\dfrac{y^2}{b^2}=1$ 위의 점 $(x_1,\ y_1)$에서의 접선의 방정식은

$$\Longrightarrow \frac{x_1x}{a^2}-\frac{y_1y}{b^2}=1$$

(2) 쌍곡선 $\dfrac{x^2}{a^2}-\dfrac{y^2}{b^2}=1$에 접하고 기울기가 m인 직선의 방정식은

$$\Longrightarrow y=mx\pm\sqrt{a^2m^2-b^2}$$

***Note** (2)에서 $|m|\le\left|\dfrac{b}{a}\right|$이면 접하지 않는다. 그림을 그려 확인해 보아라.

Advice 1° 곡선 위의 점 (x_1, y_1)에서의 접선의 방정식을 구할 때에는

$$x^2 \text{ 대신 } \Longrightarrow x_1x, \qquad y^2 \text{ 대신 } \Longrightarrow y_1y$$

를 대입한다고 기억하면 된다.

이를테면 앞면의 **보기 2**의 접선의 방정식은 $3x^2-2y^2=10$에 x^2 대신 $2\times x$를, y^2 대신 $1\times y$를 대입하면

$$3\times 2x-2\times y=10 \quad \therefore\ \boldsymbol{y=3x-5}$$

2° 앞면의 **기본정석**의 공식을 이용하여 접선의 방정식을 구해도 된다.

이를테면 앞면의 **보기 3**에서 쌍곡선의 방정식은 $\dfrac{x^2}{5}-\dfrac{y^2}{4}=1$

곧, $a^2=5$, $b^2=4$, $m=1$이므로 구하는 접선의 방정식은

$$y=1\times x\pm\sqrt{5\times 1^2-4} \quad \therefore\ \boldsymbol{y=x\pm 1}$$

3 미분법을 이용한 쌍곡선의 접선의 기울기 구하기

포물선과 타원에서와 마찬가지로 미적분에서 공부하는 음함수의 미분법을 이용하여 앞면의 **보기 2**와 **보기 3**의 접선의 기울기를 구할 수도 있다.

⇦ 기본 미적분 p. 122

보기 2에서 $3x^2-2y^2=10$의 양변을 x에 관하여 미분하면

$$6x-4y\frac{dy}{dx}=0 \quad \therefore\ \frac{dy}{dx}=\frac{3x}{2y}\ (y\neq 0) \quad \therefore\ \left[\frac{dy}{dx}\right]_{\substack{x=2\\y=1}}=3$$

따라서 접선의 방정식은 $y-1=3(x-2)$ $\quad\therefore\ \boldsymbol{y=3x-5}$

또, **보기 3**에서 $4x^2-5y^2=20$의 양변을 x에 관하여 미분하면

$$8x-10y\frac{dy}{dx}=0 \quad \therefore\ \frac{dy}{dx}=\frac{4x}{5y}\ (y\neq 0)$$

접점의 좌표를 (x_1, y_1)이라고 하면 $\dfrac{4x_1}{5y_1}=1$ $\quad\therefore\ x_1=\dfrac{5}{4}y_1$ ……①

점 (x_1, y_1)은 쌍곡선 위의 점이므로 $4x_1{}^2-5y_1{}^2=20$ ……②

①, ②를 연립하여 풀면 $(x_1, y_1)=(5, 4), (-5, -4)$

따라서 접선의 방정식은 $y-4=1\times(x-5)$, $y+4=1\times(x+5)$

$$\therefore\ \boldsymbol{y=x-1,\ y=x+1}$$

보기 4 음함수의 미분법을 이용하여 쌍곡선 $4x^2-y^2=-5$ 위의 점 $(1, -3)$에서의 접선의 방정식을 구하여라.

연구 양변을 x에 관하여 미분하면

$$8x-2y\frac{dy}{dx}=0 \quad \therefore\ \frac{dy}{dx}=\frac{4x}{y} \quad \therefore\ \left[\frac{dy}{dx}\right]_{\substack{x=1\\y=-3}}=-\frac{4}{3}$$

따라서 구하는 접선의 방정식은 $y+3=-\dfrac{4}{3}(x-1)$ $\quad\therefore\ \boldsymbol{4x+3y=-5}$

기본 문제 3-6 쌍곡선 $x^2-y^2=1$과 직선 $y=kx+1$에 대하여 다음 물음에 답하여라.

(1) 서로 다른 두 점에서 만날 때, 실수 k의 값의 범위를 구하여라.

(2) 만나지 않을 때, 실수 k의 값의 범위를 구하여라.

정석연구 $x^2-y^2=1$, $y=kx+1$에서 y를 소거하면 $x^2-(kx+1)^2=1$

$$\therefore\ (k^2-1)x^2+2kx+2=0 \quad \cdots\cdots ㉮$$

이 방정식의 실근이 쌍곡선과 직선의 교점의 x좌표이므로 이 방정식의 실근의 개수를 조사하면 된다.

이때, $k^2-1=0$이면 ㉮은 일차방정식이 되어 서로 다른 두 점에서 만날 수 없다는 것에 주의한다.

정석 그래프의 교점의 개수는 $\Longrightarrow$ 실근의 개수를 조사한다.

모범답안 $y=kx+1$을 $x^2-y^2=1$에 대입하면 $x^2-(kx+1)^2=1$

$$\therefore\ (k^2-1)x^2+2kx+2=0 \quad \cdots\cdots ㉮$$

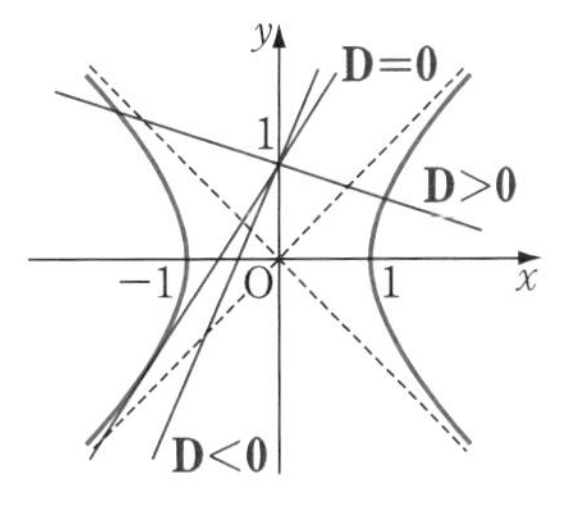

$k^2-1\neq0$일 때,

$D/4=k^2-2(k^2-1)=-(k+\sqrt{2})(k-\sqrt{2})$

(1) $k^2-1\neq0$이고 $D>0$이어야 하므로

$\boldsymbol{-\sqrt{2}<k<\sqrt{2},\ k\neq\pm1}$ ← 답

(2) $k^2-1=0$일 때, ㉮은

$\pm2x+2=0 \quad \therefore\ x=\pm1$

이때, 쌍곡선과 직선은 한 점에서 만난다.

따라서 쌍곡선과 직선이 만나지 않으려면 $k^2-1\neq0$이고 $D<0$이어야 한다.

$\therefore\ \boldsymbol{k<-\sqrt{2},\ k>\sqrt{2}}$ ← 답

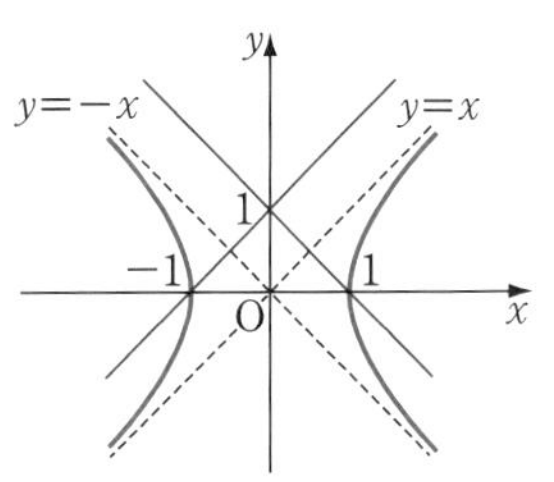

**Note* 1° (2) ㉮에서 $k^2-1=0$일 때 직선의 방정식은 $y=x+1$, $y=-x+1$이므로 쌍곡선의 점근선에 평행한 직선이다.

2° $D=0$이면 방정식 ㉮은 중근을 가지므로 쌍곡선과 직선은 한 점에서 만나고, 이 점에서 접한다. $k^2-1=0$인 경우와 구분할 수 있어야 한다.

유제 **3**-9. 점 $(0,\ -2)$를 지나고 기울기가 k인 직선과 쌍곡선 $2(x-1)^2-3y^2=6$이 서로 다른 두 점에서 만날 때, 실수 k의 값의 범위를 구하여라.

답 $\boldsymbol{-3<k<1,\ k\neq\pm\dfrac{\sqrt{6}}{3}}$

기본 문제 3-7 쌍곡선 $9x^2-16y^2=144$의 초점 중에서 x좌표가 양수인 점을 지나고 주축에 수직인 직선이 이 쌍곡선과 만나는 점에서의 접선의 방정식을 구하여라.

정석연구 다음 두 가지 방법을 생각할 수 있다.

(i) 판별식을 이용한다.

정석 접한다 $\Longleftrightarrow$ 중근을 가진다 $\Longleftrightarrow$ $\mathbf{D=0}$

(ii) 공식을 이용한다.

정석 쌍곡선 $\mathbf{A}\boldsymbol{x}^2+\mathbf{B}\boldsymbol{y}^2=\mathbf{C}$ 위의 점 $(\boldsymbol{x}_1,\ \boldsymbol{y}_1)$에서의 접선의 방정식은
$\Longrightarrow$ $\mathbf{A}\boldsymbol{x}_1\boldsymbol{x}+\mathbf{B}\boldsymbol{y}_1\boldsymbol{y}=\mathbf{C}$

일반적으로 공식을 이용하는 것이 간단하다.

모범답안 $9x^2-16y^2=144$ ······①

에서 $\dfrac{x^2}{16}-\dfrac{y^2}{9}=1$ 곧, $\dfrac{x^2}{4^2}-\dfrac{y^2}{3^2}=1$

따라서 초점의 좌표는 $(\pm\sqrt{4^2+3^2},\ 0)$ 곧, $(\pm5,\ 0)$

이 중에서 x좌표가 양수인 점은 점 $(5,\ 0)$이고, 이 점을 지나고 주축에 수직인 직선의 방정식은 $x=5$ ······②

①, ②를 연립하여 풀면 $(x,\ y)=\left(5,\ \dfrac{9}{4}\right),\ \left(5,\ -\dfrac{9}{4}\right)$

이 점에서의 접선의 방정식은

$$9\times5x-16\times\frac{9}{4}y=144,\ 9\times5x-16\times\left(-\frac{9}{4}\right)y=144$$

$$\therefore\ \mathbf{5}\boldsymbol{x}-\mathbf{4}\boldsymbol{y}=\mathbf{16},\ \mathbf{5}\boldsymbol{x}+\mathbf{4}\boldsymbol{y}=\mathbf{16} \longleftarrow \text{답}$$

유제 **3**-10. 다음 쌍곡선 위의 주어진 점에서의 접선의 방정식을 구하여라.

(1) $4x^2-5y^2=16$, 점 $(3,\ 2)$ (2) $2x^2-9y^2=-1$, 점 $(2,\ 1)$

답 (1) $\mathbf{6}\boldsymbol{x}-\mathbf{5}\boldsymbol{y}=\mathbf{8}$ (2) $\mathbf{4}\boldsymbol{x}-\mathbf{9}\boldsymbol{y}=-\mathbf{1}$

유제 **3**-11. 쌍곡선 $9x^2-16y^2=-144$의 초점 중에서 y좌표가 양수인 점을 지나고 주축에 수직인 직선이 이 쌍곡선과 만나는 점에서의 접선의 방정식을 구하여라.

답 $\mathbf{3}\boldsymbol{x}-\mathbf{5}\boldsymbol{y}+\mathbf{9}=\mathbf{0},\ \mathbf{3}\boldsymbol{x}+\mathbf{5}\boldsymbol{y}-\mathbf{9}=\mathbf{0}$

유제 **3**-12. 쌍곡선 $16x^2-9y^2=144$ 위의 점 $(a,\ b)$에서의 접선과 x축, y축으로 둘러싸인 삼각형의 넓이를 구하여라. 단, $a>0,\ b>0$이다.

답 $\dfrac{\mathbf{72}}{\boldsymbol{ab}}$

기본 문제 3-8 초점이 점 (5, 0), (−5, 0), 주축의 길이가 8인 쌍곡선에 접하고 직선 $y=x+2$에 수직인 직선의 방정식을 구하여라.

정석연구 다음 두 가지 방법을 생각할 수 있다.

(i) 판별식을 이용한다.

정석 접한다 ⟺ 중근을 가진다 ⟺ $\mathbf{D=0}$

(ii) 공식을 이용한다.

정석 쌍곡선 $\dfrac{x^2}{a^2}-\dfrac{y^2}{b^2}=1$에 접하고 기울기가 m인 직선의 방정식은

$$\Longrightarrow y=mx\pm\sqrt{a^2m^2-b^2}$$

모범답안 초점이 x축 위에 있으므로 쌍곡선의 방정식을

$$\frac{x^2}{a^2}-\frac{y^2}{b^2}=1\ (a>0,\ b>0)$$

로 놓을 수 있다.

초점의 좌표가 $(\pm5,\ 0)$이므로 $a^2+b^2=5^2$

주축의 길이가 8이므로 $2a=8$ $\therefore\ a^2=16,\ b^2=9$

한편 직선 $y=x+2$에 수직인 직선의 기울기는 -1이므로 구하는 직선의 방정식은 $y=-1\times x\pm\sqrt{16\times(-1)^2-9}$ $\therefore\ \mathbf{y=-x\pm\sqrt{7}}$ ← 답

Advice | 쌍곡선의 방정식을 다음과 같이 놓는다.

(i) 초점이 x축 위에 있으면 $\Longrightarrow \dfrac{x^2}{a^2}-\dfrac{y^2}{b^2}=1\ (a>0,\ b>0)$

(ii) 초점이 y축 위에 있으면 $\Longrightarrow \dfrac{x^2}{a^2}-\dfrac{y^2}{b^2}=-1\ (a>0,\ b>0)$

유제 **3**-13. 쌍곡선 $3x^2-4y^2=12$에 접하는 직선 중에서 다음을 만족시키는 직선의 방정식을 구하여라.

(1) 직선 $y=x+2$에 평행하다. (2) 직선 $y=\dfrac{1}{2}x-1$에 수직이다.

(3) 기울기가 음수이고 x축과 이루는 예각의 크기가 45°이다.

답 (1) $\mathbf{y=x\pm1}$ (2) $\mathbf{y=-2x\pm\sqrt{13}}$ (3) $\mathbf{y=-x\pm1}$

유제 **3**-14. 초점이 점 (6, 0), (−6, 0)이고 꼭짓점이 점 (4, 0), (−4, 0)인 쌍곡선의 방정식을 구하여라. 또, 이 쌍곡선에 접하는 직선 중에서 기울기가 양수이고 x축과 이루는 예각의 크기가 60°인 직선의 방정식을 구하여라.

답 $\dfrac{x^2}{16}-\dfrac{y^2}{20}=1,\ y=\sqrt{3}\,x\pm2\sqrt{7}$

연습문제 3

3-1 초점이 점 (3, 0), (−3, 0)이고 점 (5, 4)를 지나는 쌍곡선의 주축의 길이는?

① 4 ② $2\sqrt{5}$ ③ $2\sqrt{6}$ ④ 5 ⑤ $2\sqrt{7}$

3-2 다음을 만족시키는 쌍곡선의 방정식을 구하여라.

(1) 꼭짓점이 점 (3, −1), (−1, −1)이고, 점 (5, 2)를 지난다.

(2) 중심이 점 (0, 1)이고, 점근선의 기울기가 ±2이며, 주축의 길이가 2이다.

3-3 방정식 $x^2-y^2+2y+a=0$이 y축에 수직인 주축을 가지는 쌍곡선을 나타내기 위한 실수 a의 값의 범위는?

① $a<-1$ ② $a>-1$ ③ $a<1$ ④ $a>1$ ⑤ $a>2$

3-4 방정식 $x^2+y^2-1=a(x^2-y^2+1)$의 그래프에 대한 다음 설명 중 옳은 것은? 단, a는 상수이다.

① $a>1$일 때, 주축이 x축 위에 있는 쌍곡선이다.

② $a=1$일 때, x축에 수직인 두 직선이다.

③ $-1<a<0$일 때, 장축이 x축 위에 있는 타원이다.

④ a가 어떤 값을 가지더라도 원이 될 수 없다.

⑤ $a<-1$일 때, 주축이 y축 위에 있는 쌍곡선이다.

3-5 쌍곡선 $x^2-a^2y^2=a^2$ (단, $a>1$)의 두 점근선이 이루는 예각의 크기가 60°일 때, 이 쌍곡선의 초점의 좌표를 구하여라.

3-6 점 (−4, 2)를 지나고 주축이 x축 위에 있는 쌍곡선이 있다. 이 쌍곡선의 중심은 원점이고 직선 $y=2x$가 한 점근선일 때, 이 쌍곡선의 초점의 좌표를 구하여라.

3-7 쌍곡선 $\dfrac{x^2}{7}-\dfrac{y^2}{b^2}=-1$의 두 꼭짓점이 타원 $\dfrac{x^2}{a^2}+\dfrac{y^2}{7}=1$의 두 초점일 때, a^2+b^2의 값을 구하여라.

3-8 타원 $\dfrac{x^2}{a}+\dfrac{y^2}{b}=1$ (단, $a>0$, $b>0$)이 다음 두 쌍곡선

$$\frac{x^2}{4^2}-\frac{y^2}{3^2}=1, \qquad \frac{x^2}{4^2}-\frac{y^2}{3^2}=-1$$

과 동시에 만날 때, a의 최솟값과 b의 최솟값을 구하여라.

3-9 쌍곡선 $\frac{x^2}{5}-\frac{y^2}{4}=1$ 위에 두 점 P, Q가 있다. 점 P와 점 Q는 원점에 대하여 서로 대칭이고, 쌍곡선의 두 초점과 점 P, Q를 꼭짓점으로 하는 사각형의 넓이가 24일 때, 점 P의 좌표를 구하여라.

단, 점 P는 제1사분면의 점이다.

3-10 점 $(2, 0)$을 지나는 직선이 쌍곡선 $3x^2-y^2=3$의 $x\geq1$인 부분과 두 점 A, B에서 만난다. 두 점 A, B와 점 $\mathrm{C}(-2, 0)$을 꼭짓점으로 하는 $\triangle$ABC의 둘레의 길이가 24일 때, 두 점 A, B 사이의 거리는?

① 9 ② $\frac{19}{2}$ ③ 10 ④ $\frac{21}{2}$ ⑤ 11

3-11 오른쪽 그림과 같이 두 점 F, F′을 초점으로 하는 쌍곡선 $\frac{x^2}{a^2}-\frac{y^2}{b^2}=1$ (단, $a>0$, $b>0$) 위의 점 P에 대하여 $\angle \mathrm{FPF'}=90°$, $\overline{\mathrm{PF'}}=2\overline{\mathrm{PF}}$이다.

두 초점 사이의 거리가 10일 때, ab의 값은?

① 5 ② 10 ③ 15 ④ 20 ⑤ 25

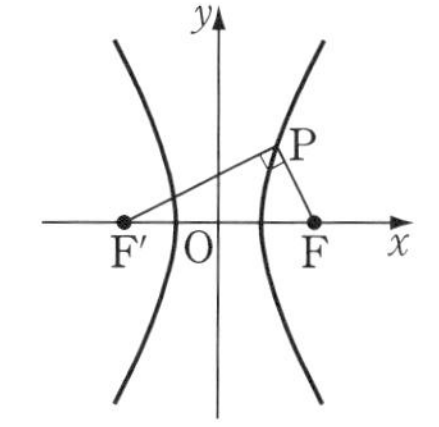

3-12 쌍곡선 $\frac{x^2}{9}-\frac{y^2}{7}=1$의 두 초점 F, F′과 제1사분면에 있는 쌍곡선 위의 점 P에 대하여 삼각형 PF′F가 이등변삼각형일 때, 삼각형 PF′F의 넓이를 구하여라.

3-13 오른쪽 그림에서 타원과 쌍곡선의 초점은 모두 $\mathrm{F}(1, 0)$, $\mathrm{F'}(-1, 0)$이고, 타원과 쌍곡선이 x축과 만나는 점 중에서 x좌표가 양수인 점이 각각 A, B이다. 타원과 쌍곡선의 제1사분면에서의 교점이 $\mathrm{P}(1, 1)$일 때, 선분 AB의 길이를 구하여라.

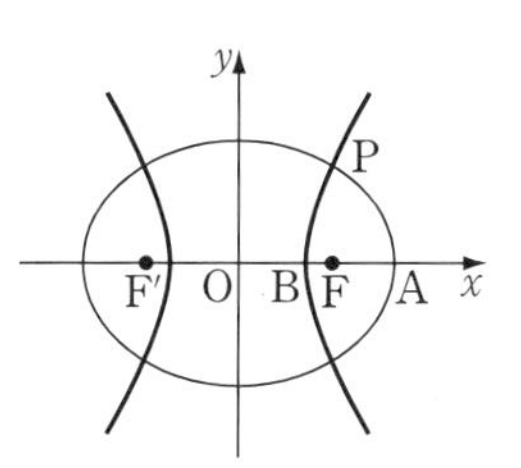

3-14 오른쪽 그림과 같이 두 초점이 $\mathrm{F}(k, 0)$, $\mathrm{F'}(-k, 0)$ (단, $k>0$)인 쌍곡선 $\frac{4x^2}{9}-\frac{y^2}{40}=1$에 대하여 점 F를 중심으로 하는 원 C가 쌍곡선과 한 점에서 만난다. 제2사분면에 있는 쌍곡선 위의 점 P에서 원 C에 그은 접선의 접점 Q에 대하여 $\overline{\mathrm{PQ}}=12$일 때, 선분 PF′의 길이를 구하여라.

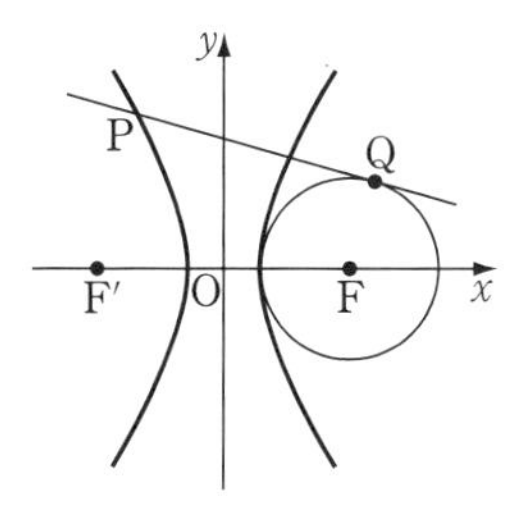

3-15 좌표평면 위의 두 점 A, B가 $\triangle OAB=1$을 만족시키며 각각 x축, y축 위를 움직일 때, 선분 AB의 중점의 자취의 방정식을 구하여라.
단, O는 원점이다.

3-16 쌍곡선 $\dfrac{x^2}{9}-\dfrac{y^2}{3}=1$과 두 점 $F(2\sqrt{3},\ 0)$, $F'(-2\sqrt{3},\ 0)$이 있다. 이 쌍곡선 위를 움직이는 점 $P(x,\ y)$ (단, $x>0$)에 대하여 선분 PF′ 위의 점 Q가 $\overline{PF}=\overline{PQ}$를 만족시킬 때, 점 Q의 자취의 길이는?

① π　② $\sqrt{3}\pi$　③ 2π　④ 3π　⑤ $2\sqrt{3}\pi$

3-17 쌍곡선 $xy=1$ 위의 두 점 A, B에 대하여 선분 AB의 중점의 좌표가 (1, 2)일 때, 두 점 A, B를 지나는 직선의 방정식을 구하여라.

3-18 쌍곡선 $x^2-3y^2=6$ 위의 점 (3, 1)에서의 접선에 수직이고 점 (2, 4)를 지나는 직선의 x절편은?

① 2　② 3　③ 4　④ 5　⑤ 6

3-19 쌍곡선 $3x^2-2y^2=4$ 위의 점 (2, 2)에서의 접선이 타원 $x^2+4y^2=k$에 접할 때, 상수 k의 값은?

① $\dfrac{2}{5}$　② 1　③ $\dfrac{3}{2}$　④ 2　⑤ $\dfrac{8}{3}$

3-20 점 (2, 1)에서 쌍곡선 $x^2-y^2=4$에 그은 접선의 방정식을 구하여라.

3-21 다음을 만족시키는 직선의 방정식을 구하여라.

(1) 이차곡선 $\dfrac{x^2}{A}+\dfrac{y^2}{B}=1$에 접하고 기울기가 m이다.

(2) 쌍곡선 $\dfrac{x^2}{a^2}-\dfrac{y^2}{b^2}=-1$에 접하고 기울기가 m이다.

3-22 오른쪽 그림과 같이 쌍곡선 $3x^2-y^2=3$의 두 초점 $F(k,\ 0)$, $F'(-k,\ 0)$ (단, $k>0$)에 대하여 점 F′을 꼭짓점으로 하고 점 F를 초점으로 하는 포물선이 제1사분면에서 쌍곡선과 만나는 점을 P라고 하자. 점 P에서 쌍곡선에 접하는 직선이 x축과 만나는 점을 Q라고 할 때, 점 Q는 선분 F′F를 $m:n$으로 내분한다. $\dfrac{m}{n}$의 값은?

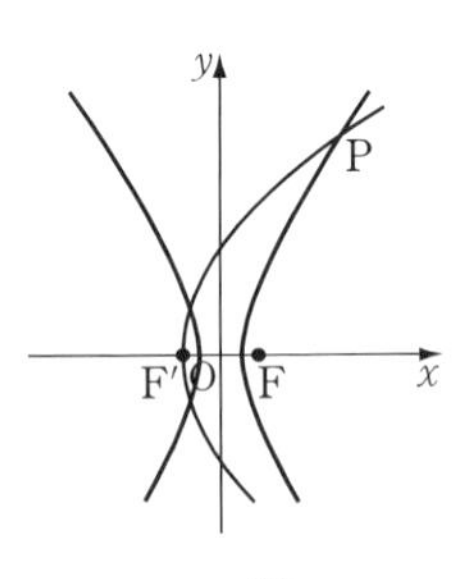

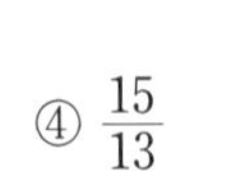

① $\dfrac{11}{13}$　② $\dfrac{13}{15}$　③ 1　④ $\dfrac{15}{13}$　⑤ $\dfrac{13}{11}$

Advice | 이차곡선에 관한 종합 정리

지금까지 공부한 원, 포물선, 타원, 쌍곡선의 방정식을 정리하면 모두 x, y에 관한 방정식

$$\mathbf{A}x^2+\mathbf{B}y^2+\mathbf{C}x+\mathbf{D}y+\mathbf{E}=0 \qquad \cdots\cdots ⑦$$

의 꼴로 나타낼 수 있다.

한편 두 직선의 방정식의 곱의 꼴인 $(x+y+1)(x-y+2)=0$도 정리하면

$$x^2-y^2+3x+y+2=0$$

과 같이 ⑦의 꼴로 나타낼 수 있다.

일반적으로 ⑦의 꼴로 표시되는 곡선의 방정식이 두 일차식의 곱으로 인수분해되지 않으면

원, 포물선, 타원, 쌍곡선

중 어느 하나를 나타낸다. 이런 뜻에서 이들을 총칭하여 이차곡선이라고 한다. 단, 포물선, 타원, 쌍곡선은 축이 좌표축에 수직인 경우이다.

**Note* 이를테면 $x^2+y^2=-1$은 실수해가 없는 경우이고, $x^2+y^2=0$은 실수해가 $x=0$, $y=0$뿐인 경우이지만, 여기에서는 허원, 점원의 특수한 경우로 보았다.

1 이차곡선의 방정식의 일반형

이차곡선 $\mathrm{A}x^2+\mathrm{B}y^2+\mathrm{C}x+\mathrm{D}y+\mathrm{E}=0$에서

(1) $\mathrm{A}=\mathrm{B}\,(\neq 0)$일 때 ⟹ 원

(2) 「$\mathrm{A}=0\,(\mathrm{BC}\neq 0)$」 또는 「$\mathrm{B}=0\,(\mathrm{AD}\neq 0)$」일 때 ⟹ 포물선

(3) $\mathrm{AB}>0\,(\mathrm{A}\neq\mathrm{B})$일 때 ⟹ 타원

(4) $\mathrm{AB}<0$일 때 ⟹ 쌍곡선

을 나타낸다. 단, 두 일차식의 곱으로 인수분해되면 두 직선을 나타낸다.

2 이차곡선과 직선의 위치 관계

직선 : $\boldsymbol{y=mx+n}$ $\cdots\cdots ⑦$ 이차곡선 : $\boldsymbol{f(x,\ y)=0}$ $\cdots\cdots ②$

에서 ⑦을 ②에 대입하면 $f(x,\ mx+n)=0$ $\cdots\cdots ③$

③이 x에 관한 이차방정식일 때, 판별식을 D라고 하면

판별식	$f(x,\ mx+n)=0$의 근	직선과 이차곡선
$\mathrm{D}>0$	서로 다른 두 실근	서로 다른 두 점에서 만난다.
$\mathrm{D}=0$	중근	접한다.
$\mathrm{D}<0$	서로 다른 두 허근	만나지 않는다.

**Note* x축 또는 y축에 수직인 직선에 대하여 주의한다.

3 이차곡선의 접선의 방정식

(1) 곡선 위의 점 $(x_1,\ y_1)$에서의 접선의 방정식

원 : $x^2+y^2=r^2$ $\Longrightarrow$ $x_1x+y_1y=r^2$

포물선 : $y^2=4px$ $\Longrightarrow$ $y_1y=2p(x+x_1)$

타 원 : $\dfrac{x^2}{a^2}+\dfrac{y^2}{b^2}=1$ $\Longrightarrow$ $\dfrac{x_1x}{a^2}+\dfrac{y_1y}{b^2}=1$

쌍곡선 : $\dfrac{x^2}{a^2}-\dfrac{y^2}{b^2}=\pm1$ $\Longrightarrow$ $\dfrac{x_1x}{a^2}-\dfrac{y_1y}{b^2}=\pm1$

*Note x^2 대신 x_1x, y^2 대신 y_1y, x 대신 $\dfrac{x+x_1}{2}$, y 대신 $\dfrac{y+y_1}{2}$을 대입한다.

(2) 기울기가 m인 접선의 방정식

원 : $x^2+y^2=r^2$ $\Longrightarrow$ $y=mx\pm r\sqrt{m^2+1}$

포물선 : $y^2=4px$ $\Longrightarrow$ $y=mx+\dfrac{p}{m}$

타 원 : $\dfrac{x^2}{a^2}+\dfrac{y^2}{b^2}=1$ $\Longrightarrow$ $y=mx\pm\sqrt{a^2m^2+b^2}$

쌍곡선 : $\dfrac{x^2}{a^2}-\dfrac{y^2}{b^2}=1$ $\Longrightarrow$ $y=mx\pm\sqrt{a^2m^2-b^2}$

4 이차곡선과 원뿔곡선

이차곡선인 원, 포물선, 타원, 쌍곡선은 원뿔을 꼭짓점을 지나지 않는 평면으로 자를 때, 그 단면에 나타나는 곡선이다. 따라서 이들을 원뿔곡선이라고 부르기도 한다. 원뿔을 자르는 평면이 기울어진 정도에 따라 다음 그림과 같이 이차곡선이 나타난다.

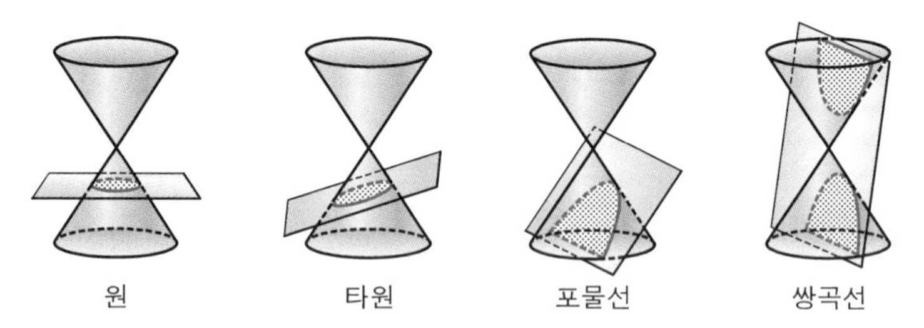

원 타원 포물선 쌍곡선

원 : 밑면에 평행한 평면으로 자를 때

타 원 : 밑면에 평행한 평면을 모선에 평행하기 전까지 기울여서 자를 때

포물선 : 모선에 평행한 평면으로 자를 때

쌍곡선 : 모선에 평행한 평면보다 더 기울어진 평면으로 자를 때

4. 벡터의 뜻과 연산

벡터의 뜻과 표시법/벡터의 덧셈과 뺄셈/벡터의 실수배/위치벡터

§1. 벡터의 뜻과 표시법

1 스칼라와 벡터

물건의 개수, 길이, 넓이, 무게 등의 양은 5개, 10 m, 100 m^2, 8 kg 등과 같이 단위의 크기를 정하면 실수 5, 10, 100, 8 등을 써서 나타낼 수 있다. 이와 같이 크기만을 가지는 양을 스칼라(scalar)라고 한다.

한편 평면 또는 공간에 있는 어떤 물체는 힘을 주는 크기에 따라 다른 운동을 한다. 또, 힘의 크기가 같다고 하더라도 힘이 작용하는 방향에 따라 물체의 운동 방향은 달라진다. 따라서 힘에 대해서는 크기와 방향을 함께 생각할 필요가 있다.

마찬가지로 평면 또는 공간에 있는 물체의 속도에 대해서도 크기와 방향을 함께 생각해야 한다.

이때, 힘, 속도, 도형의 평행이동과 같이 크기와 방향을 함께 가지는 양을 벡터(vector)라고 한다.

일반적으로 오른쪽 그림과 같이 점 A에서 점 B로의 이동을 나타내려면 A에서 B까지의 거리와 A에서 B로의 방향을 생각해야 한다.

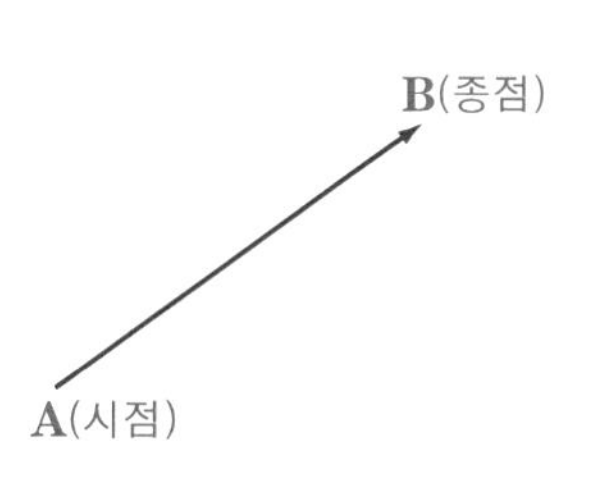

이와 같이 선분 AB에 A에서 B로 향하는 방향이 주어질 때, 이 선분을 유향선분 **AB**라 하고, A를 시점, B를 종점이라고 한다.

유향선분 AB에서 시점 A의 위치에는 관계없이 크기와 방향만을 생각하여 이를 벡터 $\overrightarrow{\mathbf{AB}}$로 나타낸다.

이제 시점 A의 위치에 관계없이 유향선분의 크기와 방향만을 생각하는 까닭을 알아보자.

이를테면 평면 또는 공간에서

도형의 평행이동

은 각 점이 옮겨지는 방향과 거리로 나타내어지므로 방향과 크기를 가지는 벡터이다.

이 평행이동은 오른쪽 그림과 같이 점이 이동하는 방향과 거리를 정해 주는 유향선분 AB로 나타낼 수 있다.

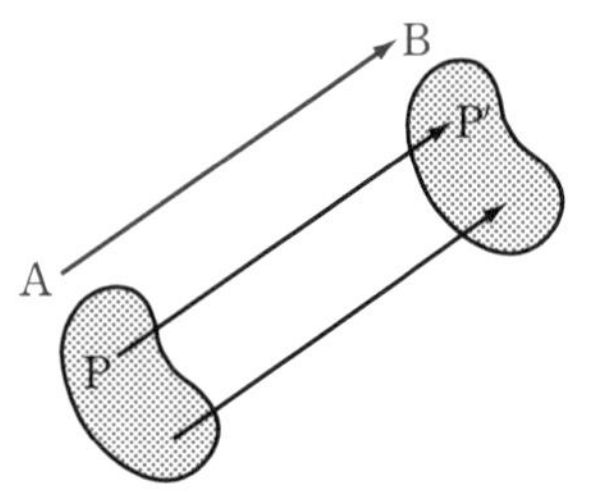

이때, 유향선분 AB의 시점 A가 어떤 점에 위치하더라도 도형의 각 점 P에서 이 유향선분 AB와 평행하면서 방향이 같고 길이가 같은 선분 PP′을 그어 점 P가 옮겨지는 점 P′을 구할 수 있다. 그러므로 평행이동을 유향선분으로 나타낼 때에는 시점의 위치에는 관계없다.

이와 같이 벡터는 항상 유향선분으로 나타낼 수 있으므로 시점의 위치에 관계없이 방향과 크기만을 생각하는 유향선분이라고 할 수 있다.

그리고 유향선분을 이용하여 벡터를 나타낼 때, 벡터가 평면 위에서 크기와 방향을 가지고 있으면 이 벡터를 평면벡터 또는 이차원 벡터라 하고, 공간에서 크기와 방향을 가지고 있으면 이 벡터를 공간벡터 또는 삼차원 벡터라고 한다.

앞으로 평면벡터, 공간벡터를 특별히 구별하지 않아도 혼동의 염려가 없을 때에는 간단히 벡터라고 하기로 한다.

**Note* 고등학교 교육과정에 따르면 기하에서는 공간벡터를 다루지 않지만 벡터의 개념을 이해하는 데 도움이 되므로 이 단원에서는 공간벡터를 함께 다룬다.

2 벡터의 크기와 단위벡터

벡터 $\overrightarrow{\mathrm{AB}}$의 방향은 유향선분 AB의 방향이고, 크기는 선분 AB의 길이이다. 이때, 벡터 $\overrightarrow{\mathrm{AB}}$의 크기를 기호로 $|\overrightarrow{\mathbf{AB}}|$와 같이 나타낸다.

특히 크기가 1인 벡터를 단위벡터라고 한다.

또, 벡터는 한 문자를 써서

$$\vec{a},\ \vec{b},\ \vec{c},\ \vec{d},\ \cdots$$

로 나타내기도 하고, 이때 크기는 절댓값 기호를 써서

$$|\vec{a}|,\ |\vec{b}|,\ |\vec{c}|,\ |\vec{d}|,\ \cdots$$

와 같이 나타낸다.

3 서로 같은 벡터

유향선분 AB, CD가 나타내는 두 벡터 $\overrightarrow{\mathrm{AB}}$, $\overrightarrow{\mathrm{CD}}$에서 크기와 방향이 각각 같을 때, 두 벡터는 서로 같다고 하고, $\overrightarrow{\mathbf{AB}}=\overrightarrow{\mathbf{CD}}$와 같이 나타낸다.

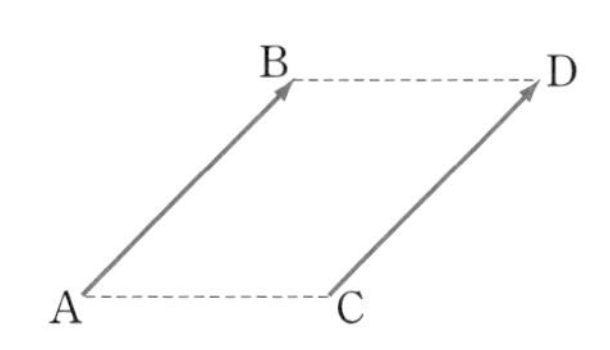

$\overrightarrow{\mathrm{AB}}=\overrightarrow{\mathrm{CD}}$이면 유향선분 CD를 평행이동하여 유향선분 AB에 포갤 수 있다.

역으로 평행이동하여 포갤 수 있는 두 유향선분은 서로 같은 벡터이다.

마찬가지로 한 문자를 써서 나타낸 두 벡터 $\vec{a}$, $\vec{b}$가 서로 같을 때에는 $\vec{\boldsymbol{a}}=\vec{\boldsymbol{b}}$와 같이 나타낸다.

보기 1 오른쪽 그림의 정육각형 ABCDEF에서 대각선 AD, BE, CF의 교점을 O라고 할 때,

(1) 벡터 $\overrightarrow{\mathrm{AB}}$와 서로 같은 벡터는 어느 것인가?

(2) 벡터 $\overrightarrow{\mathrm{BF}}$와 서로 같은 벡터는 어느 것인가?

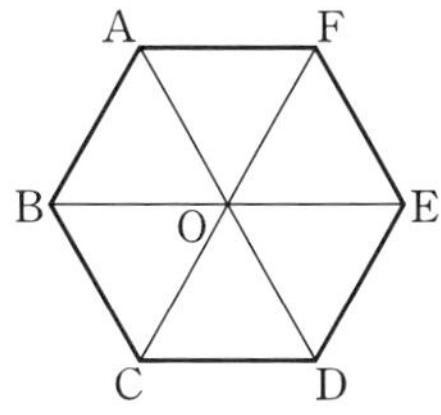

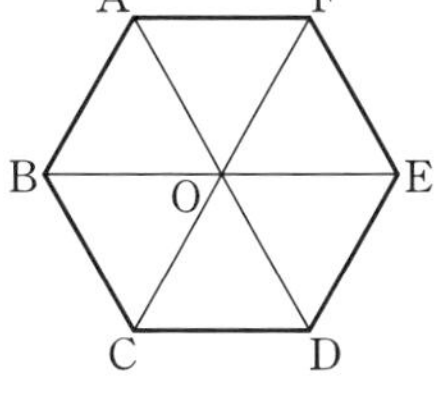

연구 크기와 방향이 각각 같은 것을 찾는다.

정의 서로 같은 벡터

(i) 크기가 같다. (ii) 방향이 같다.

(1) 사각형 ABCO, CDEO, DEFO는 모두 합동인 평행사변형이므로 벡터 $\overrightarrow{\mathrm{AB}}$와 서로 같은 것은 $\overrightarrow{\mathbf{OC}}$, $\overrightarrow{\mathbf{ED}}$, $\overrightarrow{\mathbf{FO}}$

(2) 사각형 BCEF는 평행사변형이므로 벡터 $\overrightarrow{\mathrm{BF}}$와 서로 같은 것은 $\overrightarrow{\mathbf{CE}}$

보기 2 오른쪽 그림의 직육면체에서 다음 물음에 답하여라.

(1) $\overrightarrow{\mathrm{AB}}=\vec{a}$, $\overrightarrow{\mathrm{AD}}=\vec{b}$, $\overrightarrow{\mathrm{AE}}=\vec{c}$ 라고 할 때, 다음 벡터를 $\vec{a}$, $\vec{b}$, $\vec{c}$로 나타내어라.

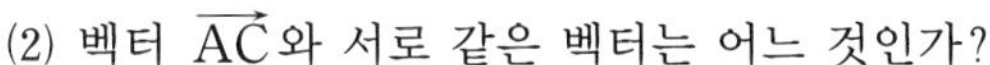

① $\overrightarrow{\mathrm{HG}}$ ② $\overrightarrow{\mathrm{EH}}$ ③ $\overrightarrow{\mathrm{CG}}$

(2) 벡터 $\overrightarrow{\mathrm{AC}}$와 서로 같은 벡터는 어느 것인가?

(3) 벡터 $\overrightarrow{\mathrm{DB}}$와 크기가 같은 벡터는 어느 것인가?

연구 (1) ① $\overrightarrow{\mathrm{HG}}=\overrightarrow{\mathrm{AB}}=\vec{\boldsymbol{a}}$ ② $\overrightarrow{\mathrm{EH}}=\overrightarrow{\mathrm{AD}}=\vec{\boldsymbol{b}}$ ③ $\overrightarrow{\mathrm{CG}}=\overrightarrow{\mathrm{AE}}=\vec{\boldsymbol{c}}$

(2) 사각형 AEGC는 평행사변형이므로 벡터 $\overrightarrow{\mathrm{AC}}$와 서로 같은 것은 $\overrightarrow{\mathbf{EG}}$

(3) 사각형 DHFB, AEGC는 서로 합동인 평행사변형이므로

$$\overline{\mathrm{DB}}=\overline{\mathrm{HF}}=\overline{\mathrm{AC}}=\overline{\mathrm{EG}}$$

따라서 $\overrightarrow{\mathbf{BD}}$, $\overrightarrow{\mathbf{HF}}$, $\overrightarrow{\mathbf{FH}}$, $\overrightarrow{\mathbf{AC}}$, $\overrightarrow{\mathbf{CA}}$, $\overrightarrow{\mathbf{EG}}$, $\overrightarrow{\mathbf{GE}}$

4 역벡터와 영벡터

점 A를 시점으로 하고 점 B를 종점으로 하는 벡터 $\overrightarrow{\mathrm{AB}}$에 대하여 점 B를 시점으로 하고 점 A를 종점으로 하는 벡터 $\overrightarrow{\mathrm{BA}}$를 $\overrightarrow{\mathrm{AB}}$의 역벡터라 하고, $-\overrightarrow{\mathbf{AB}}$로 나타낸다. 곧,

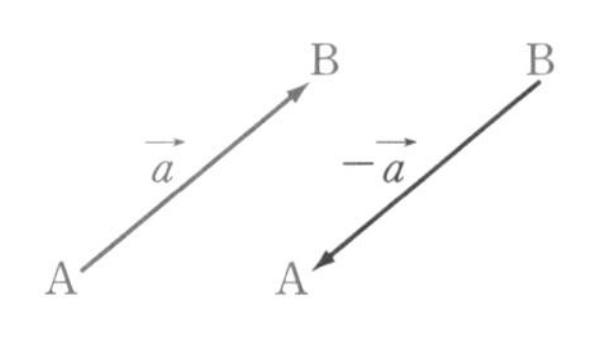

$$\text{정석}\quad \vec{a}=\overrightarrow{\mathbf{AB}}\text{이면} \Longrightarrow -\vec{a}=\overrightarrow{\mathbf{BA}}$$

이다.

또, 벡터 $\overrightarrow{\mathrm{AA}}$, $\overrightarrow{\mathrm{BB}}$와 같이 시점과 종점이 일치하는 벡터를 영벡터라 하고, $\vec{0}$로 나타낸다. 곧,

$$\text{정석}\quad \vec{0}=\overrightarrow{\mathbf{AA}}=\overrightarrow{\mathbf{BB}}=\overrightarrow{\mathbf{CC}}=\cdots$$

이다.

영벡터는 한 점으로 나타내어지므로 크기는 $|\vec{0}|=0$이고, 방향은 생각하지 않는다.

보기 3 오른쪽 그림의 직사각형에서

$$\overrightarrow{\mathrm{OA}}=\vec{a},\quad \overrightarrow{\mathrm{OB}}=\vec{b},\quad \overrightarrow{\mathrm{OC}}=\vec{c}$$

라고 할 때, 다음 벡터를 $\vec{a}$, $\vec{b}$, $\vec{c}$ 중 하나를 써서 나타내어라.

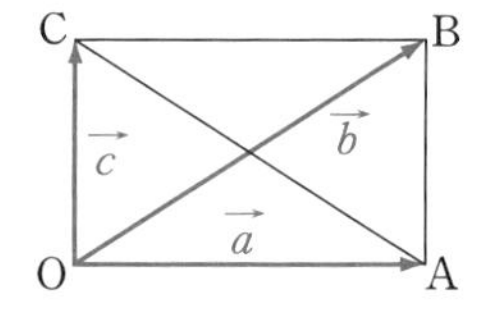

(1) $\overrightarrow{\mathrm{AO}}$ (2) $\overrightarrow{\mathrm{BO}}$ (3) $\overrightarrow{\mathrm{BA}}$ (4) $\overrightarrow{\mathrm{BC}}$

연구 크기가 같고 방향이 반대이면 '−'를 붙여서 나타내면 된다.

(1) $\overrightarrow{\mathrm{AO}}=-\overrightarrow{\mathrm{OA}}=-\vec{a}$ (2) $\overrightarrow{\mathrm{BO}}=-\overrightarrow{\mathrm{OB}}=-\vec{b}$

(3) $\overrightarrow{\mathrm{BA}}=-\overrightarrow{\mathrm{AB}}=-\overrightarrow{\mathrm{OC}}=-\vec{c}$ (4) $\overrightarrow{\mathrm{BC}}=-\overrightarrow{\mathrm{CB}}=-\overrightarrow{\mathrm{OA}}=-\vec{a}$

보기 4 오른쪽 그림의 직육면체에서

$$\overrightarrow{\mathrm{AB}}=\vec{a},\quad \overrightarrow{\mathrm{AD}}=\vec{b},\quad \overrightarrow{\mathrm{AE}}=\vec{c},\quad \overrightarrow{\mathrm{AC}}=\vec{d}$$

라고 할 때, 다음 벡터를 $\vec{a}$, $\vec{b}$, $\vec{c}$, $\vec{d}$ 중 하나를 써서 나타내어라.

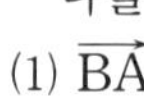

(1) $\overrightarrow{\mathrm{BA}}$ (2) $\overrightarrow{\mathrm{GH}}$ (3) $\overrightarrow{\mathrm{HE}}$ (4) $\overrightarrow{\mathrm{GF}}$

(5) $\overrightarrow{\mathrm{FB}}$ (6) $\overrightarrow{\mathrm{GC}}$ (7) $\overrightarrow{\mathrm{EG}}$ (8) $\overrightarrow{\mathrm{GE}}$

연구 (1) $\overrightarrow{\mathrm{BA}}=-\overrightarrow{\mathrm{AB}}=-\vec{a}$ (2) $\overrightarrow{\mathrm{GH}}=-\overrightarrow{\mathrm{HG}}=-\overrightarrow{\mathrm{AB}}=-\vec{a}$

(3) $\overrightarrow{\mathrm{HE}}=-\overrightarrow{\mathrm{EH}}=-\overrightarrow{\mathrm{AD}}=-\vec{b}$ (4) $\overrightarrow{\mathrm{GF}}=-\overrightarrow{\mathrm{FG}}=-\overrightarrow{\mathrm{AD}}=-\vec{b}$

(5) $\overrightarrow{\mathrm{FB}}=-\overrightarrow{\mathrm{BF}}=-\overrightarrow{\mathrm{AE}}=-\vec{c}$ (6) $\overrightarrow{\mathrm{GC}}=-\overrightarrow{\mathrm{CG}}=-\overrightarrow{\mathrm{AE}}=-\vec{c}$

(7) $\overrightarrow{\mathrm{EG}}=\overrightarrow{\mathrm{AC}}=\vec{d}$ (8) $\overrightarrow{\mathrm{GE}}=-\overrightarrow{\mathrm{EG}}=-\overrightarrow{\mathrm{AC}}=-\vec{d}$

기본 문제 4-1 직사각형 ABCD의 두 대각선의 교점을 O라고 하자. 다섯 개의 점 A, B, C, D, O에서 서로 다른 두 점을 뽑아 한쪽을 시점, 다른 쪽을 종점으로 하는 벡터를 만들 때, 서로 다른 것의 개수를 구하여라.

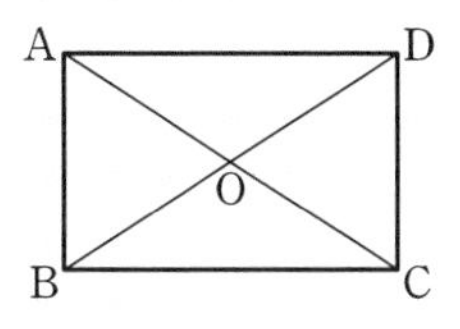

[정석연구] 경우의 수를 구하듯이

A를 시점으로 하는 벡터, B를 시점으로 하는 벡터, ···

를 차례로 구해 나가면서 앞서 나온 것과 중복된 벡터는 제외하면 된다.

정석 두 벡터가 서로 같을 조건

(i) 크기가 같다. (ii) 방향이 같다.

[모범답안] A를 시점 : $\overrightarrow{AB}=\overrightarrow{DC}$, $\overrightarrow{AD}=\overrightarrow{BC}$, $\overrightarrow{AC}$, $\overrightarrow{AO}=\overrightarrow{OC}$

B를 시점 : $\overrightarrow{BA}=\overrightarrow{CD}$, $\overrightarrow{BC}=\overrightarrow{AD}$(중복), $\overrightarrow{BD}$, $\overrightarrow{BO}=\overrightarrow{OD}$

C를 시점 : $\overrightarrow{CD}=\overrightarrow{BA}$(중복), $\overrightarrow{CB}=\overrightarrow{DA}$, $\overrightarrow{CA}$, $\overrightarrow{CO}=\overrightarrow{OA}$

D를 시점 : $\overrightarrow{DC}=\overrightarrow{AB}$(중복), $\overrightarrow{DA}=\overrightarrow{CB}$(중복), $\overrightarrow{DB}$, $\overrightarrow{DO}=\overrightarrow{OB}$

O를 시점 : $\overrightarrow{OA}=\overrightarrow{CO}$(중복), $\overrightarrow{OB}=\overrightarrow{DO}$(중복), $\overrightarrow{OC}=\overrightarrow{AO}$(중복), $\overrightarrow{OD}=\overrightarrow{BO}$(중복)

중복된 벡터를 제외하면 다음 12개이다.

$\overrightarrow{AB}=\overrightarrow{DC}$, $\overrightarrow{AD}=\overrightarrow{BC}$, $\overrightarrow{AC}$, $\overrightarrow{AO}=\overrightarrow{OC}$, $\overrightarrow{BA}=\overrightarrow{CD}$, $\overrightarrow{BD}$, $\overrightarrow{BO}=\overrightarrow{OD}$, $\overrightarrow{CB}=\overrightarrow{DA}$, $\overrightarrow{CA}$, $\overrightarrow{CO}=\overrightarrow{OA}$, $\overrightarrow{DB}$, $\overrightarrow{DO}=\overrightarrow{OB}$

[답] **12**

[유제] **4**-1. 오른쪽 그림의 평행사변형 ABCD에서 다음 벡터 중 서로 같은 것을 골라라. 단, 점 O는 두 대각선의 교점이다.

$\overrightarrow{AB}$, $\overrightarrow{BC}$, $\overrightarrow{AO}$, $\overrightarrow{BO}$, $\overrightarrow{OC}$, $\overrightarrow{OD}$, $\overrightarrow{DC}$, $\overrightarrow{AD}$

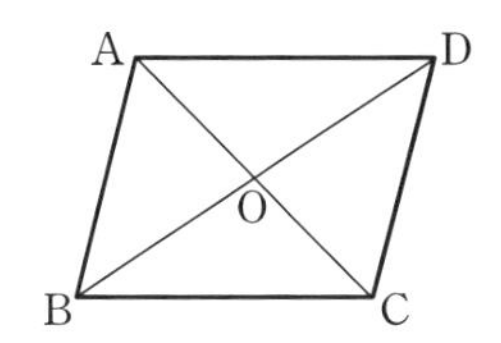

[답] $\overrightarrow{\mathbf{AB}}=\overrightarrow{\mathbf{DC}}$, $\overrightarrow{\mathbf{BC}}=\overrightarrow{\mathbf{AD}}$, $\overrightarrow{\mathbf{AO}}=\overrightarrow{\mathbf{OC}}$, $\overrightarrow{\mathbf{BO}}=\overrightarrow{\mathbf{OD}}$

[유제] **4**-2. 벡터를 나타낸 오른쪽 그림에서 다음과 같은 벡터는 어느 것인가?

(1) 크기가 같은 벡터

(2) 방향이 같은 벡터

(3) 서로 같은 벡터

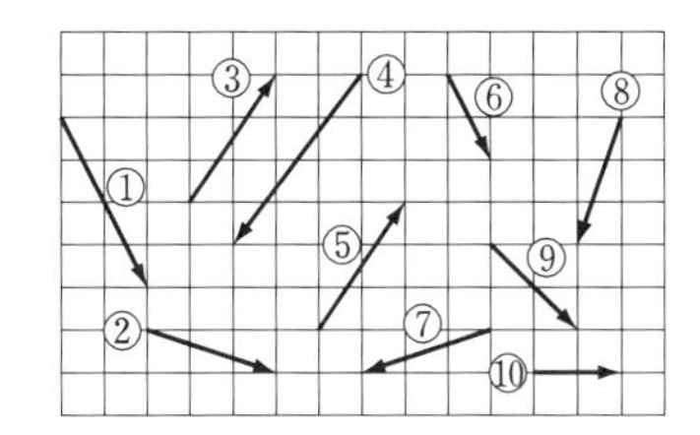

[답] (1) ②와 ⑦과 ⑧, ③과 ⑤

(2) ①과 ⑥, ③과 ⑤ (3) ③과 ⑤

§ 2. 벡터의 덧셈과 뺄셈

1 벡터의 덧셈

이를테면 오른쪽 그림과 같이 도형 F를 F′의 위치로 평행이동한 다음 다시 F″의 위치로 평행이동한 것은 F를 F″의 위치로 한 번 평행이동한 것과 결과가 같다. 이 사실을 이용하여 벡터의 합을 정의할 수 있다.

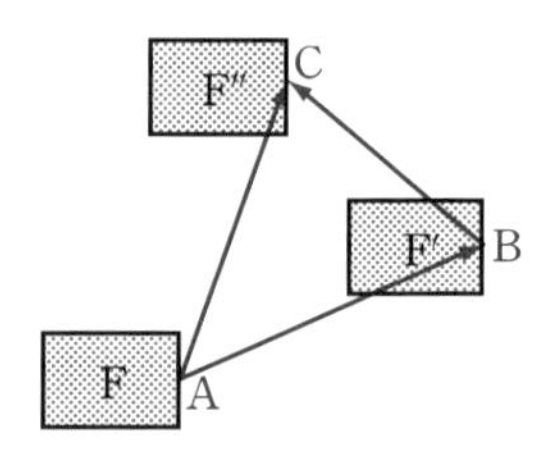

곧, F 위의 한 점 A가 F′ 위의 점 B로, 점 B가 F″ 위의 점 C로 옮겨진다고 하면 F를 F′으로, F′을 F″으로, F를 F″으로 옮기는 평행이동의 방향과 크기를 각각 $\overrightarrow{AB}$, $\overrightarrow{BC}$, $\overrightarrow{AC}$로 나타낼 수 있다.

이때, 평행이동을 연달아 하는 것을 벡터의 합으로 나타내기로 하면

$$\overrightarrow{AB}+\overrightarrow{BC}=\overrightarrow{AC}$$

이다.

기본정석 — **벡터의 합**

(1) 삼각형의 법칙(벡터의 합의 정의)

두 벡터 $\vec{a}$, $\vec{b}$가 있을 때, $\vec{a}$와 같게 $\overrightarrow{AB}$를 잡고 B를 시점으로 하여 $\vec{b}$와 같게 $\overrightarrow{BC}$를 잡는다.

이때, $\overrightarrow{AC}(=\vec{c})$를 $\vec{a}$와 $\vec{b}$의 합이라 하고, $\vec{a}+\vec{b}$로 나타낸다.

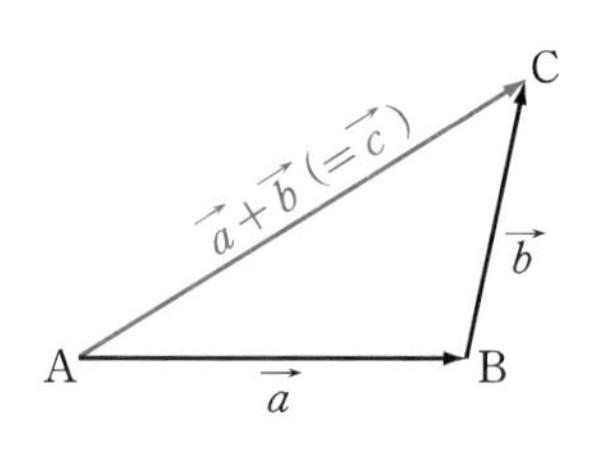

$$\vec{a}+\vec{b}=\vec{c} \iff \overrightarrow{AB}+\overrightarrow{BC}=\overrightarrow{AC}$$

(2) 평행사변형의 법칙

두 벡터 $\vec{a}$, $\vec{b}$가 있을 때, O를 시점으로 하여 $\vec{a}$, $\vec{b}$와 같게 각각 $\overrightarrow{OA}$, $\overrightarrow{OB}$를 잡는다. 그리고 선분 OA, OB를 두 변으로 하는 평행사변형 OACB를 만들면 $\overrightarrow{OC}(=\vec{c})$는 $\vec{a}$와 $\vec{b}$의 합이다.

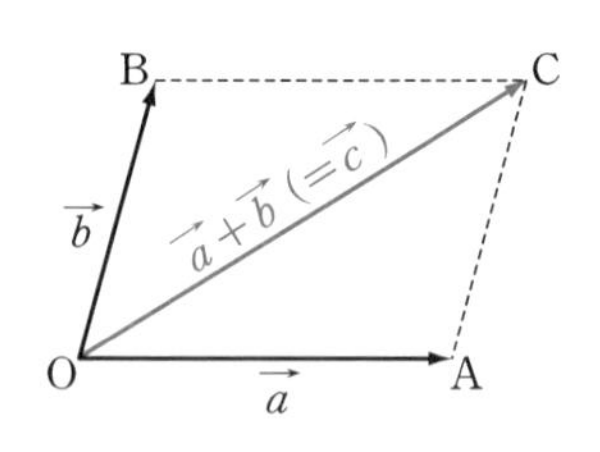

$$\vec{a}+\vec{b}=\vec{c} \iff \overrightarrow{OA}+\overrightarrow{OB}=\overrightarrow{OC}$$

보기 1 두 벡터 $\overrightarrow{a}$, $\overrightarrow{b}$ 가 오른쪽 그림과 같을 때, 합 $\overrightarrow{a}+\overrightarrow{b}$ 를 그림으로 나타내어라.

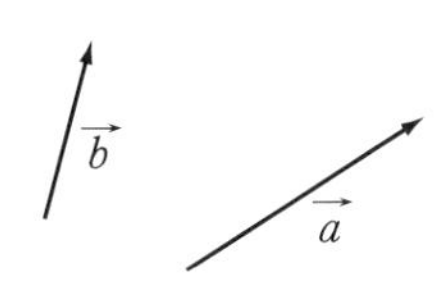

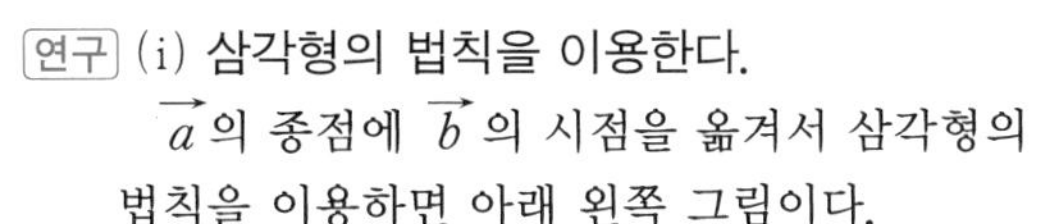

연구 (i) 삼각형의 법칙을 이용한다.

$\overrightarrow{a}$ 의 종점에 $\overrightarrow{b}$ 의 시점을 옮겨서 삼각형의 법칙을 이용하면 아래 왼쪽 그림이다.

(ii) 평행사변형의 법칙을 이용한다.

$\overrightarrow{a}$ 의 시점에 $\overrightarrow{b}$ 의 시점을 옮겨서 평행사변형의 법칙을 이용하면 아래 오른쪽 그림이다.

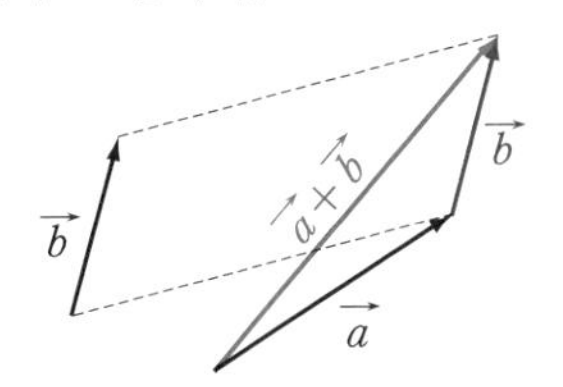

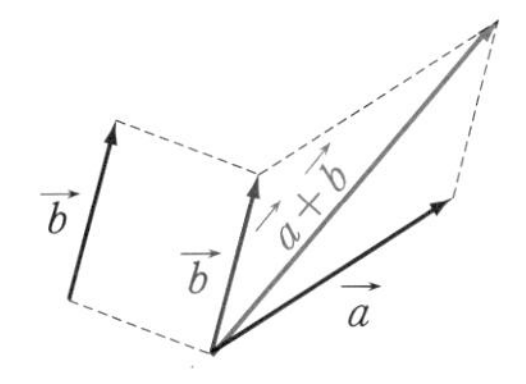

2 벡터의 덧셈에 관한 교환법칙, 결합법칙

수, 식의 경우와 마찬가지로 벡터에서도 덧셈에 관한 교환법칙, 결합법칙이 성립한다.

기본정석 — **벡터의 덧셈에 관한 교환법칙, 결합법칙**

평면 또는 공간의 벡터 $\overrightarrow{a}$, $\overrightarrow{b}$, $\overrightarrow{c}$ 에 대하여 다음 법칙이 성립한다.

(i) $\overrightarrow{a}+\overrightarrow{b}=\overrightarrow{b}+\overrightarrow{a}$ (교환법칙)

(ii) $(\overrightarrow{a}+\overrightarrow{b})+\overrightarrow{c}=\overrightarrow{a}+(\overrightarrow{b}+\overrightarrow{c})$ (결합법칙)

Advice | (i) 교환법칙 : 두 벡터 $\overrightarrow{a}$, $\overrightarrow{b}$ 에 대하여 오른쪽 그림과 같이

$$\overrightarrow{\mathrm{AB}}=\overrightarrow{a}, \quad \overrightarrow{\mathrm{BC}}=\overrightarrow{b}$$

가 되는 점 A, B, C를 잡고, 사각형 ABCD가 평행사변형이 되도록 점 D를 잡으면

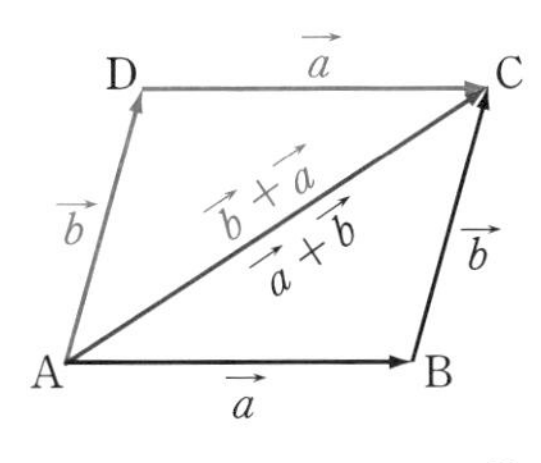

△ABC에서 $\overrightarrow{a}+\overrightarrow{b}=\overrightarrow{\mathrm{AB}}+\overrightarrow{\mathrm{BC}}=\overrightarrow{\mathrm{AC}}$ ……①

한편 $\overrightarrow{b}=\overrightarrow{\mathrm{AD}}$, $\overrightarrow{a}=\overrightarrow{\mathrm{DC}}$ 이므로

△ADC에서 $\overrightarrow{b}+\overrightarrow{a}=\overrightarrow{\mathrm{AD}}+\overrightarrow{\mathrm{DC}}=\overrightarrow{\mathrm{AC}}$ ……②

①, ②에서 $\overrightarrow{a}+\overrightarrow{b}=\overrightarrow{b}+\overrightarrow{a}$

(ii) 결합법칙 : 세 벡터 $\vec{a}$, $\vec{b}$, $\vec{c}$ 에 대하여 아래 그림과 같이

$$\overrightarrow{AB}=\vec{a},\quad \overrightarrow{BC}=\vec{b},\quad \overrightarrow{CD}=\vec{c}$$

가 되는 점 A, B, C, D를 잡으면

$$\vec{a}+\vec{b}=\overrightarrow{AB}+\overrightarrow{BC}=\overrightarrow{AC}$$

$\therefore\ (\vec{a}+\vec{b})+\vec{c}=\overrightarrow{AC}+\overrightarrow{CD}=\overrightarrow{AD}$ ⋯①

한편 $\vec{b}+\vec{c}=\overrightarrow{BC}+\overrightarrow{CD}=\overrightarrow{BD}$

$\therefore\ \vec{a}+(\vec{b}+\vec{c})=\overrightarrow{AB}+\overrightarrow{BD}=\overrightarrow{AD}$ ⋯②

①, ②에서 $(\vec{a}+\vec{b})+\vec{c}=\vec{a}+(\vec{b}+\vec{c})$

따라서 $(\vec{a}+\vec{b})+\vec{c}$, $\vec{a}+(\vec{b}+\vec{c})$를 간단히 $\vec{a}+\vec{b}+\vec{c}$ 로 나타내어도 된다. (i), (ii)는 평면벡터와 공간벡터에서 모두 성립한다.

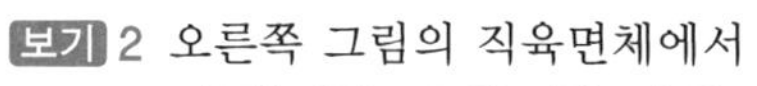

보기 2 오른쪽 그림의 직육면체에서

$$\overrightarrow{AB}=\vec{a},\quad \overrightarrow{AD}=\vec{b},\quad \overrightarrow{AE}=\vec{c}$$

일 때, $\overrightarrow{AC}$, $\overrightarrow{AG}$를 $\vec{a}$, $\vec{b}$, $\vec{c}$ 로 나타내어라.

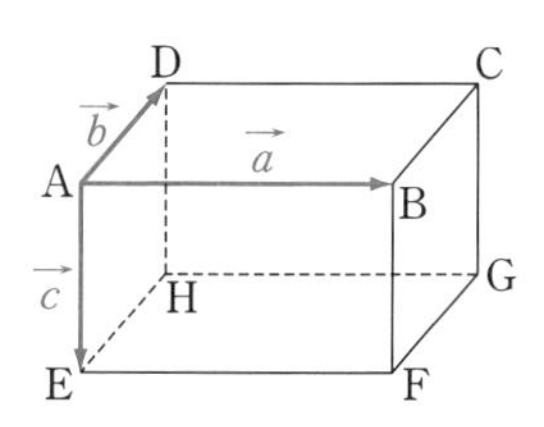

연구 $\overrightarrow{AC}=\overrightarrow{AB}+\overrightarrow{BC}=\overrightarrow{AB}+\overrightarrow{AD}=\vec{a}+\vec{b}$

$\overrightarrow{AG}=\overrightarrow{AC}+\overrightarrow{CG}=(\overrightarrow{AB}+\overrightarrow{AD})+\overrightarrow{AE}$

$=\vec{a}+\vec{b}+\vec{c}$

보기 3 서로 다른 세 점 A, B, C에 대하여

$$\overrightarrow{AB}+\overrightarrow{BC}+\overrightarrow{CA}=\vec{0}$$

임을 보여라.

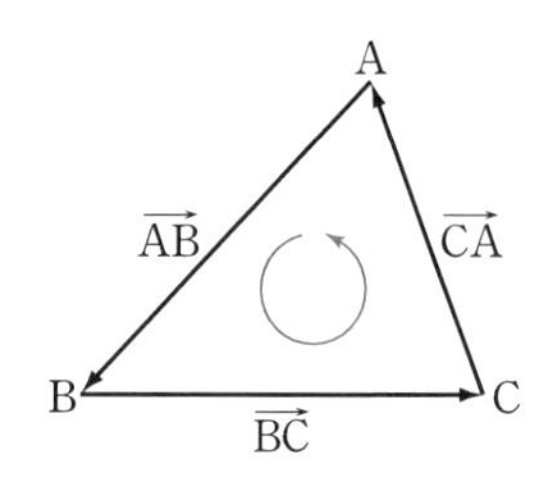

연구 $(\overrightarrow{AB}+\overrightarrow{BC})+\overrightarrow{CA}=\overrightarrow{AC}+\overrightarrow{CA}=\overrightarrow{AA}=\vec{0}$

3 벡터의 뺄셈

두 벡터의 차는 다음과 같이 정의한다.

기본정석 — **벡터의 차**

두 벡터 $\vec{a}$, $\vec{b}$ 에 대하여

$$\vec{b}+\vec{x}=\vec{a}$$

를 만족시키는 벡터 $\vec{x}$ 를 $\vec{a}$ 에서 $\vec{b}$ 를 뺀 차라 하고, $\vec{a}-\vec{b}$ 로 나타낸다.

오른쪽 그림에서

$\vec{a}=\overrightarrow{OA}$, $\vec{b}=\overrightarrow{OB}$라고 하면

$$\vec{a}-\vec{b}=\vec{x} \iff \overrightarrow{OA}-\overrightarrow{OB}=\overrightarrow{BA}$$

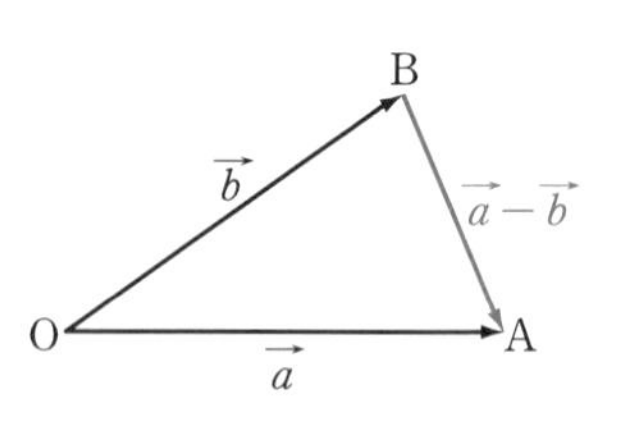

Advice 1° 앞면의 **기본정석**의 그림에서 벡터의 합의 정의에 의하여

$$\overrightarrow{\mathrm{OB}}+\overrightarrow{\mathrm{BA}}=\overrightarrow{\mathrm{OA}}$$

이고, 여기에 벡터의 차의 정의를 적용하면 다음 등식이 성립한다.

$$\overrightarrow{\mathrm{OA}}-\overrightarrow{\mathrm{OB}}=\overrightarrow{\mathrm{BA}}$$

벡터의 덧셈, 뺄셈은 다음 방법으로 기억하면 된다.

정석 $\overrightarrow{\mathrm{AB}}+\overrightarrow{\mathrm{BC}}=\overrightarrow{\mathrm{AC}}$, $\quad\overrightarrow{\mathrm{OA}}-\overrightarrow{\mathrm{OB}}=\overrightarrow{\mathrm{BA}}$

종점과 시점이 같다. 시점이 같다.

2° 벡터의 합 · 차의 정의로부터 다음이 성립함을 알 수 있다.

정석 (i) $\vec{a}-\vec{b}=\vec{a}+(-\vec{b})$

(ii) $\vec{a}+\vec{0}=\vec{a}$, $\vec{a}-\vec{0}=\vec{a}$, $\vec{0}-\vec{a}=-\vec{a}$, $\vec{a}-\vec{a}=\vec{0}$

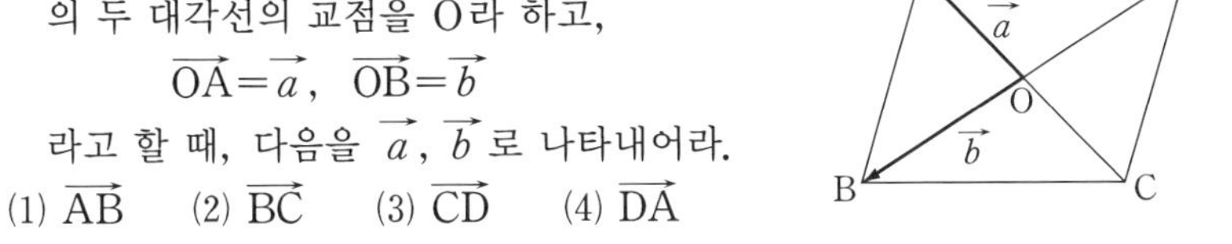

보기 4 오른쪽 그림과 같이 평행사변형 ABCD의 두 대각선의 교점을 O라 하고,

$$\overrightarrow{\mathrm{OA}}=\vec{a},\quad \overrightarrow{\mathrm{OB}}=\vec{b}$$

라고 할 때, 다음을 $\vec{a}$, $\vec{b}$로 나타내어라.

(1) $\overrightarrow{\mathrm{AB}}$ (2) $\overrightarrow{\mathrm{BC}}$ (3) $\overrightarrow{\mathrm{CD}}$ (4) $\overrightarrow{\mathrm{DA}}$

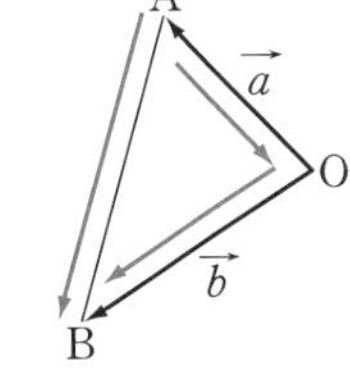

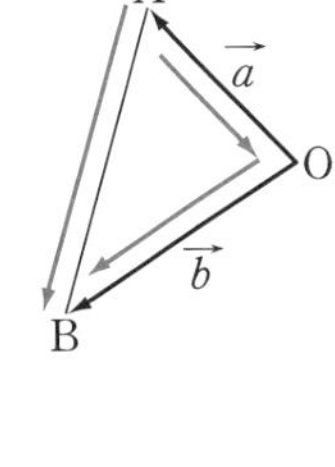

연구 (1) △ABO에서 두 점 A와 B는 A에서 O로, 다시 O에서 B로 연결할 수 있다. 곧,

$$\overrightarrow{\mathrm{AB}}=\overrightarrow{\mathrm{AO}}+\overrightarrow{\mathrm{OB}}=(-\vec{a})+\vec{b}=-\vec{a}+\vec{b}$$

(2) $\overrightarrow{\mathrm{BC}}=\overrightarrow{\mathrm{BO}}+\overrightarrow{\mathrm{OC}}=(-\vec{b})+(-\vec{a})=-\vec{a}-\vec{b}$

(3) $\overrightarrow{\mathrm{CD}}=\overrightarrow{\mathrm{CO}}+\overrightarrow{\mathrm{OD}}=\vec{a}+(-\vec{b})=\vec{a}-\vec{b}$

(4) $\overrightarrow{\mathrm{DA}}=\overrightarrow{\mathrm{DO}}+\overrightarrow{\mathrm{OA}}=\vec{b}+\vec{a}=\vec{a}+\vec{b}$

보기 5 오른쪽 그림의 사면체 OABC에서

$$\overrightarrow{\mathrm{OA}}=\vec{a},\quad \overrightarrow{\mathrm{OB}}=\vec{b},\quad \overrightarrow{\mathrm{OC}}=\vec{c}$$

라고 할 때, 다음을 $\vec{a}$, $\vec{b}$, $\vec{c}$로 나타내어라.

(1) $\overrightarrow{\mathrm{AC}}$ (2) $\overrightarrow{\mathrm{AB}}$ (3) $\overrightarrow{\mathrm{AB}}+\overrightarrow{\mathrm{BC}}-\overrightarrow{\mathrm{AC}}$

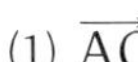

연구 (1) $\overrightarrow{\mathrm{AC}}=\overrightarrow{\mathrm{OC}}-\overrightarrow{\mathrm{OA}}=\vec{c}-\vec{a}$

(2) $\overrightarrow{\mathrm{AB}}=\overrightarrow{\mathrm{OB}}-\overrightarrow{\mathrm{OA}}=\vec{b}-\vec{a}$

(3) $\overrightarrow{\mathrm{AB}}+\overrightarrow{\mathrm{BC}}-\overrightarrow{\mathrm{AC}}=(\overrightarrow{\mathrm{AB}}+\overrightarrow{\mathrm{BC}})-\overrightarrow{\mathrm{AC}}=\overrightarrow{\mathrm{AC}}-\overrightarrow{\mathrm{AC}}=\vec{0}$

**Note* 다음과 같이 변형해도 된다.

(1) $\overrightarrow{\mathrm{AC}}=\overrightarrow{\mathrm{AO}}+\overrightarrow{\mathrm{OC}}=-\overrightarrow{\mathrm{OA}}+\overrightarrow{\mathrm{OC}}$ (2) $\overrightarrow{\mathrm{AB}}=\overrightarrow{\mathrm{AO}}+\overrightarrow{\mathrm{OB}}=-\overrightarrow{\mathrm{OA}}+\overrightarrow{\mathrm{OB}}$

기본 문제 4-2 사각형 ABCD에서 다음 등식이 성립함을 증명하여라.

$$\overrightarrow{AB}+\overrightarrow{CD}=\overrightarrow{AD}+\overrightarrow{CB}$$

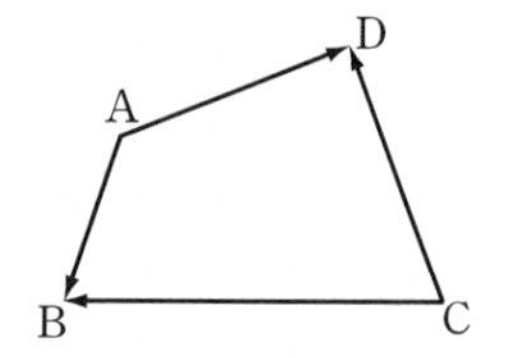

정석연구 여러 가지 증명 방법을 생각할 수 있다.

(방법 1) 좌변과 우변을 각각 하나의 벡터로 나타내어 본다.

곧, 오른쪽 그림과 같이 평행사변형 BCDE를 만들면

$\overrightarrow{AB}+\overrightarrow{CD}=\overrightarrow{AB}+\overrightarrow{BE}=\overrightarrow{AE}$,

$\overrightarrow{AD}+\overrightarrow{CB}=\overrightarrow{AD}+\overrightarrow{DE}=\overrightarrow{AE}$

$\therefore\ \overrightarrow{AB}+\overrightarrow{CD}=\overrightarrow{AD}+\overrightarrow{CB}$

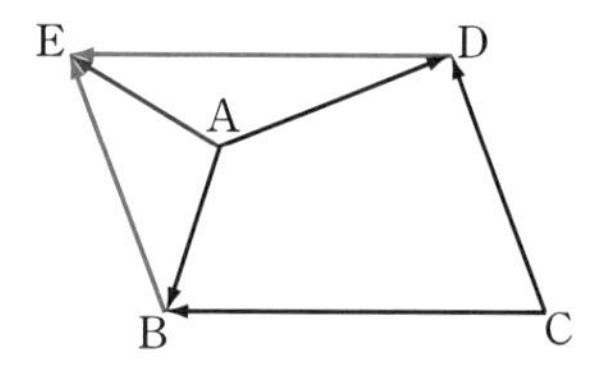

여기에서 다음 삼각형의 법칙을 이용하였다.

정석 $\overrightarrow{AB}+\overrightarrow{BC}=\overrightarrow{AC}$

(방법 2) 좌변의 $\overrightarrow{AB}$, $\overrightarrow{CD}$를 우변의 $\overrightarrow{AD}$, $\overrightarrow{CB}$를 포함한 벡터로 고쳐 본다. 곧,

$\overrightarrow{AB}=\overrightarrow{AD}+\overrightarrow{DB}$, $\quad\overrightarrow{CD}=\overrightarrow{CB}+\overrightarrow{BD}$

변변 더하면

$\overrightarrow{AB}+\overrightarrow{CD}=\overrightarrow{AD}+\overrightarrow{CB}+\overrightarrow{DB}+\overrightarrow{BD}$

그런데 $\overrightarrow{DB}+\overrightarrow{BD}=\overrightarrow{DB}-\overrightarrow{DB}=\vec{0}$ $\quad\therefore\ \overrightarrow{AB}+\overrightarrow{CD}=\overrightarrow{AD}+\overrightarrow{CB}$

여기에서 역벡터에 관한 다음 성질을 이용하였다.

정석 $\overrightarrow{AB}+\overrightarrow{BA}=\vec{0}$ $(\overrightarrow{AB}=-\overrightarrow{BA})$

(방법 3) $\overrightarrow{AB}-\overrightarrow{AD}=\overrightarrow{CB}-\overrightarrow{CD}$를 증명해도 된다. 곧,

$\overrightarrow{AB}-\overrightarrow{AD}=\overrightarrow{DB}$, $\quad\overrightarrow{CB}-\overrightarrow{CD}=\overrightarrow{DB}$

$\therefore\ \overrightarrow{AB}-\overrightarrow{AD}=\overrightarrow{CB}-\overrightarrow{CD}$ $\qquad\therefore\ \overrightarrow{AB}+\overrightarrow{CD}=\overrightarrow{AD}+\overrightarrow{CB}$

여기에서 벡터의 뺄셈에 관한 다음 성질을 이용하였다.

정석 $\overrightarrow{OA}-\overrightarrow{OB}=\overrightarrow{BA}$

(방법 4) $\overrightarrow{AB}+\overrightarrow{BC}+\overrightarrow{CD}+\overrightarrow{DA}=\overrightarrow{AA}=\vec{0}$ 이므로

$\overrightarrow{AB}+\overrightarrow{CD}=-\overrightarrow{DA}-\overrightarrow{BC}=\overrightarrow{AD}+\overrightarrow{CB}$

유제 **4**-3. 네 점 A, B, C, D에 대하여 등식 $\overrightarrow{AB}+\overrightarrow{DC}=\overrightarrow{AC}+\overrightarrow{DB}$가 성립함을 증명하여라.

§3. 벡터의 실수배

1 벡터의 실수배

오른쪽 그림과 같이 벡터 $\overrightarrow{a}$와 $\overrightarrow{a}$의 합 $\overrightarrow{a}+\overrightarrow{a}$는 벡터 $\overrightarrow{a}$와 방향이 같고 크기가 $\overrightarrow{a}$의 크기의 2배인 벡터로, 다음과 같이 나타낸다.

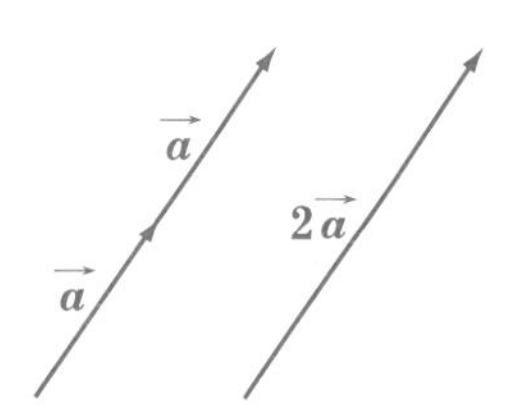

$$\overrightarrow{a}+\overrightarrow{a}=2\overrightarrow{a}$$

같은 방법으로 하면 $3\overrightarrow{a}$, $4\overrightarrow{a}$, $5\overrightarrow{a}$, $\cdots$ 와 $-2\overrightarrow{a}$, $-3\overrightarrow{a}$, $-4\overrightarrow{a}$, $\cdots$도 정의할 수 있다.

이것을 벡터의 실수배라고 한다.

기본정석 — **벡터의 실수배**

실수 m과 벡터 $\overrightarrow{a}$의 곱 $m\overrightarrow{a}$는

(i) $m>0$이면 $\overrightarrow{a}$와 같은 방향이고 크기가 $m|\overrightarrow{a}|$인 벡터이다.

(ii) $m<0$이면 $\overrightarrow{a}$와 반대 방향이고 크기가 $|m||\overrightarrow{a}|$인 벡터이다.

(iii) $m=0$이면 영벡터이다. 곧, $0\overrightarrow{a}=\overrightarrow{0}$이다.

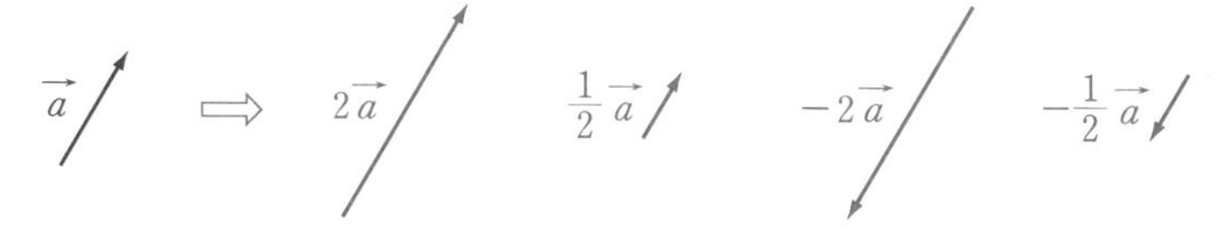

*Note $\overrightarrow{a}\neq\overrightarrow{0}$일 때, $\left|\dfrac{\overrightarrow{a}}{|\overrightarrow{a}|}\right|=\dfrac{1}{|\overrightarrow{a}|}\times|\overrightarrow{a}|=1$이므로 $\dfrac{\overrightarrow{a}}{|\overrightarrow{a}|}$는 $\overrightarrow{a}$와 방향이 같은 단위벡터이다.

보기 1 오른쪽 그림에서 $\overrightarrow{\mathrm{OA}}=\overrightarrow{a}$, $\overrightarrow{\mathrm{OB}}=\overrightarrow{b}$일 때, 다음 벡터를 O를 시점으로 하여 그림으로 나타내어라.

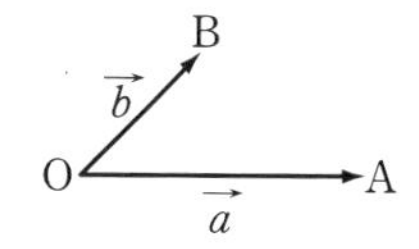

(1) $-\dfrac{1}{2}\overrightarrow{a}$ (2) $\overrightarrow{a}+2\overrightarrow{b}$ (3) $\dfrac{1}{2}\overrightarrow{a}-\overrightarrow{b}$

연구 (1)

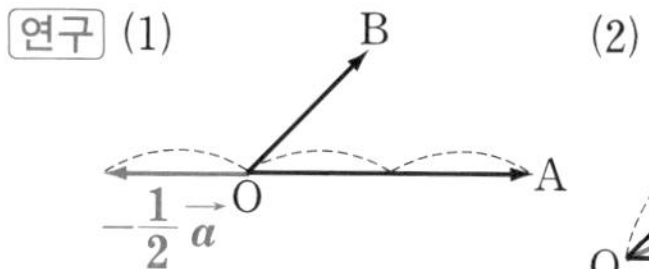

(2)

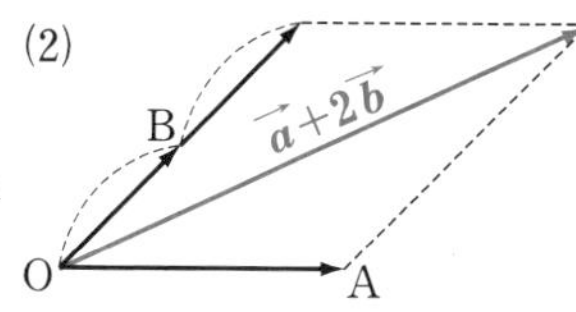

(3)

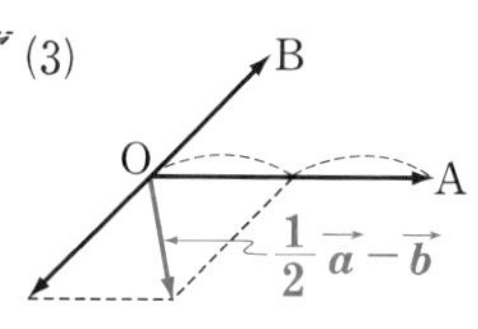

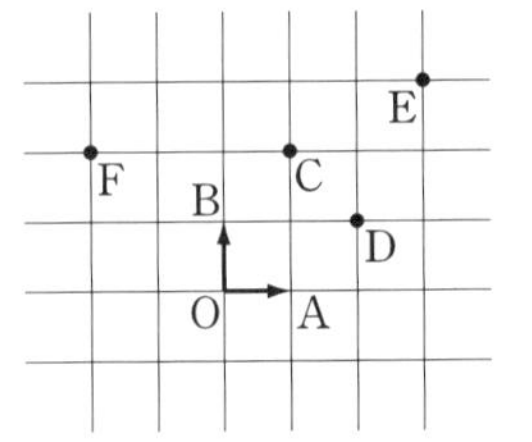

보기 2 오른쪽과 같이 간격이 같고 평행한 가로선과 세로선으로 이루어진 그림에서

$$\overrightarrow{OA}=\vec{a}, \quad \overrightarrow{OB}=\vec{b}$$

라고 할 때, 다음 벡터를 $\vec{a}$, $\vec{b}$로 나타내어라.

(1) $\overrightarrow{OC}$ (2) $\overrightarrow{OD}$ (3) $\overrightarrow{OF}$

(4) $\overrightarrow{OD}+\overrightarrow{DE}$ (5) $\overrightarrow{OE}-\overrightarrow{OF}$

연구 삼각형의 법칙을 이용하여 두 벡터의 합을 생각한다.

(1) $\overrightarrow{OC}=\overrightarrow{OA}+\overrightarrow{AC}=\overrightarrow{OA}+2\overrightarrow{OB}=\boldsymbol{\vec{a}+2\vec{b}}$

같은 방법으로 하면

(2) $\overrightarrow{OD}=\boldsymbol{2\vec{a}+\vec{b}}$ (3) $\overrightarrow{OF}=\boldsymbol{-2\vec{a}+2\vec{b}}$

(4) $\overrightarrow{OD}+\overrightarrow{DE}=\overrightarrow{OE}=\boldsymbol{3\vec{a}+3\vec{b}}$ (5) $\overrightarrow{OE}-\overrightarrow{OF}=\overrightarrow{FE}=\boldsymbol{5\vec{a}+\vec{b}}$

2 벡터의 실수배에 관한 성질

벡터의 실수배에 관하여 다음과 같은 기본 성질이 성립한다.

기본정석 — 벡터의 실수배에 관한 성질

m, n이 실수일 때,

(1) $(mn)\vec{a}=m(n\vec{a})=n(m\vec{a})=mn\vec{a}$ (결합법칙)

(2) $(m+n)\vec{a}=m\vec{a}+n\vec{a}$ (분배법칙)

(3) $m(\vec{a}+\vec{b})=m\vec{a}+m\vec{b}$ (분배법칙)

(4) $0\vec{a}=\vec{0}$, $1\vec{a}=\vec{a}$, $m\vec{0}=\vec{0}$

Advice | 지금까지 공부한 벡터의 연산에 관한 여러 가지 성질을 이용하면 벡터의 연산을 수나 식의 경우와 같이 할 수 있다.

이를테면 $3\vec{a}+2\vec{b}$와 $\vec{a}-3\vec{b}$의 합과 차는 다항식 $3a+2b$와 $a-3b$의 합과 차와 같이 할 수 있다. 곧,

$$(3\vec{a}+2\vec{b})+(\vec{a}-3\vec{b})=(3+1)\vec{a}+(2-3)\vec{b}=4\vec{a}-\vec{b}$$
$$(3\vec{a}+2\vec{b})-(\vec{a}-3\vec{b})=(3-1)\vec{a}+(2+3)\vec{b}=2\vec{a}+5\vec{b}$$

보기 3 다음을 간단히 하여라.

(1) $2(3\vec{a}-2\vec{b})+5(\vec{a}+\vec{b})$ (2) $3(\vec{a}+5\vec{b})-2(3\vec{a}-\vec{b})$

연구 (1) (준 식)$=6\vec{a}-4\vec{b}+5\vec{a}+5\vec{b}=\boldsymbol{11\vec{a}+\vec{b}}$

(2) (준 식)$=3\vec{a}+15\vec{b}-6\vec{a}+2\vec{b}=\boldsymbol{-3\vec{a}+17\vec{b}}$

보기 4 다음 등식을 만족시키는 $\vec{x}$를 $\vec{a}$, $\vec{b}$로 나타내어라.

(1) $\vec{a}+2\vec{x}=3\vec{a}-6\vec{b}$ (2) $2(4\vec{a}-\vec{x})=5(2\vec{b}-\vec{x})$

연구 (1) $a+2x=3a-6b$일 때, x를 a, b로 나타내는 것과 같다.

정석 벡터의 연산(덧셈, 뺄셈, 실수배)은
⟹ 수, 식의 연산과 같은 방법으로 한다.

$2\vec{x}=(3\vec{a}-6\vec{b})-\vec{a}=2\vec{a}-6\vec{b}$ $\therefore$ $\boldsymbol{\vec{x}=\vec{a}-3\vec{b}}$

(2) $8\vec{a}-2\vec{x}=10\vec{b}-5\vec{x}$ $\therefore$ $-2\vec{x}+5\vec{x}=10\vec{b}-8\vec{a}$

$\therefore$ $3\vec{x}=-8\vec{a}+10\vec{b}$ $\therefore$ $\boldsymbol{\vec{x}=-\frac{8}{3}\vec{a}+\frac{10}{3}\vec{b}}$

보기 5 다음 등식을 동시에 만족시키는 $\vec{x}$, $\vec{y}$를 $\vec{a}$, $\vec{b}$로 나타내어라.

$$3\vec{x}-2\vec{y}=\vec{a}, \quad 2\vec{x}-3\vec{y}=\vec{b}$$

연구 $3\vec{x}-2\vec{y}=\vec{a}$ ……① $2\vec{x}-3\vec{y}=\vec{b}$ ……②

①×3−②×2하면 $5\vec{x}=3\vec{a}-2\vec{b}$ $\therefore$ $\boldsymbol{\vec{x}=\frac{1}{5}(3\vec{a}-2\vec{b})}$

①×2−②×3하면 $5\vec{y}=2\vec{a}-3\vec{b}$ $\therefore$ $\boldsymbol{\vec{y}=\frac{1}{5}(2\vec{a}-3\vec{b})}$

3 벡터의 평행

영벡터가 아닌 두 벡터 $\vec{a}$, $\vec{b}$가 같은 방향이거나 반대 방향일 때, 두 벡터 $\vec{a}$, $\vec{b}$는 서로 평행하다고 하고, $\vec{a} /\!/ \vec{b}$로 나타낸다.

이것은 한 점 O를 시점으로 하여 $\vec{a}=\overrightarrow{OA}$, $\vec{b}=\overrightarrow{OB}$로 옮겨 놓을 때, 세 점 O, A, B가 한 직선 위에 있다는 것과 같은 뜻이다.

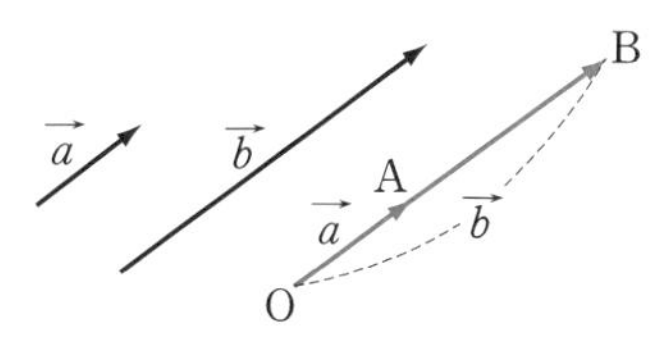

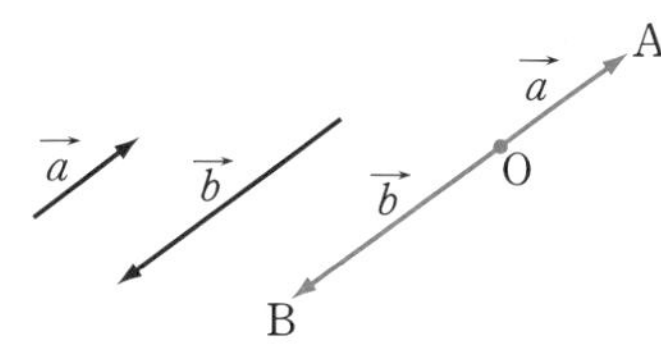

벡터의 실수배의 정의에 따라 영벡터가 아닌 두 벡터는 한 벡터가 다른 벡터의 실수배일 때에만 평행하다.

기본정석 **벡터의 평행**

$\vec{a}\neq\vec{0}$, $\vec{b}\neq\vec{0}$이고 m이 0이 아닌 실수일 때,

$$\vec{a} /\!/ \vec{b} \iff \vec{b}=m\vec{a}$$

4 세 점이 한 직선 위에 있을 조건

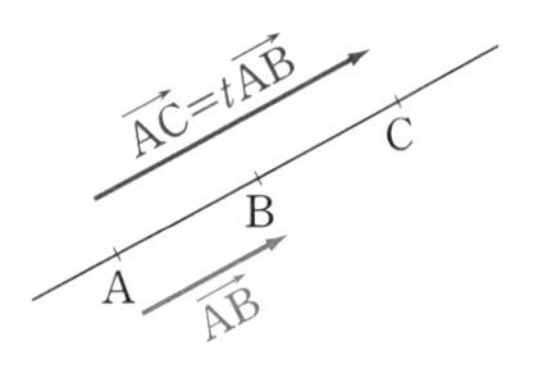

서로 다른 세 점 A, B, C가 한 직선 위에 있다고 하자. 이때, 두 벡터 $\overrightarrow{AB}$와 $\overrightarrow{AC}$가 서로 평행하므로 0이 아닌 실수 t가 존재하여

$$\overrightarrow{AC}=t\overrightarrow{AB} \quad \cdots\cdots ①$$

이 성립한다.

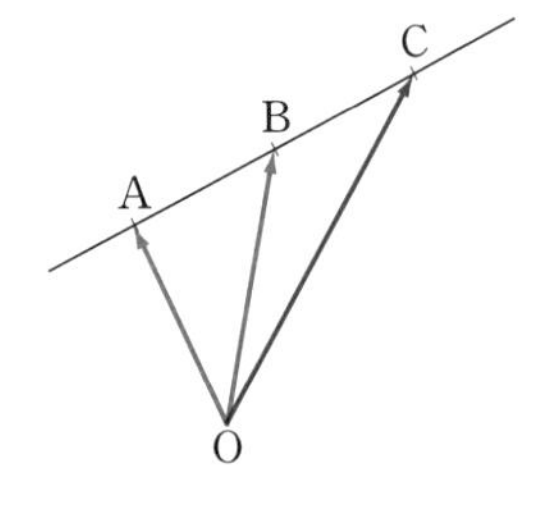

또, 한 점 O에 대하여

$$\overrightarrow{AB}=\overrightarrow{OB}-\overrightarrow{OA}, \quad \overrightarrow{AC}=\overrightarrow{OC}-\overrightarrow{OA}$$

이므로 ①에 대입하면

$$\overrightarrow{OC}-\overrightarrow{OA}=t(\overrightarrow{OB}-\overrightarrow{OA})$$

$$\therefore \overrightarrow{OC}=(1-t)\overrightarrow{OA}+t\overrightarrow{OB}$$

또, 이 식에서 $1-t=\alpha$, $t=\beta$라고 하면

$$\overrightarrow{OC}=\alpha\overrightarrow{OA}+\beta\overrightarrow{OB}, \quad \alpha+\beta=1$$

이와 같이 세 점이 한 직선 위에 있을 조건을 다양한 형태로 나타낼 수 있다. 여러 가지 문제를 푸는 데 자주 이용하므로 다음과 같이 정리해 두자.

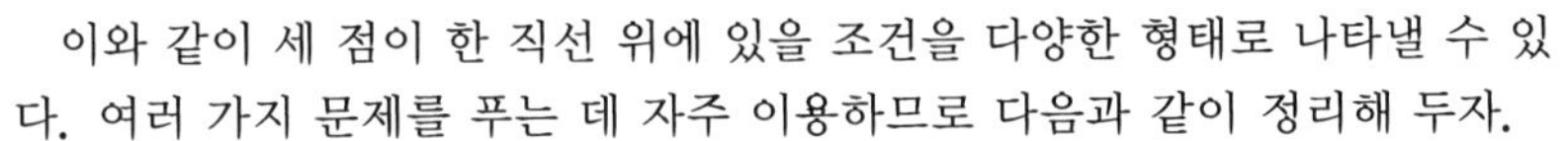

기본정석 — **세 점이 한 직선 위에 있을 조건**

서로 다른 세 점 A, B, C가 한 직선 위에 있을 조건은 다음과 같다.

(i) $\overrightarrow{AC}=t\overrightarrow{AB}$를 만족시키는 실수 t가 존재한다.

(ii) $\overrightarrow{OC}=(1-t)\overrightarrow{OA}+t\overrightarrow{OB}$를 만족시키는 실수 t가 존재한다.

(iii) $\overrightarrow{OC}=\alpha\overrightarrow{OA}+\beta\overrightarrow{OB}$, $\alpha+\beta=1$을 만족시키는 실수 α, β가 존재한다.

단, t, α, β는 0과 1이 아니다.

보기 6 평면 위의 서로 다른 네 점 O, A, B, C에 대하여

$$\overrightarrow{OA}=\vec{a}, \quad \overrightarrow{OB}=\vec{b}, \quad \overrightarrow{OC}=5\vec{a}-4\vec{b}$$

일 때, 세 점 A, B, C는 한 직선 위에 있음을 보여라.

연구 $\overrightarrow{OA}$, $\overrightarrow{OB}$, $\overrightarrow{OC}$가 주어졌으므로

정석 $\overrightarrow{AB}=\overrightarrow{OB}-\overrightarrow{OA}, \quad \overrightarrow{AC}=\overrightarrow{OC}-\overrightarrow{OA}$

를 이용하여 $\overrightarrow{AB}$, $\overrightarrow{AC}$를 $\vec{a}$, $\vec{b}$로 나타내면

$$\overrightarrow{AB}=\overrightarrow{OB}-\overrightarrow{OA}=\vec{b}-\vec{a}$$

$$\overrightarrow{AC}=\overrightarrow{OC}-\overrightarrow{OA}=(5\vec{a}-4\vec{b})-\vec{a}=5\vec{a}-4\vec{b}-\vec{a}=4(\vec{a}-\vec{b})$$

곧, $\overrightarrow{AC}=-4\overrightarrow{AB}$이므로 세 점 A, B, C는 한 직선 위에 있다.

기본 문제 4-3 정육각형 ABCDEF에서 $\overrightarrow{AB}=\vec{a}$, $\overrightarrow{BC}=\vec{b}$ 라고 할 때, 다음 벡터를 $\vec{a}$, $\vec{b}$ 로 나타내어라.

(1) $\overrightarrow{AD}$ (2) $\overrightarrow{AE}$ (3) $\overrightarrow{AF}$ (4) $\overrightarrow{BE}$

정석연구 하나의 벡터를 두 벡터의 합 또는 차로 자유롭게 나타낼 줄 알아야 한다. 곧,

정석 $\overrightarrow{AB}+\overrightarrow{BC}=\overrightarrow{AC}$

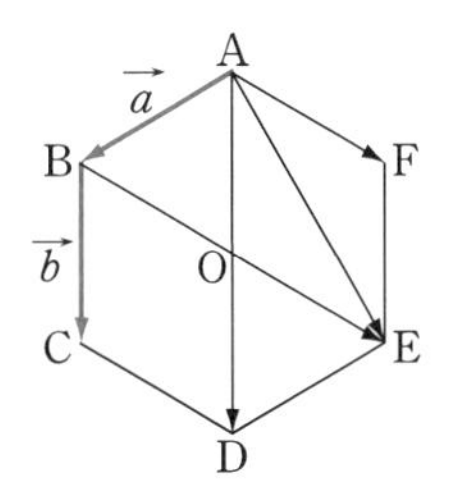

를 이용하면 $\overrightarrow{AE}$는

$\overrightarrow{AB}+\overrightarrow{BE},\quad \overrightarrow{AC}+\overrightarrow{CE},\quad \overrightarrow{AD}+\overrightarrow{DE},\quad \cdots$

와 같이 여러 가지로 분해할 수 있다. 또,

정석 $\overrightarrow{OA}-\overrightarrow{OB}=\overrightarrow{BA}$

를 이용하면 $\overrightarrow{AE}$는

$\overrightarrow{OE}-\overrightarrow{OA},\quad \overrightarrow{BE}-\overrightarrow{BA},\quad \overrightarrow{CE}-\overrightarrow{CA},\quad \cdots$

와 같이 분해할 수도 있다.

모범답안 (1) $\overline{AD}/\!/\overline{BC}$, $\overline{AD}=2\overline{BC}$ 이므로 $\overrightarrow{AD}=2\overrightarrow{BC}=\mathbf{2\vec{b}}$ ← 답

(2) $\overrightarrow{AE}=\overrightarrow{AD}+\overrightarrow{DE}=\overrightarrow{AD}+\overrightarrow{BA}=\overrightarrow{AD}+(-\overrightarrow{AB})=\mathbf{2\vec{b}-\vec{a}}$ ← 답

(3) $\overrightarrow{AF}=\overrightarrow{AE}+\overrightarrow{EF}=\overrightarrow{AE}+\overrightarrow{CB}=\overrightarrow{AE}+(-\overrightarrow{BC})=2\vec{b}-\vec{a}-\vec{b}$

$=\mathbf{\vec{b}-\vec{a}}$ ← 답

(4) 대각선 AD, BE의 교점을 O라고 하면

$\overrightarrow{BE}=2\overrightarrow{BO}=2\overrightarrow{AF}=\mathbf{2(\vec{b}-\vec{a})}$ ← 답

유제 **4**-4. 정육각형 ABCDEF에서 다음 물음에 답하여라.

(1) $\overrightarrow{AB}=\vec{a}$, $\overrightarrow{BC}=\vec{b}$ 라고 할 때, 벡터 $\overrightarrow{AC}$, $\overrightarrow{EF}$, $\overrightarrow{CD}$, $\overrightarrow{FA}$를 $\vec{a}$, $\vec{b}$ 로 나타내어라.

(2) $\overrightarrow{AB}=\vec{a}$, $\overrightarrow{AF}=\vec{b}$ 라고 할 때, 벡터 $\overrightarrow{AC}$, $\overrightarrow{CF}$, $\overrightarrow{CE}$를 $\vec{a}$, $\vec{b}$ 로 나타내어라.

(3) $\overrightarrow{AB}=\vec{a}$, $\overrightarrow{AC}=\vec{b}$ 라고 할 때, 벡터 $\overrightarrow{AF}$, $\overrightarrow{AE}$를 $\vec{a}$, $\vec{b}$ 로 나타내어라.

답 (1) $\overrightarrow{AC}=\vec{a}+\vec{b}$, $\overrightarrow{EF}=-\vec{b}$, $\overrightarrow{CD}=\vec{b}-\vec{a}$, $\overrightarrow{FA}=\vec{a}-\vec{b}$

(2) $\overrightarrow{AC}=2\vec{a}+\vec{b}$, $\overrightarrow{CF}=-2\vec{a}$, $\overrightarrow{CE}=\vec{b}-\vec{a}$

(3) $\overrightarrow{AF}=-2\vec{a}+\vec{b}$, $\overrightarrow{AE}=-3\vec{a}+2\vec{b}$

기본 문제 4-4 △ABC의 변 AB, BC, CA의 중점을 각각 P, Q, R라 하고, 세 중선의 교점을 O라고 하자.

$\overrightarrow{CA}=\vec{a}$, $\overrightarrow{CB}=\vec{b}$ 라고 할 때, 다음 벡터를 $\vec{a}$, $\vec{b}$ 로 나타내어라.

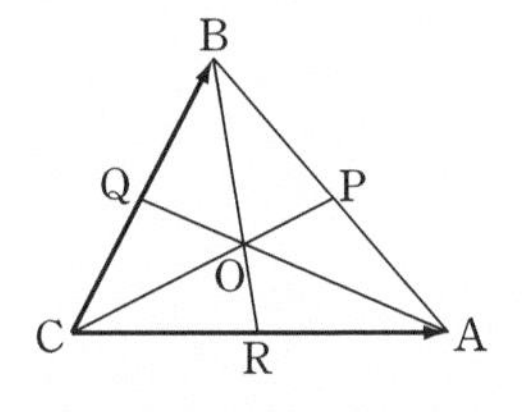

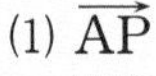
(1) $\overrightarrow{AP}$ (2) $\overrightarrow{AR}$ (3) $\overrightarrow{OP}$

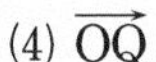
(4) $\overrightarrow{OQ}$ (5) $\overrightarrow{BO}$

정석연구 다음 **정석**을 이용하여 각 벡터를 $\overrightarrow{CA}$, $\overrightarrow{CB}$로 나타내어 본다.

정 석 $\overrightarrow{AC}=\overrightarrow{AB}+\overrightarrow{BC}$, $\quad \overrightarrow{AB}=\overrightarrow{OB}-\overrightarrow{OA}$

모범답안 (1) $\overrightarrow{AP}=\frac{1}{2}\overrightarrow{AB}=\frac{1}{2}(\overrightarrow{CB}-\overrightarrow{CA})=\frac{1}{2}(\vec{b}-\vec{a})=-\boldsymbol{\frac{1}{2}\vec{a}+\frac{1}{2}\vec{b}}$

(2) $\overrightarrow{AR}=\frac{1}{2}\overrightarrow{AC}=-\frac{1}{2}\overrightarrow{CA}=-\boldsymbol{\frac{1}{2}\vec{a}}$

(3) 점 O는 △ABC의 무게중심이므로 $\overline{CO}:\overline{OP}=2:1$ $\quad\therefore \overline{OP}=\frac{1}{3}\overline{CP}$

$\therefore \overrightarrow{OP}=\frac{1}{3}\overrightarrow{CP}=\frac{1}{3}(\overrightarrow{CA}+\overrightarrow{AP})=\frac{1}{3}\left\{\vec{a}+\left(-\frac{1}{2}\vec{a}+\frac{1}{2}\vec{b}\right)\right\}=\boldsymbol{\frac{1}{6}\vec{a}+\frac{1}{6}\vec{b}}$

(4) $\overrightarrow{OQ}=\frac{1}{3}\overrightarrow{AQ}=\frac{1}{3}(\overrightarrow{CQ}-\overrightarrow{CA})=\frac{1}{3}\left(\frac{1}{2}\overrightarrow{CB}-\overrightarrow{CA}\right)=\frac{1}{3}\left(\frac{1}{2}\vec{b}-\vec{a}\right)$

$=-\boldsymbol{\frac{1}{3}\vec{a}+\frac{1}{6}\vec{b}}$

(5) $\overrightarrow{BO}=\frac{2}{3}\overrightarrow{BR}=\frac{2}{3}(\overrightarrow{CR}-\overrightarrow{CB})=\frac{2}{3}\left(\frac{1}{2}\overrightarrow{CA}-\overrightarrow{CB}\right)=\boldsymbol{\frac{1}{3}\vec{a}-\frac{2}{3}\vec{b}}$

* *Note* (1), (4), (5)를 차의 공식을 이용하지 않고 다음과 같이 나타낼 수도 있다.

(1) $\overrightarrow{AP}=\frac{1}{2}\overrightarrow{AB}=\frac{1}{2}(\overrightarrow{AC}+\overrightarrow{CB})$ (4) $\overrightarrow{OQ}=\frac{1}{3}\overrightarrow{AQ}=\frac{1}{3}(\overrightarrow{AC}+\overrightarrow{CQ})$

(5) $\overrightarrow{BO}=\frac{2}{3}\overrightarrow{BR}=\frac{2}{3}(\overrightarrow{BC}+\overrightarrow{CR})$

유제 **4**-5. 오른쪽 그림의 평행사변형 ABCD에서 점 O는 두 대각선의 교점이고, $\overline{AE}=2\overline{EB}$, $\overline{CF}=2\overline{FD}$이다. $\overrightarrow{AB}=\vec{a}$, $\overrightarrow{BC}=\vec{b}$ 라고 할 때, 다음 벡터를 $\vec{a}$, $\vec{b}$ 로 나타내어라.

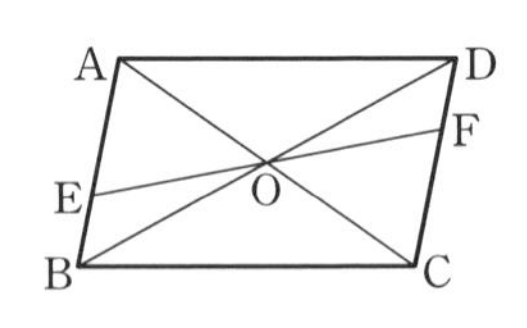

(1) $\overrightarrow{EB}$ (2) $\overrightarrow{CF}$ (3) $\overrightarrow{BD}$ (4) $\overrightarrow{OE}$

답 (1) $\boldsymbol{\frac{1}{3}\vec{a}}$ (2) $-\boldsymbol{\frac{2}{3}\vec{a}}$ (3) $-\boldsymbol{\vec{a}+\vec{b}}$ (4) $\boldsymbol{\frac{1}{6}\vec{a}-\frac{1}{2}\vec{b}}$

기본 문제 4-5 오른쪽 그림의 직육면체에서

$$\overrightarrow{AB}=\vec{a},\ \overrightarrow{AD}=\vec{b},\ \overrightarrow{AE}=\vec{c}$$

라고 하자. 모서리 FG의 중점을 L, 선분 BH의 중점을 M이라고 할 때, 다음 벡터를 $\vec{a}, \vec{b}, \vec{c}$로 나타내어라.

(1) $\overrightarrow{AL}$ (2) $\overrightarrow{AM}$ (3) $\overrightarrow{LM}$

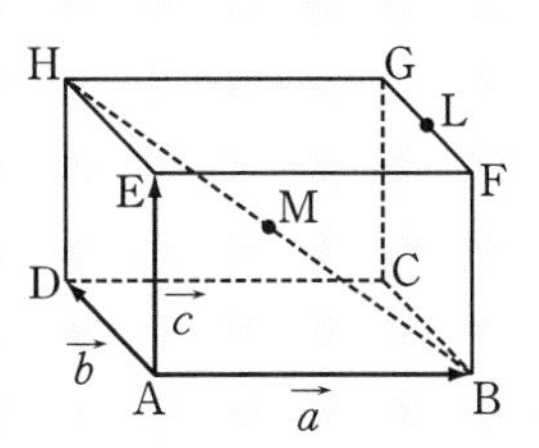

[정석연구] 벡터의 합, 차에 관한 다음 **정석**을 이용하여 (1), (2), (3)을 $\overrightarrow{AB}$, $\overrightarrow{AD}$, $\overrightarrow{AE}$로 나타내어 본다.

정석 $\overrightarrow{AC}=\overrightarrow{AB}+\overrightarrow{BC}$, $\overrightarrow{AB}=\overrightarrow{OB}-\overrightarrow{OA}$

[모범답안] (1) $\overrightarrow{AL}=\overrightarrow{AB}+\overrightarrow{BF}+\overrightarrow{FL}=\overrightarrow{AB}+\overrightarrow{BF}+\frac{1}{2}\overrightarrow{FG}$

$=\overrightarrow{AB}+\overrightarrow{AE}+\frac{1}{2}\overrightarrow{AD}=\boldsymbol{\vec{a}+\frac{1}{2}\vec{b}+\vec{c}}$ ← [답]

(2) $\overrightarrow{AM}=\overrightarrow{AB}+\overrightarrow{BM}=\overrightarrow{AB}+\frac{1}{2}\overrightarrow{BH}=\overrightarrow{AB}+\frac{1}{2}(\overrightarrow{BA}+\overrightarrow{AD}+\overrightarrow{DH})$

$=\vec{a}+\frac{1}{2}(-\vec{a}+\vec{b}+\vec{c})=\boldsymbol{\frac{1}{2}(\vec{a}+\vec{b}+\vec{c})}$ ← [답]

(3) $\overrightarrow{LM}=\overrightarrow{AM}-\overrightarrow{AL}=\frac{1}{2}(\vec{a}+\vec{b}+\vec{c})-\left(\vec{a}+\frac{1}{2}\vec{b}+\vec{c}\right)$

$=\boldsymbol{-\frac{1}{2}(\vec{a}+\vec{c})}$ ← [답]

Advice | 점 L, M이 각각 선분 FG, BH의 중점이므로

$$\overrightarrow{AL}=\frac{1}{2}(\overrightarrow{AF}+\overrightarrow{AG}),\quad \overrightarrow{AM}=\frac{1}{2}(\overrightarrow{AB}+\overrightarrow{AH})$$ ⇦ 중점 공식(p. 82)

로 나타낼 수 있다. 이것과 평행사변형의 법칙을 이용하여 (1), (2), (3)을 $\vec{a}$, $\vec{b}$, $\vec{c}$로 나타낼 수도 있다.

[유제] **4**-6. 오른쪽 그림의 직육면체에서

$$\overrightarrow{EF}=\vec{a},\ \overrightarrow{EA}=\vec{b},\ \overrightarrow{EH}=\vec{c}$$

라 하고, 선분 FC의 중점을 M이라고 할 때, $\overrightarrow{EM}$을 $\vec{a}, \vec{b}, \vec{c}$로 나타내어라.

[답] $\boldsymbol{\overrightarrow{EM}=\vec{a}+\frac{1}{2}\vec{b}+\frac{1}{2}\vec{c}}$

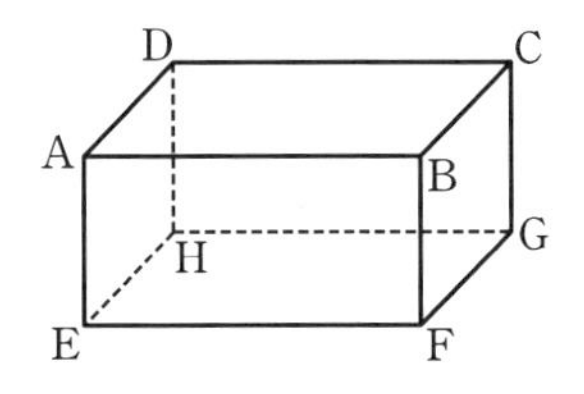

[유제] **4**-7. **유제 4**-6의 직육면체에서 다음 등식이 성립함을 증명하여라.

(1) $\overrightarrow{AC}+\overrightarrow{AF}+\overrightarrow{AH}=2\overrightarrow{AG}$ (2) $\overrightarrow{AG}+\overrightarrow{DF}+\overrightarrow{CE}+\overrightarrow{BH}=4\overrightarrow{AE}$

기본 문제 4-6 $\vec{a}$, $\vec{b}$는 영벡터가 아니고 서로 평행하지 않다.

(1) $2\vec{a}+3\vec{b}=m\vec{a}+n\vec{b}$를 만족시키는 실수 m, n의 값을 구하여라.

(2) 점 O와 한 직선 위의 세 점 A, B, C에 대하여 $\overrightarrow{OA}=2\vec{a}+\vec{b}$, $\overrightarrow{OB}=\vec{a}-\vec{b}$, $\overrightarrow{OC}=4\vec{a}+m\vec{b}$일 때, 실수 m의 값을 구하여라.

정석연구 (1) $2\vec{a}+3\vec{b}=m\vec{a}+n\vec{b}$에서 $(2-m)\vec{a}=(n-3)\vec{b}$ ……㉮

$2-m\neq0$이면 $\vec{a}=\dfrac{n-3}{2-m}\vec{b}$이므로 $\vec{a}$, $\vec{b}$는 서로 평행하다.

이것은 $\vec{a}$, $\vec{b}$가 서로 평행하지 않다는 조건에 모순이므로 $m=2$이다.

㉮에 대입하면 $(n-3)\vec{b}=\vec{0}$ $\therefore$ $n-3=0$ ($\because$ $\vec{b}\neq\vec{0}$) $\therefore$ $n=3$

일반적으로 다음이 성립한다.

정석 $\vec{a}\neq\vec{0}$, $\vec{b}\neq\vec{0}$, $\vec{a}\nparallel\vec{b}$이고 m, n, m', n'이 실수일 때,

(i) $m\vec{a}+n\vec{b}=\vec{0}\iff m=0,\ n=0$

(ii) $m\vec{a}+n\vec{b}=m'\vec{a}+n'\vec{b}\iff m=m',\ n=n'$

(2) 세 점 A, B, C가 한 직선 위에 있으므로

$$\overrightarrow{AC}=k\overrightarrow{AB}$$

를 만족시키는 실수 k가 존재한다. 따라서 주어진 조건을 이용하여 양변을 모두 $\vec{a}$, $\vec{b}$로 나타낸 다음, 위의 **정석**을 이용해 보자.

모범답안 (1) 이항하여 정리하면 $(2-m)\vec{a}+(3-n)\vec{b}=\vec{0}$

$\vec{a}$, $\vec{b}$는 $\vec{0}$가 아니고 서로 평행하지 않으므로 $m=2$, $n=3$ ← 답

(2) 세 점 A, B, C가 한 직선 위에 있으므로 $\overrightarrow{AC}=k\overrightarrow{AB}$를 만족시키는 실수 k가 존재한다. 그런데

$$\overrightarrow{AC}=\overrightarrow{OC}-\overrightarrow{OA}=(4\vec{a}+m\vec{b})-(2\vec{a}+\vec{b})=2\vec{a}+(m-1)\vec{b},$$
$$\overrightarrow{AB}=\overrightarrow{OB}-\overrightarrow{OA}=(\vec{a}-\vec{b})-(2\vec{a}+\vec{b})=-\vec{a}-2\vec{b}$$

$\therefore$ $2\vec{a}+(m-1)\vec{b}=k(-\vec{a}-2\vec{b})$ 곧, $2\vec{a}+(m-1)\vec{b}=-k\vec{a}-2k\vec{b}$

$\vec{a}$, $\vec{b}$는 $\vec{0}$가 아니고 서로 평행하지 않으므로

$2=-k$, $m-1=-2k$ $\therefore$ $k=-2$, $m=5$ ← 답

유제 **4**-8. $\vec{a}$, $\vec{b}$는 영벡터가 아니고 서로 평행하지 않다.

(1) $m\vec{a}+n\vec{b}=(n-m)\vec{a}+(m+1)\vec{b}$를 만족시키는 실수 m, n의 값을 구하여라.

(2) 점 A, B, C가 한 직선 위에 있고 $\overrightarrow{AB}=3\vec{a}-\vec{b}$, $\overrightarrow{AC}=(m+1)\vec{a}+2\vec{b}$일 때, 실수 m의 값을 구하여라.

답 (1) $m=1$, $n=2$ (2) $m=-7$

기본 문제 4-7 평면 위의 서로 다른 세 점 O, A, B에 대하여

$$\overrightarrow{OP}=t\overrightarrow{OA}+(1-t)\overrightarrow{OB} \text{ (단, } t\text{는 } 0\le t\le 1\text{인 실수)}$$

를 만족시키는 점 P는 어떤 도형 위를 움직이는가?

[정석연구] 세 점 A, B, P가 한 직선 위에 있을 때,

$$\overrightarrow{OP}=t\overrightarrow{OA}+(1-t)\overrightarrow{OB} \text{ (}t\text{는 실수)} \quad \cdots\cdots ㉠$$

의 꼴로 나타낼 수 있음(p. 76)을 공부하였다.

역으로 ㉠의 꼴로 나타내어진 경우

$$\overrightarrow{OP}=\overrightarrow{OB}+t(\overrightarrow{OA}-\overrightarrow{OB})=\overrightarrow{OB}+t\overrightarrow{BA}$$

이므로 점 P는 직선 AB 위에 있다. 곧, 세 점 A, B, P는 한 직선 위에 있다.

정석 **세 점 A, B, P가 한 직선 위에 있다**

$$\Longleftrightarrow \overrightarrow{OP}=t\overrightarrow{OA}+(1-t)\overrightarrow{OB} \text{ (}t\text{는 실수)}$$

[모범답안] $\overrightarrow{OP}=t\overrightarrow{OA}+\overrightarrow{OB}-t\overrightarrow{OB}$

$=\overrightarrow{OB}+t(\overrightarrow{OA}-\overrightarrow{OB})=\overrightarrow{OB}+t\overrightarrow{BA}$

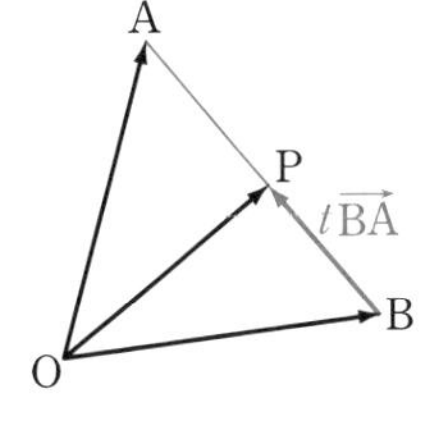

따라서 점 P는 직선 AB 위에 있다.

그런데 $0\le t\le 1$이므로 $\overrightarrow{OP}$는 $\overrightarrow{OB}+0\times\overrightarrow{BA}=\overrightarrow{OB}$에서 $\overrightarrow{OB}+1\times\overrightarrow{BA}=\overrightarrow{OA}$까지 움직인다.

곧, 점 P는 선분 AB 위를 움직인다. [답] **선분 AB**

**Note* 문제의 조건을 다음과 같이 바꿀 수도 있다.

$$\overrightarrow{OP}=m\overrightarrow{OA}+n\overrightarrow{OB} \text{ (단, } m, n\text{은 } m+n=1,\ m\ge 0,\ n\ge 0\text{인 실수)}$$

Advice | t의 값의 범위에 따라 점 P는 다음 초록 선 위를 움직인다.

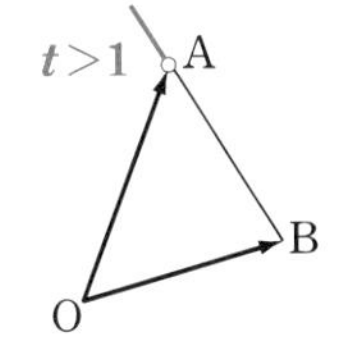

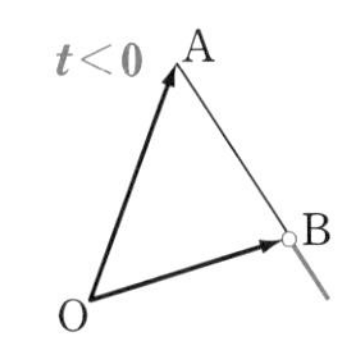

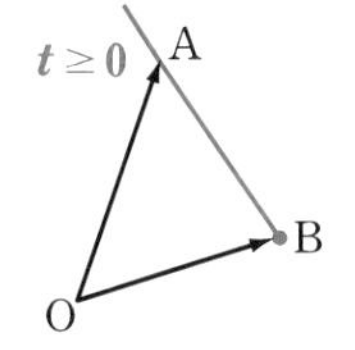

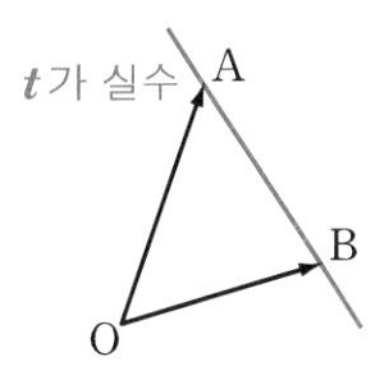

[유제] **4**-9. 평면 위의 서로 다른 세 점 O, A, B에 대하여

$$\overrightarrow{OP}=2t\overrightarrow{OA}+3(1-t)\overrightarrow{OB} \text{ (단, } t\text{는 } 0\le t\le 1\text{인 실수)}$$

를 만족시키는 점 P는 어떤 도형 위를 움직이는가?

[답] $2\overrightarrow{OA}$**와** $3\overrightarrow{OB}$**의 종점을 연결하는 선분**

§ 4. 위치벡터

1 위치벡터

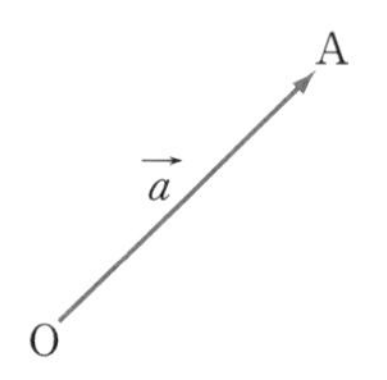

평면 위의 한 정점 O를 정해 놓으면 임의의 평면벡터 $\vec{a}$에 대하여 $\overrightarrow{\mathrm{OA}}=\vec{a}$인 평면 위의 점 A의 위치가 단 하나로 정해진다. 역으로 평면 위의 임의의 점 A에 대하여 $\vec{a}=\overrightarrow{\mathrm{OA}}$인 평면벡터 $\vec{a}$가 단 하나로 정해진다.

곧, 시점을 한 점 O로 고정하면 평면벡터 $\overrightarrow{\mathrm{OA}}$와 평면의 한 점 A는 일대일 대응한다.

마찬가지로 공간에 한 정점 O를 정해 놓으면 O를 시점으로 하는 공간벡터 $\overrightarrow{\mathrm{OA}}$와 공간의 한 점 A는 일대일 대응한다.

이때, 벡터 $\vec{a}$를 점 O에 대한 점 A의 위치벡터라고 한다.

앞으로 평면 또는 공간에서 위치벡터를 다룰 때에는 정점 O가 이미 정해져 있는 것으로 생각한다. 또, 특별한 언급이 없는 한 좌표평면 또는 좌표공간(9단원)에서 점 O는 원점으로 한다.

기본정석 **선분의 분점, 삼각형의 무게중심의 위치벡터**

(1) 선분의 분점의 위치벡터

평면 또는 공간에서 선분 AB를 $m:n\ (m>0,\ n>0)$으로 내분하는 점을 P, 외분하는 점을 Q, 선분 AB의 중점을 D라 하고, 점 A, B, P, Q, D의 위치벡터를 각각 $\vec{a}$, $\vec{b}$, $\vec{p}$, $\vec{q}$, $\vec{d}$라고 하면

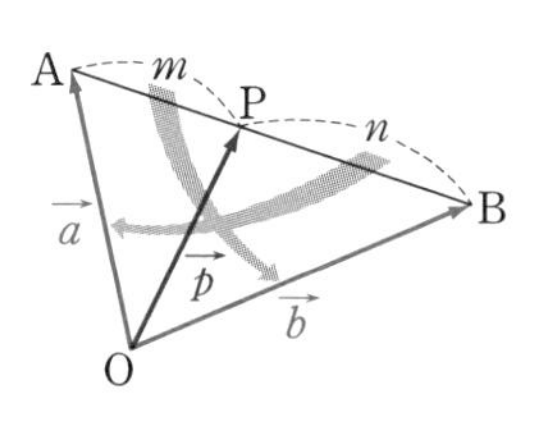

$$\vec{p}=\frac{m\vec{b}+n\vec{a}}{m+n},\quad \vec{q}=\frac{m\vec{b}-n\vec{a}}{m-n}\ (m\neq n),\quad \vec{d}=\frac{\vec{a}+\vec{b}}{2}$$

(2) 삼각형의 무게중심의 위치벡터

△ABC의 무게중심을 G라 하고, 점 A, B, C, G의 위치벡터를 각각 $\vec{a}$, $\vec{b}$, $\vec{c}$, $\vec{g}$라고 하면

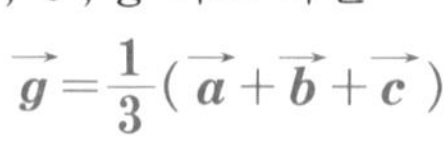

$$\vec{g}=\frac{1}{3}(\vec{a}+\vec{b}+\vec{c})$$

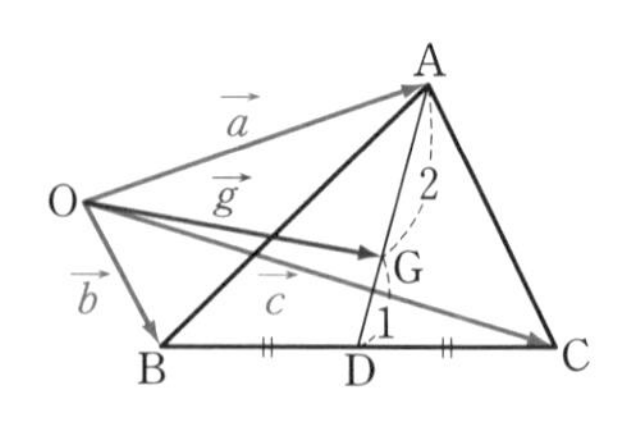

Advice 1° 선분의 분점의 위치벡터

오른쪽 그림의 △OAP에서

$$\overrightarrow{\mathrm{OP}}=\overrightarrow{\mathrm{OA}}+\overrightarrow{\mathrm{AP}}$$

그런데 $\overline{\mathrm{AP}}:\overline{\mathrm{PB}}=m:n$이므로

$$\overrightarrow{\mathrm{AP}}=\frac{m}{m+n}\overrightarrow{\mathrm{AB}}$$

$$\therefore\ \overrightarrow{\mathrm{OP}}=\overrightarrow{\mathrm{OA}}+\frac{m}{m+n}\overrightarrow{\mathrm{AB}}$$

$$=\overrightarrow{\mathrm{OA}}+\frac{m}{m+n}(\overrightarrow{\mathrm{OB}}-\overrightarrow{\mathrm{OA}})$$

$$\therefore\ \vec{p}=\vec{a}+\frac{m}{m+n}(\vec{b}-\vec{a})=\boldsymbol{\frac{m\vec{b}+n\vec{a}}{m+n}}$$

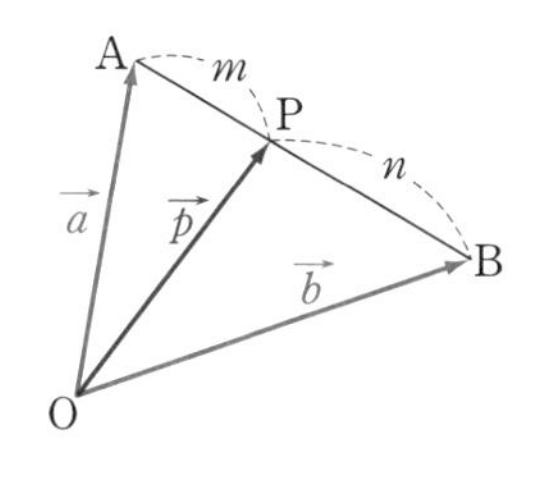

같은 방법으로 하면 외분점의 위치벡터를 구할 수 있다. 또, 중점의 위치벡터는 위의 내분점의 위치벡터에서 $m=n$으로 놓으면 된다.

이 공식은 좌표평면에서 내분점, 외분점, 중점의 좌표를 구하는 공식의 각 좌표와 같은 꼴이다. 비교하면서 기억해 두어라.

보기 1 선분 AB를 3 : 2로 내분하는 점을 P, 외분하는 점을 Q, 선분 AB의 중점을 D라 하고, 점 A, B, P, Q, D의 위치벡터를 각각 $\vec{a}$, $\vec{b}$, $\vec{p}$, $\vec{q}$, $\vec{d}$라고 할 때, $\vec{p}$, $\vec{q}$, $\vec{d}$를 $\vec{a}$, $\vec{b}$로 나타내어라.

연구 $\vec{p}=\dfrac{3\vec{b}+2\vec{a}}{3+2}=\boldsymbol{\dfrac{1}{5}(2\vec{a}+3\vec{b})}$, $\quad\vec{q}=\dfrac{3\vec{b}-2\vec{a}}{3-2}=\boldsymbol{-2\vec{a}+3\vec{b}}$,

$\vec{d}=\dfrac{\vec{a}+\vec{b}}{2}=\boldsymbol{\dfrac{1}{2}\vec{a}+\dfrac{1}{2}\vec{b}}$

Advice 2° 삼각형의 무게중심의 위치벡터

△ABC의 변 BC의 중점을 D라고 하면

$$\overrightarrow{\mathrm{OD}}=\frac{1}{2}(\vec{b}+\vec{c})$$

이때, 점 G는 선분 AD를 2 : 1로 내분하는 점이므로

$$\overrightarrow{\mathrm{OG}}=\frac{2\times\overrightarrow{\mathrm{OD}}+1\times\overrightarrow{\mathrm{OA}}}{2+1}=\frac{2\overrightarrow{\mathrm{OD}}+\overrightarrow{\mathrm{OA}}}{3}$$

$$\therefore\ \vec{g}=\frac{1}{3}\left\{2\times\frac{1}{2}(\vec{b}+\vec{c})+\vec{a}\right\}=\boldsymbol{\frac{1}{3}(\vec{a}+\vec{b}+\vec{c})}$$

이 공식은 좌표평면에서 삼각형의 무게중심의 좌표를 구하는 공식의 각 좌표와 같은 꼴이다. 비교하면서 기억해 두어라.

기본 문제 4-8 △OAB에서 선분 OA의 중점을 C, 선분 BC의 중점을 D, 선분 DA의 중점을 E라 하고, 선분 AB를 2 : 5로 내분하는 점을 F라고 하자. $\overrightarrow{OA}=\vec{a}$, $\overrightarrow{OB}=\vec{b}$ 라고 할 때,

(1) $\overrightarrow{OE}$, $\overrightarrow{OF}$를 $\vec{a}$, $\vec{b}$ 로 나타내어라.

(2) 세 점 O, E, F는 한 직선 위에 있음을 보여라.

정석연구 (1) 선분의 중점, 내분점의 위치벡터에 관한 다음 공식을 이용한다.

정석 중점 : $\dfrac{\vec{a}+\vec{b}}{2}$,　　내분점 : $\dfrac{m\vec{b}+n\vec{a}}{m+n}$

(2) 세 점 O, E, F가 한 직선 위에 있으면 $\overrightarrow{OF}=k\overrightarrow{OE}$를 만족시키는 실수 k가 존재한다. 또, 역도 성립한다.

정석 O　E　F (한 직선 위) $\iff$ $\overrightarrow{OF}=k\overrightarrow{OE}$

모범답안 (1) $\overrightarrow{OC}=\dfrac{1}{2}\overrightarrow{OA}=\dfrac{1}{2}\vec{a}$

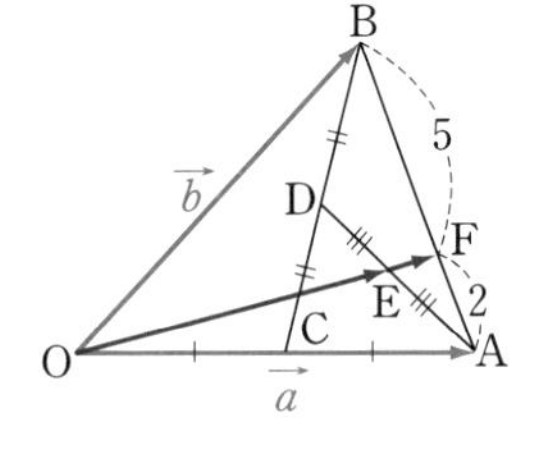

이때, △OBC에서

$$\overrightarrow{OD}=\frac{1}{2}(\overrightarrow{OB}+\overrightarrow{OC})=\frac{1}{2}\left(\vec{b}+\frac{1}{2}\vec{a}\right)$$
$$=\frac{1}{4}\vec{a}+\frac{1}{2}\vec{b}$$

따라서 △ODA에서

$$\overrightarrow{OE}=\frac{1}{2}(\overrightarrow{OD}+\overrightarrow{OA})=\frac{1}{2}\left(\frac{1}{4}\vec{a}+\frac{1}{2}\vec{b}+\vec{a}\right)$$
$$=\frac{1}{8}(5\vec{a}+2\vec{b}) \longleftarrow \text{답}$$

또, △OAB에서 $\overrightarrow{OF}=\dfrac{2\overrightarrow{OB}+5\overrightarrow{OA}}{2+5}=\dfrac{1}{7}(5\vec{a}+2\vec{b}) \longleftarrow$ 답

(2) $\overrightarrow{OF}=\dfrac{8}{7}\overrightarrow{OE}$ 이므로 세 점 O, E, F는 한 직선 위에 있다.

유제 **4**-10. 평행사변형 OABC의 변 AB를 2 : 3으로 내분하는 점을 D, 대각선 AC를 2 : 5로 내분하는 점을 E라고 하자.
$\overrightarrow{OA}=\vec{a}$, $\overrightarrow{OC}=\vec{c}$ 라고 할 때,

(1) $\overrightarrow{OD}$, $\overrightarrow{OE}$를 $\vec{a}$, $\vec{c}$ 로 나타내어라.

(2) 세 점 O, E, D는 한 직선 위에 있음을 보여라.

답 (1) $\overrightarrow{OD}=\dfrac{1}{5}(5\vec{a}+2\vec{c})$, $\overrightarrow{OE}=\dfrac{1}{7}(5\vec{a}+2\vec{c})$ (2) 생략

기본 문제 4-9 오른쪽 그림과 같은 사면체

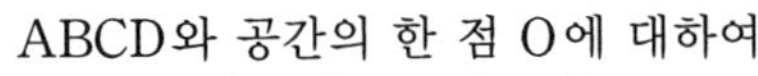

ABCD와 공간의 한 점 O에 대하여

$\overrightarrow{OA}=\vec{a}$,　$\overrightarrow{OB}=\vec{b}$,

$\overrightarrow{OC}=\vec{c}$,　$\overrightarrow{OD}=\vec{d}$

라고 할 때, 다음 벡터를 $\vec{a}$, $\vec{b}$, $\vec{c}$, $\vec{d}$ 로 나타내어라.

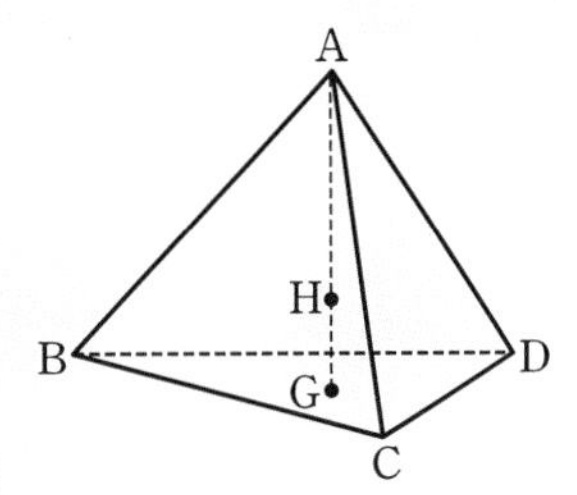

(1) △BCD의 무게중심을 G라고 할 때, $\overrightarrow{OG}$

(2) 선분 AG를 3 : 1로 내분하는 점을 H라고 할 때, $\overrightarrow{OH}$

정석연구 모서리 CD의 중점을 M이라고 할 때, 무게중심 G는 선분 BM 위에 있고

$$\overline{BG}:\overline{GM}=2:1$$

이다.

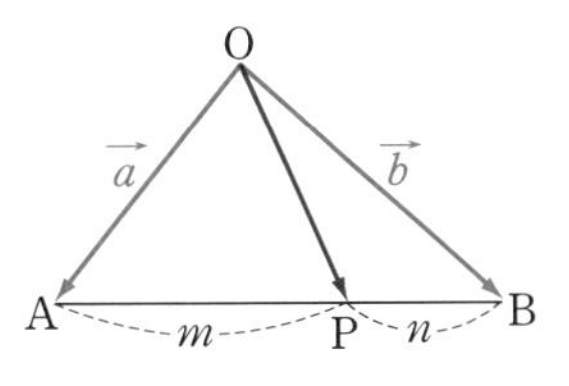

앞에서 공부한 다음 **정석**을 이용하여라.

정석 선분 AB를 $m:n$으로 내분하는 점을 P라고 하면

$$\overrightarrow{OP}=\frac{m\overrightarrow{OB}+n\overrightarrow{OA}}{m+n}=\frac{m\vec{b}+n\vec{a}}{m+n}$$

모범답안 (1) 모서리 CD의 중점을 M이라고 하면

$$\overrightarrow{OM}=\frac{1}{2}(\overrightarrow{OC}+\overrightarrow{OD})=\frac{1}{2}(\vec{c}+\vec{d})$$

점 G는 선분 BM을 2 : 1로 내분하는 점이므로

$$\overrightarrow{OG}=\frac{1}{3}(2\overrightarrow{OM}+\overrightarrow{OB})$$

$$=\frac{1}{3}\left\{2\times\frac{1}{2}(\vec{c}+\vec{d})+\vec{b}\right\}=\frac{1}{3}(\vec{b}+\vec{c}+\vec{d}) \longleftarrow \text{답}$$

(2) 점 H는 선분 AG를 3 : 1로 내분하는 점이므로

$$\overrightarrow{OH}=\frac{1}{4}(3\overrightarrow{OG}+\overrightarrow{OA})=\frac{1}{4}\left\{3\times\frac{1}{3}(\vec{b}+\vec{c}+\vec{d})+\vec{a}\right\}$$

$$=\frac{1}{4}(\vec{a}+\vec{b}+\vec{c}+\vec{d}) \longleftarrow \text{답}$$

유제 **4**-11. 사면체 OABC에서 모서리 AB, OC의 중점을 각각 M, N이라 하고, 선분 MN을 2 : 1로 내분하는 점을 P라고 하자. $\overrightarrow{OA}=\vec{a}$, $\overrightarrow{OB}=\vec{b}$, $\overrightarrow{OC}=\vec{c}$ 라고 할 때, 다음 벡터를 $\vec{a}$, $\vec{b}$, $\vec{c}$ 로 나타내어라.

(1) $\overrightarrow{MN}$　　(2) $\overrightarrow{OP}$　　답 (1) $\frac{1}{2}(\vec{c}-\vec{a}-\vec{b})$　(2) $\frac{1}{6}(\vec{a}+\vec{b}+2\vec{c})$

기본 문제 4-10 오른쪽 그림과 같이 직선 l을 경계로 같은 쪽에 두 점 A, B가 있다.

점 A, B에서 직선 l에 이르는 거리가 각각 6, 9이고, 점 P가 직선 l 위를 움직일 때, $|\overrightarrow{PA}+2\overrightarrow{PB}|$의 최솟값을 구하여라.

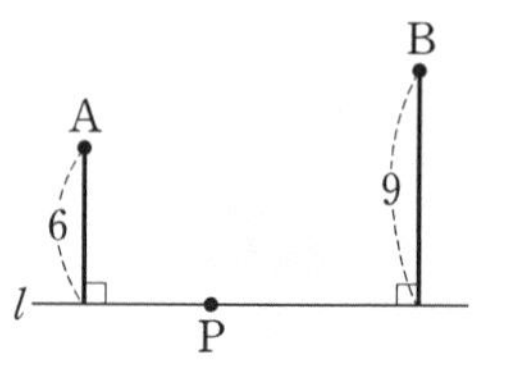

정석연구 $\overrightarrow{PA}+2\overrightarrow{PB}=3\times\dfrac{2\times\overrightarrow{PB}+1\times\overrightarrow{PA}}{2+1}$이고,

선분 AB를 2 : 1로 내분하는 점을 C라고 하면

$$\frac{\overrightarrow{PA}+2\overrightarrow{PB}}{3}=\overrightarrow{PC}$$

이다.

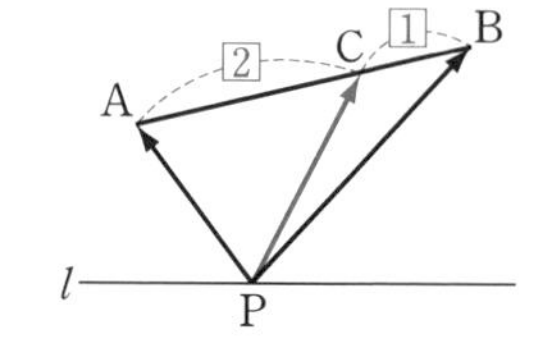

정석 $n\overrightarrow{OA}+m\overrightarrow{OB}$ 꼴의 벡터는

$\Longrightarrow$ 선분 **AB**를 $m : n$으로 내분하는 점을 이용해 보자.

모범답안 선분 AB를 2 : 1로 내분하는 점을 C라고 하면

$$\overrightarrow{PC}=\frac{2\overrightarrow{PB}+\overrightarrow{PA}}{2+1} \qquad \therefore |\overrightarrow{PA}+2\overrightarrow{PB}|=3|\overrightarrow{PC}|$$

따라서 선분 PC의 길이가 최소일 때 $|\overrightarrow{PA}+2\overrightarrow{PB}|$가 최소이다.

이때, 점 P는 점 C에서 직선 l에 내린 수선의 발이므로 오른쪽 그림에서

$$|\overrightarrow{PC}|=\overline{CC'}+\overline{C'P}=\frac{2}{3}\overline{BB'}+\frac{1}{3}\overline{AA'}$$
$$=\frac{2}{3}\times9+\frac{1}{3}\times6=8$$

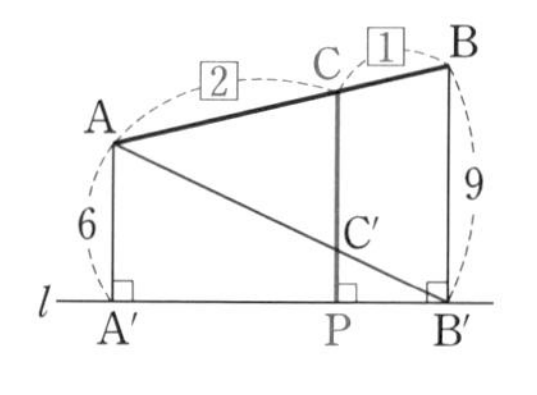

따라서 구하는 최솟값은 $3\times8=$**24** ← 답

유제 4-12. 평면 위의 서로 다른 두 점 A, B에 대하여 $|\overrightarrow{PA}+\overrightarrow{PB}|=r$인 점 P의 자취는? 단, $r>0$이다.

① 직선 ② 원 ③ 포물선 ④ 타원 ⑤ 쌍곡선

답 ②

유제 4-13. 오른쪽 그림과 같이 직선 l을 경계로 같은 쪽에 두 점 A, B가 있다. 점 P가 직선 l 위를 움직일 때, 벡터 $\overrightarrow{PA}+3\overrightarrow{PB}$의 크기가 최소가 되는 점 P의 위치를 말하여라.

단, 점 P_1, P_2, P_3은 선분 A′B′의 사등분점이다.

답 $\mathbf{P_3}$

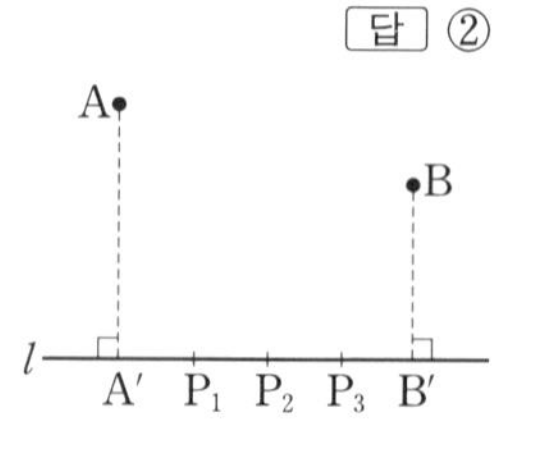

기본 문제 **4**-11 △OAB에서 변 OB의 중점을 M, 변 OA의 삼등분점 중에서 점 O에 가까운 점을 N이라 하고, 선분 AM, BN의 교점을 P라고 하자.

$\overrightarrow{ON}=\vec{a}$, $\overrightarrow{OM}=\vec{b}$ 라고 할 때, $\overrightarrow{OP}$를 $\vec{a}$, $\vec{b}$로 나타내어라.

정석연구 오른쪽 그림에서

$$\overrightarrow{OA}=3\vec{a},\quad \overrightarrow{OM}=\vec{b}$$

이므로 $\overline{AP}:\overline{PM}$을 알고 있으면 내분점의 공식을 이용하여 $\overrightarrow{OP}$를 $\vec{a}$, $\vec{b}$로 나타낼 수 있다. 따라서 여기서는 $\overline{AP}:\overline{PM}$을 구하는 방법부터 알아야 한다.

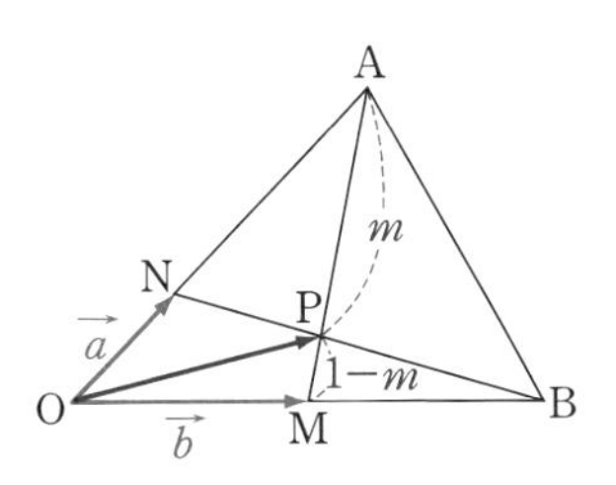

선분 AM과 BN에서

$$\overline{AP}:\overline{PM}=m:(1-m),\qquad \overline{BP}:\overline{PN}=n:(1-n)$$

이라고 하면 각각 △OAM과 △OBN에서 $\overrightarrow{OP}$를 $\vec{a}$, $\vec{b}$로 나타낼 수 있다.

이렇게 표현한 두 벡터는 같은 $\overrightarrow{OP}$를 나타내므로 다음 **정석**을 이용하여 m, n의 값을 구할 수 있다.

정석 $\vec{p}\neq\vec{0}$, $\vec{q}\neq\vec{0}$, $\vec{p}\not\parallel\vec{q}$이고 k, l, k', l'이 실수일 때,

$$k\vec{p}+l\vec{q}=k'\vec{p}+l'\vec{q} \iff k=k',\ l=l'$$

모범답안 △OAM에서 $\overline{AP}:\overline{PM}=m:(1-m)\,(0<m<1)$이라고 하면

$$\overrightarrow{OP}=m\overrightarrow{OM}+(1-m)\overrightarrow{OA}=m\vec{b}+(1-m)\times3\vec{a}\qquad\cdots\cdots①$$

또, △OBN에서 $\overline{BP}:\overline{PN}=n:(1-n)\,(0<n<1)$이라고 하면

$$\overrightarrow{OP}=n\overrightarrow{ON}+(1-n)\overrightarrow{OB}=n\vec{a}+(1-n)\times2\vec{b}\qquad\cdots\cdots②$$

①, ②에서 $3(1-m)\vec{a}+m\vec{b}=n\vec{a}+2(1-n)\vec{b}$

$\vec{a}$, $\vec{b}$는 영벡터가 아니고 서로 평행하지 않으므로

$$3(1-m)=n,\quad m=2(1-n)$$

$$\therefore\ m=\frac{4}{5},\ n=\frac{3}{5}\qquad \therefore\ \overrightarrow{OP}=\frac{3}{5}\vec{a}+\frac{4}{5}\vec{b}\ \longleftarrow \text{답}$$

***Note** 1° m, n의 값으로부터 $\overline{AP}:\overline{PM}=4:1$, $\overline{BP}:\overline{PN}=3:2$

2° $\overline{AP}:\overline{PM}=1:m$, $\overline{BP}:\overline{PN}=1:n$으로 놓고 풀 수도 있다.

유제 **4**-14. △ABC의 변 AB를 1 : 2로 내분하는 점을 D, 변 AC를 2 : 1로 내분하는 점을 E라 하고, 선분 CD와 BE의 교점을 P라고 할 때, $\overrightarrow{AP}$를 $\overrightarrow{AB}$, $\overrightarrow{AC}$로 나타내어라.

답 $\overrightarrow{AP}=\frac{1}{7}\overrightarrow{AB}+\frac{4}{7}\overrightarrow{AC}$

연습문제 4

4-1 $\vec{x}-3\vec{y}=-\vec{a}$, $2\vec{x}-5\vec{y}=\vec{b}$ 일 때, 다음 벡터를 $\vec{a}$, $\vec{b}$ 로 나타내어라.

(1) $\vec{x}$ (2) $\vec{y}$ (3) $\vec{x}-4\vec{y}$

4-2 한 변의 길이가 1인 정사각형 ABCD에서 $\overrightarrow{AB}=\vec{a}$, $\overrightarrow{BC}=\vec{b}$, $\overrightarrow{AC}=\vec{c}$ 라고 할 때, $|\vec{a}+\vec{b}+\vec{c}|+|\vec{a}-\vec{b}+\vec{c}|$의 값을 구하여라.

4-3 반지름의 길이가 1인 원 O에 내접하는 정팔각형 ABCDEFGH에서 $\overrightarrow{AB}=\vec{a}$, $\overrightarrow{AH}=\vec{b}$ 라고 할 때, $|\vec{a}+\vec{b}|$의 값을 구하여라.

4-4 오른쪽 그림의 원 O에서 두 반지름 OA, OB는 서로 수직이고, 반지름 OC는 ∠AOB의 이등분선이다. $\overrightarrow{OA}=\vec{a}$, $\overrightarrow{OB}=\vec{b}$ 라고 하여 $\overrightarrow{OC}$를 $m\vec{a}+n\vec{b}$ 의 꼴로 나타낼 때, $m+n$의 값은?

① 1 ② $\sqrt{2}$ ③ $\sqrt{3}$ ④ 2 ⑤ $\sqrt{5}$

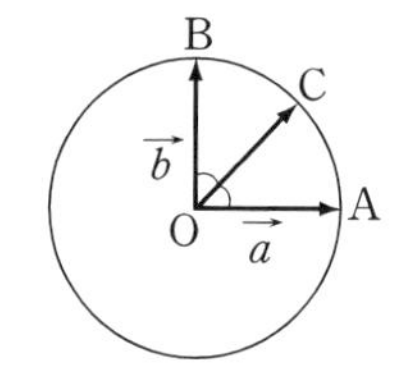

4-5 타원 $\dfrac{x^2}{4}+y^2=1$의 두 초점을 F, F′이라고 하자. 이 타원 위의 점 P가 $|\overrightarrow{OP}+\overrightarrow{OF}|=1$을 만족시킬 때, 선분 PF의 길이를 구하여라.
단, O는 원점이다.

4-6 좌표평면 위의 점 A가 포물선 $y=\dfrac{1}{4}x^2+3$ 위를 움직일 때, 벡터 $\overrightarrow{OB}=\dfrac{\overrightarrow{OA}}{|\overrightarrow{OA}|}$의 종점 B의 자취의 길이는? 단, O는 원점이다.

① $\dfrac{\pi}{3}$ ② $\sqrt{2}$ ③ $\sqrt{3}$ ④ $\dfrac{2}{3}\pi$ ⑤ 3

4-7 사면체 ABCD에서 모서리 CD의 중점을 M이라고 하자. $\overrightarrow{AM}=\vec{a}$, $\overrightarrow{CD}=\vec{b}$, $\overrightarrow{AB}=\vec{c}$ 라고 할 때, $\overrightarrow{BC}$를 $\vec{a}$, $\vec{b}$, $\vec{c}$ 로 나타내어라.

4-8 오른쪽 그림은 밑면이 정팔각형인 팔각기둥이다. $\overline{A_1A_3}=3\sqrt{2}$ 이고, 점 P가 모서리 A_1B_1의 중점일 때, 다음 벡터의 크기를 구하여라.

$(\overrightarrow{PA_1}+\overrightarrow{PB_1})+(\overrightarrow{PA_2}+\overrightarrow{PB_2})+\cdots+(\overrightarrow{PA_8}+\overrightarrow{PB_8})$

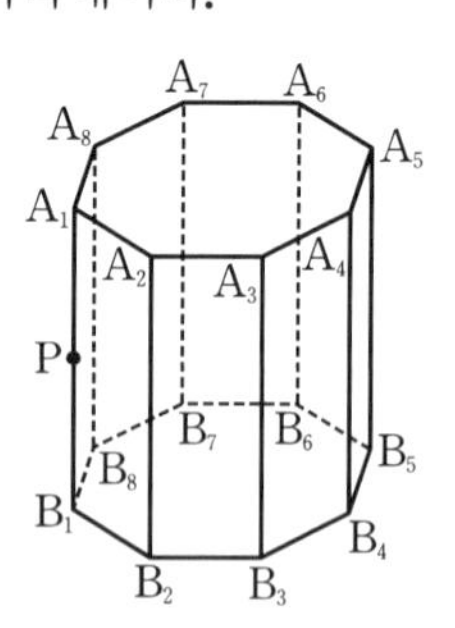

4-9 한 직선 위에 있지 않은 세 점 O, A, B가 있다. 두 벡터 $x\overrightarrow{OA}+2\overrightarrow{OB}$, $8\overrightarrow{OA}+x\overrightarrow{OB}$가 서로 평행할 때, 양수 x의 값은?

① 1 ② 2 ③ 3 ④ 4 ⑤ 5

4-10 오른쪽 그림과 같이 한 평면 위에서 서로 평행한 세 직선 l_1, l_2, l_3이 서로 평행한 두 직선 m_1, m_2와 점 A, B, C, X, O, Y에서 만난다. $\overrightarrow{OA}=\vec{a}$, $\overrightarrow{OB}=\vec{b}$, $\overrightarrow{OC}=\vec{c}$ 라고 할 때,

$$\overrightarrow{AP}=(\vec{c}-\vec{b}-\vec{a})t \text{ (단, } t\text{는 실수)}$$

를 만족시키는 점 P가 나타내는 도형은?

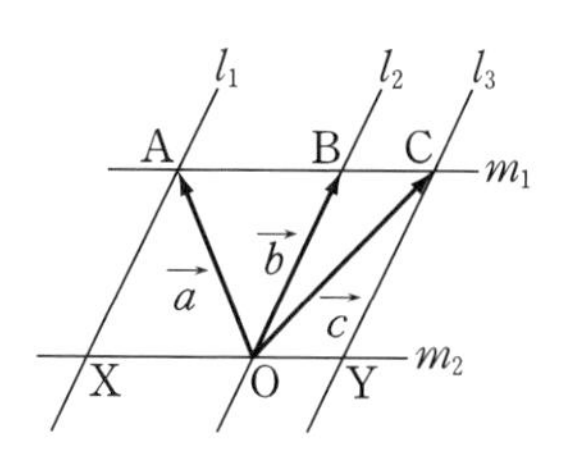

① 직선 AY ② 직선 AO ③ 직선 AX ④ 직선 AB ⑤ 직선 CX

4-11 한 직선 위에 있지 않은 세 점 O, A, B에 대하여 $\overrightarrow{OA}=\vec{a}$, $\overrightarrow{OB}=\vec{b}$ 라고 할 때, 다음 물음에 답하여라.

(1) $\overrightarrow{OP}=m\vec{a}+(2m-1)\vec{b}$ 를 만족시키는 점 P는 점 O를 지나고 직선 AB에 평행한 직선 위에 있다. 이때, 실수 m의 값을 구하여라.

(2) $\overrightarrow{OQ}=n\vec{a}+(2n+1)\vec{b}$ 를 만족시키는 점 Q는 점 O와 선분 AB의 중점 M을 지나는 직선 위에 있다. 이때, 실수 n의 값을 구하여라.

4-12 오른쪽 그림과 같이 $\overline{AB}=4$, $\overline{AD}=5$, $\overline{AE}=3$인 직육면체 ABCD-EFGH가 있다.

$$\overrightarrow{AX}=k\overrightarrow{AB}+(1-k)\overrightarrow{GD}$$
(단, k는 $0\le k\le 1$인 실수)

를 만족시키는 점 X의 자취의 길이를 구하여라.

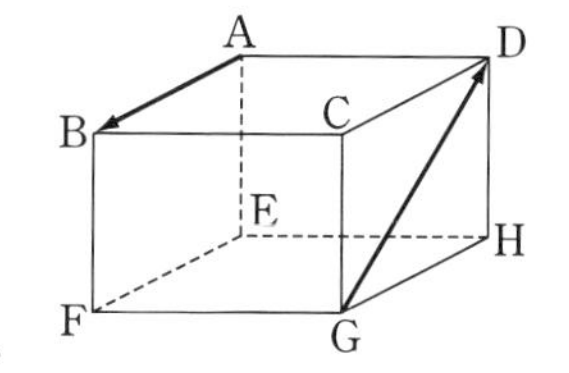

4-13 세 점 O, A, B에 대하여 $|\overrightarrow{OA}|=4$, $|\overrightarrow{OB}|=6$, $\angle AOB=60^\circ$이다. 이때, 다음을 만족시키는 점 P가 나타내는 도형의 넓이를 구하여라.

(1) $\overrightarrow{OP}=m\overrightarrow{OA}+n\overrightarrow{OB}$ (단, m, n은 $0\le m\le 1$, $0\le n\le 1$인 실수)

(2) $\overrightarrow{OP}=m\overrightarrow{OA}+n\overrightarrow{OB}$ (단, m, n은 $m+n\le 1$, $m\ge 0$, $n\ge 0$인 실수)

4-14 평면 위의 서로 다른 점 A, B, C, D, P가 $\overrightarrow{AP}+\overrightarrow{CP}=\overrightarrow{BP}+\overrightarrow{DP}$를 만족시킬 때, 사각형 ABCD는 어떤 사각형인가?

4-15 평면 위에 점 P와 △ABC가 있다. $2\overrightarrow{PA}+5\overrightarrow{PB}+\overrightarrow{PC}=\overrightarrow{BC}$일 때, △CAP와 △CBP의 넓이의 비를 구하여라.

4-16 △ABC의 변 BC, CA, AB 위의 점 D, E, F가

$$\overline{BD}:\overline{DC}=\overline{CE}:\overline{EA}=\overline{AF}:\overline{FB}=1:2$$

를 만족시킨다. $\overrightarrow{CA}=\vec{a}$, $\overrightarrow{CB}=\vec{b}$ 라고 할 때, 다음 벡터를 $\vec{a}$, $\vec{b}$로 나타내어라.

(1) $\overrightarrow{AD}$ (2) $\overrightarrow{BE}$ (3) $\overrightarrow{CF}$ (4) $\overrightarrow{AD}+\overrightarrow{BE}+\overrightarrow{CF}$

4-17 사각형 ABCD에서 변 AB, DC를 2 : 3으로 내분하는 점을 각각 P, Q라 하고, $\overrightarrow{AD}=\vec{a}$, $\overrightarrow{BC}=\vec{b}$ 라고 할 때, $\overrightarrow{PQ}$를 $\vec{a}$, $\vec{b}$로 나타내어라.

4-18 △ABC에서 변 BC를 3 : 2로 내분하는 점을 D라 하고, 선분 AD를 5 : 6으로 내분하는 점을 P라고 할 때, $\overrightarrow{PA}$를 $\overrightarrow{PB}$, $\overrightarrow{PC}$로 나타내어라.

4-19 △ABC에서 $\overline{AB}=4$, $\overline{BC}=5$, $\overline{CA}=6$이다. △ABC의 내심을 I라 하고, $\overrightarrow{AB}=\vec{a}$, $\overrightarrow{AC}=\vec{b}$라고 하자. $\overrightarrow{AI}=p\vec{a}+q\vec{b}$로 나타낼 때, 실수 p, q의 값을 구하여라.

4-20 △OAB에서 변 OA의 중점을 C, 선분 BC를 4 : 3으로 내분하는 점을 D, 선분 OD의 연장선이 변 AB와 만나는 점을 E라고 할 때, $\overrightarrow{OD}$와 $\overrightarrow{OE}$를 $\overrightarrow{OA}$, $\overrightarrow{OB}$로 나타내어라.

4-21 중심이 원점 O이고 반지름의 길이가 1인 원 위를 움직이는 점 P가 있다. A(0, 3), B(4, 0), C(2, 3)일 때, $|\overrightarrow{PA}+\overrightarrow{PB}+\overrightarrow{PC}|$의 최댓값은?

① $6\sqrt{2}-3$ ② $6\sqrt{2}$ ③ $6\sqrt{3}$ ④ $6\sqrt{2}+3$ ⑤ $6\sqrt{3}+3$

4-22 △ABC의 내부의 점 P가 $\overrightarrow{PA}+2\overrightarrow{PB}+3\overrightarrow{PC}=\vec{0}$를 만족시킨다.
직선 AP와 변 BC의 교점을 D라고 할 때, 다음 물음에 답하여라.

(1) $\overline{BD}:\overline{DC}$를 구하여라. (2) $\overline{AP}:\overline{PD}$를 구하여라.

(3) △BPD의 넓이가 3일 때, △ABP, △BCP, △CAP의 넓이를 구하여라.

4-23 평행사변형 ABCD의 내부의 점 P가 $\overrightarrow{PA}+\overrightarrow{PB}+\overrightarrow{PC}+\overrightarrow{PD}=\overrightarrow{BD}$를 만족시킬 때, 다음 중 옳은 것만을 있는 대로 고른 것은?

> ㄱ. $\overrightarrow{PB}+\overrightarrow{PD}=\frac{1}{2}\overrightarrow{BD}$
> ㄴ. 선분 AP의 연장선은 변 BC를 1 : 2로 내분한다.
> ㄷ. 평행사변형 ABCD의 넓이가 24이면 삼각형 ABP의 넓이는 4이다.

① ㄱ ② ㄱ, ㄴ ③ ㄱ, ㄷ ④ ㄴ, ㄷ ⑤ ㄱ, ㄴ, ㄷ

4-24 오른쪽 그림과 같이 모든 모서리의 길이가 2인 두 정사각뿔 OABCD, O′DCEF에서 모서리 CD는 일치하고, 두 면 ABCD와 DCEF는 한 평면 위에 있다.
이때, $|\overrightarrow{OB}+\overrightarrow{OF}|^2$의 값을 구하여라.

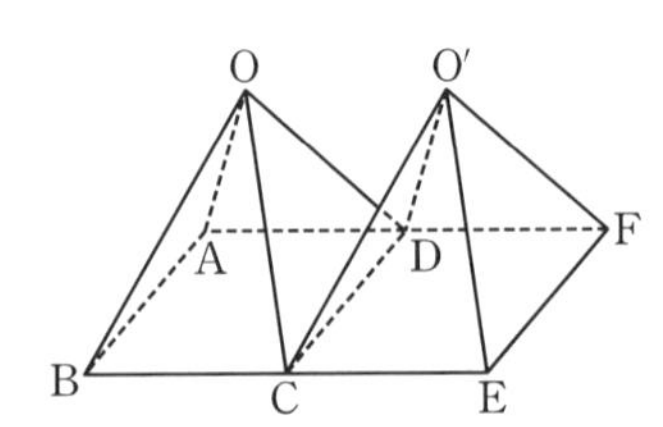

5. 평면벡터의 성분과 내적

평면벡터의 성분／평면벡터의 내적／평면벡터의 수직과 평행

§ 1. 평면벡터의 성분

1 평면벡터의 성분 표시

오른쪽 그림과 같이 좌표평면 위에서 x축의 양의 방향과 같은 방향을 가지는 단위벡터를 $\overrightarrow{e_1}$, y축의 양의 방향과 같은 방향을 가지는 단위벡터를 $\overrightarrow{e_2}$로 나타내고, 벡터 $\overrightarrow{e_1}$과 $\overrightarrow{e_2}$를 통틀어 평면의 기본단위벡터 또는 기본벡터라고 한다.

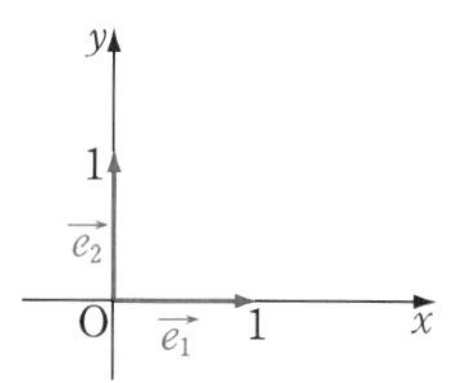

좌표평면 위의 벡터 $\vec{a}$에 대하여 $\vec{a}$의 시점을 원점 O로 하여 $\vec{a}=\overrightarrow{\mathrm{OA}}$가 되도록 종점 A를 정할 때, 점 A의 좌표가 이를테면 (3, 2)가 되었다고 하자.

이때, 벡터 $\overrightarrow{\mathrm{OA}}$의 종점 A에서 x축, y축에 내린 수선의 발을 각각 $\mathrm{A_1}$, $\mathrm{A_2}$라고 하면

$$\overrightarrow{\mathrm{OA_1}}=3\overrightarrow{e_1},\quad \overrightarrow{\mathrm{OA_2}}=2\overrightarrow{e_2}$$

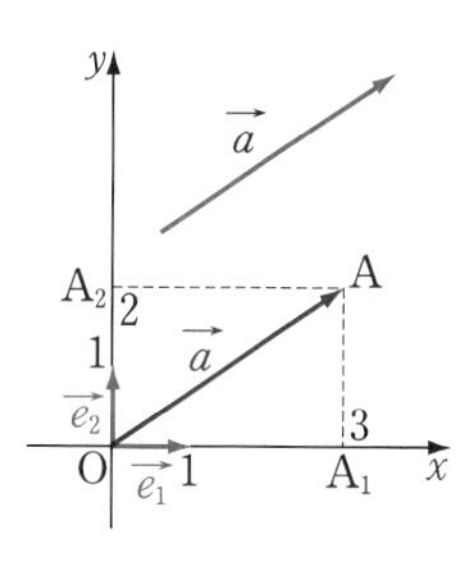

이므로 $\vec{a}=\overrightarrow{\mathrm{OA}}$는

$$\vec{a}=\overrightarrow{\mathrm{OA}}=\overrightarrow{\mathrm{OA_1}}+\overrightarrow{\mathrm{OA_2}}=3\overrightarrow{e_1}+2\overrightarrow{e_2}\quad \cdots ㉮$$

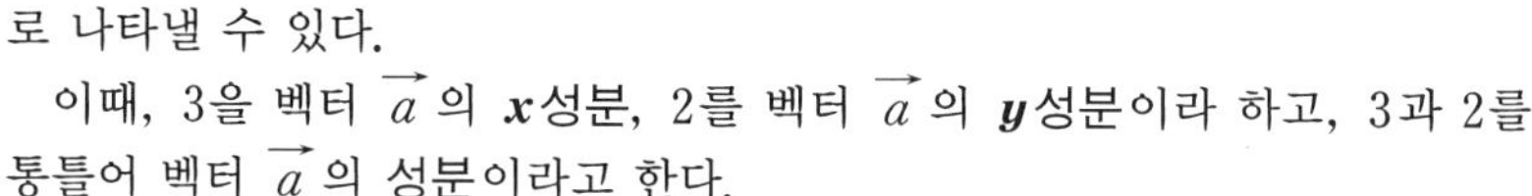

로 나타낼 수 있다.

이때, 3을 벡터 $\vec{a}$의 **x성분**, 2를 벡터 $\vec{a}$의 **y성분**이라 하고, 3과 2를 통틀어 벡터 $\vec{a}$의 성분이라고 한다.

또, ㉮의 꼴로 주어지는 평면벡터 $\vec{a}$를 성분을 사용하여 $\vec{a}=(3,\ 2)$로 나타낸다. 이것을 벡터 $\vec{a}$의 성분 표시라고 한다.

$$\vec{a}=3\overrightarrow{e_1}+2\overrightarrow{e_2} \iff \vec{a}=(3,\ 2)$$

일반적으로 점 A의 좌표가 A$(a_1,\ a_2)$일 때

$$\vec{a}=a_1\vec{e_1}+a_2\vec{e_2} \iff \vec{a}=(a_1,\ a_2)$$

로 나타낼 수 있다.

따라서 평면에서의 위치벡터는 좌표평면 위의 각 점에 일대일 대응시킬 수 있다. 이와 같이 하면 좌표의 성질을 이용하여 여러 가지 벡터에 관한 성질과 문제를 쉽게 해결할 수 있는 경우가 많다. 이를테면 다음과 같이 벡터의 연산을 좌표를 이용하여 나타낼 수 있다.

기본정석 **평면벡터의 성분의 성질**

(1) $\vec{a}=\overrightarrow{\mathrm{OA}}$에서 O$(0,\ 0)$, A$(a_1,\ a_2)$라고 하면

$$\vec{a}=a_1\vec{e_1}+a_2\vec{e_2} \iff \vec{a}=(a_1,\ a_2)$$

(2) $\vec{a}=(a_1,\ a_2)$, $\vec{b}=(b_1,\ b_2)$이고 m이 실수일 때,

(i) $\vec{a}=\vec{b} \iff a_1=b_1,\ a_2=b_2$

(ii) $|\vec{a}|=\sqrt{a_1^2+a_2^2}$ (iii) $m\vec{a}=(ma_1,\ ma_2)$

(iv) $\vec{a}+\vec{b}=(a_1+b_1,\ a_2+b_2)$ (v) $\vec{a}-\vec{b}=(a_1-b_1,\ a_2-b_2)$

Advice | $\vec{a}=(a_1,\ a_2)$, $\vec{b}=(b_1,\ b_2)$에 대하여

(i) 두 벡터가 서로 같을 조건으로부터

$$\vec{a}=\vec{b} \iff (a_1,\ a_2)=(b_1,\ b_2) \iff a_1=b_1,\ a_2=b_2$$

(ii) 오른쪽 그림에서

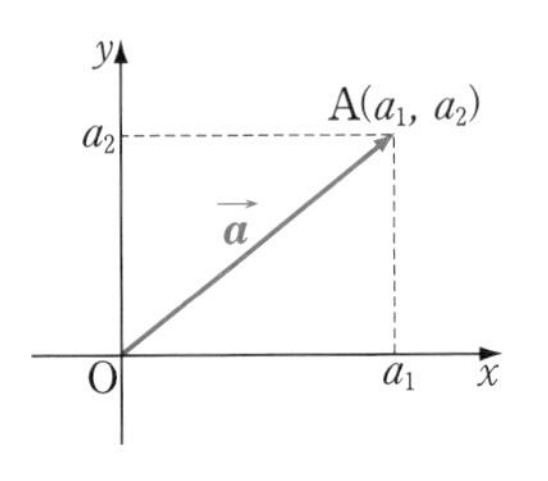

$$|\vec{a}|=|\overrightarrow{\mathrm{OA}}|=\overline{\mathrm{OA}}=\sqrt{a_1^2+a_2^2}$$

(iii) $\vec{a}$, $\vec{b}$를 기본벡터를 써서 나타내면

$$\vec{a}=a_1\vec{e_1}+a_2\vec{e_2},\quad \vec{b}=b_1\vec{e_1}+b_2\vec{e_2}$$

m이 실수일 때,

$$m\vec{a}=m(a_1\vec{e_1}+a_2\vec{e_2})=ma_1\vec{e_1}+ma_2\vec{e_2}=(ma_1,\ ma_2)$$

또, $\vec{a}+\vec{b}=(a_1\vec{e_1}+a_2\vec{e_2})+(b_1\vec{e_1}+b_2\vec{e_2})$

$=(a_1+b_1)\vec{e_1}+(a_2+b_2)\vec{e_2}=(a_1+b_1,\ a_2+b_2)$

같은 방법으로 $\vec{a}-\vec{b}=\vec{a}+(-\vec{b})$를 계산하면

$$\vec{a}-\vec{b}=(a_1-b_1,\ a_2-b_2)$$

***Note** 일반적으로 $m\vec{a}+n\vec{b}=(ma_1+nb_1)\vec{e_1}+(ma_2+nb_2)\vec{e_2}$이므로

$$m\vec{a}+n\vec{b}=(ma_1+nb_1,\ ma_2+nb_2)$$ ⇦ m, n은 실수

보기 1 좌표평면에서 기본벡터와 영벡터를 성분으로 나타내어라.

연구 $\overrightarrow{\boldsymbol{e}_1}=(\mathbf{1},\ \mathbf{0})$, $\overrightarrow{\boldsymbol{e}_2}=(\mathbf{0},\ \mathbf{1})$, $\overrightarrow{\mathbf{0}}=(\mathbf{0},\ \mathbf{0})$

보기 2 다음 벡터를 성분으로 나타내어라.

(1) $\vec{a}=3\overrightarrow{e_1}-4\overrightarrow{e_2}$ (2) $\vec{b}=4\overrightarrow{e_2}+3\overrightarrow{e_1}$

연구 (1) $\vec{\boldsymbol{a}}=(\mathbf{3},\ -\mathbf{4})$ (2) $\vec{b}=3\overrightarrow{e_1}+4\overrightarrow{e_2}$이므로 $\vec{\boldsymbol{b}}=(\mathbf{3},\ \mathbf{4})$

보기 3 다음 벡터를 기본벡터를 써서 나타내어라.

(1) $\vec{a}=(-3,\ 5)$ (2) $\vec{b}=(7,\ 0)$

연구 (1) $\vec{\boldsymbol{a}}=-\mathbf{3}\overrightarrow{\boldsymbol{e}_1}+\mathbf{5}\overrightarrow{\boldsymbol{e}_2}$ (2) $\vec{\boldsymbol{b}}=7\overrightarrow{e_1}+0\overrightarrow{e_2}=\mathbf{7}\overrightarrow{\boldsymbol{e}_1}$

보기 4 두 점 A(3, 1), B(0, 4)에 대하여 벡터 $\overrightarrow{\mathrm{AB}}$를 성분으로 나타내어라.

연구 좌표평면 위에서 벡터의 성분은 시점이 원점일 때 종점의 좌표이다. 따라서 오른쪽 그림과 같이 점 A를 원점 O로 옮기는 평행이동에 의하여 점 B가 옮겨지는 점의 좌표이다.

$$\therefore\ \overrightarrow{\mathbf{AB}}=(-\mathbf{3},\ \mathbf{3})$$

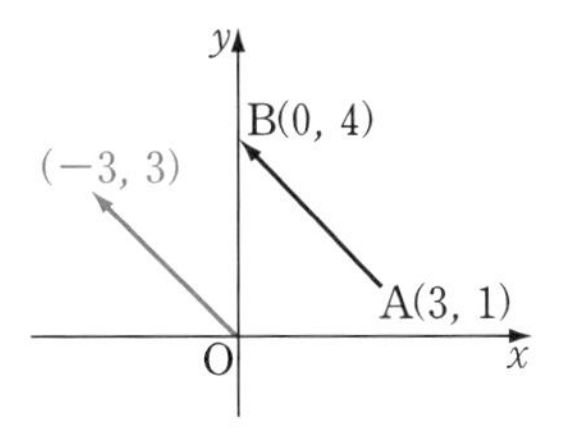

*Note 일반적으로는 그림을 그리지 않고 다음 방법으로 구한다.

$$\overrightarrow{\mathrm{AB}}=\overrightarrow{\mathrm{OB}}-\overrightarrow{\mathrm{OA}}=(0,\ 4)-(3,\ 1)=(-\mathbf{3},\ \mathbf{3})$$

보기 5 다음 벡터의 크기를 구하여라.

(1) $\vec{a}=(-\sqrt{3},\ 1)$ (2) $\vec{b}=(\cos 30°,\ \sin 30°)$

연구 (1) $|\vec{a}|=\sqrt{(-\sqrt{3})^2+1^2}=\mathbf{2}$

(2) $|\vec{b}|=\sqrt{\cos^2 30°+\sin^2 30°}=\sqrt{\left(\frac{\sqrt{3}}{2}\right)^2+\left(\frac{1}{2}\right)^2}=\mathbf{1}$ ⇦ $\sin^2\theta+\cos^2\theta=1$

보기 6 $\vec{a}=(2,\ 1)$, $\vec{b}=(2,\ -1)$, $\vec{c}=(3,\ 5)$일 때, 다음 벡터를 성분으로 나타내어라.

(1) $-\vec{a}$ (2) $3\vec{b}$ (3) $\vec{a}+2\vec{b}$ (4) $4\vec{a}-2\vec{b}-\vec{c}$

연구 (1) $-\vec{a}=-(2,\ 1)=(-\mathbf{2},\ -\mathbf{1})$

(2) $3\vec{b}=3(2,\ -1)=(\mathbf{6},\ -\mathbf{3})$

(3) $\vec{a}+2\vec{b}=(2,\ 1)+2(2,\ -1)=(2,\ 1)+(4,\ -2)=(\mathbf{6},\ -\mathbf{1})$

(4) $4\vec{a}-2\vec{b}-\vec{c}=4(2,\ 1)-2(2,\ -1)-(3,\ 5)$

$=(8,\ 4)+(-4,\ 2)+(-3,\ -5)=(\mathbf{1},\ \mathbf{1})$

기본 문제 5-1 좌표평면의 원점 O에 대하여

$$\overrightarrow{OA}=\overrightarrow{e_1}-2\overrightarrow{e_2},\quad \overrightarrow{OB}=-4\overrightarrow{e_1}+2\overrightarrow{e_2}$$

일 때, 다음 벡터를 O를 시점으로 하여 좌표평면 위에 나타내어라.

(1) $3\overrightarrow{OA}-2\overrightarrow{OB}$ (2) $-\overrightarrow{OA}-2\overrightarrow{OB}$ (3) $2\overrightarrow{BA}$

정석연구 이를테면 (1)은

$$3\overrightarrow{OA}-2\overrightarrow{OB}=3(\overrightarrow{e_1}-2\overrightarrow{e_2})-2(-4\overrightarrow{e_1}+2\overrightarrow{e_2})=3\overrightarrow{e_1}-6\overrightarrow{e_2}+8\overrightarrow{e_1}-4\overrightarrow{e_2}$$
$$=11\overrightarrow{e_1}-10\overrightarrow{e_2}$$

이것을 성분으로 나타내면 $3\overrightarrow{OA}-2\overrightarrow{OB}=(11,\ -10)$

따라서 점 $(11,\ -10)$을 종점으로 하는 벡터임을 알 수 있다.

이때, 처음부터 $\overrightarrow{OA}$, $\overrightarrow{OB}$를 성분으로 나타낸 다음

정석 $m(a_1,\ a_2)=(ma_1,\ ma_2)$ ⇦ m은 실수

$(a_1,\ a_2)\pm(b_1,\ b_2)=(a_1\pm b_1,\ a_2\pm b_2)$ ⇦ 복부호동순

를 이용해도 된다.

모범답안 $\overrightarrow{OA}=(1,\ -2)$, $\overrightarrow{OB}=(-4,\ 2)$이므로

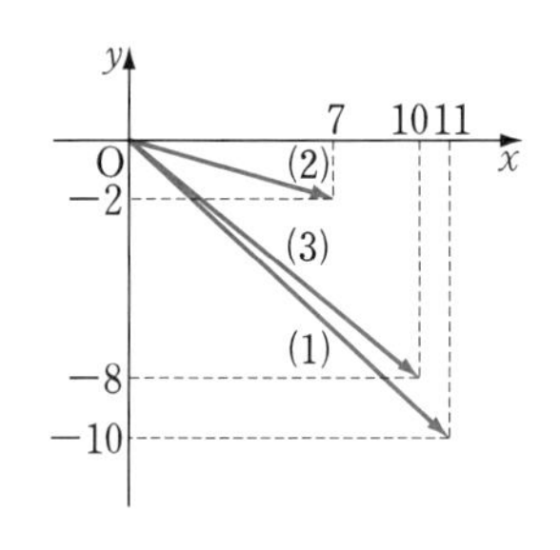

(1) $3\overrightarrow{OA}-2\overrightarrow{OB}=3(1,\ -2)-2(-4,\ 2)$
$=(3,\ -6)+(8,\ -4)$
$=(11,\ -10)$

(2) $-\overrightarrow{OA}-2\overrightarrow{OB}=-(1,\ -2)-2(-4,\ 2)$
$=(-1,\ 2)+(8,\ -4)$
$=(7,\ -2)$

(3) $\overrightarrow{BA}=\overrightarrow{OA}-\overrightarrow{OB}=(1,\ -2)-(-4,\ 2)=(5,\ -4)$

$\therefore\ 2\overrightarrow{BA}=2(5,\ -4)=(10,\ -8)$

따라서 (1), (2), (3)을 좌표평면 위에 나타내면 오른쪽 위와 같다.

유제 **5**-1. 좌표평면의 원점 O에 대하여 $\overrightarrow{OA}=(2,\ -1)$, $\overrightarrow{OB}=(-2,\ 3)$일 때, 다음 벡터를 O를 시점으로 하여 좌표평면 위에 나타내어라.

(1) $2\overrightarrow{OA}-\overrightarrow{OB}$ (2) $-\overrightarrow{OA}-3\overrightarrow{OB}$ (3) $\overrightarrow{AB}$

유제 **5**-2. 좌표평면의 원점 O에 대하여

$$\overrightarrow{OA}=a_1\overrightarrow{e_1}+a_2\overrightarrow{e_2},\quad \overrightarrow{OB}=b_1\overrightarrow{e_1}+b_2\overrightarrow{e_2}$$

일 때, $p\overrightarrow{OA}+q\overrightarrow{OB}$를 $m\overrightarrow{e_1}+n\overrightarrow{e_2}$의 꼴로 나타내어라.

답 $(pa_1+qb_1)\overrightarrow{e_1}+(pa_2+qb_2)\overrightarrow{e_2}$

기본 문제 5-2 다음 물음에 답하여라.

(1) $\overrightarrow{a}=(1, 1)$, $\overrightarrow{b}=(-2, 1)$일 때, 벡터 $\overrightarrow{c}=(-1, 5)$를 $x\overrightarrow{a}+y\overrightarrow{b}$의 꼴로 나타내어라. 단, x, y는 실수이다.

(2) $\overrightarrow{a}=(1, 2)$, $\overrightarrow{b}=(x, 1)$에 대하여 $\overrightarrow{a}+2\overrightarrow{b}$와 $2\overrightarrow{a}-\overrightarrow{b}$가 서로 평행할 때, 실수 x의 값을 구하여라.

정석연구 성분으로 나타낸 두 평면벡터가 서로 같을 조건과 서로 평행할 조건은 다음과 같다.

정석 $(a_1,\ a_2)=(b_1,\ b_2) \iff a_1=b_1,\ a_2=b_2$

$(a_1,\ a_2)/\!/(b_1,\ b_2) \iff (b_1,\ b_2)=m(a_1,\ a_2)$ (단, $m\neq0$)

모범답안 (1) $\overrightarrow{c}=x\overrightarrow{a}+y\overrightarrow{b}$를 성분으로 나타내면

$$(-1, 5)=x(1, 1)+y(-2, 1)$$

$\therefore (-1, 5)=(x, x)+(-2y, y)$ 곧, $(-1, 5)=(x-2y, x+y)$

$\therefore x-2y=-1,\ x+y=5 \quad \therefore x=3,\ y=2$

$\therefore \overrightarrow{c}=3\overrightarrow{a}+2\overrightarrow{b}$ ← 답

(2) $\overrightarrow{a}+2\overrightarrow{b}=(1, 2)+2(x, 1)=(1, 2)+(2x, 2)=(2x+1, 4)$,

$2\overrightarrow{a}-\overrightarrow{b}=2(1, 2)-(x, 1)=(2, 4)-(x, 1)=(2-x, 3)$

$(\overrightarrow{a}+2\overrightarrow{b})/\!/(2\overrightarrow{a}-\overrightarrow{b})$이므로 $\overrightarrow{a}+2\overrightarrow{b}=m(2\overrightarrow{a}-\overrightarrow{b})$를 만족시키는 0이 아닌 실수 m이 존재한다.

$\therefore (2x+1, 4)=m(2-x, 3)$ 곧, $(2x+1, 4)=(2m-mx, 3m)$

$\therefore 2x+1=2m-mx,\ 4=3m \quad \therefore m=\dfrac{4}{3},\ x=\dfrac{1}{2}$ ← 답

유제 **5**-3. $\overrightarrow{a}=(3, 2)$, $\overrightarrow{b}=(-2, 3)$일 때, $m\overrightarrow{a}+n\overrightarrow{b}=\overrightarrow{0}$를 만족시키는 실수 m, n의 값을 구하여라. 답 $m=0,\ n=0$

유제 **5**-4. $\overrightarrow{a}=(1, 1)$, $\overrightarrow{b}=(1, -1)$일 때, 다음 벡터를 $\overrightarrow{a}$, $\overrightarrow{b}$로 나타내어라.

(1) $\overrightarrow{p}=(5, -3)$ (2) $\overrightarrow{q}=(-3, 2)$ (3) $\overrightarrow{r}=(-1, 2)$

답 (1) $\overrightarrow{p}=\overrightarrow{a}+4\overrightarrow{b}$ (2) $\overrightarrow{q}=-\dfrac{1}{2}\overrightarrow{a}-\dfrac{5}{2}\overrightarrow{b}$ (3) $\overrightarrow{r}=\dfrac{1}{2}\overrightarrow{a}-\dfrac{3}{2}\overrightarrow{b}$

유제 **5**-5. $\overrightarrow{a}=(5, 4)$, $\overrightarrow{b}=(-2, 3)$, $\overrightarrow{c}=(3, 7)$에 대하여 $\overrightarrow{a}+k\overrightarrow{c}$와 $\overrightarrow{b}-\overrightarrow{a}$가 서로 평행할 때, 실수 k의 값을 구하여라. 답 $k=-\dfrac{1}{2}$

기본 문제 5-3 네 점 O(0, 0), A(1, 3), B(4, 2), C(2, 5)가 있다.

(1) $\overrightarrow{OC}$를 $\overrightarrow{OA}$와 $\overrightarrow{OB}$로 나타내어라.

(2) 직선 AB와 직선 OC의 교점을 P라고 할 때, $\overrightarrow{OP}$를 $\overrightarrow{OA}$와 $\overrightarrow{OB}$로 나타내어라.

정석연구 (1) $\overrightarrow{OC}=m\overrightarrow{OA}+n\overrightarrow{OB}$로 놓고 성분으로 나타내면 실수 m, n의 값을 구할 수 있다.

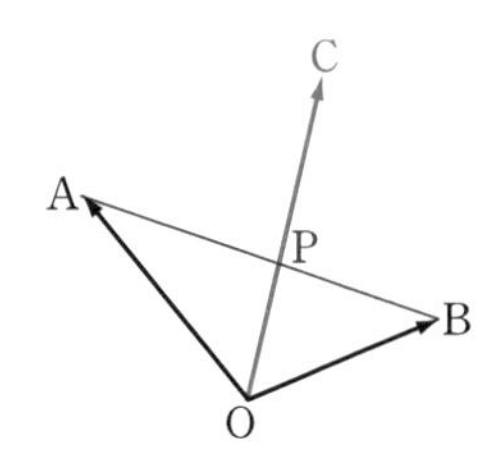

(2) 점 P가 직선 OC 위의 점이므로

$$\overrightarrow{OP}=k\overrightarrow{OC} \ (k\text{는 실수})$$

와 같이 나타낼 수 있다.

따라서 (1)의 결과를 이 식에 대입한 다음 점 P가 직선 AB 위의 점이므로

정석 세 점 **P, Q, R**가 한 직선 위에 있을 조건은

$$\overrightarrow{\mathbf{OP}}=\alpha\overrightarrow{\mathbf{OQ}}+\beta\overrightarrow{\mathbf{OR}}, \quad \alpha+\beta=1$$

⇦ p. 76

임을 이용하여 k의 값을 구할 수 있다.

모범답안 (1) $\overrightarrow{OC}=m\overrightarrow{OA}+n\overrightarrow{OB}$로 놓으면

$$(2,\ 5)=m(1,\ 3)+n(4,\ 2) \quad \text{곧,}\ (2,\ 5)=(m+4n,\ 3m+2n)$$

$$\therefore\ m+4n=2,\ 3m+2n=5$$

$$\therefore\ m=\frac{8}{5},\ n=\frac{1}{10} \quad \therefore\ \overrightarrow{\mathbf{OC}}=\frac{\mathbf{8}}{\mathbf{5}}\overrightarrow{\mathbf{OA}}+\frac{\mathbf{1}}{\mathbf{10}}\overrightarrow{\mathbf{OB}} \longleftarrow \text{답}$$

(2) 점 P는 직선 OC 위의 점이므로 $\overrightarrow{OP}=k\overrightarrow{OC}$ (k는 실수)

(1)의 결과를 대입하면 $\overrightarrow{OP}=\frac{8}{5}k\overrightarrow{OA}+\frac{1}{10}k\overrightarrow{OB}$

그런데 세 점 A, B, P는 한 직선 위의 점이므로

$$\frac{8}{5}k+\frac{1}{10}k=1 \quad \therefore\ k=\frac{10}{17} \quad \therefore\ \overrightarrow{\mathbf{OP}}=\frac{\mathbf{16}}{\mathbf{17}}\overrightarrow{\mathbf{OA}}+\frac{\mathbf{1}}{\mathbf{17}}\overrightarrow{\mathbf{OB}} \longleftarrow \text{답}$$

**Note* (2) $\overrightarrow{OC}=\frac{16}{10}\overrightarrow{OA}+\frac{1}{10}\overrightarrow{OB}=\frac{17}{10}\times\frac{16\overrightarrow{OA}+\overrightarrow{OB}}{17}$

그런데 $\frac{16\overrightarrow{OA}+\overrightarrow{OB}}{17}$는 선분 AB를 1 : 16으로 내분하는 점의 위치벡터이므로 점 P는 선분 AB를 1 : 16으로 내분하는 점임을 알 수 있다.

유제 **5**-6. 네 점 O(0, 0), A(1, 2), B(5, 1), C(3, 3)이 있다.

직선 AB와 직선 OC의 교점을 P라고 할 때, $\overrightarrow{OP}$를 $\overrightarrow{OA}$와 $\overrightarrow{OB}$로 나타내어라.

답 $\overrightarrow{\mathbf{OP}}=\frac{\mathbf{4}}{\mathbf{5}}\overrightarrow{\mathbf{OA}}+\frac{\mathbf{1}}{\mathbf{5}}\overrightarrow{\mathbf{OB}}$

§2. 평면벡터의 내적

1 평면벡터의 내적의 정의

평면에서 영벡터가 아닌 두 벡터 $\overrightarrow{a}$, $\overrightarrow{b}$에 대하여 벡터 $\overrightarrow{a}$, $\overrightarrow{b}$를 각각

$$\overrightarrow{a}=\overrightarrow{\mathrm{OA}}, \quad \overrightarrow{b}=\overrightarrow{\mathrm{OB}}$$

로 나타낼 때, 두 선분 OA, OB가 이루는 각의 크기 중에서 크지 않은 것을 두 벡터 $\overrightarrow{\boldsymbol{a}}$, $\overrightarrow{\boldsymbol{b}}$가 이루는 각의 크기라고 한다.

곧, $\overrightarrow{a}$, $\overrightarrow{b}$가 이루는 각의 크기 $\theta=\angle\mathrm{AOB}$는 항상 $0^\circ\le\theta\le180^\circ$인 것으로 한다.

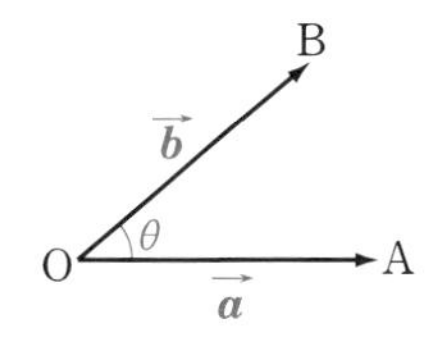

이때, $\overrightarrow{a}$, $\overrightarrow{b}$의 크기 $|\overrightarrow{a}|$, $|\overrightarrow{b}|$와 $\cos\theta$의 곱 $|\overrightarrow{a}||\overrightarrow{b}|\cos\theta$를 $\overrightarrow{a}$와 $\overrightarrow{b}$의 내적이라 하고, $\overrightarrow{\boldsymbol{a}}\cdot\overrightarrow{\boldsymbol{b}}$와 같이 나타낸다. 곧,

$$\overrightarrow{a}\cdot\overrightarrow{b}=|\overrightarrow{a}||\overrightarrow{b}|\cos\theta$$

여기에서 $\overrightarrow{a}=\overrightarrow{0}$ 또는 $\overrightarrow{b}=\overrightarrow{0}$일 때에는 $\overrightarrow{a}$, $\overrightarrow{b}$가 이루는 각의 크기를 정할 수 없다. 이때에는 $|\overrightarrow{a}|=0$ 또는 $|\overrightarrow{b}|=0$이므로

$$\overrightarrow{a}=\overrightarrow{0} \text{ 또는 } \overrightarrow{b}=\overrightarrow{0} \text{ 일 때 } \Longrightarrow \overrightarrow{a}\cdot\overrightarrow{b}=0$$

으로 정의한다.

특히 $\overrightarrow{a}=\overrightarrow{b}$이면 $\theta=0^\circ$이고, 이때 $\cos\theta=1$이므로

$$\overrightarrow{a}\cdot\overrightarrow{a}=|\overrightarrow{a}||\overrightarrow{a}| \quad \text{곧, } \overrightarrow{a}\cdot\overrightarrow{a}=|\overrightarrow{a}|^2$$

이다. 이 성질은 $\overrightarrow{a}=\overrightarrow{0}$일 때에도 성립한다.

기본정석 ― 평면벡터의 내적의 정의

평면에서 영벡터가 아닌 두 벡터 $\overrightarrow{a}$, $\overrightarrow{b}$가 이루는 각의 크기를 $\theta\,(0^\circ\le\theta\le180^\circ)$라고 할 때, $|\overrightarrow{a}|$, $|\overrightarrow{b}|$와 $\cos\theta$의 곱을 $\overrightarrow{a}$와 $\overrightarrow{b}$의 내적이라 하고, $\overrightarrow{\boldsymbol{a}}\cdot\overrightarrow{\boldsymbol{b}}$와 같이 나타낸다.

정의 $\overrightarrow{a}\cdot\overrightarrow{b}=|\overrightarrow{a}||\overrightarrow{b}|\cos\theta$

$\overrightarrow{a}=\overrightarrow{0}$ 또는 $\overrightarrow{b}=\overrightarrow{0}$이면 $\overrightarrow{a}\cdot\overrightarrow{b}=0$

정석 $\overrightarrow{a}\cdot\overrightarrow{a}=|\overrightarrow{a}||\overrightarrow{a}|$ 곧, $\overrightarrow{a}\cdot\overrightarrow{a}=|\overrightarrow{a}|^2$

Advice | (i) 벡터 $\overrightarrow{a}$, $\overrightarrow{b}$ 의 내적을 $\overrightarrow{a}\,\overrightarrow{b}$ 또는 $\overrightarrow{a}\times\overrightarrow{b}$ 로 쓰지 않는다.

(ii) 내적 $\overrightarrow{a}\cdot\overrightarrow{b}$ 는 실수 $|\overrightarrow{a}|$, $|\overrightarrow{b}|$, $\cos\theta$ 의 곱이므로 벡터가 아니고 실수라는 것에 주의해야 한다.

(iii) 내적 $\overrightarrow{a}\cdot\overrightarrow{b}=|\overrightarrow{a}||\overrightarrow{b}|\cos\theta\,(\overrightarrow{a}\neq\overrightarrow{0},\ \overrightarrow{b}\neq\overrightarrow{0})$ 의 부호는 다음과 같이 θ 의 크기에 의하여 정해진다.

① $0°\le\theta<90°$ 일 때 $\cos\theta>0$ $\therefore\ \overrightarrow{a}\cdot\overrightarrow{b}>0$

② $\theta=90°$ 일 때 $\cos\theta=0$ $\therefore\ \overrightarrow{a}\cdot\overrightarrow{b}=0$

③ $90°<\theta\le180°$ 일 때 $\cos\theta<0$ $\therefore\ \overrightarrow{a}\cdot\overrightarrow{b}<0$

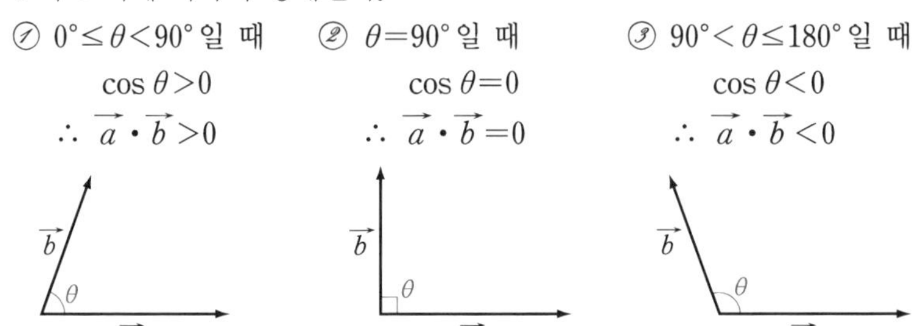

*Note $90°<\theta\le180°$ 일 때에는 $\cos(180°-\theta)=-\cos\theta$ 임을 이용한다.
이와 같은 삼각함수의 성질은 앞으로 자주 이용되므로 기본 수학 I p. 102를 참고하여 공식으로 기억해 두길 바란다.

보기 1 $|\overrightarrow{a}|=5$, $|\overrightarrow{b}|=4$ 인 두 벡터 $\overrightarrow{a}$ 와 $\overrightarrow{b}$ 가 이루는 각의 크기가 다음과 같을 때, $\overrightarrow{a}\cdot\overrightarrow{b}$ 의 값을 구하여라.

(1) 30° (2) 90° (3) 135°

연구 (1) $\overrightarrow{a}\cdot\overrightarrow{b}=|\overrightarrow{a}||\overrightarrow{b}|\cos30°=5\times4\times\frac{\sqrt{3}}{2}=\mathbf{10\sqrt{3}}$

(2) $\overrightarrow{a}\cdot\overrightarrow{b}=|\overrightarrow{a}||\overrightarrow{b}|\cos90°=5\times4\times0=\mathbf{0}$

(3) $\overrightarrow{a}\cdot\overrightarrow{b}=|\overrightarrow{a}||\overrightarrow{b}|\cos135°=5\times4\times\left(-\frac{1}{\sqrt{2}}\right)=\mathbf{-10\sqrt{2}}$

*Note $\cos135°=\cos(180°-45°)=-\cos45°=-\frac{1}{\sqrt{2}}$

보기 2 오른쪽 그림에서 △OAB는 한 변의 길이가 2인 정삼각형이고, 점 H는 변 AB의 중점이다.
이때, 다음을 구하여라.

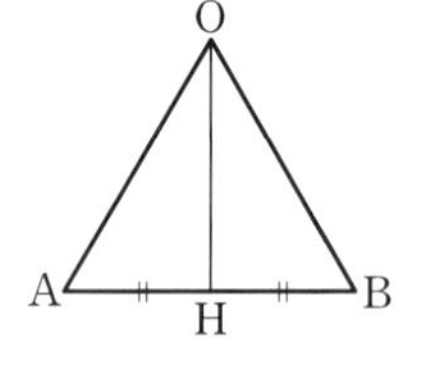

(1) $\overrightarrow{OA}\cdot\overrightarrow{OB}$ (2) $\overrightarrow{OA}\cdot\overrightarrow{OH}$ (3) $\overrightarrow{OA}\cdot\overrightarrow{OA}$
(4) $\overrightarrow{OH}\cdot\overrightarrow{AB}$ (5) $\overrightarrow{OA}\cdot\overrightarrow{AB}$ (6) $\overrightarrow{OB}\cdot\overrightarrow{BH}$

연구 (1) $\overrightarrow{OA}\cdot\overrightarrow{OB}=|\overrightarrow{OA}||\overrightarrow{OB}|\cos60°=2\times2\times\frac{1}{2}=\mathbf{2}$

(2) $\overrightarrow{OA}\cdot\overrightarrow{OH}=|\overrightarrow{OA}||\overrightarrow{OH}|\cos30°=2\times\sqrt{3}\times\frac{\sqrt{3}}{2}=\mathbf{3}$

(3) $\overrightarrow{OA}\cdot\overrightarrow{OA}=|\overrightarrow{OA}||\overrightarrow{OA}|\cos0°=2\times2\times1=\mathbf{4}$ ⇦ $\overrightarrow{OA}\cdot\overrightarrow{OA}=|\overrightarrow{OA}|^2$

(4) $\overrightarrow{OH}\cdot\overrightarrow{AB}=|\overrightarrow{OH}||\overrightarrow{AB}|\cos90°=\sqrt{3}\times2\times0=\mathbf{0}$

(5) $\overrightarrow{OB'}=\overrightarrow{AB}$가 되도록 점 B′을 잡으면

$\overrightarrow{OA}\cdot\overrightarrow{AB}=\overrightarrow{OA}\cdot\overrightarrow{OB'}=|\overrightarrow{OA}||\overrightarrow{OB'}|\cos 120°$
$=|\overrightarrow{OA}||\overrightarrow{OB'}|\times(-\cos 60°)$
$=2\times2\times\left(-\dfrac{1}{2}\right)=\mathbf{-2}$

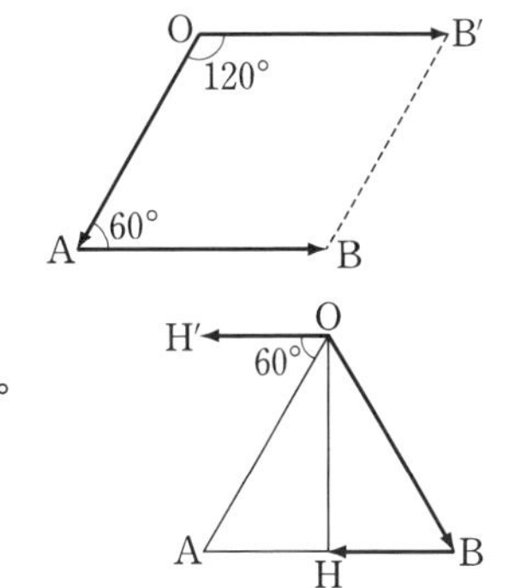

(6) $\overrightarrow{OH'}=\overrightarrow{BH}$가 되도록 점 H′을 잡으면

$\overrightarrow{OB}\cdot\overrightarrow{BH}=\overrightarrow{OB}\cdot\overrightarrow{OH'}=|\overrightarrow{OB}||\overrightarrow{OH'}|\cos 120°$
$=|\overrightarrow{OB}||\overrightarrow{OH'}|\times(-\cos 60°)$
$=2\times1\times\left(-\dfrac{1}{2}\right)=\mathbf{-1}$

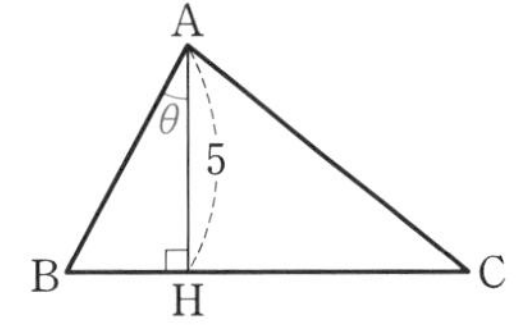

보기 3 △ABC의 꼭짓점 A에서 변 BC에 그은 수선 AH의 길이가 5일 때, $\overrightarrow{AB}\cdot\overrightarrow{AH}$의 값을 구하여라.

연구 $\overrightarrow{AB}$, $\overrightarrow{AH}$가 이루는 각의 크기를 θ라 하면

$\overrightarrow{AB}\cdot\overrightarrow{AH}=|\overrightarrow{AB}||\overrightarrow{AH}|\cos\theta$
$=|\overrightarrow{AH}||\overrightarrow{AB}|\cos\theta$
$=|\overrightarrow{AH}||\overrightarrow{AH}|=|\overrightarrow{AH}|^2=\mathbf{25}$

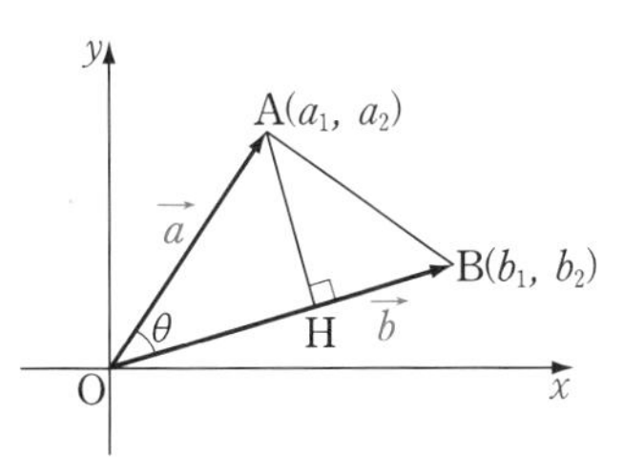

2 평면벡터의 내적과 성분

좌표평면에서 영벡터가 아닌 두 벡터

$\vec{a}=(a_1,\ a_2),\quad \vec{b}=(b_1,\ b_2)$

가 이루는 각의 크기가 $\theta\,(0°<\theta<90°)$일 때, 원점 O에 대하여

$\overrightarrow{OA}=\vec{a},\quad \overrightarrow{OB}=\vec{b}$

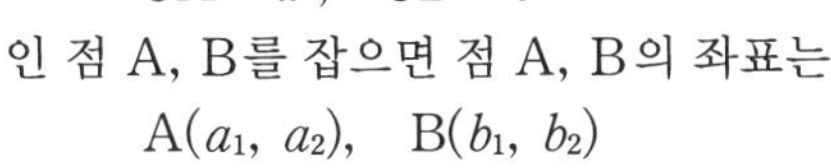

인 점 A, B를 잡으면 점 A, B의 좌표는

$A(a_1,\ a_2),\quad B(b_1,\ b_2)$

점 A에서 직선 OB에 내린 수선의 발을 H라고 하면

$\overline{AH}=\overline{OA}\sin\theta,\quad \overline{HB}=|\overline{OB}-\overline{OH}|=|\overline{OB}-\overline{OA}\cos\theta|$

△AHB는 직각삼각형이므로

$\overline{AB}^2=\overline{AH}^2+\overline{HB}^2=(\overline{OA}\sin\theta)^2+(\overline{OB}-\overline{OA}\cos\theta)^2$
$=\overline{OA}^2+\overline{OB}^2-2\times\overline{OA}\times\overline{OB}\cos\theta$

$\therefore\ (b_1-a_1)^2+(b_2-a_2)^2=(a_1^2+a_2^2)+(b_1^2+b_2^2)-2(\vec{a}\cdot\vec{b})$

이 식을 정리하면 $\quad \boldsymbol{\vec{a}\cdot\vec{b}=a_1b_1+a_2b_2}$ ……㉠

같은 방법으로 하면 ㉠은 $90°<\theta<180°$일 때도 성립한다. 또, ㉠은 θ가 $0°$, $90°$, $180°$일 때도 성립하고, $\vec{a}=\vec{0}$ 또는 $\vec{b}=\vec{0}$일 때도 성립한다.

기본정석 — 평면벡터의 내적과 성분

영벡터가 아닌 두 벡터 $\vec{a}=(a_1,\ a_2)$, $\vec{b}=(b_1,\ b_2)$가 이루는 각의 크기를 θ라고 하면

(i) $\vec{a}\cdot\vec{b}=a_1b_1+a_2b_2$

(ii) $\cos\theta=\dfrac{\vec{a}\cdot\vec{b}}{|\vec{a}||\vec{b}|}=\dfrac{a_1b_1+a_2b_2}{\sqrt{a_1^2+a_2^2}\sqrt{b_1^2+b_2^2}}$

보기 4 두 벡터 $\vec{a}=(2,\ -4)$, $\vec{b}=(-5,\ 3)$에 대하여 다음을 구하여라.

(1) $\vec{a}\cdot\vec{b}$ (2) $\vec{a}\cdot(\vec{a}+\vec{b})$ (3) $(-2\vec{a}+\vec{b})\cdot\vec{b}$

연구 (1) $\vec{a}\cdot\vec{b}=(2,\ -4)\cdot(-5,\ 3)=2\times(-5)+(-4)\times3=\mathbf{-22}$

(2) $\vec{a}+\vec{b}=(2,\ -4)+(-5,\ 3)=(-3,\ -1)$

$\therefore\ \vec{a}\cdot(\vec{a}+\vec{b})=(2,\ -4)\cdot(-3,\ -1)=2\times(-3)+(-4)\times(-1)=\mathbf{-2}$

(3) $-2\vec{a}+\vec{b}=-2(2,\ -4)+(-5,\ 3)=(-9,\ 11)$

$\therefore\ (-2\vec{a}+\vec{b})\cdot\vec{b}=(-9,\ 11)\cdot(-5,\ 3)=(-9)\times(-5)+11\times3=\mathbf{78}$

보기 5 두 벡터 $\vec{a}=(1,\ 2)$, $\vec{b}=(x,\ 1-x)$에 대하여 $\vec{a}\cdot\vec{b}=0$일 때, 실수 x의 값을 구하여라.

연구 $\vec{a}\cdot\vec{b}=1\times x+2(1-x)=0$에서 $\boldsymbol{x=2}$

보기 6 다음 두 벡터의 내적과 두 벡터가 이루는 각의 크기 θ를 구하여라.

(1) $\vec{a}=(-7,\ -1)$, $\vec{b}=(-3,\ -4)$ (2) $\vec{a}=(-1,\ 1)$, $\vec{b}=(2,\ 0)$

연구 $\vec{a}=(a_1,\ a_2)$, $\vec{b}=(b_1,\ b_2)$의 내적과 $\vec{a}$, $\vec{b}$가 이루는 각의 크기 θ는

정석 $\vec{a}\cdot\vec{b}=a_1b_1+a_2b_2,\quad \cos\theta=\dfrac{\vec{a}\cdot\vec{b}}{|\vec{a}||\vec{b}|}$

를 이용하여 구한다.

(1) $\vec{a}\cdot\vec{b}=(-7,\ -1)\cdot(-3,\ -4)=(-7)\times(-3)+(-1)\times(-4)=\mathbf{25}$

또, $|\vec{a}|=\sqrt{(-7)^2+(-1)^2}=5\sqrt{2}$, $|\vec{b}|=\sqrt{(-3)^2+(-4)^2}=5$

$\therefore\ \cos\theta=\dfrac{\vec{a}\cdot\vec{b}}{|\vec{a}||\vec{b}|}=\dfrac{25}{5\sqrt{2}\times5}=\dfrac{1}{\sqrt{2}}\qquad\therefore\ \boldsymbol{\theta=45^\circ}$

(2) $\vec{a}\cdot\vec{b}=(-1,\ 1)\cdot(2,\ 0)=(-1)\times2+1\times0=\mathbf{-2}$

또, $|\vec{a}|=\sqrt{(-1)^2+1^2}=\sqrt{2}$, $|\vec{b}|=\sqrt{2^2+0^2}=2$

$\therefore\ \cos\theta=\dfrac{\vec{a}\cdot\vec{b}}{|\vec{a}||\vec{b}|}=\dfrac{-2}{\sqrt{2}\times2}=-\dfrac{1}{\sqrt{2}}\qquad\therefore\ \boldsymbol{\theta=135^\circ}$

3 평면벡터의 내적의 기본 성질

평면벡터의 내적에 관하여 다음과 같은 연산법칙이 성립한다.

기본정석 **평면벡터의 내적의 기본 성질**

$\vec{a}$, $\vec{b}$, $\vec{c}$가 평면벡터이고 m이 실수일 때,

(i) $\vec{a}\cdot\vec{b}=\vec{b}\cdot\vec{a}$ (교환법칙)

(ii) $(m\vec{a})\cdot\vec{b}=\vec{a}\cdot(m\vec{b})=m(\vec{a}\cdot\vec{b})$ (실수배의 성질)

(iii) $\vec{a}\cdot(\vec{b}+\vec{c})=\vec{a}\cdot\vec{b}+\vec{a}\cdot\vec{c}$ (분배법칙)

Advice | $\vec{a}=(a_1, a_2)$, $\vec{b}=(b_1, b_2)$, $\vec{c}=(c_1, c_2)$라고 하면 (i)은

$$\vec{a}\cdot\vec{b}=(a_1, a_2)\cdot(b_1, b_2)=a_1b_1+a_2b_2,$$
$$\vec{b}\cdot\vec{a}=(b_1, b_2)\cdot(a_1, a_2)=b_1a_1+b_2a_2=a_1b_1+a_2b_2$$
$$\therefore\ \vec{a}\cdot\vec{b}=\vec{b}\cdot\vec{a}$$

와 같이 증명할 수 있다. (ii), (iii)도 같은 방법으로 증명할 수 있다.

보기 7 $|\vec{a}|=2$, $|\vec{b}|=4$, $\vec{a}\cdot\vec{b}=-3$일 때, 다음을 구하여라.

(1) $(\vec{a}+\vec{b})\cdot(\vec{a}+\vec{b})$ (2) $(\vec{a}+\vec{b})\cdot(\vec{a}-\vec{b})$ (3) $|2\vec{a}+3\vec{b}|^2$

연구 (1) (준 식)$=\vec{a}\cdot(\vec{a}+\vec{b})+\vec{b}\cdot(\vec{a}+\vec{b})$

$$=\vec{a}\cdot\vec{a}+\vec{a}\cdot\vec{b}+\vec{b}\cdot\vec{a}+\vec{b}\cdot\vec{b}$$
$$=|\vec{a}|^2+2(\vec{a}\cdot\vec{b})+|\vec{b}|^2=2^2+2\times(-3)+4^2=\mathbf{14}$$

(2) (준 식)$=\vec{a}\cdot(\vec{a}-\vec{b})+\vec{b}\cdot(\vec{a}-\vec{b})=\vec{a}\cdot\vec{a}-\vec{a}\cdot\vec{b}+\vec{b}\cdot\vec{a}-\vec{b}\cdot\vec{b}$

$$=|\vec{a}|^2-|\vec{b}|^2=2^2-4^2=\mathbf{-12}$$

(3) (준 식)$=(2\vec{a}+3\vec{b})\cdot(2\vec{a}+3\vec{b})$

$$=(2\vec{a})\cdot(2\vec{a}+3\vec{b})+(3\vec{b})\cdot(2\vec{a}+3\vec{b})$$
$$=(2\vec{a})\cdot(2\vec{a})+(2\vec{a})\cdot(3\vec{b})+(3\vec{b})\cdot(2\vec{a})+(3\vec{b})\cdot(3\vec{b})$$
$$=4|\vec{a}|^2+12(\vec{a}\cdot\vec{b})+9|\vec{b}|^2=4\times2^2+12\times(-3)+9\times4^2=\mathbf{124}$$

Advice | 위의 내용을 일반화하면 다음과 같다. 이것을 공식처럼 기억하고 이용해도 좋다.

정석 $(\vec{a}\pm\vec{b})\cdot(\vec{a}\pm\vec{b})=|\vec{a}|^2\pm2(\vec{a}\cdot\vec{b})+|\vec{b}|^2$ (복부호동순)

$(m\vec{a}+n\vec{b})\cdot(m\vec{a}+n\vec{b})=m^2|\vec{a}|^2+2mn(\vec{a}\cdot\vec{b})+n^2|\vec{b}|^2$

(단, m, n은 실수)

기본 문제 **5**-4 오른쪽 그림과 같이

$\overline{\text{AB}}=\overline{\text{AC}}=\overline{\text{AD}}=2$

인 평행사변형 ABCD에서 두 대각선의 교점을 E라고 하자. 이때, 다음을 구하여라.

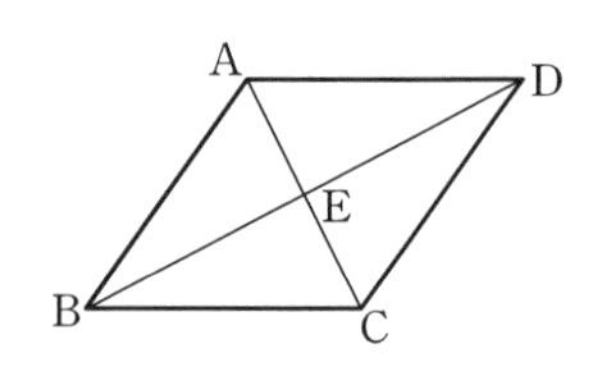

(1) $\overrightarrow{\text{AB}}\cdot\overrightarrow{\text{AD}}$　　(2) $\overrightarrow{\text{AC}}\cdot\overrightarrow{\text{BC}}$　　(3) $\overrightarrow{\text{BD}}\cdot\overrightarrow{\text{AC}}$　　(4) $\overrightarrow{\text{BC}}\cdot\overrightarrow{\text{CE}}$

정석연구 시점이 같지 않은 두 벡터의 내적은 평행이동에 의하여 시점을 같게 옮겨 놓은 다음, 내적의 정의를 이용한다.

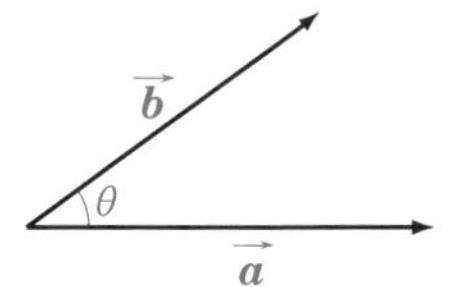

정의 $\vec{a}\cdot\vec{b}=|\vec{a}||\vec{b}|\cos\theta$

(1), (2) △ABC와 △ACD가 정삼각형임을 이용한다.

(3), (4) 평행사변형의 두 대각선은 서로 다른 것을 이등분함을 이용한다.

정석 평행사변형의 두 대각선의 교점 ⟹ 각 대각선의 중점

모범답안 (1) △ABC와 △ACD는 정삼각형이므로 $\angle\text{BAD}=120°$

$\therefore\ \overrightarrow{\text{AB}}\cdot\overrightarrow{\text{AD}}=|\overrightarrow{\text{AB}}||\overrightarrow{\text{AD}}|\cos 120°=2\times2\times\left(-\frac{1}{2}\right)=\mathbf{-2}$ ← 답

(2) $\overrightarrow{\text{AC}}\cdot\overrightarrow{\text{BC}}=\overrightarrow{\text{AC}}\cdot\overrightarrow{\text{AD}}=|\overrightarrow{\text{AC}}||\overrightarrow{\text{AD}}|\cos 60°=2\times2\times\frac{1}{2}=\mathbf{2}$ ← 답

(3) △ABD는 $\overline{\text{AB}}=\overline{\text{AD}}$인 이등변삼각형이고 점 E는 선분 BD의 중점이므로 $\overline{\text{AE}}\perp\overline{\text{BD}}$ 곧, $\overrightarrow{\text{AC}}\perp\overrightarrow{\text{BD}}$

$\therefore\ \overrightarrow{\text{BD}}\cdot\overrightarrow{\text{AC}}=|\overrightarrow{\text{BD}}||\overrightarrow{\text{AC}}|\cos 90°=\mathbf{0}$ ← 답

**Note* $\overline{\text{AB}}=\overline{\text{AD}}$이므로 평행사변형 ABCD는 마름모이다. $\therefore\ \overline{\text{AC}}\perp\overline{\text{BD}}$

(4) 선분 BC의 연장선 위에 $\overrightarrow{\text{CB'}}=\overrightarrow{\text{BC}}$가 되도록 점 B′을 잡으면

$\angle\text{ECB'}=120°,\ \overline{\text{CE}}=\frac{1}{2}\overline{\text{AC}}=1$

$\therefore\ \overrightarrow{\text{BC}}\cdot\overrightarrow{\text{CE}}=\overrightarrow{\text{CB'}}\cdot\overrightarrow{\text{CE}}=|\overrightarrow{\text{CB'}}||\overrightarrow{\text{CE}}|\cos 120°$

$=2\times1\times\left(-\frac{1}{2}\right)=\mathbf{-1}$ ← 답

유제 **5**-7. 오른쪽 그림과 같이 $\angle\text{A}=90°$, $\angle\text{B}=60°$인 직각삼각형 ABC가 있다.

점 A에서 선분 BC에 내린 수선의 발 D에 대하여 $\overline{\text{BD}}=\sqrt{3}$일 때, 다음을 구하여라.

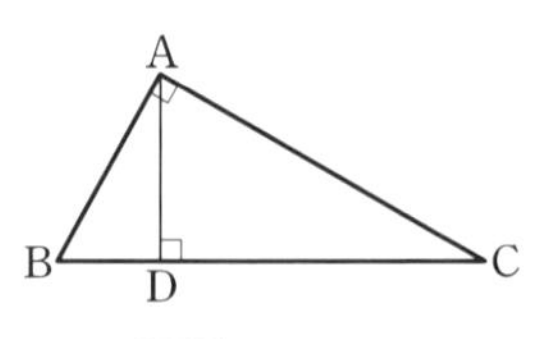

(1) $\overrightarrow{\text{CA}}\cdot\overrightarrow{\text{CD}}$　　(2) $\overrightarrow{\text{AC}}\cdot\overrightarrow{\text{DB}}$

답 (1) **27** (2) **−9**

기본 문제 5-5 두 벡터 $\vec{a}$, $\vec{b}$가 $|\vec{a}+\vec{b}|=4$, $|\vec{a}-\vec{b}|=2$를 만족시킬 때, 다음 물음에 답하여라.

(1) $\vec{a}\cdot\vec{b}$의 값을 구하여라.

(2) $|2\vec{a}-3\vec{b}|^2+|3\vec{a}-2\vec{b}|^2$의 값을 구하여라.

정석연구 (1) 벡터의 크기는 $|\vec{a}|^2=\vec{a}\cdot\vec{a}$ 임을 이용하여 내적으로 나타내면 간단히 할 수 있는 경우가 많다.

곧, $|\vec{a}+\vec{b}|$, $|\vec{a}-\vec{b}|$를 제곱하여

$$|\vec{a}+\vec{b}|^2=(\vec{a}+\vec{b})\cdot(\vec{a}+\vec{b})=|\vec{a}|^2+2(\vec{a}\cdot\vec{b})+|\vec{b}|^2,$$
$$|\vec{a}-\vec{b}|^2=(\vec{a}-\vec{b})\cdot(\vec{a}-\vec{b})=|\vec{a}|^2-2(\vec{a}\cdot\vec{b})+|\vec{b}|^2$$

과 같이 전개한 다음 주어진 조건을 이용해 보자.

정석 벡터의 크기는 ⟹ 내적으로 나타내어 변형한다.

$$|\vec{a}|^2=\vec{a}\cdot\vec{a}, \qquad |\vec{a}+\vec{b}|^2=(\vec{a}+\vec{b})\cdot(\vec{a}+\vec{b})$$

(2) 다음 **정석**을 이용하면 보다 쉽게 정리할 수 있다.

정석 $|m\vec{a}+n\vec{b}|^2=(m\vec{a}+n\vec{b})\cdot(m\vec{a}+n\vec{b})$ ⇦ m, n은 실수
$=m^2|\vec{a}|^2+2mn(\vec{a}\cdot\vec{b})+n^2|\vec{b}|^2$

모범답안 $|\vec{a}+\vec{b}|=4$, $|\vec{a}-\vec{b}|=2$의 양변을 각각 제곱하면

$|\vec{a}|^2+2(\vec{a}\cdot\vec{b})+|\vec{b}|^2=16$ ……①

$|\vec{a}|^2-2(\vec{a}\cdot\vec{b})+|\vec{b}|^2=4$ ……②

(1) ①−②하면 $4(\vec{a}\cdot\vec{b})=12$ $\quad\therefore$ $\vec{a}\cdot\vec{b}=3$ ← 답

(2) $(\text{준 식})=\{4|\vec{a}|^2-12(\vec{a}\cdot\vec{b})+9|\vec{b}|^2\}+\{9|\vec{a}|^2-12(\vec{a}\cdot\vec{b})+4|\vec{b}|^2\}$
$=13(|\vec{a}|^2+|\vec{b}|^2)-24(\vec{a}\cdot\vec{b})$

한편 ①+②하면 $2(|\vec{a}|^2+|\vec{b}|^2)=20$ $\quad\therefore$ $|\vec{a}|^2+|\vec{b}|^2=10$

$\therefore$ $(\text{준 식})=13\times10-24\times3=58$ ← 답

유제 **5**-8. 두 벡터 $\vec{a}$, $\vec{b}$에 대하여 $|\vec{a}|=4$, $|\vec{b}|=5$, $|\vec{a}-\vec{b}|=6$일 때, $\vec{a}\cdot\vec{b}$의 값을 구하여라. 답 $\frac{5}{2}$

유제 **5**-9. 두 벡터 $\vec{a}$, $\vec{b}$가 $|\vec{a}+\vec{b}|=2$, $|\vec{a}-\vec{b}|=1$을 만족시킬 때, $|2\vec{a}-\vec{b}|^2+|\vec{a}-2\vec{b}|^2$의 값을 구하여라. 답 $\frac{13}{2}$

기본 문제 5-6 다음 물음에 답하여라.

(1) $|\vec{a}|=2$, $|\vec{b}|=1$이고 두 벡터 $\vec{a}$, $\vec{b}$가 이루는 각의 크기가 $60°$일 때, 벡터 $2\vec{a}+3\vec{b}$의 크기를 구하여라.

(2) $|\vec{a}|=\sqrt{2}$, $|\vec{b}|=3$이고 $|\vec{a}-\vec{b}|=\sqrt{5}$일 때, 두 벡터 $\vec{a}$, $\vec{b}$가 이루는 각의 크기 θ를 구하여라.

(3) $\vec{a}+\vec{b}+\vec{c}=\vec{0}$이고 $|\vec{a}|=6$, $|\vec{b}|=10$, $|\vec{c}|=14$일 때, 두 벡터 $\vec{a}$, $\vec{b}$가 이루는 각의 크기 θ를 구하여라.

정석연구 (1) 먼저 $|2\vec{a}+3\vec{b}|^2$의 값을 구한다.

(2) $|\vec{a}-\vec{b}|^2$을 전개하면 $\vec{a}\cdot\vec{b}$의 꼴이 나타난다. 이것을 이용한다.

(3) 조건식에서 $\vec{a}+\vec{b}=-\vec{c}$이므로 $|\vec{a}+\vec{b}|=|\vec{c}|$이다. 이 식의 양변을 제곱하면 내적을 이용하여 전개할 수 있다.

정석 $|\vec{a}|^2=\vec{a}\cdot\vec{a}$, $\quad \vec{a}\cdot\vec{b}=|\vec{a}||\vec{b}|\cos\theta$

모범답안 (1) $|2\vec{a}+3\vec{b}|^2=4|\vec{a}|^2+12(\vec{a}\cdot\vec{b})+9|\vec{b}|^2$

$=4|\vec{a}|^2+12|\vec{a}||\vec{b}|\cos 60°+9|\vec{b}|^2$

$=4\times 2^2+12\times 2\times 1\times\dfrac{1}{2}+9\times 1^2=37$

$\therefore\ |2\vec{a}+3\vec{b}|=\sqrt{37}$ ← 답

(2) $|\vec{a}-\vec{b}|^2=(\sqrt{5})^2$이므로 $|\vec{a}|^2-2(\vec{a}\cdot\vec{b})+|\vec{b}|^2=5$

$\therefore\ (\sqrt{2})^2-2(\vec{a}\cdot\vec{b})+3^2=5 \quad \therefore\ \vec{a}\cdot\vec{b}=3$

$\therefore\ \cos\theta=\dfrac{\vec{a}\cdot\vec{b}}{|\vec{a}||\vec{b}|}=\dfrac{3}{\sqrt{2}\times 3}=\dfrac{1}{\sqrt{2}} \quad \therefore\ \theta=45°$ ← 답

(3) $\vec{a}+\vec{b}+\vec{c}=\vec{0}$에서 $\vec{a}+\vec{b}=-\vec{c}$이므로 $|\vec{a}+\vec{b}|^2=|\vec{c}|^2$

$\therefore\ |\vec{a}|^2+2(\vec{a}\cdot\vec{b})+|\vec{b}|^2=|\vec{c}|^2$

$\therefore\ 6^2+2(\vec{a}\cdot\vec{b})+10^2=14^2 \quad \therefore\ \vec{a}\cdot\vec{b}=30$

$\therefore\ \cos\theta=\dfrac{\vec{a}\cdot\vec{b}}{|\vec{a}||\vec{b}|}=\dfrac{30}{6\times 10}=\dfrac{1}{2} \quad \therefore\ \theta=60°$ ← 답

유제 **5**-10. 두 벡터 $\vec{a}$, $\vec{b}$가 이루는 각의 크기는 $60°$이다. $|\vec{b}|=1$, $|\vec{a}-3\vec{b}|=\sqrt{13}$일 때, 벡터 $\vec{a}$의 크기를 구하여라. 답 4

유제 **5**-11. $\vec{a}+\vec{b}+\vec{c}=\vec{0}$이고 $|\vec{a}|=\sqrt{2}$, $|\vec{b}|=\sqrt{6}$, $|\vec{c}|=\sqrt{14}$일 때, 두 벡터 $\vec{a}$, $\vec{b}$가 이루는 각의 크기를 구하여라. 답 30°

기본 문제 5-7 다음 물음에 답하여라.

(1) $\vec{a}=(3, 1)$, $\vec{b}=(1, 2)$, $\vec{c}=(2, 4)$일 때, $\vec{a}-\vec{b}$와 $\vec{a}-\vec{c}$가 이루는 각의 크기 θ를 구하여라.

(2) 두 벡터 $\vec{a}=(2x, -1)$, $\vec{b}=(-1, 2)$가 이루는 각의 크기가 $135°$일 때, 실수 x의 값을 구하여라.

정석연구 두 벡터가 이루는 각의 크기에 관한 문제는

$$\textbf{정석}\quad \vec{a}\cdot\vec{b}=|\vec{a}||\vec{b}|\cos\theta, \qquad \cos\theta=\frac{\vec{a}\cdot\vec{b}}{|\vec{a}||\vec{b}|}$$

를 이용한다. 이때, 성분으로 표시된 평면벡터의 내적은 다음과 같다.

$$\vec{a}=(a_1, a_2),\ \vec{b}=(b_1, b_2) \Longrightarrow \vec{a}\cdot\vec{b}=a_1b_1+a_2b_2$$

모범답안 (1) $\vec{a}-\vec{b}=(2, -1)$, $\vec{a}-\vec{c}=(1, -3)$이므로

$(\vec{a}-\vec{b})\cdot(\vec{a}-\vec{c})=(2, -1)\cdot(1, -3)=2+3=5,$

$|\vec{a}-\vec{b}|=\sqrt{2^2+(-1)^2}=\sqrt{5}$, $|\vec{a}-\vec{c}|=\sqrt{1^2+(-3)^2}=\sqrt{10}$

$$\therefore\ \cos\theta=\frac{(\vec{a}-\vec{b})\cdot(\vec{a}-\vec{c})}{|\vec{a}-\vec{b}||\vec{a}-\vec{c}|}=\frac{5}{\sqrt{5}\times\sqrt{10}}=\frac{1}{\sqrt{2}} \qquad \therefore\ \boldsymbol{\theta=45°}$$

(2) $\vec{a}\cdot\vec{b}=(2x, -1)\cdot(-1, 2)=-2x-2,$

$|\vec{a}|=\sqrt{(2x)^2+(-1)^2}=\sqrt{4x^2+1}$, $|\vec{b}|=\sqrt{(-1)^2+2^2}=\sqrt{5}$

이므로 $\vec{a}\cdot\vec{b}=|\vec{a}||\vec{b}|\cos 135°$에 대입하면

$$-2x-2=\sqrt{4x^2+1}\times\sqrt{5}\times\left(-\frac{1}{\sqrt{2}}\right)$$

$$\therefore\ \sqrt{5(4x^2+1)}=2\sqrt{2}(x+1) \qquad \cdots\cdots ㉠$$

양변을 제곱하여 정리하면 $12x^2-16x-3=0$ $\therefore\ x=-\frac{1}{6}, \frac{3}{2}$

이 값은 모두 ㉠을 만족시킨다. 답 $\boldsymbol{x=-\frac{1}{6}, \frac{3}{2}}$

***Note** 양변을 제곱하여 방정식을 풀 때에는 계산하여 얻은 값이 원래 방정식을 만족시키는지 반드시 확인해야 한다.

유제 5-12. $\vec{a}=(2, -3)$, $\vec{b}=(-1, -5)$, $\vec{c}=(0, -6)$일 때, $\vec{a}-\vec{b}$와 $\vec{a}-\vec{c}$가 이루는 각의 크기 θ에 대하여 $\cos\theta$의 값을 구하여라. 답 $\boldsymbol{\frac{12}{13}}$

유제 5-13. 두 벡터 $\vec{a}=(x, 1)$, $\vec{b}=(1, 3)$이 이루는 각의 크기가 $45°$일 때, 실수 x의 값을 구하여라. 답 $\boldsymbol{x=-\frac{1}{2}, 2}$

기본 문제 5-8 삼각형 OAB에서 $\overrightarrow{OA}=\vec{a}$, $\overrightarrow{OB}=\vec{b}$ 라고 하자.

(1) 삼각형 OAB의 넓이를 $\vec{a}$, $\vec{b}$ 로 나타내어라.

(2) $\vec{a}=(a_1,\ a_2)$, $\vec{b}=(b_1,\ b_2)$라고 할 때, 삼각형 OAB의 넓이를 a_1, a_2, b_1, b_2로 나타내어라.

정석연구 $\angle AOB=\theta$라고 하면

$$\triangle \mathbf{OAB}=\frac{1}{2}|\vec{a}||\vec{b}|\sin\theta$$

여기에서 $\sin\theta$는 다음을 이용하여 $\vec{a}$, $\vec{b}$ 로 나타낼 수 있다.

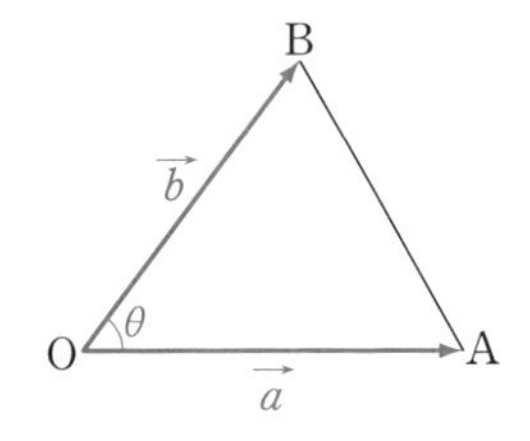

정의 $\vec{a}\cdot\vec{b}=|\vec{a}||\vec{b}|\cos\theta$

모범답안 (1) $\angle AOB=\theta$라고 하면 $\triangle OAB=\frac{1}{2}|\vec{a}||\vec{b}|\sin\theta$

한편 $\cos\theta=\dfrac{\vec{a}\cdot\vec{b}}{|\vec{a}||\vec{b}|}$이고 $0°<\theta<180°$이므로

$$\sin\theta=\sqrt{1-\cos^2\theta}=\sqrt{1-\frac{(\vec{a}\cdot\vec{b})^2}{|\vec{a}|^2|\vec{b}|^2}}=\sqrt{\frac{|\vec{a}|^2|\vec{b}|^2-(\vec{a}\cdot\vec{b})^2}{|\vec{a}|^2|\vec{b}|^2}}$$

$$\therefore\ \triangle OAB=\frac{1}{2}|\vec{a}||\vec{b}|\times\frac{1}{|\vec{a}||\vec{b}|}\sqrt{|\vec{a}|^2|\vec{b}|^2-(\vec{a}\cdot\vec{b})^2}$$

$$=\frac{1}{2}\sqrt{|\vec{a}|^2|\vec{b}|^2-(\vec{a}\cdot\vec{b})^2}\ \longleftarrow \text{답}$$

(2) $|\vec{a}|^2=a_1^2+a_2^2$, $|\vec{b}|^2=b_1^2+b_2^2$, $\vec{a}\cdot\vec{b}=a_1b_1+a_2b_2$

이므로 (1)의 결과에 대입하면

$$\triangle OAB=\frac{1}{2}\sqrt{(a_1^2+a_2^2)(b_1^2+b_2^2)-(a_1b_1+a_2b_2)^2}$$

$$=\frac{1}{2}\sqrt{(a_1b_2-a_2b_1)^2}=\frac{1}{2}|a_1b_2-a_2b_1|\ \longleftarrow \text{답}$$

Advice | 이 결과를 기억해 두고서 공식처럼 이용해도 된다.

정석 $\vec{a}=\overrightarrow{OA}=(a_1,\ a_2)$, $\vec{b}=\overrightarrow{OB}=(b_1,\ b_2)$일 때,

$$\triangle \mathbf{OAB}=\frac{1}{2}\sqrt{|\vec{a}|^2|\vec{b}|^2-(\vec{a}\cdot\vec{b})^2}=\frac{1}{2}|a_1b_2-a_2b_1|$$

유제 **5**-14. 세 점 A(2, −3), B(−1, 2), C(3, 0)에 대하여

(1) $|\overrightarrow{AB}|$, $|\overrightarrow{AC}|$, $\overrightarrow{AB}\cdot\overrightarrow{AC}$의 값을 구하여라.

(2) 삼각형 ABC의 넓이를 구하여라.

답 (1) $|\overrightarrow{AB}|=\sqrt{34}$, $|\overrightarrow{AC}|=\sqrt{10}$, $\overrightarrow{AB}\cdot\overrightarrow{AC}=12$ (2) 7

§ 3. 평면벡터의 수직과 평행

1 평면벡터의 수직 조건과 평행 조건

(i) 평면벡터의 수직 조건 평면에서 영벡터가 아닌 두 벡터 $\vec{a}$, $\vec{b}$가 이루는 각의 크기가 90° 일 때, $\vec{a}$와 $\vec{b}$는 서로 수직이라 하고, $\vec{a} \perp \vec{b}$와 같이 나타낸다.

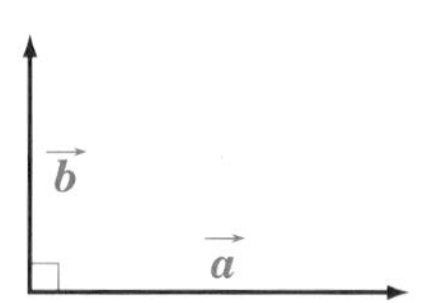

$\vec{a} \perp \vec{b}$ 이면 $\cos 90° = 0$ 이므로

$$\vec{a} \cdot \vec{b} = |\vec{a}||\vec{b}|\cos 90° = 0$$

역으로 $\vec{a} \cdot \vec{b} = |\vec{a}||\vec{b}|\cos\theta = 0\ (\vec{a} \neq \vec{0},\ \vec{b} \neq \vec{0})$ 이면 $\cos\theta = 0$
$0° \le \theta \le 180°$ 이므로 $\theta = 90°$ $\quad \therefore\ \vec{a} \perp \vec{b}$

정석 $\vec{a} \perp \vec{b} \iff \theta = 90° \iff \vec{a} \cdot \vec{b} = 0$

(ii) 평면벡터의 평행 조건 평면에서 영벡터가 아닌 두 벡터 $\vec{a}$, $\vec{b}$에 대하여 $\vec{a} /\!/ \vec{b}$ 이고 $\vec{a}$, $\vec{b}$의 방향이 같으면 $\theta = 0°$

$$\therefore\ \vec{a} \cdot \vec{b} = |\vec{a}||\vec{b}|\cos 0° = |\vec{a}||\vec{b}|$$

또, $\vec{a} /\!/ \vec{b}$ 이고 $\vec{a}$, $\vec{b}$의 방향이 반대이면 $\theta = 180°$

$$\therefore\ \vec{a} \cdot \vec{b} = |\vec{a}||\vec{b}|\cos 180° = -|\vec{a}||\vec{b}|$$

역으로 $\vec{a} \cdot \vec{b} = \pm|\vec{a}||\vec{b}|\ (\vec{a} \neq \vec{0},\ \vec{b} \neq \vec{0})$ 이면 $\cos\theta = \pm 1$
$0° \le \theta \le 180°$ 이므로 $\theta = 0°,\ 180°$ $\quad \therefore\ \vec{a} /\!/ \vec{b}$

정석 $\vec{a} /\!/ \vec{b} \iff \theta = 0°,\ 180° \iff \vec{a} \cdot \vec{b} = \pm|\vec{a}||\vec{b}|$

이상을 정리하면 다음과 같다.

기본정석 — 평면벡터의 수직 조건과 평행 조건

(1) 평면벡터의 수직 조건과 평행 조건

$\vec{a} \neq \vec{0}$, $\vec{b} \neq \vec{0}$ 일 때,

$$\vec{a} \perp \vec{b} \iff \vec{a} \cdot \vec{b} = 0, \qquad \vec{a} /\!/ \vec{b} \iff \vec{a} \cdot \vec{b} = \pm|\vec{a}||\vec{b}|$$

(2) 평면벡터의 수직 조건과 성분

$\vec{a} = (a_1,\ a_2)$, $\vec{b} = (b_1,\ b_2)$가 영벡터가 아닐 때,

$$\vec{a} \perp \vec{b} \iff \vec{a} \cdot \vec{b} = 0 \iff a_1 b_1 + a_2 b_2 = 0$$

보기 1 두 벡터 $\overrightarrow{a}=(x,\ -2)$, $\overrightarrow{b}=(-1,\ 1)$이 다음을 만족시킬 때, 실수 x의 값을 구하여라.

(1) $\overrightarrow{a}$는 $\overrightarrow{b}$에 수직이다. (2) $\overrightarrow{a}$는 $\overrightarrow{b}$와 방향이 반대이다.

연구 두 벡터의 수직 조건과 평행 조건을 기억해 두고서 이용해도 되지만,

정의 $\overrightarrow{a}\cdot\overrightarrow{b}=|\overrightarrow{a}||\overrightarrow{b}|\cos\theta$

로부터 유도할 수도 있어야 한다.

곧, $\overrightarrow{a}$와 $\overrightarrow{b}$가 이루는 각의 크기 θ에 대하여

(1) $\theta=90°$일 때이므로 $\cos\theta=0$ $\therefore\ \overrightarrow{a}\cdot\overrightarrow{b}=0$

$\therefore\ (x,\ -2)\cdot(-1,\ 1)=0$ $\therefore\ -x-2=0$ $\therefore\ \boldsymbol{x=-2}$

(2) $\theta=180°$일 때이므로 $\cos\theta=-1$ $\therefore\ \overrightarrow{a}\cdot\overrightarrow{b}=-|\overrightarrow{a}||\overrightarrow{b}|$

$\therefore\ (x,\ -2)\cdot(-1,\ 1)=-\sqrt{x^2+(-2)^2}\sqrt{(-1)^2+1^2}$

$\therefore\ -x-2=-\sqrt{2}\sqrt{x^2+4}$ $\therefore\ x+2=\sqrt{2(x^2+4)}$

양변을 제곱하여 정리하면 $x^2-4x+4=0$ $\therefore\ \boldsymbol{x=2}$

보기 2 두 벡터 $\overrightarrow{a}=(2,\ x)$, $\overrightarrow{b}=(x-1,\ -2x)$가 서로 평행할 때, $\overrightarrow{a}\cdot\overrightarrow{b}$의 값을 구하여라. 단, $x\neq0$이다.

연구 $\overrightarrow{a}\mathbin{/\!/}\overrightarrow{b}$이므로 $\overrightarrow{b}=k\overrightarrow{a}$ $(k\neq0)$ 곧, $(x-1,\ -2x)=k(2,\ x)$

$\therefore\ x-1=2k,\ -2x=kx$ $\therefore\ k=-2,\ x=-3$ ⇦ $x\neq0$

$\therefore\ \overrightarrow{a}\cdot\overrightarrow{b}=(2,\ -3)\cdot(-4,\ 6)=-8-18=\boldsymbol{-26}$

2 평면의 기본벡터의 내적

좌표평면에서 원점 O를 시점으로 하는 기본벡터 $\overrightarrow{e_1}$, $\overrightarrow{e_2}$는

$$\overrightarrow{\boldsymbol{e_1}}=(\mathbf{1},\ \mathbf{0}),\qquad \overrightarrow{\boldsymbol{e_2}}=(\mathbf{0},\ \mathbf{1})$$

이므로

$$|\overrightarrow{e_1}|=1,\quad |\overrightarrow{e_2}|=1,\quad \overrightarrow{e_1}\perp\overrightarrow{e_2}$$

이다. 따라서

$$\overrightarrow{e_1}\cdot\overrightarrow{e_1}=|\overrightarrow{e_1}||\overrightarrow{e_1}|\cos0°=1\times1\times1=1,$$

$$\overrightarrow{e_2}\cdot\overrightarrow{e_2}=|\overrightarrow{e_2}||\overrightarrow{e_2}|\cos0°=1\times1\times1=1,$$

$$\overrightarrow{e_1}\cdot\overrightarrow{e_2}=0,\qquad \overrightarrow{e_2}\cdot\overrightarrow{e_1}=0$$

y
1
$\overrightarrow{e_2}$
O
$\overrightarrow{e_1}$
1
x

보기 3 $(\overrightarrow{e_1}+\overrightarrow{e_2})\cdot(\overrightarrow{e_1}+\overrightarrow{e_2})$의 값을 구하여라.

연구 $(\overrightarrow{e_1}+\overrightarrow{e_2})\cdot(\overrightarrow{e_1}+\overrightarrow{e_2})=\overrightarrow{e_1}\cdot\overrightarrow{e_1}+\overrightarrow{e_1}\cdot\overrightarrow{e_2}+\overrightarrow{e_2}\cdot\overrightarrow{e_1}+\overrightarrow{e_2}\cdot\overrightarrow{e_2}$

$=1+0+0+1=\boldsymbol{2}$

기본 문제 5-9 다음 물음에 답하여라.

(1) $|\vec{b}|=2|\vec{a}|\neq0$이고 $\vec{a}+\vec{b}$와 $5\vec{a}-2\vec{b}$가 서로 수직일 때, 두 벡터 $\vec{a}$, $\vec{b}$가 이루는 각의 크기를 구하여라.

(2) 직각삼각형 OAB에서 $\overline{OA}=\overline{OB}=1$이고 $\overrightarrow{OA}=\vec{a}$, $\overrightarrow{OB}=\vec{b}$, $\overrightarrow{AB}=\vec{c}$일 때,

① $\vec{p}=7(\vec{a}+\vec{b})+\vec{c}$의 크기 $|\vec{p}|$를 구하여라.

② $\vec{c}-x\vec{a}$와 $\vec{a}$가 서로 수직이 되도록 실수 x의 값을 정하여라.

정석연구 두 벡터의 수직에 관한 문제는 다음 성질을 이용하여 해결한다.

정석 $\vec{u}\perp\vec{v} \iff \vec{u}\cdot\vec{v}=0$

모범답안 (1) $\vec{a}+\vec{b}$와 $5\vec{a}-2\vec{b}$가 서로 수직이므로

$$(\vec{a}+\vec{b})\cdot(5\vec{a}-2\vec{b})=0 \quad \therefore 5|\vec{a}|^2+3(\vec{a}\cdot\vec{b})-2|\vec{b}|^2=0$$

$|\vec{b}|=2|\vec{a}|$이므로 $5|\vec{a}|^2+3(\vec{a}\cdot\vec{b})-8|\vec{a}|^2=0 \quad \therefore \vec{a}\cdot\vec{b}=|\vec{a}|^2$

따라서 $\vec{a}$, $\vec{b}$가 이루는 각의 크기를 θ라고 하면

$$\cos\theta=\frac{\vec{a}\cdot\vec{b}}{|\vec{a}||\vec{b}|}=\frac{|\vec{a}|^2}{|\vec{a}|\times2|\vec{a}|}=\frac{1}{2} \quad \therefore \theta=\mathbf{60^\circ} \leftarrow \boxed{답}$$

(2) $\vec{c}=\overrightarrow{AB}=\overrightarrow{OB}-\overrightarrow{OA}=\vec{b}-\vec{a}$

① $\vec{p}=7(\vec{a}+\vec{b})+\vec{c}=7(\vec{a}+\vec{b})+(\vec{b}-\vec{a})$

$=6\vec{a}+8\vec{b}$

$\therefore |\vec{p}|^2=|6\vec{a}+8\vec{b}|^2$

$=36|\vec{a}|^2+96(\vec{a}\cdot\vec{b})+64|\vec{b}|^2$

여기에서 $|\vec{a}|=\overline{OA}=1$, $|\vec{b}|=\overline{OB}=1$이고,

$\vec{a}\perp\vec{b}$이므로 $\vec{a}\cdot\vec{b}=0$

$\therefore |\vec{p}|^2=36+64=100 \quad \therefore |\vec{\boldsymbol{p}}|=\mathbf{10} \leftarrow \boxed{답}$

② $\vec{c}-x\vec{a}=(\vec{b}-\vec{a})-x\vec{a}=\vec{b}-(x+1)\vec{a}$

$\therefore (\vec{c}-x\vec{a})\cdot\vec{a}=\{\vec{b}-(x+1)\vec{a}\}\cdot\vec{a}=\vec{a}\cdot\vec{b}-(x+1)|\vec{a}|^2$

$=0-(x+1)\times1=-(x+1)$

$(\vec{c}-x\vec{a})\perp\vec{a}$이므로 $-(x+1)=0 \quad \therefore \boldsymbol{x=-1} \leftarrow \boxed{답}$

유제 **5**-15. $|\vec{a}|=2|\vec{b}|\neq0$이고 $\vec{a}-3\vec{b}$와 $2\vec{a}+\vec{b}$가 서로 수직일 때, 두 벡터 $\vec{a}$, $\vec{b}$가 이루는 각의 크기를 구하여라. 답 60°

기본 문제 **5**-10 $\vec{a}=(1, 2)$, $\vec{b}=(3, 1)$일 때, 다음 물음에 답하여라.

(1) 벡터 $(m^3+2m-4)\vec{a}+(-2m+3)\vec{b}$와 벡터 $\vec{a}$가 서로 수직일 때, 실수 m의 값을 구하여라.

(2) 벡터 $m\vec{a}+n\vec{b}$와 벡터 $\vec{a}$가 서로 수직이고 $m\vec{a}+n\vec{b}$의 크기가 5일 때, 실수 m, n의 값을 구하여라.

정석연구 두 평면벡터가 서로 수직일 조건을 성분으로 나타내면 다음과 같다.

정석 $\vec{a}=(a_1, a_2)$, $\vec{b}=(b_1, b_2)$가 영벡터가 아닐 때,

$$\vec{a}\perp\vec{b} \iff \vec{a}\cdot\vec{b}=0 \iff a_1b_1+a_2b_2=0$$

모범답안 (1) 주어진 조건으로부터

$$\left\{(m^3+2m-4)\vec{a}+(-2m+3)\vec{b}\right\}\cdot\vec{a}=0$$

$$\therefore\ (m^3+2m-4)(\vec{a}\cdot\vec{a})+(-2m+3)(\vec{b}\cdot\vec{a})=0$$

그런데 $\vec{a}\cdot\vec{a}=|\vec{a}|^2=5$, $\vec{a}\cdot\vec{b}=(1, 2)\cdot(3, 1)=5$이므로

$$5(m^3+2m-4)+5(-2m+3)=0 \qquad \therefore\ m^3-1=0$$

m은 실수이므로 $\boldsymbol{m=1}$ ← 답

(2) $m\vec{a}+n\vec{b}=m(1, 2)+n(3, 1)=(m+3n, 2m+n)$이고

$(m\vec{a}+n\vec{b})\perp\vec{a}$이므로 $(m+3n, 2m+n)\cdot(1, 2)=0$

$\therefore\ (m+3n)+2(2m+n)=0 \qquad \therefore\ n=-m$ ……①

또, $|m\vec{a}+n\vec{b}|=5$이므로 $(m+3n)^2+(2m+n)^2=25$ ……②

①을 ②에 대입하면 $4m^2+m^2=25 \qquad \therefore\ m^2=5 \qquad \therefore\ m=\pm\sqrt{5}$

이 값을 ①에 대입하면 $n=\mp\sqrt{5}$ (복부호동순)

답 $\boldsymbol{m=\sqrt{5}}$, $\boldsymbol{n=-\sqrt{5}}$ 또는 $\boldsymbol{m=-\sqrt{5}}$, $\boldsymbol{n=\sqrt{5}}$

유제 **5**-16. $\vec{a}=(2, 3)$, $\vec{b}=(x, 2)$이고 $\vec{a}+\vec{b}$와 $\vec{a}-\vec{b}$가 서로 수직일 때, 실수 x의 값을 구하여라. 답 $\boldsymbol{x=\pm3}$

유제 **5**-17. $\vec{a}=(3, 4)$, $\vec{b}=(2, -1)$이고 $\vec{a}+x\vec{b}$와 $\vec{a}-\vec{b}$가 서로 수직일 때, 실수 x의 값을 구하여라. 답 $\boldsymbol{x=\dfrac{23}{3}}$

유제 **5**-18. 벡터 $\vec{a}=(3, 4)$에 수직인 단위벡터 $\vec{e}$를 성분으로 나타내어라.

답 $\vec{\boldsymbol{e}}=\left(\dfrac{4}{5}, -\dfrac{3}{5}\right), \left(-\dfrac{4}{5}, \dfrac{3}{5}\right)$

유제 **5**-19. 벡터 $\vec{a}=(3, 1)$에 수직이고 크기가 $2\sqrt{10}$인 벡터를 성분으로 나타내어라. 답 **(2, −6), (−2, 6)**

기본 문제 **5**-11 두 벡터 $\vec{a}=(-3, 5)$, $\vec{b}=(1, -1)$에 대하여

(1) $\vec{a}+t\vec{b}$의 크기가 최소일 때, 실수 t의 값을 구하여라.

(2) (1)의 t의 값을 t_0이라고 할 때, $\vec{a}+t_0\vec{b}$는 $\vec{b}$에 수직임을 보여라.

정석연구 (1) $|\vec{a}+t\vec{b}|\ge 0$이므로 $|\vec{a}+t\vec{b}|^2$이 최소일 때의 t의 값을 구해도 된다.

(2) $(\vec{a}+t_0\vec{b})\cdot\vec{b}=0$임을 보인다.

정석 $\vec{a}\neq\vec{0}$, $\vec{b}\neq\vec{0}$일 때, $\vec{a}\perp\vec{b} \iff \vec{a}\cdot\vec{b}=0$

모범답안 (1) $\vec{a}+t\vec{b}=(-3, 5)+t(1, -1)=(-3+t, 5-t)$

$\therefore |\vec{a}+t\vec{b}|^2=(-3+t)^2+(5-t)^2=2(t-4)^2+2$

따라서 $|\vec{a}+t\vec{b}|$가 최소가 되는 t의 값은 $\boldsymbol{t=4}$ ← 답

(2) $(\vec{a}+t_0\vec{b})\cdot\vec{b}=(\vec{a}+4\vec{b})\cdot\vec{b}=(1, 1)\cdot(1, -1)=1-1=0$

따라서 $\vec{a}+t_0\vec{b}$는 $\vec{b}$에 수직이다.

Advice | 영벡터가 아닌 두 벡터 $\vec{a}$, $\vec{b}$가 서로 평행하지 않을 때, 실수 t에 대하여

$$|\vec{a}+t\vec{b}|^2=|\vec{b}|^2t^2+2(\vec{a}\cdot\vec{b})t+|\vec{a}|^2$$

이므로 $|\vec{a}+t\vec{b}|^2$은 $t=-\dfrac{2(\vec{a}\cdot\vec{b})}{2|\vec{b}|^2}=-\dfrac{\vec{a}\cdot\vec{b}}{|\vec{b}|^2}$일 때 최소이고, 이때 $|\vec{a}+t\vec{b}|$도 최소이다.

또, $t_0=-\dfrac{\vec{a}\cdot\vec{b}}{|\vec{b}|^2}$일 때

$$\begin{aligned}(\vec{a}+t_0\vec{b})\cdot\vec{b}&=\vec{a}\cdot\vec{b}+t_0|\vec{b}|^2=\vec{a}\cdot\vec{b}+\left(-\frac{\vec{a}\cdot\vec{b}}{|\vec{b}|^2}\right)|\vec{b}|^2\\&=\vec{a}\cdot\vec{b}-\vec{a}\cdot\vec{b}=0\end{aligned}$$

이므로 $\vec{a}+t_0\vec{b}$는 $\vec{b}$에 수직이다.

**Note* $\vec{a}+t\vec{b}=\vec{p}$로 놓고, 시점이 점 O인 세 벡터 $\vec{a}$, $\vec{b}$, $\vec{p}$의 종점을 각각 A, B, P라고 하면 점 P는 점 A를 지나고 $\vec{b}$에 평행한 직선 위의 점이다. 이때, $|\vec{a}+t\vec{b}|=|\vec{p}|$는 점 O에서 점 P까지의 거리이므로 $\vec{p}\perp\vec{b}$일 때 최소이다.

유제 **5**-20. 두 벡터 $\vec{a}=(-1, 2)$, $\vec{b}=(1, 3)$에 대하여

(1) $\vec{a}+t\vec{b}$의 크기가 최소일 때, 실수 t의 값을 구하여라.

(2) (1)의 t의 값을 t_0이라고 할 때, $\vec{a}+t_0\vec{b}$는 $\vec{b}$에 수직임을 보여라.

답 (1) $\boldsymbol{t=-\frac{1}{2}}$ (2) 생략

연습문제 5

5-1 정사각형 PQRS의 두 대각선의 교점을 M이라고 하자. $\overrightarrow{OR}=(0,\ 3)$, $\overrightarrow{OS}=(4,\ 0)$일 때, 다음 벡터를 성분으로 나타내어라.

단, 원점 O는 정사각형 PQRS의 외부에 있다.

(1) $\overrightarrow{RS}$ (2) $\overrightarrow{RQ}$ (3) $\overrightarrow{SQ}$ (4) $\overrightarrow{QM}$ (5) $\overrightarrow{PM}$

5-2 두 벡터 $\overrightarrow{p}=(6,\ -2)$, $\overrightarrow{q}=(0,\ 2)$에 대하여 $\overrightarrow{p}+a\overrightarrow{q}$의 크기가 10이 되는 실수 a의 값은 두 개 있다. 이 두 값의 합은?

① -3 ② -2 ③ 0 ④ 2 ⑤ 3

5-3 $\overrightarrow{a}=(1,\ -2)$, $\overrightarrow{b}=(4,\ -5)$일 때, $\overrightarrow{x}+\overrightarrow{y}=\overrightarrow{a}$, $\overrightarrow{x}-2\overrightarrow{y}=\overrightarrow{b}$를 만족시키는 평면벡터 $\overrightarrow{x}$, $\overrightarrow{y}$에 대하여 $|\overrightarrow{x}-\overrightarrow{y}|$의 값을 구하여라.

5-4 좌표평면 위에 두 점 A(1, 1), B(−1, −3)이 있다.

점 P가 $|\overrightarrow{AP}|-|\overrightarrow{BP}|=0$을 만족시키며 움직일 때, $|\overrightarrow{AP}|$의 최솟값은?

① 1 ② $\sqrt{2}$ ③ $\sqrt{3}$ ④ 2 ⑤ $\sqrt{5}$

5-5 좌표평면 위에 두 점 A(1, 0), B(−1, 0)이 있다. 점 P가 곡선 $y=\dfrac{3}{x}$ 위를 움직일 때, $|\overrightarrow{AP}+\overrightarrow{BP}|$의 최솟값을 구하여라.

5-6 좌표평면 위에 원점 O와 세 점 A(2, 6), B(−1, 0), C(4, 0)이 있다.

선분 AC의 중점을 M이라고 할 때, 다음 물음에 답하여라.

(1) $\overrightarrow{OA}-2\overrightarrow{OB}$에 평행하고 크기가 $\sqrt{13}$인 벡터를 성분으로 나타내어라.

(2) 점 T가 선분 BM 위를 움직일 때, $|\overrightarrow{AT}+\overrightarrow{BT}+\overrightarrow{CT}|$의 최댓값을 구하여라.

5-7 중심이 원점이고 반지름의 길이가 1, 2인 원을 각각 O_1, O_2라고 하자.

원 O_1 위의 세 점 A(−1, 0), B(1, 0), C(x, y)와 원 O_2 위의 점 D에 대하여 $\overrightarrow{AB}+\overrightarrow{AC}=\overrightarrow{AD}$가 성립할 때, x, y의 값을 구하여라.

단, $y>0$이다.

5-8 오른쪽 그림에서 가로선과 세로선은 각각 간격이 일정한 평행선이다.

$\overrightarrow{OA}=\overrightarrow{a}$, $\overrightarrow{OB}=\overrightarrow{b}$일 때, 벡터 $\overrightarrow{OP}$를 $\overrightarrow{a}$, $\overrightarrow{b}$로 나타내어라.

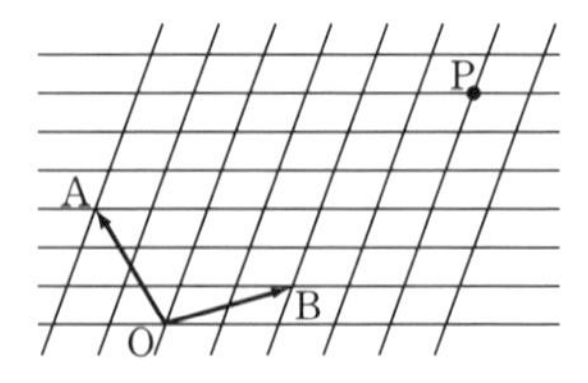

5-9 쌍곡선 $x^2-4y^2=4$ 위의 점 P와 두 초점 F$(k, 0)$, F$'(-k, 0)$ (단, $k>0$)에 대하여 $|\overrightarrow{PF}+\overrightarrow{PF'}|$의 최솟값을 구하고, 이때의 $\overrightarrow{PF}$를 성분으로 나타내어라.

5-10 좌표평면 위의 세 점 P, Q, R가 두 조건

(가) 두 점 P와 Q는 직선 $y=x$에 대하여 대칭이다.

(나) $\overrightarrow{OP}+\overrightarrow{OQ}=\overrightarrow{OR}$ (단, O는 원점)

를 만족시킨다. 점 P가 원점을 중심으로 하는 단위원 위를 움직일 때, 점 R의 자취의 방정식을 구하여라. ⇦ 미적분(삼각함수의 합성)

5-11 선분 AB를 지름으로 하는 원 O 위의 한 점 P에 대하여 $\overline{AB}=10$, $\overline{BP}=8$일 때, $\overrightarrow{AB}\cdot\overrightarrow{AP}$의 값은?

① 28 ② 30 ③ 32 ④ 34 ⑤ 36

5-12 $\overline{AB}=3$, $\overline{AD}=4$인 직사각형 ABCD의 꼭짓점 A에서 대각선 BD에 내린 수선의 발을 H라고 할 때, $\overrightarrow{AH}\cdot\overrightarrow{AC}$의 값은?

① $\dfrac{12}{5}$ ② $\dfrac{36}{5}$ ③ 9 ④ $\dfrac{288}{25}$ ⑤ 16

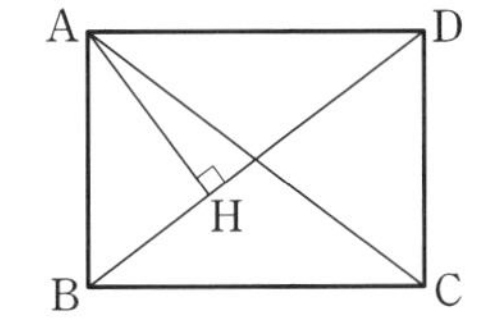

5-13 한 변의 길이가 6인 정삼각형 ABC가 있다. 선분 AB를 2 : 1로 내분하는 점을 P라 하고, 선분 AC를 1 : 3으로 내분하는 점을 Q, 3 : 1로 내분하는 점을 R라고 할 때, $\overrightarrow{PQ}\cdot\overrightarrow{PR}$의 값을 구하여라.

5-14 두 벡터 $\vec{a}$, $\vec{b}$가 이루는 각의 크기는 $60°$이고 $|\vec{a}|=|\vec{b}|=2$이다. $\overrightarrow{OP}=\vec{a}+\vec{b}$, $\overrightarrow{OQ}=2\vec{a}-\vec{b}$일 때, 선분 PQ의 길이는?

① $\sqrt{2}$ ② $\sqrt{3}$ ③ $2\sqrt{2}$ ④ $2\sqrt{3}$ ⑤ $3\sqrt{2}$

5-15 $|\vec{a}|=|\vec{b}|\neq0$이고 $|\vec{a}+\vec{b}|=\sqrt{3}\,|\vec{a}-\vec{b}|$일 때, 두 벡터 $\vec{a}$, $\vec{b}$가 이루는 각의 크기를 구하여라.

5-16 중심이 원점 O이고 반지름의 길이가 1인 원 위에 세 점 A, B, C가 있다. $\overrightarrow{OA}+\overrightarrow{OB}+\overrightarrow{OC}=\vec{0}$일 때, $\angle$AOB의 크기를 구하여라.

5-17 평행사변형 ABCD에서 $\overline{AC}=8$, $\overline{BD}=10$일 때, $\overrightarrow{AB}\cdot\overrightarrow{AD}$의 값은?

① -9 ② -5 ③ -1 ④ 3 ⑤ 7

5-18 좌표평면 위에 두 점 A(8, 2), B(2, 8)이 있다. 직선 $y=kx$ 위에 $\overrightarrow{AP}\cdot\overrightarrow{BP}=0$을 만족시키는 점 P가 존재하도록 실수 k의 값의 범위를 정하여라.

5-19 좌표평면 위에 두 점 A(2, 0), B(4, 0)과 곡선 $y=x^2$ 위의 점 P가 있다. $\overrightarrow{\mathrm{AP}}\cdot\overrightarrow{\mathrm{BP}}$의 최솟값과 이때 점 P의 좌표를 구하여라.

⇦ 수학 Ⅱ(최대 · 최소와 미분)

5-20 두 벡터 $\vec{a}$, $\vec{b}$가 이루는 각의 크기는 $60°$이고 $|\vec{a}|=6$이다. $\vec{a}+\vec{b}$와 $2\vec{a}-5\vec{b}$가 서로 수직일 때, $|\vec{b}|$의 값을 구하여라.

5-21 대각선의 길이가 4인 직사각형 ABCD의 내부의 점 P가 $\overrightarrow{\mathrm{PA}}+\overrightarrow{\mathrm{PB}}+\overrightarrow{\mathrm{PC}}+\overrightarrow{\mathrm{PD}}=\overrightarrow{\mathrm{CA}}$를 만족시킬 때, 다음 중 옳은 것만을 있는 대로 고른 것은?

ㄱ. $\overrightarrow{\mathrm{AP}}=3\overrightarrow{\mathrm{PC}}$　　ㄴ. $\overrightarrow{\mathrm{PB}}\cdot\overrightarrow{\mathrm{PD}}=-3$

ㄷ. △ABP의 넓이가 3이면 $\overrightarrow{\mathrm{AB}}\cdot\overrightarrow{\mathrm{AC}}=8$이다.

① ㄱ　② ㄱ, ㄴ　③ ㄱ, ㄷ　④ ㄴ, ㄷ　⑤ ㄱ, ㄴ, ㄷ

5-22 $\overrightarrow{\mathrm{OA}}=(-4, 3)$, $\overrightarrow{\mathrm{OB}}=(2, 1)$, $\overrightarrow{\mathrm{OP}}=(x, y)$에 대하여 $\overrightarrow{\mathrm{AP}}$가 $\overrightarrow{\mathrm{OB}}$에 평행하고 $\overrightarrow{\mathrm{OP}}$가 $\overrightarrow{\mathrm{OA}}$에 수직일 때, 실수 x, y의 값을 구하여라.

5-23 좌표평면에서 두 벡터 $\vec{a}=(x, 2)$, $\vec{b}=(-1, y)$에 각각 수직인 영벡터가 아닌 벡터 $\vec{p}$가 존재할 때, xy의 값을 구하여라.

5-24 $\overline{\mathrm{AB}}=\overline{\mathrm{BC}}$, $\overline{\mathrm{AE}}=\overline{\mathrm{ED}}$, $\angle\mathrm{B}=\angle\mathrm{E}=90°$인 오각형 ABCDE에 대하여 다음을 증명하여라.

(1) $\overrightarrow{\mathrm{AB}}\cdot\overrightarrow{\mathrm{AE}}=-\overrightarrow{\mathrm{BC}}\cdot\overrightarrow{\mathrm{ED}}$　　(2) $|\overrightarrow{\mathrm{BC}}+\overrightarrow{\mathrm{ED}}|=|\overrightarrow{\mathrm{BE}}|$

5-25 오른쪽 그림과 같이 평면 위에 $\overline{\mathrm{AB}}=1$, $\overline{\mathrm{BC}}=\sqrt{3}$인 직사각형 ABCD와 정삼각형 EAD가 있다. 점 P가 선분 AE 위를 움직일 때, 다음을 구하여라.

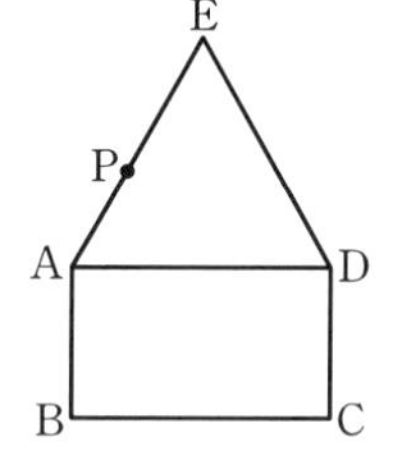

(1) $|\overrightarrow{\mathrm{CB}}-\overrightarrow{\mathrm{CP}}|$의 최솟값　　(2) $\overrightarrow{\mathrm{CA}}\cdot\overrightarrow{\mathrm{CP}}$

(3) $|\overrightarrow{\mathrm{DA}}+\overrightarrow{\mathrm{CP}}|$의 최솟값

5-26 △ABC의 외심 O에서 직선 BC, CA, AB에 내린 수선의 발을 각각 P, Q, R라고 할 때, $\overrightarrow{\mathrm{OP}}+2\overrightarrow{\mathrm{OQ}}+3\overrightarrow{\mathrm{OR}}=\vec{0}$가 성립한다.

(1) $5\overrightarrow{\mathrm{OA}}+4\overrightarrow{\mathrm{OB}}+3\overrightarrow{\mathrm{OC}}=\vec{0}$임을 증명하여라.

(2) $\angle\mathrm{A}$의 크기를 구하여라.

⑥. 직선과 원의 벡터방정식

직선의 벡터방정식／원의 벡터방정식

§ 1. 직선의 벡터방정식

1 점 A를 지나고 $\vec{d}$에 평행한 직선의 방정식

좌표평면에서 직선의 방정식은 수학(하)에서 이미 공부하였다. 이 단원에서는 직선의 방정식을 벡터를 이용하여 나타내는 방법을 알아보자.

이를테면 좌표평면에서 점 A(2, 1)을 지나고 $\vec{d}=(-2, 3)$에 평행한 직선의 방정식을 구해 보자.

직선 위의 점을 P라고 하면 $\overrightarrow{AP} /\!/ \vec{d}$ 이므로

$$\overrightarrow{AP}=t\vec{d}$$

를 만족시키는 실수 t가 존재한다.

따라서 점 A, P의 위치벡터를 각각 $\vec{a}$, $\vec{p}$라고 하면 $\overrightarrow{AP}=\overrightarrow{OP}-\overrightarrow{OA}=\vec{p}-\vec{a}$ 이므로

$$\boldsymbol{\vec{p}=\vec{a}+t\vec{d}} \text{ (단, } t\text{는 실수)}$$

이 식을 직선의 벡터방정식이라고 한다. 여기에서 P(x, y)라고 하면

$$(x, y)=(2, 1)+t(-2, 3) \qquad \therefore\ \boldsymbol{x=2-2t,\ y=1+3t} \qquad \cdots\cdots ①$$

이와 같은 식을 직선의 매개변수방정식이라고 한다.

①에서 $t=\dfrac{x-2}{-2}$, $t=\dfrac{y-1}{3}$ 이므로 t를 소거하면 직선의 방정식

$$\boldsymbol{\frac{x-2}{-2}=\frac{y-1}{3}} \qquad \cdots\cdots ②$$

를 얻는다. 이때, $\vec{d}=(-2, 3)$을 이 직선의 방향벡터라고 한다.

**Note* $\vec{d}$에 평행한 직선의 기울기는 $-\dfrac{3}{2}$이므로 구하는 직선의 방정식은 $y-1=-\dfrac{3}{2}(x-2)$이다. 이것은 ②와 같은 식이다.

기본정석 **점 A를 지나고 $\vec{d}$에 평행한 직선**

(1) 점 A와 직선 위의 점 P의 위치벡터를 각각 $\vec{a}$, $\vec{p}$라고 하면

$$\vec{p}=\vec{a}+t\vec{d} \ (\text{단, } t\text{는 실수})$$

(2) $A(x_1, y_1)$이고 방향벡터가 $\vec{d}=(l, m)$인 직선의 방정식은

$$\frac{x-x_1}{l}=\frac{y-y_1}{m} \ (\text{단, } l\neq 0, \ m\neq 0)$$

(3) $A(x_1, y_1)$이고

방향벡터가 $\vec{d}=(0, m)$(단, $m\neq 0$)인 직선의 방정식은 ⟹ $x=x_1$

방향벡터가 $\vec{d}=(l, 0)$(단, $l\neq 0$)인 직선의 방정식은 ⟹ $y=y_1$

Advice | 방향벡터가 $\vec{d}=(0, m)$(단, $m\neq 0$)인 직선은 x축에 수직인 직선이다. 따라서 점 (x_1, y_1)을 지나고 방향벡터가 $\vec{d}=(0, m)$(단, $m\neq 0$)인 직선의 방정식은 $x=x_1$이다.

방향벡터가 $\vec{d}=(l, 0)$(단, $l\neq 0$)인 직선은 y축에 수직인 직선이다.

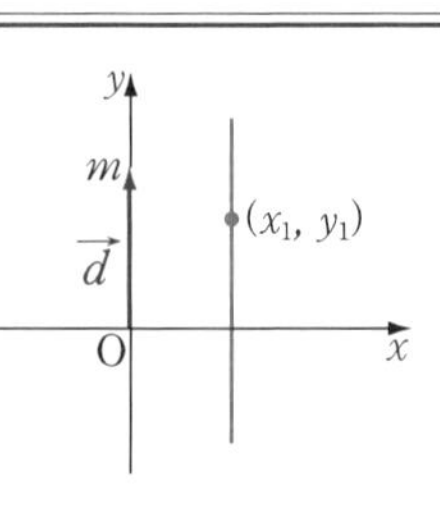

보기 1 좌표평면에서 다음 직선의 방정식을 구하여라.

(1) 점 (0, 2)를 지나고 방향벡터가 (4, 1)인 직선

(2) 점 (1, 2)를 지나고 방향벡터가 (2, 0)인 직선

연구 (1) $\dfrac{x-0}{4}=\dfrac{y-2}{1}$ 곧, $\boldsymbol{\dfrac{x}{4}=y-2}$

(2) 방향벡터가 (2, 0)이므로 y축에 수직인 직선이다. ∴ $\boldsymbol{y=2}$

2 두 점을 지나는 직선의 방정식

이를테면 좌표평면에서 두 점 $A(-1, 1)$, $B(2, 3)$을 지나는 직선의 방정식을 구해 보자.

이 직선은 $\overrightarrow{AB}$에 평행하고 점 A를 지난다. 곧, 원점 O에 대하여 방향벡터가

$$\overrightarrow{AB}=\overrightarrow{OB}-\overrightarrow{OA}=(3, 2)$$

이므로 $\dfrac{x+1}{3}=\dfrac{y-1}{2}$ ……①

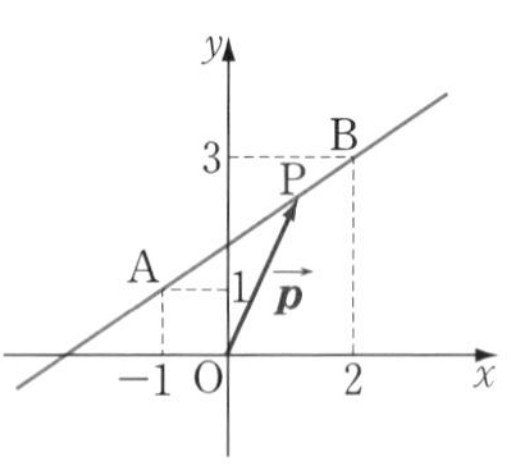

**Note* $\overrightarrow{AB}$에 평행하고 점 B를 지나는 직선의 방정식은 $\dfrac{x-2}{3}=\dfrac{y-3}{2}$ ……②

이 식의 양변에 1을 더하면 ①이므로 ①, ②는 같은 직선을 나타낸다.

기본정석 **두 점 A, B를 지나는 직선**

(1) 두 점 A, B와 직선 위의 점 P의 위치벡터를 각각 $\vec{a}$, $\vec{b}$, $\vec{p}$ 라 하면

$$\vec{p}=\vec{a}+t(\vec{b}-\vec{a})\ (\text{단, } t\text{는 실수})$$

(2) 두 점 $A(x_1, y_1)$, $B(x_2, y_2)$를 지나는 직선의 방정식은

$$\frac{x-x_1}{x_2-x_1}=\frac{y-y_1}{y_2-y_1}\ (\text{단, } x_1\neq x_2,\ y_1\neq y_2) \quad \cdots\cdots �$$

Advice 1° 두 점 A, B를 지나는 직선의 방향벡터는 $\overrightarrow{AB}=\overrightarrow{OB}-\overrightarrow{OA}$이다.

2° ⑦의 양변에 y_2-y_1을 곱하고 정리하면 $y-y_1=\dfrac{y_2-y_1}{x_2-x_1}(x-x_1)$

이것은 수학(하)의 직선의 방정식 단원에서 공부한 식과 같은 꼴이다.

3° $x_1=x_2$ 또는 $y_1=y_2$이면 좌표축에 수직인 직선이다.

보기 2 두 점 $(2, 1)$, $(-3, 3)$을 지나는 직선의 방정식을 구하여라.

연구 $\dfrac{x-2}{-3-2}=\dfrac{y-1}{3-1}$ $\quad \therefore\ \dfrac{x-2}{-5}=\dfrac{y-1}{2}$

3 점 A를 지나고 $\vec{h}$에 수직인 직선의 방정식

이를테면 좌표평면에서 점 $A(3, 4)$를 지나고 $\vec{h}=(2, 1)$에 수직인 직선의 방정식을 구해 보자.

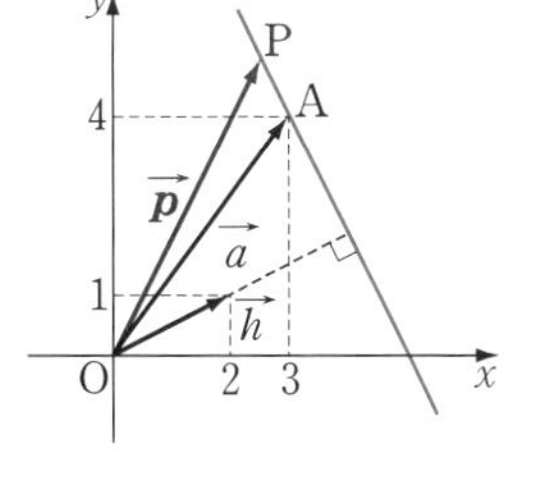

직선 위의 점을 P라고 하면

$$\overrightarrow{AP}\perp\vec{h} \quad \text{곧, } \overrightarrow{AP}\cdot\vec{h}=0$$

점 A, P의 위치벡터를 각각 $\vec{a}$, $\vec{p}$ 라고 하면

$$(\vec{p}-\vec{a})\cdot\vec{h}=0$$

이다. 따라서 $P(x, y)$라고 하면

$$(x-3, y-4)\cdot(2, 1)=0 \quad \therefore\ 2(x-3)+(y-4)=0$$

이때, 직선에 수직인 벡터 $\vec{h}=(2, 1)$을 이 직선의 법선벡터라고 한다.

기본정석 **점 A를 지나고 $\vec{h}$에 수직인 직선**

(1) 점 A와 직선 위의 점 P의 위치벡터를 각각 $\vec{a}$, $\vec{p}$ 라고 하면

$$(\vec{p}-\vec{a})\cdot\vec{h}=0$$

(2) $A(x_1, y_1)$이고 법선벡터가 $\vec{h}=(a, b)$인 직선의 방정식은

$$a(x-x_1)+b(y-y_1)=0$$

보기 3 점 $(0, 2)$를 지나고 법선벡터가 $(4, 1)$인 직선의 방정식을 구하여라.

연구 $4(x-0)+1\times(y-2)=0$에서 $\ 4x+y-2=0$

Advice | 이 단원에서 다루는 대부분의 문제는 수학(하)의 직선의 방정식 단원에서 공부한 내용을 이용하여 해결할 수 있지만, 여기서는 p. 115~117에서 공부한 직선의 벡터방정식을 이용하고자 한다.

다음은 수학(하)에서 공부한 내용이다. 간단히 정리해 두자.

1 좌표축에 수직인 직선의 방정식

(1) x절편이 a이고 x축에 수직인 직선 : $\boldsymbol{x=a}$

(2) y절편이 b이고 y축에 수직인 직선 : $\boldsymbol{y=b}$

2 직선의 방정식

(1) 기울기가 a이고 y절편이 b인 직선 : $\boldsymbol{y=ax+b}$

(2) 기울기가 m이고 점 (x_1, y_1)을 지나는 직선 : $\boldsymbol{y-y_1=m(x-x_1)}$

(3) 두 점 (x_1, y_1), (x_2, y_2)를 지나는 직선 :

$\boldsymbol{x_1 \neq x_2}$일 때 $\boldsymbol{y-y_1=\dfrac{y_2-y_1}{x_2-x_1}(x-x_1)}$, $\boldsymbol{x_1=x_2}$일 때 $\boldsymbol{x=x_1}$

(4) x절편이 $a(\neq 0)$이고 y절편이 $b(\neq 0)$인 직선 : $\boldsymbol{\dfrac{x}{a}+\dfrac{y}{b}=1}$

3 정점을 지나는 직선

(1) m이 실수일 때, 직선 $(ax+by+c)m+(a'x+b'y+c')=0$은 m의 값에 관계없이 두 직선

$$ax+by+c=0, \quad a'x+b'y+c'=0$$

의 교점을 지난다. 단, 두 직선이 서로 만나는 경우에 한한다.

(2) 서로 만나는 두 직선 $ax+by+c=0$, $a'x+b'y+c'=0$의 교점을 지나는 직선의 방정식은 h, k가 실수일 때,

$$(ax+by+c)h+(a'x+b'y+c')k=0$$

으로 나타낼 수 있다. 단, h, k는 동시에 0이 아니다.

4 점과 직선 사이의 거리

점 (x_1, y_1)과 직선 $ax+by+c=0$ 사이의 거리를 d라고 하면

$$\boldsymbol{d=\frac{|ax_1+by_1+c|}{\sqrt{a^2+b^2}}}$$

5 두 직선 $\boldsymbol{ax+by+c=0}$, $\boldsymbol{a'x+b'y+c'=0}$의 위치 관계

(단, $\boldsymbol{abc\neq 0}$, $\boldsymbol{a'b'c'\neq 0}$)

(1) $\dfrac{a}{a'}\neq\dfrac{b}{b'} \iff$ 한 점에서 만난다 (2) $\dfrac{a}{a'}=\dfrac{b}{b'}\neq\dfrac{c}{c'} \iff$ 평행하다

(3) $\dfrac{a}{a'}=\dfrac{b}{b'}=\dfrac{c}{c'} \iff$ 일치한다 (4) $aa'+bb'=0 \iff$ 수직이다

기본 문제 6-1 오른쪽 그림과 같은 삼각형 ABC의 꼭짓점 C에서 변 AB에 내린 수선의 발을 H라 하고, 세 점 A, B, C의 위치벡터를 각각 $\vec{a}$, $\vec{b}$, $\vec{c}$ 라고 하자.

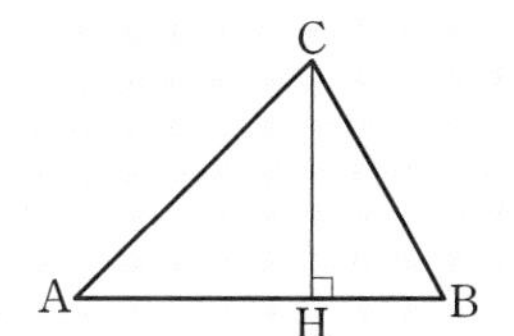

(1) 점 C를 지나고 선분 AB에 평행한 직선 l 위의 점 P의 위치벡터를 $\vec{p}$ 라고 할 때, 직선 l을 벡터방정식으로 나타내어라.

(2) 직선 CH 위의 점 Q의 위치벡터를 $\vec{q}$ 라고 할 때, 점 Q의 자취를 벡터방정식으로 나타내어라.

정석연구 (1) $\overrightarrow{\mathrm{CP}} /\!/ \overrightarrow{\mathrm{AB}}$이므로 $\overrightarrow{\mathrm{CP}}=t\overrightarrow{\mathrm{AB}}$ (단, $t\neq0$)임을 이용한다.

(2) $\overrightarrow{\mathrm{CQ}}\perp\overrightarrow{\mathrm{AB}}$이므로 $\overrightarrow{\mathrm{CQ}}\cdot\overrightarrow{\mathrm{AB}}=0$ 임을 이용한다.

정석 영벡터가 아닌 두 벡터 $\vec{a}$, $\vec{b}$에 대하여

(i) $\vec{a} /\!/ \vec{b} \Longrightarrow \vec{b}=t\vec{a}$ (단, t는 0이 아닌 실수)

(ii) $\vec{a}\perp\vec{b} \Longrightarrow \vec{a}\cdot\vec{b}=0$

모범답안 (1) $\overrightarrow{\mathrm{CP}} /\!/ \overrightarrow{\mathrm{AB}}$이므로 $\overrightarrow{\mathrm{CP}}=t\overrightarrow{\mathrm{AB}}$ (단, t는 0이 아닌 실수)

$\therefore \vec{p}-\vec{c}=t(\vec{b}-\vec{a}) \quad \therefore \vec{p}=\vec{c}+t(\vec{b}-\vec{a})$

$t=0$일 때 $\vec{p}=\vec{c}$ 이므로 점 P는 점 C와 일치한다.

따라서 직선 l의 벡터방정식은

$\vec{p}=\vec{c}+t(\vec{b}-\vec{a})$ (단, t는 실수) ← 답

(2) 점 Q가 직선 CH 위의 점이고 $\overrightarrow{\mathrm{CH}}\perp\overrightarrow{\mathrm{AB}}$이므로 $\overrightarrow{\mathrm{CQ}}\perp\overrightarrow{\mathrm{AB}}$

$\therefore \overrightarrow{\mathrm{CQ}}\cdot\overrightarrow{\mathrm{AB}}=0 \quad \therefore (\vec{q}-\vec{c})\cdot(\vec{b}-\vec{a})=0$ ← 답

유제 **6**-1. 오른쪽 그림과 같은 평행사변형 ABCD의 두 대각선의 교점을 E라 하고, 세 점 A, B, C의 위치벡터를 각각 $\vec{a}$, $\vec{b}$, $\vec{c}$ 라고 하자.

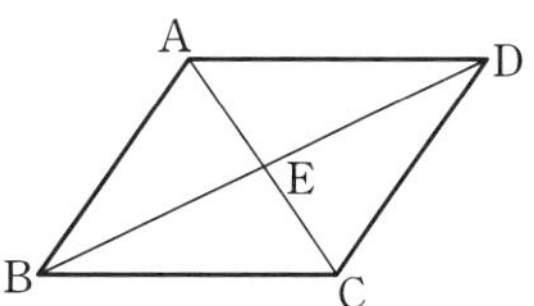

(1) 직선 AC 위의 점 P의 위치벡터를 $\vec{p}$ 라고 할 때, 직선 AC를 벡터방정식으로 나타내어라.

(2) 점 E를 지나고 선분 BC에 수직인 직선 위의 점 Q의 위치벡터를 $\vec{q}$ 라고 할 때, 점 Q의 자취를 벡터방정식으로 나타내어라.

답 (1) $\vec{p}=\vec{a}+t(\vec{c}-\vec{a})$ (단, t는 실수) (2) $\left(\vec{q}-\dfrac{\vec{a}+\vec{c}}{2}\right)\cdot(\vec{c}-\vec{b})=0$

기본 문제 6-2 좌표평면 위의 직선 l : $4(x-3)=-5(y+2)$에 대하여 다음을 구하여라.

(1) 직선 l에 평행하고 점 $A(-1,\ 2)$를 지나는 직선의 방정식

(2) 직선 m : $\dfrac{x+2}{15}=\dfrac{y-5}{a}$가 직선 l에 평행할 때, 실수 a의 값

(3) 직선 l이 x축과 만나는 점 B와 점 $C(6,\ 1)$을 지나는 직선의 방정식

정석연구 직선 l의 방정식의 양변을 20으로 나누면 $\dfrac{x-3}{5}=\dfrac{y+2}{-4}$

따라서 l은 점 $(3,\ -2)$를 지나고 방향벡터가 $\vec{d}=(5,\ -4)$인 직선이다.

(1), (2) 두 직선이 서로 평행하면 방향벡터가 서로 평행함을 이용한다.

정석 점 $(x_1,\ y_1)$을 지나고 방향벡터가 $\vec{d}=(a,\ b)$인 직선의 방정식

$$\Longrightarrow \frac{x-x_1}{a}=\frac{y-y_1}{b}\ \ (\text{단, } a\neq0,\ b\neq0)$$

(3) 다음 **정석**을 이용하여 구한다.

정석 두 점 $(x_1,\ y_1)$, $(x_2,\ y_2)$를 지나는 직선의 방정식

$$\Longrightarrow \frac{x-x_1}{x_2-x_1}=\frac{y-y_1}{y_2-y_1}\ \ (\text{단, } x_1\neq x_2,\ y_1\neq y_2)$$

모범답안 직선 l의 방정식은 $\dfrac{x-3}{5}=\dfrac{y+2}{-4}$ ……㉠

(1) 방향벡터가 $\vec{d}=(5,\ -4)$이므로 $\dfrac{x+1}{5}=\dfrac{y-2}{-4}$ ← 답

(2) 두 직선 l, m이 서로 평행하므로 방향벡터가 서로 평행하다.

m의 방향벡터가 $(15,\ a)$이므로 $(15,\ a)=k(5,\ -4)$ (단, $k\neq0$)

$\therefore\ 15=5k,\ a=-4k \quad \therefore\ k=3,\ a=-12$ ← 답

(3) ㉠에 $y=0$을 대입하면 $x=\dfrac{1}{2}$이므로 $B\left(\dfrac{1}{2},\ 0\right)$

따라서 구하는 직선의 방정식은

$$\frac{x-6}{\frac{1}{2}-6}=\frac{y-1}{0-1} \quad \therefore\ \frac{x-6}{11}=\frac{y-1}{2} \leftarrow \text{답}$$

유제 **6**-2. 좌표평면 위의 직선 l : $3(x-5)=2(y+1)$에 대하여 다음을 구하여라.

(1) 직선 l에 평행하고 점 $A(-1,\ 2)$를 지나는 직선의 방정식

(2) 직선 l이 y축과 만나는 점 B와 점 $C(3,\ -1)$을 지나는 직선의 방정식

답 (1) $\dfrac{x+1}{2}=\dfrac{y-2}{3}$ (2) $\dfrac{x-3}{2}=\dfrac{y+1}{5}$

기본 문제 6-3 좌표평면 위의 점 A$(-2,\ 1)$을 지나고 방향벡터가 $\vec{d}=(3,\ 1)$인 직선 l에 대하여 다음 물음에 답하여라.

(1) 점 B$(0,\ 5)$에서 직선 l에 내린 수선의 발 H의 좌표를 구하여라.

(2) 점 B$(0,\ 5)$에서 직선 l에 내린 수선의 길이를 구하여라.

(3) 점 B$(0,\ 5)$를 지나고 직선 l에 수직인 직선의 방정식을 구하여라.

정석연구 직선 l 위의 점 $(x,\ y)$에 대하여

$(x,\ y)=(-2,\ 1)+t(3,\ 1)$ (단, t는 실수)

이므로 $x=-2+3t,\ y=1+t$로 놓을 수 있다.

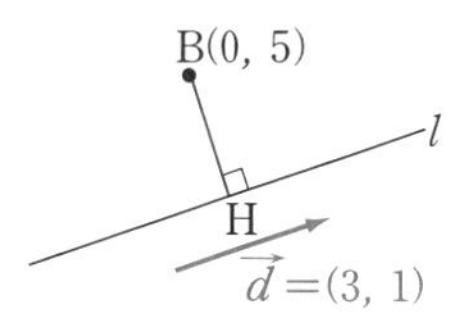

(1), (2) 점 H의 좌표를 H$(3t-2,\ t+1)$로 놓고 $\overrightarrow{\mathrm{BH}}\perp\vec{d}$에서 $\overrightarrow{\mathrm{BH}}\cdot\vec{d}=0$임을 이용한다.

(3) 구하는 직선이 l에 수직이므로 l의 방향벡터가 구하는 직선의 법선벡터임을 이용한다.

정석 점 $(x_1,\ y_1)$을 지나고 법선벡터가 $\vec{h}=(a,\ b)$인 직선의 방정식

$\Longrightarrow a(x-x_1)+b(y-y_1)=0$

모범답안 (1) 점 H의 좌표를 H$(x,\ y)$라고 하면 H는 직선 l 위의 점이므로

$(x,\ y)=(-2,\ 1)+t(3,\ 1)$ (단, t는 실수)

$\therefore\ x=-2+3t,\ y=1+t \quad \therefore$ H$(3t-2,\ t+1)$ ……㉠

$\overrightarrow{\mathrm{BH}}\perp\vec{d}$이므로 $\overrightarrow{\mathrm{BH}}\cdot\vec{d}=0$

이때, $\overrightarrow{\mathrm{BH}}=(3t-2,\ t+1)-(0,\ 5)=(3t-2,\ t-4)$이므로

$(3t-2,\ t-4)\cdot(3,\ 1)=0 \quad \therefore\ 3(3t-2)+(t-4)=0 \quad \therefore\ t=1$

㉠에 대입하면 **H(1, 2)** ← 답

(2) 점 B에서 직선 l에 내린 수선의 길이는 $|\overrightarrow{\mathrm{BH}}|$이고, (1)에서 $\overrightarrow{\mathrm{BH}}=(1,\ -3)$이므로

$|\overrightarrow{\mathrm{BH}}|=\sqrt{1^2+(-3)^2}=\sqrt{10}$ ← 답

(3) 구하는 직선의 법선벡터가 $\vec{d}=(3,\ 1)$이므로

$3(x-0)+1\times(y-5)=0 \quad \therefore\ 3x+y-5=0$ ← 답

*Note 두 점 B, H를 지나는 직선의 방정식을 구해도 된다.

유제 **6**-3. 좌표평면 위의 점 A$(1,\ -3)$에서 직선 l : $-2x=3(y-2)$에 내린 수선의 발을 H라고 할 때, 점 H의 좌표와 직선 AH의 방정식을 구하여라.

답 H(3, 0), $\dfrac{x-1}{2}=\dfrac{y+3}{3}$

기본 문제 6-4 좌표평면에서 다음 두 직선이 이루는 예각의 크기를 θ라고 할 때, $\cos\theta$의 값을 구하여라.

$$g_1 : \frac{x+2}{3}=\frac{y-1}{-4}, \qquad g_2 : 7-x=2y$$

정석연구 이를테면 두 직선 g_1, g_2의 방향벡터를 각각 $\vec{d_1}$, $\vec{d_2}$라고 하면 두 직선 g_1, g_2가 이루는 각의 크기는 두 직선의 방향벡터 $\vec{d_1}$, $\vec{d_2}$가 이루는 각의 크기와 같다.

정석 두 직선이 이루는 각의 크기는
$\Longrightarrow$ 두 직선의 방향벡터가 이루는 각의 크기

그런데 두 직선이 이루는 예각의 크기를 구하는 경우, 방향벡터 $\vec{d_1}$, $\vec{d_2}$가 이루는 각의 크기 θ'이 90°보다 크면 두 직선 g_1, g_2가 이루는 예각의 크기는 $180^\circ-\theta'$이라고 해야 한다.

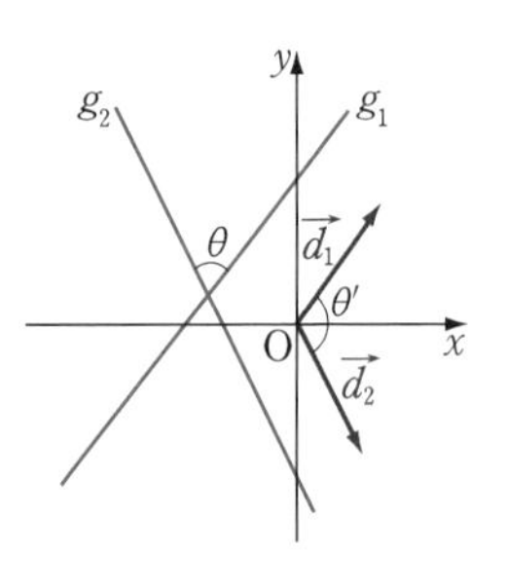

따라서 방향벡터 $\vec{d_1}$, $\vec{d_2}$를 이용하여 두 직선이 이루는 예각의 크기 θ를 구할 때에는

정석 $\cos\boldsymbol{\theta}=\dfrac{|\vec{d_1}\cdot\vec{d_2}|}{|\vec{d_1}||\vec{d_2}|}$

와 같이 절댓값을 써서 계산하면 θ'이 90°보다 큰 경우를 따로 생각하지 않아도 된다.

모범답안 직선 g_2의 방정식은 $\dfrac{x-7}{-2}=\dfrac{y}{1}$

따라서 두 직선 g_1, g_2의 방향벡터를 각각 $\vec{d_1}$, $\vec{d_2}$라고 하면

$$\vec{d_1}=(3,\ -4), \qquad \vec{d_2}=(-2,\ 1)$$

$$\therefore\ \cos\theta=\frac{|\vec{d_1}\cdot\vec{d_2}|}{|\vec{d_1}||\vec{d_2}|}=\frac{|3\times(-2)+(-4)\times1|}{\sqrt{3^2+(-4)^2}\sqrt{(-2)^2+1^2}}=\frac{2\sqrt{5}}{5} \longleftarrow \text{답}$$

유제 **6**-4. 좌표평면에서 다음 두 직선이 이루는 예각의 크기를 구하여라.

$$g_1 : 1-x=\frac{y+2}{2}, \qquad g_2 : \frac{x+2}{-3}=y+1$$

답 **45°**

유제 **6**-5. 좌표평면에서 두 점 $\mathrm{A}(2,\ -\sqrt{3})$, $\mathrm{B}(-3,\ 0)$을 지나는 직선 g_1과 두 점 $\mathrm{C}(2\sqrt{3},\ -5)$, $\mathrm{D}(3\sqrt{3},\ -4)$를 지나는 직선 g_2가 이루는 각의 크기를 θ라고 할 때, $\cos^2\theta$의 값을 구하여라.

답 $\dfrac{3}{7}$

기본 문제 6-5 두 직선 l : $3(x+1)=y-3$, m : $-2(x-2)=y+3$의 교점을 P라고 할 때, 다음 물음에 답하여라.

(1) 점 P의 좌표를 구하여라.

(2) 직선 l과 x축의 교점을 A, 직선 m과 y축의 교점을 B라고 할 때, △PAB의 넓이를 구하여라.

정석연구 직선 l의 방정식에서 $x+1=\dfrac{y-3}{3}=t$(단, t는 실수)라고 하면 l 위의 점의 좌표는 $(t-1,\ 3t+3)$으로 놓을 수 있다.

같은 방법으로 직선 m의 방정식에서 $x-2=\dfrac{y+3}{-2}=s$(단, s는 실수)라고 하면 m 위의 점의 좌표는 $(s+2,\ -2s-3)$으로 놓을 수 있다.

정석 직선 $\dfrac{x-x_1}{a}=\dfrac{y-y_1}{b}$ 위의 점의 좌표는

$\Longrightarrow$ $(at+x_1,\ bt+y_1)$ (단, t는 실수)

모범답안 (1) 점 P는 직선 l 위의 점이므로 $\mathrm{P}(t-1,\ 3t+3)$으로 놓을 수 있다.

또, 점 P는 직선 m 위의 점이므로 $\mathrm{P}(s+2,\ -2s-3)$으로 놓을 수 있다.

$\therefore\ t-1=s+2,\ 3t+3=-2s-3 \quad \therefore\ t=0,\ s=-3$

$\therefore\ \mathbf{P(-1,\ 3)}$ ← 답

(2) $\mathrm{A}(t-1,\ 3t+3)$으로 놓으면 $3t+3=0$에서

$t=-1 \quad \therefore\ \mathrm{A}(-2,\ 0)$

$\mathrm{B}(s+2,\ -2s-3)$으로 놓으면 $s+2=0$에서

$s=-2 \quad \therefore\ \mathrm{B}(0,\ 1)$

$\therefore\ \overrightarrow{\mathrm{BA}}=(-2,\ 0)-(0,\ 1)=(-2,\ -1),$

$\overrightarrow{\mathrm{BP}}=(-1,\ 3)-(0,\ 1)=(-1,\ 2)$

그런데 $\overrightarrow{\mathrm{BA}}\cdot\overrightarrow{\mathrm{BP}}=0$이므로 $\overrightarrow{\mathrm{BA}}\perp\overrightarrow{\mathrm{BP}}$

$\therefore\ \triangle\mathrm{PAB}=\dfrac{1}{2}|\overrightarrow{\mathrm{BA}}||\overrightarrow{\mathrm{BP}}|=\dfrac{1}{2}\times\sqrt{5}\times\sqrt{5}=\mathbf{\dfrac{5}{2}}$ ← 답

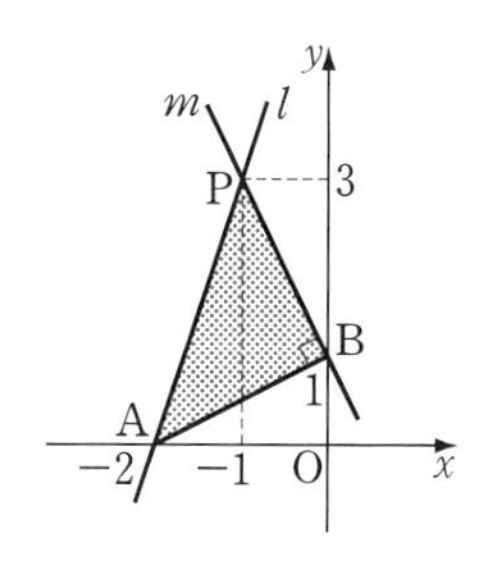

**Note* $\triangle\mathrm{PAB}=\dfrac{1}{2}\sqrt{|\overrightarrow{\mathrm{AB}}|^2|\overrightarrow{\mathrm{AP}}|^2-(\overrightarrow{\mathrm{AB}}\cdot\overrightarrow{\mathrm{AP}})^2}$ 을 이용하여 구해도 된다.

유제 **6**-6. 서로 수직인 두 직선 l : $\dfrac{x+2}{a}=y$, m : $x-4=\dfrac{y+2}{-2}$의 교점을 P라고 할 때, 다음 물음에 답하여라.

(1) 상수 a의 값을 구하여라. (2) 점 P의 좌표를 구하여라.

(3) 직선 l과 x축의 교점을 A, 직선 m과 y축의 교점을 B라고 할 때, △PAB의 넓이를 구하여라.

답 (1) $\boldsymbol{a=2}$ (2) $\mathbf{P(2,\ 2)}$ (3) **10**

§2. 원의 벡터방정식

1 원의 벡터방정식

좌표평면에서 원의 방정식은 수학(하)에서 이미 공부하였다.

곧, 중심이 점 C(a, b)이고 반지름의 길이가 r인 원의 방정식은

$$(x-a)^2+(y-b)^2=r^2$$

이다.

여기에서는 중심이 점 C이고 반지름의 길이가 r인 원의 방정식을 벡터를 이용하여 나타내는 방법을 알아보자.

원 위의 점을 P라 하고, 점 C와 P의 위치벡터를 각각 $\vec{c}$, $\vec{p}$라고 하면

$$\overrightarrow{CP}=\overrightarrow{OP}-\overrightarrow{OC}=\vec{p}-\vec{c}$$

그런데 $|\overrightarrow{CP}|=\overline{CP}=r$이므로

$$|\vec{\boldsymbol{p}}-\vec{\boldsymbol{c}}|=\boldsymbol{r} \qquad \cdots\cdots ①$$

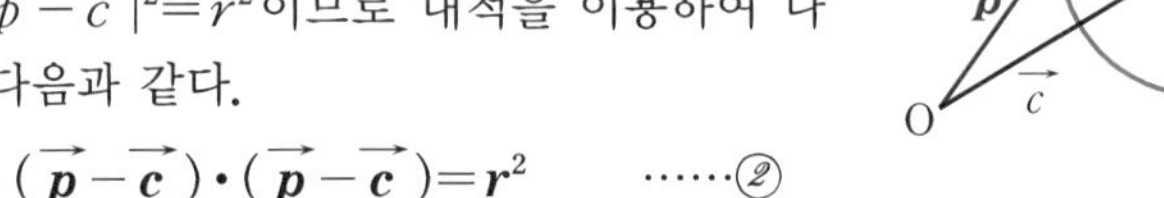

또, $|\vec{p}-\vec{c}|^2=r^2$이므로 내적을 이용하여 나타내면 다음과 같다.

$$(\vec{\boldsymbol{p}}-\vec{\boldsymbol{c}})\cdot(\vec{\boldsymbol{p}}-\vec{\boldsymbol{c}})=\boldsymbol{r}^2 \qquad \cdots\cdots ②$$

두 식 ①, ②를 좌표평면에서 원의 벡터방정식이라고 한다.

기본정석 — **원의 벡터방정식**

좌표평면에서 중심이 점 C이고 반지름의 길이가 r인 원의 벡터방정식은 점 C와 원 위의 점 P의 위치벡터를 각각 $\vec{c}$, $\vec{p}$라고 할 때,

$$|\vec{\boldsymbol{p}}-\vec{\boldsymbol{c}}|=\boldsymbol{r}, \quad (\vec{\boldsymbol{p}}-\vec{\boldsymbol{c}})\cdot(\vec{\boldsymbol{p}}-\vec{\boldsymbol{c}})=\boldsymbol{r}^2$$

Advice | C(a, b), P(x, y)라 하고 $(\vec{p}-\vec{c})\cdot(\vec{p}-\vec{c})=r^2$에 대입하면

$$(x-a,\ y-b)\cdot(x-a,\ y-b)=r^2 \quad \therefore\ (x-a)^2+(y-b)^2=r^2$$

따라서 수학(하)의 원의 방정식 단원에서 공부한 것과 같은 결과를 얻는다.

보기 1 좌표평면에서 점 A$(2, -3)$의 위치벡터가 $\vec{a}$일 때,

$$(\vec{p}-\vec{a})\cdot(\vec{p}-\vec{a})=4$$

를 만족시키는 위치벡터 $\vec{p}$의 종점의 자취의 길이를 구하여라.

연구 $\vec{p}$의 종점은 중심이 점 A$(2, -3)$이고 반지름의 길이가 2인 원 위의 점이므로 자취의 길이는 $2\pi\times2=\boldsymbol{4\pi}$

기본 문제 6-6 좌표평면 위의 두 정점 A, B와 동점 P의 위치벡터를 각각 $\overrightarrow{a}$, $\overrightarrow{b}$, $\overrightarrow{p}$ 라고 할 때, 다음 물음에 답하여라.

(1) 두 점 A, B를 지름의 양 끝 점으로 하는 원 위의 점 P의 자취를 벡터방정식으로 나타내어라.

(2) 다음 등식을 만족시키는 점 P의 자취를 구하여라.

$$\overrightarrow{p}\cdot\overrightarrow{p}-4(\overrightarrow{a}\cdot\overrightarrow{p})+5|\overrightarrow{a}|^2=\overrightarrow{a}\cdot\overrightarrow{a}+|\overrightarrow{b}|^2$$

정석연구 (1) 선분 AB가 원의 지름이므로 원 위의 점 P에 대하여 $\angle\mathrm{APB}=90°$이다. 따라서 $\overrightarrow{\mathrm{AP}}\cdot\overrightarrow{\mathrm{BP}}=0$을 $\overrightarrow{a}$, $\overrightarrow{b}$, $\overrightarrow{p}$로 나타내어 보자.

(2) 주어진 조건식을 $|\overrightarrow{p}-\overrightarrow{c}|=r$의 꼴로 변형한다.

정석 $|\overrightarrow{\boldsymbol{p}}-\overrightarrow{\boldsymbol{c}}|=\boldsymbol{r}$ (단, $\boldsymbol{r}>0$)

$\Longleftrightarrow$ 중심 C($\overrightarrow{\boldsymbol{c}}$의 종점), 반지름의 길이 $\boldsymbol{r}$인 원의 벡터방정식

모범답안 (1) $\overrightarrow{\mathrm{AP}}\perp\overrightarrow{\mathrm{BP}}$이므로 $\overrightarrow{\mathrm{AP}}\cdot\overrightarrow{\mathrm{BP}}=0$

그런데 $\overrightarrow{\mathrm{AP}}=\overrightarrow{\mathrm{OP}}-\overrightarrow{\mathrm{OA}}$, $\overrightarrow{\mathrm{BP}}=\overrightarrow{\mathrm{OP}}-\overrightarrow{\mathrm{OB}}$

이므로

$$(\overrightarrow{\mathrm{OP}}-\overrightarrow{\mathrm{OA}})\cdot(\overrightarrow{\mathrm{OP}}-\overrightarrow{\mathrm{OB}})=0$$

$$\therefore\ (\overrightarrow{\boldsymbol{p}}-\overrightarrow{\boldsymbol{a}})\cdot(\overrightarrow{\boldsymbol{p}}-\overrightarrow{\boldsymbol{b}})=\mathbf{0}$$ ← 답

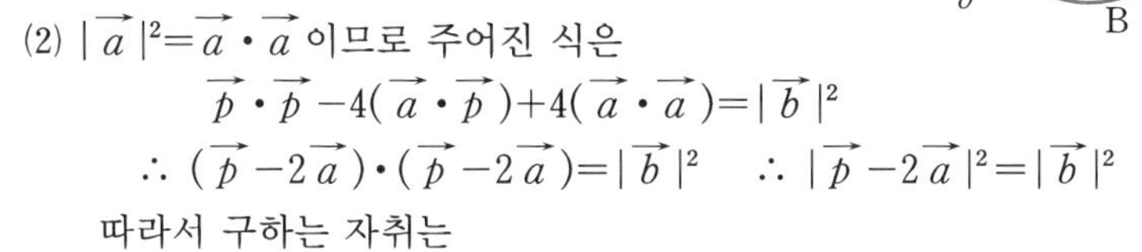

(2) $|\overrightarrow{a}|^2=\overrightarrow{a}\cdot\overrightarrow{a}$이므로 주어진 식은

$$\overrightarrow{p}\cdot\overrightarrow{p}-4(\overrightarrow{a}\cdot\overrightarrow{p})+4(\overrightarrow{a}\cdot\overrightarrow{a})=|\overrightarrow{b}|^2$$

$$\therefore\ (\overrightarrow{p}-2\overrightarrow{a})\cdot(\overrightarrow{p}-2\overrightarrow{a})=|\overrightarrow{b}|^2 \qquad \therefore\ |\overrightarrow{p}-2\overrightarrow{a}|^2=|\overrightarrow{b}|^2$$

따라서 구하는 자취는

중심이 위치벡터 $2\overrightarrow{\boldsymbol{a}}$의 종점이고 반지름의 길이가 $|\overrightarrow{\boldsymbol{b}}|$인 원 ← 답

유제 **6**-7. 좌표평면 위의 두 벡터 $\overrightarrow{a}=(3,\ 5)$, $\overrightarrow{b}=(-1,\ -7)$에 대하여 벡터방정식 $(\overrightarrow{p}-\overrightarrow{a})\cdot(\overrightarrow{p}-\overrightarrow{b})=0$을 만족시키는 벡터 $\overrightarrow{p}$의 종점의 자취의 길이를 구하여라.

답 $\mathbf{4\sqrt{10}\,\pi}$

유제 **6**-8. 좌표평면 위의 두 정점 A, B와 동점 P의 위치벡터를 각각 $\overrightarrow{a}$, $\overrightarrow{b}$, $\overrightarrow{p}$라고 할 때, 다음 등식을 만족시키는 점 P의 자취를 구하여라.

단, 위치벡터의 시점은 원점 O이다.

(1) $\overrightarrow{p}\cdot(\overrightarrow{p}-\overrightarrow{a})=0$ (2) $|\overrightarrow{p}|^2-(\overrightarrow{a}+2\overrightarrow{b})\cdot\overrightarrow{p}+2\overrightarrow{a}\cdot\overrightarrow{b}=0$

답 (1) 원점 **O**와 점 **A**를 지름의 양 끝 점으로 하는 원

(2) 위치벡터 $\overrightarrow{\boldsymbol{a}}$, $2\overrightarrow{\boldsymbol{b}}$의 종점을 지름의 양 끝 점으로 하는 원

기본 문제 6-7 좌표평면 위의 두 점 A$(-1, 1)$, B$(3, 3)$과 점 P(x, y)의 위치벡터를 각각 $\vec{a}$, $\vec{b}$, $\vec{p}$ 라고 할 때, 다음이 성립한다.

$$(\vec{p}-\vec{a})\cdot(\vec{p}-\vec{b})=0$$

(1) 점 C의 위치벡터 $\vec{c}$ 가 $|\vec{p}-\vec{c}|=r$를 만족시킬 때, 점 C의 좌표와 양수 r의 값을 구하여라.

(2) 점 P의 자취와 직선 l : $\dfrac{x-3}{2}=y-1$의 두 교점을 Q, R라고 할 때, 선분 QR의 길이를 구하여라.

정석연구 $(\vec{p}-\vec{a})\cdot(\vec{p}-\vec{b})=0$에서 $\overrightarrow{AP}\cdot\overrightarrow{BP}=0$ $\therefore$ $\overrightarrow{AP}\perp\overrightarrow{BP}$

따라서 점 P의 자취는 선분 AB를 지름으로 하는 원이다.

정석 두 점 **A, B**를 지름의 양 끝 점으로 하는 원 위의 점 **P**에 대하여 세 점 **A, B, P**의 위치벡터를 각각 $\vec{a}$, $\vec{b}$, $\vec{p}$ 라고 하면

$$\Longrightarrow (\vec{p}-\vec{a})\cdot(\vec{p}-\vec{b})=0$$

(1) $|\vec{p}-\vec{c}|=r$이므로 $\vec{c}$는 원의 중심의 위치벡터이고, r는 원의 반지름의 길이이다.

(2) 직선 l의 방정식 $\dfrac{x-3}{2}=y-1(=t)$에서 l 위의 점의 좌표는 $(2t+3,\ t+1)$로 놓을 수 있음을 이용한다.

모범답안 (1) 점 P의 자취는 선분 AB를 지름으로 하는 원이므로 중심은 선분 AB의 중점이다. $\therefore$ C$\left(\dfrac{-1+3}{2}, \dfrac{1+3}{2}\right)$ 곧, **C(1, 2)** ← 답

또, 반지름의 길이는 $r=\dfrac{1}{2}\overline{AB}=\dfrac{1}{2}\sqrt{(3+1)^2+(3-1)^2}=\sqrt{5}$ ← 답

(2) (1)에서 점 P의 자취의 방정식은 $(x-1)^2+(y-2)^2=5$ ……①

직선 l 위의 점의 좌표는 $(2t+3,\ t+1)$로 놓을 수 있으므로 이것을 ①에 대입하면 $(2t+3-1)^2+(t+1-2)^2=5$ $\therefore$ $t=0,\ -\dfrac{6}{5}$

따라서 교점의 좌표는 $t=0$일 때 $(3, 1)$, $t=-\dfrac{6}{5}$일 때 $\left(\dfrac{3}{5}, -\dfrac{1}{5}\right)$

$\therefore$ $\overline{QR}=\sqrt{\left(\dfrac{3}{5}-3\right)^2+\left(-\dfrac{1}{5}-1\right)^2}=\dfrac{6\sqrt{5}}{5}$ ← 답

유제 **6**-9. 좌표평면 위의 두 점 A$(2, -5)$, B$(4, 1)$과 점 P(x, y)의 위치벡터를 각각 $\vec{a}$, $\vec{b}$, $\vec{p}$ 라고 할 때, $(\vec{p}-\vec{a})\cdot(\vec{p}-\vec{b})=0$이 성립한다.

점 P의 자취와 직선 l : $2(x-1)=y+1$의 두 교점을 Q, R라고 할 때, 선분 QR의 길이를 구하여라. 답 $2\sqrt{5}$

기본 문제 6-8 좌표평면에서 점 C(a, b)를 중심으로 하고 반지름의 길이가 r인 원 위의 점 P(x_1, y_1)에서의 접선의 방정식은

$$(x_1-a)(x-a)+(y_1-b)(y-b)=r^2$$

임을 보여라.

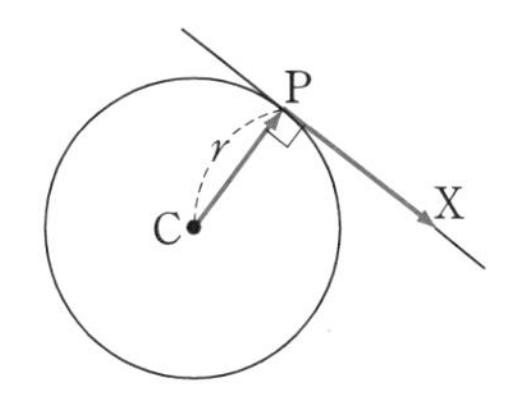

[정석연구] 접선 위의 점을 X(x, y)라 하고, 세 점 C, P, X의 위치벡터를 각각 $\vec{c}$, $\vec{p}$, $\vec{x}$ 라고 하면

$$|\overrightarrow{CP}|=|\vec{p}-\vec{c}|=r$$

또, 원의 중심과 접점을 이은 선분은 접선에 수직이므로 $\overrightarrow{CP}\perp\overrightarrow{PX}$이다.

따라서 $(\vec{p}-\vec{c})\cdot(\vec{x}-\vec{p})=0$ 임을 이용한다.

정석 중심이 점 C, 반지름의 길이가 r인 원 위의 점 P에서의 접선 위의 점을 X라고 하면

$$\Longrightarrow |\overrightarrow{CP}|=r, \quad \overrightarrow{CP}\cdot\overrightarrow{PX}=0$$

[모범답안] 접선 위의 점을 X(x, y)라 하고, 세 점 C, P, X의 위치벡터를 각각 $\vec{c}$, $\vec{p}$, $\vec{x}$ 라고 하면

$$|\overrightarrow{CP}|=r \quad \therefore |\vec{p}-\vec{c}|=r$$

또, $\overrightarrow{CP}\perp\overrightarrow{PX}$이므로 $\overrightarrow{CP}\cdot\overrightarrow{PX}=0 \quad \therefore (\vec{p}-\vec{c})\cdot(\vec{x}-\vec{p})=0$

곧, $(\vec{p}-\vec{c})\cdot(\vec{x}-\vec{c}+\vec{c}-\vec{p})=0$에서

$$(\vec{p}-\vec{c})\cdot(\vec{x}-\vec{c})+(\vec{p}-\vec{c})\cdot(\vec{c}-\vec{p})=0$$

$$\therefore (\vec{p}-\vec{c})\cdot(\vec{x}-\vec{c})=|\vec{p}-\vec{c}|^2=r^2$$

이때, $\vec{p}-\vec{c}=(x_1-a, y_1-b)$, $\vec{x}-\vec{c}=(x-a, y-b)$이므로

$$(x_1-a, y_1-b)\cdot(x-a, y-b)=r^2$$

$$\therefore (x_1-a)(x-a)+(y_1-b)(y-b)=r^2$$

[유제] **6**-10. 좌표평면 위의 원 $(x-3)^2+(y+2)^2=5$ 위의 점 P$(4, 0)$에서의 접선의 방정식을 구하여라. [답] $\boldsymbol{x+2y-4=0}$

[유제] **6**-11. 좌표평면 위의 원 $x^2+y^2=r^2$에 대하여 다음 물음에 답하여라.

(1) 원 위의 점 P(x_1, y_1)에서의 접선의 방정식을 구하여라.

(2) 직선 $\dfrac{x-1}{3}=y-2$가 이 원에 접할 때, 접점 P의 좌표와 원의 반지름의 길이를 구하여라. [답] (1) $\boldsymbol{x_1x+y_1y=r^2}$ (2) $\mathbf{P}\left(-\dfrac{1}{2}, \dfrac{3}{2}\right)$, $\dfrac{\sqrt{10}}{2}$

기본 문제 6-9 좌표평면 위에 세 점 A(1, 3), B(4, 1), C(7, 5)가 있다.

(1) $\overrightarrow{PA}+\overrightarrow{PB}+\overrightarrow{PC}$가 영벡터가 되는 점 P의 좌표를 구하여라.

(2) $\overrightarrow{PA}+\overrightarrow{PB}+\overrightarrow{PC}$의 크기가 3이 되는 점 P의 자취의 방정식을 구하여라.

정석연구 두 점 A, B의 좌표가 $A(x_1, y_1)$, $B(x_2, y_2)$일 때, 원점 O에 대하여 $\overrightarrow{OA}=(x_1, y_1)$, $\overrightarrow{OB}=(x_2, y_2)$이므로

$$\overrightarrow{AB}=\overrightarrow{OB}-\overrightarrow{OA}=(x_2, y_2)-(x_1, y_1)=(x_2-x_1, y_2-y_1)$$

이다. 이를 이용하여 주어진 벡터를 성분으로 나타낸다.

정석 $A(x_1, y_1)$, $B(x_2, y_2)$일 때 $\Longrightarrow$ $\overrightarrow{AB}=(x_2-x_1, y_2-y_1)$

모범답안 점 P의 좌표를 P(x, y)라고 하자.

(1) $\overrightarrow{PA}+\overrightarrow{PB}+\overrightarrow{PC}=\overrightarrow{0}$ 이므로

$$(1-x, 3-y)+(4-x, 1-y)+(7-x, 5-y)=(0, 0)$$

$$\therefore (12-3x, 9-3y)=(0, 0) \quad \therefore 12-3x=0, 9-3y=0$$

$$\therefore x=4, y=3 \quad \therefore \mathbf{P(4, 3)}$$ ← 답

(2) $\overrightarrow{PA}+\overrightarrow{PB}+\overrightarrow{PC}=(1-x, 3-y)+(4-x, 1-y)+(7-x, 5-y)$
$=(12-3x, 9-3y)$

$|\overrightarrow{PA}+\overrightarrow{PB}+\overrightarrow{PC}|=3$이므로 $\sqrt{(12-3x)^2+(9-3y)^2}=3$

양변을 제곱하면 $(12-3x)^2+(9-3y)^2=3^2$

$$\therefore (x-4)^2+(y-3)^2=1$$ ← 답

Advice | 벡터 $\overrightarrow{PA}+\overrightarrow{PB}+\overrightarrow{PC}$를

$$\overrightarrow{PA}+\overrightarrow{PB}+\overrightarrow{PC}=(\overrightarrow{OA}-\overrightarrow{OP})+(\overrightarrow{OB}-\overrightarrow{OP})+(\overrightarrow{OC}-\overrightarrow{OP})$$
$$=\overrightarrow{OA}+\overrightarrow{OB}+\overrightarrow{OC}-3\overrightarrow{OP}$$

로 변형한 다음, 각 벡터를 성분으로 나타낼 수도 있다.

유제 **6**-12. 좌표평면 위의 두 점 A(2, 6), B(−2, 2)에 대하여 다음을 만족시키는 점 P(x, y)의 자취의 방정식을 구하여라.

(1) $|\overrightarrow{PA}|=|\overrightarrow{PB}|$ (2) $|\overrightarrow{PA}+\overrightarrow{PB}|=4$

답 (1) $y=-x+4$ (2) $x^2+(y-4)^2=4$

유제 **6**-13. 좌표평면 위의 세 점 A(3, 2), B(−2, 1), C(−1, −3)에 대하여 $|\overrightarrow{PA}+\overrightarrow{PB}+\overrightarrow{PC}|=3$을 만족시키는 점 P(x, y)의 자취의 방정식을 구하여라.

답 $x^2+y^2=1$

연습문제 6

6-1 좌표평면 위의 점 A(2, -3)을 지나고 다음을 만족시키는 직선의 방정식을 구하여라.

(1) 방향벡터가 $\overrightarrow{e_1}=(1,\ 0)$이다. (2) $\overrightarrow{h}=(5,\ -1)$에 수직이다.

(3) x절편이 4이다. (4) 직선 $3x+2y=1$에 평행하다.

6-2 좌표평면 위의 다음 두 직선 g_1, g_2가 서로 평행할 때, 상수 k의 값은?

$$g_1:\ 2x=1-t,\ y=t-3\ (\text{단, } t\text{는 실수})$$
$$g_2:\ 3x=ks-1,\ 4y=1-2s\ (\text{단, } s\text{는 실수})$$

① $-\dfrac{9}{4}$ ② $-\dfrac{3}{2}$ ③ $-\dfrac{3}{4}$ ④ $\dfrac{3}{4}$ ⑤ $\dfrac{3}{2}$

6-3 좌표평면 위의 두 직선

$$l:\ \frac{x+4}{a}=\frac{y-1}{b},\qquad m:\ \frac{x+a}{2}=\frac{y-b}{3}$$

가 다음을 만족시킬 때, 상수 a, b의 값을 구하여라.

(1) 점 A($-a$, b)에서 수직으로 만난다. (2) 일치한다.

6-4 좌표평면 위의 두 직선

$$l:\ 3(x-1)=5y,\qquad m:\ x=-1,\ y=t\ (\text{단, } t\text{는 실수})$$

와 x축으로 둘러싸인 삼각형이 있다. 원점을 지나는 직선 n이 이 삼각형의 넓이를 이등분할 때, 다음 중 직선 n의 방향벡터 $\overrightarrow{d}$는?

① $\overrightarrow{d}=(0,\ 1)$ ② $\overrightarrow{d}=(1,\ 2)$ ③ $\overrightarrow{d}=(2,\ 3)$

④ $\overrightarrow{d}=(3,\ 4)$ ⑤ $\overrightarrow{d}=(5,\ 6)$

6-5 좌표평면 위의 직선 $l:\ x=1-2t,\ y=3t+2$(단, t는 실수) 위의 두 점 A, B와 점 C(0, -3)에 대하여 △ABC가 정삼각형일 때, △ABC의 넓이를 구하여라.

6-6 좌표평면 위의 점 P가 직선 $l:\ \dfrac{x+1}{3}=2-y$ 위를 움직인다. 두 점 A(-3, 1), B(4, -3)에 대하여 다음을 구하여라.

(1) $|\overrightarrow{\mathrm{AP}}+\overrightarrow{\mathrm{BP}}|$의 최솟값 (2) $|\overrightarrow{\mathrm{AP}}|+|\overrightarrow{\mathrm{BP}}|$의 최솟값

6-7 방향벡터가 $\overrightarrow{d}=(-\sqrt{3},\ 1)$인 직선과 이루는 각의 크기가 30°이고, 점 A(2, 1)을 지나는 직선의 방정식을 구하여라.

6-8 좌표평면 위에 정삼각형 OAB가 있다. 두 점 A, B의 위치벡터를 각각 $\vec{a}$, $\vec{b}$라 하고, △OAB의 외접원 위를 움직이는 점 P의 위치벡터를 $\vec{p}$라고 할 때, 다음이 성립함을 보여라. 단, O는 원점이다.

$$\left|\vec{p}-\frac{\vec{a}+\vec{b}}{3}\right|=\left|\frac{\vec{a}+\vec{b}}{3}\right|$$

6-9 두 벡터 $\vec{a}=(1,\ -2)$, $\vec{b}=(-5,\ 1)$에 대하여 벡터 $\vec{x}$는 $|\vec{x}-\vec{a}|=2|\vec{x}-\vec{b}|$를 만족시킨다. 이때, $\vec{x}$의 종점 X가 그리는 도형의 넓이는?

① 16π ② 18π ③ 20π ④ 22π ⑤ 24π

6-10 좌표평면 위의 점 A(1, 2)를 중심으로 하고 반지름의 길이가 1인 원 위에 점 P가 있다. 점 B(−3, −2)에 대하여 $\overrightarrow{AP}\cdot\overrightarrow{OP}=\overrightarrow{AP}\cdot\overrightarrow{OB}$가 성립할 때, $\overrightarrow{AB}\cdot\overrightarrow{BP}$의 값은? 단, O는 원점이다.

① −31 ② −16 ③ 0 ④ 16 ⑤ 31

6-11 좌표평면 위의 두 점 P, Q가 두 점 A(2, 1), B(−1, 4)에 대하여 $2|\overrightarrow{AP}|=|\overrightarrow{BP}|$, $|\overrightarrow{AQ}|=|\overrightarrow{AB}|$를 만족시킬 때, 다음을 구하여라.

(1) $|\overrightarrow{PQ}|$의 최댓값 (2) △ABP의 넓이의 최댓값

6-12 좌표평면에서 중심이 원점 O이고 반지름의 길이가 1인 원 C_1 위의 한 점을 A, 중심이 원점 O이고 반지름의 길이가 3인 원 C_2 위의 한 점을 B라고 하자. 다음 두 조건을 만족시키는 점 P에 대하여 $\overrightarrow{PA}\cdot\overrightarrow{PB}$가 최소일 때, $\overrightarrow{OA}\cdot\overrightarrow{OP}$의 값을 구하여라.

(가) $\overrightarrow{OB}\cdot\overrightarrow{OP}=3\overrightarrow{OA}\cdot\overrightarrow{OP}$ (나) $|\overrightarrow{PA}|^2+|\overrightarrow{PB}|^2=20$

6-13 좌표평면 위의 점 A(−2, 3), B(4, −5)의 위치벡터를 각각 $\vec{a}$, $\vec{b}$라고 하자. 방향벡터가 $\vec{d}=(-1,\ 3)$인 직선이 $(\vec{p}-\vec{a})\cdot(\vec{p}-\vec{b})=0$을 만족시키는 $\vec{p}$의 종점 P의 자취에 접할 때, 접점의 좌표를 구하여라.

6-14 좌표평면 위의 점 A(−2, a)에 대하여 $|\overrightarrow{AP}|=5$를 만족시키는 점 P의 자취를 C라고 하자. 점 B(4, 3)에서 C에 그은 두 접선이 이루는 각의 크기가 60°일 때, 직선 AB의 방정식을 구하여라.

6-15 좌표평면 위의 원점 O와 두 점 A(−1, 1), B(3, −1)에 대하여 점 P는 $\overrightarrow{PA}\cdot\overrightarrow{PB}=4$를 만족시키고, 점 Q는 $\overrightarrow{OQ}\cdot(\overrightarrow{OA}+\overrightarrow{OB})=6$을 만족시킨다. 점 P의 자취와 점 Q의 자취가 두 점 C, D에서 만날 때, $\overrightarrow{AC}\cdot\overrightarrow{AD}$의 값은?

① 8 ② 9 ③ 10 ④ 11 ⑤ 12

7. 공간도형

직선과 평면의 위치 관계/직선과 평면이 이루는 각/삼수선의 정리

§1. 직선과 평면의 위치 관계

1 공간도형의 기본 성질

우리는 중학교에서 사면체, 육면체와 같은 다면체 또는 원뿔, 원기둥과 같은 회전체를 공간도형의 예로 공부하였다. 이와 같은 공간도형을 보다 잘 알기 위해서는 공간도형을 이루는 점, 선, 면의 기본 성질과 이들 사이의 관계를 이해하고 있어야 한다.

다음은 공간도형에 관한 여러 가지 성질을 공부하는 데 있어 기본이 되는 것으로 증명 없이 옳은 것으로 인정하기로 한다.

기본정석 — 공간도형의 기본 성질

(1) 한 직선 위에 있지 않은 서로 다른 세 점을 지나는 평면은 단 하나 존재한다.

(2) 한 평면 위의 서로 다른 두 점을 지나는 직선 위의 모든 점은 이 평면 위에 있다.

(3) 서로 다른 두 평면이 한 점을 공유하면 두 평면은 이 점을 지나는 한 직선을 공유한다.

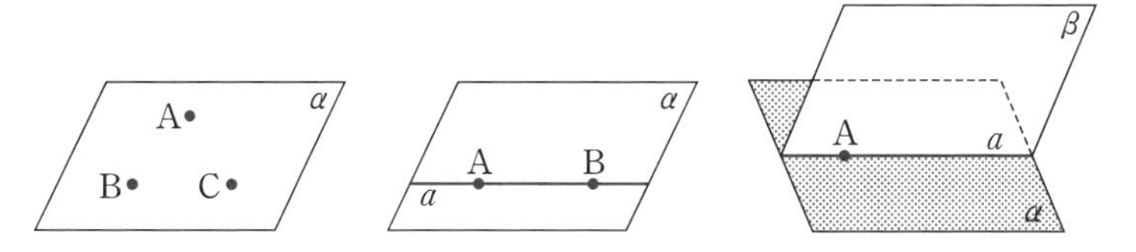

Advice | 공간도형에서는 흔히 점은 영문의 대문자를 써서 A, B, C, ⋯로, 직선은 영문의 소문자를 써서 a, b, c, ⋯로, 평면은 그리스 문자를 써서 α, β, γ, ⋯로 나타낸다.

2 평면의 결정 조건

직선 AB를 포함하는 평면은 오른쪽 그림과 같이 무수히 많다. 그러나 직선 AB와 이 직선 위에 있지 않은 점 C를 포함하는 평면은 단 하나뿐임을 알 수 있다.

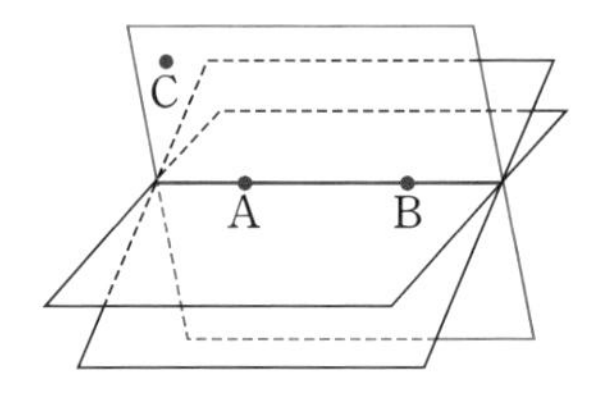

이와 같이 생각하면 한 점에서 만나는 두 직선을 포함하는 평면, 평행한 두 직선을 포함하는 평면은 각각 단 하나뿐임을 알 수 있다.

기본정석 — 평면의 결정에 관한 정리

정리 1. 한 직선과 이 직선 위에 있지 않은 한 점을 포함하는 평면은 단 하나뿐이다.

정리 2. 한 점에서 만나는 두 직선을 포함하는 평면은 단 하나뿐이다.

정리 3. 평행한 두 직선을 포함하는 평면은 단 하나뿐이다.

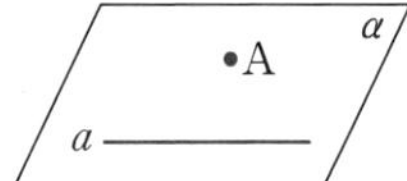

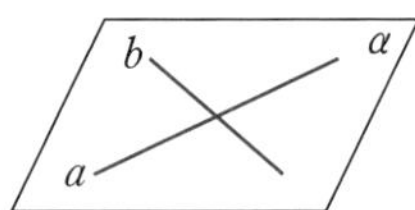

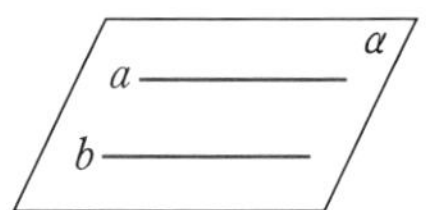

Advice 1° 「점이 평면 위에 있다」는 말을 「평면이 점을 포함한다」고도 하고, 「직선이 평면 위에 있다」는 말을 「평면이 직선을 포함한다」고도 한다.

2° 위의 **정리**는 앞면의 공간도형의 기본 성질을 이용하여 증명할 수 있다. 그러나 고등학교 교육과정에서는 이 정리를 직관에 의하여 이해할 수 있으면 충분하므로 이 책에서는 증명을 생략하였다.

3° 앞면의 공간도형의 기본 성질 (1)과 위의 정리로부터

평면의 결정 조건 ⟹ (i) 한 직선 위에 있지 않은 세 점
(ii) 한 직선과 이 직선 위에 있지 않은 한 점
(iii) 한 점에서 만나는 두 직선
(iv) 평행한 두 직선

임을 알 수 있다.

3 직선과 평면의 위치 관계

▶ 두 평면의 위치 관계

이를테면 오른쪽 직육면체에서 두 평면의 위치 관계는

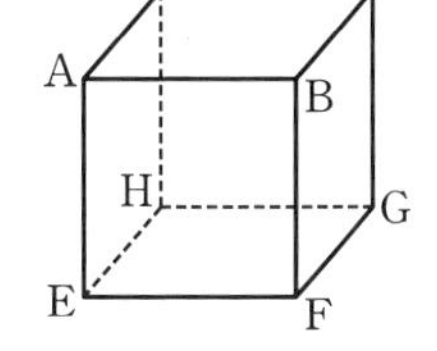

(i) 평면 ABCD, ABFE와 같이 　만나는 경우
(ii) 평면 ABCD, EFGH와 같이 　만나지 않는 경우

로 나눌 수 있다.

(i)에서 두 평면은 직선 AB를 공유한다. 이와 같이 두 평면이 만나면 항상 한 직선을 공유한다. 이때, 두 평면이 공유하는 직선을 두 평면의 교선이라고 한다.

(ii)와 같이 두 평면이 만나지 않을 때 평행하다고 하고, 기호 $/\!/$를 써서 (평면 **ABCD**)$/\!/$(평면 **EFGH**)와 같이 나타낸다.

기본정석 두 평면의 위치 관계

(i) 한 직선에서 만난다.　　(ii) 평행하다. ($\alpha /\!/ \beta$)

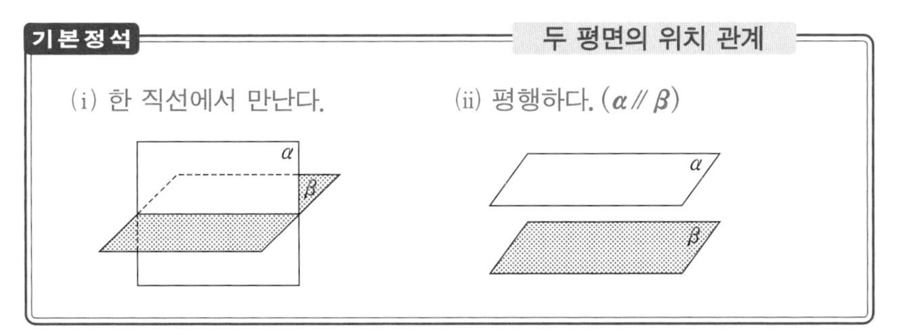

▶ 직선과 평면의 위치 관계

위의 직육면체에서 직선과 평면의 위치 관계는

(i) 평면 ABCD, 직선 AB와 같이 　평면이 직선을 포함하는 경우
(ii) 평면 ABCD, 직선 AE와 같이 　한 점에서 만나는 경우
(iii) 평면 ABCD, 직선 EF와 같이 　만나지 않는 경우

로 나눌 수 있다.

(i)과 같이 평면이 직선을 포함하는 경우 직선 AB가 평면 ABCD 위에 있다고도 한다. 　⇦ $\overleftrightarrow{AB}\subset$(평면 ABCD)

(ii)와 같이 평면과 직선이 만나는 점 A를 평면 ABCD와 직선 AE의 교점이라고 한다.

(iii)과 같이 평면과 직선이 만나지 않는 경우 평행하다고 하고, 기호 $/\!/$를 써서 (평면 **ABCD**)$/\!/\overleftrightarrow{\mathbf{EF}}$와 같이 나타낸다.

기본정석 **직선과 평면의 위치 관계**

(i) 직선이 포함된다. (ii) 한 점에서 만난다. (iii) 평행하다. ($a /\!/ \alpha$)

▶ 두 직선의 위치 관계

오른쪽 직육면체에서 두 직선 AB, EF는 평면 ABFE 위의 직선으로 만나지 않는다. 이와 같이 한 평면 위의 두 직선이 만나지 않을 때, 두 직선을 평행하다고 하고, $\overleftrightarrow{\mathrm{AB}} /\!/ \overleftrightarrow{\mathrm{EF}}$와 같이 나타낸다.

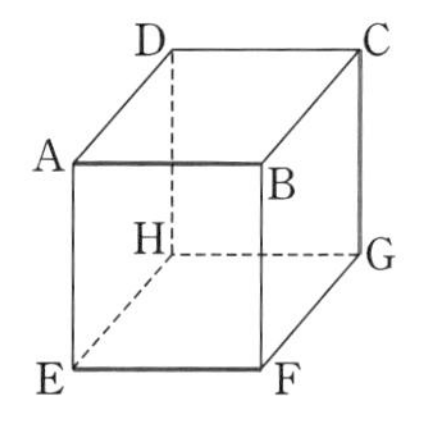

한편 두 직선 AB, CG는 만나지 않지만 한 평면 위의 직선이 아니다. 이와 같이 만나지 않는 두 직선이 한 평면 위에 있지 않을 때 서로 꼬인 위치에 있다고 한다.

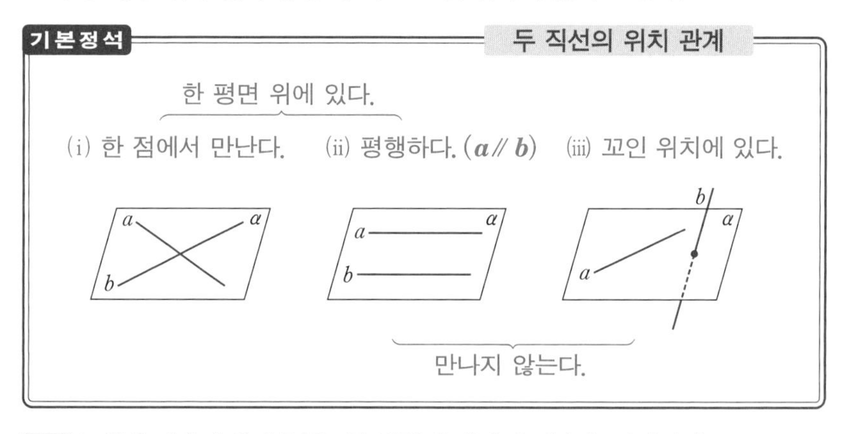

보기 1 위의 직육면체 ABCD-EFGH에 대하여 다음을 구하여라.

(1) 면 ABFE와 평행한 모서리 (2) 모서리 BC와 평행한 면

(3) 모서리 BF와 평행한 모서리

(4) 모서리 AE와 꼬인 위치에 있는 모서리

연구 (1) $\overline{\mathrm{CD}}, \overline{\mathrm{GH}}, \overline{\mathrm{CG}}, \overline{\mathrm{DH}}$ (2) 면 **ADHE**, 면 **EFGH**

(3) $\overline{\mathrm{AE}}, \overline{\mathrm{DH}}, \overline{\mathrm{CG}}$ (4) $\overline{\mathrm{BC}}, \overline{\mathrm{FG}}, \overline{\mathrm{CD}}, \overline{\mathrm{GH}}$

4 직선과 평면의 평행에 관한 정리

다음은 직선과 직선, 직선과 평면, 평면과 평면 사이의 평행에 관한 정리이다. 직관적으로 이해할 수 있으면 된다.

기본정석 **직선과 평면의 평행에 관한 정리**

정리 4. 평면 γ가 평행한 두 평면 α, β와 만날 때 생기는 두 교선 a, b는 평행하다. ⇦ 그림 ①

정리 5. 직선 a와 평면 α가 평행할 때, a를 포함하는 평면 β와 α의 교선 b는 a와 평행하다. ⇦ 그림 ②

정리 6. 두 직선 a, b가 평행할 때, b를 포함하고 a를 포함하지 않는 평면 α는 a와 평행하다. ⇦ 그림 ③

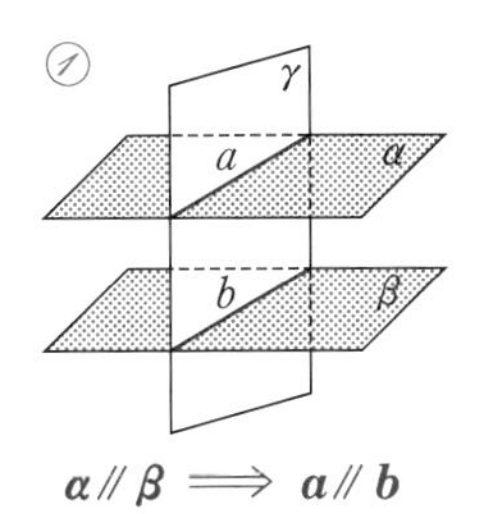

$\alpha /\!/ \beta \Longrightarrow a /\!/ b$

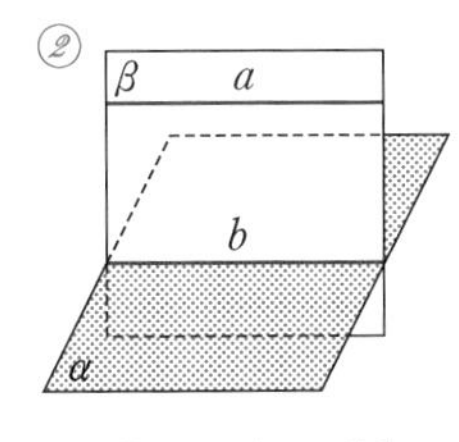

$a /\!/ \alpha \Longrightarrow a /\!/ b$

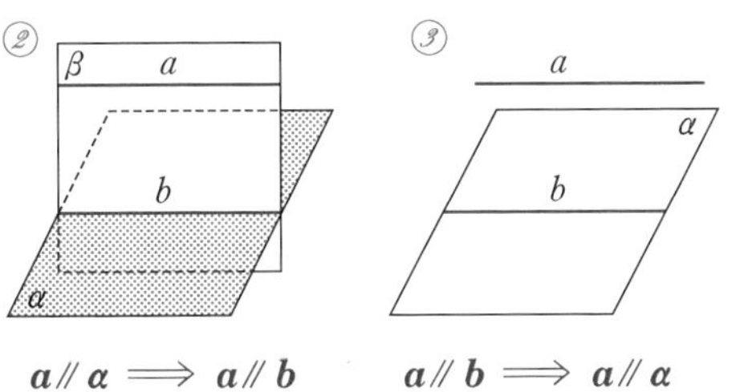

$a /\!/ b \Longrightarrow a /\!/ \alpha$

정리 7. 직선 a가 평면 α와 평행할 때, α 위의 한 점 A를 지나고 a에 평행한 직선 b는 α 위에 있다. ⇦ 그림 ④

정리 8. 평면 α 위에 있지 않은 한 점 P를 지나는 서로 다른 두 직선 a, b가 모두 α에 평행할 때, a, b를 포함하는 평면 β는 α와 평행하다. ⇦ 그림 ⑤

정리 9. 한 평면 위에 있지 않은 세 직선 a, b, c가 있을 때, a와 b가 평행하고 b와 c가 평행하면 a와 c는 평행하다. ⇦ 그림 ⑥

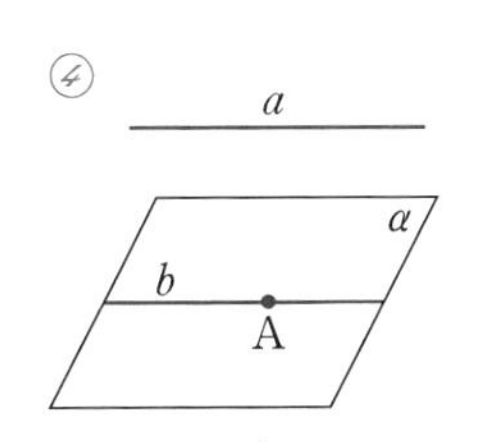

$\left.\begin{array}{l} a /\!/ \alpha,\ \mathrm{A} \in \alpha \\ a /\!/ b,\ \mathrm{A} \in b \end{array}\right\} \Longrightarrow b \subset \alpha$

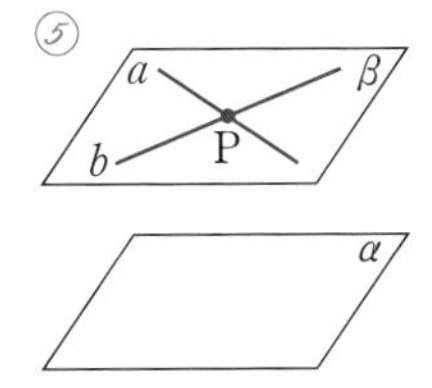

$\left.\begin{array}{l} a /\!/ \alpha \\ b /\!/ \alpha \end{array}\right\} \Longrightarrow \alpha /\!/ \beta$

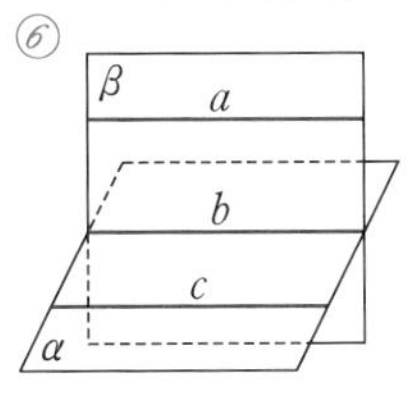

$\left.\begin{array}{l} a /\!/ b \\ b /\!/ c \end{array}\right\} \Longrightarrow a /\!/ c$

기본 문제 7-1 서로 다른 세 평면은 공간을 n개의 부분으로 나눈다. 가능한 n의 값을 구하여라.

정석연구 평면도형과는 달리 공간도형은 그림을 그려 나타내기 어려울 때가 많다. 이런 경우 보조 도구를 사용하여 조건에 맞는 모양을 만들어 보는 것도 좋은 방법이다.

이 문제는 세 개의 평면에 관한 문제이므로 세 개의 투명한 판 등으로 가능한 모양을 만들어 보면 된다.

모범답안 서로 다른 세 평면의 위치 관계는 다음 다섯 가지 경우가 있다.

① 세 평면이 평행한 경우
② 세 평면 중 두 평면만 평행한 경우
③ 세 평면이 한 직선을 공유하는 경우
④ 세 평면이 두 개씩 만나고, 세 교선이 평행한 경우
⑤ 세 평면이 오직 한 점에서 만나는 경우

이들 관계를 그림으로 나타내어 보면 다음과 같다.

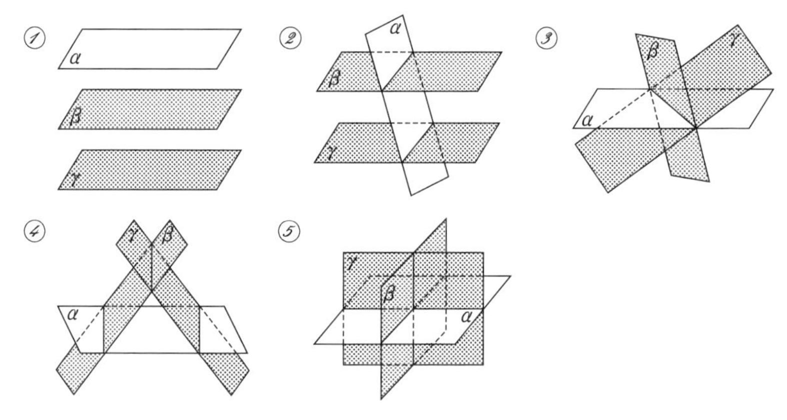

각 경우 나누어진 공간의 개수는

①의 경우 4, ②의 경우 6, ③의 경우 6, ④의 경우 7, ⑤의 경우 8

이므로 가능한 n의 값은 **4, 6, 7, 8** ← 답

유제 **7**-1. 서로 다른 네 평면이 두 개씩 만나고 네 교선이 서로 평행할 때, 이 네 평면으로 나누어지는 공간의 개수는?

① 7 ② 8 ③ 9 ④ 10 ⑤ 11 답 ③

기본 문제 7-2 오른쪽 그림과 같이 꼬인 사변형 ABCD의 변 AB, BC, CD, DA의 중점을 각각 P, Q, R, S라고 할 때, □PQRS는 평행사변형임을 증명하여라.

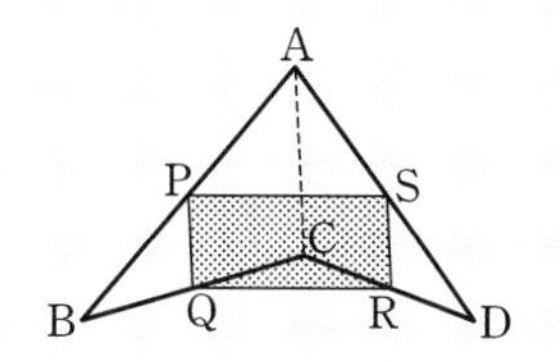

정석연구 한 평면 위에 있지 않은 네 점을 차례로 이어서 만든 사변형을 꼬인 사변형이라고 한다. 곧, 꼬인 사변형은 위의 그림과 같이 평면사변형을 대각선으로 꺾은 모양이다.

이 문제에서는 다음 삼각형의 두 변의 중점을 연결한 선분의 성질을 이용한다.

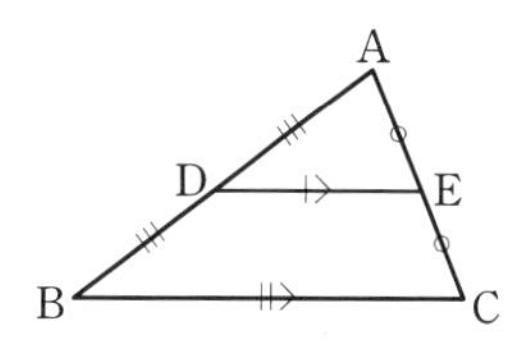

정석 △ABC에서 변 AB, AC의 중점을 각각 D, E라고 하면

$$\Longrightarrow \overline{\mathrm{DE}} /\!/ \overline{\mathrm{BC}},\ \overline{\mathrm{DE}}=\frac{1}{2}\overline{\mathrm{BC}}$$

모범답안 △ABC에서 점 P, Q는 각각 변 AB, BC의 중점이므로

$\overline{\mathrm{PQ}} /\!/ \overline{\mathrm{AC}}$이고 $\overline{\mathrm{PQ}}=\frac{1}{2}\overline{\mathrm{AC}}$ ……①

△ACD에서 점 R, S는 각각 변 CD, DA의 중점이므로

$\overline{\mathrm{SR}} /\!/ \overline{\mathrm{AC}}$이고 $\overline{\mathrm{SR}}=\frac{1}{2}\overline{\mathrm{AC}}$ ……②

①, ②로부터 $\overline{\mathrm{PQ}} /\!/ \overline{\mathrm{SR}},\ \overline{\mathrm{PQ}}=\overline{\mathrm{SR}}$

따라서 □PQRS는 평행사변형이다.

**Note* 위에서 $\overline{\mathrm{PQ}} /\!/ \overline{\mathrm{SR}}$이므로 네 점 P, Q, R, S는 한 평면 위에 있다.

유제 **7**-2. 한 평면 위에 있지 않은 네 점 A, B, C, D에 대하여 선분 BC, AC, AD, BD의 중점을 각각 L, M, L′, M′이라고 할 때, 다음 직선의 위치 관계를 말하여라.

(1) $\overleftrightarrow{\mathrm{LL'}}$과 $\overleftrightarrow{\mathrm{AC}}$　(2) $\overleftrightarrow{\mathrm{LM}}$과 $\overleftrightarrow{\mathrm{L'M'}}$

(3) $\overleftrightarrow{\mathrm{LL'}}$과 $\overleftrightarrow{\mathrm{MM'}}$

답 (1) 꼬인 위치 (2) 평행 (3) 한 점에서 만난다.

유제 **7**-3. 사면체 ABCD의 모서리 AB, AC, AD, CD, DB, BC의 중점을 각각 L, M, N, P, Q, R라고 하면 선분 LP, MQ, NR는 한 점에서 만나고 서로 다른 것을 이등분함을 증명하여라.

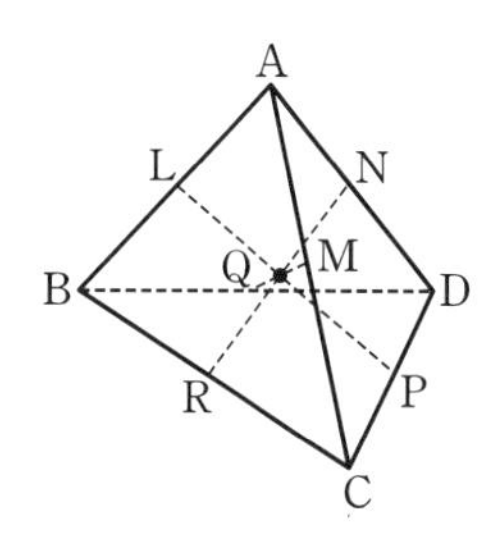

§ 2. 직선과 평면이 이루는 각

이를테면 오른쪽 정육면체에서

꼬인 위치에 있는 직선 **AB**, **CG**가 이루는 각,

직선 **AF**와 평면 **EFGH**가 이루는 각,

두 평면 **AFGD**와 **EFGH**가 이루는 각

을 정의하고, 각의 크기를 구하는 방법을 알아보자.

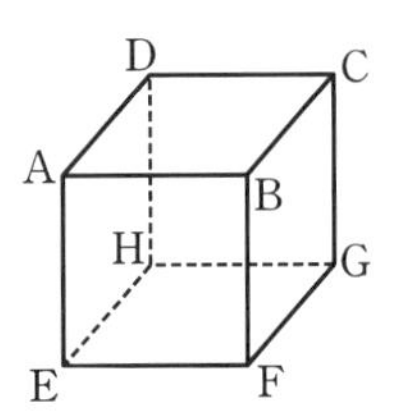

▶ 꼬인 위치에 있는 두 직선이 이루는 각

한 점 O를 지나고 각각 직선 a, b에 평행한 두 직선 a', b'을 그을 때, 두 직선 a', b'이 이루는 각을 **직선 a, b가 이루는 각**이라고 한다.

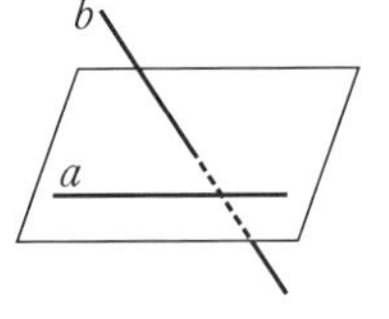

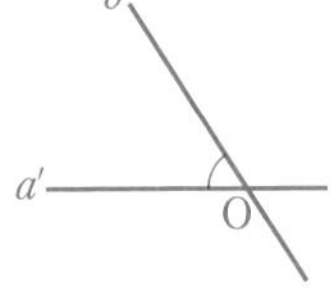

위의 정육면체에서 직선 BF, CG는 평행하므로 직선 AB, CG가 이루는 각의 크기는 직선 AB, BF가 이루는 각의 크기인 90°이다.

**Note* 두 직선이 이루는 각의 크기는 보통 크기가 크지 않은 쪽의 각의 크기를 말한다.

▶ 직선과 평면의 수직

직선 l이 평면 α와 점 O에서 만나고 점 O를 지나는 α 위의 모든 직선과 수직으로 만날 때 l과 α는 수직이라 하고, $\boldsymbol{l \perp \alpha}$와 같이 나타낸다. 이때, l을 α의 수선, O를 수선의 발이라고 한다.

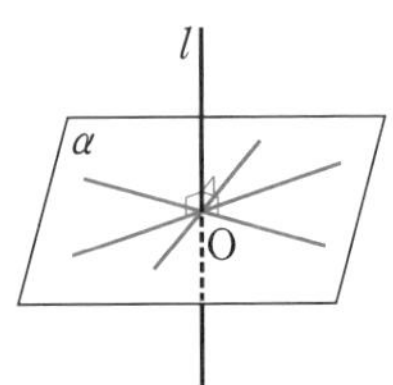

그런데 직선 l이 점 O를 지나는 α 위의 모든 직선에 수직이라는 것을 보이기가 쉽지 않으므로 보통 다음 **정리**를 이용한다.

정리 10. 직선 $\boldsymbol{l}$이 평면 $\boldsymbol{\alpha}$와 점 **O**에서 만나고, 점 **O**를 지나는 $\boldsymbol{\alpha}$ 위의 서로 다른 두 직선 $\boldsymbol{a}$, $\boldsymbol{b}$에 수직이면 $\boldsymbol{l}$은 $\boldsymbol{\alpha}$에 수직이다.
또, $\boldsymbol{l}$이 $\boldsymbol{\alpha}$에 수직이면 $\boldsymbol{\alpha}$ 위의 모든 직선은 $\boldsymbol{l}$과 수직이다.

이를테면 오른쪽 정육면체에서 직선 BF가 평면 EFGH 위의 두 직선 EF와 FG에 수직이므로 직선 BF와 평면 EFGH는 수직이다.

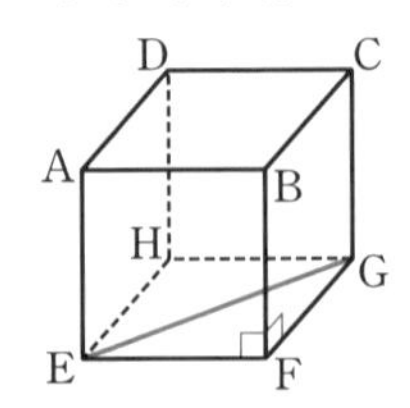

또, 위의 정리의 두 번째 명제에 따르면 직선 BF는 평면 EFGH 위의 모든 직선, 이를테면 직선 EG

와도 서로 수직이다.

한편 평면 α 위에 있지 않은 점 P와 평면 α 위의 점을 연결하는 선분의 길이 중에서 최소인 것은 점 P에서 평면 α에 내린 수선의 발을 H라고 할 때, 선분 PH의 길이이다. 이때, 선분 PH의 길이를 **점 P와 평면 $\boldsymbol{\alpha}$ 사이의 거리**라고 정의한다.

▶ 직선과 평면이 이루는 각

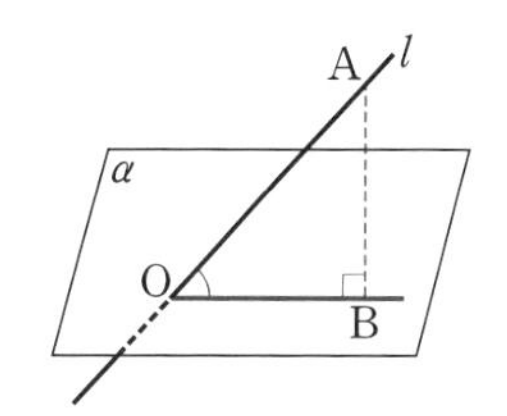

직선 l이 평면 α와 점 O에서 만날 때, 직선 위의 O가 아닌 임의의 점 A에서 평면 α에 내린 수선의 발을 B라고 하면 ∠AOB를 **직선 $\boldsymbol{l}$과 평면 $\boldsymbol{\alpha}$가 이루는 각**이라고 한다.

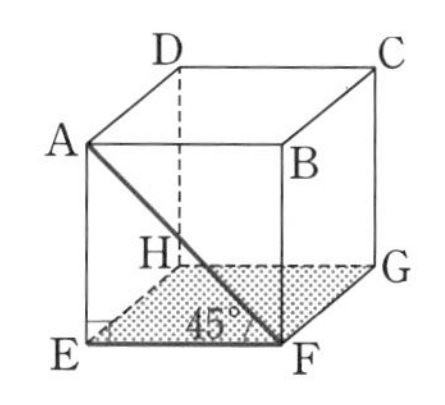

이를테면 오른쪽 정육면체의 점 A에서 평면 EFGH에 내린 수선의 발은 E이고 ∠AFE=45° 이다. 따라서 직선 AF와 평면 EFGH가 이루는 각의 크기는 45°이다.

▶ 두 평면이 이루는 각

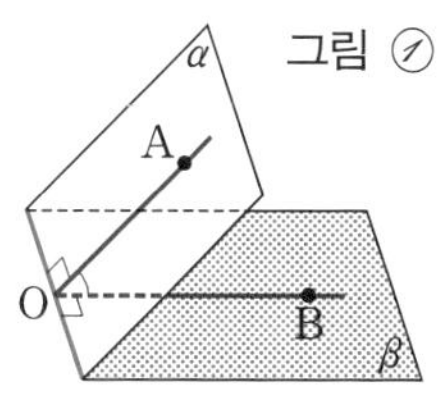

그림 ㉮

두 평면이 만날 때 두 평면의 교선을 공유하는 두 반평면이 이루는 도형을 **이면각**(二面角)이라 하고, 교선을 **이면각의 변**, 두 반평면을 **이면각의 면**이라고 한다.

이면각의 변 위의 한 점 O를 지나고 각 면 위에서 이면각의 변에 수직인 직선 OA, OB를 그을 때, ∠AOB의 크기를 **이면각의 크기**라고 한다.

또, 두 평면이 만날 때, 이와 같은 이면각의 크기를 **두 평면이 이루는 각의 크기**라고 한다. 특히 두 평면 α, β가 이루는 각이 직각일 때 두 평면은 **수직**이라 하고, $\boldsymbol{\alpha \perp \beta}$와 같이 나타낸다.

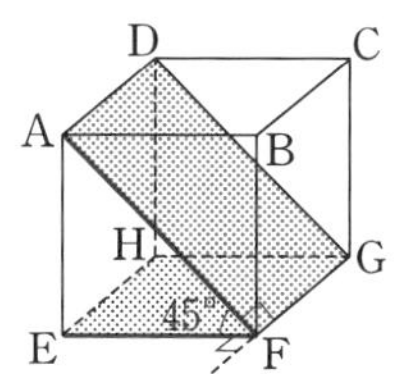

이를테면 오른쪽 정육면체에서 직선 AF와 EF는 각각 직선 FG에 수직이고 ∠AFE=45°이다. 따라서 두 평면 AFGD, EFGH가 이루는 각의 크기는 45°이다.

또는 두 직선 DG, HG가 이루는 각의 크기를 구하여 두 평면이 이루는 각의 크기를 구할 수도 있다.

이와 같이 두 평면이 이루는 각의 크기는 그림 ㉮에서 점 O의 위치와 무관하다.

***Note** 두 평면이 이루는 각의 크기는 보통 크기가 크지 않은 쪽을 말한다.

기본 문제 7-3 정육면체 ABCD-EFGH에서

(1) 두 직선 AF와 BG가 이루는 각의 크기를 구하여라.

(2) 두 직선 BD와 AG가 이루는 각의 크기를 구하여라.

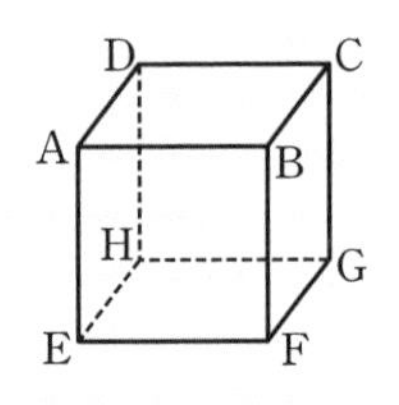

정석연구 꼬인 위치에 있는 두 직선이 이루는 각의 크기를 구하는 문제이다.

(1) 직선 AF나 직선 BG를 적당히 평행이동하여 한 점에서 만나는 두 직선이 이루는 각의 크기를 구해 본다.

정석 꼬인 위치에 있는 두 직선이 이루는 각의 크기
$\Longrightarrow$ 주어진 직선을 평행이동해 본다.

(2) 우선 직선 BD가 △ACG를 포함하는 평면과 수직임을 보인다.

일반적으로 직선 l과 평면 α가 서로 수직이라는 것을 보일 때에는 평면 α 위의 평행하지 않은 두 직선 a, b와 직선 l이 서로 수직이라는 것을 보이면 된다 (**정리 10**).

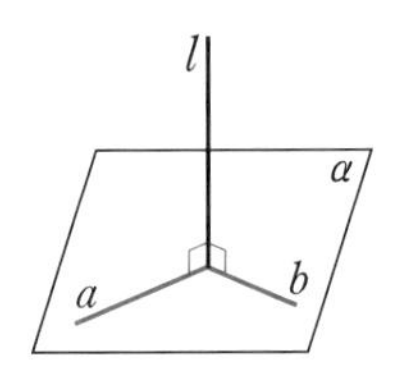

모범답안 (1) 두 직선 AB, HG를 포함하는 평면으로 자르면 자른 면 위에서 $\overline{BG} /\!/ \overline{AH}$이다.

따라서 두 직선 AF와 BG가 이루는 각의 크기는 ∠FAH의 크기와 같다.

그런데 △FAH는 정삼각형이므로

$$\angle FAH = 60^\circ \longleftarrow \boxed{답}$$

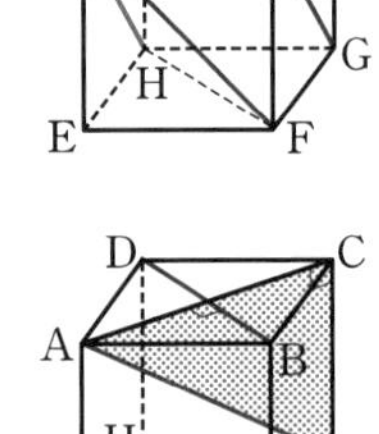

(2) $\overline{AC} \perp \overline{BD}$, $\overline{CG} \perp \overline{BD}$이므로 (평면 ACG)$\perp \overline{BD}$

따라서 평면 ACG 위의 모든 직선은 직선 BD와 수직이다. $\therefore \overline{AG} \perp \overline{BD}$

곧, 구하는 각의 크기는 **90°** ← 답

유제 7-4. 오른쪽 그림의 직육면체 ABCD-A′B′C′D′에서 밑면 ABCD는 한 변의 길이가 $\sqrt{3}$ cm인 정사각형이고 모서리 AA′의 길이는 1 cm이다. 이때, 두 직선 AA′과 BC′이 이루는 각의 크기를 구하여라. 답 **60°**

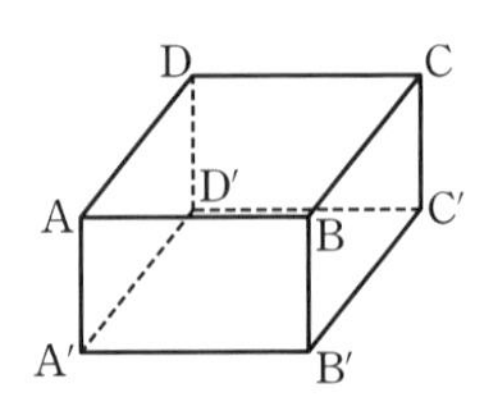

기본 문제 **7**-4 오른쪽 그림의 정육면체 ABCD-EFGH에 대하여 다음에 답하여라.

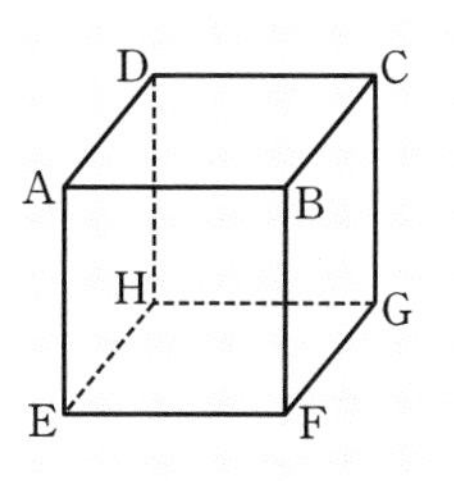

(1) 대각선 AG의 길이가 3 cm일 때, 이 정육면체의 부피 V를 구하여라.

(2) △BDE의 넓이가 $8\sqrt{3}$ cm²일 때, 이 정육면체의 부피 V를 구하여라.

정석연구 오른쪽 그림과 같이 세 모서리의 길이가 a, b, c인 직육면체에서 $\overline{AE}\perp\overline{EF}$, $\overline{AE}\perp\overline{EH}$이므로

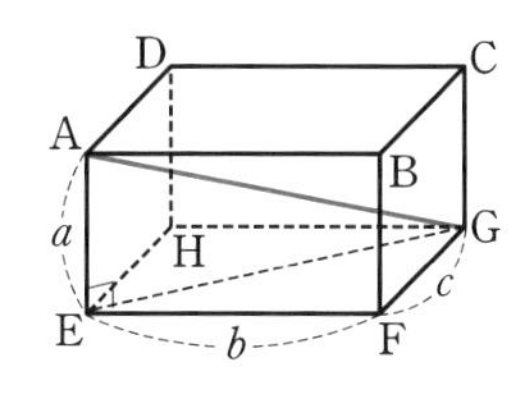

$\overline{AE}\perp$(평면 EFGH) ⇦ 정리 10

따라서 $\overline{AE}\perp\overline{EG}$이므로 △AEG는 직각삼각형이다.

$$\therefore\ \overline{AG}^2=\overline{AE}^2+\overline{EG}^2=\overline{AE}^2+(\overline{EF}^2+\overline{FG}^2)=a^2+b^2+c^2$$

$$\therefore\ \overline{AG}=\sqrt{a^2+b^2+c^2}$$

정 석 세 모서리의 길이가 $\boldsymbol{a}$, $\boldsymbol{b}$, $\boldsymbol{c}$인 직육면체에서
대각선의 길이는 $\Longrightarrow$ $\sqrt{\boldsymbol{a}^2+\boldsymbol{b}^2+\boldsymbol{c}^2}$

모범답안 (1) 정육면체의 한 모서리의 길이를 x cm라고 하면 대각선의 길이는

$$\overline{AG}=\sqrt{x^2+x^2+x^2}=\sqrt{3}\,x=3 \qquad \therefore\ x=\sqrt{3}$$

$$\therefore\ V=x^3=(\sqrt{3})^3=\mathbf{3\sqrt{3}\ (cm^3)} \longleftarrow \boxed{답}$$

(2) 정육면체의 한 모서리의 길이를 x cm라고 하면

$$\overline{DE}=\overline{BE}=\overline{BD}=\sqrt{x^2+x^2}=\sqrt{2}\,x$$

이므로 △BDE는 한 변의 길이가 $\sqrt{2}\,x$인 정삼각형이다.

$$\therefore\ \triangle BDE=\frac{\sqrt{3}}{4}\times(\sqrt{2}\,x)^2=\frac{\sqrt{3}}{2}x^2=8\sqrt{3} \qquad \therefore\ x^2=16$$

$x>0$이므로 $x=4$ $\quad\therefore\ V=x^3=4^3=\mathbf{64\ (cm^3)} \longleftarrow \boxed{답}$

**Note* 한 변의 길이가 a인 정삼각형의 넓이는 $\dfrac{1}{2}\times a\times a\sin 60°=\dfrac{\sqrt{3}}{4}a^2$이다.

유제 **7**-5. 세 모서리의 길이가 3 cm, 4 cm, 5 cm인 직육면체의 대각선의 길이를 구하여라.

답 $\mathbf{5\sqrt{2}}$ **cm**

유제 **7**-6. 부피가 $16\sqrt{2}$ cm³인 정육면체의 대각선의 길이를 구하여라.

답 $\mathbf{2\sqrt{6}}$ **cm**

기본 문제 7-5 오른쪽 그림의 정사면체에서 모서리 OA를 $1:2$로 내분하는 점을 P라 하고, 모서리 OB와 OC를 $2:1$로 내분하는 점을 각각 Q와 R라고 하자. $\triangle$PQR와 $\triangle$ABC가 이루는 예각의 크기를 θ라고 할 때, $\cos\theta$의 값을 구하여라.

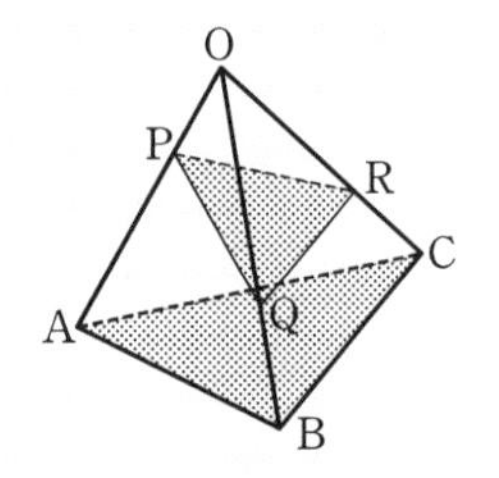

정석연구 평면 PQR와 평면 ABC 중에서 한 평면을 적당히 평행이동하면 두 평면의 교선을 찾을 수 있다. 교선을 찾고 나면 두 평면이 이루는 각을 쉽게 찾을 수 있다.

정 석 두 평면이 이루는 각의 크기를 구할 때에는
$\Longrightarrow$ 평면을 적당히 평행이동하여 교선부터 찾는다.

모범답안 모서리 OA를 $2:1$로 내분하는 점을 S라 하면 $\triangle$ABC와 $\triangle$SQR는 평행하므로 $\triangle$PQR와 $\triangle$SQR가 이루는 예각의 크기는 θ이다.

그런데 선분 QR의 중점을 T라고 하면 $\overline{PQ}=\overline{PR}$이므로 $\overline{PT}\perp\overline{QR}$이고, $\overline{SQ}=\overline{SR}$이므로 $\overline{ST}\perp\overline{QR}$이다. $\quad\therefore \angle PTS=\theta$

또, 점 P는 선분 OS의 중점이고, $\triangle$OSQ와

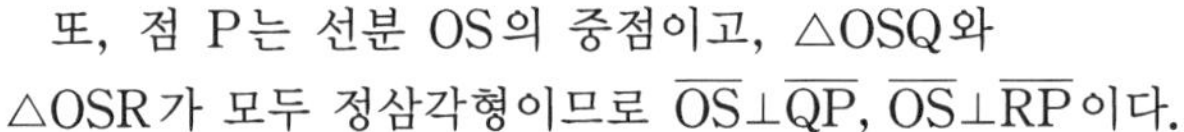

$\triangle$OSR가 모두 정삼각형이므로 $\overline{OS}\perp\overline{QP}$, $\overline{OS}\perp\overline{RP}$이다.

$$\therefore \overline{OS}\perp(\text{평면 PQR}) \qquad \therefore \overline{OS}\perp\overline{PT} \qquad \therefore \cos\theta=\frac{\overline{PT}}{\overline{ST}}$$

한편 $\overline{OA}=3a$라고 하면 $\overline{SQ}=2a$, $\overline{PS}=a$, $\overline{QT}=a$이므로

$$\overline{ST}=\sqrt{\overline{SQ}^2-\overline{QT}^2}=\sqrt{4a^2-a^2}=\sqrt{3}\,a,$$

$$\overline{PT}=\sqrt{\overline{ST}^2-\overline{PS}^2}=\sqrt{3a^2-a^2}=\sqrt{2}\,a$$

$$\therefore \cos\theta=\frac{\sqrt{2}\,a}{\sqrt{3}\,a}=\boldsymbol{\frac{\sqrt{6}}{3}} \longleftarrow \boxed{\text{답}}$$

유제 **7**-7. 한 모서리의 길이가 3인 정육면체 ABCD-EFGH의 세 모서리 AD, BC, FG 위에 $\overline{DP}=\overline{BQ}=\overline{GR}=1$인 세 점 P, Q, R가 있다. 평면 PQR와 평면 CGHD가 이루는 예각의 크기를 θ라 고 할 때, $\cos\theta$의 값을 구하여라. 답 $\boldsymbol{\frac{3\sqrt{11}}{11}}$

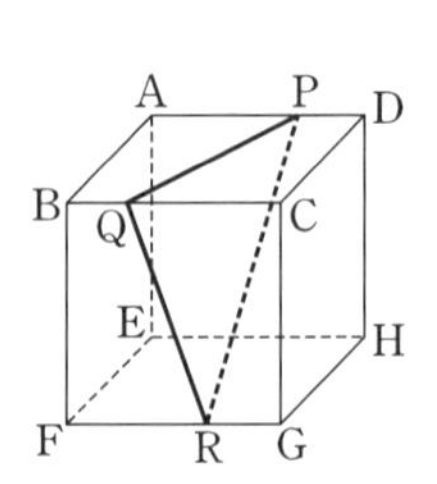

기본 문제 7-6 오른쪽 그림의 정사면체 ABCD에 대하여 다음 물음에 답하여라.

(1) 모서리 AB, CD는 서로 수직임을 증명하여라.

(2) $\overline{\mathrm{AB}}=a$일 때, 모서리 AB, CD 사이의 거리를 구하여라.

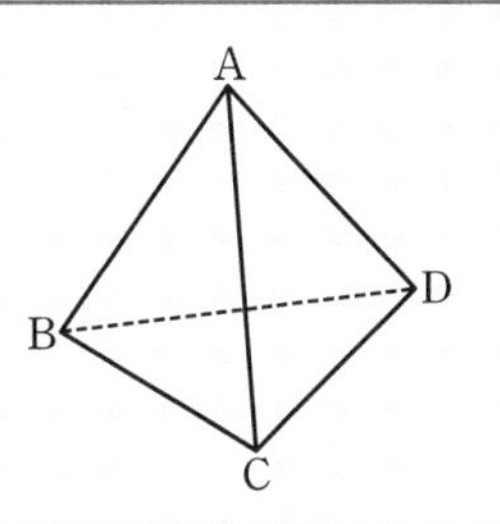

정석연구 (1) 모서리 CD의 중점을 M이라고 할 때, 평면 ABM과 모서리 CD가 수직임을 이용한다.

(2) 꼬인 위치에 있는 두 직선 a, b의 공통수선을 선분 AB라고 하자.

오른쪽 그림과 같이 직선 a 위의 점 P, 직선 b 위의 점 Q를 잡으면

$$\overline{\mathrm{PQ}}\geq\overline{\mathrm{PR}}=\overline{\mathrm{AB}}$$

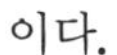
이다.

따라서 선분 PQ의 길이가 최소인 경우는 두 직선 a, b의 공통수선인 선분 AB와 선분 PQ가 일치할 때이다.

또, 이 최소의 길이를 두 직선 a, b 사이의 거리라고 한다.

정석 꼬인 위치에 있는 두 직선 사이의 거리 $\Longrightarrow$ 공통수선의 길이

모범답안 모서리 CD, AB의 중점을 각각 M, N이라고 하자.

(1) $\triangle$BCD는 정삼각형이므로 $\overline{\mathrm{CD}}\perp\overline{\mathrm{BM}}$

$\triangle$ACD도 정삼각형이므로 $\overline{\mathrm{CD}}\perp\overline{\mathrm{AM}}$

$\therefore$ $\overline{\mathrm{CD}}\perp$(평면 ABM) $\quad\therefore$ $\overline{\mathrm{CD}}\perp\overline{\mathrm{AB}}$

(2) (1)에서 $\overline{\mathrm{CD}}\perp$(평면 ABM)이므로

$\overline{\mathrm{CD}}\perp\overline{\mathrm{MN}}$

(1)과 같은 방법으로 하면

$\overline{\mathrm{AB}}\perp$(평면 CDN)이므로 $\overline{\mathrm{AB}}\perp\overline{\mathrm{MN}}$

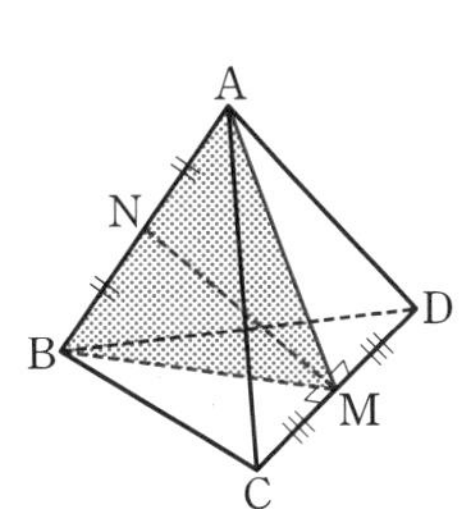

따라서 모서리 AB, CD 사이의 거리는 선분 MN의 길이이다.

$$\therefore\ \overline{\mathrm{MN}}=\sqrt{\overline{\mathrm{AM}}^2-\overline{\mathrm{AN}}^2}=\sqrt{\left(\frac{\sqrt{3}}{2}a\right)^2-\left(\frac{a}{2}\right)^2}=\boldsymbol{\frac{\sqrt{2}}{2}a} \longleftarrow \boxed{답}$$

유제 **7**-8. 사면체 OABC에서 $\overline{\mathrm{OA}}\perp\overline{\mathrm{BC}}$, $\overline{\mathrm{OB}}\perp\overline{\mathrm{AC}}$이면 $\overline{\mathrm{OC}}\perp\overline{\mathrm{AB}}$임을 증명하여라.

기본 문제 7-7 정사면체 ABCD에 대하여 다음 물음에 답하여라.

(1) $\overline{AB}=6$일 때, 정사면체의 높이 h와 부피 V를 구하여라.

(2) 두 평면 ABC, BCD가 이루는 예각의 크기를 θ라고 할 때, $\cos\theta$의 값을 구하여라.

정석연구 (1) 정사면체 ABCD의 꼭짓점 A에서 $\triangle$BCD에 내린 수선의 발을 H라고 하면

$$\triangle ABH \equiv \triangle ACH \equiv \triangle ADH$$

따라서 $\overline{HB}=\overline{HC}=\overline{HD}$이므로 점 H는 $\triangle$BCD의 외심이고 $\triangle$BCD는 정삼각형이므로

H는 △BCD의 무게중심

이다.

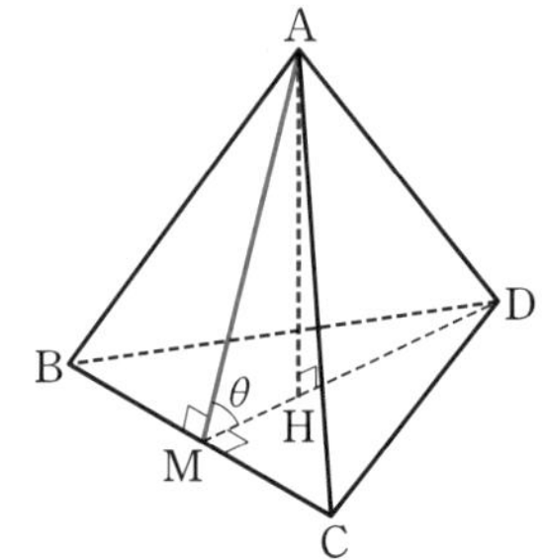

(2) 모서리 BC의 중점 M은 두 평면 ABC, BCD의 교선 위의 점이고, $\overline{AM}\perp\overline{BC}$, $\overline{DM}\perp\overline{BC}$이므로 두 평면이 이루는 예각은 $\angle$AMD이다.

모범답안 (1) 점 A에서 $\triangle$BCD에 내린 수선의 발을 H라고 하면 점 H는 정삼각형 BCD의 무게중심이다.

따라서 직선 DH와 직선 BC의 교점을 M이라고 하면

$$\overline{BM}=\overline{CM},\ \overline{DH}:\overline{HM}=2:1,\ \overline{DM}\perp\overline{BC},\ \overline{AM}\perp\overline{BC} \quad \cdots\cdots ㉮$$

$$\therefore\ \overline{DM}=\sqrt{\overline{BD}^2-\overline{BM}^2}=\sqrt{6^2-3^2}=3\sqrt{3}$$

$$\therefore\ \overline{DH}=\frac{2}{3}\overline{DM}=\frac{2}{3}\times3\sqrt{3}=2\sqrt{3}$$

$$\therefore\ h=\overline{AH}=\sqrt{\overline{AD}^2-\overline{DH}^2}=\sqrt{6^2-(2\sqrt{3})^2}=\mathbf{2\sqrt{6}} \longleftarrow \boxed{답}$$

$$\therefore\ V=\frac{1}{3}\times\triangle BCD\times\overline{AH}=\frac{1}{3}\times\left(\frac{1}{2}\times6\times3\sqrt{3}\right)\times2\sqrt{6}=\mathbf{18\sqrt{2}} \longleftarrow \boxed{답}$$

(2) ㉮에서 $\overline{AM}\perp\overline{BC}$, $\overline{DM}\perp\overline{BC}$이므로 $\theta=\angle AMD$

$$\therefore\ \cos\theta=\cos(\angle AMD)=\frac{\overline{MH}}{\overline{AM}}=\frac{\overline{MH}}{\overline{DM}}=\mathbf{\frac{1}{3}} \longleftarrow \boxed{답}$$

유제 **7**-9. 높이가 6 cm인 정사면체의 한 모서리의 길이를 구하여라.

답 $3\sqrt{6}$ **cm**

유제 **7**-10. 한 변의 길이가 6 cm인 정사각형 ABCD의 두 대각선의 교점을 O라고 하자. 정사각형에서 $\triangle$OAD를 잘라 내고, 선분 OA와 선분 OD를 일치시켜서 만든 삼각뿔 OABC를 생각하자. 점 O에서 밑면 ABC에 내린 수선의 발을 H라고 할 때, 선분 OH의 길이를 구하여라. 답 $\sqrt{6}$ **cm**

§ 3. 삼수선의 정리

1 삼수선의 정리

직육면체 ABCD-EFGH의 한 꼭짓점 H에서 직선 EG에 내린 수선의 발을 M이라고 하면 직선 DM과 직선 EG는 서로 수직이다. 이 사실을 설명하는 여러 가지 방법 중에서 다음의 삼수선의 정리가 가장 간단하다.

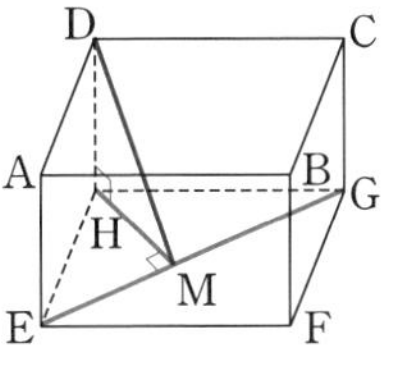

기본정석 — 삼수선의 정리

정리 11. **P**가 평면 α 밖의 점, a가 평면 α 위의 직선이라고 하자.

(i) 점 **P**에서 평면 α에 내린 수선의 발을 **M**이라 하고, 점 **M**에서 직선 a에 내린 수선의 발을 **N**이라고 하면 $\overline{\mathbf{PN}}\perp a$이다.

(ii) 점 **P**에서 평면 α와 직선 a에 내린 수선의 발을 각각 **M, N**이라고 하면 $\overline{\mathbf{MN}}\perp a$이다.

(iii) 점 **P**에서 직선 a에 내린 수선의 발을 **N**이라 하고, 평면 α 위에서 점 **N**을 지나고 직선 a에 수직인 직선을 b라고 하면 점 **P**에서 직선 b에 그은 수선 **PM**은 평면 α에 수직이다. 곧, $\overline{\mathbf{PM}}\perp\alpha$이다.

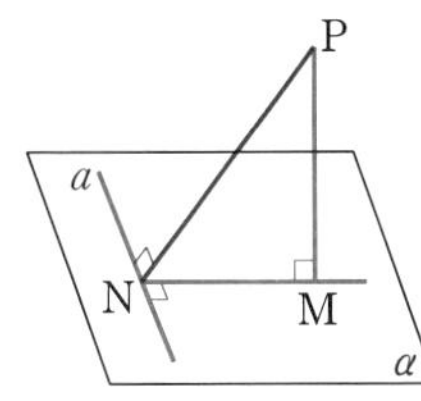

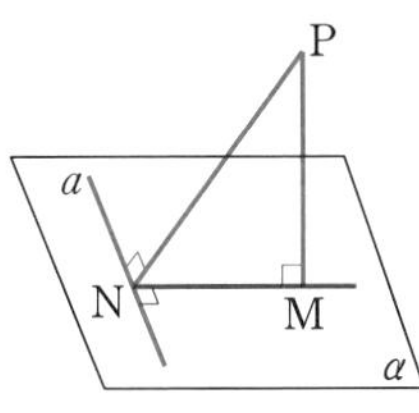

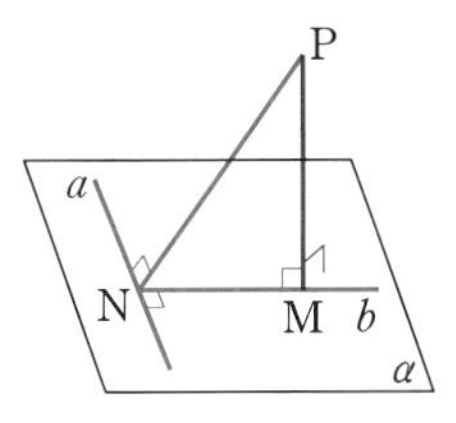

Advice 1° 공간도형에서 삼수선의 정리는 평면도형에서 피타고라스 정리만큼이나 중요하고, 활용 범위도 넓으므로 이 정리를 정확히 이해하고 기억해 두어야 한다. 이 정리는 세 개의 수직 관계

$$\overline{\mathbf{PM}}\perp\alpha,\quad \overline{\mathbf{MN}}\perp a,\quad \overline{\mathbf{PN}}\perp a$$

중 어느 두 개가 성립하면 나머지 하나가 성립한다는 것을 뜻한다.

Advice 2° 위의 **기본정석**의 그림에서 초록색 부분을 가정, 붉은색 부분을 결론이라 생각하여 기억해 두는 것도 좋다.

Advice **3°** 서로 수직인 직선과 평면 사이에는 다음 **정리**도 성립한다.

정리 12. 평면 α에 수직인 직선 a를 포함하는 임의의 평면을 β라고 하면 평면 β는 평면 α와 수직이다. ⇦ 그림 ①

정리 13. 평면 α에 수직인 평면 β 위의 점 P에서 α와 β의 교선 l에 내린 수선의 발을 O라고 하면 $\overline{\mathrm{PO}}$는 평면 α에 수직이다. ⇦ 그림 ②

정리 14. 평면 α에 수직인 두 평면 β, γ의 교선을 l이라고 하면 직선 l은 평면 α에 수직이다. ⇦ 그림 ③

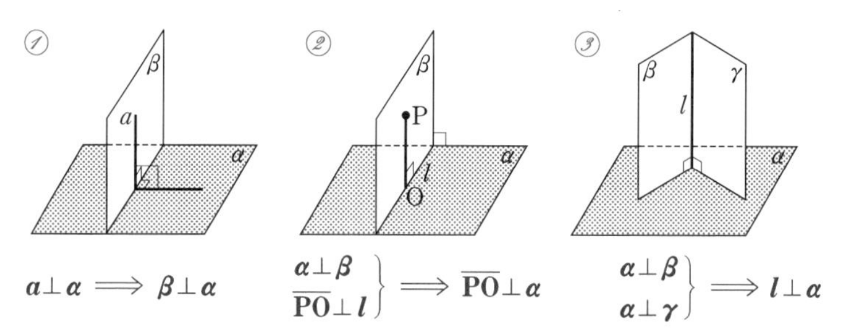

$a\perp\alpha \Longrightarrow \beta\perp\alpha$ $\quad$ $\left.\begin{matrix}\alpha\perp\beta\\ \overline{\mathrm{PO}}\perp l\end{matrix}\right\} \Longrightarrow \overline{\mathrm{PO}}\perp\alpha$ $\quad$ $\left.\begin{matrix}\alpha\perp\beta\\ \alpha\perp\gamma\end{matrix}\right\} \Longrightarrow l\perp\alpha$

보기 1 공간에서 서로 다른 세 직선 a, b, c와 서로 다른 세 평면 α, β, γ에 대하여 다음 중 옳은 것만을 있는 대로 고르면?

① $a\perp\alpha$, $a\perp\beta$이면 $\alpha /\!/ \beta$ $\qquad$ ② $a\perp\alpha$, $b\perp\alpha$이면 $a /\!/ b$

③ $a\perp b$, $a /\!/ c$이면 $b\perp c$ $\qquad$ ④ $\alpha\perp\beta$, $\alpha\perp\gamma$이면 $\beta /\!/ \gamma$

⑤ $a\perp b$, $b\perp c$이면 $a /\!/ c$ $\qquad$ ⑥ $a /\!/ \alpha$, $\alpha\perp\beta$이면 $a\perp\beta$

연구 공간도형에서는 직관적으로 그 명제가 참인지 거짓인지를 확인할 수 있으면 충분하다. 따라서 위와 같은 명제는 투명한 판과 연필 등 주변의 사물을 이용하거나 그림을 그려 참인지 거짓인지를 판별하도록 한다.

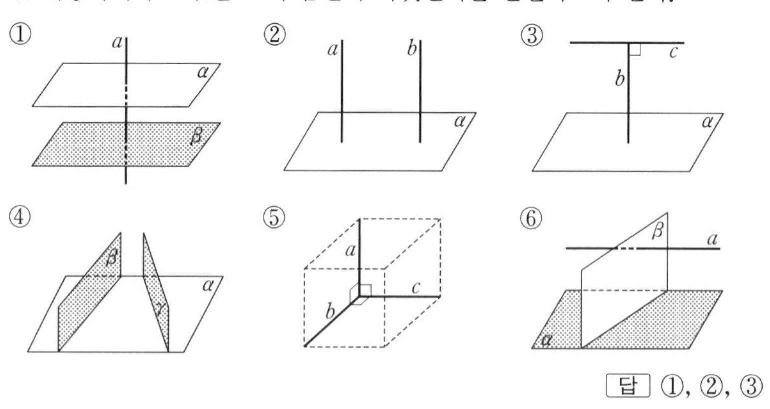

답 ①, ②, ③

기본 문제 7-8 오른쪽 그림과 같이 평면 α 위의 세 점 A, B, C와 평면 α 위에 있지 않은 점 P가 있다.

$$\overline{AB}\perp\overline{BC},\quad \overline{PC}\perp\alpha,$$
$$\overline{AB}=1,\quad \overline{BC}=2,\quad \overline{PC}=3$$

일 때, $\cos(\angle APB)$의 값을 구하여라.

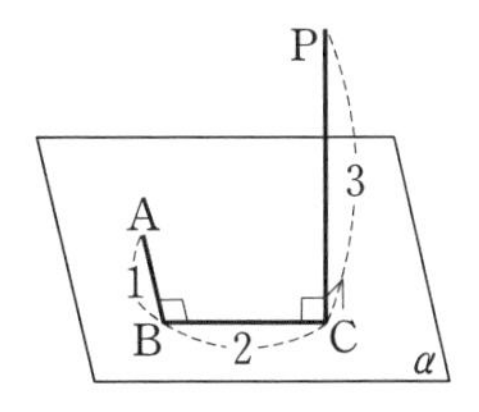

정석연구 평면에 수직인 직선이 있고, 나머지 직선들이 수직으로 연결되어 있는 경우 삼수선의 정리를 이용하면 문제가 해결되는 경우가 많다.

정석 직선이 수직으로 연결된 문제 ⟹ 삼수선의 정리를 이용하여라.

주어진 문제에서 삼수선의 정리를 이용하기 위해서는 먼저 이 정리를 적용할 수 있는 보조선을 그을 수 있어야 한다. p. 145의 삼수선의 정리를 설명할 때 사용한 그림을 참조하여 필요한 보조선을 그어 보아라.

모범답안 $\overline{PC}\perp\alpha$, $\overline{BC}\perp\overline{AB}$이므로 삼수선의 정리에 의하여 $\overline{PB}\perp\overline{AB}$이다.

따라서 $\triangle PAB$는 $\angle PBA=90°$인 직각삼각형이므로 $\angle APB=\theta$라고 하면

$$\cos\theta=\frac{\overline{PB}}{\overline{PA}}$$

이다. 그런데

직각삼각형 PBC에서 $\overline{PB}=\sqrt{2^2+3^2}=\sqrt{13}$,

직각삼각형 PAB에서 $\overline{PA}=\sqrt{(\sqrt{13})^2+1^2}=\sqrt{14}$

이므로 $\cos\theta=\dfrac{\sqrt{13}}{\sqrt{14}}=\dfrac{\sqrt{182}}{14}$ ← 답

유제 **7**-11. 평면 α 밖의 한 점 P에서 평면 α에 내린 수선의 발을 O라 하고, 점 O에서 평면 α 위의 선분 AB에 내린 수선의 발을 Q라고 하자.

$\overline{PO}=4$ cm, $\overline{AQ}=2\sqrt{6}$ cm, $\overline{AP}=7$ cm

일 때, 선분 OQ의 길이를 구하여라. 답 **3 cm**

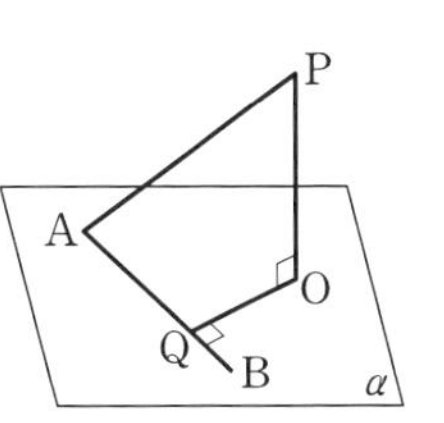

유제 **7**-12. 평면 α 위에 선분 AB가 있다. 평면 α 밖의 점 P에서 평면 α에 내린 수선의 발을 Q라고 하자. $\angle PAQ=30°$, $\angle QAB=60°$이고 $\angle PAB=\theta$라고 할 때, $\cos\theta$의 값을 구하여라. 답 $\dfrac{\sqrt{3}}{4}$

기본 문제 **7**-9 서로 직교하는 세 선분 OA, OB, OC의 길이가 각각 1, 2, 3일 때, 다음 물음에 답하여라.

(1) △ABC의 넓이를 구하여라.

(2) 점 O와 평면 ABC 사이의 거리를 구하여라.

(3) 두 평면 ABC, OAB가 이루는 예각의 크기를 θ라고 할 때, $\cos\theta$의 값을 구하여라.

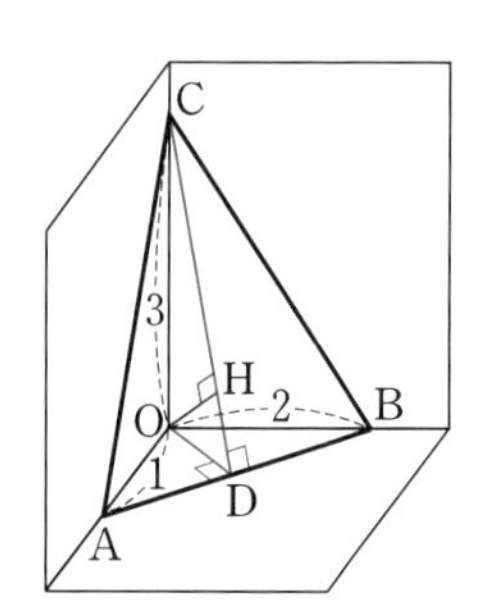

정석연구 (1) 점 C에서 직선 AB에 내린 수선의 발을 D라고 하면 삼수선의 정리(**정리 11**의 (ii))에 의하여 $\overline{OD}\perp\overline{AB}$이다. 따라서

$$\overline{\mathbf{OD}},\quad \overline{\mathbf{CD}},\quad \triangle\mathbf{ABC}$$

를 차례로 구할 수 있다.

(2) 점 O에서 평면 ABC에 내린 수선의 발을 H라고 할 때, 선분 OH의 길이를 구하면 된다.

모범답안 (1) 점 C에서 직선 AB에 내린 수선의 발을 D라고 하면 삼수선의 정리에 의하여 $\overline{OD}\perp\overline{AB}$이다.

따라서 △OAB의 넓이 관계에서 $\frac{1}{2}\times\overline{AB}\times\overline{OD}=\frac{1}{2}\times\overline{OA}\times\overline{OB}$

$\overline{AB}=\sqrt{1^2+2^2}=\sqrt{5}$, $\overline{OA}=1$, $\overline{OB}=2$이므로 $\sqrt{5}\times\overline{OD}=1\times2$

$$\therefore\ \overline{OD}=\frac{2}{\sqrt{5}}\qquad \therefore\ \overline{CD}=\sqrt{\overline{OD}^2+\overline{OC}^2}=\sqrt{\left(\frac{2}{\sqrt{5}}\right)^2+3^2}=\frac{7}{\sqrt{5}}$$

$$\therefore\ \triangle ABC=\frac{1}{2}\times\overline{AB}\times\overline{CD}=\frac{1}{2}\times\sqrt{5}\times\frac{7}{\sqrt{5}}=\mathbf{\frac{7}{2}}$$ ← 답

(2) 점 O에서 평면 ABC에 내린 수선의 발을 H라고 하면 사면체 OABC의 부피 관계에서 $\frac{1}{3}\times\triangle ABC\times\overline{OH}=\frac{1}{3}\times\triangle OAB\times\overline{OC}$

$$\therefore\ \frac{1}{3}\times\frac{7}{2}\times\overline{OH}=\frac{1}{3}\times1\times3\qquad \therefore\ \overline{OH}=\mathbf{\frac{6}{7}}$$ ← 답

(3) $\cos\theta=\cos(\angle CDO)=\dfrac{\overline{OD}}{\overline{CD}}=\mathbf{\dfrac{2}{7}}$ ← 답

유제 **7**-13. 오른쪽 그림의 직육면체에서 $\overline{AD}=\overline{AE}=2$, $\overline{AB}=4$이다.

(1) 점 D에서 선분 EG에 내린 수선의 발을 P라고 할 때, 선분 DP의 길이를 구하여라.

(2) 점 H에서 평면 DEG에 내린 수선의 발을 Q라고 할 때, 선분 HQ의 길이를 구하여라.

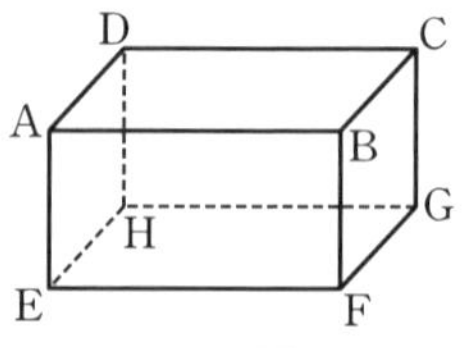

답 (1) $\mathbf{\frac{6\sqrt{5}}{5}}$ (2) $\mathbf{\frac{4}{3}}$

연습문제 7

7-1 한 모서리의 길이가 6인 정사면체의 각 면의 무게중심을 연결하면 정사면체가 된다. 이 정사면체의 한 모서리의 길이를 구하여라.

7-2 사면체 ABCD의 네 모서리 BC, CD, DB, AD의 중점을 각각 P, Q, R, S라고 할 때, 두 사면체 APQR와 SQDR의 부피의 비는?

① 1 : 1 ② 2 : 1 ③ 3 : 1 ④ 3 : 2 ⑤ 5 : 3

7-3 오른쪽 그림의 사면체 ABCD에서 $\overline{AC}=\overline{BD}=4$이다. 이 사면체를 직선 AC, BD에 평행한 한 평면으로 단면이 사각형이 되게 잘랐다.

이 사각형의 둘레의 길이는?

① 6 ② 7 ③ 8
④ 9 ⑤ 10

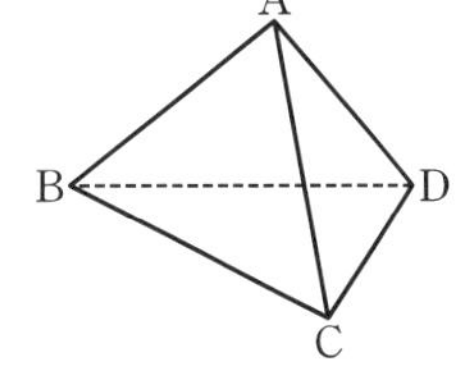

7-4 한 모서리의 길이가 1인 정육면체 ABCD-EFGH가 있다. 이 정육면체를 대각선 AG를 포함하고 직선 HF에 평행한 평면으로 자른 단면의 넓이를 구하여라.

7-5 오른쪽 그림과 같이 한 모서리의 길이가 a인 정육면체가 있다. 점 P는 직선 BD 위에, 점 Q는 직선 AG 위에 있고, 선분 PQ는 직선 BD, AG에 각각 수직이다.

선분 PQ의 길이를 구하여라.

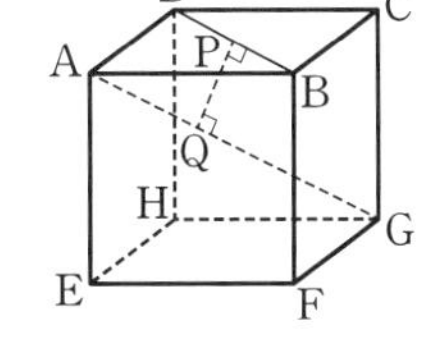

7-6 오른쪽 그림의 사면체 ABCD에서

$$\overline{AB}=6,\quad \overline{AC}=8,\quad \overline{CD}=4$$

이고, 직선 AB와 CD가 이루는 예각의 크기는 30°이다. 이 사면체를 직선 AB, CD에 평행한 한 평면으로 자를 때, 단면이 이루는 사각형의 넓이의 최댓값을 구하여라.

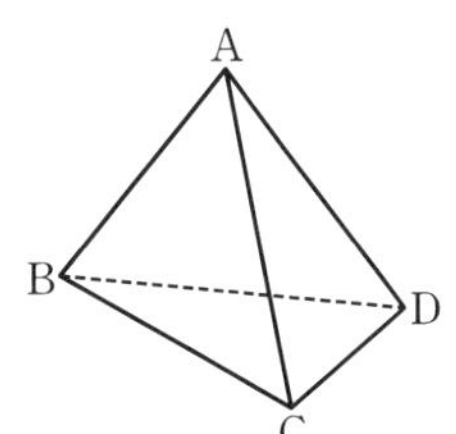

7-7 오른쪽 그림과 같이 직육면체 ABCD-EFGH가 있다.

$$\overline{AB}=3,\quad \overline{BC}=\sqrt{3},\quad \overline{BF}=2$$

일 때, 점 C에서 대각선 DF에 그은 수선의 길이를 구하여라.

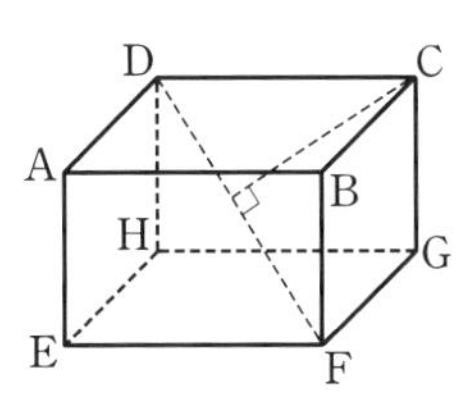

7-8 오른쪽 그림과 같이 한 모서리의 길이가 2인 정육면체 ABCD-EFGH에서 모서리 AB의 중점을 P, 모서리 FG의 중점을 Q라고 하자.

직선 PQ와 직선 CH가 이루는 예각의 크기를 θ라고 할 때, $\cos\theta$의 값을 구하여라.

⇦ 수학 I (삼각형과 삼각함수)

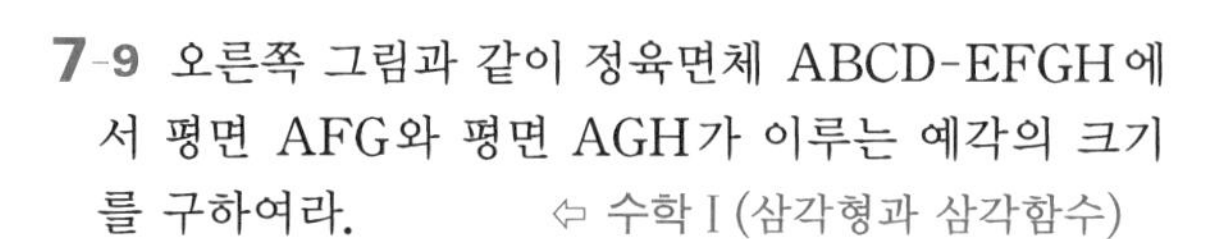

7-9 오른쪽 그림과 같이 정육면체 ABCD-EFGH에서 평면 AFG와 평면 AGH가 이루는 예각의 크기를 구하여라. ⇦ 수학 I (삼각형과 삼각함수)

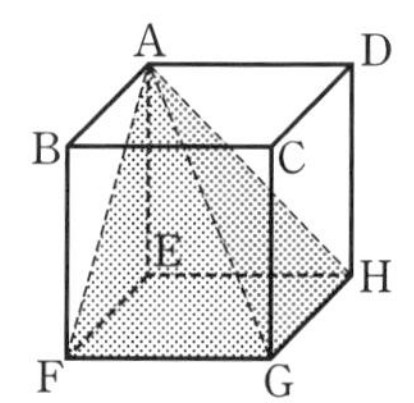

7-10 오른쪽 그림의 오면체에서 두 면은 직각삼각형이고 세 면은 직사각형이다.

$\angle EAB=30^\circ$, $\angle FAE=60^\circ$이고, 직선 FA와 평면 ABCD가 이루는 예각의 크기를 θ라고 할 때, $\sin\theta$의 값은?

① $\frac{1}{5}$ ② $\frac{1}{4}$ ③ $\frac{3}{10}$
④ $\frac{7}{20}$ ⑤ $\frac{2}{5}$

7-11 오른쪽 그림과 같은 삼각기둥에서

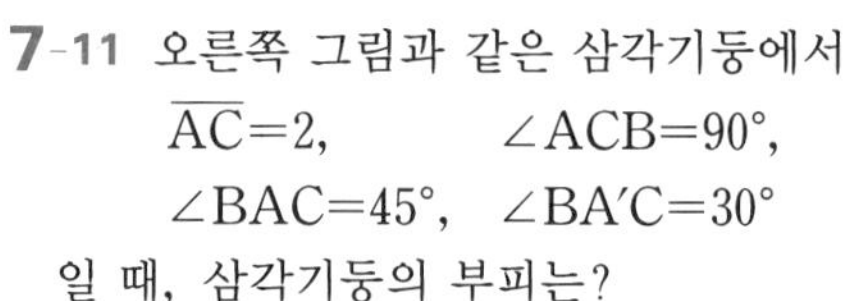

$\overline{AC}=2$, $\angle ACB=90^\circ$,
$\angle BAC=45^\circ$, $\angle BA'C=30^\circ$

일 때, 삼각기둥의 부피는?

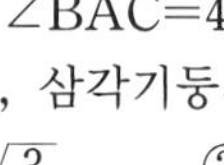

① $2\sqrt{3}$ ② $3\sqrt{2}$ ③ $3\sqrt{3}$
④ $4\sqrt{2}$ ⑤ $5\sqrt{2}$

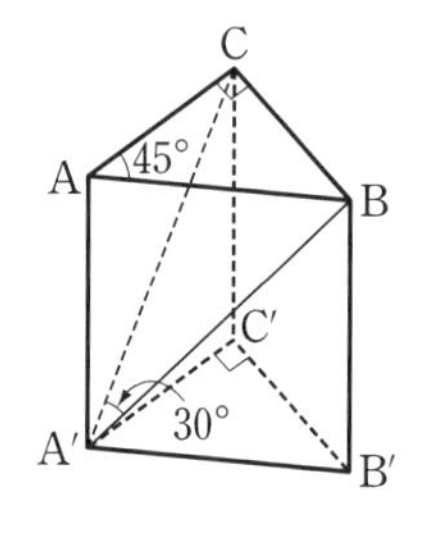

7-12 $\angle A=90^\circ$인 직각이등변삼각형 ABC와 $\angle D=90^\circ$, $\angle E=60^\circ$인 직각삼각형 DEF에서 $\overline{BC}=\overline{DF}=6$이다. 오른쪽 그림과 같이 변 BC와 변 DF를 포개어 놓고 변 BC를 축으로 삼각형 ABC를 회전시켜 평면 ABC와 평면 DEF가 이루는 각이 직각이 되도록 할 때, 두 점 A, E 사이의 거리는?

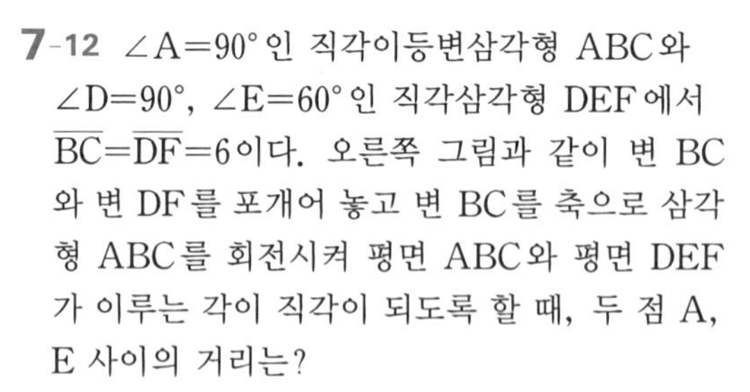

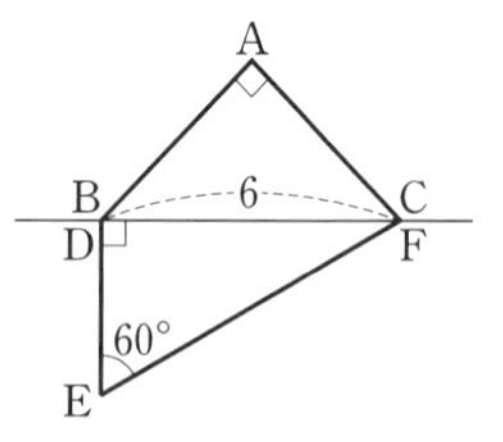

① $\sqrt{26}$ ② $3\sqrt{3}$ ③ $2\sqrt{7}$ ④ $\sqrt{29}$ ⑤ $\sqrt{30}$

7-13 사면체 OABC에서 $\overline{OA}=\overline{OB}=\overline{OC}=10$, $\overline{AB}=\overline{AC}=5$, $\overline{BC}=6$이다.
꼭짓점 O에서 밑면 ABC에 내린 수선의 발을 H라고 할 때,
(1) 점 H는 $\triangle ABC$의 외심임을 보여라.
(2) 직선 OA와 밑면 ABC가 이루는 각의 크기를 θ라고 할 때, $\cos\theta$의 값을 구하여라.

7-14 평면 α 위에 $\angle A=90°$이고 $\overline{BC}=6$인 직각이등변삼각형 ABC가 있다. 평면 α 밖의 한 점 P에서 α까지의 거리가 4이고, 점 P에서 평면 α에 내린 수선의 발이 점 A일 때, 점 P와 직선 BC 사이의 거리는?

① $3\sqrt{2}$ ② 5 ③ $3\sqrt{3}$ ④ $4\sqrt{2}$ ⑤ 6

7-15 서로 수직인 두 평면 α, β가 있다. 평면 α 위의 두 점 A, B에 대하여 점 A와 평면 β 사이의 거리는 4이고 직선 AB는 평면 β에 평행하다. 평면 β 위의 점 C와 평면 α 사이의 거리가 3일 때, 점 C와 직선 AB 사이의 거리를 구하여라.

7-16 오른쪽 그림과 같은 직육면체에서

$\angle BGF=30°$, $\angle DGH=60°$

이다. $\angle BGD=\theta$라고 할 때, $\cos\theta$의 값을 구하여라.

D A B C 60° E H 30° F G

7-17 오른쪽 그림에서 두 평면 α, β는 서로 수직이고, 선분 AC, AD는 각각 α, β 위에 있다.
두 평면 α, β의 교선 위의 점 B에 대하여 $\angle BAC=45°$, $\angle BAD=45°$일 때, $\angle CAD$의 크기는?

α C A 45° B 45° D β

① 30° ② 45° ③ 60° ④ 75° ⑤ 90°

7-18 선분 AB를 지름으로 하는 구 위에 점 C가 있고, 점 A를 지나고 직선 AB에 수직인 직선 위에 점 D가 있다. 평면 ABC와 평면 BCD가 이루는 예각의 크기는 30°이고, 직선 AD와 직선 BC는 서로 수직이다.
$\overline{AD}=3$, $\overline{BC}=3\sqrt{6}$일 때, 선분 BD의 길이를 구하여라.

7-19 $\overline{AB}=9$, $\overline{AD}=3$인 직사각형 모양의 종이 ABCD가 있다. 선분 AB 위의 점 E와 선분 DC 위의 점 F를 연결하는 선을 접는 선으로 하여, 직선 BD가 평면 AEFD에 수직이 되도록 종이를 접었다. 이때, 두 평면 AEFD와 EFCB가 이루는 예각의 크기를 θ라고 하자. $\overline{AE}=3$일 때, $\cos\theta$의 값을 구하여라.

8. 정사영과 전개도

정사영／전개도

§1. 정 사 영

1 정사영

평면 α 밖의 점 P에서 α에 내린 수선의 발 P′을 점 P의 평면 α 위로의 정사영이라고 한다.

또, 도형 F의 각 점에서 평면 α에 내린 수선의 발이 그리는 도형 F′을 도형 F의 평면 α 위로의 정사영이라 하고, 평면 α를 투영면 또는 화면이라고 한다.

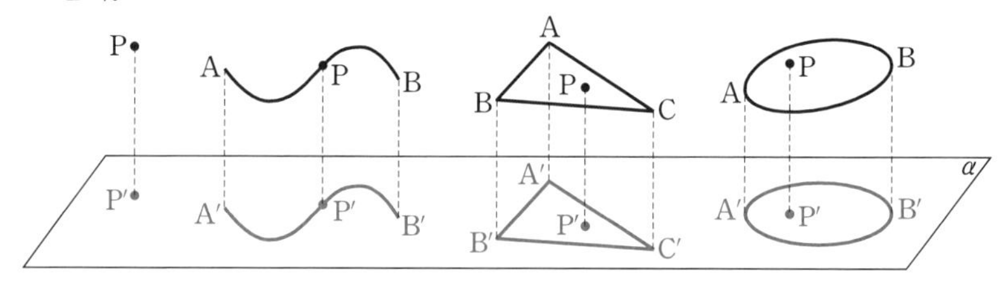

2 정사영의 길이와 넓이

선분의 정사영의 길이와 직사각형의 정사영의 넓이는 다음과 같다.

(1) 아래 그림 ①에서 $\overline{\mathrm{A'B'}}=\overline{\mathrm{AB''}}=\overline{\mathrm{AB}}\cos\theta$ $\therefore$ $\boldsymbol{\overline{\mathrm{A'B'}}=\overline{\mathrm{AB}}\cos\theta}$

(2) 아래 그림 ②에서 $\mathrm{S}=ab,\ \mathrm{S'}=ab\cos\theta$ $\therefore$ $\boldsymbol{\mathrm{S'}=\mathrm{S}\cos\theta}$

그림 ①

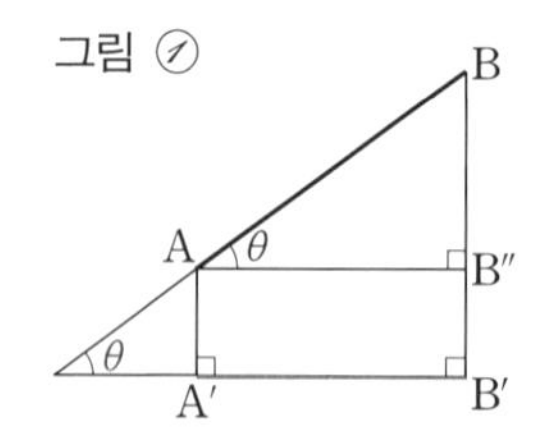

그림 ②

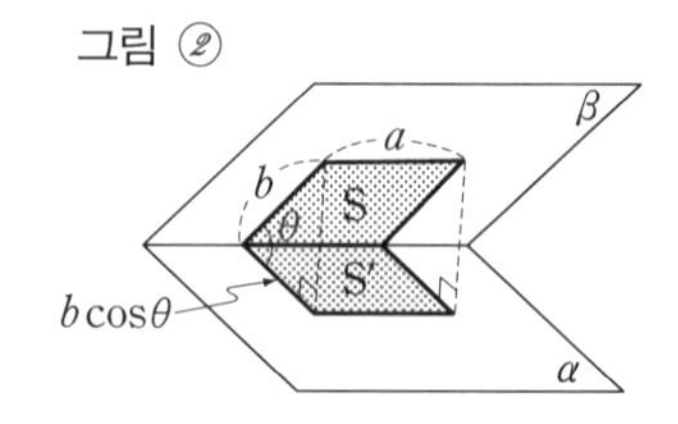

일반적으로 정사영에 관하여 다음 정리가 성립한다.

기본정석 — **정사영에 관한 정리**

정리 1. 직선 l이 평면 α에 수직이 아니면 l의 α 위로의 정사영은 직선이다.

정리 2. 선분 AB의 평면 α 위로의 정사영을 선분 A′B′이라 하고, 직선 AB가 α와 이루는 예각의 크기를 θ라고 하면

$$\overline{\mathrm{A'B'}}=\overline{\mathrm{AB}}\cos\theta$$

정리 3. 평면 β 위의 넓이가 S인 도형의 평면 α 위로의 정사영의 넓이를 S′이라 하고, α와 β가 이루는 예각의 크기를 θ라고 하면

$$\mathrm{S'}=\mathrm{S}\cos\theta$$

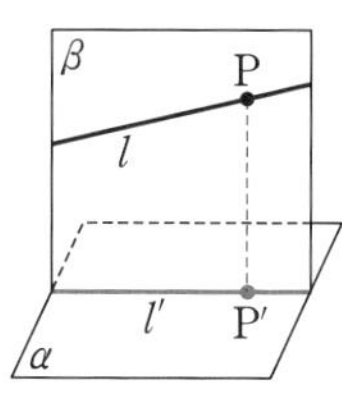

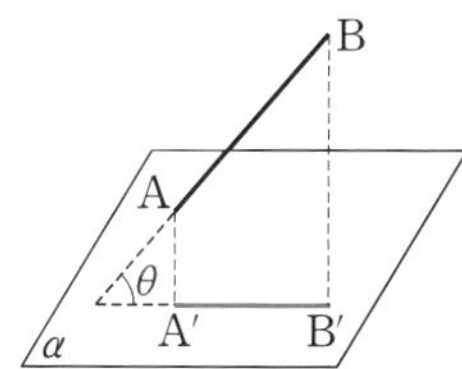

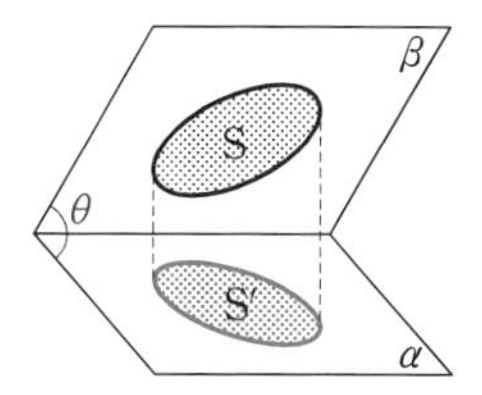

Advice | 도형이 사각형이든 타원이든 관계없이 위의 **정리 3**은 성립한다. 일반적인 증명은 이 책의 수준을 넘으므로 생략한다.

보기 1 밑면의 반지름의 길이가 a이고 높이가 $2a$인 원기둥을 밑면의 중심을 포함하고 밑면과 이루는 각의 크기가 $60°$인 평면으로 자를 때, 단면의 넓이를 구하여라.

연구 오른쪽 그림에서 점 찍은 부분의 정사영은 반지름의 길이가 a인 반원이고, 점 찍은 부분과 밑면이 이루는 각의 크기는 $60°$이다.

따라서 점 찍은 부분의 넓이를 S, 밑면의 반원의 넓이를 S′이라고 하면 위의 **정리 3**에 의하여

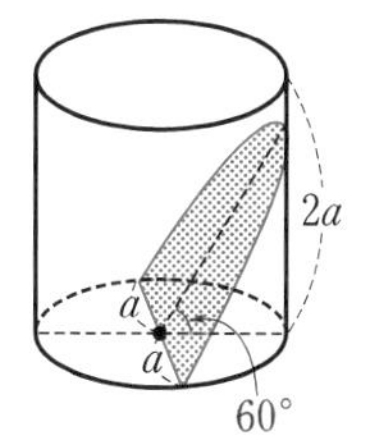

$$\mathrm{S'}=\mathrm{S}\cos 60°$$

이다.

그런데 $\mathrm{S'}=\dfrac{1}{2}\times\pi a^2$이므로 $\dfrac{1}{2}\times\pi a^2=\mathrm{S}\cos 60°$ $\quad\therefore\ \mathrm{S}=\boldsymbol{\pi a^2}$

기본 문제 8-1 오른쪽 그림과 같이 밑면의 반지름의 길이가 3인 원기둥을 밑면과 이루는 각의 크기가 30°인 평면으로 자른 단면은 타원이다.

(1) 이 타원의 넓이 S를 구하여라.

(2) 이 타원의 두 초점 사이의 거리 l을 구하여라.

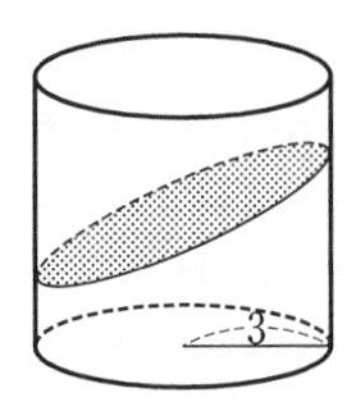

[정석연구] 다음 정사영의 성질을 이용한다.

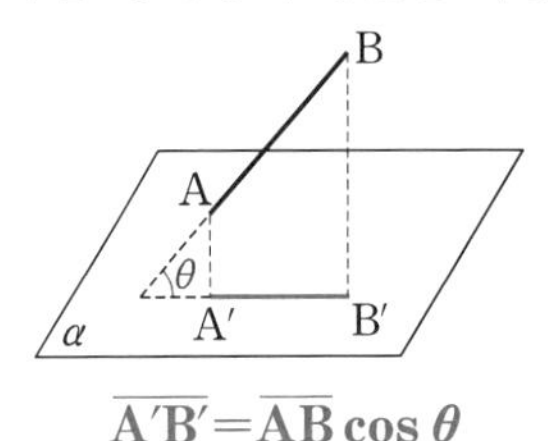

$\overline{\mathrm{A'B'}}=\overline{\mathrm{AB}}\cos\theta$

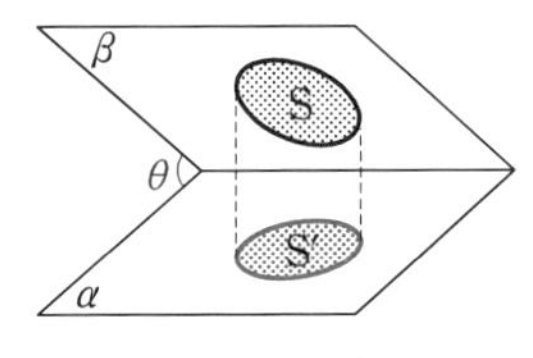

$\mathrm{S'}=\mathrm{S}\cos\theta$

[모범답안] (1) 타원의 정사영은 원기둥의 밑면으로 그 넓이가 $\pi\times3^2$이다.

$$\therefore\ \pi\times3^2=\mathrm{S}\cos30^\circ \qquad \therefore\ \mathrm{S}=\frac{9\pi}{\cos30^\circ}=\frac{9\pi}{\sqrt{3}/2}=\mathbf{6\sqrt{3}\,\pi} \longleftarrow \text{[답]}$$

(2) 타원의 장축의 길이를 $2a$라고 하면 장축의 정사영의 길이는 밑면의 지름의 길이와 같으므로 $2\times3=2a\cos30^\circ$

$$\therefore\ a=\frac{3}{\cos30^\circ}=\frac{3}{\sqrt{3}/2}=2\sqrt{3}$$

또, 타원의 단축의 길이를 $2b$라고 하면 단축의 정사영의 길이는 밑면의 지름의 길이와 같으므로 $2b=2\times3$ $\quad\therefore\ b=3$

$$\therefore\ l=2\sqrt{a^2-b^2}=2\sqrt{(2\sqrt{3})^2-3^2}=\mathbf{2\sqrt{3}} \longleftarrow \text{[답]}$$

[유제] **8**-1. 길이가 10 cm인 선분 AB와 평면 α가 이루는 각의 크기가 30°일 때, 선분 AB의 α 위로의 정사영의 길이를 구하여라. [답] $\mathbf{5\sqrt{3}}$ **cm**

[유제] **8**-2. 오른쪽 그림과 같이 평면 α와 β가 이루는 각의 크기가 60°일 때, α 위에 있는 타원 F의 β 위로의 정사영을 F′이라고 하자.

F′이 반지름의 길이가 3 cm인 원일 때, 타원 F의 넓이를 구하여라. [답] $\mathbf{18\pi}$ $\mathbf{cm^2}$

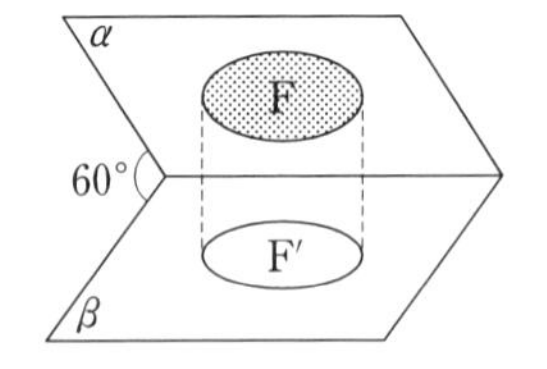

[유제] **8**-3. 평평한 땅 위에 반지름의 길이가 10 cm인 공이 놓여 있다. 땅과 이루는 각의 크기가 45°인 방향으로 빛이 입사할 때, 공의 그림자의 넓이를 구하여라. [답] $\mathbf{100\sqrt{2}\,\pi}$ $\mathbf{cm^2}$

기본 문제 8-2 오른쪽 그림과 같이 정육면체 ABCD-EFGH가 있다.

$\overline{AB}=a$일 때, 다음 물음에 답하여라.

(1) $\triangle$BDE의 넓이를 구하여라.

(2) 평면 BDE와 평면 EFGH가 이루는 예각의 크기를 θ라고 할 때, $\cos\theta$의 값을 구하여라.

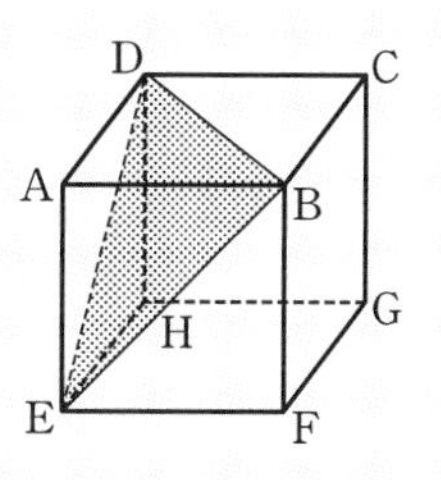

정석연구 (1) $\overline{BD}=\sqrt{\overline{AB}^2+\overline{AD}^2}=\sqrt{a^2+a^2}=\sqrt{2}\,a$이므로 $\triangle$BDE는 한 변의 길이가 $\sqrt{2}\,a$인 정삼각형이다.

(2) 평면 BDE와 평면 EFGH의 교선이 정육면체에 나타나지 않으므로 이면각의 정의를 이용하여 θ나 $\cos\theta$의 값을 구하는 것이 쉽지 않다.

이런 경우 정사영을 생각할 수도 있다. 곧, $\triangle$BDE의 평면 EFGH 위로의 정사영이 $\triangle$FHE이므로

$$\triangle\mathbf{FHE}=\triangle\mathbf{BDE}\times\cos\boldsymbol{\theta} \qquad \Leftarrow \mathbf{S'=S\cos\theta}$$

가 성립한다. 따라서 $\triangle$BDE와 $\triangle$FHE의 넓이를 구한 다음, 위의 관계에서 $\cos\theta$의 값을 구하면 된다.

모범답안 (1) 정육면체이므로 $\overline{BD}=\overline{DE}=\overline{EB}=\sqrt{2}\,a$

$$\therefore\ \triangle BDE=\frac{\sqrt{3}}{4}\times(\sqrt{2}\,a)^2=\boldsymbol{\frac{\sqrt{3}}{2}a^2} \longleftarrow \boxed{답}$$

(2) $\triangle$BDE의 정사영이 $\triangle$FHE, 두 평면이 이루는 예각의 크기가 θ이므로

$$\triangle FHE=\triangle BDE\times\cos\theta$$

한편 $\triangle BDE=\dfrac{\sqrt{3}}{2}a^2$이고, $\triangle FHE=\dfrac{1}{2}\square EFGH=\dfrac{1}{2}a^2$이므로

$$\frac{1}{2}a^2=\frac{\sqrt{3}}{2}a^2\cos\theta \qquad \therefore\ \cos\theta=\frac{1}{\sqrt{3}}=\boldsymbol{\frac{\sqrt{3}}{3}} \longleftarrow \boxed{답}$$

유제 **8**-4. 오른쪽 그림과 같이 직선 l 위의 선분 AB의 평면 α 위로의 정사영을 선분 A′B′이라고 하자. $\overline{AB}=4$ cm, $\overline{A'B'}=2\sqrt{3}$ cm일 때, 직선 l과 평면 α가 이루는 예각의 크기를 구하여라. 답 **30°**

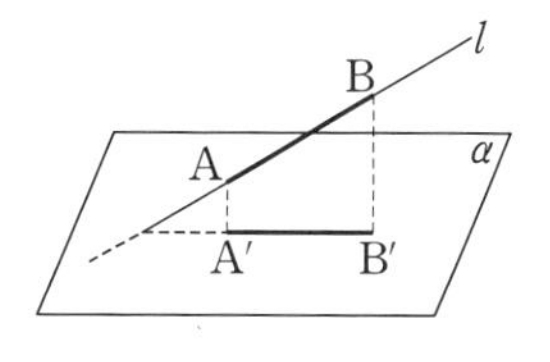

유제 **8**-5. 평면 α 위에 한 변의 길이가 2 cm인 정삼각형이 있다. 이 정삼각형의 평면 β 위로의 정사영의 넓이가 $\dfrac{\sqrt{6}}{2}$ cm^{2}일 때, 두 평면 α, β가 이루는 예각의 크기를 구하여라. 답 **45°**

기본 문제 8-3 서로 수직인 두 평면 α, β의 교선을 l이라고 하자. 반지름의 길이가 6인 원판이 두 평면 α, β와 각각 한 점에서 만나고 l에 평행하게 놓여 있다. 태양 광선이 평면 α와 크기가 $30°$인 각을 이루면서 원판의 면에 수직으로 비출 때, 평면 β에 나타나는 원판의 그림자의 넓이 S를 구하여라.

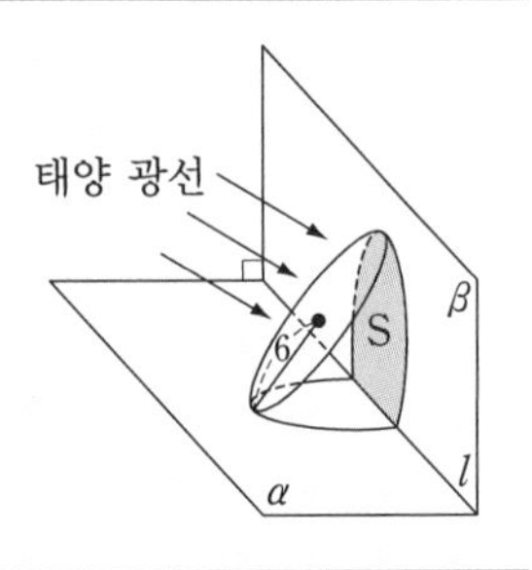

정석연구 위와 같은 조건으로 길이가 12인 막대가 있는 경우, 빛이 막대와 수직이므로 β에 그림자가 생기는 부분은 막대의 $\overline{\mathrm{AH}}$ 부분이다. 이때, 그림자의 길이는 정사영을 이용하여 구할 수 있다.

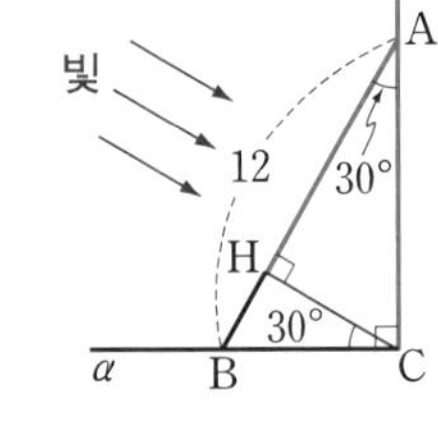

정 석 그림자의 길이, 넓이는
$\Longrightarrow$ 정사영을 생각한다.

모범답안 오른쪽 위의 그림에서 $\overline{\mathrm{AB}}=12$일 때

$$\overline{\mathrm{BC}}=\overline{\mathrm{AB}}\sin 30°=6,\ \overline{\mathrm{BH}}=\overline{\mathrm{BC}}\sin 30°=3$$

따라서 평면 β에 그림자가 생기는 부분은 오른쪽 원판에서 초록 점 찍은 부분이다.

점 찍은 부분의 넓이를 S′이라고 하면

$$\mathrm{S}'=\pi\times 6^2\times\frac{240°}{360°}+\frac{1}{2}\times 6^2\times\sin(180°-120°)$$
$$=24\pi+9\sqrt{3}$$

$\mathrm{S}\cos 30°=\mathrm{S}'$이므로 $\mathrm{S}=\dfrac{24\pi+9\sqrt{3}}{\sqrt{3}/2}=\mathbf{18+16\sqrt{3}\pi}$ ← 답

유제 **8**-6. 오른쪽 그림과 같이 태양 광선이 지면과 크기가 $60°$인 각을 이루면서 비추고 있다. 한 변의 길이가 4인 정사각형의 중앙에 반지름의 길이가 1인 원 모양의 구멍이 뚫려 있는 판이 지면과 수직으로 서 있고, 태양 광선과 이루는 각의 크기가 $30°$이다. 판의 밑변을 지면에 고정하고 판을 그림자 쪽으로 기울일 때 생기는 그림자의 최대 넓이를 구하여라. 단, 판의 두께는 무시한다.

답 $\dfrac{2\sqrt{3}}{3}(16-\pi)$

§2. 전 개 도

기본 문제 8-4 오른쪽 그림과 같이 세 모서리의 길이가 5, 6, 2인 직육면체 ABCD-EFGH가 있다.

면 위를 따라 꼭짓점 E에서 모서리 AB, BC를 지나 꼭짓점 G에 이르는 선을 그을 때, 이 선의 길이의 최솟값을 구하여라.

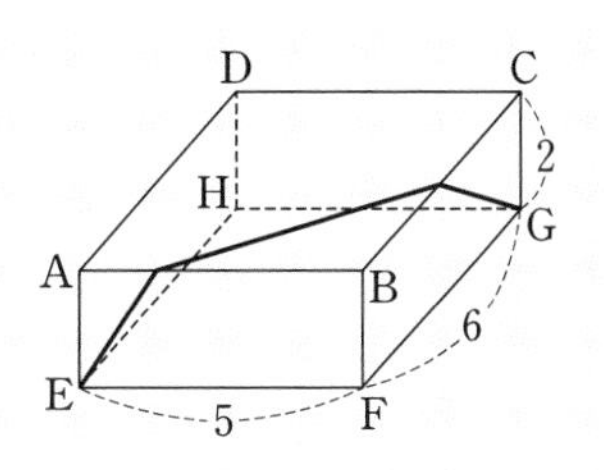

정석연구 모서리 AE, BF, CG, EF, FG를 잘라면 ABCD와 같은 평면에 펼쳐 올리면 오른쪽 그림과 같다.

이 그림에서 EG가 선분일 때, 그 길이가 최소임을 쉽게 알 수 있다.

이와 같이 공간도형에서 최단 거리는 도형의 전개도에서 구하는 것이 간단한 경우가 많다.

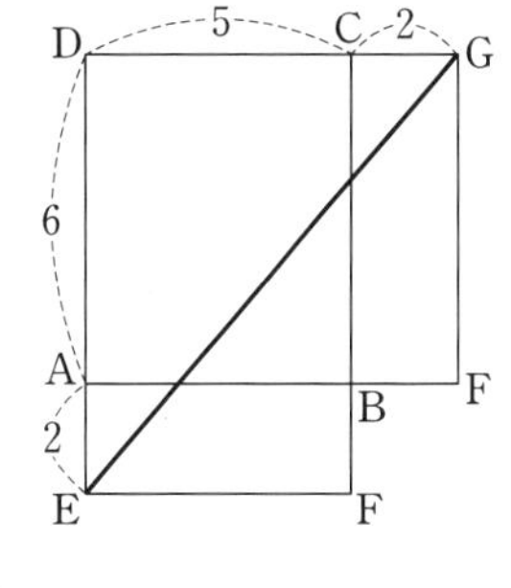

정 석 공간도형에서의 최단 거리는

$\Longrightarrow$ 전개도를 생각하여라.

모범답안 길이가 최소인 선은 오른쪽 위의 전개도에서 선분 EG이므로

$$\overline{\mathrm{EG}}=\sqrt{\overline{\mathrm{DE}}^2+\overline{\mathrm{DG}}^2}=\sqrt{8^2+7^2}=\sqrt{\mathbf{113}} \longleftarrow \boxed{\text{답}}$$

유제 8-7. 오른쪽 그림과 같이 세 모서리의 길이가 3, 2, 1인 직육면체 ABCD-EFGH가 있다. 면 위를 따라 꼭짓점 A에서 꼭짓점 G까지 움직일 때, 최단 거리를 구하여라.

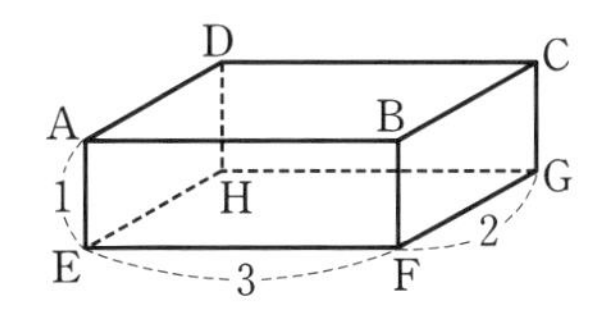

답 $3\sqrt{2}$

유제 8-8. 오른쪽 그림과 같이 밑면의 반지름의 길이가 2이고 높이가 5인 원기둥의 한 밑면의 둘레 위의 점 P에서 다른 밑면의 둘레 위의 점 Q(단, 선분 PQ는 원기둥의 밑면에 수직)까지 원기둥의 옆면을 두 번 돌도록 팽팽하게 실을 감았다. 실의 길이를 구하여라.

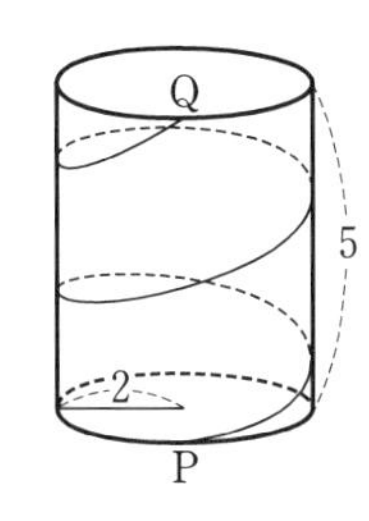

답 $\sqrt{25+64\pi^2}$

기본 문제 8-5 오른쪽 그림은 밑면의 반지름의 길이가 $\sqrt{2}$ 이고 높이가 4 인 원뿔이다.

이 원뿔의 밑면의 둘레 위의 한 점 P가 원뿔의 옆면을 한 바퀴 돌아 제자리에 올 때, 그 최단 거리를 구하여라.

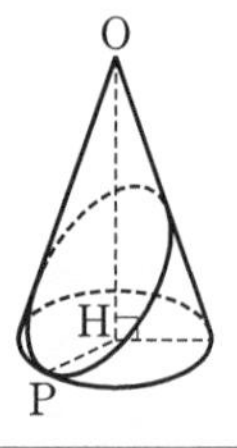

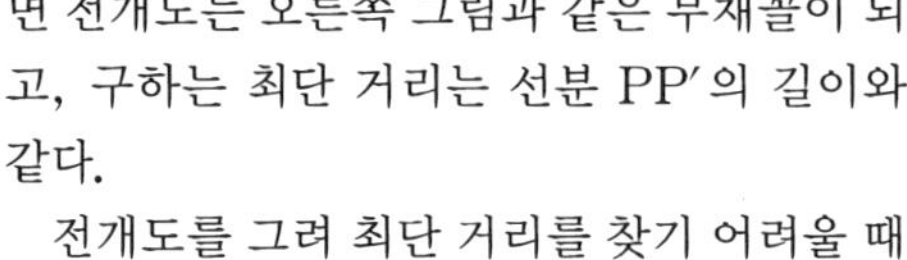

[정석연구] 모선 OP로 원뿔의 옆면을 잘라 펼치면 전개도는 오른쪽 그림과 같은 부채꼴이 되고, 구하는 최단 거리는 선분 PP′의 길이와 같다.

전개도를 그려 최단 거리를 찾기 어려울 때에는 종이로 원뿔을 만들어 생각해 보아라.

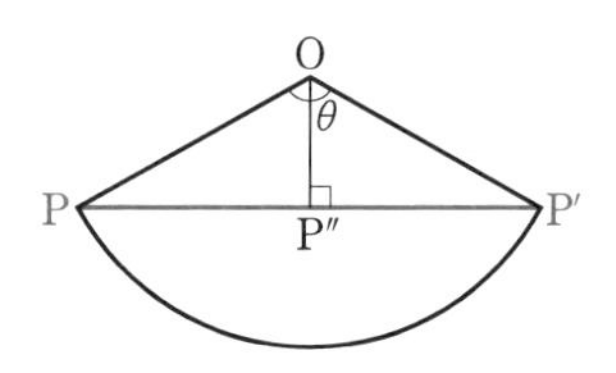

정석 공간도형에서의 최단 거리는 ⟹ 전개도를 생각하여라.

[모범답안] 모선 OP로 원뿔의 옆면을 잘라 펼치면 위의 그림과 같은 부채꼴이 되고, 구하는 최단 거리는 선분 PP′의 길이와 같다.

문제의 그림에서 $\overline{\mathrm{OP}}=\sqrt{\overline{\mathrm{OH}}^2+\overline{\mathrm{PH}}^2}=\sqrt{4^2+(\sqrt{2})^2}=3\sqrt{2}$

한편 위의 부채꼴에서 중심각의 크기를 θ라고 하면

$$2\pi\times3\sqrt{2}\times\frac{\theta}{360^\circ}=2\pi\times\sqrt{2} \qquad \therefore\ \theta=120^\circ$$

점 O에서 선분 PP′에 내린 수선의 발을 P″이라고 하면 $\angle\mathrm{POP''}=60^\circ$

$$\therefore\ \overline{\mathrm{PP''}}=\overline{\mathrm{OP}}\sin60^\circ=3\sqrt{2}\times\frac{\sqrt{3}}{2}=\frac{3\sqrt{6}}{2}$$

$$\therefore\ \overline{\mathrm{PP'}}=2\overline{\mathrm{PP''}}=\boldsymbol{3\sqrt{6}} \longleftarrow \boxed{\text{답}}$$

[유제] **8**-9. 꼭짓점이 O이고 밑면의 반지름의 길이가 a인 원뿔의 모선 OA의 중점을 B라고 하자. 이 원뿔의 옆면을 따라 점 A에서 점 B까지 실을 한 바퀴 감아 팽팽하게 당길 때, 실의 길이를 구하여라. 단, $\overline{\mathrm{OA}}=4a$이다.

[답] $\boldsymbol{2\sqrt{5}\,a}$

[유제] **8**-10. 오른쪽 그림과 같이 원뿔의 옆면 위의 점 A를 지나도록 끈을 원뿔의 옆면에 한 바퀴 감을 때, 필요한 끈의 최소 길이는 24 cm이다.

$\overline{\mathrm{OA}}=15$ cm일 때, 꼭짓점 O에서 끈에 이르는 최단 거리를 구하여라.

[답] **9 cm**

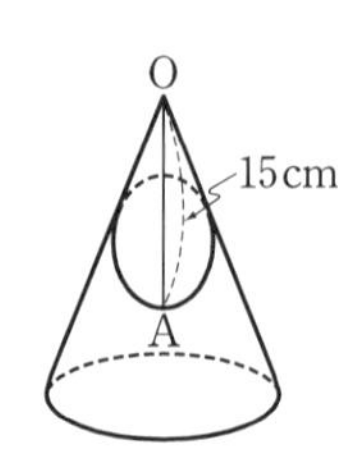

연습문제 8

8-1 오른쪽 그림과 같이 반지름의 길이가 4인 반구가 있다. 밑면의 둘레 위의 한 점 A를 지나고 밑면과 이루는 각의 크기가 30°인 평면으로 잘라 생긴 단면의 밑면 위로의 정사영의 넓이를 구하여라.

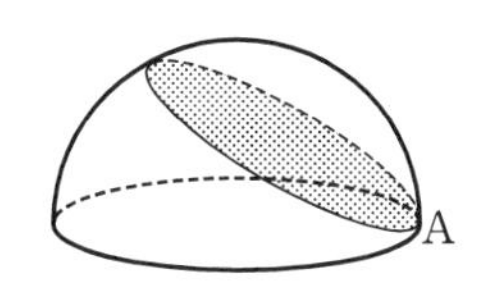

8-2 오른쪽 그림과 같이 모든 모서리의 길이가 4인 정사각뿔 A-BCDE의 모서리 AC의 중점을 F, 모서리 AD의 중점을 G라고 하자. △BFG의 밑면 BCDE 위로의 정사영을 T라고 할 때, T의 평면 ACD 위로의 정사영의 넓이는?

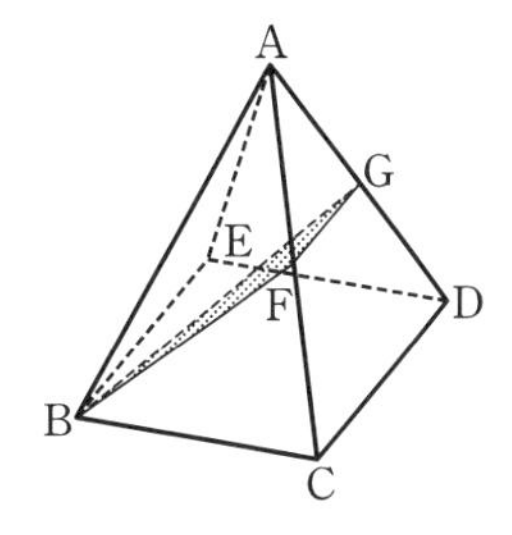

① 1　　② $\sqrt{2}$　　③ $\sqrt{3}$
④ 2　　⑤ 3

8-3 두 평면 α, β가 이루는 각의 크기가 30°이고, α 위의 선분 AB의 β 위로의 정사영이 선분 A′B′이다. 평면 α, β의 교선과 선분 AB가 이루는 각의 크기가 60°이고 $\overline{AB}=2$일 때, 선분 A′B′의 길이를 구하여라.

8-4 오른쪽 그림과 같이 반지름의 길이가 2인 공이 공중에 있다. 벽면과 지면은 서로 수직이고, 태양 광선이 지면과 크기가 θ인 각을 이루면서 공을 비추고 있다. 또, 태양 광선과 평행하고 공의 중심을 지나는 직선이 벽면과 지면의 교선 l과 수직으로 만난다.

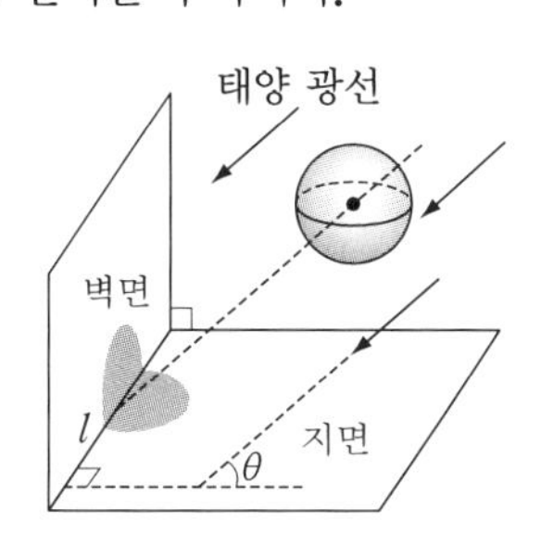

벽면에 생기는 공의 그림자 위의 점에서 l까지의 거리의 최댓값을 a라 하고, 지면에 생기는 공의 그림자 위의 점에서 l까지의 거리의 최댓값을 b라고 하자.

이때, $\dfrac{1}{a^2}+\dfrac{1}{b^2}$의 값을 구하여라.

8-5 한 모서리의 길이가 6인 정사면체 OABC가 있다. 세 삼각형 OAB, OBC, OCA에 각각 내접하는 세 원의 평면 ABC 위로의 정사영을 각각 S_1, S_2, S_3이라고 하자. 오른쪽 그림과 같이 세 도형 S_1, S_2, S_3으로 둘러싸인 점 찍은 부분의 넓이를 구하여라.

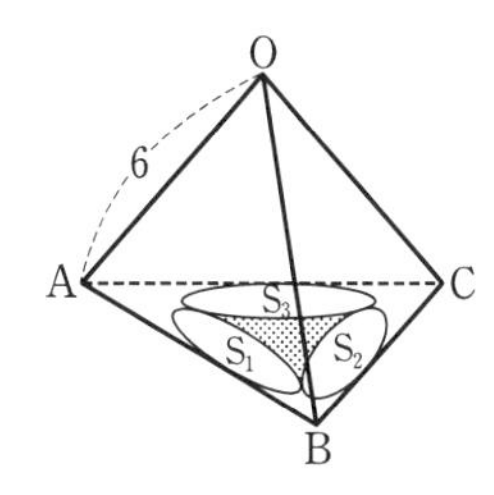

8-6 밑면의 반지름의 길이가 2이고 높이가 10인 원기둥이 오른쪽 그림과 같이 평면 α와 크기가 $60°$인 각을 이루면서 비스듬히 놓여 있다.

이 원기둥의 평면 α 위로의 정사영의 넓이를 구하여라.

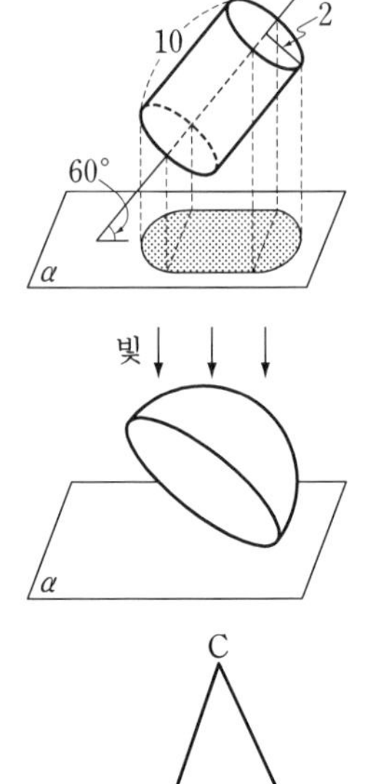

8-7 반지름의 길이가 6인 반구를 평면 α 위에 엎어 놓고, 오른쪽 그림과 같이 평면 α와 반구의 밑면이 크기가 $60°$인 각을 이루도록 한쪽을 들어 올렸다. 평면 α에 수직으로 빛을 비출 때, α에 생기는 그림자의 넓이를 구하여라.

8-8 오른쪽 그림과 같이 평면 α 위에 점 A가 있고, α로부터의 거리가 각각 1, 3인 두 점 B, C가 있다. 선분 AC를 $1:2$로 내분하는 점 P에 대하여 $\overline{PB}=4$이다. $\triangle ABC$의 넓이가 9일 때, $\triangle ABC$의 평면 α 위로의 정사영의 넓이는?

① $3\sqrt{3}$ ② 6 ③ $3\sqrt{5}$
④ $3\sqrt{6}$ ⑤ $3\sqrt{7}$

8-9 오른쪽 그림과 같은 사면체의 전개도에서 $\overline{AC}=\overline{AE}=\overline{BE}$, $\angle DAC=\angle CAB=90°$이다.

사면체에서 세 점 D, E, F가 합쳐지는 점을 P라고 하자. 사면체 PABC에 대하여 다음 중 옳은 것만을 있는 대로 골라라.

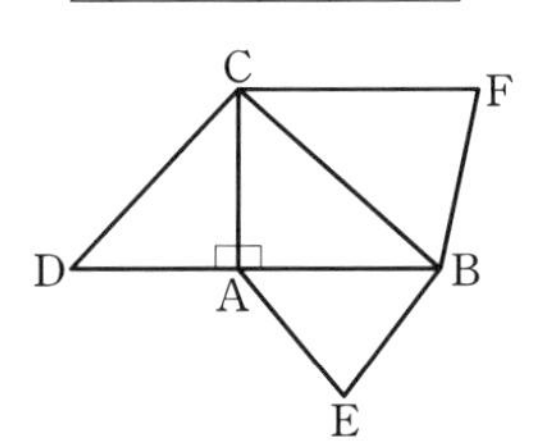

ㄱ. $\overline{CP}=\sqrt{2}\times\overline{BP}$
ㄴ. 직선 AB와 CP는 꼬인 위치에 있다.
ㄷ. 선분 AB의 중점을 M이라고 하면 $\overline{PM}\perp\overline{BC}$이다.

8-10 오른쪽 그림과 같은 원기둥의 일부가 있다. 한 점 P가 점 A에서 이 입체도형의 겉면을 따라 모서리 CD 위의 한 점 K를 지나 점 F까지 움직인다. 점 P가 움직인 거리가 최소일 때, 선분 CK의 길이를 구하여라.

단, 점 E, F는 각각 원래 원기둥의 두 밑면인 원의 중심이다.

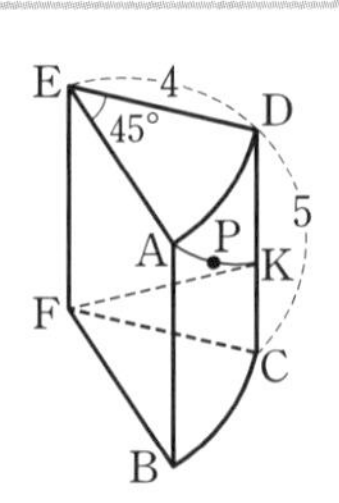

⑨. 공간좌표

두 점 사이의 거리/선분의 내분점과 외분점/구의 방정식/입체의 부피

§1. 두 점 사이의 거리

1 좌표공간

직선에서 점의 위치는 하나의 실수로 된 좌표로 나타낼 수 있고, 평면에서 점의 위치는 두 실수의 순서쌍으로 된 좌표로 나타낼 수 있다.

이제 공간에서 점의 위치를 나타내는 방법에 대하여 알아보자.

공간의 한 점 O에서 직교하는 두 수직선을 잡아 이것을 각각 x축, y축으로 하고, 점 O에서 x축과 y축이 결정하는 평면에 수직인 또 하나의 수직선을 잡아 이것을 z축으로 하자.

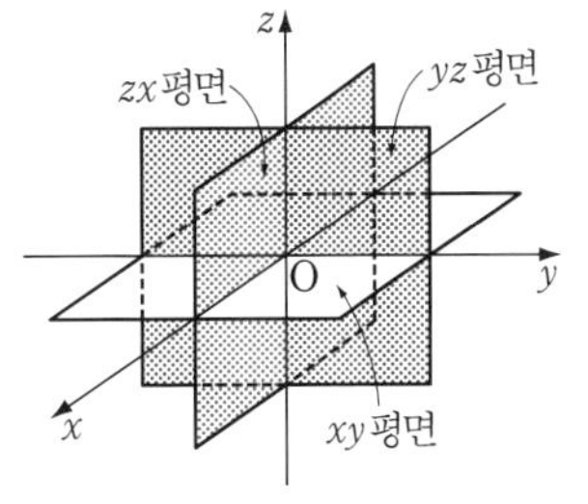

이때, 점 O를 원점이라 하고, x축, y축, z축을 통틀어 **좌표축**이라고 한다. 또,

x축과 y축이 결정하는 평면을 $\boldsymbol{xy}$평면,

y축과 z축이 결정하는 평면을 $\boldsymbol{yz}$평면,

z축과 x축이 결정하는 평면을 $\boldsymbol{zx}$평면

이라 하고, 이 세 평면을 통틀어 **좌표평면**이라고 한다.

이때, x축은 yz평면에, y축은 zx평면에, z축은 xy평면에 각각 수직이다.

이와 같이 좌표축과 좌표평면이 정해진 공간을 **좌표공간**이라고 한다.

2 공간좌표

공간의 한 점 P에서 xy평면, yz평면, zx평면에 내린 수선의 발을 각각 Q, R, S라 하고, 평면 PQS, 평면 PQR, 평면 PRS와 x축, y축, z축의 교점을 각각 A, B, C라고 하자.

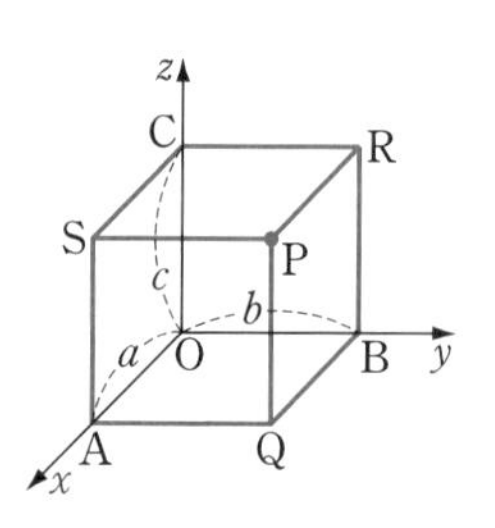

이때, 삼수선의 정리에 의하여 점 A, B, C는 각각 점 P에서 x축, y축, z축에 내린 수선의 발과 일치한다.

점 A의 x축 위에서의 좌표를 a, 점 B의 y축 위에서의 좌표를 b, 점 C의 z축 위에서의 좌표를 c라고 하면 점 P에 대하여 세 실수의 순서쌍 $(a,\ b,\ c)$가 정해진다.

역으로 세 실수의 순서쌍 $(a,\ b,\ c)$가 주어질 때, x축, y축, z축 위의 각 좌표가 a, b, c인 점 A, B, C를 잡으면 점 A, B, C를 지나고 각 좌표축과 수직인 세 평면의 교점 P가 정해진다.

따라서 공간의 한 점 P와 세 실수의 순서쌍 $(a,\ b,\ c)$는 일대일 대응한다.

이와 같이 공간의 점 P에 대응하는 세 실수의 순서쌍 $(a,\ b,\ c)$를 점 P의 공간좌표 또는 좌표라 하고, 세 실수 a, b, c를 각각 점 P의 **x좌표**, **y좌표**, **z좌표**라고 하며, **P$(a,\ b,\ c)$**로 나타낸다.

특히 원점 O의 좌표는 O$(0,\ 0,\ 0)$이다.

*Note 위의 그림에서 점 A, B, C, Q, R, S의 좌표는 다음과 같다.

A$(a,\ 0,\ 0)$, B$(0,\ b,\ 0)$, C$(0,\ 0,\ c)$, Q$(a,\ b,\ 0)$, R$(0,\ b,\ c)$, S$(a,\ 0,\ c)$

보기 1 다음 점을 좌표공간에 나타내어라.

(1) A$(3,\ 4,\ 5)$ (2) B$(2,\ -3,\ 4)$ (3) C$(3,\ 2,\ -4)$

연구 (1)

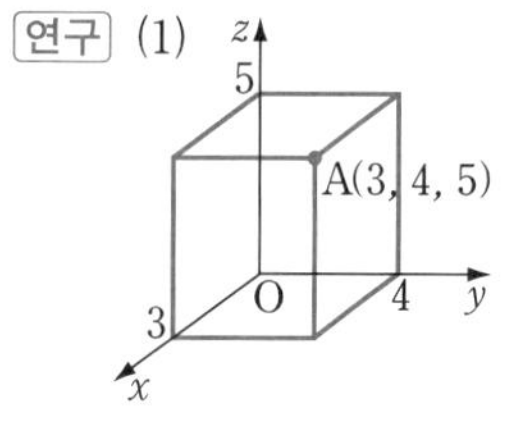

(2)

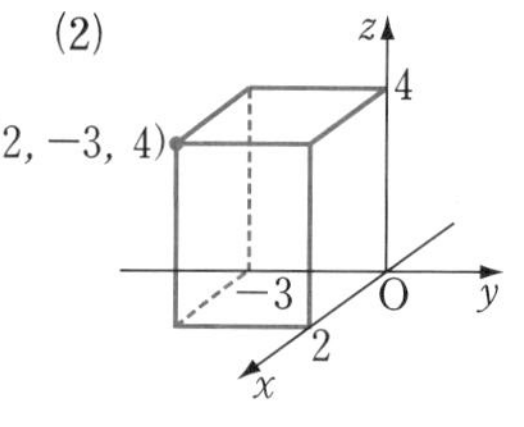

(3)

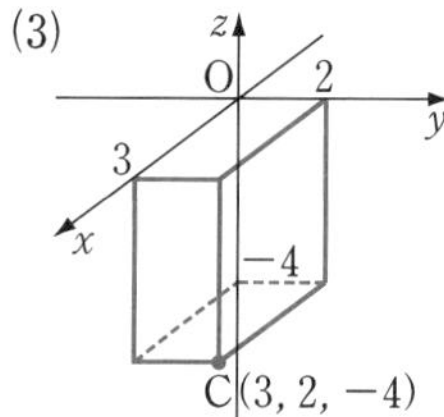

3 좌표공간의 점의 대칭

좌표공간의 점 P$(a,\ b,\ c)$를 좌표평면, 좌표축, 원점에 대하여 대칭이동한 점의 좌표는 각각 다음과 같다. ⇦ 위의 그림 참조

xy평면 대칭 : $(a,\ b,\ -c)$, **yz평면 대칭 : $(-a,\ b,\ c)$**,
zx평면 대칭 : $(a,\ -b,\ c)$, **x축 대칭 : $(a,\ -b,\ -c)$**,
y축 대칭 : $(-a,\ b,\ -c)$, **z축 대칭 : $(-a,\ -b,\ c)$**,
원점 대칭 : $(-a,\ -b,\ -c)$

위의 대칭이동한 점의 좌표는 좌표공간에 나타내어 보면 쉽게 알 수 있다.

보기 2 좌표공간의 점 P(2, 3, 1)에 대하여 다음 점의 좌표를 구하여라.

(1) 점 P에서 xy평면에 내린 수선의 발

(2) 점 P에서 z축에 내린 수선의 발

(3) 점 P를 yz평면에 대하여 대칭이동한 점

(4) 점 P를 x축에 대하여 대칭이동한 점

연구 (1) **(2, 3, 0)** (2) **(0, 0, 1)** (3) **(−2, 3, 1)** (4) **(2, −3, −1)**

4 두 점 사이의 거리

오른쪽 그림과 같이 선분 PQ를 대각선으로 하는 직육면체를 생각하면

$\angle PLQ=90°$, $\angle LMQ=90°$

이므로

$$\overline{PQ}^2=\overline{PL}^2+\overline{LQ}^2$$
$$=\overline{PL}^2+(\overline{LM}^2+\overline{MQ}^2)$$
$$=\overline{LM}^2+\overline{MQ}^2+\overline{PL}^2$$

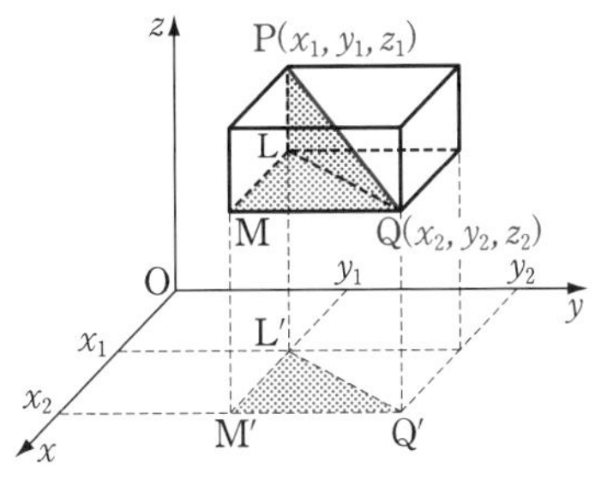

그런데 $\overline{LM}=|x_2-x_1|$, $\overline{MQ}=|y_2-y_1|$, $\overline{PL}=|z_2-z_1|$이므로

$$\overline{PQ}^2=(x_2-x_1)^2+(y_2-y_1)^2+(z_2-z_1)^2$$

$$\therefore\ \overline{PQ}=\sqrt{(x_2-x_1)^2+(y_2-y_1)^2+(z_2-z_1)^2}$$

특히 원점 O(0, 0, 0)과 점 P(x_1, y_1, z_1) 사이의 거리는

$$\overline{OP}=\sqrt{(x_1-0)^2+(y_1-0)^2+(z_1-0)^2}=\sqrt{x_1^2+y_1^2+z_1^2}$$

이것은 좌표평면 위의 두 점 사이의 거리를 구하는 공식에 z좌표가 추가된 꼴이다.

기본정석 **두 점 사이의 거리**

(1) 좌표평면 위의 두 점 P(x_1, y_1), Q(x_2, y_2) 사이의 거리는

$$\overline{PQ}=\sqrt{(x_2-x_1)^2+(y_2-y_1)^2}$$

(2) 좌표공간의 두 점 P(x_1, y_1, z_1), Q(x_2, y_2, z_2) 사이의 거리는

$$\overline{PQ}=\sqrt{(x_2-x_1)^2+(y_2-y_1)^2+(z_2-z_1)^2}$$

보기 3 두 점 P(1, 2, 3), Q(−2, 1, 4) 사이의 거리를 구하여라.

연구 $\overline{PQ}=\sqrt{(-2-1)^2+(1-2)^2+(4-3)^2}=\boldsymbol{\sqrt{11}}$

기본 문제 9-1 다음 물음에 답하여라.

(1) 두 점 A(1, 2, 5), B(−2, 1, 1)에서 같은 거리에 있는 x축 위의 점 P, y축 위의 점 Q, z축 위의 점 R의 좌표를 각각 구하여라.

(2) 세 점 A(1, −1, 1), B(2, 1, −4), C(0, −1, 6)에서 같은 거리에 있는 xy평면 위의 점 P의 좌표를 구하여라.

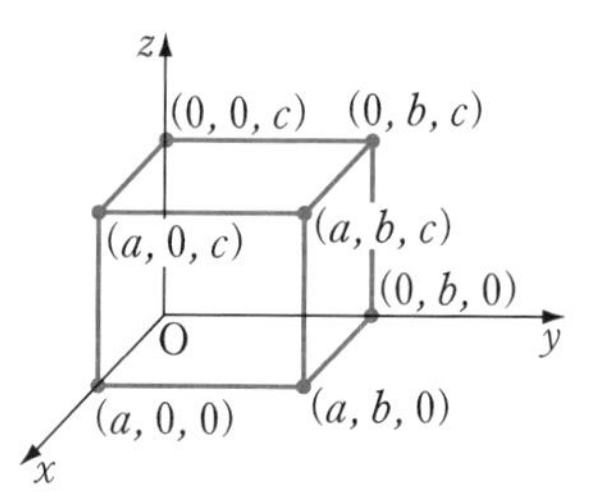

정석연구 (1) x축 위의 점은 y, z좌표가 모두 0이므로 P(a, 0, 0)으로 놓을 수 있다.

마찬가지로 y축 위의 점은 Q(0, b, 0), z축 위의 점은 R(0, 0, c)로 놓는다.

(2) xy평면 위의 점은 z좌표가 0이므로 P(a, b, 0)으로 놓을 수 있다.

정석 x축 위의 점 $\Longrightarrow$ $(a, 0, 0)$
xy평면 위의 점 $\Longrightarrow$ $(a, b, 0)$

모범답안 (1) x축 위의 점 P의 좌표를 P(a, 0, 0)이라고 하면

$$\overline{AP}^2=(a-1)^2+(0-2)^2+(0-5)^2=a^2-2a+30,$$
$$\overline{BP}^2=(a+2)^2+(0-1)^2+(0-1)^2=a^2+4a+6$$

문제의 조건에서 $\overline{AP}^2=\overline{BP}^2$

$\therefore$ $a^2-2a+30=a^2+4a+6$ $\therefore$ $a=4$ $\therefore$ P(4, 0, 0)

같은 방법으로 하면 Q(0, 12, 0), R(0, 0, 3)

답 **P(4, 0, 0), Q(0, 12, 0), R(0, 0, 3)**

(2) xy평면 위의 점 P의 좌표를 P(a, b, 0)이라고 하면

$$\overline{AP}^2=(a-1)^2+(b+1)^2+(0-1)^2=a^2+b^2-2a+2b+3,$$
$$\overline{BP}^2=(a-2)^2+(b-1)^2+(0+4)^2=a^2+b^2-4a-2b+21,$$
$$\overline{CP}^2=(a-0)^2+(b+1)^2+(0-6)^2=a^2+b^2+2b+37$$

문제의 조건에서 $\overline{AP}^2=\overline{BP}^2$, $\overline{BP}^2=\overline{CP}^2$ $\therefore$ $a+2b=9$, $a+b=-4$

연립하여 풀면 $a=-17$, $b=13$ $\therefore$ **P(−17, 13, 0)** ← 답

유제 **9**-1. 두 점 A(2, 3, 4), B(3, 4, 5)에서 같은 거리에 있는 x축, y축, z축 위의 점의 좌표를 각각 구하여라.

답 $\left(\frac{21}{2}, 0, 0\right)$, $\left(0, \frac{21}{2}, 0\right)$, $\left(0, 0, \frac{21}{2}\right)$

유제 **9**-2. 세 점 O(0, 0, 0), A(1, 2, 1), B(−1, 0, 1)에서 같은 거리에 있는 yz평면 위의 점 P의 좌표를 구하여라.

답 **P(0, 1, 1)**

기본 문제 9-2 좌표공간에 두 점 A(3, 4, 5), B(6, 8, 10)이 있다.
(1) 선분 AB의 xy평면 위로의 정사영 $\mathrm{A'B'}$의 길이를 구하여라.
(2) 직선 AB가 xy평면과 이루는 예각의 크기를 구하여라.
(3) xy평면 위를 움직이는 점 P에 대하여 $\overline{\mathrm{AP}}+\overline{\mathrm{BP}}$의 최솟값을 구하여라.

정석연구 (1) 오른쪽 그림과 같이 점 A(3, 4, 5)의 xy평면 위로의 정사영을 A′이라고 하면 점 A′의 좌표는 A′(3, 4, 0)이다.

곧, 점 A의 x, y좌표는 바뀌지 않고 z좌표만 0으로 바뀐다.

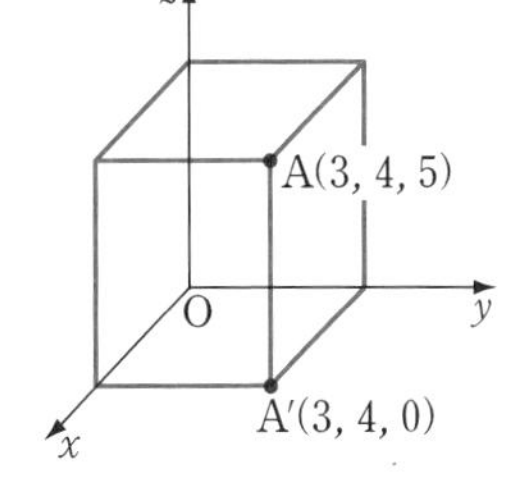

정석 점 $\mathbf{P}(a,\ b,\ c)$의 $\boldsymbol{xy}$평면 위로의 정사영 $\Longrightarrow$ $\mathbf{P'}(a,\ b,\ 0)$

(3) xy평면에 대하여 점 A와 대칭인 점의 좌표는 $(3,\ 4,\ -5)$이다. 곧, x, y좌표는 변함이 없고 z좌표의 부호만 바뀐다. 이 대칭인 점을 이용해 보자.

정석 $\mathbf{P}(a,\ b,\ c)$와 $\boldsymbol{xy}$평면에 대하여 대칭인 점 $\Longrightarrow$ $\mathbf{P'}(a,\ b,\ -c)$

모범답안 (1) 점 A의 xy평면 위로의 정사영 A′의 좌표는 A′(3, 4, 0)이고, 점 B의 xy평면 위로의 정사영 B′의 좌표는 B′(6, 8, 0)이다.

$\therefore\ \overline{\mathrm{A'B'}}=\sqrt{(6-3)^2+(8-4)^2+(0-0)^2}=\mathbf{5}$ ← 답

(2) 구하는 예각의 크기를 θ라고 하면 $\overline{\mathrm{A'B'}}=\overline{\mathrm{AB}}\cos\theta$

$\overline{\mathrm{AB}}=\sqrt{(6-3)^2+(8-4)^2+(10-5)^2}=5\sqrt{2}$ 이므로

$5=5\sqrt{2}\cos\theta \qquad \therefore\ \theta=\mathbf{45^\circ}$ ← 답

(3) xy평면에 대하여 점 A와 대칭인 점을 A″이라고 하면

$\overline{\mathrm{AP}}+\overline{\mathrm{BP}}=\overline{\mathrm{A''P}}+\overline{\mathrm{BP}}\ge\overline{\mathrm{A''B}}$

A″(3, 4, −5)이므로 최솟값은

$\overline{\mathrm{A''B}}=\sqrt{(6-3)^2+(8-4)^2+(10+5)^2}$
$=\mathbf{5\sqrt{10}}$ ← 답

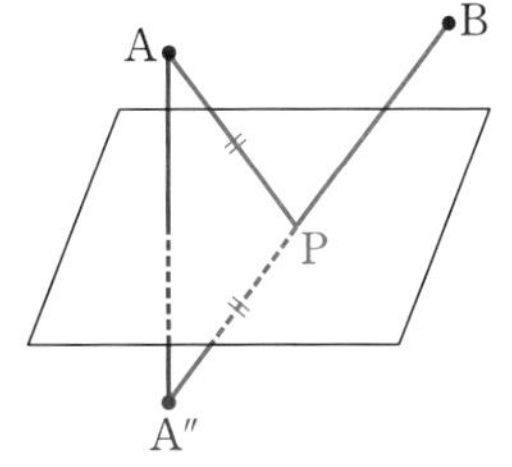

유제 **9**-3. 좌표공간에 두 점 $\mathrm{A}(1,\ \sqrt{2},\ 3)$, B(4, 0, 2)와 yz평면 위를 움직이는 점 P가 있다.
(1) 직선 AB가 yz평면과 이루는 예각의 크기를 구하여라.
(2) $\overline{\mathrm{AP}}+\overline{\mathrm{BP}}$의 최솟값을 구하여라.

답 (1) **60°** (2) $\mathbf{2\sqrt{7}}$

§ 2. 선분의 내분점과 외분점

1 선분의 내분점과 외분점

좌표평면과 좌표공간에서 선분의 내분점, 외분점, 중점의 좌표에 대하여 다음과 같이 정리할 수 있다.

기본정석 — 선분의 내분점, 외분점의 좌표

선분 AB를 $m:n\,(m>0,\ n>0)$으로 내분하는 점을 P, $m:n\,(m>0,\ n>0,\ m\neq n)$으로 외분하는 점을 Q, 선분 AB의 중점을 M이라 하고,

좌표평면 위의 두 점 : $\mathbf{A}(x_1,\ y_1),\ \mathbf{B}(x_2,\ y_2)$

좌표공간의 두 점 : $\mathbf{A}(x_1,\ y_1,\ z_1),\ \mathbf{B}(x_2,\ y_2,\ z_2)$

라고 하면

(1) 좌표평면에서 내분점 $\Longrightarrow \mathbf{P}\left(\dfrac{mx_2+nx_1}{m+n},\ \dfrac{my_2+ny_1}{m+n}\right)$

좌표공간에서 내분점 $\Longrightarrow \mathbf{P}\left(\dfrac{mx_2+nx_1}{m+n},\ \dfrac{my_2+ny_1}{m+n},\ \dfrac{mz_2+nz_1}{m+n}\right)$

(2) 좌표평면에서 외분점 $\Longrightarrow \mathbf{Q}\left(\dfrac{mx_2-nx_1}{m-n},\ \dfrac{my_2-ny_1}{m-n}\right)$

좌표공간에서 외분점 $\Longrightarrow \mathbf{Q}\left(\dfrac{mx_2-nx_1}{m-n},\ \dfrac{my_2-ny_1}{m-n},\ \dfrac{mz_2-nz_1}{m-n}\right)$

(3) 좌표평면에서 중점 $\Longrightarrow \mathbf{M}\left(\dfrac{x_1+x_2}{2},\ \dfrac{y_1+y_2}{2}\right)$

좌표공간에서 중점 $\Longrightarrow \mathbf{M}\left(\dfrac{x_1+x_2}{2},\ \dfrac{y_1+y_2}{2},\ \dfrac{z_1+z_2}{2}\right)$

보기 1 두 점 A(−2, 3, 1), B(5, −6, 2)를 연결하는 선분 AB가 있다. 선분 AB의 중점 M, 선분 AB를 3 : 2로 내분하는 점 P, 선분 AB를 3 : 2로 외분하는 점 Q의 좌표를 각각 구하여라.

연구 $\mathrm{M}\left(\dfrac{-2+5}{2},\ \dfrac{3+(-6)}{2},\ \dfrac{1+2}{2}\right)$ 곧, $\mathbf{M}\left(\dfrac{3}{2},\ -\dfrac{3}{2},\ \dfrac{3}{2}\right)$

$\mathrm{P}\left(\dfrac{3\times5+2\times(-2)}{3+2},\ \dfrac{3\times(-6)+2\times3}{3+2},\ \dfrac{3\times2+2\times1}{3+2}\right)$ 곧, $\mathbf{P}\left(\dfrac{11}{5},\ -\dfrac{12}{5},\ \dfrac{8}{5}\right)$

$\mathrm{Q}\left(\dfrac{3\times5-2\times(-2)}{3-2},\ \dfrac{3\times(-6)-2\times3}{3-2},\ \dfrac{3\times2-2\times1}{3-2}\right)$ 곧, $\mathbf{Q}(19,\ -24,\ 4)$

기본 문제 9-3 좌표공간의 세 점

$$O(0,\ 0,\ 0),\quad A(1,\ 2,\ 2),\quad B(-1,\ -2,\ 1)$$

에 대하여 선분 OA, OB를 이웃하는 두 변으로 하는 평행사변형의 나머지 한 꼭짓점을 C라고 하자.

(1) 두 대각선의 교점을 M이라고 할 때, 점 M의 좌표를 구하여라.

(2) 점 C의 좌표를 구하여라.

(3) 대각선 OC의 길이를 구하여라.

정석연구 오른쪽 그림에서

점 M, C의 좌표와 선분 OC의 길이를 구하는 문제이다.

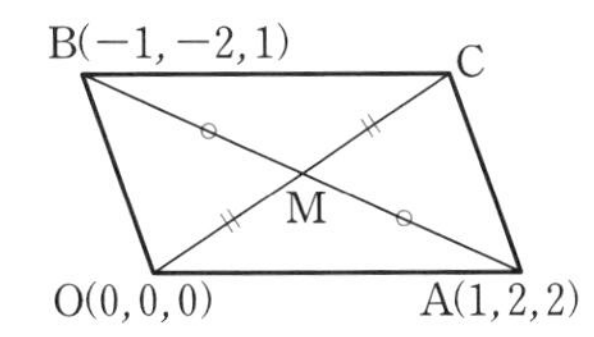

평행사변형의 기본 성질인

정 석 평행사변형의 대각선은

$\Longrightarrow$ 서로 다른 것을 이등분한다

는 것을 이용하면 간단히 해결할 수 있다.

모범답안 (1) 점 M은 선분 AB의 중점이므로

$$M\left(\frac{1+(-1)}{2},\ \frac{2+(-2)}{2},\ \frac{2+1}{2}\right) \quad \therefore\ \mathbf{M\left(0,\ 0,\ \frac{3}{2}\right)} \longleftarrow \text{답}$$

(2) 점 C의 좌표를 $C(x,\ y,\ z)$라고 하면 점 M은 선분 OC의 중점이므로

$$M\left(\frac{0+x}{2},\ \frac{0+y}{2},\ \frac{0+z}{2}\right) \quad \therefore\ M\left(\frac{x}{2},\ \frac{y}{2},\ \frac{z}{2}\right)$$

이것은 (1)에서 구한 점 M과 같은 점이므로

$$\frac{x}{2}=0,\ \frac{y}{2}=0,\ \frac{z}{2}=\frac{3}{2} \qquad \therefore\ x=0,\ y=0,\ z=3$$

$$\therefore\ \mathbf{C(0,\ 0,\ 3)} \longleftarrow \text{답}$$

(3) $\overline{OC}=\sqrt{(0-0)^2+(0-0)^2+(3-0)^2}=\mathbf{3} \longleftarrow$ 답

유제 **9**-4. 좌표공간의 원점 O와 두 점 $A(2,\ -1,\ 5)$, $B(4,\ 5,\ -3)$에 대하여 선분 OA, OB를 이웃하는 두 변으로 하는 평행사변형의 나머지 한 꼭짓점 C의 좌표를 구하여라. 답 **C(6, 4, 2)**

유제 **9**-5. 평행사변형 ABCD에서 점 A, B의 좌표가 $A(2,\ 3,\ 4)$, $B(1,\ 2,\ -5)$이고, 두 대각선 AC, BD의 교점 M의 좌표가 $M(0,\ -2,\ 3)$일 때, 점 C, D의 좌표를 구하여라. 답 **C(−2, −7, 2), D(−1, −6, 11)**

기본 문제 9-4 다음 세 점을 꼭짓점으로 하는 △ABC의 무게중심 G의 좌표를 구하여라.

$$A(x_1,\ y_1,\ z_1),\quad B(x_2,\ y_2,\ z_2),\quad C(x_3,\ y_3,\ z_3)$$

정석연구 오른쪽 그림과 같이 변 AB의 중점을 M이라고 할 때, 선분 CM을 2 : 1로 내분하는 점이 무게중심 G이다.

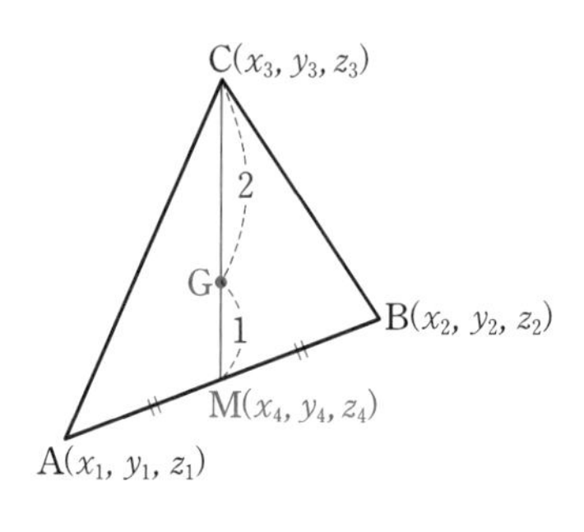

모범답안 변 AB의 중점을 $M(x_4,\ y_4,\ z_4)$라고 하면

$$\left.\begin{aligned} x_4&=\frac{1}{2}(x_1+x_2)\\ y_4&=\frac{1}{2}(y_1+y_2)\\ z_4&=\frac{1}{2}(z_1+z_2)\end{aligned}\right\}\quad\cdots\cdots㉮$$

따라서 무게중심 G의 좌표를 $G(x,\ y,\ z)$라고 하면 점 G는 선분 CM을 2 : 1로 내분하는 점이므로

$$x=\frac{2x_4+x_3}{2+1},\ y=\frac{2y_4+y_3}{2+1},\ z=\frac{2z_4+z_3}{2+1}$$

$x_4,\ y_4,\ z_4$에 ㉮을 대입하고 정리하면

$$x=\frac{x_1+x_2+x_3}{3},\ y=\frac{y_1+y_2+y_3}{3},\ z=\frac{z_1+z_2+z_3}{3}$$

$$\therefore\ \mathbf{G}\left(\frac{x_1+x_2+x_3}{3},\ \frac{y_1+y_2+y_3}{3},\ \frac{z_1+z_2+z_3}{3}\right) \longleftarrow \text{답}$$

Advice | 이것은 좌표평면 위에서의 무게중심의 좌표에 z좌표가 추가된 꼴이다.

정석 **△ABC의 무게중심 G의 좌표**

(i) 좌표평면에서 $\Longrightarrow \left(\dfrac{x_1+x_2+x_3}{3},\ \dfrac{y_1+y_2+y_3}{3}\right)$

(ii) 좌표공간에서 $\Longrightarrow \left(\dfrac{x_1+x_2+x_3}{3},\ \dfrac{y_1+y_2+y_3}{3},\ \dfrac{z_1+z_2+z_3}{3}\right)$

유제 **9**-6. △ABC에서 점 A, B의 좌표가 A(2, 0, 1), B(0, 1, −2)이고, 무게중심이 점 G(2, 2, 1)일 때, 점 C의 좌표를 구하여라. 답 **C(4, 5, 4)**

유제 **9**-7. 세 점 $A_n(n,\ 0,\ 0)$, $B_n(0,\ n,\ 0)$, $C_n(0,\ 0,\ n)$을 꼭짓점으로 하는 $\triangle A_nB_nC_n$의 무게중심 G_n과 원점 사이의 거리를 l_n이라고 할 때, $l_1+l_2+l_3+\cdots+l_{12}$의 값을 구하여라. 답 $\mathbf{26\sqrt{3}}$

기본 문제 9-5 원점이 O인 좌표공간에서 정사면체 OABC의 면 OAB는 xy평면 위에 있고, 점 A의 좌표는 A(6, 0, 0)이며, 점 B의 y좌표와 점 C의 z좌표는 모두 양수이다.

(1) 점 B의 좌표를 구하여라.

(2) 꼭짓점 C에서 밑면 OAB에 내린 수선의 발 H의 좌표를 구하여라.

(3) 점 C의 좌표를 구하여라.

정석연구 사면체 OABC가 정사면체이므로 꼭짓점 C에서 밑면에 내린 수선의 발을 H라고 하면 점 H는 정삼각형 OAB의 무게중심이다. 이에 대해서는 **기본 문제 7-7**에서 공부하였다.

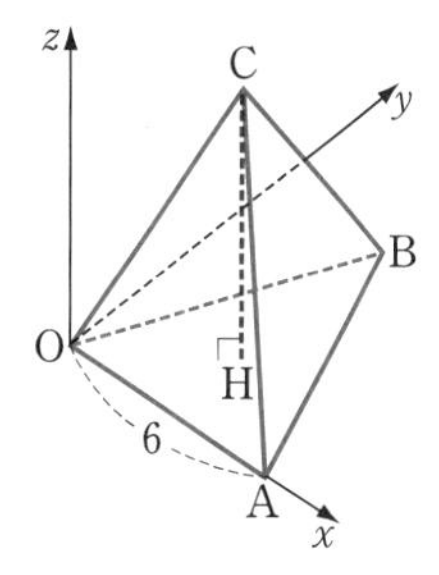

먼저 정삼각형의 성질을 이용하여 점 B의 좌표를 구하면 점 H와 나머지 꼭짓점 C의 좌표를 구할 수 있다.

정석 $\mathbf{A(x_1,\ y_1,\ z_1),\ B(x_2,\ y_2,\ z_2),\ C(x_3,\ y_3,\ z_3)}$일 때,

$$\triangle\mathbf{ABC}\text{의 무게중심} \Longrightarrow \left(\frac{x_1+x_2+x_3}{3},\ \frac{y_1+y_2+y_3}{3},\ \frac{z_1+z_2+z_3}{3}\right)$$

모범답안 (1) $\triangle$OAB는 정삼각형이고 A(6, 0, 0)이므로 한 변의 길이는 6이다.

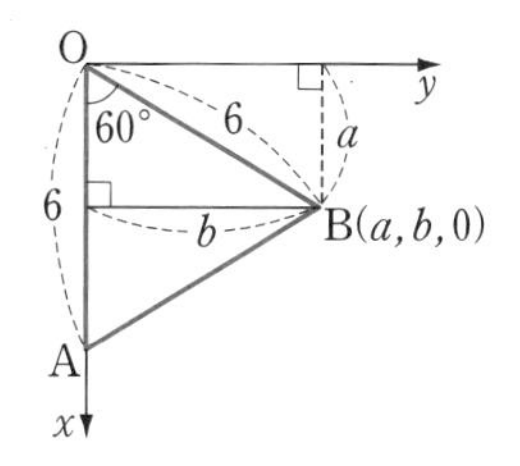

점 B의 좌표를 B(a, b, 0)이라고 하면 $\overline{\text{OB}}=6$이고 $a>0$, $b>0$이므로

$$a=6\cos 60°=3,\ \ b=6\sin 60°=3\sqrt{3}$$

$\therefore$ **B(3, $3\sqrt{3}$, 0)** ← 답

(2) 꼭짓점 C에서 밑면 OAB에 내린 수선의 발 H는 $\triangle$OAB의 무게중심이다. 따라서 점 H의 좌표는

$$\text{H}\left(\frac{0+6+3}{3},\ \frac{0+0+3\sqrt{3}}{3},\ \frac{0+0+0}{3}\right) \quad \therefore\ \textbf{H(3, } \sqrt{3}\textbf{, 0)} \longleftarrow \text{답}$$

(3) 점 C의 z좌표를 $z(z>0)$라고 하면 C(3, $\sqrt{3}$, z)이고 $\overline{\text{OC}}=6$이므로

$$3^2+(\sqrt{3})^2+z^2=6^2 \quad \therefore\ z=2\sqrt{6} \quad \therefore\ \textbf{C(3, } \sqrt{3}\textbf{, } 2\sqrt{6}\textbf{)} \longleftarrow \text{답}$$

유제 **9**-8. 원점이 O인 좌표공간에서 정사면체 OABC의 면 OAB는 xy평면 위에 있고, 점 B의 x좌표는 음수, 점 C의 z좌표는 양수이다.

점 A의 좌표가 A(0, 12, 0)일 때, 점 C의 좌표를 구하여라.

답 **C($-2\sqrt{3}$, 6, $4\sqrt{6}$)**

§ 3. 구의 방정식

1 구의 방정식

평면 위의 한 정점으로부터 일정한 거리에 있는 점 전체의 집합을 원이라 하고, 이때 정점을 원의 중심, 일정한 거리를 원의 반지름의 길이라고 한다.

이에 대하여 공간의 한 정점으로부터 일정한 거리에 있는 점 전체의 집합을 구 또는 구면이라 하고, 이때 정점을 구의 중심, 일정한 거리를 구의 반지름의 길이라고 한다.

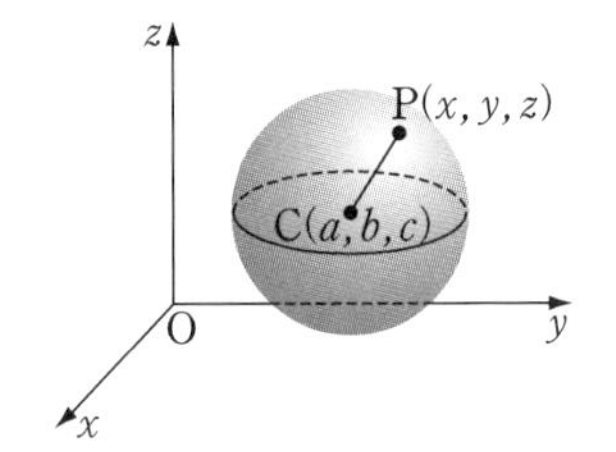

중심이 점 C$(a,\ b,\ c)$이고 반지름의 길이가 r인 구 위의 임의의 점을 P$(x,\ y,\ z)$라고 하면

$$\overline{\mathrm{CP}}=r \quad \text{곧,}\ \overline{\mathrm{CP}}^2=r^2$$

이므로 구의 방정식은 다음과 같다.

$$\boldsymbol{(x-a)^2+(y-b)^2+(z-c)^2=r^2}$$

기본정석 — **구의 방정식**

좌표공간에서 중심이 점 C$(a,\ b,\ c)$이고 반지름의 길이가 r인 구의 방정식은

$$\boldsymbol{(x-a)^2+(y-b)^2+(z-c)^2=r^2}$$

특히 중심이 원점이고 반지름의 길이가 r인 구의 방정식은

$$\boldsymbol{x^2+y^2+z^2=r^2}$$

보기 1 다음을 만족시키는 구의 방정식을 구하여라.

(1) 중심이 점 $(1,\ 2,\ 3)$이고 반지름의 길이가 4이다.

(2) 중심이 점 $(2,\ -3,\ 1)$이고 원점을 지난다.

연구 (1) $\boldsymbol{(x-1)^2+(y-2)^2+(z-3)^2=16}$

(2) 구하는 구의 반지름의 길이를 r라고 하면 구의 방정식은

$$(x-2)^2+(y+3)^2+(z-1)^2=r^2$$

원점 $(0,\ 0,\ 0)$을 지나므로 $(-2)^2+3^2+(-1)^2=r^2 \quad \therefore\ r^2=14$

$$\therefore\ \boldsymbol{(x-2)^2+(y+3)^2+(z-1)^2=14}$$

보기 2 다음은 구의 방정식이다. 중심의 좌표와 반지름의 길이를 구하여라.

(1) $x^2+y^2+z^2-4y=5$ (2) $x^2+y^2+z^2-4x+6y-10z+2=0$

연구 (1) $x^2+(y^2-4y)+z^2=5$ ∴ $x^2+(y-2)^2+z^2=3^2$

따라서 중심 $(\mathbf{0}, \mathbf{2}, \mathbf{0})$, 반지름의 길이 **3**

(2) $(x^2-4x)+(y^2+6y)+(z^2-10z)+2=0$

∴ $(x-2)^2+(y+3)^2+(z-5)^2=6^2$

따라서 중심 $(\mathbf{2}, -\mathbf{3}, \mathbf{5})$, 반지름의 길이 **6**

2 구의 방정식의 일반형

구의 방정식 $(x-a)^2+(y-b)^2+(z-c)^2=r^2$을 전개하여 정리하면

$$x^2+y^2+z^2-2ax-2by-2cz+a^2+b^2+c^2-r^2=0$$

이다. 여기에서

$$-2a=\mathrm{A},\quad -2b=\mathrm{B},\quad -2c=\mathrm{C},\quad a^2+b^2+c^2-r^2=\mathrm{D}$$

로 놓으면

$$\boldsymbol{x^2+y^2+z^2+\mathrm{A}x+\mathrm{B}y+\mathrm{C}z+\mathrm{D}=0}$$

의 꼴이 된다. 이 방정식을 구의 방정식의 일반형이라고 한다.

기본정석 구의 방정식의 일반형

(1) 구의 방정식의 일반형

$$\boldsymbol{x^2+y^2+z^2+\mathrm{A}x+\mathrm{B}y+\mathrm{C}z+\mathrm{D}=0}$$

(2) 구의 방정식을 구하는 기본 방법

(i) 중심 또는 반지름의 길이가 주어질 때

⟹ $\boldsymbol{(x-a)^2+(y-b)^2+(z-c)^2=r^2}$을 이용한다.

(ii) 네 점이 주어질 때

⟹ $\boldsymbol{x^2+y^2+z^2+\mathrm{A}x+\mathrm{B}y+\mathrm{C}z+\mathrm{D}=0}$을 이용한다.

Advice | 구의 방정식의 일반형은 좌표평면에서 원의 방정식의 일반형 $x^2+y^2+\mathrm{A}x+\mathrm{B}y+\mathrm{C}=0$에 z좌표가 추가된 꼴이다.

보기 3 네 점 $(0, 0, 0)$, $(1, 0, 1)$, $(0, 1, 1)$, $(-1, 0, 1)$을 지나는 구의 방정식을 구하여라.

연구 구하는 구의 방정식을 $x^2+y^2+z^2+\mathrm{A}x+\mathrm{B}y+\mathrm{C}z+\mathrm{D}=0$이라고 하자.

이 식에 주어진 네 점의 좌표를 각각 대입하면

$$\mathrm{D}=0,\quad 2+\mathrm{A}+\mathrm{C}+\mathrm{D}=0,\quad 2+\mathrm{B}+\mathrm{C}+\mathrm{D}=0,\quad 2-\mathrm{A}+\mathrm{C}+\mathrm{D}=0$$

연립하여 풀면 $\mathrm{A}=0,\ \mathrm{B}=0,\ \mathrm{C}=-2,\ \mathrm{D}=0$ ∴ $\boldsymbol{x^2+y^2+z^2-2z=0}$

기본 문제 9-6 다음 네 점을 지나는 구가 있다.

$$\mathrm{O}(0,\ 0,\ 0),\quad \mathrm{P}(2,\ 0,\ 0),\quad \mathrm{Q}(1,\ 1,\ 0),\quad \mathrm{R}(2,\ 3,\ -1)$$

(1) 구의 방정식을 구하여라.

(2) 구의 중심의 좌표와 반지름의 길이를 구하여라.

(3) 구와 xy평면의 교선은 원이다. 이 원의 중심의 좌표와 반지름의 길이를 구하여라.

[정석연구] 구의 방정식은 다음 방법으로 구한다.

정 석 중심 또는 반지름의 길이가 주어질 때

$\Longrightarrow$ $(\boldsymbol{x}-\boldsymbol{a})^2+(\boldsymbol{y}-\boldsymbol{b})^2+(\boldsymbol{z}-\boldsymbol{c})^2=\boldsymbol{r}^2$을 이용한다.

네 점이 주어질 때

$\Longrightarrow$ $\boldsymbol{x}^2+\boldsymbol{y}^2+\boldsymbol{z}^2+\mathbf{A}\boldsymbol{x}+\mathbf{B}\boldsymbol{y}+\mathbf{C}\boldsymbol{z}+\mathbf{D}=\mathbf{0}$을 이용한다.

[모범답안] (1) 구하는 구의 방정식을

$$x^2+y^2+z^2+\mathrm{A}x+\mathrm{B}y+\mathrm{C}z+\mathrm{D}=0 \qquad \cdots\cdots①$$

이라고 하자. ①이 네 점

$$\mathrm{O}(0,\ 0,\ 0),\quad \mathrm{P}(2,\ 0,\ 0),\quad \mathrm{Q}(1,\ 1,\ 0),\quad \mathrm{R}(2,\ 3,\ -1)$$

을 지나므로 이 네 점의 좌표를 각각 ①에 대입하면

$$\mathrm{D}=0,\quad 2\mathrm{A}+\mathrm{D}+4=0,\quad \mathrm{A}+\mathrm{B}+\mathrm{D}+2=0,\quad 2\mathrm{A}+3\mathrm{B}-\mathrm{C}+\mathrm{D}+14=0$$

연립하여 풀면 $\mathrm{A}=-2,\ \mathrm{B}=0,\ \mathrm{C}=10,\ \mathrm{D}=0$

$\therefore$ $\boldsymbol{x^2+y^2+z^2-2x+10z=0}$ ← [답]

(2) $(x^2-2x)+y^2+(z^2+10z)=0$에서

$$(x-1)^2+y^2+(z+5)^2=26 \qquad \cdots\cdots②$$

따라서 중심 **(1, 0, −5)**, 반지름의 길이 $\boldsymbol{\sqrt{26}}$ ← [답]

(3) xy평면과의 교선의 방정식은 ②에서 $z=0$일 때이므로

$$(x-1)^2+y^2+(0+5)^2=26 \quad 곧,\ (x-1)^2+y^2=1$$

따라서 중심 **(1, 0, 0)**, 반지름의 길이 **1** ← [답]

[유제] **9**-9. 네 점 (0, 0, 0), (−2, 0, 0), (0, 2, 0), (0, 0, 2)를 지나는 구의 중심의 좌표와 반지름의 길이를 구하여라.

[답] 중심 **(−1, 1, 1)**, 반지름의 길이 $\boldsymbol{\sqrt{3}}$

[유제] **9**-10. 두 점 A(1, 3, −3), B(−3, 1, −1)을 지름의 양 끝 점으로 하는 구와 yz평면의 교선은 원이다. 이 원의 중심의 좌표와 반지름의 길이를 구하여라.

[답] 중심 **(0, 2, −2)**, 반지름의 길이 $\boldsymbol{\sqrt{5}}$

기본 문제 9-7 반지름의 길이가 6이고 중심의 z좌표가 양수인 구가 있다. 이 구와 xy평면의 교선의 방정식이 $(x-1)^2+(y+2)^2=20$일 때, 다음 물음에 답하여라.

(1) 구의 방정식을 구하여라.

(2) 점 P(5, 4, 7)에서 구에 그은 접선의 접점을 T라고 할 때, 선분 PT의 길이를 구하여라.

정석연구 구의 반지름의 길이가 주어진 경우이므로

정석 중심이 점 $(\boldsymbol{a},\ \boldsymbol{b},\ \boldsymbol{c})$이고 반지름의 길이가 $\boldsymbol{r}$인 구의 방정식
$$\Longrightarrow (\boldsymbol{x}-\boldsymbol{a})^2+(\boldsymbol{y}-\boldsymbol{b})^2+(\boldsymbol{z}-\boldsymbol{c})^2=\boldsymbol{r}^2$$

을 이용한다.

모범답안 (1) 반지름의 길이가 6인 구의 방정식을
$$(x-a)^2+(y-b)^2+(z-c)^2=36\ \ (c>0)$$
이라고 하자.

이 구와 xy평면의 교선의 방정식은 구의 방정식에서 $z=0$일 때이므로
$$(x-a)^2+(y-b)^2+(0-c)^2=36 \quad 곧,\ (x-a)^2+(y-b)^2=36-c^2$$
이 방정식이 $(x-1)^2+(y+2)^2=20$과 일치해야 하므로
$$a=1,\ \ b=-2,\ \ 36-c^2=20$$
$c>0$이므로 $c=4$

따라서 구하는 구의 방정식은
$$(\boldsymbol{x}-\mathbf{1})^2+(\boldsymbol{y}+\mathbf{2})^2+(\boldsymbol{z}-\mathbf{4})^2=\mathbf{36} \longleftarrow \boxed{답}$$

***Note** 구의 중심은 주어진 원의 중심을 지나고 xy평면에 수직인 직선 위에 있다. 따라서 구의 중심의 좌표를 $(1,\ -2,\ c)$로 놓고 풀어도 된다.

(2) 구의 중심을 C라고 하면 C(1, −2, 4)이므로

직각삼각형 TCP에서

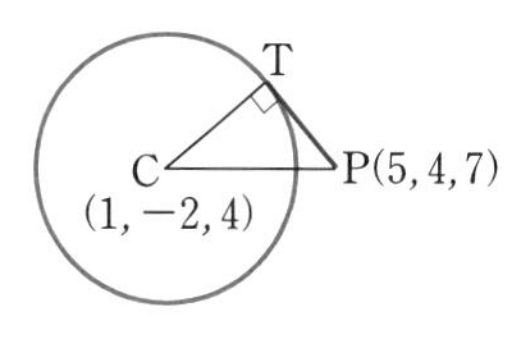

$$\overline{\mathrm{PT}}^2=\overline{\mathrm{PC}}^2-\overline{\mathrm{CT}}^2$$
$$=\{(5-1)^2+(4+2)^2+(7-4)^2\}-6^2=25$$
$$\therefore\ \overline{\mathrm{PT}}=\mathbf{5} \longleftarrow \boxed{답}$$

유제 **9**-11. xy평면 위의 원 $(x-1)^2+(y-1)^2=9$를 포함하고 반지름의 길이가 5인 구의 방정식을 구하여라. 답 $(\boldsymbol{x}-\mathbf{1})^2+(\boldsymbol{y}-\mathbf{1})^2+(\boldsymbol{z}\pm\mathbf{4})^2=\mathbf{25}$

유제 **9**-12. 점 P(3, 2, 1)에서 구 $x^2+y^2+z^2-2x+6y-4z=0$에 그은 접선의 접점을 T라고 할 때, 선분 PT의 길이를 구하여라. 답 4

기본 문제 **9**-8 다음 물음에 답하여라. 단, a는 0이 아닌 상수이다.

(1) 두 점 $A(-2a, 0, 0)$, $B(a, 0, 0)$으로부터의 거리의 비가 $2:1$인 점의 자취의 방정식을 구하여라.

(2) 점 $A(0, 0, 3a)$와 구 $x^2+y^2+z^2=a^2$ 위를 움직이는 점 B에 대하여 선분 AB의 중점의 자취의 방정식을 구하여라.

정석연구 조건을 만족시키는 점을 $P(x, y, z)$라 하고, 좌표평면에서 자취의 방정식을 구할 때와 같은 방법으로 구한다.

정석 자취 문제를 다루는 기본 방법은
첫째 — 조건을 만족시키는 점을 $\mathbf{P(x, y, z)}$라 하고,
둘째 — 주어진 조건을 써서 $\boldsymbol{x, y, z}$ 사이의 관계식을 구한다.

모범답안 (1) 조건을 만족시키는 점을 $P(x, y, z)$라고 하면

$$\overline{PA}:\overline{PB}=2:1 \quad 곧,\ \overline{PA}=2\overline{PB} \quad \therefore\ \overline{PA}^2=4\overline{PB}^2$$

그런데

$$\overline{PA}^2=(x+2a)^2+y^2+z^2,\quad \overline{PB}^2=(x-a)^2+y^2+z^2$$

이므로

$$(x+2a)^2+y^2+z^2=4\{(x-a)^2+y^2+z^2\}$$

전개하여 정리하면 $\boldsymbol{(x-2a)^2+y^2+z^2=4a^2}$ ← 답

(2) 구 $x^2+y^2+z^2=a^2$ 위의 점 B의 좌표를 $B(x_1, y_1, z_1)$이라고 하면

$$x_1{}^2+y_1{}^2+z_1{}^2=a^2 \qquad \cdots\cdots ①$$

조건을 만족시키는 점을 $P(x, y, z)$라고 하면 점 P는 두 점 $A(0, 0, 3a)$, $B(x_1, y_1, z_1)$을 연결하는 선분 AB의 중점이므로

$$x=\frac{0+x_1}{2},\quad y=\frac{0+y_1}{2},\quad z=\frac{3a+z_1}{2}$$

$$\therefore\ x_1=2x,\quad y_1=2y,\quad z_1=2z-3a$$

이것을 ①에 대입하면 $4x^2+4y^2+4z^2-12az+9a^2=a^2$

$$\therefore\ \boldsymbol{x^2+y^2+z^2-3az+2a^2=0} \ \leftarrow 답$$

유제 **9**-13. 두 점 $A(3, 0, 0)$, $B(0, -6, 0)$으로부터의 거리의 비가 $1:2$인 점의 자취는 구이다. 이 구의 중심의 좌표와 반지름의 길이를 구하여라.

답 중심 **(4, 2, 0)**, 반지름의 길이 $\boldsymbol{2\sqrt{5}}$

유제 **9**-14. 점 $A(2, -6, 4)$와 구 $x^2+y^2+z^2=4$ 위를 움직이는 점 B에 대하여 선분 AB의 중점의 자취의 방정식을 구하여라.

답 $\boldsymbol{(x-1)^2+(y+3)^2+(z-2)^2=1}$

§ 4. 입체의 부피

Advice | 이 절의 내용을 이해하기 위해서는 미적분에서 공부하는 정적분에 대하여 알아야 한다. 아직 정적분을 배우지 않은 학생은 먼저 관련 내용을 배운 다음에 되돌아와서 이 절을 공부하길 바란다.

기본 문제 9-9 좌표공간에서 $0\le x\le\frac{\pi}{2}$일 때, 두 점 $\mathrm{P}(x,\ 0,\ \cos^2 x)$, $\mathrm{Q}(x,\ 1-\sin x,\ 0)$을 지나는 직선이 움직여 생기는 곡면과 xy 평면, yz 평면, zx 평면으로 둘러싸인 입체의 부피 V를 구하여라.

정석연구 직선 PQ가 움직여 생기는 곡면과 세 좌표평면으로 둘러싸인 입체는 오른쪽 그림과 같다.

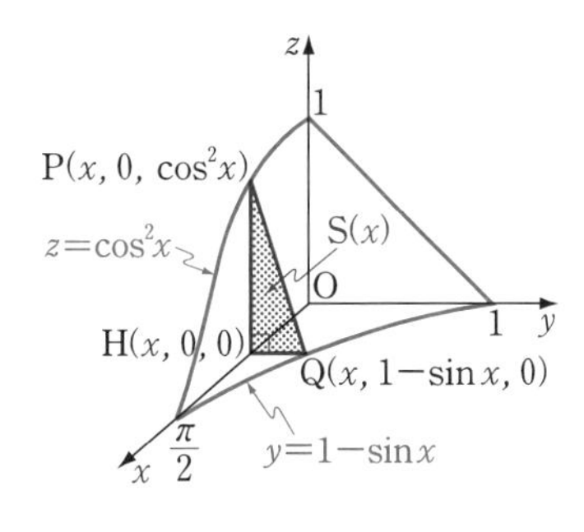

이 입체를 점 P를 지나고 x축에 수직인 평면으로 자른 단면인 삼각형의 넓이를 구한 다음, 아래 **정석**을 이용한다.

정석 단면의 넓이가 $\mathbf{S}(x)$인 입체의 부피는 $\Longrightarrow$ $\mathbf{V}=\int_a^b \mathbf{S}(x)\,dx$

모범답안 점 $\mathrm{P}(x,\ 0,\ \cos^2 x)$에서 x축에 내린 수선의 발을 H라고 하면 $\mathrm{H}(x,\ 0,\ 0)$이므로 $\triangle\mathrm{PHQ}$의 넓이 $\mathrm{S}(x)$는

$$\mathrm{S}(x)=\frac{1}{2}\times\overline{\mathrm{HQ}}\times\overline{\mathrm{PH}}=\frac{1}{2}(1-\sin x)\cos^2 x$$

$$\therefore\ \mathrm{V}=\int_0^{\frac{\pi}{2}}\mathrm{S}(x)\,dx=\int_0^{\frac{\pi}{2}}\frac{1}{2}(1-\sin x)\cos^2 x\,dx$$

$$=\frac{1}{2}\int_0^{\frac{\pi}{2}}\cos^2 x\,dx-\frac{1}{2}\int_0^{\frac{\pi}{2}}\sin x\cos^2 x\,dx \quad \Leftarrow (\cos^3 x)'=3\cos^2 x(-\sin x)$$

$$=\frac{1}{4}\int_0^{\frac{\pi}{2}}(1+\cos 2x)\,dx+\frac{1}{2}\left[\frac{\cos^3 x}{3}\right]_0^{\frac{\pi}{2}}$$

$$=\frac{1}{4}\left[x+\frac{\sin 2x}{2}\right]_0^{\frac{\pi}{2}}-\frac{1}{6}=\boldsymbol{\frac{\pi}{8}-\frac{1}{6}} \longleftarrow \boxed{답}$$

유제 **9**-15. 좌표공간에서 $0\le t\le\frac{\pi}{2}$일 때, 네 점

$\mathrm{O}(0,\ 0,\ 0),\ \mathrm{P}(\cos t,\ \sin t,\ 0),\ \mathrm{Q}(\cos t,\ \sin t,\ t),\ \mathrm{R}(0,\ 0,\ t)$

를 연결한 □OPQR가 움직여 생기는 입체의 부피를 구하여라. 답 $\boldsymbol{\frac{\pi^2}{16}}$

기본 문제 9-10 점 $A(6, 0, 0)$에서 구 $x^2+y^2+z^2=9$에 접선을 그을 때, 접점의 자취는 원이다.

구와 접선으로 둘러싸인 입체의 부피를 구하여라.

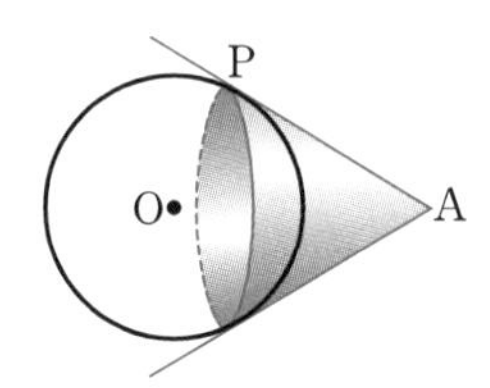

[정석연구] 구의 접선이 구와 이루는 도형은 오른쪽 그림과 같이 구와 원뿔의 일부이므로 원과 직선을 회전시켜 생기는 회전체로 생각할 수 있다.

이때, 이 입체의 부피는 다음 **정석**을 이용하여 구할 수 있다.

정석 곡선 $y=f(x)$를 x축 둘레로 회전시킬 때 생기는 입체의 부피는

$$\Longrightarrow \pi\int_a^b y^2dx=\pi\int_a^b \{f(x)\}^2dx$$

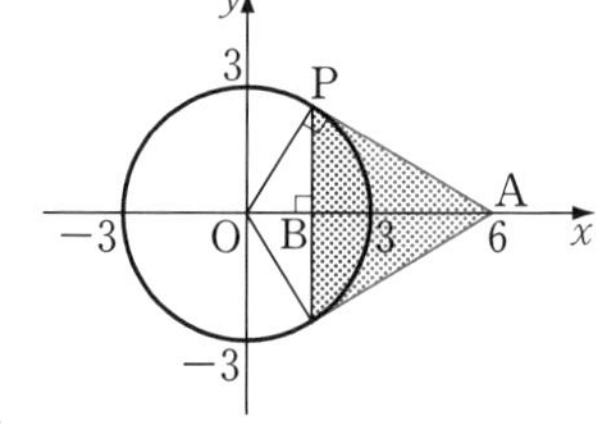

[모범답안] 주어진 도형이 xy평면과 만나서 생기는 도형은 오른쪽 그림과 같다. 따라서 구하는 부피는 그림에서 초록 점 찍은 부분을 x축 둘레로 회전시켜 생기는 입체의 부피와 같다.

그런데 $\angle APO=90°$이므로

$\triangle OBP \backsim \triangle OPA$ $\quad\therefore\ \overline{OB} : \overline{OP}=\overline{OP} : \overline{OA}$

$\overline{OP}=3,\ \overline{OA}=6$이므로 $\quad \overline{OB}=\dfrac{\overline{OP}^2}{\overline{OA}}=\dfrac{3^2}{6}=\dfrac{3}{2}$

또, $\overline{BP}^2=\overline{OP}^2-\overline{OB}^2=3^2-\left(\dfrac{3}{2}\right)^2=\dfrac{27}{4}$

선분 AP를 x축 둘레로 회전시켜 생기는 원뿔의 부피를 V_1이라고 하면

$$V_1=\frac{1}{3}\pi\times\overline{BP}^2\times\overline{BA}=\frac{1}{3}\pi\times\frac{27}{4}\times\left(6-\frac{3}{2}\right)=\frac{81}{8}\pi$$

붉은 점 찍은 부분을 x축 둘레로 회전시켜 생기는 입체의 부피를 V_2라고 하면

$$V_2=\pi\int_{\frac{3}{2}}^3 y^2dx=\pi\int_{\frac{3}{2}}^3(9-x^2)dx=\pi\left[9x-\frac{1}{3}x^3\right]_{\frac{3}{2}}^3=\frac{45}{8}\pi$$

따라서 구하는 부피를 V라고 하면

$$V=V_1-V_2=\frac{81}{8}\pi-\frac{45}{8}\pi=\boldsymbol{\frac{9}{2}\pi} \longleftarrow \boxed{답}$$

[유제] **9**-16. 다음 두 구의 내부의 공통부분의 부피를 구하여라.

$$x^2+y^2+z^2=1, \qquad x^2+(y-2)^2+z^2=4$$

[답] $\boldsymbol{\dfrac{13}{24}\pi}$

연습문제 9

9-1 두 점 A$(-1,\ -2,\ -1)$, B$(-2,\ -3,\ 1)$과 xy평면 위의 점 C가 있다. △ABC가 정삼각형일 때, 점 C의 $x,\ y,\ z$좌표의 합을 구하여라.

9-2 좌표공간에서 길이가 10인 선분의 xy평면, yz평면, zx평면 위로의 정사영의 길이를 각각 $l,\ m,\ n$이라고 할 때, $l^2+m^2+n^2$의 값은?

① 100 ② 150 ③ 200 ④ 250 ⑤ 300

9-3 xy평면 위에 중심이 점 C$(4,\ -2,\ 0)$이고 반지름의 길이가 3인 원이 있다. 점 A$(-2,\ 6,\ 5)$에서 이 원에 이르는 거리의 최솟값을 구하여라.

9-4 보트가 호수 위를 남쪽에서 북쪽으로 초속 10 m로 지나가고 있다. 수면 위 20 m의 높이에 동서로 놓인 다리 위를 자동차가 서쪽에서 동쪽으로 초속 20 m로 달리고 있다. 오른쪽 그림과 같이 지금 보트는 수면 위의 점 P에서 남쪽으로 40 m, 자동차는 다리 위의 점 Q에서 서쪽으로 30 m 지점에 각각 위치해 있다. 보트와 자동차 사이의 거리의 최솟값을 구하여라. 단, 자동차와 보트의 크기는 무시하고, 선분 PQ는 보트와 자동차의 경로에 각각 수직이다.

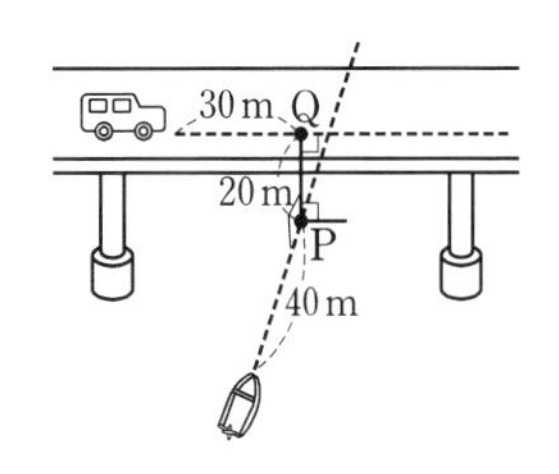

9-5 좌표공간에 높이가 8이고 한 밑면의 중심이 원점 O인 원기둥이 있다.

이 원기둥이 점 A$(0,\ 0,\ 10)$을 지나고 z축에 수직인 평면 α와 점 A에서만 만날 때, 이 원기둥의 한 밑면의 평면 α 위로의 정사영의 넓이는?

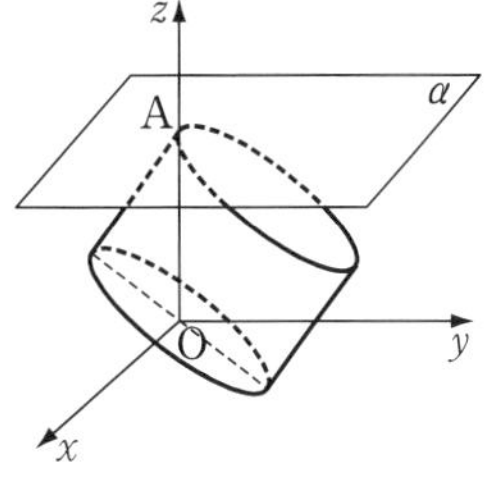

① $\dfrac{138}{5}\pi$ ② $\dfrac{144}{5}\pi$ ③ 30π ④ $\dfrac{156}{5}\pi$ ⑤ $\dfrac{162}{5}\pi$

9-6 좌표공간에 두 점 O$(0,\ 0,\ 0)$, A$(1,\ 0,\ 0)$이 있고, 점 P$(x,\ y,\ z)$는 △OAP의 넓이가 2가 되도록 움직인다. $0\le x\le 1$일 때, 점 P의 자취가 만드는 도형의 넓이를 구하여라.

9-7 좌표공간에 세 점 A$(-1,\ 2,\ 3)$, B$(2,\ 3,\ -1)$, C$(3,\ -1,\ 2)$가 있다.

(1) △ABC의 넓이를 구하여라.

(2) 원점 O에 대하여 사면체 OABC의 부피를 구하여라.

9-8 다음 물음에 답하여라.

(1) 점 P(1, 1, 2)를 지나는 구 중에서 xy평면, yz평면, zx평면에 모두 접하는 구는 두 개가 있다. 이 두 구의 중심 사이의 거리를 구하여라.

(2) 점 P(1, 1, 2)를 지나는 구 중에서 x축, y축, z축에 모두 접하는 구는 두 개가 있다. 이 두 구의 반지름의 길이의 합을 구하여라.

9-9 좌표공간에서 중심의 x좌표, y좌표, z좌표가 모두 양수인 구가 y축과 zx평면에 모두 접한다. 이 구가 xy평면, yz평면과 만나서 생기는 원의 넓이가 각각 9π, 16π일 때, 구의 중심의 좌표와 반지름의 길이를 구하여라.

9-10 좌표공간에 중심이 점 C(0, 0, 2)이고 반지름의 길이가 1인 구가 있다. 점 A(0, 0, 5)에서 구에 빛을 비출 때, xy평면에 생기는 구의 그림자의 넓이를 구하여라.

9-11 좌표공간에서 점 A(−3, 1, 7)을 지나고 직선 OA에 수직인 평면이 구 $x^2+y^2+z^2=100$과 만나서 생기는 원의 넓이는? 단, O는 원점이다.

① 36π ② 41π ③ 46π ④ 51π ⑤ 56π

9-12 두 구 $x^2+y^2+z^2=1$, $(x-2)^2+(y+1)^2+(z-2)^2=4$에 동시에 외접하고 반지름의 길이가 2인 구의 중심의 자취의 길이는?

① $\frac{2\sqrt{5}}{3}\pi$ ② $\sqrt{5}\pi$ ③ $\frac{5\sqrt{5}}{3}\pi$ ④ $2\sqrt{5}\pi$ ⑤ $\frac{8\sqrt{5}}{3}\pi$

9-13 좌표공간에 구 $(x-5)^2+(y-4)^2+z^2=9$가 있다. y축을 포함하는 평면 α가 이 구에 접할 때, α와 xy평면이 이루는 예각의 크기 θ에 대하여 $\cos\theta$의 값은?

① $\frac{1}{4}$ ② $\frac{2}{5}$ ③ $\frac{3}{5}$ ④ $\frac{3}{4}$ ⑤ $\frac{4}{5}$

9-14 좌표공간에서 x축을 포함하고 xy평면과 이루는 예각의 크기가 θ인 평면을 α라고 하자. 평면 α가 구 $x^2+y^2+z^2=1$과 만나서 생기는 도형의 xy평면 위로의 정사영은 타원이다. 이 타원의 두 초점 사이의 거리가 1일 때, θ의 값을 구하여라.

9-15 좌표공간에 세 점 A(1, 1, 0), B(0, 1, 0), C(0, 1, 1)이 있다. △ABC를 x축 둘레로 회전시켜 생기는 입체의 부피를 구하여라.

⇦ 미적분(부피와 적분)

10. 공간벡터의 성분과 내적

공간벡터의 성분／공간벡터의 내적／공간벡터의 수직과 평행

§1. 공간벡터의 성분

Advice | (고등학교 교육과정 밖의 내용) 이 단원에서는 공간벡터의 성분과 내적에 대하여 공부한다. 이 내용은 고등학교 교육과정에서 제외되었지만, 벡터를 더 깊이 공부하고 싶거나 이와 관련된 분야에 진학하고자 하는 학생들은 이 단원을 공부해 보길 바란다.

1 공간벡터의 성분 표시

좌표평면 위의 원점 O와 점 $A(a_1,\ a_2)$에 대하여 평면벡터 $\overrightarrow{OA}$를 평면의 기본벡터 $\overrightarrow{e_1},\ \overrightarrow{e_2}$를 사용하여

$$\overrightarrow{OA}=a_1\overrightarrow{e_1}+a_2\overrightarrow{e_2}=(a_1,\ a_2)$$

로 나타낼 수 있다는 것을 앞에서 공부하였다. ⇦ p. 91

이제 공간벡터를 성분으로 나타내는 방법을 알아보자.

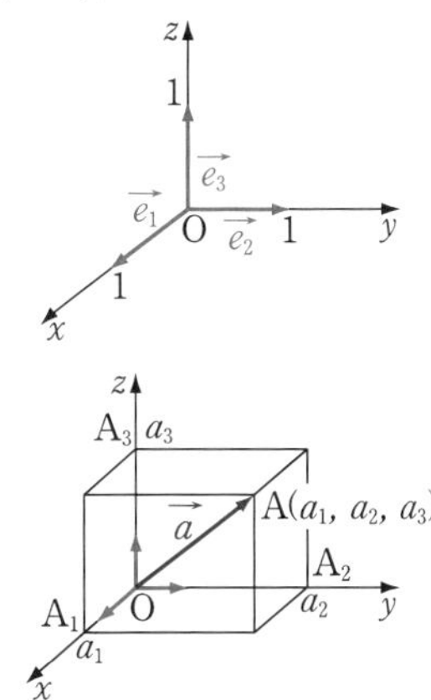

오른쪽 그림과 같이 좌표공간에서 x축, y축, z축의 양의 방향과 같은 방향을 가지는 단위벡터를 각각 $\overrightarrow{e_1},\ \overrightarrow{e_2},\ \overrightarrow{e_3}$으로 나타내고, $\overrightarrow{e_1},\ \overrightarrow{e_2},\ \overrightarrow{e_3}$을 통틀어 공간의 기본단위벡터 또는 기본벡터라고 한다.

좌표공간의 벡터 $\overrightarrow{a}$에 대하여 $\overrightarrow{a}$의 시점을 원점 O로 하여 $\overrightarrow{a}=\overrightarrow{OA}$가 되도록 종점 A를 정할 때, 점 A의 좌표를 $A(a_1,\ a_2,\ a_3)$이라 하고, 점 A에서 x축, y축, z축에 내린 수선의 발을 각각 $A_1,\ A_2,\ A_3$이라고 하면

$$\overrightarrow{OA_1}=a_1\overrightarrow{e_1},\quad \overrightarrow{OA_2}=a_2\overrightarrow{e_2},\quad \overrightarrow{OA_3}=a_3\overrightarrow{e_3}$$

따라서 $\overrightarrow{a}=\overrightarrow{\mathrm{OA}}$는

$$\overrightarrow{a}=\overrightarrow{\mathrm{OA}}=\overrightarrow{\mathrm{OA_1}}+\overrightarrow{\mathrm{OA_2}}+\overrightarrow{\mathrm{OA_3}}=\boldsymbol{a}_1\overrightarrow{\boldsymbol{e}_1}+\boldsymbol{a}_2\overrightarrow{\boldsymbol{e}_2}+\boldsymbol{a}_3\overrightarrow{\boldsymbol{e}_3} \quad \cdots\cdots ㉠$$

로 나타낼 수 있다.

이것을 평면벡터와 비교하면 z축 방향의 성분을 나타내는 벡터 $a_3\overrightarrow{e_3}$이 추가된 꼴임을 알 수 있다.

이때, a_1, a_2, a_3을 각각 벡터 $\overrightarrow{a}$의 $\boldsymbol{x}$성분, $\boldsymbol{y}$성분, $\boldsymbol{z}$성분이라 하고, a_1, a_2, a_3을 통틀어 벡터 $\overrightarrow{a}$의 성분이라고 한다.

또, ㉠의 꼴로 주어지는 공간벡터 $\overrightarrow{a}$를 성분을 사용하여

$$\overrightarrow{\boldsymbol{a}}=(\boldsymbol{a}_1,\ \boldsymbol{a}_2,\ \boldsymbol{a}_3)$$

으로 나타낸다. 이것을 벡터 $\overrightarrow{a}$의 성분 표시라고 한다.

좌표공간에서 기본벡터와 영벡터를 성분으로 나타내면 다음과 같다.

$$\overrightarrow{e_1}=(1,\ 0,\ 0),\quad \overrightarrow{e_2}=(0,\ 1,\ 0),\quad \overrightarrow{e_3}=(0,\ 0,\ 1),\quad \overrightarrow{0}=(0,\ 0,\ 0)$$

일반적으로 좌표공간에서 원점 O와 점 $\mathrm{A}(a_1,\ a_2,\ a_3)$에 대하여 위치벡터를 $\overrightarrow{\mathrm{OA}}=\overrightarrow{a}$라고 할 때,

$$\overrightarrow{\boldsymbol{a}}=\boldsymbol{a}_1\overrightarrow{\boldsymbol{e}_1}+\boldsymbol{a}_2\overrightarrow{\boldsymbol{e}_2}+\boldsymbol{a}_3\overrightarrow{\boldsymbol{e}_3} \iff \overrightarrow{\boldsymbol{a}}=(\boldsymbol{a}_1,\ \boldsymbol{a}_2,\ \boldsymbol{a}_3)$$

으로 나타낼 수 있다.

곧, 공간에서의 위치벡터는 좌표공간의 각 점에 일대일 대응시킬 수 있다.

한편 공간벡터의 성분에 대해서도 평면벡터의 성분과 같은 성질이 성립한다. 다만 평면벡터와 공간벡터를 성분으로 나타낼 때,

평면벡터에서는 $\Longrightarrow$ $\boldsymbol{x}$, $\boldsymbol{y}$성분, 공간벡터에서는 $\Longrightarrow$ $\boldsymbol{x}$, $\boldsymbol{y}$, $\boldsymbol{z}$성분

으로 나타내어진다는 것만 주의하면 된다.

기본정석 **공간벡터의 성분의 성질**

(1) $\overrightarrow{\boldsymbol{a}}=\overrightarrow{\mathrm{OA}}$에서 $\mathrm{O}(0,\ 0,\ 0)$, $\mathrm{A}(\boldsymbol{a}_1,\ \boldsymbol{a}_2,\ \boldsymbol{a}_3)$이라고 하면

$$\overrightarrow{\boldsymbol{a}}=\boldsymbol{a}_1\overrightarrow{\boldsymbol{e}_1}+\boldsymbol{a}_2\overrightarrow{\boldsymbol{e}_2}+\boldsymbol{a}_3\overrightarrow{\boldsymbol{e}_3} \iff \overrightarrow{\boldsymbol{a}}=(\boldsymbol{a}_1,\ \boldsymbol{a}_2,\ \boldsymbol{a}_3)$$

(2) $\overrightarrow{\boldsymbol{a}}=(\boldsymbol{a}_1,\ \boldsymbol{a}_2,\ \boldsymbol{a}_3)$, $\overrightarrow{\boldsymbol{b}}=(\boldsymbol{b}_1,\ \boldsymbol{b}_2,\ \boldsymbol{b}_3)$이고 $\boldsymbol{m}$이 실수일 때,

(i) $\overrightarrow{\boldsymbol{a}}=\overrightarrow{\boldsymbol{b}} \iff \boldsymbol{a}_1=\boldsymbol{b}_1,\ \boldsymbol{a}_2=\boldsymbol{b}_2,\ \boldsymbol{a}_3=\boldsymbol{b}_3$

(ii) $|\overrightarrow{\boldsymbol{a}}|=\sqrt{\boldsymbol{a}_1^2+\boldsymbol{a}_2^2+\boldsymbol{a}_3^2}$

(iii) $\boldsymbol{m}\overrightarrow{\boldsymbol{a}}=(\boldsymbol{ma}_1,\ \boldsymbol{ma}_2,\ \boldsymbol{ma}_3)$

(iv) $\overrightarrow{\boldsymbol{a}}+\overrightarrow{\boldsymbol{b}}=(\boldsymbol{a}_1+\boldsymbol{b}_1,\ \boldsymbol{a}_2+\boldsymbol{b}_2,\ \boldsymbol{a}_3+\boldsymbol{b}_3)$

(v) $\overrightarrow{\boldsymbol{a}}-\overrightarrow{\boldsymbol{b}}=(\boldsymbol{a}_1-\boldsymbol{b}_1,\ \boldsymbol{a}_2-\boldsymbol{b}_2,\ \boldsymbol{a}_3-\boldsymbol{b}_3)$

보기 1 다음 벡터를 성분으로 나타내어라.

(1) $\vec{a}=2\vec{e_1}+3\vec{e_2}+4\vec{e_3}$ (2) $\vec{b}=3\vec{e_3}-4\vec{e_2}+5\vec{e_1}$

연구 (1) $\vec{\boldsymbol{a}}=(\mathbf{2},\ \mathbf{3},\ \mathbf{4})$

(2) $\vec{b}=5\vec{e_1}-4\vec{e_2}+3\vec{e_3}$이므로 $\vec{\boldsymbol{b}}=(\mathbf{5},\ \mathbf{-4},\ \mathbf{3})$

보기 2 다음 벡터를 기본벡터를 써서 나타내어라.

(1) $\vec{a}=(-3,\ 2,\ -1)$ (2) $\vec{b}=(7,\ 0,\ 5)$ (3) $\vec{c}=(0,\ 0,\ -3)$

연구 (1) $\vec{\boldsymbol{a}}=\mathbf{-3}\vec{\boldsymbol{e}_1}+\mathbf{2}\vec{\boldsymbol{e}_2}-\vec{\boldsymbol{e}_3}$ (2) $\vec{\boldsymbol{b}}=7\vec{e_1}+0\vec{e_2}+5\vec{e_3}=\mathbf{7}\vec{\boldsymbol{e}_1}+\mathbf{5}\vec{\boldsymbol{e}_3}$

(3) $\vec{\boldsymbol{c}}=0\vec{e_1}+0\vec{e_2}-3\vec{e_3}=\mathbf{-3}\vec{\boldsymbol{e}_3}$

보기 3 다음 벡터의 크기를 구하여라.

(1) $\vec{a}=(2,\ 4,\ 3)$ (2) $\vec{b}=(\cos 45°,\ \cos 45°,\ \cos 30°)$

연구 (1) $|\vec{a}|=\sqrt{2^2+4^2+3^2}=\sqrt{\mathbf{29}}$

(2) $|\vec{b}|=\sqrt{\cos^2 45°+\cos^2 45°+\cos^2 30°}=\sqrt{\left(\frac{1}{\sqrt{2}}\right)^2+\left(\frac{1}{\sqrt{2}}\right)^2+\left(\frac{\sqrt{3}}{2}\right)^2}=\frac{\sqrt{\mathbf{7}}}{\mathbf{2}}$

보기 4 $\vec{a}=-2\vec{e_1}+\vec{e_2}+3\vec{e_3}$, $\vec{b}=\vec{e_1}+3\vec{e_2}+4\vec{e_3}$일 때, $2\vec{a}+\vec{b}$를 기본벡터를 써서 나타내어라.

연구 $2\vec{a}+\vec{b}=2(-2\vec{e_1}+\vec{e_2}+3\vec{e_3})+(\vec{e_1}+3\vec{e_2}+4\vec{e_3})$

$=(-4\vec{e_1}+2\vec{e_2}+6\vec{e_3})+(\vec{e_1}+3\vec{e_2}+4\vec{e_3})$

$=(-4+1)\vec{e_1}+(2+3)\vec{e_2}+(6+4)\vec{e_3}=\mathbf{-3}\vec{\boldsymbol{e}_1}+\mathbf{5}\vec{\boldsymbol{e}_2}+\mathbf{10}\vec{\boldsymbol{e}_3}$

보기 5 $\vec{a}=(2,\ -3,\ 1)$, $\vec{b}=(-1,\ 2,\ 1)$, $\vec{c}=(3,\ -2,\ 4)$일 때, 다음 벡터를 성분으로 나타내어라.

(1) $2\vec{a}+3\vec{b}$ (2) $2(\vec{a}-\vec{b})-3(2\vec{a}+\vec{c})$

연구 (1) $2\vec{a}+3\vec{b}=2(2,\ -3,\ 1)+3(-1,\ 2,\ 1)$

$=(4,\ -6,\ 2)+(-3,\ 6,\ 3)=(\mathbf{1},\ \mathbf{0},\ \mathbf{5})$

(2) $2(\vec{a}-\vec{b})-3(2\vec{a}+\vec{c})=2\vec{a}-2\vec{b}-6\vec{a}-3\vec{c}=-4\vec{a}-2\vec{b}-3\vec{c}$

$=-4(2,\ -3,\ 1)-2(-1,\ 2,\ 1)-3(3,\ -2,\ 4)$

$=(\mathbf{-15},\ \mathbf{14},\ \mathbf{-18})$

보기 6 좌표공간의 세 점 A(1, 2, 3), B(3, −2, 5), C(−4, 0, 7)에 대하여 다음 벡터를 성분으로 나타내어라.

(1) $\overrightarrow{AB}$ (2) $\overrightarrow{BC}$ (3) $\overrightarrow{CA}$

연구 (1) $\overrightarrow{AB}=\overrightarrow{OB}-\overrightarrow{OA}=(3,\ -2,\ 5)-(1,\ 2,\ 3)=(\mathbf{2},\ \mathbf{-4},\ \mathbf{2})$

(2) $\overrightarrow{BC}=\overrightarrow{OC}-\overrightarrow{OB}=(-4,\ 0,\ 7)-(3,\ -2,\ 5)=(\mathbf{-7},\ \mathbf{2},\ \mathbf{2})$

(3) $\overrightarrow{CA}=\overrightarrow{OA}-\overrightarrow{OC}=(1,\ 2,\ 3)-(-4,\ 0,\ 7)=(\mathbf{5},\ \mathbf{2},\ \mathbf{-4})$

2 벡터의 방향코사인

▶ 평면벡터의 방향코사인 : 오른쪽 그림과 같이 영벡터가 아닌 평면벡터 $\vec{a}=(a_1,\ a_2)$가 x축, y축의 양의 방향과 이루는 각의 크기를 각각 α, β라고 하면

$$\boldsymbol{a_1=|\vec{a}|\cos\alpha,\quad a_2=|\vec{a}|\cos\beta}$$

따라서 벡터 $\vec{a}$와 같은 방향의 단위벡터는

$$\frac{1}{|\vec{a}|}\vec{a}=\frac{1}{|\vec{a}|}(a_1,\ a_2)=\left(\frac{a_1}{|\vec{a}|},\ \frac{a_2}{|\vec{a}|}\right)$$
$$=(\boldsymbol{\cos\alpha,\ \cos\beta})$$

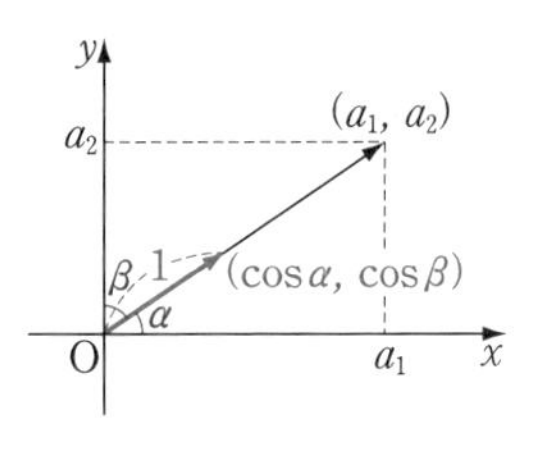

여기에서 $\cos\alpha$, $\cos\beta$를 벡터 $\vec{a}$의 방향코사인이라고 한다. 그리고 벡터 $(\cos\alpha,\ \cos\beta)$는 $\vec{a}$의 방향을 결정하는 단위벡터이므로

$$\boldsymbol{\cos^2\alpha+\cos^2\beta=1}$$

기본정석 **평면벡터의 방향코사인**

영벡터가 아닌 평면벡터 $\vec{a}=(a_1,\ a_2)$가 x축, y축의 양의 방향과 이루는 각의 크기를 각각 α, β라고 하면

(1) $\boldsymbol{a_1=|\vec{a}|\cos\alpha,\quad a_2=|\vec{a}|\cos\beta}$

(2) $\vec{a}$와 같은 방향의 단위벡터 ⟹ $(\boldsymbol{\cos\alpha,\ \cos\beta})$

(3) 방향코사인 ⟹ $\boldsymbol{\cos\alpha,\ \cos\beta}$

(4) 방향코사인의 성질 ⟹ $\boldsymbol{\cos^2\alpha+\cos^2\beta=1}$

Advice | 방향코사인의 성질은 다음 방법으로도 얻을 수 있다.

$a_1=|\vec{a}|\cos\alpha,\ a_2=|\vec{a}|\cos\beta$에서

$$a_1^2=|\vec{a}|^2\cos^2\alpha,\quad a_2^2=|\vec{a}|^2\cos^2\beta$$

변변 더하면

$$a_1^2+a_2^2=|\vec{a}|^2(\cos^2\alpha+\cos^2\beta)\qquad\therefore\ \boldsymbol{\cos^2\alpha+\cos^2\beta=1}$$

보기 7 $\vec{a}=(3,\ 4)$가 x축, y축의 양의 방향과 이루는 각의 크기를 각각 α, β라고 할 때, $\vec{a}$와 같은 방향의 단위벡터와 $\vec{a}$의 방향코사인을 구하여라.

연구 $|\vec{a}|=\sqrt{3^2+4^2}=5$이므로

$$\frac{1}{|\vec{a}|}\vec{a}=\frac{1}{5}(3,\ 4)=\left(\boldsymbol{\frac{3}{5},\ \frac{4}{5}}\right)\qquad\therefore\ \cos\alpha=\boldsymbol{\frac{3}{5}},\ \cos\beta=\boldsymbol{\frac{4}{5}}$$

▶ 공간벡터의 방향코사인 : 평면벡터에서와 마찬가지로 좌표공간에서 공간벡터의 방향코사인을 생각할 수 있다.

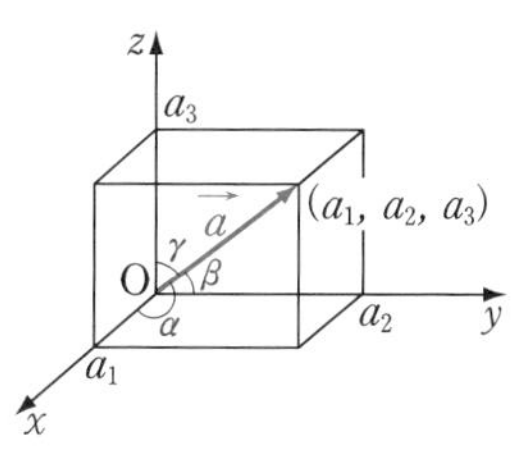

오른쪽 그림과 같이 영벡터가 아닌 공간벡터 $\vec{a}=(a_1,\ a_2,\ a_3)$이 x축, y축, z축의 양의 방향과 이루는 각의 크기를 각각 α, β, γ라고 하면

$$\boldsymbol{a_1=|\vec{a}|\cos\alpha,\quad a_2=|\vec{a}|\cos\beta,\quad a_3=|\vec{a}|\cos\gamma}$$

따라서 벡터 $\vec{a}$와 같은 방향의 단위벡터는

$$\frac{1}{|\vec{a}|}\vec{a}=\frac{1}{|\vec{a}|}(a_1,\ a_2,\ a_3)=\left(\frac{a_1}{|\vec{a}|},\ \frac{a_2}{|\vec{a}|},\ \frac{a_3}{|\vec{a}|}\right)$$
$$=\boldsymbol{(\cos\alpha,\ \cos\beta,\ \cos\gamma)}$$

여기에서 $\cos\alpha$, $\cos\beta$, $\cos\gamma$를 벡터 $\vec{a}$의 **방향코사인**이라고 한다.
벡터 $(\cos\alpha,\ \cos\beta,\ \cos\gamma)$는 $\vec{a}$의 방향을 결정하는 단위벡터이므로

$$\boldsymbol{\cos^2\alpha+\cos^2\beta+\cos^2\gamma=1}$$

또, 방향코사인의 비 $\cos\alpha : \cos\beta : \cos\gamma$를 $\vec{a}$의 **방향비**라고 한다.

기본정석 — **공간벡터의 방향코사인**

영벡터가 아닌 공간벡터 $\vec{a}=(a_1,\ a_2,\ a_3)$이 x축, y축, z축의 양의 방향과 이루는 각의 크기를 각각 α, β, γ라고 하면

(1) $\boldsymbol{a_1=|\vec{a}|\cos\alpha,\quad a_2=|\vec{a}|\cos\beta,\quad a_3=|\vec{a}|\cos\gamma}$
(2) $\vec{a}$와 같은 방향의 단위벡터 $\Longrightarrow$ $\boldsymbol{(\cos\alpha,\ \cos\beta,\ \cos\gamma)}$
(3) 방향코사인 $\Longrightarrow$ $\boldsymbol{\cos\alpha,\ \cos\beta,\ \cos\gamma}$
(4) 방향코사인의 성질 $\Longrightarrow$ $\boldsymbol{\cos^2\alpha+\cos^2\beta+\cos^2\gamma=1}$
(5) 방향비 $\Longrightarrow$ $\boldsymbol{\cos\alpha : \cos\beta : \cos\gamma=a_1 : a_2 : a_3}$

보기 8 공간벡터 $\vec{a}=(2,\ -4,\ 4)$의 방향코사인과 방향비를 구하여라.

연구 $|\vec{a}|=\sqrt{2^2+(-4)^2+4^2}=\sqrt{36}=6$

$$\therefore\ \frac{1}{|\vec{a}|}\vec{a}=\frac{1}{6}(2,\ -4,\ 4)=\left(\frac{1}{3},\ -\frac{2}{3},\ \frac{2}{3}\right)$$

따라서 방향코사인은 $\cos\alpha=\boldsymbol{\frac{1}{3}}$, $\cos\beta=\boldsymbol{-\frac{2}{3}}$, $\cos\gamma=\boldsymbol{\frac{2}{3}}$

또, 방향비는 $\cos\alpha : \cos\beta : \cos\gamma=\frac{1}{3} : \left(-\frac{2}{3}\right) : \frac{2}{3}=\boldsymbol{1 : (-2) : 2}$

기본 문제 10-1 다음 물음에 답하여라.

(1) $\vec{a}=(1,\ 1,\ 0)$, $\vec{b}=(1,\ 0,\ 1)$, $\vec{c}=(0,\ 1,\ 1)$일 때, $\vec{d}=(5,\ 6,\ 7)$을 $\vec{a}$, $\vec{b}$, $\vec{c}$로 나타내어라.

(2) 두 벡터 $\vec{a}=(3,\ -2,\ -4)$, $\vec{b}=(x+1,\ 8,\ 2y)$가 서로 평행할 때, 실수 x, y의 값을 구하여라.

[정석연구] 성분으로 나타낸 두 공간벡터가 서로 같을 조건과 서로 평행할 조건은 다음과 같다.

정 석 $(a_1,\ a_2,\ a_3)=(b_1,\ b_2,\ b_3) \iff a_1=b_1,\ a_2=b_2,\ a_3=b_3$

$(a_1,\ a_2,\ a_3)/\!/(b_1,\ b_2,\ b_3) \iff (b_1,\ b_2,\ b_3)=m(a_1,\ a_2,\ a_3)$

(단, $m\neq0$)

[모범답안] (1) $\vec{d}=x\vec{a}+y\vec{b}+z\vec{c}$로 놓고, 양변을 성분으로 나타내면

$$(5,\ 6,\ 7)=x(1,\ 1,\ 0)+y(1,\ 0,\ 1)+z(0,\ 1,\ 1)$$

$\therefore\ (5,\ 6,\ 7)=(x+y,\ x+z,\ y+z)$ $\quad\therefore\ x+y=5,\ x+z=6,\ y+z=7$

연립하여 풀면 $x=2,\ y=3,\ z=4$

$$\therefore\ \vec{d}=2\vec{a}+3\vec{b}+4\vec{c}$$ ← [답]

(2) $\vec{a}/\!/\vec{b}$이므로 $\vec{b}=m\vec{a}$를 만족시키는 0이 아닌 실수 m이 존재한다.

$\therefore\ (x+1,\ 8,\ 2y)=m(3,\ -2,\ -4)$

$\therefore\ (x+1,\ 8,\ 2y)=(3m,\ -2m,\ -4m)$

$\therefore\ x+1=3m,\ 8=-2m,\ 2y=-4m$

연립하여 풀면 $m=-4$, $x=-13$, $y=8$ ← [답]

[유제] **10**-1. $\vec{a}=(1,\ 2,\ 3)$, $\vec{b}=(2,\ 3,\ 4)$, $\vec{c}=(3,\ 4,\ 5)$일 때, $\vec{a}=m\vec{b}+n\vec{c}$를 만족시키는 실수 m, n의 값을 구하여라.

[답] $m=2$, $n=-1$

[유제] **10**-2. $\vec{a}=(0,\ 1,\ 1)$, $\vec{b}=(1,\ 0,\ 1)$, $\vec{c}=(1,\ 1,\ 0)$, $\vec{d}=(5,\ 4,\ 3)$일 때, $\vec{d}=x\vec{a}+y\vec{b}+z\vec{c}$를 만족시키는 실수 x, y, z의 값을 구하여라.

[답] $x=1$, $y=2$, $z=3$

[유제] **10**-3. 두 벡터 $\vec{a}=(2,\ y,\ -4)$, $\vec{b}=(2x-1,\ -3,\ 6)$이 서로 평행할 때, 실수 x, y의 값을 구하여라.

[답] $x=-1$, $y=2$

[유제] **10**-4. 세 점 A$(1,\ 5,\ -2)$, B$(2,\ 4,\ 1)$, C$(a,\ 3,\ b+2)$가 한 직선 위에 있을 때, 실수 a, b의 값을 구하여라.

[답] $a=3$, $b=2$

기본 문제 10-2 다음 물음에 답하여라.

(1) 네 점 A$(-1,\ 2,\ 3)$, B$(2,\ -1,\ 1)$, C$(5,\ 1,\ -2)$, D$(2,\ 4,\ 0)$을 꼭짓점으로 하는 사각형 ABCD는 평행사변형임을 보여라.

(2) 평행사변형 ABCD에서 꼭짓점 A, B, C의 좌표가

$$\mathrm{A}(3,\ 1,\ -3),\quad \mathrm{B}(5,\ 3,\ -1),\quad \mathrm{C}(0,\ 5,\ -2)$$

일 때, 꼭짓점 D의 좌표를 구하여라.

정석연구 p. 167에서와 같이 평행사변형의 성질과 공간좌표를 이용할 수도 있지만, 여기에서는 공간벡터의 성분을 이용해 보자.

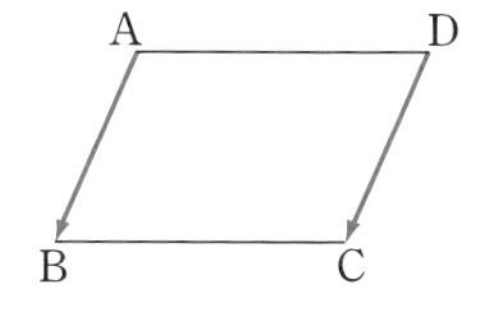

오른쪽 그림과 같이 사각형 ABCD가 평행사변형이면 $\overrightarrow{\mathrm{AB}}=\overrightarrow{\mathrm{DC}}$이다.

또, 네 점 A, B, C, D가 한 직선 위에 있지 않을 때에는 역도 성립한다.

따라서 $\overrightarrow{\mathrm{AB}}$, $\overrightarrow{\mathrm{DC}}$를 성분으로 나타내고, 다음 **정석**을 이용한다.

정석 사각형 **ABCD**가 평행사변형 $\Longleftrightarrow$ $\overrightarrow{\mathbf{AB}}=\overrightarrow{\mathbf{DC}}$

모범답안 좌표공간의 원점을 O라고 하자.

(1) $\overrightarrow{\mathrm{AB}}=\overrightarrow{\mathrm{OB}}-\overrightarrow{\mathrm{OA}}=(2,\ -1,\ 1)-(-1,\ 2,\ 3)=(3,\ -3,\ -2)$,

$\overrightarrow{\mathrm{DC}}=\overrightarrow{\mathrm{OC}}-\overrightarrow{\mathrm{OD}}=(5,\ 1,\ -2)-(2,\ 4,\ 0)=(3,\ -3,\ -2)$

$$\therefore\ \overrightarrow{\mathrm{AB}}=\overrightarrow{\mathrm{DC}} \qquad \therefore\ \overline{\mathrm{AB}}/\!/\overline{\mathrm{DC}},\ \overline{\mathrm{AB}}=\overline{\mathrm{DC}}$$

따라서 사각형 ABCD는 평행사변형이다.

(2) 꼭짓점 D의 좌표를 D$(a,\ b,\ c)$라고 하면

$\overrightarrow{\mathrm{AB}}=\overrightarrow{\mathrm{OB}}-\overrightarrow{\mathrm{OA}}=(5,\ 3,\ -1)-(3,\ 1,\ -3)=(2,\ 2,\ 2)$,

$\overrightarrow{\mathrm{DC}}=\overrightarrow{\mathrm{OC}}-\overrightarrow{\mathrm{OD}}=(0,\ 5,\ -2)-(a,\ b,\ c)=(-a,\ 5-b,\ -2-c)$

그런데 사각형 ABCD는 평행사변형이므로 $\overrightarrow{\mathrm{AB}}=\overrightarrow{\mathrm{DC}}$

곧, $(2,\ 2,\ 2)=(-a,\ 5-b,\ -2-c)$

$$\therefore\ -a=2,\ 5-b=2,\ -2-c=2 \qquad \therefore\ a=-2,\ b=3,\ c=-4$$

$$\therefore\ \mathbf{D}(-2,\ 3,\ -4) \longleftarrow \text{답}$$

유제 **10**-5. 네 점 A$(-2,\ -2,\ 0)$, B$(-5,\ 3,\ -7)$, C$(4,\ 0,\ 1)$, D$(7,\ -5,\ 8)$을 꼭짓점으로 하는 사각형 ABCD는 평행사변형임을 보여라.

유제 **10**-6. 세 점 A$(1,\ 3,\ 2)$, B$(3,\ 3,\ 2)$, C$(5,\ -5,\ 4)$를 꼭짓점으로 하는 평행사변형 ABCD에서 대각선 AC의 중점 M과 꼭짓점 D의 좌표를 구하여라.

답 **M(3, −1, 3), D(3, −5, 4)**

기본 문제 10-3 두 점 A(2, 2, −1), B(2, 5, 3)에 대하여 $\overrightarrow{a}=\overrightarrow{\mathrm{AB}}$라고 할 때, 다음 물음에 답하여라.

(1) 벡터 $\overrightarrow{a}$의 크기를 구하여라.

(2) 벡터 $\overrightarrow{a}$와 같은 방향의 단위벡터 $\overrightarrow{e}$를 성분으로 나타내어라.

(3) 벡터 $\overrightarrow{a}$가 x축, y축, z축의 양의 방향과 이루는 각의 크기를 각각 α, β, γ라고 할 때, $\cos\alpha$, $\cos\beta$, $\cos\gamma$의 값을 구하여라.

정석연구 일반적으로 $\mathrm{A}(x_1,\ y_1,\ z_1)$, $\mathrm{B}(x_2,\ y_2,\ z_2)$일 때, 원점 O에 대하여

$$\overrightarrow{\mathrm{AB}}=\overrightarrow{\mathrm{OB}}-\overrightarrow{\mathrm{OA}}=(x_2,\ y_2,\ z_2)-(x_1,\ y_1,\ z_1)=(x_2-x_1,\ y_2-y_1,\ z_2-z_1)$$

임을 이용하여 벡터 $\overrightarrow{a}$를 성분으로 나타낸 다음

정석 영벡터가 아닌 공간벡터 $\overrightarrow{\boldsymbol{a}}=(\boldsymbol{a}_1,\ \boldsymbol{a}_2,\ \boldsymbol{a}_3)$이 $\boldsymbol{x}$축, $\boldsymbol{y}$축, $\boldsymbol{z}$축의 양의 방향과 이루는 각의 크기를 각각 $\boldsymbol{\alpha}$, $\boldsymbol{\beta}$, $\boldsymbol{\gamma}$라고 하면

(i) $|\overrightarrow{\boldsymbol{a}}|=\sqrt{\boldsymbol{a}_1{}^2+\boldsymbol{a}_2{}^2+\boldsymbol{a}_3{}^2}$

(ii) $\overrightarrow{\boldsymbol{a}}$와 같은 방향의 단위벡터는

$$\Longrightarrow \frac{\mathbf{1}}{|\overrightarrow{\boldsymbol{a}}|}\overrightarrow{\boldsymbol{a}}=\left(\frac{\boldsymbol{a}_1}{|\overrightarrow{\boldsymbol{a}}|},\ \frac{\boldsymbol{a}_2}{|\overrightarrow{\boldsymbol{a}}|},\ \frac{\boldsymbol{a}_3}{|\overrightarrow{\boldsymbol{a}}|}\right)=(\cos\boldsymbol{\alpha},\ \cos\boldsymbol{\beta},\ \cos\boldsymbol{\gamma})$$

(iii) $\cos\boldsymbol{\alpha}=\dfrac{\boldsymbol{a}_1}{|\overrightarrow{\boldsymbol{a}}|}$, $\cos\boldsymbol{\beta}=\dfrac{\boldsymbol{a}_2}{|\overrightarrow{\boldsymbol{a}}|}$, $\cos\boldsymbol{\gamma}=\dfrac{\boldsymbol{a}_3}{|\overrightarrow{\boldsymbol{a}}|}$ ⇦ 방향코사인

을 이용한다.

모범답안 원점 O에 대하여

$$\overrightarrow{a}=\overrightarrow{\mathrm{AB}}=\overrightarrow{\mathrm{OB}}-\overrightarrow{\mathrm{OA}}=(2,\ 5,\ 3)-(2,\ 2,\ -1)=(0,\ 3,\ 4)$$

(1) $|\overrightarrow{a}|=\sqrt{0^2+3^2+4^2}=\mathbf{5}$ ← 답

(2) $\overrightarrow{e}=\dfrac{1}{|\overrightarrow{a}|}\overrightarrow{a}=\dfrac{1}{5}(0,\ 3,\ 4)=\left(\mathbf{0},\ \dfrac{\mathbf{3}}{\mathbf{5}},\ \dfrac{\mathbf{4}}{\mathbf{5}}\right)$ ← 답

(3) $\cos\boldsymbol{\alpha}=\mathbf{0}$, $\cos\boldsymbol{\beta}=\dfrac{\mathbf{3}}{\mathbf{5}}$, $\cos\boldsymbol{\gamma}=\dfrac{\mathbf{4}}{\mathbf{5}}$ ← 답

유제 **10**-7. 두 벡터 $\overrightarrow{a}=(1,\ 2,\ 3)$, $\overrightarrow{b}=(3,\ -4,\ 1)$에 대하여 $\overrightarrow{u}=\overrightarrow{a}+\overrightarrow{b}$라고 할 때, 다음 물음에 답하여라.

(1) 벡터 $\overrightarrow{u}$의 크기를 구하여라.

(2) 벡터 $\overrightarrow{u}$와 같은 방향의 단위벡터 $\overrightarrow{e}$를 성분으로 나타내어라.

(3) 벡터 $\overrightarrow{u}$의 방향코사인을 구하여라.

답 (1) **6** (2) $\overrightarrow{\boldsymbol{e}}=\left(\dfrac{\mathbf{2}}{\mathbf{3}},\ -\dfrac{\mathbf{1}}{\mathbf{3}},\ \dfrac{\mathbf{2}}{\mathbf{3}}\right)$ (3) $\dfrac{\mathbf{2}}{\mathbf{3}},\ -\dfrac{\mathbf{1}}{\mathbf{3}},\ \dfrac{\mathbf{2}}{\mathbf{3}}$

기본 문제 10-4 좌표공간에 네 점 O(0, 0, 0), A(1, 1, 0), B(0, −2, 3), C(3, 1, 3)이 있다.

(1) $\overrightarrow{OC}$를 $\overrightarrow{OA}$, $\overrightarrow{OB}$로 나타내어라.

(2) 점 P가 직선 AB 위의 점이고 $\overrightarrow{PC}$가 $\overrightarrow{OB}$에 평행할 때, $\overrightarrow{OP}$를 $\overrightarrow{OA}$, $\overrightarrow{OB}$로 나타내어라. 또, 이때의 점 P의 좌표를 구하여라.

정석연구 (1) $\overrightarrow{OC}=m\overrightarrow{OA}+n\overrightarrow{OB}$로 놓고 성분을 이용하여 이 식을 만족시키는 실수 m, n의 값을 찾아보자.

(2) 점 P가 직선 AB 위에 있으므로 ⇦ 점 P, A, B가 한 직선 위에 있다.

$$\overrightarrow{OP}=(1-t)\overrightarrow{OA}+t\overrightarrow{OB} \quad \text{또는} \quad \overrightarrow{OP}=\alpha\overrightarrow{OA}+\beta\overrightarrow{OB},\ \alpha+\beta=1$$

의 꼴로 나타낼 수 있다.

또, $\overrightarrow{PC}$가 $\overrightarrow{OB}$에 평행하므로 $\overrightarrow{PC}$는 $\overrightarrow{OB}$의 실수배로 나타낼 수 있다.

정석 세 점 **P, Q, R**가 한 직선 위에 있을 조건은 ⇦ p. 76

(i) $\overrightarrow{\mathbf{PR}}=t\overrightarrow{\mathbf{PQ}}$ (t는 실수)

(ii) $\overrightarrow{\mathbf{OR}}=(1-t)\overrightarrow{\mathbf{OP}}+t\overrightarrow{\mathbf{OQ}}$ (t는 실수)

(iii) $\overrightarrow{\mathbf{OR}}=\alpha\overrightarrow{\mathbf{OP}}+\beta\overrightarrow{\mathbf{OQ}},\ \alpha+\beta=1$

모범답안 (1) $\overrightarrow{OC}=m\overrightarrow{OA}+n\overrightarrow{OB}$로 놓으면

$$(3, 1, 3)=m(1, 1, 0)+n(0, -2, 3) \quad \therefore (3, 1, 3)=(m, m-2n, 3n)$$

$$\therefore m=3,\ m-2n=1,\ 3n=3 \quad \therefore m=3,\ n=1$$

$$\therefore \overrightarrow{\mathbf{OC}}=3\overrightarrow{\mathbf{OA}}+\overrightarrow{\mathbf{OB}} \longleftarrow \text{답}$$

(2) 점 P가 직선 AB 위의 점이므로

$$\overrightarrow{OP}=(1-t)\overrightarrow{OA}+t\overrightarrow{OB} \ (t\text{는 실수})$$

로 놓을 수 있다. 이때,

$$\overrightarrow{PC}=\overrightarrow{OC}-\overrightarrow{OP}=(3\overrightarrow{OA}+\overrightarrow{OB})-\left\{(1-t)\overrightarrow{OA}+t\overrightarrow{OB}\right\}$$
$$=(2+t)\overrightarrow{OA}+(1-t)\overrightarrow{OB}$$

그런데 $\overrightarrow{PC}\,/\!/\,\overrightarrow{OB}$이므로 $\overrightarrow{PC}$는 $\overrightarrow{OB}$의 실수배이어야 한다.

$$\therefore 2+t=0 \quad \therefore t=-2 \quad \therefore \overrightarrow{\mathbf{OP}}=3\overrightarrow{\mathbf{OA}}-2\overrightarrow{\mathbf{OB}} \longleftarrow \text{답}$$

곧, $\overrightarrow{OP}=3(1, 1, 0)-2(0, -2, 3)=(3, 7, -6)$

따라서 점 P의 좌표는 **(3, 7, −6)** ← 답

유제 **10**-8. 좌표공간에 네 점 O(0, 0, 0), A(3, 2, −1), B(1, 2, 3), C(3, 4, 4)가 있다. 점 P가 직선 AB 위의 점이고 $\overrightarrow{PC}$가 $\overrightarrow{OB}$에 평행할 때, $\overrightarrow{OP}$를 $\overrightarrow{OA}$, $\overrightarrow{OB}$로 나타내어라.

답 $\overrightarrow{\mathbf{OP}}=\dfrac{1}{2}\overrightarrow{\mathbf{OA}}+\dfrac{1}{2}\overrightarrow{\mathbf{OB}}$

§2. 공간벡터의 내적

1 공간벡터의 내적의 정의

평면벡터의 내적과 같은 방법으로 공간벡터의 내적을 정의할 수 있다.

공간에서 영벡터가 아닌 두 벡터 $\vec{a}$, $\vec{b}$가 이루는 각의 크기를 $\theta(0°\leq\theta\leq180°)$라고 할 때, $\vec{a}$와 $\vec{b}$의 내적은 다음과 같이 정의한다.

$$\vec{a}\cdot\vec{b}=|\vec{a}||\vec{b}|\cos\theta$$

여기에서 $\vec{a}=\vec{0}$ 또는 $\vec{b}=\vec{0}$일 때에는 $|\vec{a}|=0$ 또는 $|\vec{b}|=0$이므로

$$\vec{a}=\vec{0} \text{ 또는 } \vec{b}=\vec{0} \text{일 때} \Longrightarrow \vec{a}\cdot\vec{b}=0$$

으로 정의한다.

특히 $\vec{a}=\vec{b}$이면 $\theta=0°$이고, 이때 $\cos\theta=1$이므로

$$\vec{a}\cdot\vec{a}=|\vec{a}||\vec{a}| \quad \text{곧, } \vec{a}\cdot\vec{a}=|\vec{a}|^2$$

이다. 이 성질은 $\vec{a}=\vec{0}$일 때에도 성립한다.

기본정석 — **공간벡터의 내적의 정의**

공간에서 두 벡터 $\vec{a}$, $\vec{b}$가 이루는 각의 크기를 $\theta(0°\leq\theta\leq180°)$라고 할 때,

정의 $\vec{a}\cdot\vec{b}=|\vec{a}||\vec{b}|\cos\theta$

$\vec{a}=\vec{0}$ 또는 $\vec{b}=\vec{0}$이면 $\vec{a}\cdot\vec{b}=0$

정석 $\vec{a}\cdot\vec{a}=|\vec{a}||\vec{a}|$ 곧, $\vec{a}\cdot\vec{a}=|\vec{a}|^2$

Advice | $\vec{a}\cdot\vec{b}=|\vec{a}||\vec{b}|\cos\theta$는 θ가 예각일 때에는 $\vec{a}$의 크기 $|\vec{a}|$와 $\vec{b}$의 $\vec{a}$ 위로의 정사영의 크기 $|\vec{b}|\cos\theta$의 곱이라고도 할 수 있다. 또, $\vec{b}$의 크기 $|\vec{b}|$와 $\vec{a}$의 $\vec{b}$ 위로의 정사영의 크기 $|\vec{a}|\cos\theta$의 곱이라고도 할 수 있다.

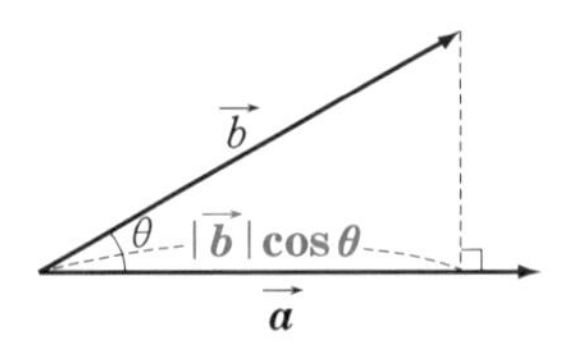

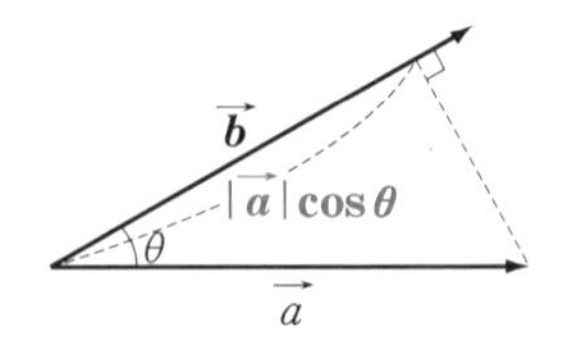

이것은 평면벡터에서도 마찬가지이다. ⇦ p. 99 보기 3

보기 1 오른쪽 그림은 한 모서리의 길이가 1인 정육면체이다. 이때, 다음을 구하여라.

(1) $\overrightarrow{\mathrm{AB}}\cdot\overrightarrow{\mathrm{AD}}$　　(2) $\overrightarrow{\mathrm{AB}}\cdot\overrightarrow{\mathrm{AC}}$

(3) $\overrightarrow{\mathrm{AB}}\cdot\overrightarrow{\mathrm{BG}}$　　(4) $\overrightarrow{\mathrm{AE}}\cdot\overrightarrow{\mathrm{GC}}$

연구 (1) $\overrightarrow{\mathrm{AB}}\cdot\overrightarrow{\mathrm{AD}}=|\overrightarrow{\mathrm{AB}}||\overrightarrow{\mathrm{AD}}|\cos 90°=\mathbf{0}$

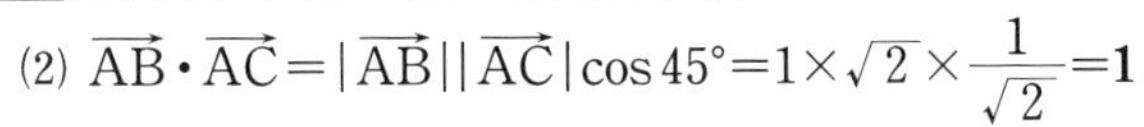

(2) $\overrightarrow{\mathrm{AB}}\cdot\overrightarrow{\mathrm{AC}}=|\overrightarrow{\mathrm{AB}}||\overrightarrow{\mathrm{AC}}|\cos 45°=1\times\sqrt{2}\times\dfrac{1}{\sqrt{2}}=\mathbf{1}$

(3) $\overrightarrow{\mathrm{BG}}=\overrightarrow{\mathrm{AH}}$이므로　$\overrightarrow{\mathrm{AB}}\cdot\overrightarrow{\mathrm{BG}}=\overrightarrow{\mathrm{AB}}\cdot\overrightarrow{\mathrm{AH}}=|\overrightarrow{\mathrm{AB}}||\overrightarrow{\mathrm{AH}}|\cos 90°=\mathbf{0}$

(4) $\overrightarrow{\mathrm{AE}}$, $\overrightarrow{\mathrm{GC}}$가 이루는 각의 크기는 180°이므로(평행하고 방향이 반대)

$\overrightarrow{\mathrm{AE}}\cdot\overrightarrow{\mathrm{GC}}=|\overrightarrow{\mathrm{AE}}||\overrightarrow{\mathrm{GC}}|\cos 180°=1\times1\times(-1)=\mathbf{-1}$

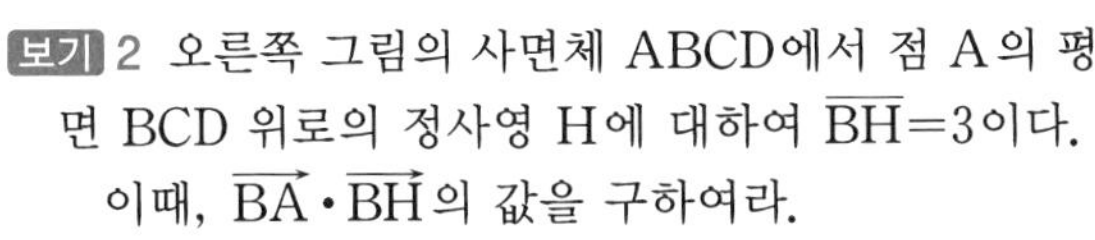

보기 2 오른쪽 그림의 사면체 ABCD에서 점 A의 평면 BCD 위로의 정사영 H에 대하여 $\overline{\mathrm{BH}}=3$이다.
이때, $\overrightarrow{\mathrm{BA}}\cdot\overrightarrow{\mathrm{BH}}$의 값을 구하여라.

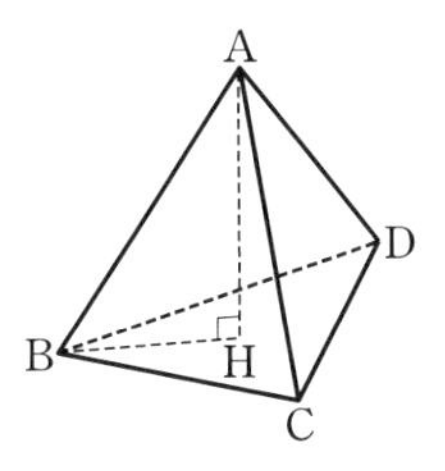

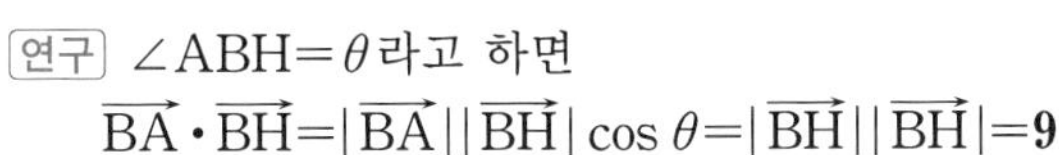

연구 $\angle\mathrm{ABH}=\theta$라고 하면
$\overrightarrow{\mathrm{BA}}\cdot\overrightarrow{\mathrm{BH}}=|\overrightarrow{\mathrm{BA}}||\overrightarrow{\mathrm{BH}}|\cos\theta=|\overrightarrow{\mathrm{BH}}||\overrightarrow{\mathrm{BH}}|=\mathbf{9}$

2 공간벡터의 내적과 성분

평면벡터에서와 마찬가지로 좌표공간에서 공간벡터의 내적을 성분으로 나타낼 수 있다.

곧, 좌표공간에서 영벡터가 아닌 두 벡터

$\vec{a}=(a_1,\ a_2,\ a_3),\quad \vec{b}=(b_1,\ b_2,\ b_3)$

에 대하여

$\vec{a}\cdot\vec{b}=a_1b_1+a_2b_2+a_3b_3$　……①

이 성립한다.

①은 평면벡터에서와 같이 피타고라스 정리를 이용하여 성립함을 보일 수도 있고(p. 99), 수학 I에서 공부하는 코사인법칙을 이용하여 성립함을 보일 수도 있다.

한편 두 벡터 $\vec{a}$, $\vec{b}$가 이루는 각의 크기를 θ라고 하면

$\vec{a}\cdot\vec{b}=|\vec{a}||\vec{b}|\cos\theta$　……②

①, ②에서

$$\cos\theta=\frac{\vec{a}\cdot\vec{b}}{|\vec{a}||\vec{b}|}=\frac{a_1b_1+a_2b_2+a_3b_3}{\sqrt{a_1^2+a_2^2+a_3^2}\sqrt{b_1^2+b_2^2+b_3^2}}$$

기본정석 **공간벡터의 내적과 성분**

영벡터가 아닌 두 벡터 $\vec{a}=(a_1, a_2, a_3)$, $\vec{b}=(b_1, b_2, b_3)$이 이루는 각의 크기를 θ라고 하면

(i) $\vec{a}\cdot\vec{b}=a_1b_1+a_2b_2+a_3b_3$

(ii) $\cos\theta=\dfrac{\vec{a}\cdot\vec{b}}{|\vec{a}||\vec{b}|}=\dfrac{a_1b_1+a_2b_2+a_3b_3}{\sqrt{a_1^2+a_2^2+a_3^2}\sqrt{b_1^2+b_2^2+b_3^2}}$

보기 3 다음 두 벡터의 내적과 두 벡터가 이루는 각의 크기 θ를 구하여라.

(1) $\vec{a}=(1, 0, -1)$, $\vec{b}=(2, 2, -1)$ (2) $\vec{a}=(2, 1, 3)$, $\vec{b}=(3, -2, 1)$

연구 (1) $\vec{a}\cdot\vec{b}=(1, 0, -1)\cdot(2, 2, -1)=1\times2+0\times2+(-1)\times(-1)=\mathbf{3}$

또, $|\vec{a}|=\sqrt{1^2+0^2+(-1)^2}=\sqrt{2}$, $|\vec{b}|=\sqrt{2^2+2^2+(-1)^2}=\sqrt{9}=3$

$$\therefore \cos\theta=\frac{\vec{a}\cdot\vec{b}}{|\vec{a}||\vec{b}|}=\frac{3}{\sqrt{2}\times3}=\frac{1}{\sqrt{2}} \qquad \therefore \boldsymbol{\theta=45^\circ}$$

(2) $\vec{a}\cdot\vec{b}=(2, 1, 3)\cdot(3, -2, 1)=2\times3+1\times(-2)+3\times1=\mathbf{7}$

또, $|\vec{a}|=\sqrt{2^2+1^2+3^2}=\sqrt{14}$, $|\vec{b}|=\sqrt{3^2+(-2)^2+1^2}=\sqrt{14}$

$$\therefore \cos\theta=\frac{\vec{a}\cdot\vec{b}}{|\vec{a}||\vec{b}|}=\frac{7}{\sqrt{14}\times\sqrt{14}}=\frac{1}{2} \qquad \therefore \boldsymbol{\theta=60^\circ}$$

3 공간벡터의 내적의 기본 성질

평면벡터에서와 마찬가지로 공간벡터의 내적에 관하여 다음과 같은 연산 법칙이 성립한다.

기본정석 **공간벡터의 내적의 기본 성질**

$\vec{a}$, $\vec{b}$, $\vec{c}$가 공간벡터이고 m이 실수일 때,

(i) $\vec{a}\cdot\vec{b}=\vec{b}\cdot\vec{a}$ (교환법칙)

(ii) $(m\vec{a})\cdot\vec{b}=\vec{a}\cdot(m\vec{b})=m(\vec{a}\cdot\vec{b})$ (실수배의 성질)

(iii) $\vec{a}\cdot(\vec{b}+\vec{c})=\vec{a}\cdot\vec{b}+\vec{a}\cdot\vec{c}$ (분배법칙)

Advice | 위의 기본 성질로부터 다음이 성립함을 알 수 있다.

정석 $|m\vec{a}+n\vec{b}|^2=m^2|\vec{a}|^2+2mn(\vec{a}\cdot\vec{b})+n^2|\vec{b}|^2$

(단, m, n은 실수)

기본 문제 10-5 오른쪽 그림은 한 모서리의 길이가 1인 정육면체이다. 이때, 다음을 구하여라.

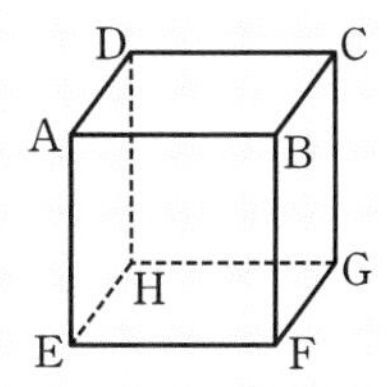

(1) $\overrightarrow{\mathrm{BG}}\cdot\overrightarrow{\mathrm{DE}}$　　(2) $\overrightarrow{\mathrm{AF}}\cdot\overrightarrow{\mathrm{BG}}$

(3) $\overrightarrow{\mathrm{AF}}\cdot\overrightarrow{\mathrm{FC}}$　　(4) $\overrightarrow{\mathrm{AC}}\cdot\overrightarrow{\mathrm{AG}}$

정석연구 시점이 같지 않은 두 벡터의 내적은 평행이동에 의하여 시점을 같게 옮겨 놓은 다음, 내적의 정의를 이용한다.

오른쪽 두 벡터 $\vec{a}$, $\vec{b}$ 에 대하여

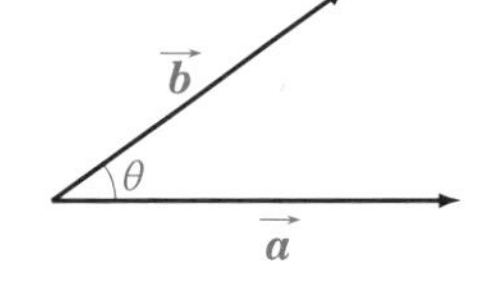

정의 $\vec{a}\cdot\vec{b}=|\vec{a}||\vec{b}|\cos\theta$

모범답안 (1) $\overrightarrow{\mathrm{DE}}=\overrightarrow{\mathrm{CF}}$ 이므로　$\overrightarrow{\mathrm{BG}}\cdot\overrightarrow{\mathrm{DE}}=\overrightarrow{\mathrm{BG}}\cdot\overrightarrow{\mathrm{CF}}$

그런데 $\overrightarrow{\mathrm{BG}}$, $\overrightarrow{\mathrm{CF}}$ 가 이루는 각의 크기가 $90°$ 이므로

$$\overrightarrow{\mathrm{BG}}\cdot\overrightarrow{\mathrm{DE}}=\overrightarrow{\mathrm{BG}}\cdot\overrightarrow{\mathrm{CF}}=|\overrightarrow{\mathrm{BG}}||\overrightarrow{\mathrm{CF}}|\cos 90°=\mathbf{0} \longleftarrow \text{답}$$

(2) $\overrightarrow{\mathrm{BG}}=\overrightarrow{\mathrm{AH}}$ 이므로　$\overrightarrow{\mathrm{AF}}\cdot\overrightarrow{\mathrm{BG}}=\overrightarrow{\mathrm{AF}}\cdot\overrightarrow{\mathrm{AH}}$　　⇦ 시점을 같게!

그런데 $\triangle\mathrm{AFH}$는 한 변의 길이가 $\sqrt{2}$ 인 정삼각형이므로 $\overrightarrow{\mathrm{AF}}$, $\overrightarrow{\mathrm{AH}}$ 가 이루는 각의 크기는 $60°$ 이다.

$$\therefore\ \overrightarrow{\mathrm{AF}}\cdot\overrightarrow{\mathrm{BG}}=\overrightarrow{\mathrm{AF}}\cdot\overrightarrow{\mathrm{AH}}=|\overrightarrow{\mathrm{AF}}||\overrightarrow{\mathrm{AH}}|\cos 60°$$
$$=\sqrt{2}\times\sqrt{2}\times\frac{1}{2}=\mathbf{1} \longleftarrow \text{답}$$

(3) 오른쪽 그림과 같이 $\triangle\mathrm{AFC}$를 포함하는 평면을 생각하면 $\triangle\mathrm{AFC}$는 한 변의 길이가 $\sqrt{2}$ 인 정삼각형이고 $\overrightarrow{\mathrm{AF}}$, $\overrightarrow{\mathrm{FC}}\,(=\overrightarrow{\mathrm{AC'}})$가 이루는 각의 크기는 $120°$ 이므로

$$\overrightarrow{\mathrm{AF}}\cdot\overrightarrow{\mathrm{FC}}=|\overrightarrow{\mathrm{AF}}||\overrightarrow{\mathrm{FC}}|\cos 120°$$
$$=\sqrt{2}\times\sqrt{2}\times\left(-\frac{1}{2}\right)=-\mathbf{1} \longleftarrow \text{답}$$

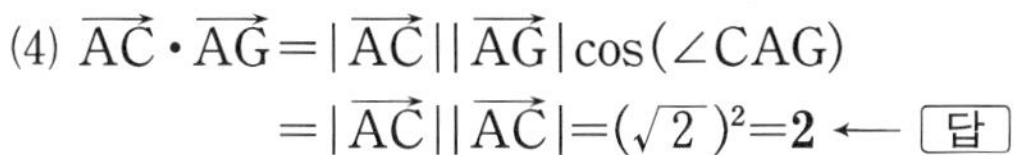

(4) $\overrightarrow{\mathrm{AC}}\cdot\overrightarrow{\mathrm{AG}}=|\overrightarrow{\mathrm{AC}}||\overrightarrow{\mathrm{AG}}|\cos(\angle\mathrm{CAG})$

$$=|\overrightarrow{\mathrm{AC}}||\overrightarrow{\mathrm{AC}}|=(\sqrt{2})^2=\mathbf{2} \longleftarrow \text{답}$$

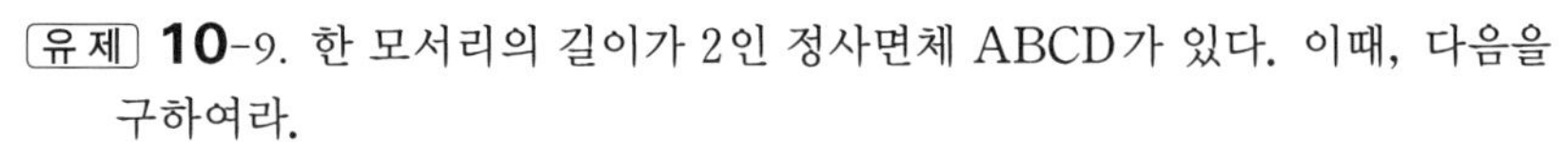

유제 **10**-9. 한 모서리의 길이가 2인 정사면체 ABCD가 있다. 이때, 다음을 구하여라.

(1) $\overrightarrow{\mathrm{AB}}\cdot\overrightarrow{\mathrm{AC}}$　　(2) $\overrightarrow{\mathrm{AC}}\cdot\overrightarrow{\mathrm{BD}}$　　(3) $\overrightarrow{\mathrm{AC}}\cdot\overrightarrow{\mathrm{CD}}$

답 (1) **2**　(2) **0**　(3) **−2**

기본 문제 10-6 다음 물음에 답하여라.

(1) $\overrightarrow{a}=(1,\ -3,\ 2)$, $\overrightarrow{b}=(2,\ -1,\ 0)$, $\overrightarrow{c}=(0,\ -1,\ 1)$일 때, $\overrightarrow{a}+2\overrightarrow{b}$와 $\overrightarrow{c}-\overrightarrow{a}$가 이루는 각의 크기 θ에 대하여 $\cos\theta$의 값을 구하여라.

(2) 두 벡터 $\overrightarrow{a}=(x,\ 2,\ 1)$, $\overrightarrow{b}=(-2,\ -1,\ 1)$이 이루는 각의 크기가 $120°$일 때, 실수 x의 값을 구하여라.

정석연구 두 벡터가 이루는 각의 크기에 관한 문제는

정석 $\overrightarrow{a}\cdot\overrightarrow{b}=|\overrightarrow{a}||\overrightarrow{b}|\cos\theta$, $\quad \cos\theta=\dfrac{\overrightarrow{a}\cdot\overrightarrow{b}}{|\overrightarrow{a}||\overrightarrow{b}|}$

를 이용한다. 이때, 성분으로 표시된 공간벡터의 내적은 다음과 같다.

$$\overrightarrow{a}=(a_1,\ a_2,\ a_3),\ \overrightarrow{b}=(b_1,\ b_2,\ b_3) \Longrightarrow \overrightarrow{a}\cdot\overrightarrow{b}=a_1b_1+a_2b_2+a_3b_3$$

모범답안 (1) $\overrightarrow{a}+2\overrightarrow{b}=(5,\ -5,\ 2)$, $\overrightarrow{c}-\overrightarrow{a}=(-1,\ 2,\ -1)$이므로

$$(\overrightarrow{a}+2\overrightarrow{b})\cdot(\overrightarrow{c}-\overrightarrow{a})=(5,\ -5,\ 2)\cdot(-1,\ 2,\ -1)$$
$$=-5-10-2=-17,$$
$$|\overrightarrow{a}+2\overrightarrow{b}|=\sqrt{5^2+(-5)^2+2^2}=3\sqrt{6},$$
$$|\overrightarrow{c}-\overrightarrow{a}|=\sqrt{(-1)^2+2^2+(-1)^2}=\sqrt{6}$$
$$\therefore\ \cos\theta=\frac{(\overrightarrow{a}+2\overrightarrow{b})\cdot(\overrightarrow{c}-\overrightarrow{a})}{|\overrightarrow{a}+2\overrightarrow{b}||\overrightarrow{c}-\overrightarrow{a}|}=\frac{-17}{3\sqrt{6}\times\sqrt{6}}=-\frac{17}{18}$$ ← 답

(2) $\overrightarrow{a}\cdot\overrightarrow{b}=(x,\ 2,\ 1)\cdot(-2,\ -1,\ 1)=-2x-2+1=-2x-1$,

$|\overrightarrow{a}|=\sqrt{x^2+2^2+1^2}=\sqrt{x^2+5}$, $\quad |\overrightarrow{b}|=\sqrt{(-2)^2+(-1)^2+1^2}=\sqrt{6}$

이므로 $\overrightarrow{a}\cdot\overrightarrow{b}=|\overrightarrow{a}||\overrightarrow{b}|\cos 120°$에 대입하면

$$-2x-1=\sqrt{x^2+5}\times\sqrt{6}\times\left(-\frac{1}{2}\right) \quad \therefore\ 4x+2=\sqrt{6(x^2+5)} \quad \cdots\cdots ㉠$$

양변을 제곱하여 정리하면 $5x^2+8x-13=0$ $\quad \therefore\ x=1,\ -\dfrac{13}{5}$

그런데 $x=1$만 ㉠을 만족시킨다. 답 $\boldsymbol{x=1}$

**Note* 양변을 제곱하여 방정식을 풀 때에는 계산하여 얻은 값이 원래 방정식을 만족시키는지 반드시 확인해야 한다.

유제 **10**-10. $\overrightarrow{a}=(2,\ 3,\ 1)$, $\overrightarrow{b}=(5,\ 2,\ -1)$, $\overrightarrow{c}=(4,\ 0,\ 2)$일 때, $\overrightarrow{a}-\overrightarrow{b}$와 $\overrightarrow{a}-\overrightarrow{c}$가 이루는 각의 크기 θ를 구하여라. 답 $\boldsymbol{\theta=60°}$

유제 **10**-11. 두 벡터 $\overrightarrow{a}=(x,\ 1-x,\ 0)$, $\overrightarrow{b}=(0,\ -1,\ 1)$이 이루는 각의 크기가 $135°$일 때, 실수 x의 값을 구하여라. 답 $\boldsymbol{x=0}$

기본 문제 10-7 오른쪽 그림과 같이 $\overline{BC}=5$, $\overline{CD}=4$, $\overline{DH}=3$인 직육면체 ABCD-EFGH가 있다.

(1) 두 직선 FD, CH가 이루는 예각의 크기를 θ라고 할 때, $\cos\theta$의 값을 구하여라.

(2) $\triangle$BDE의 넓이 S를 구하여라.

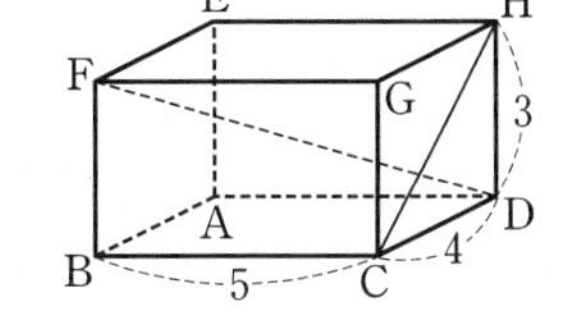

정석연구 7단원에서와 같이 공간도형의 성질을 이용하여 구할 수도 있지만, 여기에서는 벡터의 내적을 이용하여 구해 보자.

(1) 좌표공간을 설정하여 $\overrightarrow{FD}$와 $\overrightarrow{CH}$를 성분으로 나타낸다. 이때, 두 직선 FD, CH가 이루는 예각의 크기가 θ이므로 다음이 성립한다.

$$\cos\theta=\frac{|\overrightarrow{FD}\cdot\overrightarrow{CH}|}{|\overrightarrow{FD}||\overrightarrow{CH}|}$$ ⇦ p. 122

(2) 다음 **정석**을 이용한다.

정석 $\triangle ABC=\dfrac{1}{2}\sqrt{|\overrightarrow{AB}|^2|\overrightarrow{AC}|^2-(\overrightarrow{AB}\cdot\overrightarrow{AC})^2}$ ⇦ p. 106

모범답안 점 A를 좌표공간의 원점에, 선분 AB, AD, AE를 각각 x축, y축, z축 위에 놓고, 각 점의 좌표를 다음과 같이 정한다.

A(0, 0, 0), B(4, 0, 0), C(4, 5, 0), D(0, 5, 0),
E(0, 0, 3), F(4, 0, 3), G(4, 5, 3), H(0, 5, 3)

(1) $\overrightarrow{FD}=\overrightarrow{AD}-\overrightarrow{AF}=(-4,\ 5,\ -3)$, $\overrightarrow{CH}=\overrightarrow{AH}-\overrightarrow{AC}=(-4,\ 0,\ 3)$

$$\therefore\ \cos\theta=\frac{|\overrightarrow{FD}\cdot\overrightarrow{CH}|}{|\overrightarrow{FD}||\overrightarrow{CH}|}=\frac{|-4\times(-4)+5\times0+(-3)\times3|}{\sqrt{(-4)^2+5^2+(-3)^2}\sqrt{(-4)^2+0^2+3^2}}=\mathbf{\frac{7\sqrt{2}}{50}}$$

(2) $\overrightarrow{BD}=\overrightarrow{AD}-\overrightarrow{AB}=(-4,\ 5,\ 0)$, $\overrightarrow{BE}=\overrightarrow{AE}-\overrightarrow{AB}=(-4,\ 0,\ 3)$이므로

$|\overrightarrow{BD}|^2=(-4)^2+5^2+0^2=41$, $|\overrightarrow{BE}|^2=(-4)^2+0^2+3^2=25$,

$\overrightarrow{BD}\cdot\overrightarrow{BE}=-4\times(-4)+5\times0+0\times3=16$

$$\therefore\ S=\frac{1}{2}\sqrt{|\overrightarrow{BD}|^2|\overrightarrow{BE}|^2-(\overrightarrow{BD}\cdot\overrightarrow{BE})^2}=\frac{1}{2}\sqrt{41\times25-16^2}=\mathbf{\frac{\sqrt{769}}{2}}$$

유제 **10**-12. 위의 **기본 문제**의 직육면체 ABCD-EFGH에서 다음을 구하여라.

(1) 두 직선 EC, BD가 이루는 예각의 크기를 α라고 할 때, $\cos\alpha$의 값

(2) 선분 EF의 중점을 I라고 할 때, $\triangle$IBD의 넓이

답 (1) $\dfrac{9\sqrt{82}}{410}$ (2) $\dfrac{\sqrt{469}}{2}$

§3. 공간벡터의 수직과 평행

1 공간벡터의 수직 조건과 평행 조건

(i) 공간벡터의 수직 조건　공간에서 영벡터가 아닌 두 벡터 $\vec{a}$와 $\vec{b}$가 서로 수직($\vec{a}\perp\vec{b}$)이면 두 벡터가 이루는 각의 크기가 $90°$이므로

$$\vec{a}\cdot\vec{b}=|\vec{a}||\vec{b}|\cos 90°=0$$

(ii) 공간벡터의 평행 조건　공간에서 영벡터가 아닌 두 벡터 $\vec{a}$와 $\vec{b}$가 서로 평행($\vec{a}/\!/\vec{b}$)하면 두 벡터가 이루는 각의 크기가 $0°$ 또는 $180°$이므로

$0°$일 때　$\vec{a}\cdot\vec{b}=|\vec{a}||\vec{b}|\cos 0°=|\vec{a}||\vec{b}|$

$180°$일 때　$\vec{a}\cdot\vec{b}=|\vec{a}||\vec{b}|\cos 180°=-|\vec{a}||\vec{b}|$

기본정석 공간벡터의 수직 조건과 평행 조건

(1) 공간벡터의 수직 조건과 평행 조건

$\vec{a}\neq\vec{0}$, $\vec{b}\neq\vec{0}$ 일 때,

$\vec{a}\perp\vec{b} \iff \vec{a}\cdot\vec{b}=0$,　$\vec{a}/\!/\vec{b} \iff \vec{a}\cdot\vec{b}=\pm|\vec{a}||\vec{b}|$

(2) 공간벡터의 수직 조건과 성분

$\vec{a}=(a_1,\ a_2,\ a_3)$, $\vec{b}=(b_1,\ b_2,\ b_3)$이 영벡터가 아닐 때,

$\vec{a}\perp\vec{b} \iff \vec{a}\cdot\vec{b}=0 \iff a_1b_1+a_2b_2+a_3b_3=0$

보기 1 두 벡터 $\vec{a}=(1,\ x,\ 2)$, $\vec{b}=(-3,\ x,\ x)$가 서로 수직일 때, 실수 x의 값을 구하여라.

연구 $\vec{a}\perp\vec{b}$ 이므로 $\vec{a}\cdot\vec{b}=0$　$\therefore (1,\ x,\ 2)\cdot(-3,\ x,\ x)=0$

$\therefore -3+x^2+2x=0$　$\therefore$ $\boldsymbol{x=-3,\ 1}$

2 공간의 기본벡터의 내적

좌표공간에서 원점 O를 시점으로 하는 기본벡터 $\vec{e_1}$, $\vec{e_2}$, $\vec{e_3}$은

$\vec{e_1}=(1,\ 0,\ 0)$, $\vec{e_2}=(0,\ 1,\ 0)$, $\vec{e_3}=(0,\ 0,\ 1)$

이므로 $|\vec{e_1}|=|\vec{e_2}|=|\vec{e_3}|=1$이고 $\vec{e_1}\perp\vec{e_2}$, $\vec{e_2}\perp\vec{e_3}$, $\vec{e_3}\perp\vec{e_1}$이다.

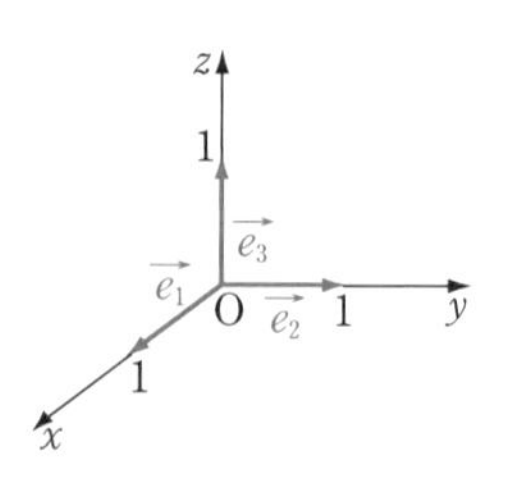

정석 공간의 기본벡터 $\vec{e_1}$, $\vec{e_2}$, $\vec{e_3}$에 대하여

$\vec{e_1}\cdot\vec{e_1}=1$,　$\vec{e_2}\cdot\vec{e_2}=1$,　$\vec{e_3}\cdot\vec{e_3}=1$,

$\vec{e_1}\cdot\vec{e_2}=0$,　$\vec{e_2}\cdot\vec{e_3}=0$,　$\vec{e_3}\cdot\vec{e_1}=0$

기본 문제 10-8 다음 물음에 답하여라.

(1) 세 벡터 $\vec{a}=(x,\ 2,\ -4)$, $\vec{b}=(1,\ y,\ 3)$, $\vec{c}=(1,\ -2,\ z)$가 서로 수직일 때, 실수 $x,\ y,\ z$의 값을 구하여라.

(2) 두 벡터 $\vec{a}=(2,\ 2,\ 1)$, $\vec{b}=(2,\ -3,\ -4)$에 수직이고 크기가 3인 벡터를 성분으로 나타내어라.

정석연구 두 공간벡터가 서로 수직일 조건을 성분으로 나타내면 다음과 같다.

정석 $\vec{a}=(a_1,\ a_2,\ a_3)$, $\vec{b}=(b_1,\ b_2,\ b_3)$이 영벡터가 아닐 때,

$$\vec{a}\perp\vec{b} \iff \vec{a}\cdot\vec{b}=0 \iff a_1b_1+a_2b_2+a_3b_3=0$$

모범답안 (1) $\vec{a}\perp\vec{b}$이므로 $\vec{a}\cdot\vec{b}=0$

$\therefore (x,\ 2,\ -4)\cdot(1,\ y,\ 3)=0 \quad \therefore x+2y-12=0$ ……①

$\vec{b}\perp\vec{c}$이므로 $\vec{b}\cdot\vec{c}=0$

$\therefore (1,\ y,\ 3)\cdot(1,\ -2,\ z)=0 \quad \therefore 1-2y+3z=0$ ……②

$\vec{c}\perp\vec{a}$이므로 $\vec{c}\cdot\vec{a}=0$

$\therefore (1,\ -2,\ z)\cdot(x,\ 2,\ -4)=0 \quad \therefore x-4-4z=0$ ……③

①+②하면 $x+3z-11=0$ ……④

④−③하면 $z=1 \quad \therefore y=2,\ x=8$ ⇦ ②, ③에 대입

답 $x=8,\ y=2,\ z=1$

(2) 구하는 벡터를 $\vec{u}=(x,\ y,\ z)$라고 하자.

$\vec{a}\perp\vec{u}$이므로 $\vec{a}\cdot\vec{u}=2x+2y+z=0$ ……①

$\vec{b}\perp\vec{u}$이므로 $\vec{b}\cdot\vec{u}=2x-3y-4z=0$ ……②

$|\vec{u}|=3$이므로 $x^2+y^2+z^2=9$ ……③

①, ②를 연립하여 $x,\ y$를 z로 나타내면 $x=\dfrac{1}{2}z,\ y=-z$ ……④

이것을 ③에 대입하여 정리하면 $z^2=4 \quad \therefore z=\pm2$

④에 대입하면 $x=\pm1,\ y=\mp2$ (복부호동순)

$\therefore \vec{u}=(1,\ -2,\ 2),\ (-1,\ 2,\ -2)$ ← 답

유제 **10-13.** 벡터 $\vec{a}=(x,\ 2,\ z)$가 두 벡터 $\vec{b}=(2,\ 0,\ 1)$, $\vec{c}=(2,\ -3,\ 0)$에 수직일 때, $|\vec{a}|$의 값을 구하여라. 답 **7**

유제 **10-14.** 두 벡터 $\vec{a}=(1,\ 1,\ 1)$, $\vec{b}=(2,\ -1,\ 2)$에 수직인 단위벡터를 성분으로 나타내어라. 답 $\left(\dfrac{\sqrt{2}}{2},\ 0,\ -\dfrac{\sqrt{2}}{2}\right),\ \left(-\dfrac{\sqrt{2}}{2},\ 0,\ \dfrac{\sqrt{2}}{2}\right)$

기본 문제 10-9 좌표공간의 다음 네 점에 대하여 물음에 답하여라.

$$P(0,\ 2,\ 1),\quad Q(0,\ 1,\ 2),\quad R(2,\ 0,\ 2),\quad S(1,\ 4,\ 3)$$

(1) 두 벡터 $\overrightarrow{PQ}$, $\overrightarrow{PR}$가 이루는 각의 크기를 구하여라.

(2) 세 점 P, Q, R를 지나는 평면과 $\overrightarrow{PS}$는 수직임을 보여라.

(3) 사면체 PQRS의 부피를 구하여라.

정석연구 (2) 평면 PQR 위의 평행하지 않은 두 벡터, 이를테면 $\overrightarrow{PQ}$, $\overrightarrow{PR}$가 $\overrightarrow{PS}$에 수직임을 보이면 된다.

정석 평면 α와 직선 l이 수직이다
$\iff$ α 위의 평행하지 않은 두 직선과 l이 수직이다

모범답안 좌표공간의 원점을 O라고 하자.

(1) $\overrightarrow{PQ}=\overrightarrow{OQ}-\overrightarrow{OP}=(0,\ -1,\ 1)$, $\overrightarrow{PR}=\overrightarrow{OR}-\overrightarrow{OP}=(2,\ -2,\ 1)$

$$\therefore \cos(\angle QPR)=\frac{\overrightarrow{PQ}\cdot\overrightarrow{PR}}{|\overrightarrow{PQ}||\overrightarrow{PR}|}$$

$$=\frac{0\times2+(-1)\times(-2)+1\times1}{\sqrt{0^2+(-1)^2+1^2}\sqrt{2^2+(-2)^2+1^2}}=\frac{1}{\sqrt{2}}$$

$\therefore \angle QPR=\mathbf{45°}$ ← 답

(2) $\overrightarrow{PS}=\overrightarrow{OS}-\overrightarrow{OP}=(1,\ 2,\ 2)$이므로

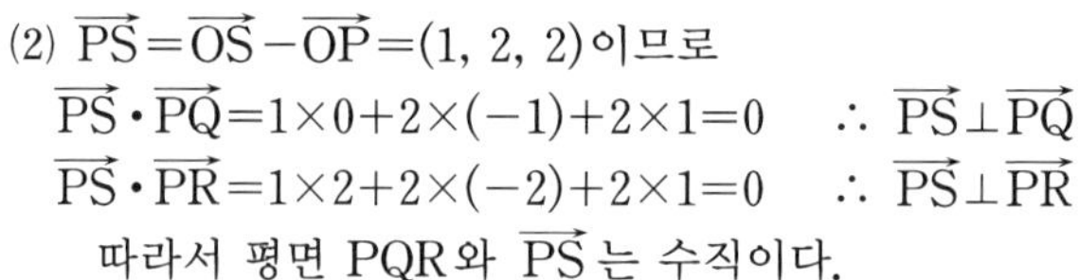

$\overrightarrow{PS}\cdot\overrightarrow{PQ}=1\times0+2\times(-1)+2\times1=0 \quad \therefore \overrightarrow{PS}\perp\overrightarrow{PQ}$

$\overrightarrow{PS}\cdot\overrightarrow{PR}=1\times2+2\times(-2)+2\times1=0 \quad \therefore \overrightarrow{PS}\perp\overrightarrow{PR}$

따라서 평면 PQR와 $\overrightarrow{PS}$는 수직이다.

(3) 사면체 PQRS의 부피를 V라고 하면

$$V=\frac{1}{3}\times\triangle PQR\times|\overrightarrow{PS}|=\frac{1}{3}\left(\frac{1}{2}|\overrightarrow{PQ}||\overrightarrow{PR}|\sin45°\right)|\overrightarrow{PS}|$$

$$=\frac{1}{3}\left(\frac{1}{2}\times\sqrt{2}\times3\times\frac{1}{\sqrt{2}}\right)\times3=\mathbf{\frac{3}{2}}$$ ← 답

**Note* (2) $\overrightarrow{QR}=\overrightarrow{OR}-\overrightarrow{OQ}=(2,\ -1,\ 0)$이므로 $\overrightarrow{PS}\cdot\overrightarrow{QR}=0$이다. 따라서 세 벡터 $\overrightarrow{PQ}$, $\overrightarrow{PR}$, $\overrightarrow{QR}$ 중에서 어느 두 벡터가 $\overrightarrow{PS}$에 수직임을 보이면 된다.

유제 **10**-15. 좌표공간의 다음 네 점에 대하여 물음에 답하여라.

$$O(0,\ 0,\ 0),\quad A(2\sqrt{2},\ -1,\ 0),\quad B(\sqrt{2},\ 5,\ 0),\quad C(0,\ 0,\ 3)$$

(1) 삼각형 OAB의 넓이를 구하여라.

(2) $\overrightarrow{OC}\perp$(평면 OAB)임을 보이고, 사면체 OABC의 부피를 구하여라.

답 (1) $\mathbf{\frac{11\sqrt{2}}{2}}$ (2) $\mathbf{\frac{11\sqrt{2}}{2}}$

연습문제 10

10-1 좌표공간에 두 점 A(1, −3, 3), B(−2, 0, 5)가 있다. 점 P(−5, 7, 2)를 시점으로 하고 벡터 $\overrightarrow{\mathrm{AB}}$와 같은 벡터를 $\overrightarrow{\mathrm{PQ}}$라고 할 때, 점 Q의 좌표를 구하여라.

10-2 공간벡터 $\overrightarrow{\mathrm{OP}}=(1, -1, 1)$을 xy평면, yz평면, zx평면에 정사영하여 얻은 벡터를 각각 $\overrightarrow{\mathrm{OA}}$, $\overrightarrow{\mathrm{OB}}$, $\overrightarrow{\mathrm{OC}}$라고 하자. 세 실수 a, b, c에 대하여 $\overrightarrow{\mathrm{OP}}=a\overrightarrow{\mathrm{OA}}+b\overrightarrow{\mathrm{OB}}+c\overrightarrow{\mathrm{OC}}$일 때, $a+b+c$의 값은? 단, O는 원점이다.

① $-\dfrac{3}{2}$ ② -1 ③ 0 ④ 1 ⑤ $\dfrac{3}{2}$

10-3 공간벡터 $\vec{a}$의 크기는 4이고, $\vec{a}$가 y축, z축의 양의 방향과 이루는 각의 크기는 각각 $60°$, $45°$일 때, $\vec{a}$의 x성분은?

① 0 ② ±1 ③ ±2 ④ ±3 ⑤ ±4

10-4 두 벡터 $\overrightarrow{\mathrm{OA}}=(1, 1, 0)$, $\overrightarrow{\mathrm{OB}}=(4, 1, 1)$이 있다. $\angle\mathrm{AOB}$의 이등분선이 선분 AB와 만나는 점을 P라고 할 때, 벡터 $\overrightarrow{\mathrm{OP}}$를 성분으로 나타내어라.
 단, O는 원점이다.

10-5 $\vec{p}=(1, 2, 1)$, $\vec{q}=(2, 1, 2)$, $\vec{r}=(1, -2, 3)$일 때, $|x\vec{p}+y\vec{q}+\vec{r}|$의 최솟값을 구하여라. 단, x, y는 실수이다.

10-6 좌표공간에 네 점 A(2, 0, 0), B(0, 1, 0), C(−3, 0, 0), D(0, 0, 2)를 꼭짓점으로 하는 사면체 ABCD가 있다. 모서리 BD 위를 움직이는 점 P에 대하여 $\overline{\mathrm{PA}}^2+\overline{\mathrm{PC}}^2$이 최소가 되는 점 P의 좌표를 구하여라.

10-7 오른쪽 그림의 사각뿔 A-BCDE에서 밑면 BCDE는 한 변의 길이가 $\sqrt{2}$인 정사각형이고, $\overline{\mathrm{AB}}=\overline{\mathrm{AC}}=\overline{\mathrm{AD}}=\overline{\mathrm{AE}}=\sqrt{5}$이다.
 선분 AB 위의 점 P와 선분 CD 위의 점 Q가
 $\overline{\mathrm{AP}}:\overline{\mathrm{PB}}=\overline{\mathrm{CQ}}:\overline{\mathrm{QD}}=t:(1-t)$ (단, $0<t<1$)
를 만족시키며 움직일 때, 선분 PQ의 길이가 최소가 되는 실수 t의 값은?

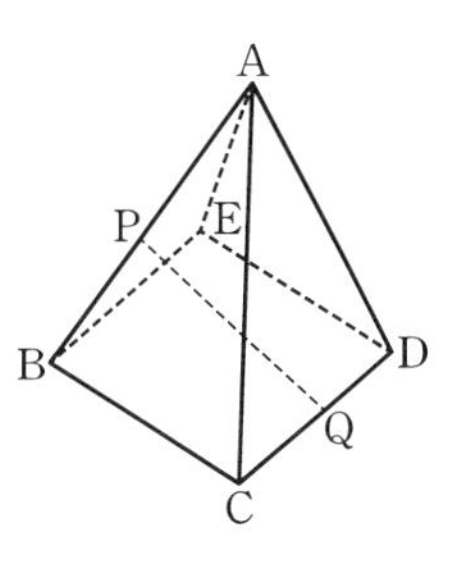

① $\dfrac{2}{9}$ ② $\dfrac{1}{3}$ ③ $\dfrac{4}{9}$ ④ $\dfrac{5}{9}$ ⑤ $\dfrac{2}{3}$

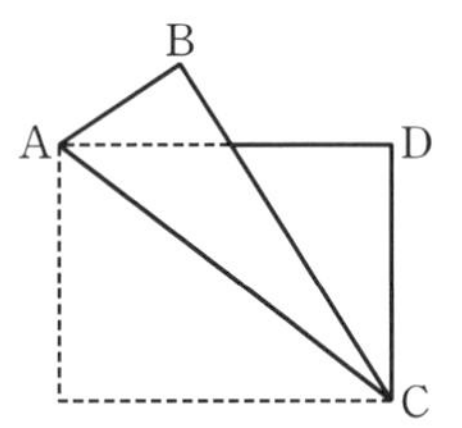

10-8 $\overline{\text{AB}}=3$, $\overline{\text{BC}}=4$인 직사각형 모양의 종이 ABCD가 있다. 대각선 AC를 접는 선으로 하여 평면 ABC가 평면 ACD와 수직이 되게 접는다.

접은 도형에서 $\overrightarrow{\text{AB}}\cdot\overrightarrow{\text{DC}}$의 값을 구하여라.

10-9 $\overline{\text{AB}}=\overline{\text{AD}}=4$, $\overline{\text{AE}}=8$인 직육면체 ABCD-EFGH에서 모서리 AE를 1 : 3으로 내분하는 점을 P, 모서리 AB, AD, FG의 중점을 각각 Q, R, S라고 하자.

선분 QR의 중점을 T라고 할 때, $\overrightarrow{\text{TP}}\cdot\overrightarrow{\text{QS}}$의 값을 구하여라.

10-10 다음 물음에 답하여라.

(1) 두 공간벡터 $\vec{p}$, $\vec{q}$에 대하여 $|\vec{p}\cdot\vec{q}|\le|\vec{p}||\vec{q}|$임을 보여라.

(2) (1)을 이용하여 실수 a, b, c, x, y, z에 대하여 다음이 성립함을 보여라.

$$(ax+by+cz)^2\le(a^2+b^2+c^2)(x^2+y^2+z^2)$$

10-11 두 벡터 $\vec{a}=(p,\ q,\ 1)$, $\vec{b}=(1,\ -1,\ 2)$가 이루는 각의 크기는 $60°$이고, $\vec{a}$의 크기는 $\sqrt{6}$이다. 이때, pq의 값은?

① 1 ② 2 ③ 3 ④ 4 ⑤ 5

10-12 두 벡터 $\overrightarrow{\text{OA}}=(2,\ 4,\ -6)$, $\overrightarrow{\text{OB}}=(3,\ 4,\ -1)$에 대하여 $\overrightarrow{\text{OB}}$의 직선 OA 위로의 정사영의 크기를 구하여라.

10-13 한 모서리의 길이가 4인 정사면체 OABC에서 모서리 AB, BC를 1 : 2로 내분하는 점을 각각 P, Q라고 할 때, $\overrightarrow{\text{OP}}\cdot\overrightarrow{\text{OQ}}$의 값을 구하여라.

10-14 한 모서리의 길이가 1인 정사면체 OABC와 벡터 $\vec{x}$가

$$\vec{x}\cdot\overrightarrow{\text{OA}}=1,\quad \vec{x}\cdot\overrightarrow{\text{OB}}=2,\quad \vec{x}\cdot\overrightarrow{\text{OC}}=3$$

을 만족시킬 때, $\vec{x}$를 $\overrightarrow{\text{OA}}$, $\overrightarrow{\text{OB}}$, $\overrightarrow{\text{OC}}$로 나타내어라.

10-15 좌표공간의 두 점 A(3, 1, 1), B(1, 0, 1)에 대하여 $\angle\text{ACB}=90°$가 되게 하는 x축 위의 점 C의 x좌표는?

① 1 ② $\dfrac{3}{2}$ ③ 2 ④ $\dfrac{5}{2}$ ⑤ 3

10-16 두 벡터 $\vec{a}=(-1,\ 1,\ 3)$, $\vec{b}=(1,\ -2,\ -1)$에 대하여 $\vec{a}=\vec{c}+\vec{d}$이고 $\vec{c}$와 $\vec{b}$는 서로 평행, $\vec{d}$와 $\vec{b}$는 서로 수직일 때, 두 벡터 $\vec{c}$, $\vec{d}$를 성분으로 나타내어라.

연습문제 풀이 및 정답

연습문제 풀이 및 정답

1-1. (선분 AB의 길이)=(실의 길이)
이므로 그림에서 $\overline{AQ}=\overline{PQ}$이다.

한편 $\overline{AQ}$는 점 Q와 정직선 l 사이의 거리이고, $\overline{PQ}$는 점 Q와 정점 P 사이의 거리이므로 점 Q의 자취는 준선이 정직선 l이고 초점이 점 P인 포물선의 일부분이다. 답 ③

1-2. 초점이 점 (2, 0)이고, 꼭짓점이 원점이므로 $y^2=4px$에서

$$p=2 \quad \therefore y^2=8x$$

점 $(a, 4)$를 지나므로

$$4^2=8a \quad \therefore a=2$$ 답 ④

1-3. 준선의 방정식을 $x=k$라고 하면 포물선의 정의에 의하여

$$\sqrt{(x-3)^2+(y-1)^2}=|x-k| \quad \cdots ㉮$$

이 식에 $x=6$, $y=5$를 대입하면

$$5=|6-k| \quad \therefore k=1, 11$$

$k=1$일 때, ㉮의 양변을 제곱하여 정리하면 $\boldsymbol{(y-1)^2=4(x-2)}$

$k=11$일 때, ㉮의 양변을 제곱하여 정리하면 $\boldsymbol{(y-1)^2=-16(x-7)}$

1-4.

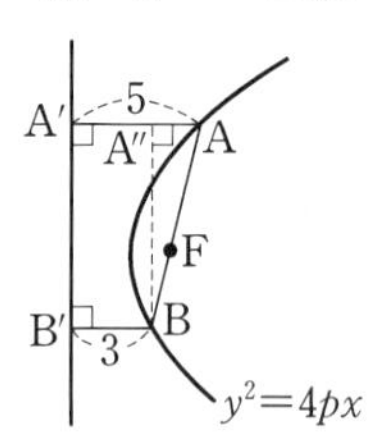

초점을 F라고 하면

$$\overline{AF}=\overline{AA'}=5,\ \overline{BF}=\overline{BB'}=3$$

$$\therefore \overline{AB}=\overline{AF}+\overline{BF}=5+3=8$$

또, 위의 그림에서 $\overline{A'B'}=\overline{A''B}$이고, 직각삼각형 AA″B에서

$$\overline{A''B}=\sqrt{\overline{AB}^2-\overline{A''A}^2}$$
$$=\sqrt{8^2-2^2}=2\sqrt{15}$$

이므로 $\overline{A'B'}=\boldsymbol{2\sqrt{15}}$

1-5. 포물선 $y^2=x$에서

초점 $F\left(\frac{1}{4}, 0\right)$, 준선 $x=-\frac{1}{4}$

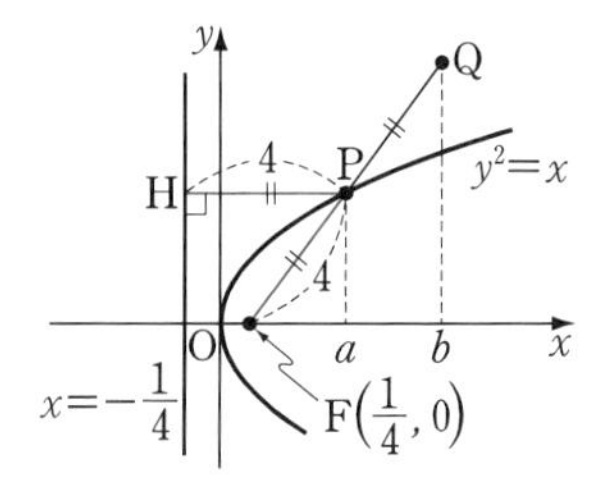

점 P에서 준선에 내린 수선의 발을 H라고 하면 $\overline{PH}=\overline{PF}=4$

따라서 점 P의 x좌표를 a라고 하면

$$a+\frac{1}{4}=4 \quad \therefore a=\frac{15}{4}$$

점 Q의 x좌표를 b라고 하면 점 P는 선분 FQ의 중점이므로

$$\frac{15}{4}=\frac{\frac{1}{4}+b}{2} \quad \therefore b=\frac{29}{4}$$ 답 ⑤

1-6. 포물선 $y^2=4x$에서

초점 F(1, 0), 준선 $x=-1$

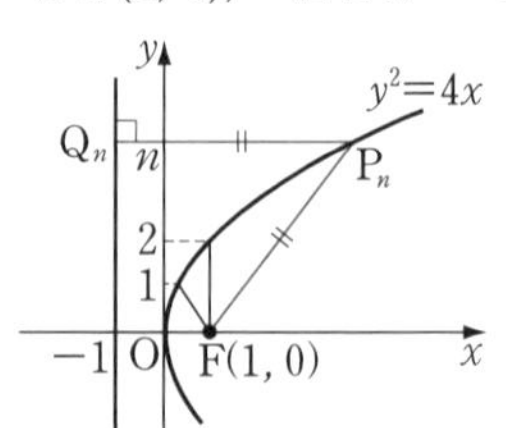

점 P_n에서 준선에 내린 수선의 발을 Q_n이라고 하면

$$\overline{FP_n}=\overline{P_nQ_n}$$

$y^2=4x$에서 $y=n$일 때 $x=\frac{n^2}{4}$

$$\therefore \overline{P_nQ_n}=\frac{n^2}{4}+1$$

$\therefore \overline{FP_1}+\overline{FP_2}+\overline{FP_3}+\cdots+\overline{FP_{10}}$

$=\overline{P_1Q_1}+\overline{P_2Q_2}+\overline{P_3Q_3}+\cdots+\overline{P_{10}Q_{10}}$

$=\left(\frac{1^2}{4}+1\right)+\left(\frac{2^2}{4}+1\right)+\left(\frac{3^2}{4}+1\right)+\cdots+\left(\frac{10^2}{4}+1\right)$

$=\frac{1}{4}(1^2+2^2+3^2+\cdots+10^2)+10$

$=\mathbf{\frac{425}{4}}$

****Note*** $1^2+2^2+3^2+\cdots+n^2=\frac{n(n+1)(2n+1)}{6}$ ⇦ 수학 I

1-7. 포물선 $y^2=4x$에서
초점 F(1, 0), 준선 $x=-1$

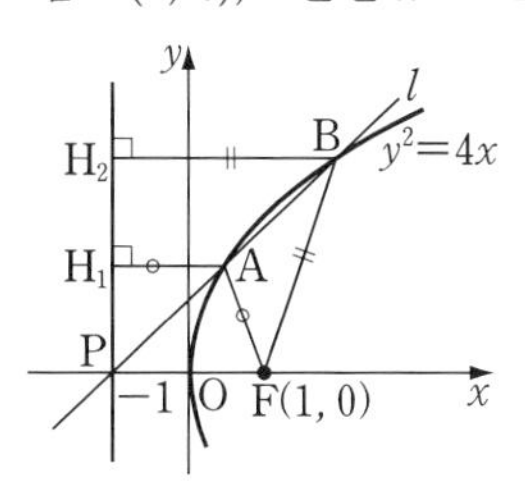

두 점 A, B에서 준선에 내린 수선의 발을 각각 H_1, H_2라고 하면

$$\overline{AH_1}=\overline{AF},\ \overline{BH_2}=\overline{BF}$$

조건에서 $\overline{BF}=2\overline{AF}$이므로

$$\overline{BH_2}=2\overline{AH_1}$$

이때, 점 A의 x좌표를 a라고 하면

$$\overline{AH_1}=a+1,\ \overline{BH_2}=2a+2$$

이므로 점 B의 x좌표는 $2a+1$이다. 곧,

$$A(a,\ 2\sqrt{a}),\ B(2a+1,\ 2\sqrt{2a+1})$$

점 P(−1, 0), A, B가 모두 직선 l 위의 점이므로 직선 l의 기울기에서

$\frac{2\sqrt{a}}{a+1}=\frac{2\sqrt{2a+1}}{2a+2}$ $\therefore 2\sqrt{a}=\sqrt{2a+1}$

양변을 제곱하여 정리하면 $a=\frac{1}{2}$

따라서 직선 l의 기울기는

$$\frac{2\sqrt{a}}{a+1}=\frac{2\sqrt{\frac{1}{2}}}{\frac{1}{2}+1}=\mathbf{\frac{2\sqrt{2}}{3}}$$

1-8. 포물선 $y^2=4px$에서
초점 $F(p,\ 0)$, 준선 $x=-p$

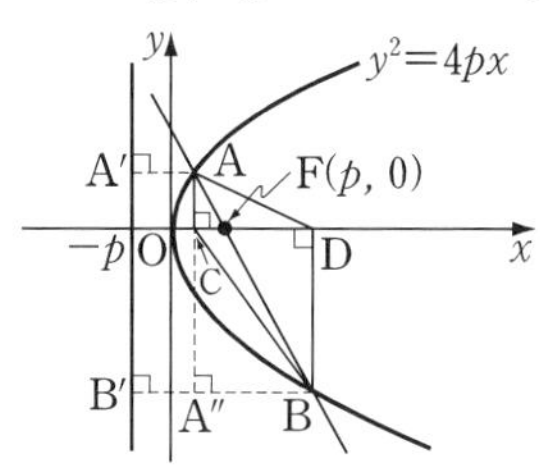

$\overline{AF}=a$라고 하면 위의 그림에서

$$\overline{AA'}=\overline{AF}=a$$

이므로 점 A의 x좌표는 $a-p$

$\overline{BF}=3\overline{AF}=3a$이고

$$\overline{BB'}=\overline{BF}=3a$$

이므로 점 B의 x좌표는 $3a-p$

$$\therefore \overline{CD}=(3a-p)-(a-p)=2a$$

한편

$\square ACBD=\frac{1}{2}\times(\overline{AC}+\overline{BD})\times\overline{CD}$

$=\frac{1}{2}\times\overline{AA''}\times\overline{CD}$ ……㉠

이때, 직각삼각형 AA″B에서

$\overline{AA''}=\sqrt{\overline{AB}^2-\overline{A''B}^2}=\sqrt{\overline{AB}^2-\overline{CD}^2}$

$=\sqrt{(4a)^2-(2a)^2}=2\sqrt{3}a$

따라서 ㉠에서

$\frac{1}{2}\times2\sqrt{3}a\times2a=12\sqrt{3}$ $\therefore a^2=6$

$a>0$이므로 $a=\mathbf{\sqrt{6}}$

1-9. $F(p,\ 0)$이라고 하면 $A(p+2,\ 2)$

포물선의 방정식은 $y^2=4px$ ……①
직선의 방정식은 $y=x-p$ ……②

점 A가 포물선 위의 점이므로

$4=4p(p+2)$ $\quad\therefore\ p^2+2p-1=0$

$p>0$이므로 $p=\sqrt{2}-1$

①, ②의 교점의 x좌표를 α, β라고 하면 α, β는 방정식 $(x-p)^2=4px$, 곧 $x^2-6px+p^2=0$의 두 실근이다.

$\therefore\ \alpha+\beta=6p$

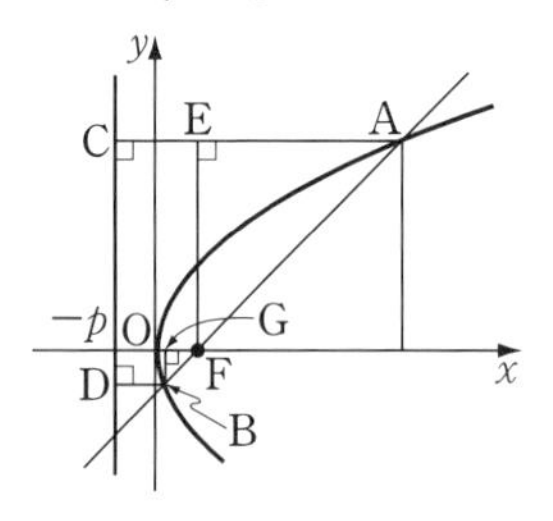

두 점 A, B에서 준선에 내린 수선의 발을 각각 C, D라고 하면

$\overline{AB}=\overline{AF}+\overline{BF}=\overline{AC}+\overline{BD}$
$=\alpha+p+\beta+p=8p$
$=\mathbf{8(\sqrt{2}-1)}$

*__Note__ 위의 그림과 같이 초점 F에서 선분 AC에 내린 수선의 발을 E, 점 B에서 x축에 내린 수선의 발을 G라고 하자.

$\overline{AC}=\overline{AF}=2\sqrt{2}$, $\overline{AE}=2$이므로

$\overline{CE}=2\sqrt{2}-2$

또, $\overline{FG}=k$로 놓으면

$\overline{BD}=\overline{BF}=\sqrt{2}k$

그런데 $\overline{CE}=\overline{BD}+\overline{FG}$이므로

$2\sqrt{2}-2=\sqrt{2}k+k$

$\therefore\ k=\dfrac{2\sqrt{2}-2}{\sqrt{2}+1}=6-4\sqrt{2}$

$\therefore\ \overline{AB}=\overline{AF}+\overline{BF}=2\sqrt{2}+\sqrt{2}k$
$=2\sqrt{2}+\sqrt{2}(6-4\sqrt{2})$
$=\mathbf{8(\sqrt{2}-1)}$

1-10.

포물선 p_1, p_2의 준선을 각각 l_1, l_2라 하고, l_1, l_2가 x축과 만나는 점을 각각 H_1, H_2, 점 C에서 l_1, l_2에 내린 수선의 발을 각각 H_1', H_2'이라고 하자.

$\overline{OB}=a$라고 하면 $\overline{OA}=1-a$이고, $\overline{AH_1}=\overline{AB}=1$, $\overline{BH_2}=\overline{BO}=a$이므로

$\overline{BC}=\overline{CH_1'}=\overline{OH_1}=\overline{OA}+\overline{AH_1}$
$=(1-a)+1=2-a,$
$\overline{OC}=\overline{CH_2'}=\overline{OH_2}=2a$

이때, 직각삼각형 OBC에서

$a^2+(2a)^2=(2-a)^2$ $\quad\therefore\ a^2+a-1=0$

$a>0$이므로 $a=\dfrac{-1+\sqrt{5}}{2}$

$\therefore\ \overline{CD}=2\overline{OC}=4a=2(\sqrt{5}-1)$

답 ④

*__Note__ 포물선 p_1, p_2의 방정식을 각각

$y^2=4p(x-m)$, $y^2=4q(x-n)$

으로 놓고 두 포물선의 교점의 좌표를 이용하여 풀어도 된다.

1-11. 포물선 $x^2=4py\,(p>0)$에서

초점 $F(0,\ p)$, 준선 $y=-p$

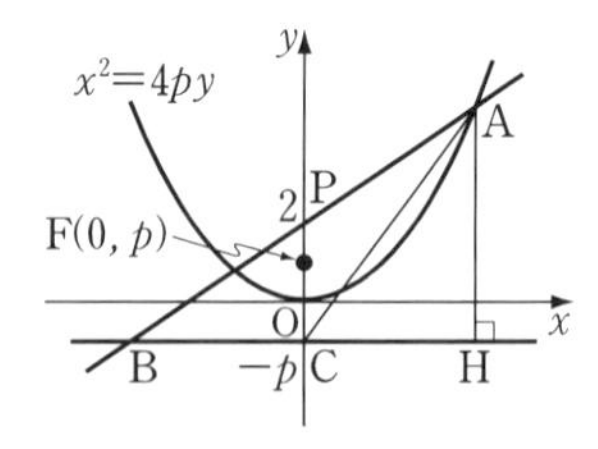

점 C는 준선과 y축의 교점이므로

$C(0,\ -p)$

이때, 초점 $F(0, p)$가 $\triangle ABC$의 무게중심이므로 점 $P(0, 2)$는 선분 AB의 중점이고 $\overline{CF}:\overline{FP}=2:1$

$$\therefore 2p:(2-p)=2:1 \quad \therefore p=1$$

점 A에서 준선에 내린 수선의 발을 H라고 하면

$$\overline{AH}=2\overline{PC}=2\times3=6$$

$$\therefore \overline{AF}+\overline{CF}=\overline{AH}+\overline{CF}=6+2=8$$

1-12.

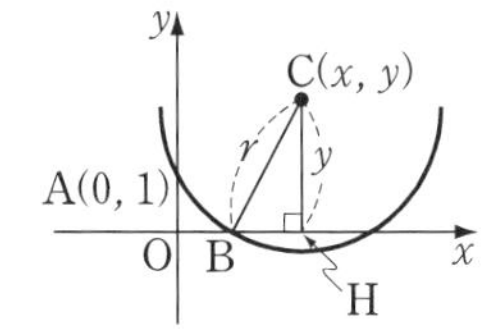

원의 중심을 $C(x, y)$, 반지름의 길이를 r라고 하자.

위의 그림에서 $\overline{BH}=1$이므로

$$1^2+y^2=r^2 \quad \cdots\cdots①$$

또, $\overline{AC}=r$이므로

$$(x-0)^2+(y-1)^2=r^2 \quad \cdots\cdots②$$

②$-$①하면 $x^2-2y=0$

$$\therefore \boldsymbol{x^2=2y}$$

1-13. $Q(x, y)$라고 하면

$x=ab$ ⋯⋯① $\quad y=a+b$ ⋯⋯②

점 $P(a, b)$가 원 $x^2+y^2=1$ 위를 움직이므로

$$a^2+b^2=1 \quad \therefore (a+b)^2-2ab=1$$

이 식에 ①, ②를 대입하면

$$y^2-2x=1$$

한편 a, b는 $t^2-yt+x=0$의 두 실근이므로

$$D=y^2-4x\geq0 \quad 곧, \; y^2\geq4x$$

$y^2=2x+1$과 $y^2\geq4x$에서

$$2x+1\geq4x \quad \therefore x\leq\frac{1}{2}$$

따라서 구하는 자취의 방정식은

$$\boldsymbol{y^2=2x+1\left(x\leq\frac{1}{2}\right)}$$

1-14. (1) $y^2=4(x-2)$, $x-y-2=0$에서 y를 소거하면

$$(x-2)^2=4(x-2) \quad \therefore x=2, 6$$

이때, $y=0$, 4이므로 교점의 좌표는

$$\boldsymbol{(2, 0), (6, 4)}$$

(2) 구하는 포물선의 초점을 점 (a, b)라고 하자.

교점과 준선 사이의 거리와 교점과 초점 사이의 거리가 각각 같으므로

$$|0-(-1)|=\sqrt{(a-2)^2+b^2},$$

$$|4-(-1)|=\sqrt{(a-6)^2+(b-4)^2}$$

각각 양변을 제곱하여 정리하면

$$a^2-4a+b^2+3=0,$$

$$a^2-12a+b^2-8b+27=0$$

연립하여 풀면

$$a=2, \; b=1 \text{ 또는 } a=3, \; b=0$$

(i) 초점이 점 $(2, 1)$일 때, 준선이 직선 $y=-1$이므로 $x^2=4py$ 꼴에서 $p=1$이다.

따라서 포물선 $x^2=4y$를 x축의 방향으로 2만큼 평행이동한 포물선이므로 $\boldsymbol{(x-2)^2=4y}$

(ii) 초점이 점 $(3, 0)$일 때, 준선이 직선 $y=-1$이므로 $x^2=4py$ 꼴에서 $p=\frac{1}{2}$이다.

따라서 포물선 $x^2=2y$를 x축의 방향으로 3만큼, y축의 방향으로 $-\frac{1}{2}$만큼 평행이동한 포물선이므로

$$\boldsymbol{(x-3)^2=2\left(y+\frac{1}{2}\right)}$$

1-15. $y=x+m$, $y^2=4x$에서 y를 소거하고 정리하면

$$x^2+2(m-2)x+m^2=0 \quad \cdots①$$

직선과 포물선이 서로 다른 두 점에서 만나므로 ①에서

$$D/4=(m-2)^2-m^2>0$$

$\therefore\ m<1$ ……②

①의 두 근을 α, β라고 하면

$\alpha+\beta=-2(m-2)$, $\alpha\beta=m^2$ …③

이고, 점 P, Q의 좌표는

$$\mathrm{P}(\alpha,\ \alpha+m),\ \mathrm{Q}(\beta,\ \beta+m)$$

(1) $\overline{\mathrm{PQ}}=\sqrt{(\beta-\alpha)^2+(\beta-\alpha)^2}$

$=\sqrt{2\{(\alpha+\beta)^2-4\alpha\beta\}}$

$=\sqrt{2\{4(m-2)^2-4m^2\}}$

$=\sqrt{32(1-m)}=8$

$\therefore\ 32(1-m)=64$ $\quad\therefore$ $\boldsymbol{m=-1}$

(2) $\mathrm{P}(\alpha,\ \alpha+m)$, $\mathrm{Q}(\beta,\ \beta+m)$이므로 선분 PQ의 중점을 $\mathrm{M}(x,\ y)$라고 하면

$$x=\frac{\alpha+\beta}{2},\ y=\frac{\alpha+\beta+2m}{2}$$

③에서 $\alpha+\beta=-2(m-2)$이므로

$$x=-m+2,\ y=2$$

$$\therefore\ \mathrm{M}(-m+2,\ 2)$$

따라서 점 M은 m의 값이 변함에 따라 직선 $y=2$ 위를 움직인다.

그런데 ②에서 $m<1$이므로

$$m=-x+2<1 \quad \therefore\ x>1$$

따라서 구하는 자취의 방정식은

$$\boldsymbol{y=2\ (x>1)}$$

1-16. 포물선 $y^2=4px$ ……①

위의 점 $(p,\ q)$에서의 접선의 방정식은

$$qy=2p(x+p)$$

이 직선이 점 $(1,\ 3)$을 지나므로

$$3q=2p(1+p) \quad ……②$$

또, 점 $(p,\ q)$는 ① 위의 점이므로

$$q^2=4p^2$$

그런데 $p>0$이므로 ②에서 $q>0$

$$\therefore\ q=2p$$

이것을 ②에 대입하면 $p=2$

$\therefore\ q=4$ $\quad\therefore\ p+q=6$ 답 ⑤

1-17. 포물선 $y^2=4x$ 위의 점 $\mathrm{P}(a,\ b)$에서의 접선의 방정식은

$$by=2(x+a)$$

따라서 점 Q의 좌표는 $(-a,\ 0)$이다.

한편 $b^2=4a$이므로

$$\overline{\mathrm{PQ}}=\sqrt{(a+a)^2+b^2}=\sqrt{4a^2+4a}$$

조건에서 $\overline{\mathrm{PQ}}=4\sqrt{5}=\sqrt{80}$이므로

$4a^2+4a=80$ $\quad\therefore\ (a-4)(a+5)=0$

$a\ge0$이므로 $a=4$ $\quad\therefore\ b^2=16$

$\therefore\ a^2+b^2=32$ 답 ②

1-18. 포물선 $y^2=nx$의 초점을 F라고 하면

$$\mathrm{F}\left(\frac{n}{4},\ 0\right)$$

또, 점 $(n,\ n)$에서의 접선의 방정식은

$$ny=\frac{n}{2}(x+n) \quad \therefore\ x-2y+n=0$$

$$\therefore\ d=\frac{\left|\frac{n}{4}-0+n\right|}{\sqrt{1^2+(-2)^2}}=\frac{\sqrt{5}}{4}n$$

$d^2\ge40$에서 $\dfrac{5}{16}n^2\ge40$

$\therefore\ n^2\ge128$ $\quad\therefore\ n\ge\sqrt{128}$

따라서 자연수 n의 최솟값은 **12**

1-19. 포물선 $y^2=4px\ (p>0)$의 준선의 방정식은 $x=-p$ ……①

점 $\mathrm{A}(p,\ 2p)$에서의 접선의 방정식은

$$2py=2p(x+p)$$

$$\therefore\ y=x+p \quad ……②$$

점 $\mathrm{B}(4p,\ 4p)$에서의 접선의 방정식은

$$4py=2p(x+4p)$$

$$\therefore\ y=\frac{1}{2}x+2p \quad ……③$$

①, ②에서 $\mathrm{C}(-p,\ 0)$

①, ③에서 $\mathrm{D}\left(-p,\ \dfrac{3}{2}p\right)$

②, ③에서 $\mathrm{E}(2p,\ 3p)$

$$\therefore\ \triangle\mathrm{CDE}=\frac{1}{2}\times\frac{3}{2}p\times3p=9$$

$$\therefore\ p^2=4$$

$p>0$이므로 $\boldsymbol{p=2}$

1-20.

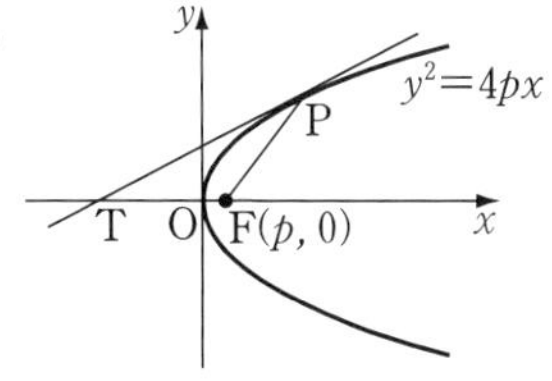

점 P의 좌표를 (x_1, y_1)이라고 하자.

점 P에서의 접선의 방정식은

$$y_1y=2p(x+x_1) \quad \cdots\cdots ①$$

①이 x축과 만나는 점 T의 x좌표는 $y=0$에서 $x=-x_1$

한편 초점 F의 좌표는 $(p, 0)$이므로

$$\overline{TF}=p+x_1 \quad \cdots\cdots ②$$

또, $\overline{PF}=\sqrt{(x_1-p)^2+y_1{}^2}$ 이고, 점 $P(x_1, y_1)$이 포물선 $y^2=4px$ 위의 점이므로 $y_1{}^2=4px_1$

$$\therefore \overline{PF}=\sqrt{(x_1-p)^2+4px_1}$$
$$=\sqrt{(x_1+p)^2}=x_1+p \quad \cdots ③$$

②, ③에서 $\overline{TF}=\overline{PF}$

***Note** $\overline{PF}$는 점 P와 준선 $x=-p$ 사이의 거리와 같으므로 $\overline{PF}=x_1+p$라고 해도 된다.

1-21. $y^2=4x \quad \cdots\cdots ①$

직선 $y=3x+2$를 x축의 방향으로 k만큼 평행이동하면

$$y=3(x-k)+2 \quad \cdots\cdots ②$$

①, ②에서 x를 소거하고 정리하면

$$3y^2-4y-12k+8=0$$

②가 ①에 접하므로

$$D/4=4-3(-12k+8)=0$$

$$\therefore \boldsymbol{k=\frac{5}{9}}$$

***Note** 포물선 $y^2=4px$에 접하고 기울기가 m인 직선의 방정식은

$$y=mx+\frac{p}{m}$$

$m=3$, $p=1$인 경우이므로

$$y=3x+\frac{1}{3} \quad \cdots\cdots ③$$

②, ③에서 $-3k+2=\frac{1}{3}$

$$\therefore \boldsymbol{k=\frac{5}{9}}$$

1-22. $y=2x-3 \quad \cdots\cdots ①$

꼭짓점의 좌표가 $(2, a)$, 초점과 꼭짓점 사이의 거리가 1이므로 포물선의 방정식은

$$(y-a)^2=4(x-2) \quad \cdots\cdots ②$$

①을 ②에 대입하면

$$(2x-3-a)^2=4(x-2)$$

$$\therefore 4x^2-4(a+4)x+a^2+6a+17=0$$

①이 ②에 접하므로

$$D/4=4(a+4)^2-4(a^2+6a+17)=0$$

$$\therefore \boldsymbol{a=\frac{1}{2}}$$

1-23. $y^2=4x \quad \cdots\cdots ①$

$x-y+5=0 \quad \cdots\cdots ②$

직선 ②의 기울기가 1이므로 ①에 접하고 ②에 평행한 직선의 방정식은

$$y=1\times x+\frac{1}{1} \quad \Leftarrow y=mx+\frac{p}{m}$$

$$\therefore y=x+1 \quad \cdots\cdots ③$$

①, ③을 연립하여 풀면 접점의 좌표는 $(1, 2)$이다.

이 점과 직선 ② 사이의 거리가 최솟값이므로

$$\frac{|1-2+5|}{\sqrt{1^2+(-1)^2}}=\frac{4}{\sqrt{2}}=2\sqrt{2}$$

답 ②

***Note** 직선 ③ 위의 어느 점에서나 직선 ②까지의 거리는 같으므로 직선 ③ 위의 적당한 점, 이를테면 점 $(0, 1)$과 직선 ② 사이의 거리

$$\frac{|-1+5|}{\sqrt{1^2+(-1)^2}}=\frac{4}{\sqrt{2}}=2\sqrt{2}$$

를 구해도 된다.

1-24. $x^2=4py$ ……①

기울기가 m인 접선의 방정식을

$y=mx+n$ ……②

라고 하자.

②를 ①에 대입하고 정리하면

$x^2-4mpx-4np=0$

②가 ①에 접하므로

$D/4=4m^2p^2+4np=0$

$p\neq0$이므로 $n=-m^2p$

$\therefore$ $\boldsymbol{y=mx-m^2p}$

1-25. $y^2=8x$ ……①

$x^2=8y$ ……②

공통접선의 방정식을

$y=ax+b$ ……③

이라고 하자.

③을 ①에 대입하고 정리하면

$a^2x^2+2(ab-4)x+b^2=0$

접하므로 $D_1/4=(ab-4)^2-a^2b^2=0$

$\therefore$ $ab=2$ ……④

③을 ②에 대입하고 정리하면

$x^2-8ax-8b=0$

접하므로 $D_2/4=16a^2+8b=0$

$\therefore$ $b=-2a^2$ ……⑤

④, ⑤에서 $a=-1$, $b=-2$

$\therefore$ $\boldsymbol{y=-x-2}$

***Note** **연습문제 1-24**의 결과를 이용하여 다음과 같이 풀어도 된다.

포물선 $y^2=8x$에 접하고 기울기가 m인 직선의 방정식은

$y=mx+\dfrac{2}{m}$ ……⑥

포물선 $x^2=8y$에 접하고 기울기가 m인 직선의 방정식은

$y=mx-2m^2$ ……⑦

⑥, ⑦에서 $\dfrac{2}{m}=-2m^2$

$\therefore$ $m^3=-1$

m은 실수이므로 $m=-1$

⑥에 대입하면 $\boldsymbol{y=-x-2}$

1-26. 접선의 기울기를 m이라고 하면

$y=m(x-2)+a$

$x^2=4y$에 대입하고 정리하면

$x^2-4mx+8m-4a=0$

접하므로 $D/4=4m^2-(8m-4a)=0$

$\therefore$ $m^2-2m+a=0$

이 방정식의 두 근을 α, β라고 하면 α, β는 두 접선의 기울기이므로 두 접선이 수직이기 위해서는

$\alpha\beta=a=-1$ 답 ②

***Note** 1° 한 점에서 포물선에 그은 두 접선이 서로 수직이면 이 점은 준선 위에 있다.

2° **연습문제 1-24**의 결과를 이용하여 다음과 같이 풀어도 된다.

접선의 기울기를 m이라고 하면

$y=mx-m^2$

이 직선이 점 $(2, a)$를 지나므로

$a=2m-m^2$ $\therefore$ $m^2-2m+a=0$

이 방정식의 두 근이 두 접선의 기울기이므로 $a=-1$

1-27.

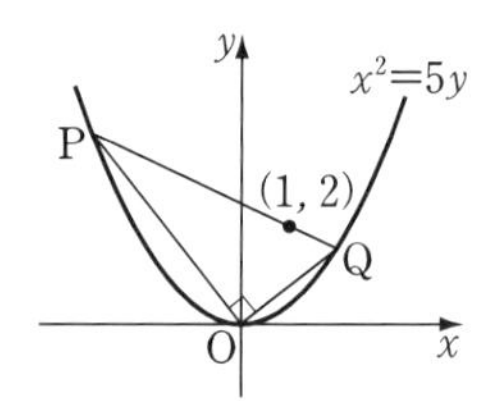

직선 PQ의 기울기를 m이라고 하면 직선 PQ의 방정식은

$y-2=m(x-1)$ ……①

①과 $x^2=5y$에서 y를 소거하고 정리하면

$x^2-5mx+5m-10=0$ ……②

②의 두 근을 x_1, x_2라고 하면

$\mathrm{P}\left(x_1,\ \dfrac{1}{5}x_1^2\right)$, $\mathrm{Q}\left(x_2,\ \dfrac{1}{5}x_2^2\right)$

$\overline{\mathrm{OP}}\perp\overline{\mathrm{OQ}}$이므로

$$\frac{\frac{1}{5}x_1^{\,2}}{x_1}\times\frac{\frac{1}{5}x_2^{\,2}}{x_2}=-1$$

$\therefore\ x_1x_2=-25$

②에서 근과 계수의 관계로부터

$5m-10=-25\quad\therefore\ m=-3$

①에 대입하면 $\boldsymbol{y=-3x+5}$

2-1. (1) 구하는 타원의 방정식을

$$\frac{x^2}{a^2}+\frac{y^2}{b^2}=1\ (b>a>0)\ \cdots\cdots①$$

로 놓으면

$$k^2=b^2-a^2=1^2$$

또, ①이 점 (1, 0)을 지나므로

$$a^2=1\quad\therefore\ b^2=2$$

①에 대입하면 $\boldsymbol{x^2+\dfrac{y^2}{2}=1}$

(2) 구하는 타원의 방정식을

$$\frac{x^2}{a^2}+\frac{y^2}{b^2}=1\ (b>a>0)\ \cdots\cdots①$$

로 놓으면

$$k^2=b^2-a^2=3^2$$

또, 장축의 길이가 10이므로

$2b=10\quad\therefore\ b=5\quad\therefore\ a^2=16$

①에 대입하면 $\boldsymbol{\dfrac{x^2}{16}+\dfrac{y^2}{25}=1}$

(3) $\dfrac{x^2}{9}+\dfrac{y^2}{4}=1$에서 $k^2=9-4=5$

이므로 초점의 좌표는 $(\pm\sqrt{5},\ 0)$

따라서 구하는 타원의 방정식을

$$\frac{x^2}{a^2}+\frac{y^2}{b^2}=1\ (a>b>0)\ \cdots\cdots①$$

로 놓으면

$$k^2=a^2-b^2=5\qquad\cdots\cdots②$$

또, ①이 점 (3, 2)를 지나므로

$$9b^2+4a^2=a^2b^2\qquad\cdots\cdots③$$

②, ③을 a^2, b^2에 관하여 연립하여

풀면 $a^2=15,\ b^2=10$

①에 대입하면 $\boldsymbol{\dfrac{x^2}{15}+\dfrac{y^2}{10}=1}$

2-2. 거리의 합이 4이므로

$$\sqrt{(x-\sqrt{2})^2+y^2}+\sqrt{(x+\sqrt{2})^2+y^2}=4$$

정리하면 $x^2+2y^2=4\qquad\cdots\cdots①$

원점에 이르는 거리가 $\sqrt{3}$이므로

$$\sqrt{x^2+y^2}=\sqrt{3}$$

$\therefore\ x^2+y^2=3\qquad\cdots\cdots②$

①, ②에서 $x^2=2,\ y^2=1$

$x>0,\ y>0$이므로 $\boldsymbol{x=\sqrt{2},\ y=1}$

***Note** 점 P가 타원

$$\frac{x^2}{a^2}+\frac{y^2}{b^2}=1\ (a>b>0)$$

위에 있다는 것을 이용해도 된다.

2-3. $y=\dfrac{1}{2}x-1$에서

$x=0$일 때 $y=-1\quad\therefore\ \mathrm{A}(0,\ -1)$

$y=0$일 때 $x=2\quad\therefore\ \mathrm{F}(2,\ 0)$

따라서 타원의 방정식을

$$\frac{x^2}{a^2}+\frac{y^2}{b^2}=1\ (a>b>0)$$

로 놓으면 $b=1$

또, $a^2-b^2=2^2$에서 $a=\sqrt{5}$

따라서 장축의 길이는

$2a=2\sqrt{5}$ 답 ①

***Note** 점 A가 타원 위의 점이고 타원의 중심이 원점이므로

(장축의 길이)$=2\overline{\mathrm{AF}}=2\sqrt{5}$

2-4. 주어진 이차곡선의 방정식은

$$(x-2)^2+9y^2=9\quad\therefore\ \frac{(x-2)^2}{3^2}+y^2=1$$

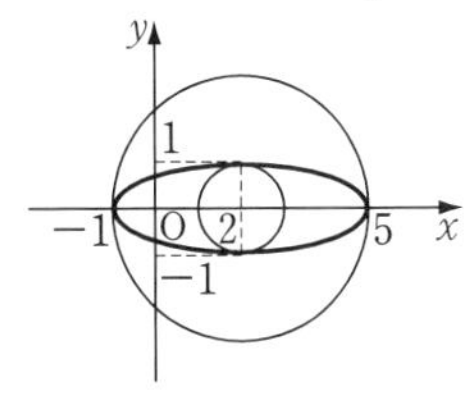

위의 그림과 같이 타원과 원이 두 점 (2, 1), (2, −1)에서 접할 때 $a=1$이고,

두 점 (5, 0), (−1, 0)에서 접할 때 $a=3$ 이므로 서로 다른 네 점에서 만날 조건은

$$\mathbf{1<a<3}$$

2-5. 타원 $\frac{x^2}{4}+\frac{y^2}{a}=1$의 초점 F, F′은 x축 위의 점이므로

$$F(\sqrt{4-a},\ 0),\ F'(-\sqrt{4-a},\ 0)$$

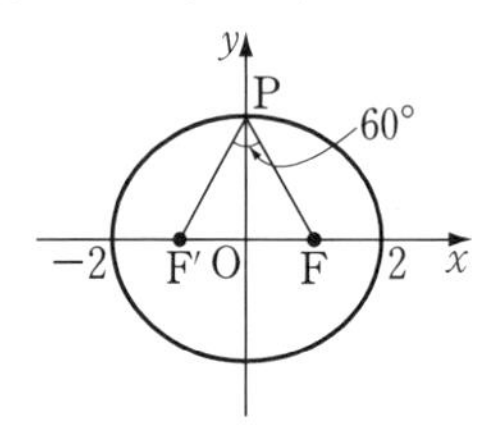

$\angle FPF'=60°$이고 $\overline{PF}=\overline{PF'}$이므로 $\triangle PF'F$는 정삼각형이다.

$$\therefore\ \overline{PF}+\overline{PF'}=2\overline{FF'}=4\sqrt{4-a}$$

한편 타원의 정의에 의하여 $\overline{PF}+\overline{PF'}=2\times2=4$이므로

$$4\sqrt{4-a}=4 \quad \therefore\ \boldsymbol{a=3}$$

***Note** 위의 그림에서 $P(0,\ \sqrt{a})$이므로 $\overline{OF}:\overline{OP}=1:\sqrt{3}$에서

$$\sqrt{4-a}:\sqrt{a}=1:\sqrt{3}$$

$$\therefore\ \sqrt{3(4-a)}=\sqrt{a} \quad \therefore\ \boldsymbol{a=3}$$

2-6.

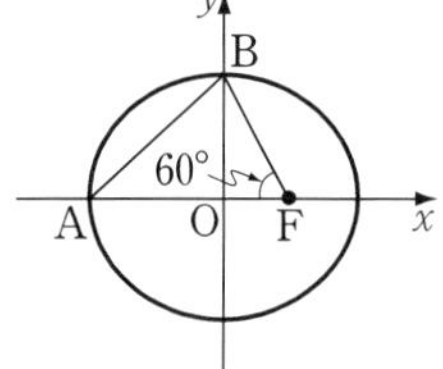

직각삼각형 BOF에서 $\overline{OF}=k$, $\angle OFB=60°$이므로

$$\overline{OB}=\sqrt{3}k,\ \overline{BF}=2k$$

또, $B(0,\ |b|)$이므로

$$|b|=\overline{OB}=\sqrt{3}k \quad \therefore\ b^2=3k^2$$

$$\therefore\ a^2=b^2+k^2=3k^2+k^2=4k^2$$

$A(-|a|,\ 0)$이므로

$$\overline{AF}=\overline{AO}+\overline{OF}=|a|+k=3k$$

$\triangle AFB$의 넓이가 $6\sqrt{3}$이므로

$$\frac{1}{2}\times3k\times\sqrt{3}k=6\sqrt{3} \quad \therefore\ k^2=4$$

$$\therefore\ a^2+b^2=4k^2+3k^2=\mathbf{28}$$

2-7.

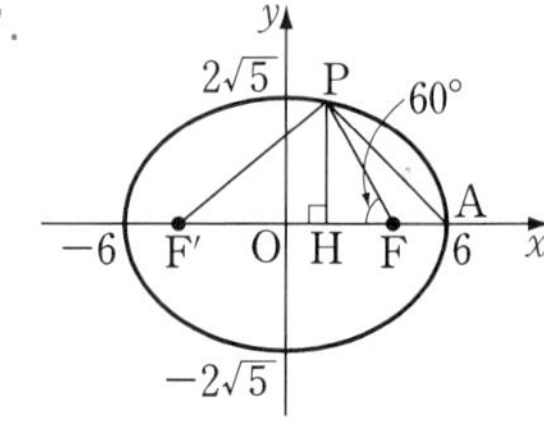

$k^2=36-20=16$, 곧 $k=\pm4$이므로

$$F(4,\ 0),\ F'(-4,\ 0)$$

점 P에서 x축에 내린 수선의 발을 H라 하고, $\overline{HF}=a$로 놓으면

$$\overline{PF}=2a,\ \overline{PH}=\sqrt{3}a$$

한편 $\overline{PF}+\overline{PF'}=2\times6=12$이므로

$$\overline{PF'}=12-2a$$

따라서 직각삼각형 PF′H에서

$$(12-2a)^2=(8-a)^2+(\sqrt{3}a)^2$$

$$\therefore\ a=\frac{5}{2}$$

이때, 직각삼각형 PHA에서

$$\overline{PA}^2=(\sqrt{3}a)^2+(2+a)^2$$
$$=4a^2+4a+4=\mathbf{39}$$

2-8.

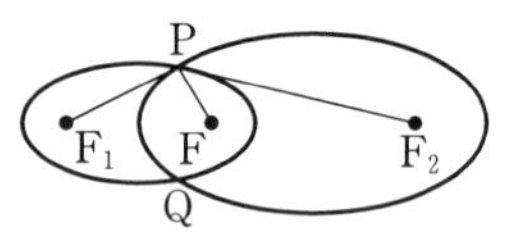

타원의 정의에 의하여

$$\overline{PF}+\overline{PF_1}=\overline{QF}+\overline{QF_1}=16 \quad \cdots ①$$
$$\overline{PF}+\overline{PF_2}=\overline{QF}+\overline{QF_2}=24 \quad \cdots ②$$

①−②에서

$$|\overline{PF_1}-\overline{PF_2}|=8,\ |\overline{QF_1}-\overline{QF_2}|=8$$

$\therefore$ (준 식)$=8+8=16$ 　　답 ⑤

2-9.

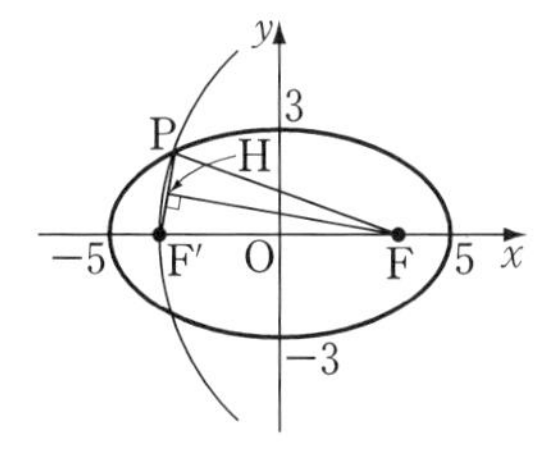

장축의 길이가 10이므로

$\overline{PF}+\overline{PF'}=10$

또, $k^2=5^2-3^2=4^2$이므로 $\overline{FF'}=8$

한편 원의 반지름의 길이는

$\overline{PF}=\overline{FF'}=8$ $\quad\therefore\ \overline{PF'}=2$

점 F에서 선분 PF′에 내린 수선의 발을 H라고 하면 $\overline{PH}=1$이므로 직각삼각형 FPH에서

$\overline{FH}=\sqrt{8^2-1^2}=3\sqrt{7}$

$\therefore\ \triangle PFF'=\dfrac{1}{2}\times2\times3\sqrt{7}=3\sqrt{7}$

답 ④

2-10.

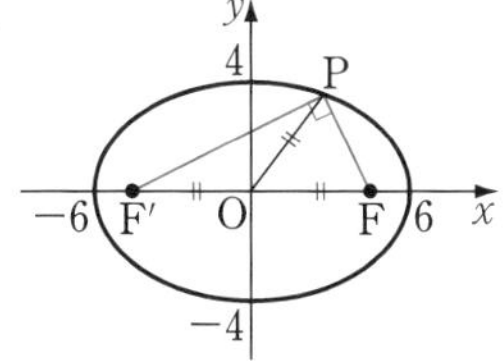

$k^2=36-16=20$, 곧 $k=\pm2\sqrt{5}$이므로

$F(2\sqrt{5},\ 0)$, $F'(-2\sqrt{5},\ 0)$

이라고 해도 된다.

문제의 조건에서 $\overline{OP}=\overline{OF}$이고 $\overline{OF}=\overline{OF'}$이므로 점 O는 세 점 P, F, F′을 지나는 원의 중심이다. 따라서 $\angle FPF'=90°$이다.

$\overline{PF}=a$, $\overline{PF'}=b$라고 하면

$a^2+b^2=\overline{FF'}^2=(4\sqrt{5})^2=80$

또, 타원의 정의에 의하여

$a+b=2\times6=12$

$\therefore\ 2ab=(a+b)^2-(a^2+b^2)$
$=12^2-80=64$

$\therefore\ \overline{PF}\times\overline{PF'}=ab=\mathbf{32}$

2-11.

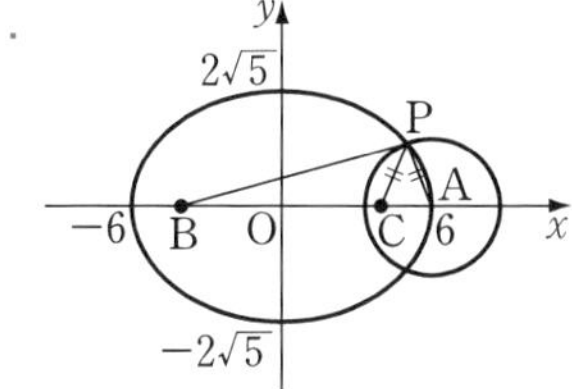

$\dfrac{x^2}{36}+\dfrac{y^2}{20}=1 \qquad \cdots\cdots ㉮$

에서 $k^2=36-20=16$, 곧 $k=\pm4$이므로 점 B(−4, 0)은 타원의 초점이다.

타원의 다른 한 초점을 C라고 하면 C(4, 0)이고, 타원의 정의에 의하여

$\overline{PB}+\overline{PC}=2\times6=12$

또, 문제의 조건에서 $\overline{PA}+\overline{PB}=12$이므로 $\overline{PA}=\overline{PC}$

곧, △PCA는 이등변삼각형이므로 점 P의 x좌표는 5이다.

㉮에 $x=5$를 대입하면

$\dfrac{25}{36}+\dfrac{y^2}{20}=1 \quad \therefore\ y=\pm\dfrac{\sqrt{55}}{3}$

따라서 $P\left(5,\ \dfrac{\sqrt{55}}{3}\right)$이므로

$\overline{PA}=\sqrt{(6-5)^2+\left(0-\dfrac{\sqrt{55}}{3}\right)^2}=\mathbf{\dfrac{8}{3}}$

2-12.

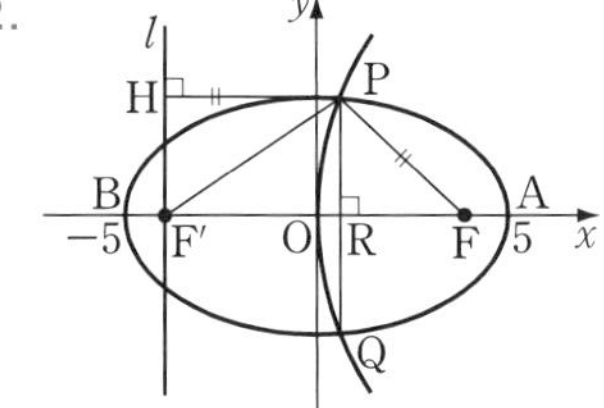

타원의 정의에 의하여

$\overline{PF}+\overline{PF'}=2\times5=10$

이므로 $\overline{PF}=a$로 놓으면

$\overline{PF'}=10-a$

또, 선분 PQ와 x축의 교점을 R라고

하면 $\overline{\mathrm{PR}}=\dfrac{1}{2}\overline{\mathrm{PQ}}=\sqrt{10}$

포물선의 준선을 l, 점 P에서 l에 내린 수선의 발을 H라고 하면 포물선의 정의에 의하여 $\overline{\mathrm{PH}}=\overline{\mathrm{PF}}=a$이고 l은 점 F′을 지난다.

이때, $\overline{\mathrm{RF'}}=\overline{\mathrm{PH}}$이므로 $\overline{\mathrm{RF'}}=a$

따라서 직각삼각형 PF′R에서

$$a^2+(\sqrt{10})^2=(10-a)^2 \quad \therefore\ a=\frac{9}{2}$$

$$\therefore\ \overline{\mathrm{PF}}\times\overline{\mathrm{PF'}}=\frac{9}{2}\times\left(10-\frac{9}{2}\right)=\frac{99}{4}$$

답 ①

*Note 1° 주어진 포물선과 타원은 각각 x축에 대하여 대칭인 곡선이다. 따라서 점 P, Q는 x축에 대하여 대칭이고, x축은 선분 PQ를 수직이등분한다.

2° 점 F의 x좌표의 부호에 상관없이 성립하는 풀이이다.

2-13. 타원 위의 한 점의 좌표를 (α, β)라 하고, 점 (1, 0)과 이 점 사이의 거리를 d라고 하면

$$d^2=(\alpha-1)^2+\beta^2 \quad \cdots\cdots ㉠$$

한편 점 (α, β)는 타원 위의 점이므로

$$4\alpha^2+9\beta^2=36 \quad \therefore\ \beta^2=4-\frac{4}{9}\alpha^2$$

㉠에 대입하면

$$d^2=(\alpha-1)^2+4-\frac{4}{9}\alpha^2$$

$$=\frac{5}{9}\left(\alpha-\frac{9}{5}\right)^2+\frac{16}{5}\ (-3\le\alpha\le3)$$

따라서 $\alpha=\dfrac{9}{5}$일 때 d^2은 최소이고, 이때 d도 최소이다.

이때, $\beta^2=4-\dfrac{4}{9}\times\left(\dfrac{9}{5}\right)^2=\left(\dfrac{8}{5}\right)^2$

$$\therefore\ \beta=\pm\frac{8}{5}$$

따라서 구하는 점의 좌표는

$$\left(\boldsymbol{\frac{9}{5}},\ \boldsymbol{\frac{8}{5}}\right),\ \left(\boldsymbol{\frac{9}{5}},\ \boldsymbol{-\frac{8}{5}}\right)$$

*Note 조건을 만족시키는 타원 위의 점에서의 접선에 수직인 직선, 곧 법선이 점 (1, 0)을 지남을 이용하여 풀어도 된다.

2-14.

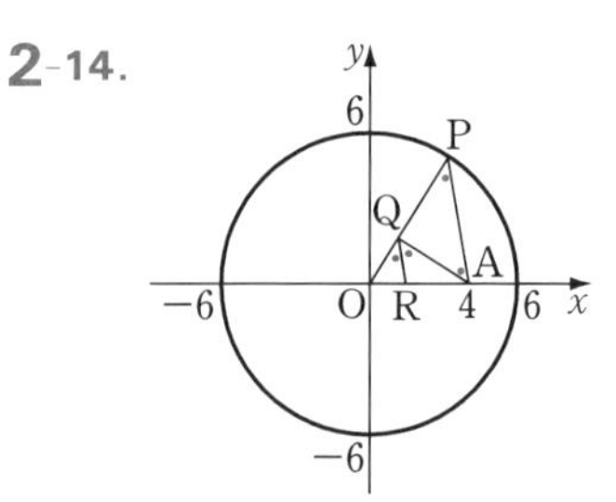

∠OQA의 이등분선이 x축과 만나는 점을 R라고 하면 $\overline{\mathrm{QR}}/\!/\overline{\mathrm{PA}}$이므로

$$\angle\mathrm{RQA}=\angle\mathrm{QAP},$$
$$\angle\mathrm{OQR}=\angle\mathrm{QPA}$$

문제의 조건에서 ∠OQR=∠RQA이므로 △PQA는 이등변삼각형이다.

$$\therefore\ \overline{\mathrm{OQ}}+\overline{\mathrm{QA}}=\overline{\mathrm{OQ}}+\overline{\mathrm{QP}}=\overline{\mathrm{OP}}=6$$

따라서 점 Q는 두 점 O, A를 초점으로 하고 장축의 길이가 6인 타원 위의 점이다.

그런데 $\overline{\mathrm{OA}}=4$이므로 단축의 길이를 $2b$라고 하면 $b^2=3^2-2^2=5$

선분 OA의 중점이 점 (2, 0)이므로 점 Q의 자취는 타원 $\dfrac{x^2}{9}+\dfrac{y^2}{5}=1$을 x축의 방향으로 2만큼 평행이동한 것이다. 단, 점 P의 y좌표가 0이 아니므로 x축 위의 점은 제외한다.

$$\therefore\ \boldsymbol{\frac{(x-2)^2}{9}+\frac{y^2}{5}=1\ (y\neq0)}$$

2-15. 준 식에서

$$\cos t=\frac{1}{4}(x-1),\ \sin t=\frac{1}{3}y$$

그런데 $\sin^2t+\cos^2t=1$이므로

$$\left\{\frac{1}{4}(x-1)\right\}^2+\left(\frac{1}{3}y\right)^2=1$$

$\therefore\ \dfrac{(x-1)^2}{16}+\dfrac{y^2}{9}=1$ ……①

타원 $\dfrac{x^2}{16}+\dfrac{y^2}{9}=1$의 초점의 좌표는

$(\pm\sqrt{16-9},\ 0)$, 곧 $(\pm\sqrt{7},\ 0)$

이므로 ①의 초점의 좌표는

$\mathbf{(1\pm\sqrt{7},\ 0)}$

2-16. 두 곡선의 교점의 좌표를 $(x_1,\ y_1)$이라고 하면 이 점에서의 접선의 방정식은 각각

$y_1y=\dfrac{1}{2}(x+x_1)$,

$ax_1x+16y_1y=16a$

이 두 직선의 기울기는 각각 $\dfrac{1}{2y_1}$, $-\dfrac{ax_1}{16y_1}$이고, 두 직선이 서로 수직이므로

$\dfrac{1}{2y_1}\times\left(-\dfrac{ax_1}{16y_1}\right)=-1$

$\therefore\ ax_1=32y_1^2$

한편 점 $(x_1,\ y_1)$은 포물선 $y^2=x$ 위의 점이므로

$y_1^2=x_1$ $\therefore\ ax_1=32x_1$

$x_1\neq0$이므로 $\mathbf{a=32}$

**Note* 타원 $\mathrm{A}x^2+\mathrm{B}y^2=\mathrm{C}$ 위의 점 $(x_1,\ y_1)$에서의 접선의 방정식은

$\mathbf{Ax_1x+By_1y=C}$

임을 이용하였다.

2-17. 대칭성에 의하여 점 P가 제1사분면의 점이라고 해도 된다.

$\mathrm{P}(a,\ b)\ (a>0,\ b>0)$로 놓으면

$4a^2+9b^2=36$ ……①

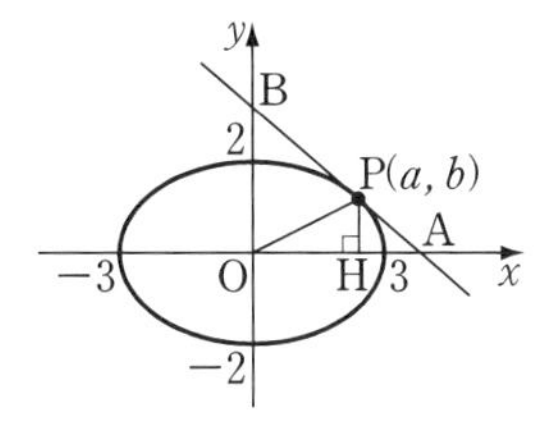

(1) $\mathrm{H}(a,\ 0)$이므로 $\triangle\mathrm{OHP}=\dfrac{1}{2}ab$

한편 ①에서

$36=4a^2+9b^2\ge2\sqrt{4a^2\times9b^2}$

$=2\times2a\times3b$

(등호는 $4a^2=9b^2$일 때 성립)

$\therefore\ ab\le3$ ……②

$\therefore\ \triangle\mathrm{OHP}=\dfrac{1}{2}ab\le\dfrac{3}{2}$

따라서 $\triangle\mathrm{OHP}$의 넓이의 최댓값은 $\mathbf{\dfrac{3}{2}}$이다.

(2) 점 P에서의 접선의 방정식은

$4ax+9by=36$

이 직선이 x축, y축과 만나는 점을 각각 A, B라고 하면

$\mathrm{A}\left(\dfrac{9}{a},\ 0\right)$, $\mathrm{B}\left(0,\ \dfrac{4}{b}\right)$

$\therefore\ \triangle\mathrm{OAB}=\dfrac{1}{2}\times\dfrac{9}{a}\times\dfrac{4}{b}=\dfrac{18}{ab}$

≥6 ⇦ ②

따라서 $\triangle\mathrm{OAB}$의 넓이의 최솟값은 **6**이다.

2-18.

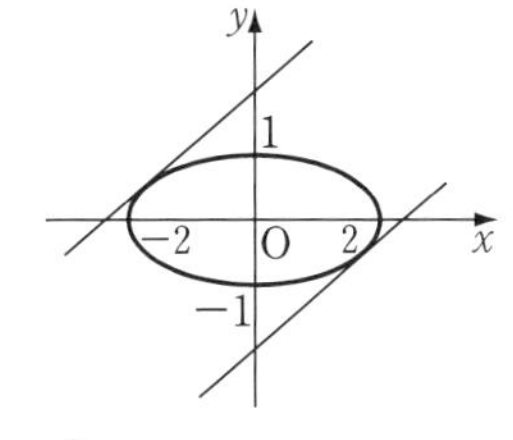

타원 $\dfrac{x^2}{4}+y^2=1$에 접하고 기울기가 1인 직선의 방정식은

$y=x\pm\sqrt{4\times1+1}$

$\therefore\ y=x+\sqrt{5},\ y=x-\sqrt{5}$

이 두 직선 사이의 거리는 점 $(0,\ \sqrt{5})$와 직선 $x-y-\sqrt{5}=0$ 사이의 거리와 같다.

$\therefore\ \dfrac{|0-\sqrt{5}-\sqrt{5}|}{\sqrt{1^2+(-1)^2}}=\sqrt{10}$ 답 ②

*Note 여기서는 타원 $\frac{x^2}{a^2}+\frac{y^2}{b^2}=1$에 접하고 기울기가 m인 직선의 방정식은

$$\boldsymbol{y=mx\pm\sqrt{a^2m^2+b^2}}$$

임을 이용하였다.

한편 접선의 방정식을 $y=x+k$로 놓고, 이 식과 $x^2+4y^2=4$에서 y를 소거한 다음 판별식을 이용하여 k의 값을 구해도 된다.

2-19. 구하는 타원의 방정식을

$$\frac{x^2}{2^2}+\frac{y^2}{b^2}=1 \qquad \cdots\cdots ①$$

로 놓으면 직선 $y=2x+5$가 이 타원에 접하므로

$$\sqrt{2^2\times2^2+b^2}=5$$

$$\therefore\ 16+b^2=25 \qquad \therefore\ b^2=9$$

①에 대입하면 $\boldsymbol{\frac{x^2}{4}+\frac{y^2}{9}=1}$

*Note ①에 $y=2x+5$를 대입하여 정리한 다음 판별식을 이용하여 b^2의 값을 구해도 된다.

2-20. 접점의 좌표를 $(x_1,\ y_1)$이라고 하면

$$\frac{x_1^{\ 2}}{8}+\frac{y_1^{\ 2}}{2}=1 \qquad \cdots\cdots ①$$

이고, 접선의 방정식은

$$\frac{x_1x}{8}+\frac{y_1y}{2}=1$$

이 직선이 점 $(0,\ 2)$를 지나므로

$$\frac{2y_1}{2}=1 \qquad \therefore\ y_1=1$$

①에 $y_1=1$을 대입하면 $x_1=\pm2$

$\therefore\ \mathrm{P}(-2,\ 1),\ \mathrm{Q}(2,\ 1) \qquad \therefore\ \overline{\mathrm{PQ}}=4$

한편 타원의 다른 한 초점을 F′이라고 하면 $\overline{\mathrm{PF'}}=\overline{\mathrm{QF}}$이고, 타원의 정의에 의하여 $\overline{\mathrm{PF}}+\overline{\mathrm{PF'}}=2\times\sqrt{8}=4\sqrt{2}$이므로

$$\overline{\mathrm{PF}}+\overline{\mathrm{QF}}=4\sqrt{2}$$

따라서 △PFQ의 둘레의 길이는

$$\boldsymbol{4+4\sqrt{2}}$$

2-21. 타원 $\frac{x^2}{9}+\frac{y^2}{5}=1 \qquad \cdots\cdots ①$

의 초점 F의 좌표는 $(2,\ 0)$이다.

이때, 직선 AF의 기울기는

$$\frac{t-0}{0-2}=-\frac{t}{2}$$

이므로 직선 AP의 기울기는 $\frac{2}{t}$이다.

따라서 직선 AP의 방정식은

$$y=\frac{2}{t}x+t \qquad \cdots\cdots ②$$

①에 접하고 기울기가 $\frac{2}{t}$인 직선의 방정식은

$$y=\frac{2}{t}x\pm\sqrt{9\times\frac{4}{t^2}+5} \qquad \cdots\cdots ③$$

②, ③에서 $t^2=\frac{36}{t^2}+5$

$$\therefore\ t^4-5t^2-36=0 \qquad \therefore\ t^2=9$$

$t>0$이므로 $t=3$

②에 대입하면

$$y=\frac{2}{3}x+3 \qquad \cdots\cdots ④$$

①, ④를 연립하여 풀면

$$x=-2,\ y=\frac{5}{3} \qquad \therefore\ \mathrm{P}\left(-2,\ \frac{5}{3}\right)$$

$$\begin{aligned}\therefore\ \triangle\mathrm{APF}&=\frac{1}{2}\times\overline{\mathrm{AP}}\times\overline{\mathrm{AF}}\\&=\frac{1}{2}\times\sqrt{(0+2)^2+\left(3-\frac{5}{3}\right)^2}\\&\qquad\times\sqrt{(0-2)^2+(3-0)^2}\\&=\boldsymbol{\frac{13}{3}}\end{aligned}$$

2-22. $\frac{x^2}{a^2}+\frac{y^2}{b^2}=1 \qquad \cdots\cdots ①$

직선 $y=-\frac{1}{2}x+1$이 ①에 접하므로

$$\sqrt{a^2\times\left(-\frac{1}{2}\right)^2+b^2}=1$$

$$\therefore\ \frac{a^2}{4}+b^2=1 \qquad \cdots\cdots ②$$

또, ①의 초점의 좌표가 $(\pm b,\ 0)$이므로 $a^2-b^2=b^2$

$$\therefore\ a^2=2b^2 \qquad \cdots\cdots ③$$

②, ③에서 $a^2=\dfrac{4}{3},\ b^2=\dfrac{2}{3}$

$a>0,\ b>0$이므로

$$\boldsymbol{a=\frac{2\sqrt{3}}{3},\ b=\frac{\sqrt{6}}{3}}$$

2-23.

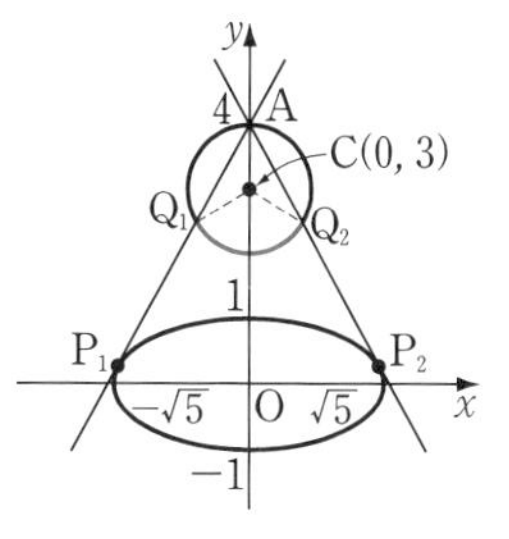

위의 그림과 같이 점 A에서 타원에 그은 두 접선의 접점을 각각 P_1, P_2라고 하면 점 P가 타원 위를 움직일 때, 점 Q의 자취는 그림에서 호 Q_1Q_2이다.

점 (0, 4)를 지나고 타원 $\dfrac{x^2}{5}+y^2=1$에 접하는 직선의 방정식을 $y=mx+4$라고 하면

$$\sqrt{5\times m^2+1}=4 \qquad \therefore\ 5m^2+1=16$$

$$\therefore\ m=\pm\sqrt{3}$$

직선 $y=\sqrt{3}x+4$, $y=-\sqrt{3}x+4$가 x축과 이루는 예각의 크기는 각각 60°이므로

$$\angle Q_1AQ_2=60°$$

$\angle Q_1CQ_2=2\angle Q_1AQ_2=120°$이므로 구하는 자취의 길이는

$$\widehat{Q_1Q_2}=2\pi\times\frac{120°}{360°}=\frac{2}{3}\pi \qquad \text{답 ④}$$

3-1. 초점이 x축 위에 있으므로 쌍곡선의 방정식을

$$\frac{x^2}{a^2}-\frac{y^2}{b^2}=1\ (a>0,\ b>0)$$

로 놓으면 문제의 조건으로부터

$$a^2+b^2=3^2,\ \frac{5^2}{a^2}-\frac{4^2}{b^2}=1$$

$$\therefore\ a^2=5,\ b^2=4$$

따라서 주축의 길이는 $2a=2\sqrt{5}$

답 ②

***Note** 쌍곡선의 두 초점 F, F′과 쌍곡선 위의 점 P에 대하여

$$|\overline{PF}-\overline{PF'}|=(\text{주축의 길이})$$

임을 이용해도 된다.

3-2. (1) 쌍곡선의 두 꼭짓점을

$$A(3,\ -1),\ B(-1,\ -1)$$

이라고 하면 y좌표가 같으므로 주축이 y축에 수직인 쌍곡선이다.

또, 선분 AB의 중점의 좌표가 $(1,\ -1)$이고, 이 점이 쌍곡선의 중심이므로 쌍곡선의 방정식을

$$\frac{(x-1)^2}{a^2}-\frac{(y+1)^2}{b^2}=1\ (a>0,\ b>0)$$

로 놓을 수 있다.

주축의 길이가 $\overline{AB}=4$이므로

$$2a=4 \qquad \therefore\ a=2$$

점 (5, 2)를 지나므로

$$\frac{(5-1)^2}{4}-\frac{(2+1)^2}{b^2}=1$$

$$\therefore\ b^2=3$$

$$\therefore\ \boldsymbol{\frac{(x-1)^2}{4}-\frac{(y+1)^2}{3}=1}$$

(2) 쌍곡선의 중심이 점 (0, 1)이므로 쌍곡선의 방정식을

$$\frac{x^2}{a^2}-\frac{(y-1)^2}{b^2}=\pm1\ (a>0,\ b>0)$$

로 놓을 수 있다.

점근선의 기울기가 ±2이므로

$$\frac{b}{a}=\pm2 \qquad \cdots\cdots ①$$

(i) $\dfrac{x^2}{a^2}-\dfrac{(y-1)^2}{b^2}=1$인 경우

주축의 길이가 2이므로

$$2a=2 \qquad \therefore\ a=1$$

①에서 $b^2=4a^2=4$

$$\therefore\ \boldsymbol{x^2-\frac{(y-1)^2}{4}=1}$$

(ii) $\dfrac{x^2}{a^2}-\dfrac{(y-1)^2}{b^2}=-1$인 경우

주축의 길이가 2이므로

$2b=2 \quad \therefore\ b=1$

①에서 $\quad a^2=\dfrac{1}{4}b^2=\dfrac{1}{4}$

$$\therefore\ \boldsymbol{4x^2-(y-1)^2=-1}$$

3-3. 준 식에서

$$x^2-(y-1)^2=-a-1$$

y축에 수직인 주축을 가지는 쌍곡선이 되기 위한 조건은 $\quad -a-1>0$

$\therefore\ a<-1$ 답 ①

3-4. 준 식에서

$$(1-a)x^2+(1+a)y^2=a+1$$

① $a>1$일 때, $1-a<0$, $1+a>0$이므로 주축이 y축 위에 있는 쌍곡선이다.

② $a=1$일 때, $y^2=1$, 곧 $y=\pm1$이므로 y축에 수직인 두 직선이다.

③ $-1<a<0$일 때,

$(1-a)(1+a)>0$, $1-a>1+a>0$

이므로 장축이 y축 위에 있는 타원이다.

④ $a=0$일 때, $x^2+y^2=1$이므로 원이다.

⑤ $a<-1$일 때, $1-a>0$, $1+a<0$이므로 주축이 y축 위에 있는 쌍곡선이다.

답 ⑤

***Note** $\quad 0<a<1$일 때,

$(1-a)(1+a)>0$, $1+a>1-a>0$

이므로 장축이 x축 위에 있는 타원이다.

$a=-1$일 때, $x^2=0$, 곧 $x=0$이므로 y축이다.

3-5. 준 식에서 $\dfrac{x^2}{a^2}-\dfrac{y^2}{1^2}=1$이므로 초점의 좌표는

$$\left(\pm\sqrt{a^2+1},\ 0\right)$$

한편 이 쌍곡선의 점근선의 방정식은

$$\frac{x^2}{a^2}-\frac{y^2}{1^2}=0 \quad \text{곧,}\ y=\pm\frac{1}{a}x$$

$a>1$에서 $0<\dfrac{1}{a}<1$이므로 점근선 $y=\dfrac{1}{a}x$는 기울기가 양수이고 x축과 이루는 예각의 크기가 30°이다.

$$\therefore\ \frac{1}{a}=\tan 30^\circ \quad \therefore\ a=\sqrt{3}$$

따라서 초점의 좌표는 $\quad \boldsymbol{(\pm2,\ 0)}$

3-6. 주축이 x축 위에 있고 중심이 원점이므로 쌍곡선의 방정식을

$$\frac{x^2}{a^2}-\frac{y^2}{b^2}=1\ (a>0,\ b>0)$$

로 놓을 수 있다.

점 $(-4,\ 2)$를 지나므로

$$\frac{16}{a^2}-\frac{4}{b^2}=1 \quad \cdots\cdots①$$

직선 $y=2x$가 한 점근선이므로

$$\frac{b}{a}=2 \quad \therefore\ b=2a \quad \cdots\cdots②$$

①, ②를 연립하여 풀면

$a^2=15$, $b^2=60$

따라서 초점의 좌표는

$\left(\pm\sqrt{15+60},\ 0\right)$

곧, $\boldsymbol{(\pm5\sqrt{3},\ 0)}$

***Note** $\quad$ 주축이 x축 위에 있고 중심이 원점이므로 쌍곡선의 두 점근선의 방정식은

$2x-y=0$, $2x+y=0$

따라서 쌍곡선의 방정식을

$(2x-y)(2x+y)=p$

곧, $4x^2-y^2=p$

로 놓고 풀어도 된다.

3-7. 쌍곡선의 꼭짓점은 y축 위에 있으므로 $x=0$을 대입하면 $\quad y^2=b^2$

따라서 쌍곡선의 꼭짓점의 좌표는 $(0,\ \pm b)$이다.

이 점이 타원의 초점이기 위해서는 $a^2<7$이고

$$7-a^2=b^2 \quad \therefore\ \boldsymbol{a^2+b^2=7}$$

3-8.

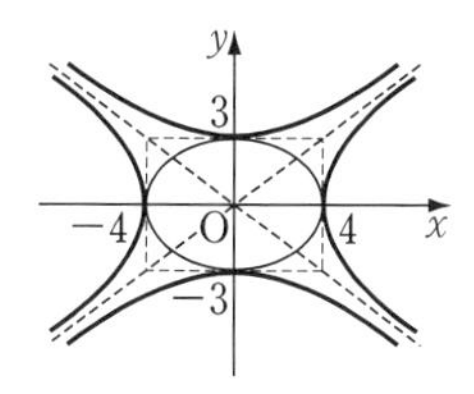

타원의 방정식에서

$$\frac{x^2}{(\sqrt{a})^2}+\frac{y^2}{(\sqrt{b})^2}=1$$

위의 그림과 같이 두 쌍곡선과 타원이 만나려면 $\sqrt{a}\ge4,\ \sqrt{b}\ge3$

$$\therefore\ a\ge16,\ b\ge9$$

따라서

a의 최솟값 16, b의 최솟값 9

3-9.

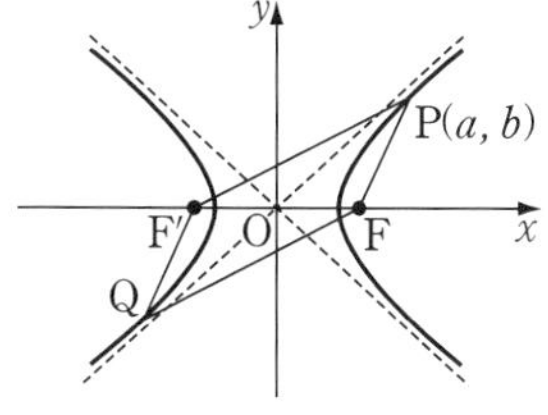

점 P의 좌표를 $(a,\ b)\,(a>0,\ b>0)$라고 하면 쌍곡선 위의 점이므로

$$\frac{a^2}{5}-\frac{b^2}{4}=1 \qquad \cdots\cdots①$$

또, $k^2=5+4=9$에서 초점 F, F′의 좌표는

$$\mathrm{F}(3,\ 0),\ \mathrm{F'}(-3,\ 0)$$

이때, $\triangle\mathrm{PF'F}\equiv\triangle\mathrm{QFF'}$이므로

$$\square\mathrm{F'QFP}=2\times\triangle\mathrm{PF'F}$$
$$=2\times\frac{1}{2}\times\overline{\mathrm{FF'}}\times b$$
$$=6b$$

$\square\mathrm{F'QFP}=24$이므로 $b=4$

①에 대입하면 $a=5\ (\because\ a>0)$

$$\therefore\ \mathbf{P(5,\ 4)}$$

3-10.

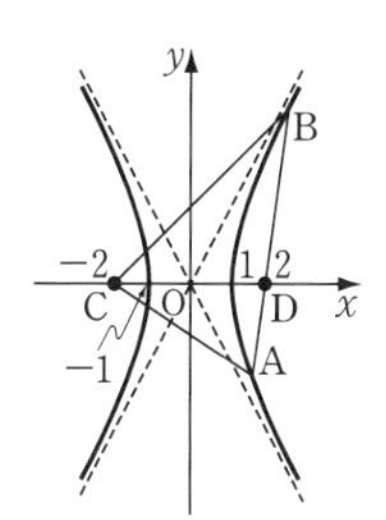

준 식에서 $x^2-\dfrac{y^2}{3}=1$

D(2, 0)이라고 하면 점 C, D는 이 쌍곡선의 초점이다.

쌍곡선의 정의에 의하여

$$\overline{\mathrm{AC}}-\overline{\mathrm{AD}}=2 \qquad \cdots\cdots①$$
$$\overline{\mathrm{BC}}-\overline{\mathrm{BD}}=2 \qquad \cdots\cdots②$$

①+②하면

$$\overline{\mathrm{AC}}+\overline{\mathrm{BC}}-\overline{\mathrm{AB}}=4 \qquad \cdots\cdots③$$

또, △ABC의 둘레의 길이가 24이므로

$$\overline{\mathrm{AC}}+\overline{\mathrm{BC}}+\overline{\mathrm{AB}}=24 \qquad \cdots\cdots④$$

(④−③)÷2하면 $\overline{\mathrm{AB}}=10$ 답 ③

3-11. △PF′F에서

$$\overline{\mathrm{PF}}^2+\overline{\mathrm{PF'}}^2=10^2 \qquad \cdots\cdots①$$

쌍곡선의 정의에 의하여

$$\overline{\mathrm{PF'}}-\overline{\mathrm{PF}}=2a$$

이때, $\overline{\mathrm{PF'}}=2\overline{\mathrm{PF}}$이므로

$$\overline{\mathrm{PF}}=2a,\ \overline{\mathrm{PF'}}=4a$$

이것을 ①에 대입하면

$$4a^2+16a^2=100 \quad \therefore\ a^2=5$$

$a>0$이므로 $a=\sqrt{5}$

또, $\overline{\mathrm{FF'}}=10$이므로 $\overline{\mathrm{OF}}=5$

$$\therefore\ a^2+b^2=5^2 \quad \therefore\ b^2=20$$

$b>0$이므로 $b=2\sqrt{5}$

$$\therefore\ ab=10$$ 답 ②

3-12.

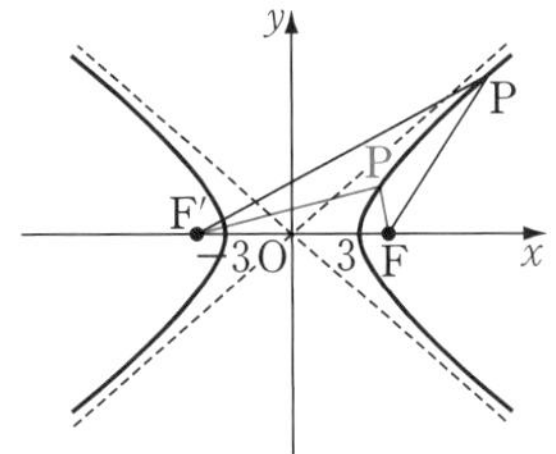

$k^2=9+7=16$에서 초점 F, F′의 좌표는 F(4, 0), F′(−4, 0)

(i) $\overline{\text{PF}'}=\overline{\text{FF}'}=8$일 때

쌍곡선의 정의에 의하여

$\overline{\text{PF}'}-\overline{\text{PF}}=6 \quad \therefore \overline{\text{PF}}=2$

삼각형 PF′F의 꼭짓점 F′에서 변 PF에 내린 수선의 발을 H라고 하면

$\triangle\text{PF}'\text{F}=\frac{1}{2}\times\overline{\text{PF}}\times\overline{\text{F}'\text{H}}$

$=\frac{1}{2}\times2\times\sqrt{8^2-1^2}=3\sqrt{7}$

(ii) $\overline{\text{PF}}=\overline{\text{FF}'}=8$일 때

쌍곡선의 정의에 의하여

$\overline{\text{PF}'}-\overline{\text{PF}}=6 \quad \therefore \overline{\text{PF}'}=14$

삼각형 PF′F의 꼭짓점 F에서 변 PF′에 내린 수선의 발을 H′이라고 하면

$\triangle\text{PF}'\text{F}=\frac{1}{2}\times\overline{\text{PF}'}\times\overline{\text{FH}'}$

$=\frac{1}{2}\times14\times\sqrt{8^2-7^2}=7\sqrt{15}$

(i), (ii)에서 삼각형 PF′F의 넓이는

$\mathbf{3\sqrt{7}},\ \mathbf{7\sqrt{15}}$

3-13. 타원과 쌍곡선의 정의에 의하여

$\overline{\text{PF}'}+\overline{\text{PF}}=2\overline{\text{OA}}$ ……①

$\overline{\text{PF}'}-\overline{\text{PF}}=2\overline{\text{OB}}$ ……②

한편 P(1, 1), F(1, 0), F′(−1, 0)이므로 $\overline{\text{PF}}=1,\ \overline{\text{PF}'}=\sqrt{5}$

이것을 ①, ②에 대입하면

$\overline{\text{OA}}=\frac{\sqrt{5}+1}{2},\ \overline{\text{OB}}=\frac{\sqrt{5}-1}{2}$

$\therefore \overline{\text{AB}}=\overline{\text{OA}}-\overline{\text{OB}}=\mathbf{1}$

* ***Note*** $\overline{\text{AB}}=\overline{\text{OA}}-\overline{\text{OB}}$

$=\frac{\overline{\text{PF}'}+\overline{\text{PF}}}{2}-\frac{\overline{\text{PF}'}-\overline{\text{PF}}}{2}$

$=\overline{\text{PF}}=\mathbf{1}$

3-14. 쌍곡선에서 x좌표가 양수인 꼭짓점을 A라고 하면 원과 쌍곡선은 점 A에서 만난다.

$\frac{x^2}{\frac{9}{4}}-\frac{y^2}{40}=1$에서 $\text{A}\left(\frac{3}{2},\ 0\right)$

또, $k^2=\frac{9}{4}+40=\frac{169}{4}$에서 $k=\frac{13}{2}$

$\therefore \overline{\text{FQ}}=\overline{\text{FA}}=\frac{13}{2}-\frac{3}{2}=5$

$\angle\text{PQF}=90°$이므로

$\overline{\text{PF}}=\sqrt{12^2+5^2}=13$

쌍곡선의 정의에 의하여

$\overline{\text{PF}}-\overline{\text{PF}'}=2\overline{\text{OA}}$이므로

$\overline{\text{PF}'}=13-2\times\frac{3}{2}=\mathbf{10}$

3-15. A(a, 0), B(0, b)라 하고, 선분 AB의 중점을 M(x, y)라고 하면

$x=\frac{a+0}{2},\ y=\frac{0+b}{2}$

$\therefore a=2x,\ b=2y$

한편 $\triangle\text{OAB}=1$이므로

$\left|\frac{1}{2}ab\right|=1 \quad \therefore \left|\frac{1}{2}\times2x\times2y\right|=1$

$\therefore \mathbf{2xy=\pm1}$

3-16. $k^2=9+3=(\pm2\sqrt{3})^2$에서 두 점 F, F′은 쌍곡선의 초점이다.

$x>0$이므로 쌍곡선의 정의에 의하여

$\overline{\text{PF}'}-\overline{\text{PF}}=6$

$\overline{\text{PF}}=\overline{\text{PQ}}$이므로

$\overline{\text{PF}'}-\overline{\text{PQ}}=\overline{\text{QF}'}=6$

곧, 점 Q와 F′ 사이의 거리가 항상 6이므로 점 Q는 중심이 F′이고 반지름의 길이가 6인 원 위의 점이다.

따라서 점 Q는 이 원과 선분 PF′의 교

점이다.

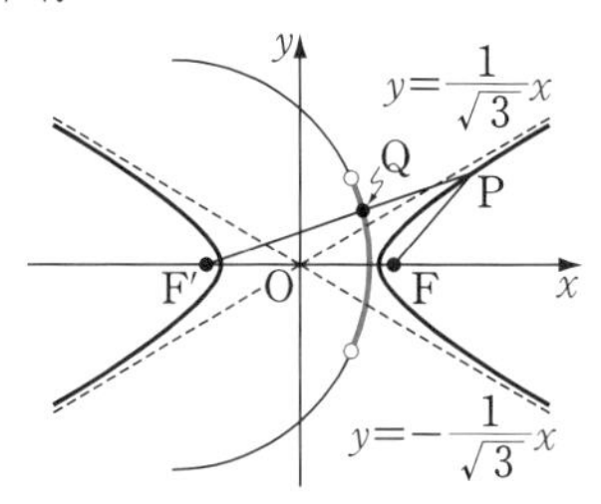

한편 주어진 쌍곡선의 점근선의 방정식이 $y=\pm\frac{1}{\sqrt{3}}x$이므로 두 점근선이 x축과 이루는 예각의 크기는 모두 30°이다.

이때, ∠PF′F의 크기를 θ라고 하면 $0°\le\theta<30°$이다.

따라서 점 Q의 자취의 길이는 중심각의 크기가 60°이고 반지름의 길이가 6인 부채꼴의 호의 길이이므로

$$2\pi\times6\times\frac{60°}{360°}=2\pi$$
답 ③

3-17. 구하는 직선의 방정식을

$$y=ax+b \quad \cdots\cdots ①$$

로 놓고, $xy=1$ ……②

에 대입하여 정리하면

$$ax^2+bx-1=0 \quad \cdots\cdots ③$$

두 점 A, B의 x좌표를 각각 α, β라고 하면 α, β는 ③의 두 근이므로

$$\alpha+\beta=-\frac{b}{a}$$

한편 선분 AB의 중점의 좌표가 (1, 2)이므로

$$\frac{\alpha+\beta}{2}=1 \quad \therefore \frac{1}{2}\times\left(-\frac{b}{a}\right)=1$$

$$\therefore b=-2a \quad \cdots\cdots ④$$

또, 점 (1, 2)는 ① 위의 점이므로

$$2=a+b \quad \cdots\cdots ⑤$$

④, ⑤에서 $a=-2$, $b=4$

$$\therefore \boldsymbol{y=-2x+4}$$

****Note*** 두 점 A, B가 ② 위의 점이므로

$$\mathrm{A}\left(\alpha, \frac{1}{\alpha}\right), \mathrm{B}\left(\beta, \frac{1}{\beta}\right)$$

로 놓으면 선분 AB의 중점의 좌표가 (1, 2)이므로

$$\frac{\alpha+\beta}{2}=1, \frac{\frac{1}{\alpha}+\frac{1}{\beta}}{2}=2$$

$$\therefore \alpha\beta=\frac{1}{2}$$

따라서 직선 AB의 기울기는

$$\frac{\frac{1}{\beta}-\frac{1}{\alpha}}{\beta-\alpha}=-\frac{1}{\alpha\beta}=-2$$

이므로 직선 AB의 방정식은

$$y-2=-2(x-1)$$

$$\therefore \boldsymbol{y=-2x+4}$$

3-18. 점 (3, 1)에서의 접선의 방정식은

$$3x-3\times y=6 \quad \therefore y=x-2$$

이 직선에 수직인 직선의 기울기는 -1이므로 구하는 직선의 방정식은

$$y-4=-1\times(x-2)$$

$$\therefore y=-x+6$$

따라서 x절편은 6이다. 답 ⑤

3-19. 점 (2, 2)에서의 접선의 방정식은

$$3\times2x-2\times2y=4 \quad \therefore 3x-2y=2$$

이 식과 타원 $x^2+4y^2=k$에서 y를 소거하면 $x^2+(3x-2)^2=k$

$$\therefore 10x^2-12x+4-k=0$$

접하므로 $D/4=(-6)^2-10(4-k)=0$

$$\therefore k=\frac{2}{5}$$
답 ①

3-20. 접점의 좌표를 (x_1, y_1)이라고 하면

$$x_1^2-y_1^2=4 \quad \cdots\cdots ①$$

이고, 접선의 방정식은

$$x_1x-y_1y=4 \quad \cdots\cdots ②$$

이 직선이 점 (2, 1)을 지나므로

$$2x_1-y_1=4 \quad \cdots\cdots ③$$

①, ③에서 y_1을 소거하여 정리하면

$$3x_1^2-16x_1+20=0$$

$\therefore\ x_1=2,\ \dfrac{10}{3} \qquad \therefore\ y_1=0,\ \dfrac{8}{3}$

②에 대입하여 정리하면

$$\boldsymbol{x=2,\ 5x-4y=6}$$

*Note 구하는 접선의 방정식을

$y=mx+n$ 또는 $y=m(x-2)+1$

로 놓고 판별식을 이용해도 된다. 그러나 이 식은 x축에 수직인 직선을 나타낼 수 없으므로 직선 $x=2$가 접선이 되는지를 따로 확인해야 한다.

3-21. (1) 준 식에서 $\mathrm{B}x^2+\mathrm{A}y^2=\mathrm{AB}$

접선의 방정식을 $y=mx+n$으로 놓고 이 식에 대입하여 정리하면

$(\mathrm{A}m^2+\mathrm{B})x^2+2\mathrm{A}mnx+\mathrm{A}(n^2-\mathrm{B})=0$

접하므로 $\mathrm{A}m^2+\mathrm{B}\neq0$이고

$\mathrm{D}/4=\mathrm{A}^2m^2n^2-\mathrm{A}(\mathrm{A}m^2+\mathrm{B})(n^2-\mathrm{B})$
$=0$

$\therefore\ \mathrm{AB}(\mathrm{A}m^2-n^2+\mathrm{B})=0$

$\mathrm{AB}\neq0$이므로 $n^2=\mathrm{A}m^2+\mathrm{B}$

$\therefore\ n=\pm\sqrt{\mathrm{A}m^2+\mathrm{B}}$

$\therefore\ \boldsymbol{y=mx\pm\sqrt{\mathrm{A}m^2+\mathrm{B}}}$ $\cdots$①

*Note $\mathrm{A}=a^2$, $\mathrm{B}=b^2$이면 ①은 타원 또는 원의 접선의 방정식이다.

또, $\mathrm{A}=a^2$, $\mathrm{B}=-b^2$ 또는 $\mathrm{A}=-a^2$, $\mathrm{B}=b^2$이면 ①은 쌍곡선의 접선의 방정식이다.

(2) (1)에서 $\mathrm{A}=-a^2$, $\mathrm{B}=b^2$인 경우이므로 ①에 대입하면

$$\boldsymbol{y=mx\pm\sqrt{b^2-a^2m^2}}$$

*Note $|m|\geq\left|\dfrac{b}{a}\right|$이면 접하지 않는다.

3-22. 준 식에서 $x^2-\dfrac{y^2}{3}=1$ $\cdots\cdots$①

$k^2=1+3=4$에서 초점 F, F′의 좌표는 $\mathrm{F}(2,\ 0)$, $\mathrm{F}'(-2,\ 0)$

포물선의 꼭짓점이 F′이므로 포물선의 방정식을 $y^2=4p(x+2)$로 놓자.

이때, 초점이 F이므로

$p-2=2 \qquad \therefore\ p=4$

$\therefore\ y^2=16(x+2)$ $\cdots\cdots$②

①, ②에서 y를 소거하여 정리하면

$3x^2-16x-35=0 \qquad \therefore\ x=-\dfrac{5}{3},\ 7$

그런데 점 P는 제1사분면의 점이므로

$x=7$

②에 대입하면 $y=12$ ($\because\ y>0$)

$\therefore\ \mathrm{P}(7,\ 12)$

점 P에서의 ①의 접선의 방정식은

$7x-\dfrac{12y}{3}=1 \qquad \therefore\ 7x-4y=1$

$\therefore\ \mathrm{Q}\left(\dfrac{1}{7},\ 0\right)$

이때, $\overline{\mathrm{F'Q}}=\dfrac{1}{7}-(-2)=\dfrac{15}{7}$,

$\overline{\mathrm{FQ}}=2-\dfrac{1}{7}=\dfrac{13}{7}$

따라서 점 Q는 선분 F′F를 15 : 13으로 내분한다.

$\therefore\ \dfrac{m}{n}=\dfrac{15}{13}$ 답 ④

4-1. $\overrightarrow{x}-3\overrightarrow{y}=-\overrightarrow{a}$ $\cdots\cdots$①

$2\overrightarrow{x}-5\overrightarrow{y}=\overrightarrow{b}$ $\cdots\cdots$②

(1) ②$\times3-$①$\times5$하면 $\boldsymbol{\overrightarrow{x}=5\overrightarrow{a}+3\overrightarrow{b}}$

(2) ②$-$①$\times2$하면 $\boldsymbol{\overrightarrow{y}=2\overrightarrow{a}+\overrightarrow{b}}$

(3) $\overrightarrow{x}-4\overrightarrow{y}=(5\overrightarrow{a}+3\overrightarrow{b})-4(2\overrightarrow{a}+\overrightarrow{b})$
$=5\overrightarrow{a}+3\overrightarrow{b}-8\overrightarrow{a}-4\overrightarrow{b}$
$=\boldsymbol{-3\overrightarrow{a}-\overrightarrow{b}}$

4-2.

$\overrightarrow{a}+\overrightarrow{b}+\overrightarrow{c}=\overrightarrow{\mathrm{AB}}+\overrightarrow{\mathrm{BC}}+\overrightarrow{\mathrm{AC}}$
$=\overrightarrow{\mathrm{AC}}+\overrightarrow{\mathrm{AC}}=2\overrightarrow{\mathrm{AC}}$

$\therefore\ |\overrightarrow{a}+\overrightarrow{b}+\overrightarrow{c}|=2\overline{\mathrm{AC}}=2\sqrt{2}$

$$\vec{a}-\vec{b}+\vec{c}=\overrightarrow{AB}-\overrightarrow{BC}+\overrightarrow{AC}$$
$$=\overrightarrow{AB}+(\overrightarrow{AC}+\overrightarrow{CB})$$
$$=\overrightarrow{AB}+\overrightarrow{AB}=2\overrightarrow{AB}$$

$\therefore\ |\vec{a}-\vec{b}+\vec{c}|=2\overline{AB}=2$

$\therefore$ (준 식)$=\mathbf{2\sqrt{2}+2}$

4-3.

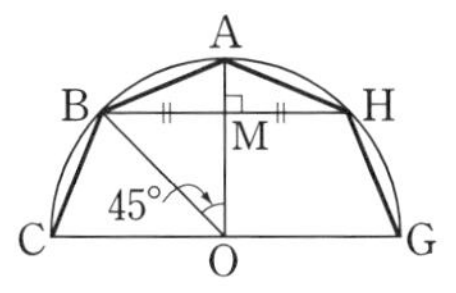

선분 BH의 중점을 M이라고 하면

$\vec{a}+\vec{b}=\overrightarrow{AB}+\overrightarrow{AH}=2\overrightarrow{AM}$

△OBM에서

$\overline{OM}=\overline{OB}\cos 45°=1\times\dfrac{1}{\sqrt{2}}=\dfrac{1}{\sqrt{2}}$

$\therefore\ \overline{AM}=\overline{OA}-\overline{OM}=1-\dfrac{1}{\sqrt{2}}$

$\therefore\ |\vec{a}+\vec{b}|=2\overline{AM}=2\left(1-\dfrac{1}{\sqrt{2}}\right)$

$=\mathbf{2-\sqrt{2}}$

4-4. $\overrightarrow{OA}+\overrightarrow{OB}=\overrightarrow{OD}$라고 하면 사각형 OADB는 정사각형이고 점 C는 대각선 OD 위에 있다.

그런데 $\overline{OC}:\overline{OD}=1:\sqrt{2}$이므로

$\overline{OC}=\dfrac{1}{\sqrt{2}}\overline{OD}\quad\therefore\ \overrightarrow{OC}=\dfrac{1}{\sqrt{2}}\overrightarrow{OD}$

$\therefore\ \overrightarrow{OC}=\dfrac{1}{\sqrt{2}}(\overrightarrow{OA}+\overrightarrow{OB})$

$=\dfrac{1}{\sqrt{2}}(\vec{a}+\vec{b})$

$\therefore\ m=\dfrac{1}{\sqrt{2}},\ n=\dfrac{1}{\sqrt{2}}$

$\therefore\ m+n=\sqrt{2}$ 답 ②

4-5.

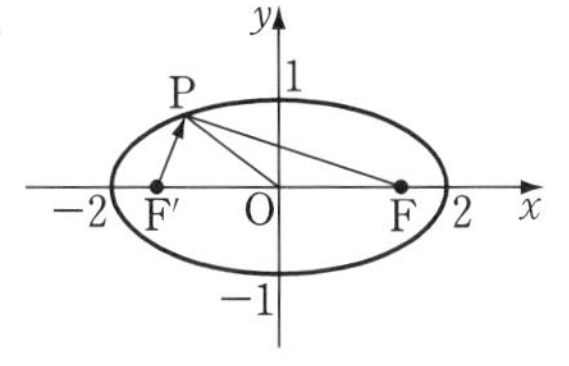

$\overrightarrow{OF}=-\overrightarrow{OF'}$이므로

$|\overrightarrow{OP}+\overrightarrow{OF}|=|\overrightarrow{OP}-\overrightarrow{OF'}|=|\overrightarrow{F'P}|=1$

$\therefore\ \overline{F'P}=1$

타원의 정의에 의하여 $\overline{F'P}+\overline{PF}=4$이므로 $\mathbf{\overline{PF}=3}$

4-6. $\dfrac{\overrightarrow{OA}}{|\overrightarrow{OA}|}$는 $\overrightarrow{OA}$와 방향이 같은 단위벡터이므로 점 B는 중심이 원점이고 반지름의 길이가 1인 원과 선분 OA의 교점이다.

(i) 점 A가 포물선의 꼭짓점이 아닐 때

직선 OA는 원점을 지나므로 직선 OA의 방정식을 $y=kx$로 놓자.

직선 $y=kx$와 포물선 $y=\dfrac{1}{4}x^2+3$이 만날 때 k의 값의 범위를 구하면

$\dfrac{1}{4}x^2+3=kx$ 곧, $x^2-4kx+12=0$

에서

$D/4=4k^2-12\ge 0$

$\therefore\ k\le -\sqrt{3},\ k\ge\sqrt{3}$

(ii) 점 A가 포물선의 꼭짓점일 때

직선 OA의 방정식은 $x=0$

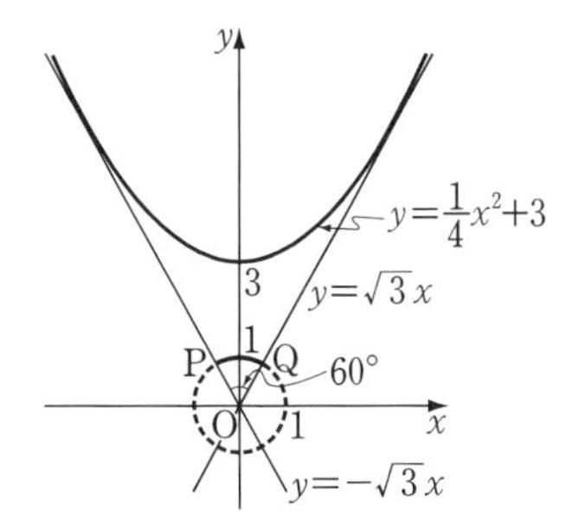

(i), (ii)에 의하여 점 B의 자취는 위의 그림에서 호 PQ이다.

이때, ∠POQ$=60°$이므로 구하는 길이는

$2\pi\times\dfrac{60°}{360°}=\dfrac{\pi}{3}$ 답 ①

4-7.

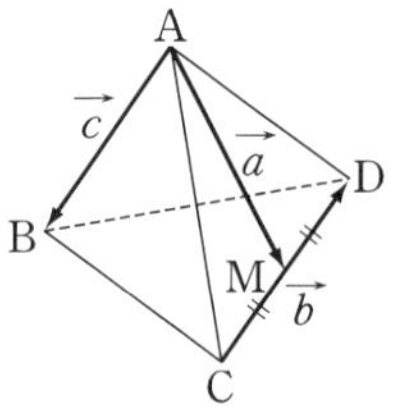

$$\overrightarrow{BC}=\overrightarrow{AC}-\overrightarrow{AB}$$
$$=(\overrightarrow{AM}+\overrightarrow{MC})-\overrightarrow{AB}$$
$$=\vec{a}-\frac{1}{2}\vec{b}-\vec{c}$$

4-8. 모서리 A_iB_i의 중점을 P_i라고 하면 $P_1=P$이고,

$$\overrightarrow{PA_i}+\overrightarrow{PB_i}=2\overrightarrow{PP_i}=2\overrightarrow{A_1A_i}$$

대각선 A_1A_5, A_3A_7의 교점을 O라고 하면

(준 식)
$$=2(\overrightarrow{A_1A_1}+\overrightarrow{A_1A_2}+\cdots+\overrightarrow{A_1A_8})$$
$$=2\{(\overrightarrow{OA_1}-\overrightarrow{OA_1})+(\overrightarrow{OA_2}-\overrightarrow{OA_1})+\cdots+(\overrightarrow{OA_8}-\overrightarrow{OA_1})\}$$

$\overrightarrow{OA_1}+\overrightarrow{OA_2}+\cdots+\overrightarrow{OA_8}=\vec{0}$ 이므로

(준 식)$=-16\overrightarrow{OA_1}$

$\triangle OA_1A_3$은 직각이등변삼각형이므로

$$|\overrightarrow{OA_1}|=\overline{OA_1}=\frac{1}{\sqrt{2}}\overline{A_1A_3}=3$$

따라서 구하는 크기는

$16\times3=$**48**

4-9. $x\overrightarrow{OA}+2\overrightarrow{OB}$, $8\overrightarrow{OA}+x\overrightarrow{OB}$가 서로 평행하므로

$$x\overrightarrow{OA}+2\overrightarrow{OB}=m(8\overrightarrow{OA}+x\overrightarrow{OB})$$

를 만족시키는 0이 아닌 실수 m이 존재한다.

$\overrightarrow{OA}$와 $\overrightarrow{OB}$가 서로 평행하지 않으므로

$x=8m,\ 2=mx$

m을 소거하면 $x^2=16$

$x>0$이므로 $x=4$ 답 ④

4-10. $\vec{c}-\vec{b}-\vec{a}=\overrightarrow{OC}-\overrightarrow{OB}-\overrightarrow{OA}$
$$=\overrightarrow{OC}+\overrightarrow{BO}+\overrightarrow{AO}$$
$$=\overrightarrow{OC}+\overrightarrow{CY}+\overrightarrow{AO}$$
$$=\overrightarrow{OY}+\overrightarrow{AO}=\overrightarrow{AY}$$
$$\therefore\ \overrightarrow{AP}=t\overrightarrow{AY}$$

$\overrightarrow{AP}/\!/\overrightarrow{AY}$이므로 점 P는 점 A, Y를 지나는 직선 위의 점이다. 답 ①

4-11. (1)

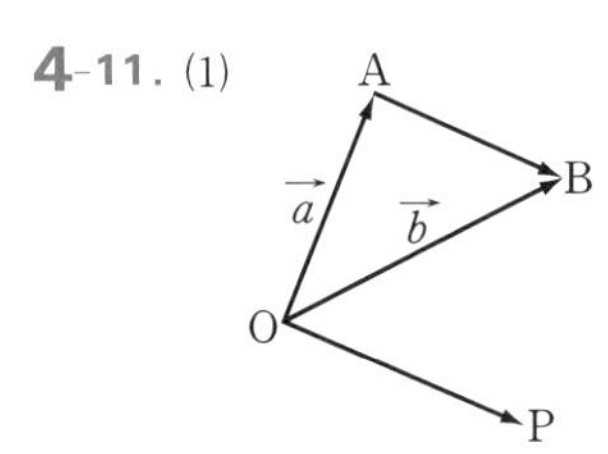

위의 그림에서

$$\overrightarrow{OP}=k\overrightarrow{AB}=k(\overrightarrow{OB}-\overrightarrow{OA})$$
$$=-k\vec{a}+k\vec{b}\ (k\text{는 실수})$$

주어진 조건에서

$m=-k,\ 2m-1=k$

$$\therefore\ \boldsymbol{m=\frac{1}{3}}$$

(2) $\overrightarrow{OM}=\dfrac{\vec{a}+\vec{b}}{2}$이므로

$$\overrightarrow{OQ}=t\overrightarrow{OM}=\frac{t}{2}\vec{a}+\frac{t}{2}\vec{b}\ (t\text{는 실수})$$

주어진 조건에서

$n=\dfrac{t}{2},\ 2n+1=\dfrac{t}{2}$

$$\therefore\ \boldsymbol{n=-1}$$

4-12.

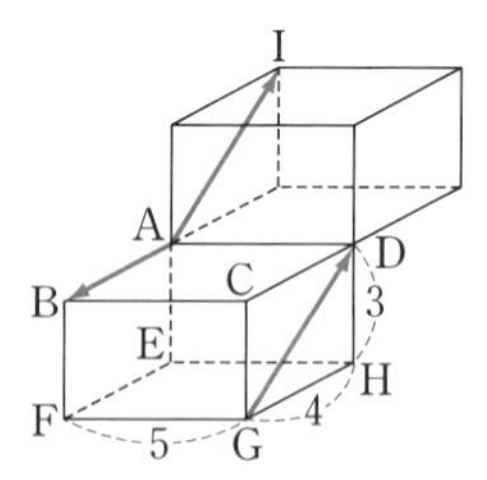

$\overrightarrow{GD}=\overrightarrow{AI}$인 점 I를 위의 그림과 같이 잡으면

$$\overrightarrow{AX}=k\overrightarrow{AB}+(1-k)\overrightarrow{AI}\ (0\le k\le 1)$$

따라서 점 X의 자취는 선분 BI이므로 구하는 길이는

$$\sqrt{(4+4)^2+3^2}=\mathbf{\sqrt{73}}$$

4-13. (1)

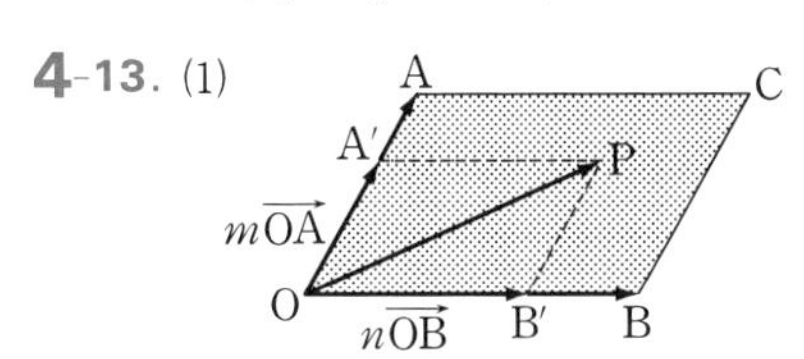

$m\overrightarrow{OA}=\overrightarrow{OA'}$, $n\overrightarrow{OB}=\overrightarrow{OB'}$이라고 하면 점 P는 선분 OA′, OB′을 이웃하는 두 변으로 하는 평행사변형의 꼭짓점이다. $0\le m\le 1$, $0\le n\le 1$이므로 점 A′, B′은 각각 선분 OA, OB 위에 있다. 따라서 점 P는 선분 OA, OB를 이웃하는 두 변으로 하는 평행사변형의 둘레와 내부를 움직인다.

따라서 구하는 넓이는

$$2\times\left(\frac{1}{2}\times 4\times 6\times\sin 60^\circ\right)=\mathbf{12\sqrt{3}}$$

(2)

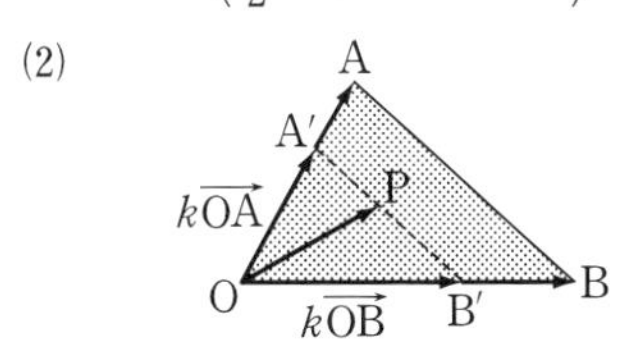

$m+n=k$로 놓으면 $k=0$일 때 $m=n=0$이므로 점 P는 점 O와 일치한다.

$k\ne 0$일 때 $k\overrightarrow{OA}=\overrightarrow{OA'}$, $k\overrightarrow{OB}=\overrightarrow{OB'}$이라고 하면

$$\overrightarrow{OP}=\frac{m}{k}\overrightarrow{OA'}+\frac{n}{k}\overrightarrow{OB'}$$

이때, $\dfrac{m}{k}+\dfrac{n}{k}=1$이므로 점 P는 선분 A′B′ 위를 움직인다. 그런데 $0<k\le 1$이므로 점 A′, B′은 각각 선분 OA, OB 위에 있다.

따라서 점 P는 삼각형 OAB의 둘레와 내부를 움직인다.

따라서 구하는 넓이는

$$\frac{1}{2}\times 4\times 6\times\sin 60^\circ=\mathbf{6\sqrt{3}}$$

4-14. 조건식에서

$$\overrightarrow{AP}-\overrightarrow{BP}=\overrightarrow{DP}-\overrightarrow{CP}$$
$$\therefore\ \overrightarrow{PB}-\overrightarrow{PA}=\overrightarrow{PC}-\overrightarrow{PD}$$
$$\therefore\ \overrightarrow{AB}=\overrightarrow{DC}$$

따라서 선분 AB와 DC는 서로 평행하고 길이가 같으므로 사각형 ABCD는 **평행사변형**이다.

* ***Note*** 시점이나 종점이 일치하는 벡터끼리는 차를 이용하는 꼴로 바꾸면 간단히 할 수 있다.

4-15. 조건식에서

$$2\overrightarrow{PA}+5\overrightarrow{PB}+\overrightarrow{PC}=\overrightarrow{PC}-\overrightarrow{PB}$$
$$\therefore\ \overrightarrow{PA}=-3\overrightarrow{PB}$$

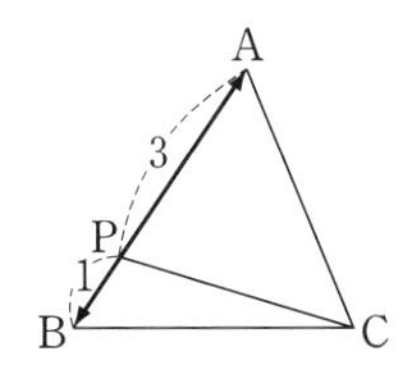

따라서 점 P는 선분 AB를 3 : 1로 내분하는 점이다.

$$\therefore\ \triangle CAP : \triangle CBP=\mathbf{3 : 1}$$

4-16.

(1) $\overrightarrow{AD}=\overrightarrow{AC}+\overrightarrow{CD}=-\overrightarrow{CA}+\dfrac{2}{3}\overrightarrow{CB}$

$\quad =\mathbf{-\vec{a}+\dfrac{2}{3}\vec{b}}$

(2) $\overrightarrow{BE}=\overrightarrow{BC}+\overrightarrow{CE}=-\overrightarrow{CB}+\dfrac{1}{3}\overrightarrow{CA}$

$=\mathbf{\frac{1}{3}\vec{a}-\vec{b}}$

(3) $\overrightarrow{CF}=\dfrac{\overrightarrow{CB}+2\overrightarrow{CA}}{1+2}=\mathbf{\frac{2}{3}\vec{a}+\frac{1}{3}\vec{b}}$

(4) (준 식)$=\left(-\vec{a}+\frac{2}{3}\vec{b}\right)+\left(\frac{1}{3}\vec{a}-\vec{b}\right)+\left(\frac{2}{3}\vec{a}+\frac{1}{3}\vec{b}\right)$

$=\mathbf{\vec{0}}$

4-17.

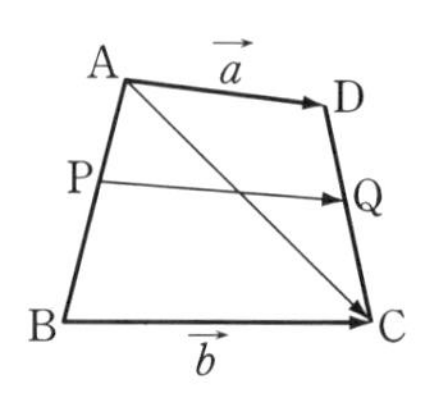

$\overrightarrow{PQ}=\overrightarrow{AQ}-\overrightarrow{AP}=\overrightarrow{AQ}-\frac{2}{5}\overrightarrow{AB}$

$=\dfrac{2\overrightarrow{AC}+3\overrightarrow{AD}}{2+3}-\frac{2}{5}(\overrightarrow{AC}+\overrightarrow{CB})$

$=\dfrac{2\overrightarrow{AC}+3\vec{a}}{5}-\frac{2}{5}(\overrightarrow{AC}-\vec{b})$

$=\mathbf{\frac{3}{5}\vec{a}+\frac{2}{5}\vec{b}}$

****Note*** $\overrightarrow{PQ}=\dfrac{2\overrightarrow{PC}+3\overrightarrow{PD}}{5}$ ……①

이때,

$\overrightarrow{PC}=\overrightarrow{PB}+\overrightarrow{BC}=\frac{3}{5}\overrightarrow{AB}+\vec{b}$,

$\overrightarrow{PD}=\overrightarrow{PA}+\overrightarrow{AD}=-\frac{2}{5}\overrightarrow{AB}+\vec{a}$

①에 대입하여 정리하면

$\mathbf{\overrightarrow{PQ}=\frac{3}{5}\vec{a}+\frac{2}{5}\vec{b}}$

4-18.

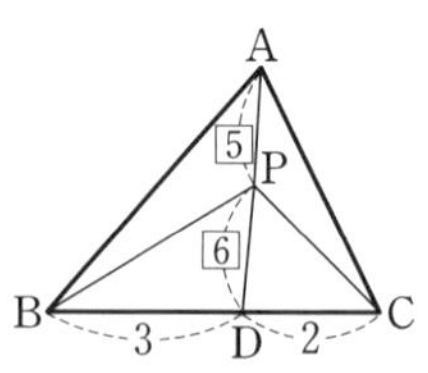

$\overline{AP}:\overline{PD}=5:6$이므로

$\overrightarrow{PA}=-\frac{5}{6}\overrightarrow{PD}$

한편 $\overrightarrow{PD}=\dfrac{3\overrightarrow{PC}+2\overrightarrow{PB}}{3+2}$

$=\frac{1}{5}(2\overrightarrow{PB}+3\overrightarrow{PC})$

$\therefore\ \overrightarrow{PA}=-\frac{5}{6}\times\frac{1}{5}(2\overrightarrow{PB}+3\overrightarrow{PC})$

$=\mathbf{-\frac{1}{3}\overrightarrow{PB}-\frac{1}{2}\overrightarrow{PC}}$

4-19.

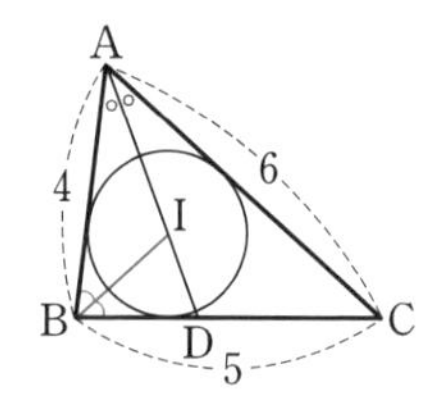

직선 AI가 변 BC와 만나는 점을 D라 고 하자.

선분 AD는 ∠CAB의 이등분선이므로

$\overline{BD}:\overline{DC}=\overline{AB}:\overline{AC}=2:3$

$\overline{BC}=5$이므로 $\overline{BD}=2,\ \overline{CD}=3$

또, △ABD에서 선분 BI는 ∠ABD의 이등분선이므로

$\overline{AI}:\overline{ID}=\overline{BA}:\overline{BD}=2:1$

$\therefore\ \overrightarrow{AI}=\frac{2}{3}\overrightarrow{AD}=\frac{2}{3}\times\dfrac{2\overrightarrow{AC}+3\overrightarrow{AB}}{2+3}$

$=\frac{2}{3}\times\dfrac{3\vec{a}+2\vec{b}}{5}=\frac{2}{5}\vec{a}+\frac{4}{15}\vec{b}$

$\therefore\ \boldsymbol{p=\frac{2}{5},\ q=\frac{4}{15}}$

4-20.

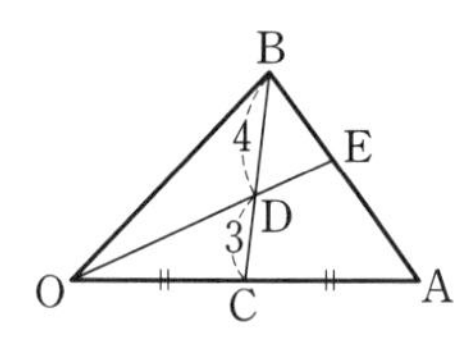

△OCB에서

$\overrightarrow{OD}=\dfrac{4\overrightarrow{OC}+3\overrightarrow{OB}}{4+3}$

$=\frac{4}{7}\times\frac{1}{2}\overrightarrow{OA}+\frac{3}{7}\overrightarrow{OB}$

$=\mathbf{\frac{2}{7}\overrightarrow{OA}+\frac{3}{7}\overrightarrow{OB}}$

세 점 O, D, E는 한 직선 위에 있으므로 $\overrightarrow{OE}=k\overrightarrow{OD}$로 놓으면

$$\overrightarrow{OE}=\frac{2}{7}k\overrightarrow{OA}+\frac{3}{7}k\overrightarrow{OB}$$

그런데 세 점 A, E, B는 한 직선 위에 있으므로 ⇦ p. 76

$$\frac{2}{7}k+\frac{3}{7}k=1 \quad \therefore k=\frac{7}{5}$$

$$\therefore \overrightarrow{OE}=\frac{2}{5}\overrightarrow{OA}+\frac{3}{5}\overrightarrow{OB}$$

4-21.

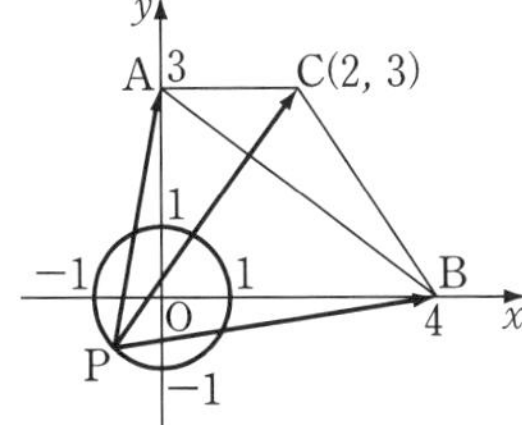

△ABC의 무게중심을 G라고 하면

$$|\overrightarrow{PA}+\overrightarrow{PB}+\overrightarrow{PC}|=3\left|\frac{\overrightarrow{PA}+\overrightarrow{PB}+\overrightarrow{PC}}{3}\right|$$
$$=3|\overrightarrow{PG}|=3\overline{PG}$$

그런데 G(2, 2)이므로 $\overline{PG}$의 최댓값은

$$\overline{OG}+1=2\sqrt{2}+1$$

따라서 $3\overline{PG}$의 최댓값은

$$6\sqrt{2}+3$$ 답 ④

4-22.

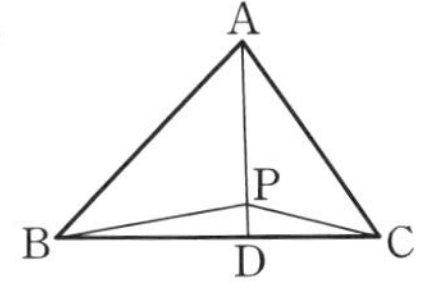

(1) 조건식에서

$$\overrightarrow{PA}=-2\overrightarrow{PB}-3\overrightarrow{PC}$$
$$=-5\times\frac{2\overrightarrow{PB}+3\overrightarrow{PC}}{5} \quad \cdots①$$

여기에서 선분 BC를 3 : 2로 내분하는 점을 D′이라고 하면

$$\overrightarrow{PD'}=\frac{3\overrightarrow{PC}+2\overrightarrow{PB}}{5} \quad \cdots\cdots②$$

①, ②에서 $\overrightarrow{PA}=-5\overrightarrow{PD'}$

따라서 세 점 A, P, D′은 한 직선 위에 있으므로 점 D와 D′은 일치한다.

$$\therefore \overline{BD}:\overline{DC}=3:2$$

(2) $\overrightarrow{PA}=-5\overrightarrow{PD}$이므로

$$\overline{PA}:\overline{PD}=|\overrightarrow{PA}|:|\overrightarrow{PD}|$$
$$=5|\overrightarrow{PD}|:|\overrightarrow{PD}|=5:1$$

(3) $\dfrac{\triangle ABP}{\triangle BPD}=\dfrac{\overline{AP}}{\overline{PD}}=5$

$$\therefore \triangle ABP=5\triangle BPD=15$$

$$\frac{\triangle BCP}{\triangle BPD}=\frac{\overline{BC}}{\overline{BD}}=\frac{5}{3}$$

$$\therefore \triangle BCP=\frac{5}{3}\triangle BPD=5$$

$$\triangle DCP=\triangle BCP-\triangle BPD=2,$$

$$\frac{\triangle CAP}{\triangle DCP}=\frac{\overline{AP}}{\overline{PD}}=5$$

$$\therefore \triangle CAP=5\triangle DCP=10$$

4-23. 조건식에서

$$-\overrightarrow{AP}+(\overrightarrow{AB}-\overrightarrow{AP})+(\overrightarrow{AC}-\overrightarrow{AP})$$
$$+(\overrightarrow{AD}-\overrightarrow{AP})=\overrightarrow{AD}-\overrightarrow{AB}$$

$$\therefore \overrightarrow{AP}=\frac{1}{4}(2\overrightarrow{AB}+\overrightarrow{AC}) \quad \cdots\cdots①$$
$$=\frac{1}{4}\{2\overrightarrow{AB}+(\overrightarrow{AB}+\overrightarrow{AD})\}$$
$$=\frac{1}{4}(3\overrightarrow{AB}+\overrightarrow{AD})$$

따라서 점 P는 선분 BD를 1 : 3으로 내분하는 점이다.

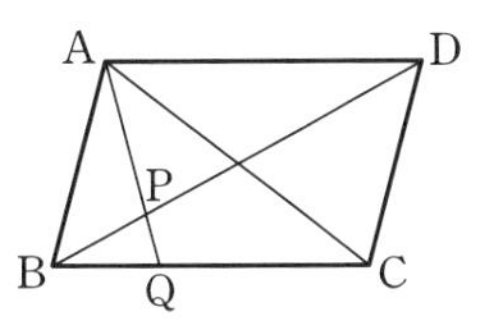

ㄱ. (참) $\overrightarrow{PB}+\overrightarrow{PD}=-\dfrac{1}{4}\overrightarrow{BD}+\dfrac{3}{4}\overrightarrow{BD}$

$$=\frac{1}{2}\overrightarrow{BD}$$

ㄴ. (참) 선분 AP의 연장선과 변 BC의

교점을 Q라고 하면 $\overrightarrow{AQ}=k\overrightarrow{AP}$

㉮을 대입하면

$$\overrightarrow{AQ}=\frac{k}{4}(2\overrightarrow{AB}+\overrightarrow{AC})$$
$$=\frac{k}{2}\overrightarrow{AB}+\frac{k}{4}\overrightarrow{AC}$$

그런데 세 점 B, Q, C는 한 직선 위에 있으므로

$$\frac{k}{2}+\frac{k}{4}=1 \quad \therefore\ k=\frac{4}{3}$$
$$\therefore\ \overrightarrow{AQ}=\frac{2\overrightarrow{AB}+\overrightarrow{AC}}{3}$$

따라서 점 Q는 선분 BC를 1 : 2로 내분하는 점이다.

ㄷ. (거짓) $\triangle ABQ=\frac{1}{3}\triangle ABC$
$$=\frac{1}{6}\square ABCD$$
$$=\frac{1}{6}\times 24=4$$

한편 ㄴ에서 $\overrightarrow{AQ}=\frac{4}{3}\overrightarrow{AP}$이므로

$$\overline{AP}:\overline{AQ}=3:4$$
$$\therefore\ \triangle ABP=\frac{3}{4}\triangle ABQ=3$$

답 ②

4-24. 선분 BF의 중점을 M이라고 하면

$$\overrightarrow{OB}+\overrightarrow{OF}=2\times\frac{\overrightarrow{OB}+\overrightarrow{OF}}{2}=2\overrightarrow{OM}$$

이므로 $|\overrightarrow{OB}+\overrightarrow{OF}|^2=4|\overrightarrow{OM}|^2$

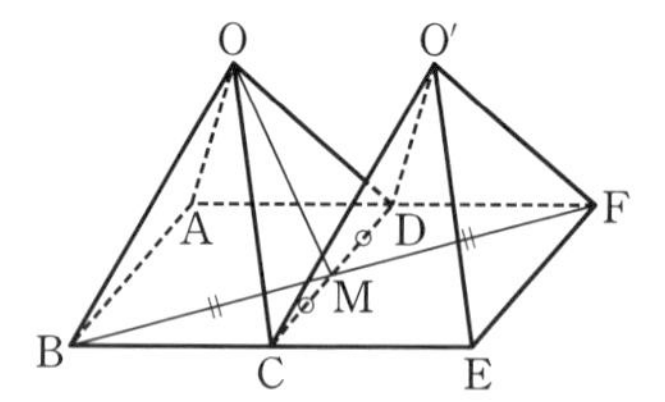

점 M은 선분 CD의 중점이므로 직각삼각형 OCM에서

$$\overline{OM}=\sqrt{\overline{OC}^2-\overline{CM}^2}=\sqrt{2^2-1^2}=\sqrt{3}$$
$$\therefore\ |\overrightarrow{OB}+\overrightarrow{OF}|^2=4|\overrightarrow{OM}|^2=4\times 3=\mathbf{12}$$

5-1. 원점이 외부에 있는 정사각형 PQRS는 아래 그림과 같다.

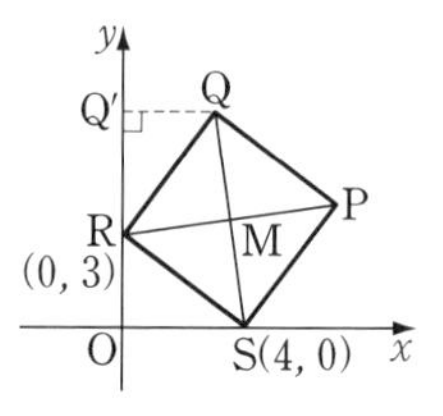

(1) $\overrightarrow{RS}=\overrightarrow{OS}-\overrightarrow{OR}=(4,\ 0)-(0,\ 3)$
$$=(\mathbf{4},\ \mathbf{-3})$$

(2) 점 Q에서 y축에 내린 수선의 발을 Q′이라고 하면

$$\triangle RQQ'\equiv\triangle SRO \quad \therefore\ Q(3,\ 7)$$
$$\therefore\ \overrightarrow{RQ}=\overrightarrow{OQ}-\overrightarrow{OR}=(3,\ 7)-(0,\ 3)$$
$$=(\mathbf{3},\ \mathbf{4})$$

(3) $\overrightarrow{SQ}=\overrightarrow{OQ}-\overrightarrow{OS}=(3,\ 7)-(4,\ 0)$
$$=(\mathbf{-1},\ \mathbf{7})$$

(4) $\overrightarrow{QM}=-\frac{1}{2}\overrightarrow{SQ}=-\frac{1}{2}(-1,\ 7)$
$$=\left(\frac{\mathbf{1}}{\mathbf{2}},\ -\frac{\mathbf{7}}{\mathbf{2}}\right)$$

(5) $\overrightarrow{PM}=\overrightarrow{MR}=\overrightarrow{MQ}+\overrightarrow{QR}$
$$=-\overrightarrow{QM}-\overrightarrow{RQ}$$
$$=-\left(\frac{1}{2},\ -\frac{7}{2}\right)-(3,\ 4)$$
$$=\left(-\frac{\mathbf{7}}{\mathbf{2}},\ -\frac{\mathbf{1}}{\mathbf{2}}\right)$$

***Note** (4), (5)에서 점 M의 좌표

$$M\left(\frac{7}{2},\ \frac{7}{2}\right) \Leftarrow \overline{QS}\text{의 중점}$$

을 이용해도 된다.

5-2. $\vec{p}+a\vec{q}=(6,\ -2)+a(0,\ 2)$
$$=(6,\ 2a-2)$$
$$\therefore\ |\vec{p}+a\vec{q}|^2=6^2+(2a-2)^2$$

한편 $|\vec{p}+a\vec{q}|=10$이므로

$$6^2+(2a-2)^2=100$$
$$\therefore\ a^2-2a-15=0$$

이 방정식은 서로 다른 두 실근을 가지고, 근과 계수의 관계로부터 두 근의 합은 2이다. 답 ④

5-3. 조건식을 연립하여 풀면

$$\vec{x}=\frac{1}{3}(2\vec{a}+\vec{b})$$
$$=\frac{1}{3}\{2(1,\ -2)+(4,\ -5)\}$$
$$=(2,\ -3),$$
$$\vec{y}=\frac{1}{3}(\vec{a}-\vec{b})$$
$$=\frac{1}{3}\{(1,\ -2)-(4,\ -5)\}$$
$$=(-1,\ 1)$$
$$\therefore\ \vec{x}-\vec{y}=(2,\ -3)-(-1,\ 1)$$
$$=(3,\ -4)$$
$$\therefore\ |\vec{x}-\vec{y}|=\sqrt{3^2+(-4)^2}=\mathbf{5}$$

5-4. $\mathrm{P}(x,\ y)$라고 하면

$$\overrightarrow{\mathrm{AP}}=(x-1,\ y-1),$$
$$\overrightarrow{\mathrm{BP}}=(x+1,\ y+3)$$

$|\overrightarrow{\mathrm{AP}}|^2=|\overrightarrow{\mathrm{BP}}|^2$이므로

$$(x-1)^2+(y-1)^2=(x+1)^2+(y+3)^2$$
$$\therefore\ x+2y+2=0$$

이때,

$$|\overrightarrow{\mathrm{AP}}|^2=(x-1)^2+(y-1)^2$$
$$=(-2y-3)^2+(y-1)^2$$
$$=5(y+1)^2+5$$

따라서 $y=-1$일 때 구하는 최솟값은 $\sqrt{5}$이다. 답 ⑤

***Note** $|\overrightarrow{\mathrm{AP}}|=|\overrightarrow{\mathrm{BP}}|$를 만족시키는 점 P의 자취는 선분 AB의 수직이등분선이다.

따라서 점 P가 선분 AB의 중점일 때 $|\overrightarrow{\mathrm{AP}}|$가 최소이고, 최솟값은

$$\frac{1}{2}\sqrt{(1+1)^2+(1+3)^2}=\sqrt{5}$$

5-5. $\mathrm{O}(0,\ 0)$, $\mathrm{P}\left(t,\ \frac{3}{t}\right)$이라고 하면

$$\overrightarrow{\mathrm{AP}}=\overrightarrow{\mathrm{OP}}-\overrightarrow{\mathrm{OA}}=\left(t,\ \frac{3}{t}\right)-(1,\ 0)$$
$$=\left(t-1,\ \frac{3}{t}\right),$$
$$\overrightarrow{\mathrm{BP}}=\overrightarrow{\mathrm{OP}}-\overrightarrow{\mathrm{OB}}=\left(t,\ \frac{3}{t}\right)-(-1,\ 0)$$
$$=\left(t+1,\ \frac{3}{t}\right)$$
$$\therefore\ \overrightarrow{\mathrm{AP}}+\overrightarrow{\mathrm{BP}}=\left(2t,\ \frac{6}{t}\right)$$
$$\therefore\ |\overrightarrow{\mathrm{AP}}+\overrightarrow{\mathrm{BP}}|^2=4\left(t^2+\frac{9}{t^2}\right)$$
$$\ge 4\times 2\sqrt{t^2\times\frac{9}{t^2}}=24$$

따라서 $t^2=\frac{9}{t^2}$, 곧 $t=\pm\sqrt{3}$일 때 구하는 최솟값은 $\sqrt{24}=\mathbf{2\sqrt{6}}$

5-6. (1) $\overrightarrow{\mathrm{OA}}-2\overrightarrow{\mathrm{OB}}=(2,\ 6)-2(-1,\ 0)$
$$=(4,\ 6)$$

이므로 구하는 벡터의 성분을 $(x,\ y)$라고 하면 0이 아닌 실수 t에 대하여

$$(x,\ y)=t(4,\ 6)=(4t,\ 6t)$$

크기가 $\sqrt{13}$이므로

$$(4t)^2+(6t)^2=(\sqrt{13})^2 \quad \therefore\ t=\pm\frac{1}{2}$$
$$\therefore\ (x,\ y)=\mathbf{(2,\ 3),\ (-2,\ -3)}$$

(2)

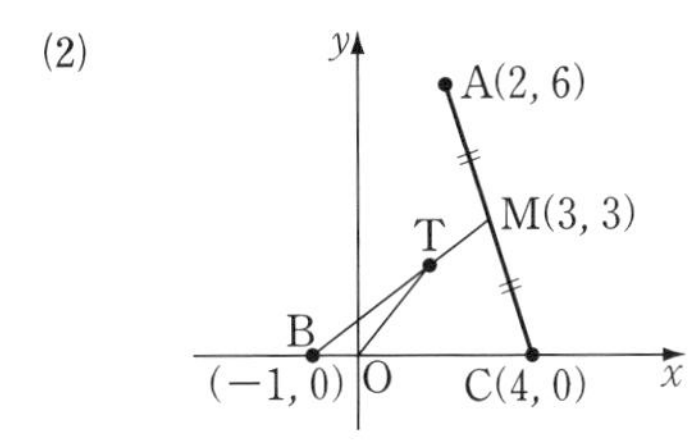

M(3, 3)이고 점 T는 선분 BM 위의 점이므로 $0\le t\le 1$인 실수 t에 대하여

$$\overrightarrow{\mathrm{OT}}=t\,\overrightarrow{\mathrm{OM}}+(1-t)\overrightarrow{\mathrm{OB}}$$
$$=t(3,\ 3)+(1-t)(-1,\ 0)$$
$$=(4t-1,\ 3t)$$
$$\therefore\ \overrightarrow{\mathrm{AT}}+\overrightarrow{\mathrm{BT}}+\overrightarrow{\mathrm{CT}}$$
$$=(\overrightarrow{\mathrm{OT}}-\overrightarrow{\mathrm{OA}})+(\overrightarrow{\mathrm{OT}}-\overrightarrow{\mathrm{OB}})$$
$$+(\overrightarrow{\mathrm{OT}}-\overrightarrow{\mathrm{OC}})$$

$=3\overrightarrow{OT}-(\overrightarrow{OA}+\overrightarrow{OB}+\overrightarrow{OC})$
$=3(4t-1,\ 3t)$
$\quad-\{(2,\ 6)+(-1,\ 0)+(4,\ 0)\}$
$=(12t-8,\ 9t-6)$

$\therefore\ |\overrightarrow{AT}+\overrightarrow{BT}+\overrightarrow{CT}|^2$
$=(12t-8)^2+(9t-6)^2$
$=25(3t-2)^2$

$0\le t\le 1$이므로 $t=0$일 때 구하는 최댓값은 $\sqrt{25\times4}=\mathbf{10}$

5-7.

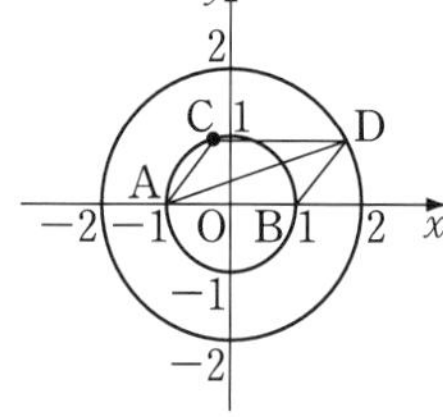

$\overrightarrow{AB}+\overrightarrow{AC}=\overrightarrow{AD}$이므로 사각형 ABDC는 평행사변형이다.

또, $\overline{AB}=2$, $C(x,\ y)$이므로 $D(x+2,\ y)$이다.

이때, 점 C는 원 O_1 위에, 점 D는 원 O_2 위에 있으므로

$x^2+y^2=1$ ⋯⋯①

$(x+2)^2+y^2=4$ ⋯⋯②

②−①하면

$4x+4=3\quad\therefore\ \boldsymbol{x=-\frac{1}{4}}$

①에 대입하면 $y^2=\frac{15}{16}$

$y>0$이므로 $\boldsymbol{y=\frac{\sqrt{15}}{4}}$

5-8.

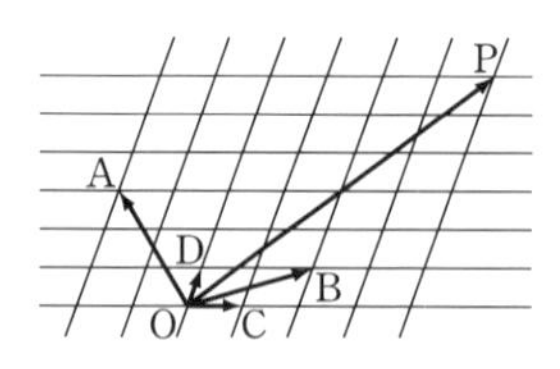

위의 그림에서 $\overrightarrow{OC}=\overrightarrow{g_1}$, $\overrightarrow{OD}=\overrightarrow{g_2}$라고 하면

$\overrightarrow{OA}=-2\overrightarrow{g_1}+3\overrightarrow{g_2},\ \overrightarrow{OB}=2\overrightarrow{g_1}+\overrightarrow{g_2},$
$\overrightarrow{OP}=4\overrightarrow{g_1}+6\overrightarrow{g_2}$

따라서 $\overrightarrow{OP}=x\overrightarrow{OA}+y\overrightarrow{OB}$로 놓으면

$4\overrightarrow{g_1}+6\overrightarrow{g_2}=x(-2\overrightarrow{g_1}+3\overrightarrow{g_2})+y(2\overrightarrow{g_1}+\overrightarrow{g_2})$
$=(-2x+2y)\overrightarrow{g_1}+(3x+y)\overrightarrow{g_2}$

$\overrightarrow{g_1},\ \overrightarrow{g_2}$는 서로 평행하지 않으므로

$4=-2x+2y,\ 6=3x+y$

$\therefore\ x=1,\ y=3\quad\therefore\ \overrightarrow{OP}=\overrightarrow{OA}+3\overrightarrow{OB}$

곧, $\boldsymbol{\overrightarrow{OP}=\vec{a}+3\vec{b}}$

* ***Note*** O(0, 0), A(−2, 3), B(2, 1), P(4, 6)으로 놓고 벡터의 성분을 이용하여 풀어도 된다.

5-9.

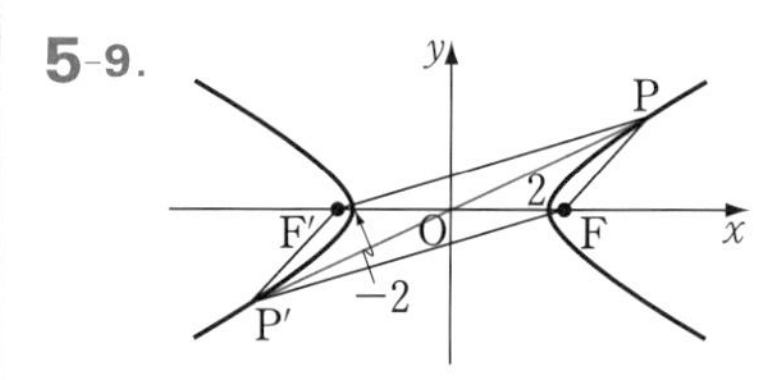

점 P와 원점에 대하여 대칭인 점을 P′이라고 하자.

$\overrightarrow{PF}=-\overrightarrow{P'F'}$이므로

$\overrightarrow{PF}+\overrightarrow{PF'}=-\overrightarrow{P'F'}+\overrightarrow{PF'}=\overrightarrow{PP'}$

여기에서 $|\overrightarrow{PP'}|$이 최소가 되는 것은 점 P가 쌍곡선의 꼭짓점일 때이다.

곧, P(2, 0) 또는 P(−2, 0)일 때

$|\overrightarrow{PF}+\overrightarrow{PF'}|=|\overrightarrow{PP'}|=\mathbf{4}$

한편 $\frac{x^2}{4}-y^2=1$에서

$k^2=4+1=5\quad\therefore\ k=\sqrt{5}$

$\therefore\ F(\sqrt{5},\ 0),\ F'(-\sqrt{5},\ 0)$

따라서 $\overrightarrow{PF}$를 성분으로 나타내면

$(\boldsymbol{\sqrt{5}-2,\ 0})$ 또는 $(\boldsymbol{\sqrt{5}+2,\ 0})$

5-10. 점 P가 단위원 위의 점이므로 $P(\cos\theta,\ \sin\theta)$로 놓을 수 있다.

이때, $Q(\sin\theta,\ \cos\theta)$이므로

$\overrightarrow{OP}=(\cos\theta,\ \sin\theta)$,

$\overrightarrow{OQ}=(\sin\theta,\ \cos\theta)$

$\therefore\ \overrightarrow{OR}=(\cos\theta+\sin\theta,\ \sin\theta+\cos\theta)$

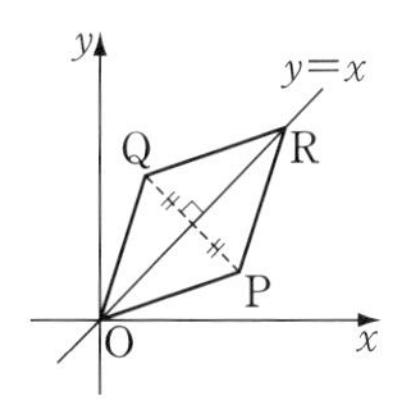

따라서 R$(x,\ y)$라고 하면

$x=\cos\theta+\sin\theta=\sqrt{2}\sin(\theta+45°)$

이므로 $-\sqrt{2}\le x\le\sqrt{2}$

$\therefore\ \boldsymbol{y=x\ (-\sqrt{2}\le x\le\sqrt{2})}$

5-11.

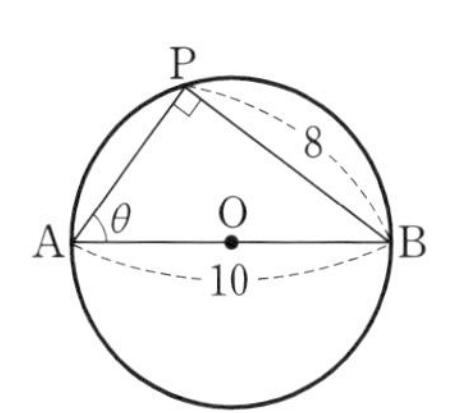

선분 AB가 원 O의 지름이므로

$\angle APB=90°$

$\therefore\ \overline{AP}=\sqrt{10^2-8^2}=6$

$\angle BAP=\theta$라고 하면

$\overrightarrow{AB}\cdot\overrightarrow{AP}=|\overrightarrow{AB}||\overrightarrow{AP}|\cos\theta$

$=10\times6\times\dfrac{6}{10}=36$ 답 ⑤

5-12.

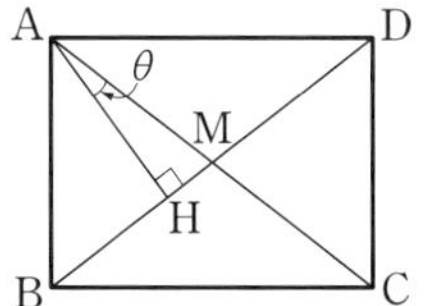

△ABD의 넓이 관계에서

$\dfrac{1}{2}\times\overline{AB}\times\overline{AD}=\dfrac{1}{2}\times\overline{BD}\times\overline{AH}$

$\therefore\ \overline{AH}=\dfrac{12}{5}$

선분 AC의 중점을 M이라 하고,

$\angle MAH=\theta$라고 하면

$\overline{AH}=\overline{AM}\cos\theta$

그런데 $\overrightarrow{AC}=2\overrightarrow{AM}$이므로

$\overrightarrow{AH}\cdot\overrightarrow{AC}=2(\overrightarrow{AH}\cdot\overrightarrow{AM})$

$=2|\overrightarrow{AH}||\overrightarrow{AM}|\cos\theta$

$=2\overline{AH}\times\overline{AM}\cos\theta=2\overline{AH}^2$

$=2\times\left(\dfrac{12}{5}\right)^2=\dfrac{288}{25}$ 답 ④

5-13.

A, Q, P, R, B, C

$\overrightarrow{AP}=\dfrac{2}{3}\overrightarrow{AB},\ \overrightarrow{AQ}=\dfrac{1}{4}\overrightarrow{AC},$

$\overrightarrow{AR}=\dfrac{3}{4}\overrightarrow{AC}$이므로

$\overrightarrow{PQ}\cdot\overrightarrow{PR}=(\overrightarrow{AQ}-\overrightarrow{AP})\cdot(\overrightarrow{AR}-\overrightarrow{AP})$

$=\left(\dfrac{1}{4}\overrightarrow{AC}-\dfrac{2}{3}\overrightarrow{AB}\right)\cdot\left(\dfrac{3}{4}\overrightarrow{AC}-\dfrac{2}{3}\overrightarrow{AB}\right)$

$=\dfrac{3}{16}|\overrightarrow{AC}|^2-\dfrac{2}{3}(\overrightarrow{AB}\cdot\overrightarrow{AC})+\dfrac{4}{9}|\overrightarrow{AB}|^2$

$=\dfrac{3}{16}\times6^2-\dfrac{2}{3}\times6\times6\times\dfrac{1}{2}+\dfrac{4}{9}\times6^2$

$=\boldsymbol{\dfrac{43}{4}}$

5-14. $\overrightarrow{PQ}=\overrightarrow{OQ}-\overrightarrow{OP}=\vec{a}-2\vec{b}$이므로

$|\overrightarrow{PQ}|^2=|\vec{a}-2\vec{b}|^2$

$=|\vec{a}|^2-4(\vec{a}\cdot\vec{b})+4|\vec{b}|^2$

그런데

$|\vec{a}|=2,\ |\vec{b}|=2,$

$\vec{a}\cdot\vec{b}=|\vec{a}||\vec{b}|\cos60°$

$=2\times2\times\dfrac{1}{2}=2$

$\therefore\ |\overrightarrow{PQ}|^2=2^2-4\times2+4\times2^2=12$

$\therefore\ \overline{PQ}=|\overrightarrow{PQ}|=2\sqrt{3}$ 답 ④

5-15. $|\vec{a}+\vec{b}|=\sqrt{3}|\vec{a}-\vec{b}|$에서

$$|\vec{a}+\vec{b}|^2=3|\vec{a}-\vec{b}|^2$$

$$\therefore\ |\vec{a}|^2+2(\vec{a}\cdot\vec{b})+|\vec{b}|^2$$
$$=3|\vec{a}|^2-6(\vec{a}\cdot\vec{b})+3|\vec{b}|^2$$

$$\therefore\ 4(\vec{a}\cdot\vec{b})=|\vec{a}|^2+|\vec{b}|^2$$

$|\vec{b}|=|\vec{a}|$이므로 $\vec{a}\cdot\vec{b}=\frac{1}{2}|\vec{a}|^2$

따라서 구하는 각의 크기를 θ라 하면

$$|\vec{a}||\vec{a}|\cos\theta=\frac{1}{2}|\vec{a}|^2$$

$$\therefore\ \cos\theta=\frac{1}{2}\qquad\therefore\ \theta=\mathbf{60°}$$

5-16. $\overrightarrow{OA}=\vec{a}$, $\overrightarrow{OB}=\vec{b}$, $\overrightarrow{OC}=\vec{c}$라 하고, $\angle AOB=\theta$라고 하자.

$\vec{a}+\vec{b}+\vec{c}=\vec{0}$이므로

$$\vec{a}+\vec{b}=-\vec{c}$$

$$\therefore\ |\vec{a}+\vec{b}|^2=|\vec{c}|^2$$

$$\therefore\ |\vec{a}|^2+2(\vec{a}\cdot\vec{b})+|\vec{b}|^2=|\vec{c}|^2$$

$|\vec{a}|=|\vec{b}|=|\vec{c}|=1$이므로

$$1+2\times1\times1\times\cos\theta+1=1$$

$$\therefore\ \cos\theta=-\frac{1}{2}\qquad\therefore\ \theta=\mathbf{120°}$$

5-17.

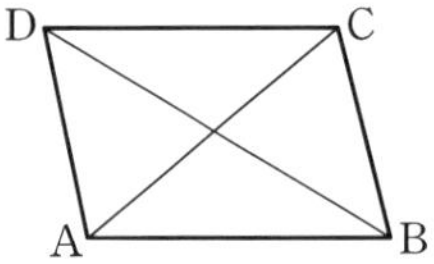

$$|\overrightarrow{AB}+\overrightarrow{AD}|=|\overrightarrow{AC}|=\overline{AC}=8\quad\cdots①$$

$$|\overrightarrow{AB}-\overrightarrow{AD}|=|\overrightarrow{DB}|=\overline{BD}=10\quad\cdots②$$

①^2−②^{2}하면 $4(\overrightarrow{AB}\cdot\overrightarrow{AD})=-36$

$$\therefore\ \overrightarrow{AB}\cdot\overrightarrow{AD}=-9$$ 답 ①

5-18. $O(0, 0)$, $P(x, kx)$라고 하면

$$\overrightarrow{AP}=\overrightarrow{OP}-\overrightarrow{OA}=(x-8,\ kx-2),$$
$$\overrightarrow{BP}=\overrightarrow{OP}-\overrightarrow{OB}=(x-2,\ kx-8)$$

$\overrightarrow{AP}\cdot\overrightarrow{BP}=0$이므로

$$(x-8)(x-2)+(kx-2)(kx-8)=0$$

$$\therefore\ (k^2+1)x^2-10(k+1)x+32=0$$

이 방정식을 만족시키는 실수 x가 존재해야 하므로

$$D/4=25(k+1)^2-32(k^2+1)\ge0$$

$$\therefore\ (7k-1)(k-7)\le0\qquad\therefore\ \boldsymbol{\frac{1}{7}\le k\le7}$$

5-19. $O(0, 0)$, $P(t, t^2)$이라고 하면

$\overrightarrow{OP}=(t,\ t^2)$, $\overrightarrow{OA}=(2,\ 0)$, $\overrightarrow{OB}=(4,\ 0)$이므로

$$\overrightarrow{AP}=\overrightarrow{OP}-\overrightarrow{OA}=(t-2,\ t^2),$$
$$\overrightarrow{BP}=\overrightarrow{OP}-\overrightarrow{OB}=(t-4,\ t^2)$$

$$\therefore\ \overrightarrow{AP}\cdot\overrightarrow{BP}=(t-2)(t-4)+t^2\times t^2$$
$$=t^4+t^2-6t+8$$

$f(t)=t^4+t^2-6t+8$로 놓으면

$$f'(t)=4t^3+2t-6$$
$$=2(t-1)(2t^2+2t+3)$$

$2t^2+2t+3>0$이므로 $f(t)$의 증감표는 아래와 같다.

t	$\cdots$	1	$\cdots$
$f'(t)$	−	0	+
$f(t)$	↘	4	↗

따라서 **최솟값 4, P(1, 1)**

5-20. $|\vec{b}|=x$라고 하면

$$\vec{a}\cdot\vec{b}=|\vec{a}||\vec{b}|\cos60°$$
$$=6\times x\times\frac{1}{2}=3x$$

또, $(\vec{a}+\vec{b})\perp(2\vec{a}-5\vec{b})$이므로

$$(\vec{a}+\vec{b})\cdot(2\vec{a}-5\vec{b})=0$$

$$\therefore\ 2|\vec{a}|^2-3(\vec{a}\cdot\vec{b})-5|\vec{b}|^2=0$$

$$\therefore\ 2\times6^2-3\times3x-5\times x^2=0$$

$$\therefore\ (x-3)(5x+24)=0$$

$x>0$이므로 $x=3$ $\therefore\ |\boldsymbol{\vec{b}}|=\mathbf{3}$

5-21. 조건식에서

$$\overrightarrow{PA}+\overrightarrow{PB}+\overrightarrow{PC}+\overrightarrow{PD}=\overrightarrow{PA}-\overrightarrow{PC}$$

$$\therefore\ \overrightarrow{CP}=\frac{\overrightarrow{PB}+\overrightarrow{PD}}{2}$$

선분 BD의 중점을 M이라고 하면

$\overrightarrow{\mathrm{CP}}=\overrightarrow{\mathrm{PM}}$이므로 점 P는 선분 MC의 중점이다.

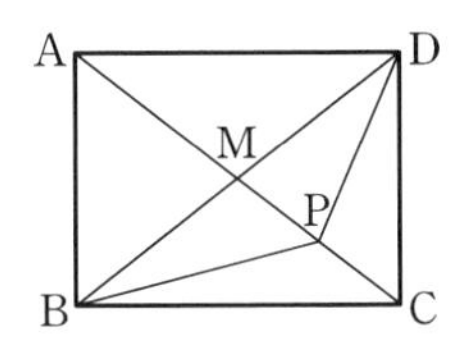

ㄱ. (참) $\overline{\mathrm{AP}}:\overline{\mathrm{PC}}=3:1$이므로

$\overrightarrow{\mathrm{AP}}=3\overrightarrow{\mathrm{PC}}$

ㄴ. (참) $\overrightarrow{\mathrm{PB}}\cdot\overrightarrow{\mathrm{PD}}$

$=(\overrightarrow{\mathrm{AB}}-\overrightarrow{\mathrm{AP}})\cdot(\overrightarrow{\mathrm{AD}}-\overrightarrow{\mathrm{AP}})$

$=\overrightarrow{\mathrm{AB}}\cdot\overrightarrow{\mathrm{AD}}-\overrightarrow{\mathrm{AP}}\cdot(\overrightarrow{\mathrm{AB}}+\overrightarrow{\mathrm{AD}})+\overrightarrow{\mathrm{AP}}\cdot\overrightarrow{\mathrm{AP}}$

$=-\overrightarrow{\mathrm{AP}}\cdot\overrightarrow{\mathrm{AC}}+|\overrightarrow{\mathrm{AP}}|^2$

$=-|\overrightarrow{\mathrm{AP}}||\overrightarrow{\mathrm{AC}}|\cos 0°+|\overrightarrow{\mathrm{AP}}|^2$

$=-\frac{4}{3}|\overrightarrow{\mathrm{AP}}|^2+|\overrightarrow{\mathrm{AP}}|^2$

$=-\frac{1}{3}|\overrightarrow{\mathrm{AP}}|^2$ ……㉠

한편 $|\overrightarrow{\mathrm{AC}}|=4$이므로 $|\overrightarrow{\mathrm{AP}}|=3$

㉠에 대입하면 $\overrightarrow{\mathrm{PB}}\cdot\overrightarrow{\mathrm{PD}}=-3$

ㄷ. (참) △ABP의 넓이가 3이면 △ABM의 넓이는 2이다.

$\overline{\mathrm{AM}}=\overline{\mathrm{BM}}=2$이므로 $\angle\mathrm{AMB}=\theta$라고 하면

$\frac{1}{2}\times2\times2\times\sin\theta=2$

$\therefore \sin\theta=1 \quad \therefore \theta=90°$

따라서 □ABCD는 대각선의 길이가 4인 정사각형이다.

$\therefore \overline{\mathrm{AB}}=2\sqrt{2},\ \angle\mathrm{BAC}=45°$

$\therefore \overrightarrow{\mathrm{AB}}\cdot\overrightarrow{\mathrm{AC}}=|\overrightarrow{\mathrm{AB}}||\overrightarrow{\mathrm{AC}}|\cos 45°$

$=2\sqrt{2}\times4\times\frac{1}{\sqrt{2}}=8$

답 ⑤

5-22. $\overrightarrow{\mathrm{AP}}/\!/\overrightarrow{\mathrm{OB}}$이므로 0이 아닌 실수 t에 대하여

$\overrightarrow{\mathrm{AP}}=t\overrightarrow{\mathrm{OB}}=(2t,\ t)$

$\therefore \overrightarrow{\mathrm{OP}}=\overrightarrow{\mathrm{OA}}+\overrightarrow{\mathrm{AP}}=(2t-4,\ t+3)$

$\overrightarrow{\mathrm{OP}}\perp\overrightarrow{\mathrm{OA}}$이므로

$\overrightarrow{\mathrm{OP}}\cdot\overrightarrow{\mathrm{OA}}=(2t-4,\ t+3)\cdot(-4,\ 3)$

$=-4(2t-4)+3(t+3)=0$

$\therefore t=5$

$\therefore \overrightarrow{\mathrm{OP}}=(2t-4,\ t+3)=(6,\ 8)$

$\therefore$ $\boldsymbol{x=6,\ y=8}$

5-23. $\vec{p}\neq\vec{0},\ \vec{p}\perp\vec{a},\ \vec{p}\perp\vec{b}$이고 $\vec{a},\ \vec{b},\ \vec{p}$는 모두 같은 평면 위에 있으므로 $\vec{a}/\!/\vec{b}$이다.

따라서 0이 아닌 실수 t에 대하여

$\vec{b}=t\vec{a} \quad \therefore (-1,\ y)=t(x,\ 2)$

$\therefore -1=tx,\ y=2t$

$\therefore xy=-\frac{1}{t}\times2t=\mathbf{-2}$

5-24. (1)

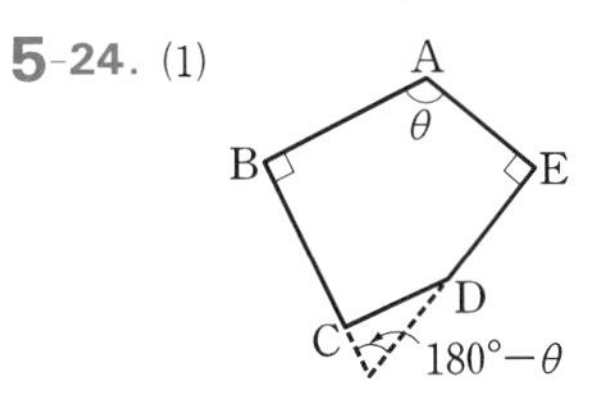

$\angle\mathrm{B}=\angle\mathrm{E}=90°$이므로 $\overrightarrow{\mathrm{AB}}$와 $\overrightarrow{\mathrm{AE}}$가 이루는 각의 크기를 θ라고 하면 $\overrightarrow{\mathrm{BC}}$와 $\overrightarrow{\mathrm{ED}}$가 이루는 각의 크기는 $180°-\theta$이다. 따라서

$\overrightarrow{\mathrm{AB}}\cdot\overrightarrow{\mathrm{AE}}=|\overrightarrow{\mathrm{AB}}||\overrightarrow{\mathrm{AE}}|\cos\theta,$

$\overrightarrow{\mathrm{BC}}\cdot\overrightarrow{\mathrm{ED}}=|\overrightarrow{\mathrm{BC}}||\overrightarrow{\mathrm{ED}}|\cos(180°-\theta)$

$=-|\overrightarrow{\mathrm{BC}}||\overrightarrow{\mathrm{ED}}|\cos\theta$

조건에서 $\overline{\mathrm{AB}}=\overline{\mathrm{BC}},\ \overline{\mathrm{AE}}=\overline{\mathrm{ED}}$이므로 $\overrightarrow{\mathrm{AB}}\cdot\overrightarrow{\mathrm{AE}}=-\overrightarrow{\mathrm{BC}}\cdot\overrightarrow{\mathrm{ED}}$

(2) $|\overrightarrow{\mathrm{BC}}+\overrightarrow{\mathrm{ED}}|^2=|\overrightarrow{\mathrm{BC}}|^2+2(\overrightarrow{\mathrm{BC}}\cdot\overrightarrow{\mathrm{ED}})+|\overrightarrow{\mathrm{ED}}|^2$

$|\overrightarrow{\mathrm{BE}}|^2=|\overrightarrow{\mathrm{AE}}-\overrightarrow{\mathrm{AB}}|^2$

$=|\overrightarrow{\mathrm{AE}}|^2-2(\overrightarrow{\mathrm{AE}}\cdot\overrightarrow{\mathrm{AB}})+|\overrightarrow{\mathrm{AB}}|^2$

주어진 조건과 (1)의 결과에서

$|\overrightarrow{BC}+\overrightarrow{ED}|^2=|\overrightarrow{BE}|^2$

$\therefore\ |\overrightarrow{BC}+\overrightarrow{ED}|=|\overrightarrow{BE}|$

5-25. (1) $|\overrightarrow{CB}-\overrightarrow{CP}|=|\overrightarrow{PB}|=\overline{PB}$

그런데 선분 PB의 길이는 점 P가 점 A와 일치할 때 최소이다.

따라서 최솟값은 $\overline{AB}=\mathbf{1}$

(2) △ACD에서 $\overline{AD}=\sqrt{3}$, $\overline{DC}=1$이므로 $\angle CAD=30°$

$\therefore\ \angle EAC=60°+30°=90°$

$\therefore\ \overrightarrow{CA}\cdot\overrightarrow{CP}=\overrightarrow{CA}\cdot(\overrightarrow{CA}+\overrightarrow{AP})$
$=\overrightarrow{CA}\cdot\overrightarrow{CA}+\overrightarrow{CA}\cdot\overrightarrow{AP}$
$=|\overrightarrow{CA}|^2+0=2^2=\mathbf{4}$

(3)

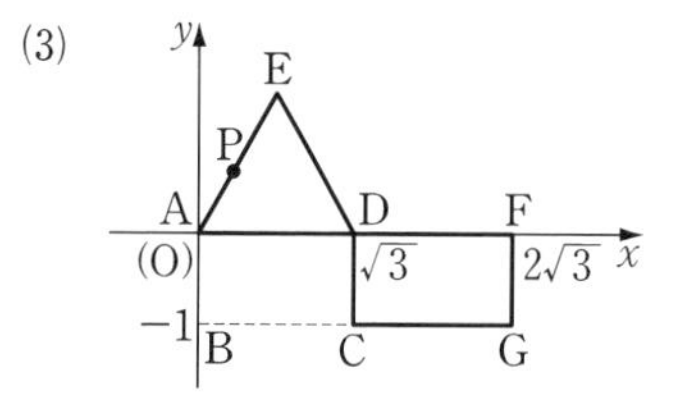

위의 그림과 같이 점 A를 좌표평면의 원점에, 선분 AD를 x축 위에 놓고, $G(2\sqrt{3},\ -1)$이라고 하면

$\overrightarrow{DA}+\overrightarrow{CP}=\overrightarrow{GC}+\overrightarrow{CP}=\overrightarrow{GP}$

이때, $|\overrightarrow{GP}|$의 최솟값은 점 G와 직선 AE 사이의 거리이다.

직선 AE의 방정식은 $y=\sqrt{3}x$, 곧 $\sqrt{3}x-y=0$이므로 구하는 최솟값은

$$\frac{|\sqrt{3}\times2\sqrt{3}-(-1)|}{\sqrt{(\sqrt{3})^2+(-1)^2}}=\mathbf{\frac{7}{2}}$$

***Note* 위의 그림에서

$$P(x,\ \sqrt{3}x)\ \left(0\le x\le\frac{\sqrt{3}}{2}\right)$$

라고 하면 $G(2\sqrt{3},\ -1)$에 대하여

$\overline{GP}^2=(x-2\sqrt{3})^2+(\sqrt{3}x+1)^2$
$=4\left(x-\frac{\sqrt{3}}{4}\right)^2+\frac{49}{4}$

따라서 $x=\frac{\sqrt{3}}{4}$일 때 구하는 최솟값은 $\overline{GP}=\sqrt{\frac{49}{4}}=\mathbf{\frac{7}{2}}$

5-26. (1)

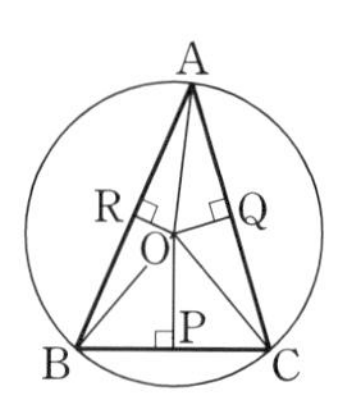

△ABC의 외심 O는 변 AB, BC, CA의 수직이등분선의 교점이므로 점 P, Q, R는 각각 변 BC, CA, AB의 중점이다. 따라서

$$\overrightarrow{OP}=\frac{\overrightarrow{OB}+\overrightarrow{OC}}{2},$$

$$\overrightarrow{OQ}=\frac{\overrightarrow{OC}+\overrightarrow{OA}}{2},$$

$$\overrightarrow{OR}=\frac{\overrightarrow{OA}+\overrightarrow{OB}}{2}$$

이것을 조건식에 대입하고 양변에 2를 곱하면

$(\overrightarrow{OB}+\overrightarrow{OC})+2(\overrightarrow{OC}+\overrightarrow{OA})$
$+3(\overrightarrow{OA}+\overrightarrow{OB})=\vec{0}$

$\therefore\ 5\overrightarrow{OA}+4\overrightarrow{OB}+3\overrightarrow{OC}=\vec{0}$

(2) $4\overrightarrow{OB}+3\overrightarrow{OC}=-5\overrightarrow{OA}$이므로

$|4\overrightarrow{OB}+3\overrightarrow{OC}|^2=25|\overrightarrow{OA}|^2$

$\therefore\ 16\overline{OB}^2+24(\overrightarrow{OB}\cdot\overrightarrow{OC})+9\overline{OC}^2$
$=25\overline{OA}^2$

그런데 $\overline{OA}=\overline{OB}=\overline{OC}$이므로

$\overrightarrow{OB}\cdot\overrightarrow{OC}=0\qquad\therefore\ \angle BOC=90°$

$\therefore\ \angle A=\frac{1}{2}\angle BOC=\mathbf{45°}$

6-1. (1) 방향벡터가 $\vec{e_1}=(1,\ 0)$이므로 y축에 수직인 직선이다.

점 $A(2,\ -3)$을 지나므로 $\boldsymbol{y=-3}$

(2) 법선벡터가 $\vec{h}=(5,\ -1)$이므로

$5(x-2)+(-1)\times(y+3)=0$

$\therefore\ \mathbf{5x-y-13=0}$

(3) 두 점 (2, −3), (4, 0)을 지나므로

$$\frac{x-2}{4-2}=\frac{y+3}{0+3} \quad \therefore \ \boldsymbol{\frac{x-2}{2}=\frac{y+3}{3}}$$

(4) $3x+2y=1$에서 $3x=-2y+1$

$$\therefore \ \frac{x}{2}=\frac{y-\frac{1}{2}}{-3}$$

따라서 방향벡터가 $\vec{d}=(2,\ -3)$이므로

$$\boldsymbol{\frac{x-2}{2}=\frac{y+3}{-3}}$$

**Note* 방향벡터가 $\overrightarrow{\mathrm{OA}}$이므로 구하는 직선은 원점 O와 점 A를 지나는 직선이다.

6-2. 직선 g_1의 방정식은 $t=-2x+1=y+3$에서

$$x-\frac{1}{2}=\frac{y+3}{-2}$$

따라서 직선 g_1의 방향벡터를 $\vec{d_1}$이라고 하면 $\vec{d_1}=(1,\ -2)$

직선 g_2의 방정식은

$$s=\frac{3x+1}{k}=\frac{4y-1}{-2}\text{에서}$$

$$\frac{x+\frac{1}{3}}{2k}=\frac{y-\frac{1}{4}}{-3}$$

따라서 직선 g_2의 방향벡터를 $\vec{d_2}$라고 하면 $\vec{d_2}=(2k,\ -3)$

$g_1/\!/g_2$이므로 0이 아닌 실수 m에 대하여 $\vec{d_2}=m\vec{d_1}$

$$\therefore \ (2k,\ -3)=m(1,\ -2)$$

$$\therefore \ 2k=m,\ -3=-2m$$

$$\therefore \ m=\frac{3}{2},\ k=\frac{3}{4}$$ 답 ④

6-3. 두 직선 l, m의 방향벡터를 각각 $\vec{d_1}$, $\vec{d_2}$라고 하면

$$\vec{d_1}=(a,\ b),\ \vec{d_2}=(2,\ 3)$$

(1) $\vec{d_1}\perp\vec{d_2}$이므로 $\vec{d_1}\cdot\vec{d_2}=0$

$$\therefore \ (a,\ b)\cdot(2,\ 3)=0$$

$$\therefore \ 2a+3b=0 \quad \cdots\cdots ①$$

직선 l이 점 A$(-a,\ b)$를 지나므로

$$\frac{-a+4}{a}=\frac{b-1}{b} \quad \cdots\cdots ②$$

①, ②를 연립하여 풀면

$$\boldsymbol{a=\frac{5}{4},\ b=-\frac{5}{6}}$$

(2) $\vec{d_1}/\!/\vec{d_2}$이므로 0이 아닌 실수 k에 대하여 $\vec{d_1}=k\vec{d_2}$

$$\therefore \ (a,\ b)=k(2,\ 3)$$

$$\therefore \ a=2k,\ b=3k \quad \cdots\cdots ③$$

직선 l이 점 $(-4,\ 1)$을 지나므로 직선 m도 점 $(-4,\ 1)$을 지난다.

$$\therefore \ \frac{-4+a}{2}=\frac{1-b}{3} \quad \cdots\cdots ④$$

③, ④를 연립하여 풀면

$$k=\frac{7}{6},\ \boldsymbol{a=\frac{7}{3},\ b=\frac{7}{2}}$$

6-4.

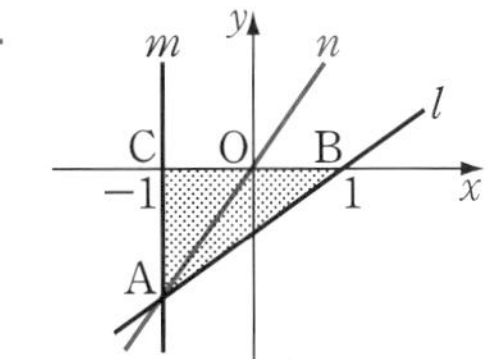

위의 그림과 같이 두 직선 l, m의 교점을 A, 직선 l과 x축의 교점을 B, 직선 m과 x축의 교점을 C라고 하자.

B(1, 0), C(−1, 0)이고, 원점 O는 선분 BC의 중점이므로 직선 n이 △ABC의 넓이를 이등분하려면 점 A를 지나야 한다.

점 A는 직선 m 위의 점이므로 A$(-1,\ t)$로 놓을 수 있다.

또, 점 A는 직선 l 위의 점이므로

$$3\times(-1-1)=5t \quad \therefore \ t=-\frac{6}{5}$$

$$\therefore \ \mathrm{A}\left(-1,\ -\frac{6}{5}\right)$$

한편 직선 n의 방향벡터 $\vec{d}$는 $\overrightarrow{\mathrm{OA}}$와 평행하므로 0이 아닌 실수 k에 대하여

$$\vec{d}=k\overrightarrow{OA}=k\left(-1,\ -\frac{6}{5}\right)$$

$k=-5$일 때 $\vec{d}=(5,\ 6)$이다.

답 ⑤

6-5.

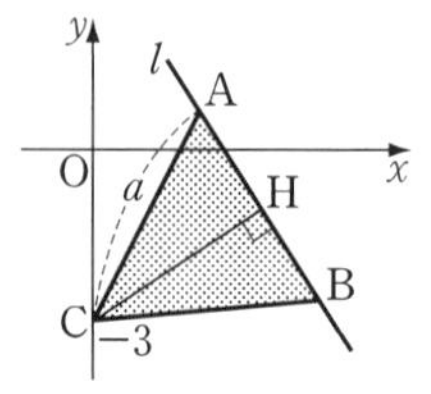

점 C에서 직선 l에 내린 수선의 발을 H라고 하면 $\mathrm{H}(-2t+1,\ 3t+2)$로 놓을 수 있다.

직선 l의 방정식에서

$$(x,\ y)=(1,\ 2)+t(-2,\ 3)$$

이므로 l의 방향벡터를 $\vec{d}$라고 하면

$$\vec{d}=(-2,\ 3)$$

$\overrightarrow{CH}\perp\vec{d}$ 이므로 $\overrightarrow{CH}\cdot\vec{d}=0$

이때,

$$\overrightarrow{CH}=(-2t+1,\ 3t+2)-(0,\ -3)$$
$$=(-2t+1,\ 3t+5)$$

이므로

$$(-2t+1,\ 3t+5)\cdot(-2,\ 3)=0$$
$$\therefore\ -2(-2t+1)+3(3t+5)=0$$
$$\therefore\ t=-1\quad\therefore\ \overrightarrow{CH}=(3,\ 2)$$

△ABC의 한 변의 길이를 a라고 하면

$$|\overrightarrow{CH}|=\sqrt{13}=\frac{\sqrt{3}}{2}a\quad\therefore\ a=\frac{2\sqrt{13}}{\sqrt{3}}$$

$$\therefore\ \triangle ABC=\frac{\sqrt{3}}{4}a^2=\frac{\sqrt{3}}{4}\times\frac{4\times13}{3}$$
$$=\mathbf{\frac{13\sqrt{3}}{3}}$$

6-6. $l:\ \dfrac{x+1}{3}=\dfrac{y-2}{-1}(=t)$

점 P는 직선 l 위의 점이므로 $\mathrm{P}(3t-1,\ -t+2)$로 놓을 수 있다.

(1) $\overrightarrow{AP}+\overrightarrow{BP}=(3t+2,\ -t+1)$
$\qquad+(3t-5,\ -t+5)$
$\qquad=(6t-3,\ -2t+6)$

$$\therefore\ |\overrightarrow{AP}+\overrightarrow{BP}|^2=(6t-3)^2+(-2t+6)^2$$
$$=40t^2-60t+45$$
$$=40\left(t-\frac{3}{4}\right)^2+\frac{45}{2}$$

따라서 $|\overrightarrow{AP}+\overrightarrow{BP}|$의 최솟값은

$t=\dfrac{3}{4}$일 때 $\sqrt{\dfrac{45}{2}}=\mathbf{\dfrac{3\sqrt{10}}{2}}$

(2)

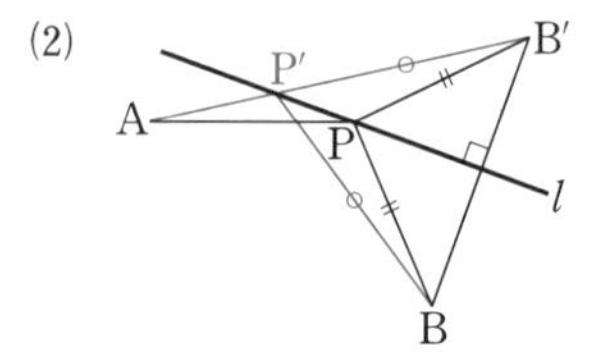

점 B와 직선 l에 대하여 대칭인 점을 $\mathrm{B}'(a,\ b)$라고 하면

$$\overrightarrow{BB'}=(a-4,\ b+3)$$

직선 l의 방향벡터를 $\vec{d}$라고 하면

$$\vec{d}=(3,\ -1)$$

$\overrightarrow{BB'}\perp\vec{d}$ 이므로 $\overrightarrow{BB'}\cdot\vec{d}=0$

$$\therefore\ (a-4,\ b+3)\cdot(3,\ -1)=0$$
$$\therefore\ 3a-b-15=0\quad\cdots\cdots①$$

선분 BB′의 중점 $\left(\dfrac{a+4}{2},\ \dfrac{b-3}{2}\right)$이 직선 l 위에 있으므로

$$\frac{a+4}{2}+1=3\left(2-\frac{b-3}{2}\right)$$
$$\therefore\ a+3b=15\quad\cdots\cdots②$$

①, ②를 연립하여 풀면

$$a=6,\ b=3\quad\therefore\ \mathrm{B}'(6,\ 3)$$

따라서 $|\overrightarrow{AP}|+|\overrightarrow{BP}|$의 최솟값은

$$|\overrightarrow{AB'}|=\sqrt{(6+3)^2+(3-1)^2}=\mathbf{\sqrt{85}}$$

6-7. 구하는 직선의 방향벡터 중에서 크기가 1이고 $\vec{d}$와 이루는 각의 크기가 $30°$인 벡터를 $\vec{e}=(a,\ b)$라고 하자.

$|\vec{e}|=1$이므로

$$a^2+b^2=1\quad\cdots\cdots①$$

$\vec{d}\cdot\vec{e}=|\vec{d}||\vec{e}|\cos30°$에서

$$-\sqrt{3}a+b=\sqrt{3}\quad\cdots\cdots②$$

①, ②를 연립하여 풀면

$$(a,\ b)=\left(-\frac{1}{2},\ \frac{\sqrt{3}}{2}\right),\ (-1,\ 0)$$

따라서 구하는 직선의 방정식은

$$\frac{x-2}{-\frac{1}{2}}=\frac{y-1}{\frac{\sqrt{3}}{2}},\ y=1$$

$$\therefore\ \boldsymbol{\sqrt{3}(x-2)=1-y,\ y=1}$$

6-8.

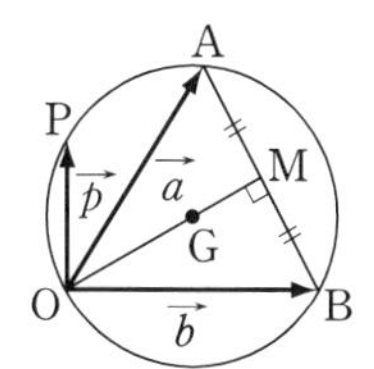

$\triangle$OAB는 정삼각형이므로 외심은 무게중심 G와 일치한다.

따라서 점 P는 중심이 점 G이고 반지름이 $\overline{\mathrm{OG}}$인 원 위의 점이다.

$$\therefore\ |\vec{p}-\overrightarrow{\mathrm{OG}}|=|\overrightarrow{\mathrm{OG}}|$$

그런데 선분 AB의 중점을 M이라고 하면

$$\overrightarrow{\mathrm{OG}}=\frac{2}{3}\overrightarrow{\mathrm{OM}}=\frac{2}{3}\times\frac{1}{2}(\overrightarrow{\mathrm{OA}}+\overrightarrow{\mathrm{OB}})=\frac{\vec{a}+\vec{b}}{3}$$

$$\therefore\ \left|\vec{p}-\frac{\vec{a}+\vec{b}}{3}\right|=\left|\frac{\vec{a}+\vec{b}}{3}\right|$$

6-9. $|\vec{x}-\vec{a}|=2|\vec{x}-\vec{b}|$에서

$$|\vec{x}-\vec{a}|^2=4|\vec{x}-\vec{b}|^2 \quad \cdots\cdots ①$$

$\vec{x}=(x,\ y)$로 놓으면

$$\vec{x}-\vec{a}=(x-1,\ y+2),$$
$$\vec{x}-\vec{b}=(x+5,\ y-1)$$

①에서

$$(x-1)^2+(y+2)^2=4\left\{(x+5)^2+(y-1)^2\right\}$$

$$\therefore\ (x+7)^2+(y-2)^2=20$$

따라서 $\vec{x}$의 종점 X의 자취는 중심이 점 $(-7,\ 2)$이고 반지름의 길이가 $\sqrt{20}$인 원이므로, 구하는 넓이는 20π이다.

답 ③

6-10. $\overrightarrow{\mathrm{AP}}\cdot\overrightarrow{\mathrm{OP}}=\overrightarrow{\mathrm{AP}}\cdot\overrightarrow{\mathrm{OB}}$에서

$$\overrightarrow{\mathrm{AP}}\cdot(\overrightarrow{\mathrm{OP}}-\overrightarrow{\mathrm{OB}})=0 \quad \therefore\ \overrightarrow{\mathrm{AP}}\cdot\overrightarrow{\mathrm{BP}}=0$$

$$\therefore\ \overrightarrow{\mathrm{AP}}\perp\overrightarrow{\mathrm{BP}}$$

따라서 점 P는 두 점 A, B를 지름의 양 끝 점으로 하는 원 위에 있다.

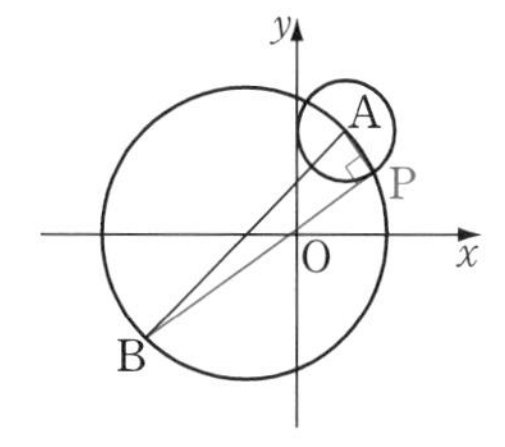

$$\begin{aligned}\therefore\ \overrightarrow{\mathrm{AB}}\cdot\overrightarrow{\mathrm{BP}}&=(\overrightarrow{\mathrm{AP}}+\overrightarrow{\mathrm{PB}})\cdot\overrightarrow{\mathrm{BP}}\\&=\overrightarrow{\mathrm{AP}}\cdot\overrightarrow{\mathrm{BP}}+\overrightarrow{\mathrm{PB}}\cdot\overrightarrow{\mathrm{BP}}\\&=-|\overrightarrow{\mathrm{BP}}|^2=-\left(|\overrightarrow{\mathrm{AB}}|^2-|\overrightarrow{\mathrm{AP}}|^2\right)\\&=-\left\{(-3-1)^2+(-2-2)^2-1^2\right\}\\&=-31\end{aligned}$$

답 ①

6-11. 점 P의 좌표를 $\mathrm{P}(x,\ y)$라고 하면 $4|\overrightarrow{\mathrm{AP}}|^2=|\overrightarrow{\mathrm{BP}}|^2$에서

$$4\left\{(x-2)^2+(y-1)^2\right\}=(x+1)^2+(y-4)^2$$

$$\therefore\ (x-3)^2+y^2=8$$

따라서 점 P는 중심이 점 C(3, 0)이고 반지름의 길이가 $2\sqrt{2}$인 원 위의 점이다.

한편 $|\overrightarrow{\mathrm{AQ}}|=|\overrightarrow{\mathrm{AB}}|$이므로 점 Q는 중심이 점 A이고 반지름의 길이가 $|\overrightarrow{\mathrm{AB}}|=3\sqrt{2}$인 원 위의 점이다.

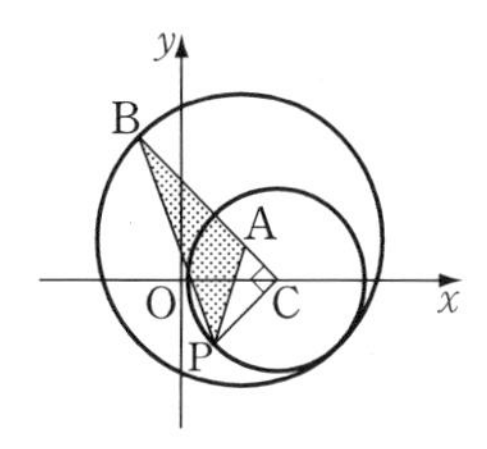

(1) 세 점 A, B, C는 한 직선 위에 있고 두 원은 서로 접한다.

따라서 $|\overrightarrow{PQ}|$의 최댓값은 큰 원의 지름의 길이와 같으므로

$$2\times3\sqrt{2}=\mathbf{6\sqrt{2}}$$

(2) △ABP의 넓이의 최댓값은 $\overrightarrow{CP}\perp\overrightarrow{AB}$일 때,

$$\frac{1}{2}|\overrightarrow{AB}||\overrightarrow{CP}|=\frac{1}{2}\times3\sqrt{2}\times2\sqrt{2}$$
$$=\mathbf{6}$$

6-12. 선분 OB가 원 C_1과 만나는 점을 B′이라 하고, 세 점 A, B′, P의 위치벡터를 각각 $\vec{a}$, $\vec{b}$, $\vec{p}$ 라고 하면

$$\overrightarrow{OB}=3\vec{b}$$

조건 (가)에서 $3\vec{b}\cdot\vec{p}=3\vec{a}\cdot\vec{p}$

$\therefore\ \vec{b}\cdot\vec{p}=\vec{a}\cdot\vec{p}$ ……①

조건 (나)에서

$$|\vec{a}-\vec{p}|^2+|3\vec{b}-\vec{p}|^2=20$$

$\therefore\ |\vec{a}|^2-2(\vec{a}\cdot\vec{p})+|\vec{p}|^2$
$+9|\vec{b}|^2-6(\vec{b}\cdot\vec{p})+|\vec{p}|^2=20$

$|\vec{a}|=|\vec{b}|=1$과 ①을 대입하여 정리하면

$|\vec{p}|^2-4(\vec{a}\cdot\vec{p})=5$ ……②

한편

$\overrightarrow{PA}\cdot\overrightarrow{PB}=(\vec{a}-\vec{p})\cdot(3\vec{b}-\vec{p})$
$=3(\vec{a}\cdot\vec{b})-\vec{a}\cdot\vec{p}$
$-3(\vec{b}\cdot\vec{p})+|\vec{p}|^2$

①, ②를 대입하여 정리하면

$$\overrightarrow{PA}\cdot\overrightarrow{PB}=3(\vec{a}\cdot\vec{b})+5$$

따라서 $\vec{a}\cdot\vec{b}$가 최소일 때 $\overrightarrow{PA}\cdot\overrightarrow{PB}$는 최소이다.

그런데 $|\vec{a}|=|\vec{b}|=1$이므로 $\vec{a}\cdot\vec{b}$가 최소인 경우는 $\vec{b}=-\vec{a}$일 때이다.

①에 대입하면 $-\vec{a}\cdot\vec{p}=\vec{a}\cdot\vec{p}$

$\therefore\ \vec{a}\cdot\vec{p}=0$

곧, $\overrightarrow{OA}\cdot\overrightarrow{OP}=\mathbf{0}$

6-13. 점 P의 자취는 두 점 A, B를 지름의 양 끝 점으로 하는 원이다.

원의 중심 C는 선분 AB의 중점이므로 $C\left(\frac{-2+4}{2},\ \frac{3-5}{2}\right)$에서 $C(1,\ -1)$

또, 반지름의 길이는

$$\frac{1}{2}\overline{AB}=\frac{1}{2}\sqrt{(4+2)^2+(-5-3)^2}=5$$

따라서 원의 방정식은

$$(x-1)^2+(y+1)^2=25$$

접점을 $Q(a,\ b)$라고 하면

$\overrightarrow{CQ}\perp\vec{d}$ 이므로 $\overrightarrow{CQ}\cdot\vec{d}=0$

$\therefore\ (a-1,\ b+1)\cdot(-1,\ 3)=0$

$\therefore\ -a+3b+4=0$ ……①

점 Q는 원 위의 점이므로

$(a-1)^2+(b+1)^2=25$ ……②

①, ②를 연립하여 풀면

$$(a,\ b)=\left(\mathbf{1\pm\frac{3\sqrt{10}}{2}},\ \mathbf{-1\pm\frac{\sqrt{10}}{2}}\right)$$

(복부호동순)

6-14. $|\overrightarrow{AP}|=5$이므로 C는 중심이 점 A이고 반지름의 길이가 5인 원이다.

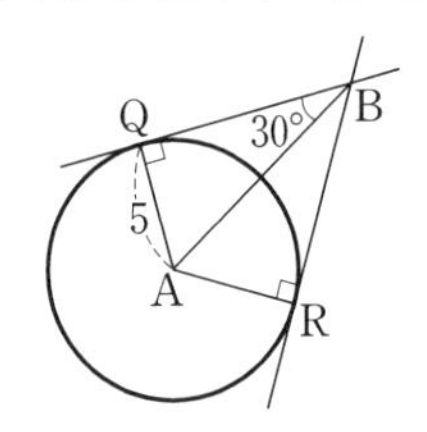

점 B에서 원 C에 그은 두 접선의 접점을 각각 Q, R라고 하면 ∠QBR=60°이므로 ∠QBA=30°

△AQB는 직각삼각형이고 $\overline{AQ}=5$이므로 $\overline{AB}=10$

$\therefore\ (4+2)^2+(3-a)^2=10^2$

$\therefore\ a=-5,\ 11$

$a=-5$일 때, 직선 AB의 방정식은

$$\frac{x+2}{4+2}=\frac{y+5}{3+5}\qquad\therefore\ \mathbf{\frac{x+2}{3}=\frac{y+5}{4}}$$

$a=11$일 때, 직선 AB의 방정식은

$\frac{x+2}{4+2}=\frac{y-11}{3-11}$ $\therefore$ $\mathbf{\frac{x+2}{3}=\frac{y-11}{-4}}$

6-15. 점 P의 좌표를 $\mathrm{P}(x,\ y)$라고 하면

$\overrightarrow{\mathrm{PA}}=(-1-x,\ 1-y)$,

$\overrightarrow{\mathrm{PB}}=(3-x,\ -1-y)$

$\overrightarrow{\mathrm{PA}}\cdot\overrightarrow{\mathrm{PB}}=4$이므로

$(-1-x,\ 1-y)\cdot(3-x,\ -1-y)=4$

$\therefore\ (-1-x)(3-x)+(1-y)(-1-y)=4$

$\therefore\ (x-1)^2+y^2=9$ ……①

따라서 점 P의 자취는 중심이 점 $(1,\ 0)$이고 반지름의 길이가 3인 원이다.

점 Q의 좌표를 $\mathrm{Q}(x,\ y)$라고 하면

$\overrightarrow{\mathrm{OQ}}\cdot(\overrightarrow{\mathrm{OA}}+\overrightarrow{\mathrm{OB}})=6$이므로

$(x,\ y)\cdot(2,\ 0)=6$

$\therefore\ x=3$ ……②

따라서 점 Q의 자취는 직선 $x=3$이다.

②를 ①에 대입하면 $y=\pm\sqrt{5}$이므로 $\mathrm{C}(3,\ \sqrt{5})$, $\mathrm{D}(3,\ -\sqrt{5})$로 놓을 수 있다.

$\therefore\ \overrightarrow{\mathrm{AC}}=(4,\ \sqrt{5}-1)$,

$\overrightarrow{\mathrm{AD}}=(4,\ -\sqrt{5}-1)$

따라서

$\overrightarrow{\mathrm{AC}}\cdot\overrightarrow{\mathrm{AD}}=(4,\ \sqrt{5}-1)\cdot(4,\ -\sqrt{5}-1)$

$=12$ 답 ⑤

7-1.

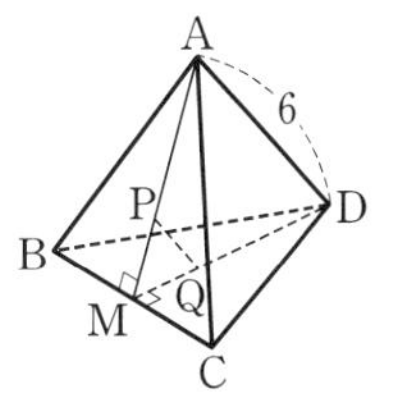

모서리 BC의 중점을 M, △ABC와 △BCD의 무게중심을 각각 P와 Q라고 하자.

△AMD에서 점 P, Q는 각각 선분 AM, DM을 2 : 1로 내분하는 점이므로

$\overline{\mathrm{PQ}}=\frac{1}{3}\times\overline{\mathrm{AD}}=\frac{1}{3}\times6=\mathbf{2}$

7-2.

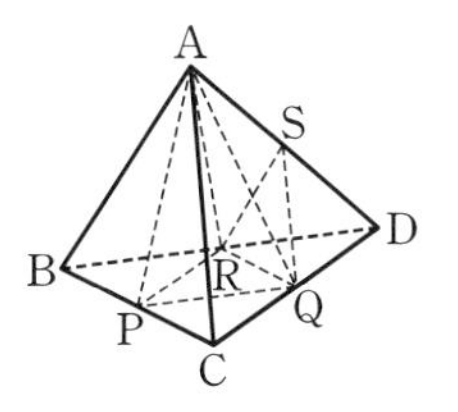

△BCD의 넓이를 s라고 하면

$\triangle\mathrm{PQR}=\triangle\mathrm{QDR}=\frac{1}{4}s$

꼭짓점 A에서 밑면 BCD에 그은 수선의 길이를 h라고 하면

(사면체 APQR의 부피)

$=\frac{1}{3}\times\frac{1}{4}s\times h=\frac{1}{12}sh$

(사면체 SQDR의 부피)

$=\frac{1}{3}\times\frac{1}{4}s\times\frac{1}{2}h=\frac{1}{24}sh$

따라서 구하는 부피의 비는

$\frac{1}{12}sh : \frac{1}{24}sh=2:1$ 답 ②

***Note** 두 사면체의 밑면의 넓이가 같고 높이의 비가 2 : 1이므로 부피의 비도 2 : 1

7-3. 자른 단면이 모서리 AB, BC, CD, DA와 만나는 점을 각각 P, Q, R, S라 하자.

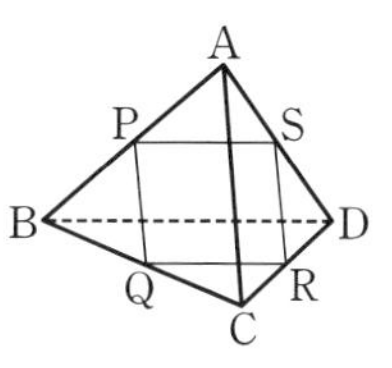

$\overline{\mathrm{AP}}:\overline{\mathrm{PB}}=m:n$

으로 놓으면 $\overline{\mathrm{PQ}}/\!/\overline{\mathrm{AC}}$이므로

$\frac{\overline{\mathrm{PQ}}}{\overline{\mathrm{AC}}}=\frac{n}{m+n}$ $\therefore\ \overline{\mathrm{PQ}}=\frac{4n}{m+n}$

같은 방법으로 하면

$\overline{\mathrm{PS}}=\frac{4m}{m+n}$

따라서 □PQRS의 둘레의 길이는

$2(\overline{\mathrm{PQ}}+\overline{\mathrm{PS}})=2\left(\frac{4n}{m+n}+\frac{4m}{m+n}\right)$

$=8$ 답 ③

7-4.

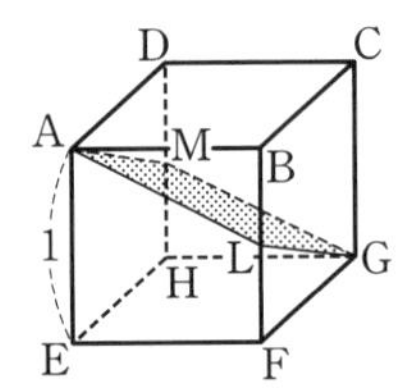

모서리 BF, DH의 중점을 각각 L, M이라고 하면 $\overline{LM} /\!/ \overline{HF}$이므로 평면 ALGM은 직선 HF에 평행하다.

한편 □ALGM은 마름모이고

$$\overline{LM}=\overline{FH}=\sqrt{2},\ \overline{AG}=\sqrt{3}$$

이므로 구하는 넓이는

$$\frac{1}{2}\times\overline{LM}\times\overline{AG}=\frac{1}{2}\times\sqrt{2}\times\sqrt{3}=\boldsymbol{\frac{\sqrt{6}}{2}}$$

7-5. 점 Q는 대각선 AG 위의 점이므로

$$\overline{QD}=\overline{QB}$$

따라서 △QBD는 이등변삼각형이고, $\overline{PQ}\perp\overline{BD}$이므로 점 P는 선분 BD의 중점이다.

한편 △APQ∽△AGC이므로

$$\overline{AP}:\overline{AG}=\overline{PQ}:\overline{GC}$$

그런데

$$\overline{AP}=\frac{1}{2}\overline{AC}=\frac{1}{2}\sqrt{a^2+a^2}=\frac{\sqrt{2}}{2}a,$$

$$\overline{AG}=\sqrt{a^2+a^2+a^2}=\sqrt{3}\,a$$

$$\therefore\ \frac{\sqrt{2}}{2}a:\sqrt{3}\,a=\overline{PQ}:a$$

$$\therefore\ \overline{PQ}=\boldsymbol{\frac{\sqrt{6}}{6}a}$$

* ***Note*** △ACG=2△APG에서

$$\overline{AC}\times\overline{CG}=2\times\overline{AG}\times\overline{PQ}$$

를 이용해도 된다.

7-6.

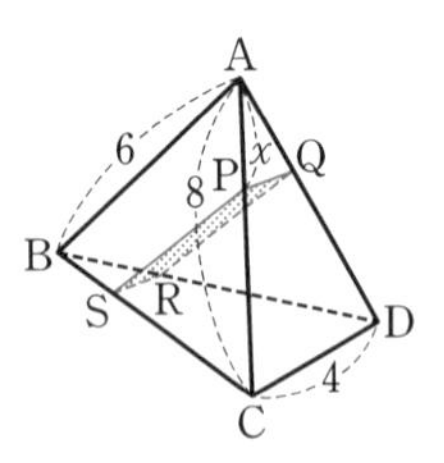

자른 단면이 모서리 AC, AD, BD, BC와 만나는 점을 각각 P, Q, R, S라고 하면 사각형 PQRS는 평행사변형이다.

$\overline{AP}=x$라고 하면 $\overline{PQ}/\!/\overline{CD}$이므로

$$\frac{\overline{PQ}}{4}=\frac{x}{8}\qquad\therefore\ \overline{PQ}=\frac{1}{2}x$$

$\overline{PS}/\!/\overline{AB}$이므로

$$\frac{\overline{PS}}{6}=\frac{8-x}{8}\qquad\therefore\ \overline{PS}=\frac{3}{4}(8-x)$$

또, ∠QPS=30° 또는 ∠QPS=150°이므로 평행사변형 PQRS의 넓이는

$$\square PQRS=2\left\{\frac{1}{2}\times\overline{PQ}\times\overline{PS}\sin(\angle QPS)\right\}$$

$$=\frac{1}{2}x\times\frac{3}{4}(8-x)\times\frac{1}{2}$$

$$=-\frac{3}{16}(x-4)^2+3\ (0<x<8)$$

따라서 넓이의 최댓값은 **3**

7-7. $\overline{DC}\perp$(평면 BFGC)이므로

$$\overline{DC}\perp\overline{CF}$$

따라서 △DFC는 직각삼각형이고

$$\overline{CF}=\sqrt{(\sqrt{3})^2+2^2}=\sqrt{7},$$

$$\overline{DF}=\sqrt{3^2+(\sqrt{3})^2+2^2}=4$$

점 C에서 대각선 DF에 내린 수선의 발을 P라고 하면 △DFC의 넓이 관계에서

$$\frac{1}{2}\times\overline{DF}\times\overline{CP}=\frac{1}{2}\times\overline{DC}\times\overline{CF}$$

$$\therefore\ 4\times\overline{CP}=3\sqrt{7}\qquad\therefore\ \overline{CP}=\boldsymbol{\frac{3\sqrt{7}}{4}}$$

7-8.

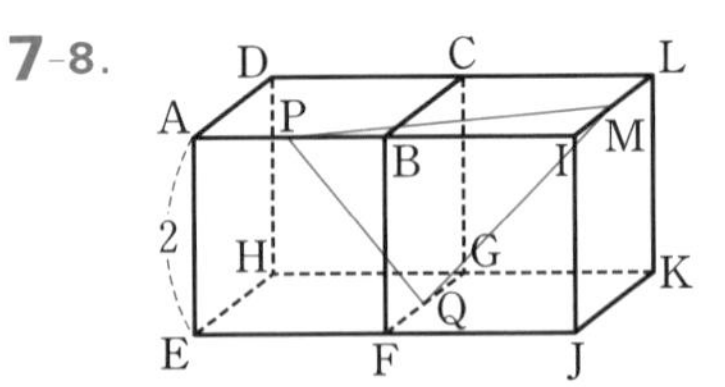

위의 그림과 같이 서로 합동인 두 정육면체를 붙여 놓은 도형에서 선분 IL의 중

점을 M이라고 하자.

$\overline{\mathrm{HC}} /\!/ \overline{\mathrm{QM}}$, $\overline{\mathrm{HC}}=\overline{\mathrm{QM}}$이므로

$$\angle \mathrm{PQM}=\theta,\ \overline{\mathrm{QM}}=2\sqrt{2}$$

$\triangle$PFQ는 $\angle \mathrm{PFQ}=90^\circ$인 직각삼각형이므로

$$\begin{aligned}\overline{\mathrm{PQ}}&=\sqrt{\overline{\mathrm{PF}}^2+\overline{\mathrm{FQ}}^2}\\&=\sqrt{\overline{\mathrm{PB}}^2+\overline{\mathrm{BF}}^2+\overline{\mathrm{FQ}}^2}\\&=\sqrt{1^2+2^2+1^2}=\sqrt{6}\end{aligned}$$

$\triangle$MPI에서

$$\begin{aligned}\overline{\mathrm{PM}}&=\sqrt{\overline{\mathrm{PI}}^2+\overline{\mathrm{IM}}^2}\\&=\sqrt{3^2+1^2}=\sqrt{10}\end{aligned}$$

$\triangle$PQM에서 코사인법칙으로부터

$$\begin{aligned}\cos\theta&=\frac{\overline{\mathrm{PQ}}^2+\overline{\mathrm{QM}}^2-\overline{\mathrm{PM}}^2}{2\times\overline{\mathrm{PQ}}\times\overline{\mathrm{QM}}}\\&=\frac{(\sqrt{6})^2+(2\sqrt{2})^2-(\sqrt{10})^2}{2\times\sqrt{6}\times2\sqrt{2}}\\&=\boldsymbol{\frac{\sqrt{3}}{6}}\end{aligned}$$

7-9. 정육면체의 한 모서리의 길이를 a라고 하자.

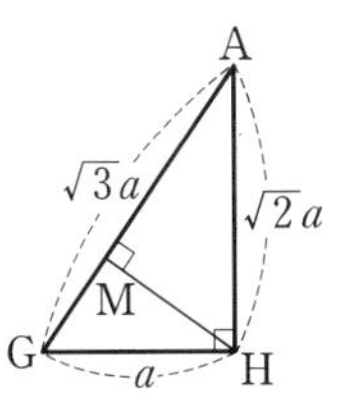

$\triangle$AGH와 $\triangle$AGF는 서로 합동인 직각삼각형이므로 점 H, F에서 각각 선분 AG에 내린 수선의 발은 일치한다. 이 점을 M이라고 하자.

$\overline{\mathrm{AH}}=\sqrt{2}a$, $\overline{\mathrm{AG}}=\sqrt{3}a$이므로 $\triangle$AGH의 넓이 관계에서

$$\frac{1}{2}\times a\times\sqrt{2}a=\frac{1}{2}\times\sqrt{3}a\times\overline{\mathrm{HM}}$$

$$\therefore\ \overline{\mathrm{HM}}=\frac{\sqrt{6}}{3}a \qquad \therefore\ \overline{\mathrm{FM}}=\frac{\sqrt{6}}{3}a$$

또, $\overline{\mathrm{FH}}=\sqrt{2}a$이므로 $\triangle$MFH에서 코사인법칙으로부터

$$\begin{aligned}\cos(\angle\mathrm{FMH})&=\frac{\overline{\mathrm{FM}}^2+\overline{\mathrm{HM}}^2-\overline{\mathrm{FH}}^2}{2\times\overline{\mathrm{FM}}\times\overline{\mathrm{HM}}}\\&=\frac{\left(\frac{\sqrt{6}}{3}a\right)^2+\left(\frac{\sqrt{6}}{3}a\right)^2-(\sqrt{2}a)^2}{2\times\frac{\sqrt{6}}{3}a\times\frac{\sqrt{6}}{3}a}\\&=-\frac{1}{2}\end{aligned}$$

따라서 평면 AFG와 평면 AGH가 이루는 예각의 크기를 θ라고 하면

$$\begin{aligned}\cos\theta&=\cos(180^\circ-\angle\mathrm{FMH})\\&=-\cos(\angle\mathrm{FMH})=\frac{1}{2}\end{aligned}$$

$$\therefore\ \theta=\mathbf{60^\circ}$$

7-10.

$\overline{\mathrm{BE}}=a$라고 하면

$$\overline{\mathrm{AE}}=\frac{\overline{\mathrm{BE}}}{\sin30^\circ}=2a,$$

$$\overline{\mathrm{FA}}=\frac{\overline{\mathrm{AE}}}{\cos60^\circ}=4a$$

한편 $\triangle$FDC와 $\square$BEFC에서

$$\overline{\mathrm{FC}}\perp\overline{\mathrm{CD}},\ \overline{\mathrm{FC}}\perp\overline{\mathrm{CB}}$$

$\therefore\ \overline{\mathrm{FC}}\perp$(평면 ABCD) $\quad\therefore\ \overline{\mathrm{FC}}\perp\overline{\mathrm{AC}}$

$$\begin{aligned}\therefore\ \sin\theta&=\sin(\angle\mathrm{FAC})\\&=\frac{\overline{\mathrm{FC}}}{\overline{\mathrm{FA}}}=\frac{a}{4a}=\frac{1}{4}\end{aligned}$$

답 ②

7-11. 직각이등변삼각형 ABC에서

$$\overline{\mathrm{BC}}=\overline{\mathrm{AC}}=2,\ \overline{\mathrm{AB}}=2\sqrt{2}$$

한편 $\overline{\mathrm{BC}}\perp\overline{\mathrm{AC}}$, $\overline{\mathrm{BC}}\perp\overline{\mathrm{CC'}}$에서

$\overline{\mathrm{BC}}\perp$(평면 AA′C′C)이므로

$$\overline{\mathrm{BC}}\perp\overline{\mathrm{A'C}}$$

따라서 직각삼각형 A′BC에서

$$\overline{\mathrm{A'B}}=\frac{\overline{\mathrm{BC}}}{\sin30^\circ}=4$$

이때, 직각삼각형 AA′B에서

$$\overline{AA'}=\sqrt{4^2-(2\sqrt{2})^2}=2\sqrt{2}$$

따라서 구하는 부피는

$$\left(\frac{1}{2}\times2\times2\right)\times2\sqrt{2}=4\sqrt{2}$$ 답 ④

7-12.

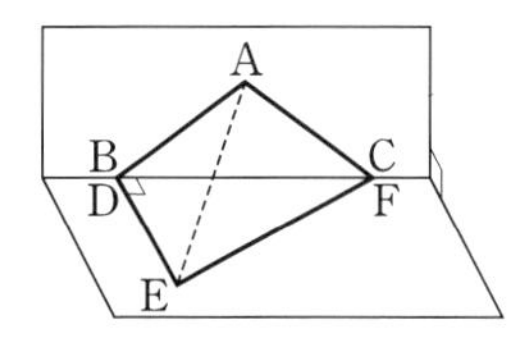

(평면 ABC)⊥(평면 DEF), $\overline{DE}\perp\overline{BC}$이므로 선분 DE는 평면 ABC에 수직이다.

$$\therefore \overline{DE}\perp\overline{AB}$$

한편 △ABC에서

$$\overline{AB}=\overline{BC}\cos 45°=3\sqrt{2}$$

또, △DEF에서

$$\overline{DE}=\frac{\overline{DF}}{\tan 60°}=2\sqrt{3}$$

따라서 직각삼각형 ABE에서

$$\overline{AE}=\sqrt{(3\sqrt{2})^2+(2\sqrt{3})^2}=\sqrt{30}$$

답 ⑤

7-13. (1)

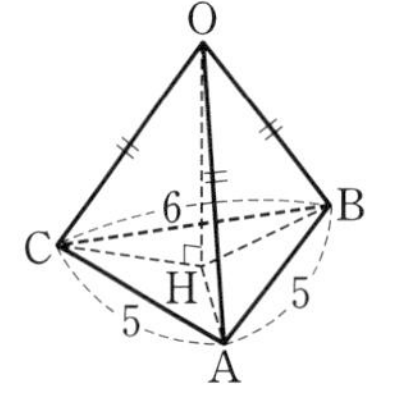

$$\overline{AH}^2=\overline{OA}^2-\overline{OH}^2$$
$$=\overline{OB}^2-\overline{OH}^2=\overline{BH}^2$$
$$\therefore \overline{AH}=\overline{BH}$$

같은 방법으로 하면 $\overline{BH}=\overline{CH}$

$$\therefore \overline{AH}=\overline{BH}=\overline{CH}$$

따라서 점 H는 △ABC의 외심이다.

(2) 외심은 삼각형의 세 변의 수직이등분선의 교점이므로 선분 AB, BC의 중점을 각각 D, E라고 하면

$$\overline{AD}=\frac{5}{2},\ \overline{BE}=3,$$
$$\overline{AE}=\sqrt{5^2-3^2}=4$$

따라서 ∠BAE$=\alpha$라고 하면

$$\cos\alpha=\frac{\overline{AE}}{\overline{AB}}=\frac{4}{5}$$
$$\therefore \overline{AH}=\frac{\overline{AD}}{\cos\alpha}=\frac{5}{2}\times\frac{5}{4}=\frac{25}{8}$$
$$\therefore \cos\theta=\frac{\overline{AH}}{\overline{OA}}=\frac{25/8}{10}=\mathbf{\frac{5}{16}}$$

7-14.

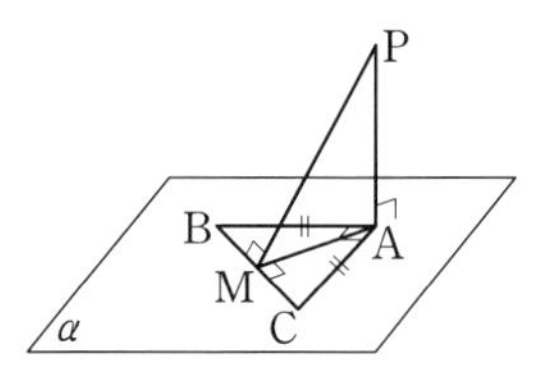

점 P에서 직선 BC에 내린 수선의 발을 M이라 하면 삼수선의 정리에 의하여

$$\overline{AM}\perp\overline{BC}$$

$\overline{AB}=\overline{AC}$이므로 점 M은 선분 BC의 중점이다.

$$\therefore \overline{AM}=\overline{BM}=\frac{1}{2}\overline{BC}=3$$

$\overline{PA}=4$이므로 직각삼각형 PAM에서

$$\overline{PM}=\sqrt{4^2+3^2}=5$$ 답 ②

7-15.

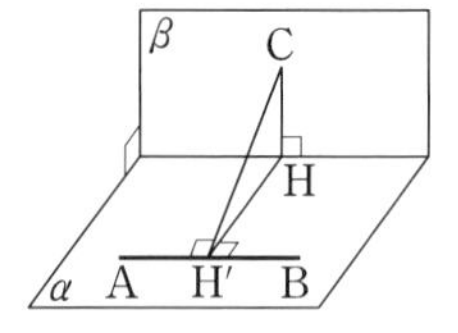

평면 β 위의 점 C에서 평면 α에 내린 수선의 발을 H라 하고, 점 H에서 직선 AB에 내린 수선의 발을 H′이라고 하면

$$\overline{CH}\perp\alpha,\ \overline{HH'}\perp\overline{AB}$$

따라서 삼수선의 정리에 의하여

$$\overline{CH'}\perp\overline{AB}$$

한편 점 A와 평면 β 사이의 거리는 4이고 직선 AB가 평면 β에 평행하므로

$$\overline{HH'}=4$$

또, 점 C와 평면 α 사이의 거리가 3이므로 $\overline{CH}=3$

점 C와 직선 AB 사이의 거리는 선분 CH′의 길이와 같으므로 직각삼각형 CH′H에서 $\overline{CH'}=\sqrt{4^2+3^2}=\mathbf{5}$

7-16.

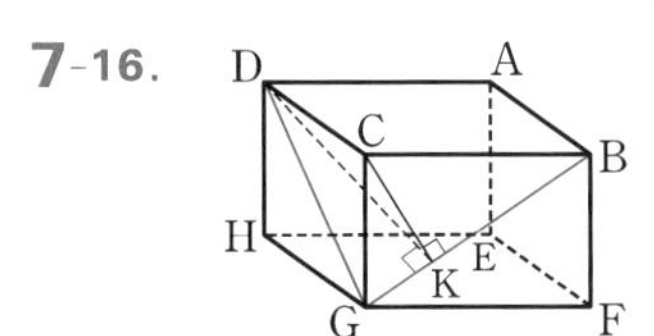

$\overline{DC}\perp$(평면 BCGF)이므로 점 C에서 선분 BG에 내린 수선의 발을 K라고 하면 삼수선의 정리에 의하여

$$\overline{DK}\perp\overline{BG}$$

$\overline{CG}=a$라고 하면

$$\overline{GK}=\overline{CG}\cos 60°=\frac{a}{2},$$

$$\overline{DG}=\frac{\overline{DH}}{\sin 60°}=\frac{a}{\sqrt{3}/2}=\frac{2}{\sqrt{3}}a$$

$$\therefore\ \cos\theta=\frac{\overline{GK}}{\overline{DG}}=\frac{\sqrt{3}}{4}$$

7-17.

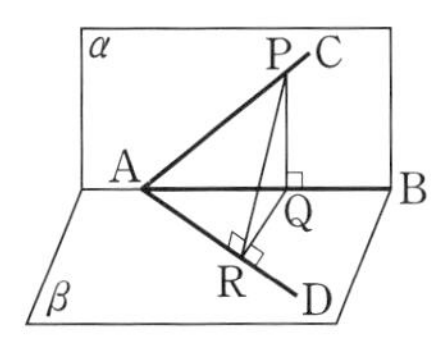

선분 AC 위의 한 점 P에서 직선 AB에 내린 수선의 발을 Q라 하고, 점 Q에서 직선 AD에 내린 수선의 발을 R라고 하면 삼수선의 정리에 의하여

$$\overline{PR}\perp\overline{AD}$$

$\overline{AP}=a$라고 하면

$$\overline{PQ}=\overline{AQ}=\frac{a}{\sqrt{2}},$$

$$\overline{AR}=\overline{QR}=\frac{a}{\sqrt{2}}\times\frac{1}{\sqrt{2}}=\frac{a}{2}$$

따라서 직각삼각형 PRA에서

$$\cos(\angle PAR)=\frac{\overline{AR}}{\overline{AP}}=\frac{a/2}{a}=\frac{1}{2}$$

$\therefore\ \angle PAR=60°\quad\therefore\ \angle CAD=60°$

답 ③

7-18.

$\overleftrightarrow{AD}\perp\overleftrightarrow{AB}$, $\overleftrightarrow{AD}\perp\overleftrightarrow{BC}$이므로

$$\overleftrightarrow{AD}\perp(\text{평면 ABC})\quad\cdots\cdots ㉮$$

세 점 A, B, C는 선분 AB를 지름으로 하는 구 위에 있으므로

$$\angle ACB=90°$$

따라서 삼수선의 정리에 의하여

$$\overline{DC}\perp\overline{BC}$$

이면각의 정의에 의하여 $\angle DCA=30°$이고, ㉮에서 $\overline{AD}\perp\overline{AC}$이므로

$$\overline{CD}=\frac{\overline{AD}}{\sin 30°}=6$$

직각삼각형 BCD에서

$$\overline{BD}=\sqrt{(3\sqrt{6})^2+6^2}=\mathbf{3\sqrt{10}}$$

7-19.

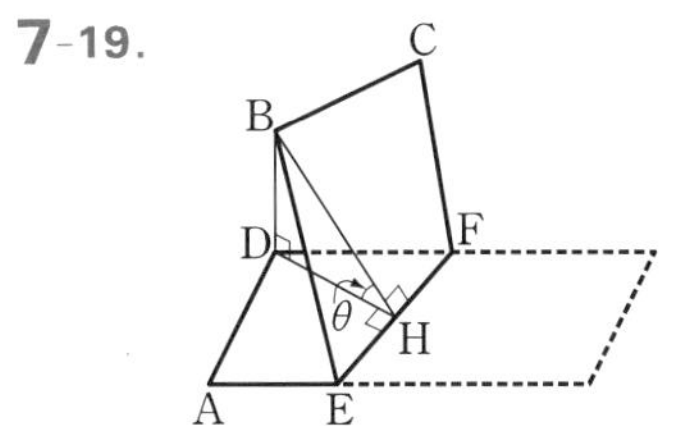

점 B에서 선분 EF에 내린 수선의 발을 H라고 하면 삼수선의 정리에 의하여

$$\overline{DH}\perp\overline{EF}$$

따라서 θ는 두 평면의 교선 EF에 수

직인 직선 BH와 DH가 이루는 예각의 크기와 같다.

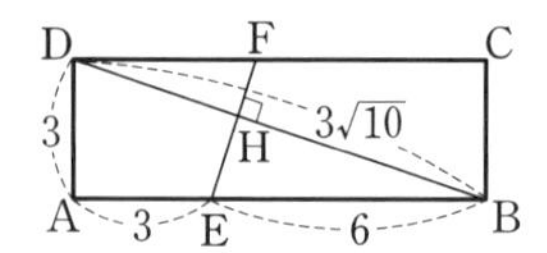

접은 종이를 다시 펼치면

$\overline{BD}=\sqrt{9^2+3^2}=3\sqrt{10}$

또, △ABD∽△HBE이므로

$\overline{BA}:\overline{BH}=\overline{BD}:\overline{BE}$

$\therefore\ 9:\overline{BH}=3\sqrt{10}:6$

$\therefore\ \overline{BH}=\dfrac{9\sqrt{10}}{5}$,

$\overline{DH}=\overline{DB}-\overline{BH}=\dfrac{6\sqrt{10}}{5}$

$\therefore\ \cos\theta=\dfrac{\overline{DH}}{\overline{BH}}=\mathbf{\dfrac{2}{3}}$

8-1.

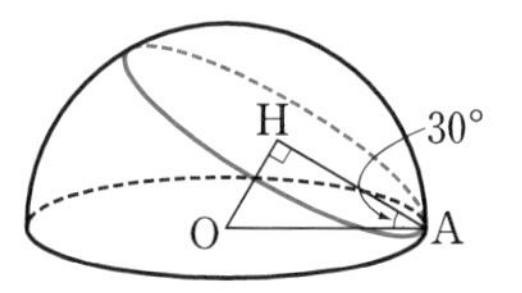

반구의 중심을 O라 하고, 점 O에서 잘린 단면에 내린 수선의 발을 H라고 하자.

$\overline{AH}=\overline{OA}\cos 30°=4\times\dfrac{\sqrt{3}}{2}=2\sqrt{3}$

따라서 잘린 단면의 넓이는

$\pi\times(2\sqrt{3})^2=12\pi$

이므로 정사영의 넓이는

$12\pi\cos 30°=\mathbf{6\sqrt{3}\,\pi}$

8-2.

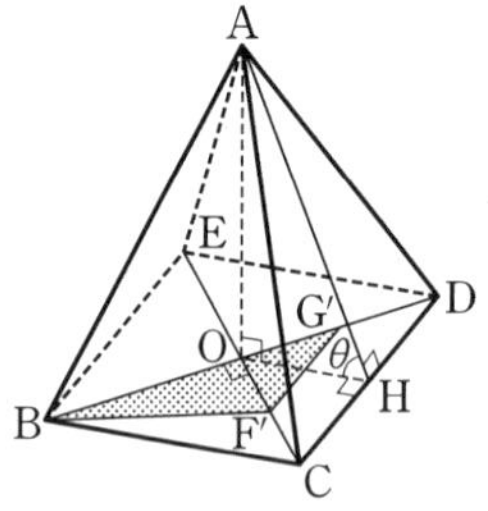

밑면의 두 대각선의 교점을 O라고 하면 점 F, G의 밑면 BCDE 위로의 정사영 F′, G′은 각각 선분 OC, OD의 중점이다.

$\therefore\ \overline{F'G'}=\dfrac{1}{2}\overline{CD}=2$

따라서 △BFG의 밑면 BCDE 위로의 정사영 T의 넓이는

$\triangle BF'G'=\dfrac{1}{2}\times2\times3=3$

한편 점 A에서 선분 CD에 내린 수선의 발을 H라고 하면 점 H는 선분 CD의 중점이고, △OCD는 이등변삼각형이므로 $\overline{OH}\perp\overline{CD}$이다.

따라서 평면 ACD와 밑면 BCDE가 이루는 예각의 크기를 θ라고 하면

$\cos\theta=\dfrac{\overline{OH}}{\overline{AH}}=\dfrac{2}{2\sqrt{3}}=\dfrac{1}{\sqrt{3}}$

△BF′G′의 평면 ACD 위로의 정사영의 넓이는

$\triangle BF'G'\times\cos\theta=3\times\dfrac{1}{\sqrt{3}}=\sqrt{3}$

답 ③

8-3.

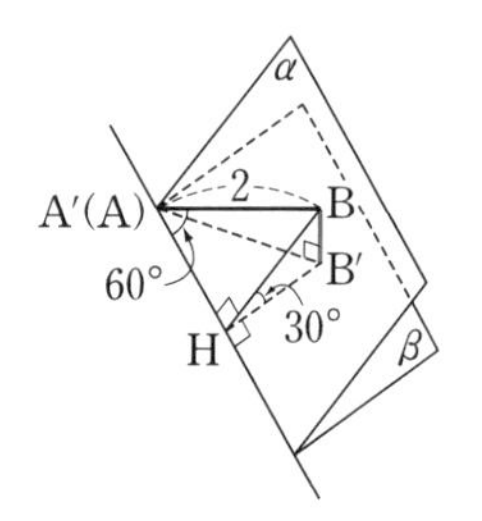

점 A와 A′이 일치하도록 선분 AB를 평행이동하여 생각해도 된다.

점 B에서 교선에 내린 수선의 발을 H라고 하면 삼수선의 정리에 의하여

$\overline{B'H}\perp\overline{AH}$

따라서 주어진 조건에 의하여

$\angle BHB'=30°$

$\therefore\ \overline{AH}=\overline{AB}\cos 60°=1$,

$$\overline{\mathrm{BH}}=\overline{\mathrm{AB}}\sin 60^\circ=\sqrt{3},$$
$$\overline{\mathrm{B'H}}=\overline{\mathrm{BH}}\cos 30^\circ=\frac{3}{2}$$
$$\therefore\ \overline{\mathrm{A'B'}}=\sqrt{\overline{\mathrm{AH}}^2+\overline{\mathrm{B'H}}^2}=\boldsymbol{\frac{\sqrt{13}}{2}}$$

8-4.

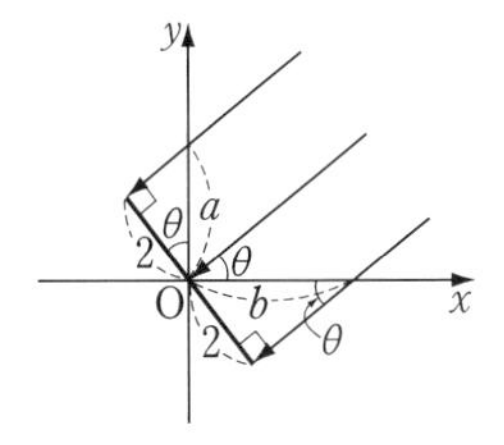

위의 그림과 같이 교선 l과 태양 광선에 각각 수직인 지름의 정사영을 생각하면 된다. 이때,

$$\cos\theta=\frac{2}{a},\ \sin\theta=\frac{2}{b}$$

이므로 $\sin^2\theta+\cos^2\theta=1$에 대입하면

$$\frac{2^2}{b^2}+\frac{2^2}{a^2}=1 \qquad \therefore\ \frac{1}{a^2}+\frac{1}{b^2}=\boldsymbol{\frac{1}{4}}$$

8-5.

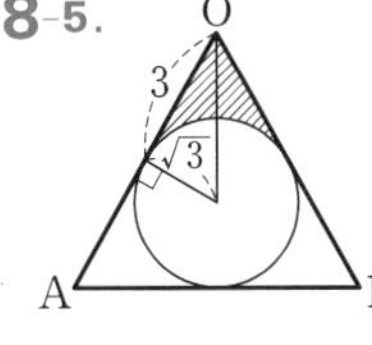

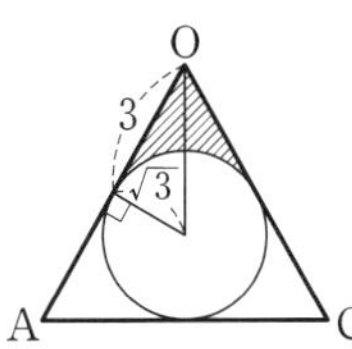

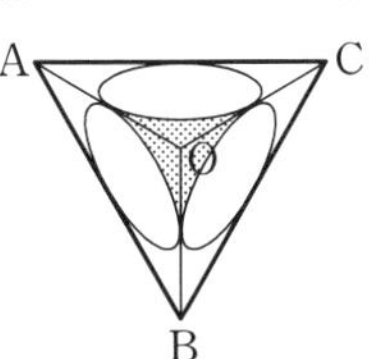

$\triangle$OAB, $\triangle$OBC, $\triangle$OCA에서 위의 그림의 빗금 친 부분을 정사영하여 모두 합하면 평면 ABC의 점 찍은 부분이다.

정사면체의 이웃하는 두 면이 이루는 예각의 크기를 θ라고 하면

$$\cos\theta=\frac{1}{3}$$ ⇦ 기본 문제 **7**-7의 (2)

따라서 구하는 넓이를 S라고 하면

$$\mathrm{S}=\left\{\frac{\sqrt{3}}{4}\times 6^2-\pi\times(\sqrt{3})^2\right\}\times\frac{1}{3}$$
$$=\boldsymbol{3\sqrt{3}-\pi}$$

8-6. 다음 그림의 직사각형의 정사영과 두 반원의 정사영의 넓이의 합을 구하면 된다.

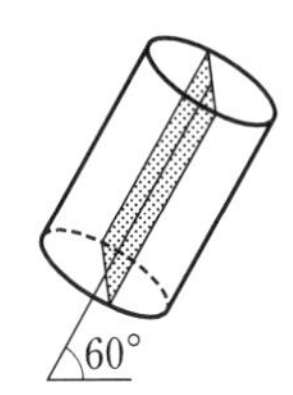

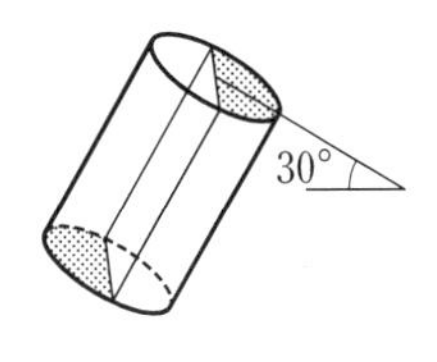

직사각형이 평면 α와 이루는 각의 크기가 60°이므로 정사영의 넓이는

$$10\times 4\times\cos 60^\circ=20$$

두 반원이 평면 α와 이루는 각의 크기가 30°이므로 정사영의 넓이는

$$2\times\left(\frac{1}{2}\pi\times 2^2\right)\times\cos 30^\circ=2\sqrt{3}\pi$$

따라서 구하는 넓이는 $\boldsymbol{20+2\sqrt{3}\pi}$

8-7.

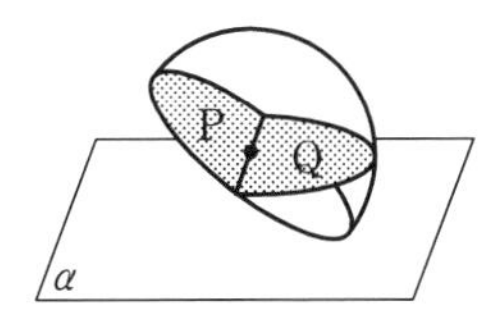

위의 그림에서 P 부분과 평면 α에 평행한 Q 부분의 정사영의 넓이의 합을 구하면 된다.

P 부분의 넓이는 $\frac{1}{2}\pi\times 6^2=18\pi$

P 부분이 평면 α와 이루는 각의 크기는 60°이므로 정사영의 넓이는

$$18\pi\cos 60^\circ=9\pi$$

또, Q 부분은 평면 α에 평행하므로 정사영의 넓이는 Q 부분의 넓이인 18π와 같다.

따라서 구하는 넓이는

$$9\pi+18\pi=\boldsymbol{27\pi}$$

8-8. 점 P가 선분 AC를 $1:2$로 내분하

는 점이고, 점 C에서 평면 α에 이르는 거리가 3이므로 점 P에서 평면 α에 이르는 거리는 1이다. 따라서 직선 PB는 평면 α와 평행하다.

$\triangle$ABC와 평면 α가 이루는 예각의 크기를 θ라고 하자.

평면 α에 평행하고 직선 PB를 포함하는 평면을 β라고 하면 평면 PBC와 평면 β가 이루는 예각의 크기도 θ이다.

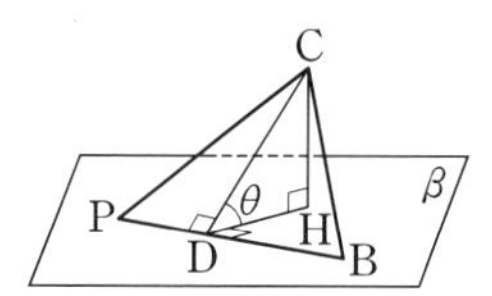

점 C에서 평면 β에 내린 수선의 발을 H, 직선 PB에 내린 수선의 발을 D라고 하면 삼수선의 정리에 의하여

$$\overline{DH}\perp\overline{PB} \quad \therefore \angle CDH=\theta$$

한편 $\triangle PBC=\frac{2}{3}\triangle ABC=\frac{2}{3}\times 9=6$,

$\overline{PB}=4$이므로 $\quad \overline{CD}=3$

또, $\overline{CH}=2$이므로

$$\overline{DH}=\sqrt{3^2-2^2}=\sqrt{5}$$

$$\therefore \cos\theta=\frac{\overline{DH}}{\overline{CD}}=\frac{\sqrt{5}}{3}$$

따라서 정사영의 넓이는

$$9\times\frac{\sqrt{5}}{3}=3\sqrt{5}$$ 답 ③

8-9.

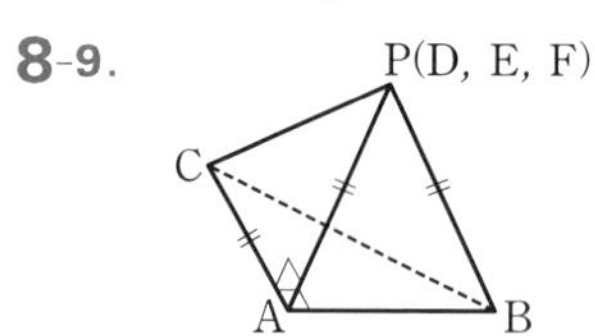

ㄱ. (참) $\triangle$ACP는 $\overline{AC}=\overline{AP}$이고 $\angle CAP=90°$인 직각이등변삼각형이므로 $\overline{CP}=\sqrt{2}\times\overline{AP}=\sqrt{2}\times\overline{BP}$

ㄴ. (참) 세 점 A, B, C는 한 평면 위에 있으면서 일직선 위에 있지 않고, 점 P는 이 평면 위의 점이 아니므로 직선 AB와 직선 CP는 만나지 않는다.

곧, 꼬인 위치에 있다.

ㄷ. (참) $\overline{AC}\perp\overline{AP}$, $\overline{AC}\perp\overline{AB}$이므로

$\overline{AC}\perp$(평면 ABP)

$\therefore \overline{AC}\perp\overline{PM}$

또, $\overline{PA}=\overline{PB}$이므로 $\quad \overline{PM}\perp\overline{AB}$

$\therefore \overline{PM}\perp$(평면 ABC)

따라서 선분 PM과 선분 BC는 서로 수직이다. 답 ㄱ, ㄴ, ㄷ

8-10.

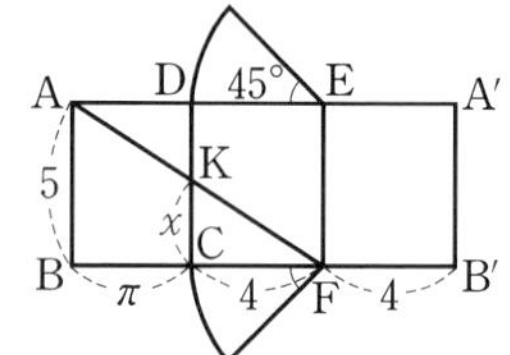

위의 전개도에서

$$\overline{AD}=2\pi\times 4\times\frac{45°}{360°}=\pi$$

$\overline{CK}=x$라고 하면 $\triangle ABF \backsim \triangle KCF$이므로

$$5 : x=(\pi+4) : 4 \quad \therefore x=\frac{\mathbf{20}}{\boldsymbol{\pi}+\mathbf{4}}$$

9-1. 점 C가 xy평면 위의 점이므로 C$(a, b, 0)$으로 놓을 수 있다.

$\overline{BC}^2=\overline{AB}^2$이므로

$$(a+2)^2+(b+3)^2+(-1)^2=1^2+1^2+(-2)^2$$

$$\therefore a^2+b^2+4a+6b+8=0 \quad \cdots ①$$

$\overline{CA}^2=\overline{AB}^2$이므로

$$(a+1)^2+(b+2)^2+1^2=1^2+1^2+(-2)^2$$

$$\therefore a^2+b^2+2a+4b=0 \quad \cdots ②$$

①$-$②하면 $\quad 2a+2b+8=0$

$$\therefore a+b=-4$$

$$\therefore a+b+0=-4+0=\mathbf{-4}$$

9-2. 주어진 선분이 원점 (0, 0, 0)과 점 (a, b, c)를 연결하는 선분이라고 해도 된다. 이때,

$a^2+b^2+c^2=10^2,\ l^2=a^2+b^2,$
$m^2=b^2+c^2,\ n^2=c^2+a^2$

$\therefore\ l^2+m^2+n^2=2(a^2+b^2+c^2)$
$=2\times10^2=200$ 답 ③

9-3.

점 A에서 xy평면에 내린 수선의 발을 H라 하고, 선분 CH와 원의 교점을 P라고 하면 선분 AP의 길이가 구하는 최솟값이다.

C(4, −2, 0), H(−2, 6, 0)이므로

$\overline{AH}=5,$

$\overline{CH}=\sqrt{(-2-4)^2+(6+2)^2+0^2}=10,$

$\overline{PH}=\overline{CH}-\overline{CP}=10-3=7$

$\therefore\ \overline{AP}=\sqrt{\overline{AH}^2+\overline{PH}^2}$
$=\sqrt{5^2+7^2}=\sqrt{\mathbf{74}}$

9-4.

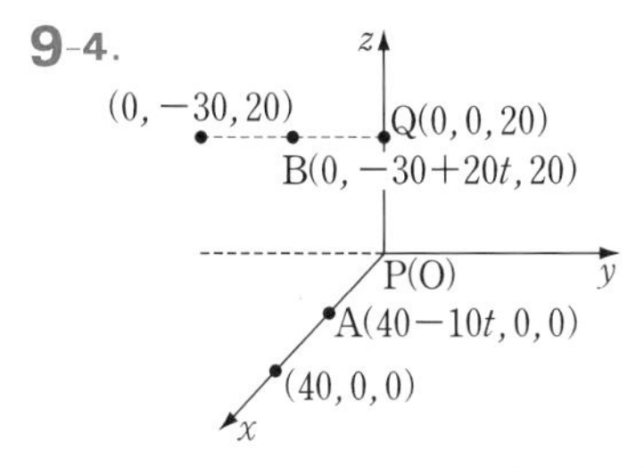

점 P를 원점으로, 보트가 움직이는 길을 x축으로 놓고, 자동차는 y축 방향으로 움직이도록 좌표공간을 잡는다. 또, 보트와 자동차의 출발점의 좌표를 각각

(40, 0, 0), (0, −30, 20)

으로 정한다.

t초 후의 보트와 자동차의 위치를 각각 A, B라고 하면

$A(40-10t,\ 0,\ 0),$

$B(0,\ -30+20t,\ 20)$

$\therefore\ \overline{AB}^2=(-40+10t)^2+(-30+20t)^2+20^2$
$=500(t-2)^2+900$

따라서 $t=2$일 때 $\overline{AB}^2$의 최솟값이 900이므로 $\overline{AB}$의 최솟값은 **30 m**

9-5.

원기둥의 다른 한 밑면의 중심을 O′이라고 하면 원기둥과 yz평면이 만나서 생기는 단면은 위의 그림과 같다.

이때, 평면 α와 yz평면이 만나서 생기는 직선 위의 한 점 C에 대하여 $\angle CAO'=\theta$라고 하면 평면 α와 원기둥의 밑면이 이루는 예각의 크기는 θ이다.

$\overline{AB}=8,\ \overline{OA}=10,\ \angle OAB=\theta$이므로

$$\cos\theta=\frac{8}{10}=\frac{4}{5}$$

또, $\overline{OB}=\sqrt{10^2-8^2}=6$이므로 한 밑면의 넓이를 S, 정사영의 넓이를 S′이라고 하면

$$S'=S\cos\theta=\pi\times6^2\times\frac{4}{5}=\frac{144}{5}\pi$$

답 ②

9-6.

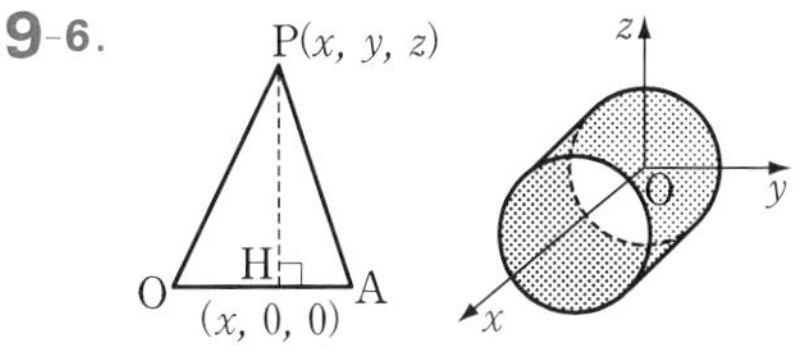

점 P$(x,\ y,\ z)$에서 선분 OA에 내린 수선의 발을 H라고 하면 H$(x,\ 0,\ 0)$이다.

그런데 $\overline{OA}=1$, $\triangle OAP=2$이므로

$\frac{1}{2}\times1\times\overline{PH}=2\qquad\therefore\ \overline{PH}=4$

$\therefore\ y^2+z^2=16$

이때, $0\le x\le 1$이므로 점 P의 자취는 밑면의 반지름의 길이가 4이고 높이가 1인 원기둥의 옆면이다.

따라서 구하는 넓이는

$$2\pi\times4\times1=\mathbf{8\pi}$$

9-7. (1) $\overline{AB}$
$=\sqrt{(2+1)^2+(3-2)^2+(-1-3)^2}$
$=\sqrt{26}$

$\overline{BC}=\sqrt{(3-2)^2+(-1-3)^2+(2+1)^2}$
$=\sqrt{26}$

$\overline{CA}=\sqrt{(-1-3)^2+(2+1)^2+(3-2)^2}$
$=\sqrt{26}$

곧, $\overline{AB}=\overline{BC}=\overline{CA}$이므로 △ABC는 정삼각형이다.

$$\therefore\ \triangle ABC=\frac{\sqrt{3}}{4}\times(\sqrt{26})^2=\mathbf{\frac{13\sqrt{3}}{2}}$$

(2) $\overline{OA}=\sqrt{(-1)^2+2^2+3^2}=\sqrt{14}$

$\overline{OB}=\sqrt{2^2+3^2+(-1)^2}=\sqrt{14}$

$\overline{OC}=\sqrt{3^2+(-1)^2+2^2}=\sqrt{14}$

$\overline{OA}=\overline{OB}=\overline{OC}$이고 △ABC는 정삼각형이므로 원점 O에서 밑면 ABC에 내린 수선의 발을 H라고 하면 점 H는 △ABC의 무게중심이다.

$$\therefore\ H\left(\frac{4}{3},\ \frac{4}{3},\ \frac{4}{3}\right)$$

$$\therefore\ \overline{OH}=\sqrt{\left(\frac{4}{3}\right)^2+\left(\frac{4}{3}\right)^2+\left(\frac{4}{3}\right)^2}=\frac{4\sqrt{3}}{3}$$

따라서 구하는 부피를 V라고 하면

$$V=\frac{1}{3}\times\triangle ABC\times\overline{OH}=\frac{1}{3}\times\frac{13\sqrt{3}}{2}\times\frac{4\sqrt{3}}{3}=\mathbf{\frac{26}{3}}$$

9-8. (1) 점 P(1, 1, 2)의 x, y, z좌표가 모두 양수이고, xy, yz, zx평면에 모두 접하므로 구의 반지름의 길이를 r라고 하면 구의 방정식을

$$(x-r)^2+(y-r)^2+(z-r)^2=r^2$$

으로 놓을 수 있다.

점 P(1, 1, 2)를 지나므로

$$(1-r)^2+(1-r)^2+(2-r)^2=r^2$$

$$\therefore\ r^2-4r+3=0 \quad \therefore\ r=1,\ 3$$

두 구의 중심의 좌표가 각각

$$(1,\ 1,\ 1),\ (3,\ 3,\ 3)$$

이므로 두 구의 중심 사이의 거리는

$$\sqrt{(3-1)^2+(3-1)^2+(3-1)^2}=\mathbf{2\sqrt{3}}$$

(2) 점 P(1, 1, 2)의 x, y, z좌표가 모두 양수이고, x, y, z축에 모두 접하므로 구의 중심의 좌표를 $(a,\ a,\ a)(a>0)$로 놓을 수 있다.

구의 중심에서 x축까지의 거리가 반지름의 길이 r이고, 구의 중심에서 x축에 내린 수선의 발의 좌표가 $(a,\ 0,\ 0)$이므로

$$r=\sqrt{(a-a)^2+a^2+a^2}=\sqrt{2}a$$

따라서 구의 방정식을

$$(x-a)^2+(y-a)^2+(z-a)^2=2a^2$$

으로 놓으면 점 P(1, 1, 2)를 지나므로

$$(1-a)^2+(1-a)^2+(2-a)^2=2a^2$$

$$\therefore\ a^2-8a+6=0$$

이 방정식의 두 근을 a_1, a_2라고 하면 $a_1>0$, $a_2>0$이고, 반지름의 길이는 $\sqrt{2}a_1$, $\sqrt{2}a_2$이므로 근과 계수의 관계로부터 $\sqrt{2}(a_1+a_2)=\mathbf{8\sqrt{2}}$

9-9. 구의 중심의 좌표를 $(a,\ b,\ c)$라고 하면 $a>0$, $b>0$, $c>0$이고, 구가 zx평면에 접하므로 반지름의 길이는 b이다.

따라서 구의 방정식은

$$(x-a)^2+(y-b)^2+(z-c)^2=b^2$$

한편 구가 y축에 접하므로

$$b^2=a^2+c^2 \quad \cdots\cdots ㉠$$

구가 xy평면과 만나서 생기는 원의 방정식은

$$(x-a)^2+(y-b)^2=b^2-c^2$$

$$\therefore\ b^2-c^2=9 \qquad \cdots\cdots ②$$

구가 yz평면과 만나서 생기는 원의 방정식은

$$(y-b)^2+(z-c)^2=b^2-a^2$$

$$\therefore\ b^2-a^2=16 \qquad \cdots\cdots ③$$

①, ②, ③을 연립하여 풀면

$$a=3,\ b=5,\ c=4$$

따라서 중심 **(3, 5, 4)**, 반지름의 길이 **5**

9-10. 오른쪽 그림과 같이 점 A에서 구에 그은 접선이 x축과 만나는 점을 B, 접점을 H라고 하면 그림자는 선분 OB가 반지름인 원이다.

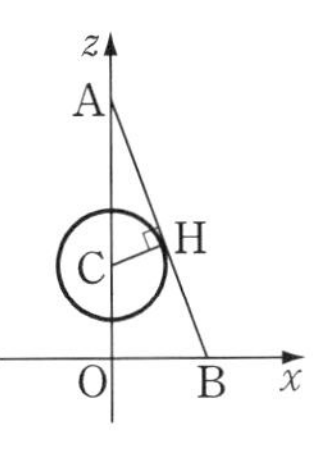

△ACH∽△ABO이므로

$$\overline{AH}:\overline{CH}=\overline{AO}:\overline{BO}$$

한편 직각삼각형 ACH에서

$$\overline{AH}=\sqrt{3^2-1^2}=2\sqrt{2}$$

$$\therefore\ \overline{BO}=\frac{\overline{CH}\times\overline{AO}}{\overline{AH}}=\frac{5}{2\sqrt{2}}$$

따라서 구하는 넓이는

$$\pi\times\overline{BO}^2=\pi\times\left(\frac{5}{2\sqrt{2}}\right)^2=\frac{\mathbf{25}}{\mathbf{8}}\boldsymbol{\pi}$$

9-11.

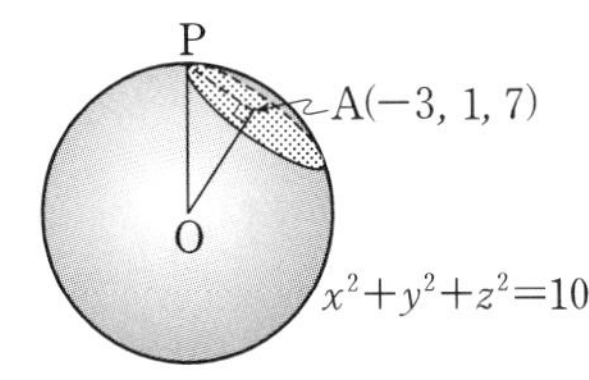

위의 그림에서

$$\overline{OA}=\sqrt{(-3)^2+1^2+7^2}=\sqrt{59},\ \overline{OP}=10$$

따라서 원의 반지름의 길이는

$$\overline{AP}=\sqrt{\overline{OP}^2-\overline{OA}^2}$$
$$=\sqrt{10^2-(\sqrt{59})^2}=\sqrt{41}$$

이므로 구하는 넓이는

$$\pi\times(\sqrt{41})^2=41\pi$$ 답 ②

9-12. 구 $x^2+y^2+z^2=1$은 중심이 점 (0, 0, 0)이고 반지름의 길이가 1인 구이다. ……①

또, 구 $(x-2)^2+(y+1)^2+(z-2)^2=4$는 중심이 점 $(2, -1, 2)$이고 반지름의 길이가 2인 구이다. ……②

이 두 구에 동시에 외접하는 반지름의 길이가 2인 구의 중심을 $\mathrm{P}(x, y, z)$라고 하면 중심 사이의 거리는 반지름의 길이의 합과 같으므로 ①에서

$$x^2+y^2+z^2=(1+2)^2 \qquad \cdots\cdots ③$$

②에서

$$(x-2)^2+(y+1)^2+(z-2)^2=(2+2)^2 \qquad \cdots\cdots ④$$

③은 중심이 점 O(0, 0, 0)이고 반지름의 길이가 3인 구, ④는 중심이 점 A(2, −1, 2)이고 반지름의 길이가 4인 구이다.

따라서 ③, ④를 동시에 만족시키는 점 P의 자취는 원이다. 그리고 이 원의 반지름의 길이는 오른쪽 그림에서 선분 PB의 길이이다.

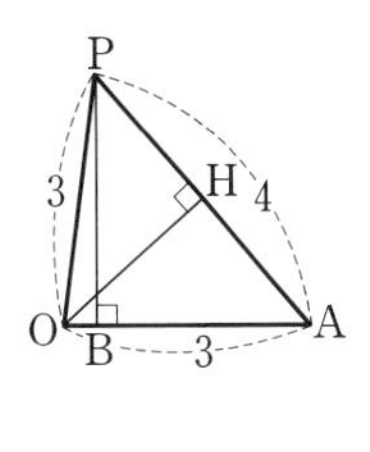

$$\overline{OA}=\sqrt{2^2+(-1)^2+2^2}=3,\ \overline{OP}=3,$$

$\overline{PA}=4$이므로

$$\overline{AH}=\frac{1}{2}\overline{PA}=2,$$

$$\overline{OH}=\sqrt{3^2-2^2}=\sqrt{5}$$

△OAP의 넓이 관계에서

$$\frac{1}{2}\times3\times\overline{PB}=\frac{1}{2}\times4\times\sqrt{5}$$

$\therefore\ \overline{\mathrm{PB}}=\dfrac{4\sqrt{5}}{3}$

따라서 구하는 자취의 길이는

$2\pi\times\dfrac{4\sqrt{5}}{3}=\dfrac{8\sqrt{5}}{3}\pi$ 답 ⑤

9-13.

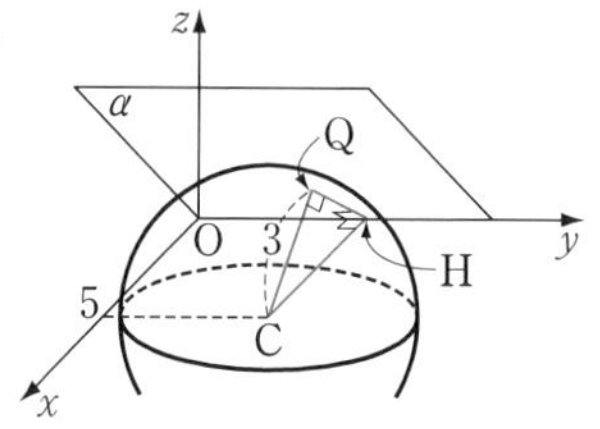

구의 중심을 C라 하고, 점 C에서 y축에 내린 수선의 발을 H라고 하면

$\mathrm{C}(5,\ 4,\ 0),\ \mathrm{H}(0,\ 4,\ 0)\quad \therefore\ \overline{\mathrm{CH}}=5$

이때, y축을 포함하는 평면 α와 구의 접점을 Q라고 하면 $\overline{\mathrm{CQ}}=3$

따라서 직각삼각형 CQH에서

$\overline{\mathrm{QH}}=\sqrt{5^2-3^2}=4$

한편 $\overline{\mathrm{CQ}}\perp\alpha,\ \overline{\mathrm{CH}}\perp\overline{\mathrm{OH}}$이므로 삼수선의 정리에 의하여 $\overline{\mathrm{OH}}\perp\overline{\mathrm{QH}}$이다.

따라서 $\angle\mathrm{QHC}=\theta$이므로

$\cos\theta=\dfrac{\overline{\mathrm{QH}}}{\overline{\mathrm{CH}}}=\dfrac{4}{5}$ 답 ⑤

***Note** 점 Q의 z좌표가 0보다 작은 경우에도 $\cos\theta$의 값은 같다.

9-14.

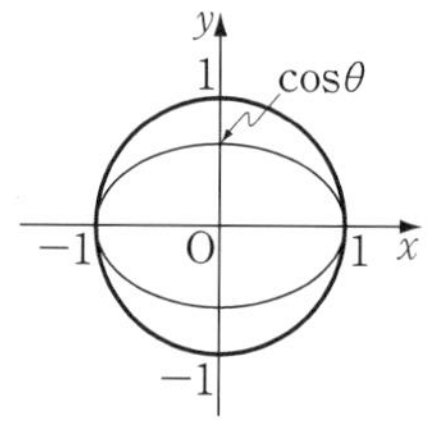

평면 α가 구 $x^2+y^2+z^2=1$과 만나서 생기는 단면은 반지름의 길이가 1인 원이다. 이 원의 xy평면 위로의 정사영은 위의 그림과 같이 네 꼭짓점의 좌표가 $(1,\ 0),\ (-1,\ 0),\ (0,\ \cos\theta),\ (0,\ -\cos\theta)$인 타원이다.

곧, 타원의 방정식은

$$x^2+\frac{y^2}{\cos^2\theta}=1\ (z=0)$$

따라서 타원의 두 초점 사이의 거리는

$2\sqrt{1-\cos^2\theta}=1\quad \therefore\ \cos^2\theta=\dfrac{3}{4}$

$0°<\theta<90°$이므로 $\cos\theta=\dfrac{\sqrt{3}}{2}$

$\therefore\ \boldsymbol{\theta=30°}$

9-15.

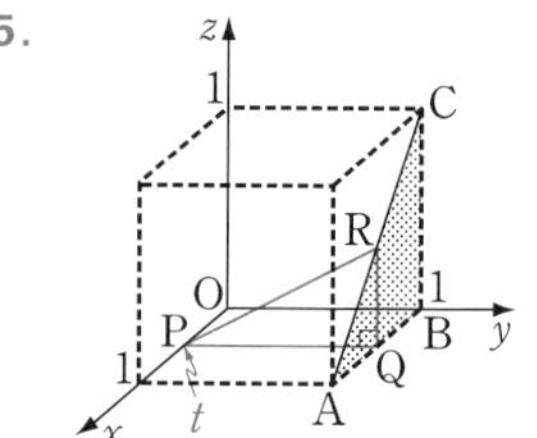

점 $\mathrm{P}(t,\ 0,\ 0)\,(0\le t\le1)$을 지나고 x축에 수직인 평면과 선분 AB, AC가 만나는 점을 각각 Q, R라고 하자.

조건을 만족시키는 입체를 평면 PQR로 자른 단면의 넓이를 $\mathrm{S}(t)$라고 하면

$\mathrm{S}(t)=\pi(\overline{\mathrm{PR}}^2-\overline{\mathrm{PQ}}^2)=\pi\overline{\mathrm{QR}}^2$

한편 $\mathrm{Q}(t,\ 1,\ 0)$이고 $\triangle\mathrm{AQR}$는 직각이등변삼각형이므로

$\overline{\mathrm{QR}}=\overline{\mathrm{QA}}=1-\overline{\mathrm{QB}}=1-t$

$\therefore\ \mathrm{S}(t)=\pi(1-t)^2=\pi(t^2-2t+1)$

따라서 구하는 부피를 V라고 하면

$$\mathrm{V}=\int_0^1\mathrm{S}(t)dt=\int_0^1\pi(t^2-2t+1)dt$$
$$=\pi\left[\frac{1}{3}t^3-t^2+t\right]_0^1=\boldsymbol{\frac{\pi}{3}}$$

10-1. 원점 O에 대하여

$\overrightarrow{\mathrm{AB}}=\overrightarrow{\mathrm{OB}}-\overrightarrow{\mathrm{OA}}$
$=(-2,\ 0,\ 5)-(1,\ -3,\ 3)$
$=(-3,\ 3,\ 2)$

점 Q의 좌표를 $\mathrm{Q}(x,\ y,\ z)$라고 하면

$\overrightarrow{PQ}=\overrightarrow{OQ}-\overrightarrow{OP}=(x+5,\ y-7,\ z-2)$

$\overrightarrow{AB}=\overrightarrow{PQ}$이므로

$x+5=-3,\ y-7=3,\ z-2=2$

$\therefore\ x=-8,\ y=10,\ z=4$

$\therefore$ **Q(−8, 10, 4)**

10-2. $\overrightarrow{OA}=(1,\ -1,\ 0)$,

$\overrightarrow{OB}=(0,\ -1,\ 1)$, $\overrightarrow{OC}=(1,\ 0,\ 1)$

이므로 $\overrightarrow{OP}=a\overrightarrow{OA}+b\overrightarrow{OB}+c\overrightarrow{OC}$에서

$(1,\ -1,\ 1)=a(1,\ -1,\ 0)+b(0,\ -1,\ 1)+c(1,\ 0,\ 1)$

$=(a+c,\ -a-b,\ b+c)$

$\therefore\ a+c=1,\ a+b=1,\ b+c=1$

세 식을 변변 더하면

$2(a+b+c)=3$

$\therefore\ a+b+c=\dfrac{3}{2}$ 답 ⑤

10-3. $\vec{a}$가 x축의 양의 방향과 이루는 각의 크기를 α라고 하면 방향코사인의 성질로부터

$\cos^2\alpha+\cos^2 60°+\cos^2 45°=1$

$\therefore\ \cos^2\alpha+\left(\dfrac{1}{2}\right)^2+\left(\dfrac{1}{\sqrt{2}}\right)^2=1$

$\therefore\ \cos^2\alpha=\dfrac{1}{4}\quad \therefore\ \cos\alpha=\pm\dfrac{1}{2}$

따라서 $\vec{a}$의 x성분을 a_1이라고 하면

$a_1=|\vec{a}|\cos\alpha=4\times\left(\pm\dfrac{1}{2}\right)=\pm2$

답 ③

10-4. $\overline{OA}=|\overrightarrow{OA}|=\sqrt{1^2+1^2+0^2}=\sqrt{2}$,

$\overline{OB}=|\overrightarrow{OB}|=\sqrt{4^2+1^2+1^2}=3\sqrt{2}$

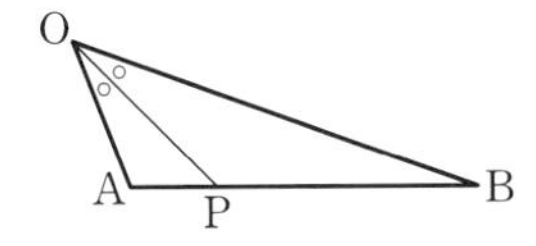

선분 OP는 ∠AOB를 이등분하므로

$\overline{AP}:\overline{PB}=\overline{OA}:\overline{OB}$

$=\sqrt{2}:3\sqrt{2}=1:3$

따라서 점 P는 선분 AB를 1 : 3으로 내분하는 점이므로

$\overrightarrow{OP}=\dfrac{1\times\overrightarrow{OB}+3\times\overrightarrow{OA}}{1+3}$

$=\dfrac{1}{4}\{(4,\ 1,\ 1)+3(1,\ 1,\ 0)\}$

$=\left(\dfrac{7}{4},\ 1,\ \dfrac{1}{4}\right)$

10-5. $x\vec{p}+y\vec{q}+\vec{r}=x(1,\ 2,\ 1)+y(2,\ 1,\ 2)+(1,\ -2,\ 3)$

$=(x+2y+1,\ 2x+y-2,\ x+2y+3)$

$\therefore\ |x\vec{p}+y\vec{q}+\vec{r}|^2=(x+2y+1)^2+(2x+y-2)^2+(x+2y+3)^2$

$=6x^2+12xy+9y^2+12y+14$

$=6(x+y)^2+3(y+2)^2+2$

따라서 $x+y=0$, $y+2=0$, 곧

$x=2$, $y=-2$일 때 최솟값은 $\sqrt{2}$

10-6.

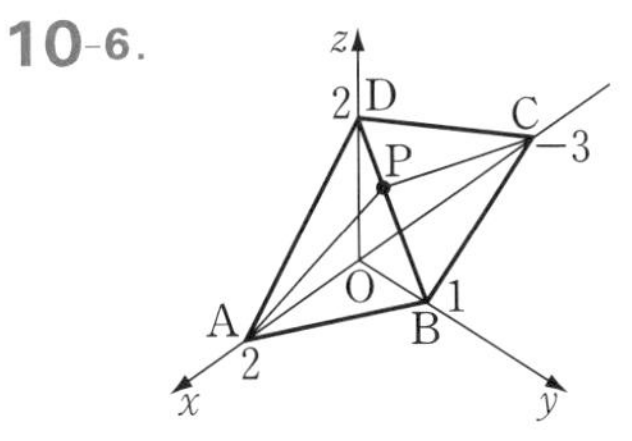

점 P가 모서리 BD 위를 움직이므로

$\overrightarrow{OP}=t\overrightarrow{OB}+(1-t)\overrightarrow{OD}$

$=t(0,\ 1,\ 0)+(1-t)(0,\ 0,\ 2)$

$=(0,\ t,\ 2-2t)\ (0\le t\le1)$ ⋯㉠

로 놓을 수 있다. 이때,

$\overrightarrow{PA}=\overrightarrow{OA}-\overrightarrow{OP}=(2,\ -t,\ 2t-2)$,

$\overrightarrow{PC}=\overrightarrow{OC}-\overrightarrow{OP}=(-3,\ -t,\ 2t-2)$

$\therefore\ \overline{PA}^2+\overline{PC}^2=|\overrightarrow{PA}|^2+|\overrightarrow{PC}|^2$

$=\{2^2+(-t)^2+(2t-2)^2\}+\{(-3)^2+(-t)^2+(2t-2)^2\}$

$=10\left(t-\dfrac{4}{5}\right)^2+\dfrac{73}{5}\ (0\le t\le1)$

따라서 $t=\dfrac{4}{5}$일 때 최소이고, ㉠에 대

입하면 $\mathbf{P}\left(\mathbf{0},\ \frac{\mathbf{4}}{\mathbf{5}},\ \frac{\mathbf{2}}{\mathbf{5}}\right)$

10-7. 선분 BD와 선분 CE의 교점을 O라고 하면

$$\overline{BD}=\overline{CE}=\sqrt{(\sqrt{2})^2+(\sqrt{2})^2}=2$$

$$\therefore\ \overline{OB}=\overline{OC}=\overline{OD}=\overline{OE}=1$$

$\triangle$ABO는 $\angle$AOB$=90°$인 직각삼각형이므로 $\overline{OA}=\sqrt{(\sqrt{5})^2-1^2}=2$

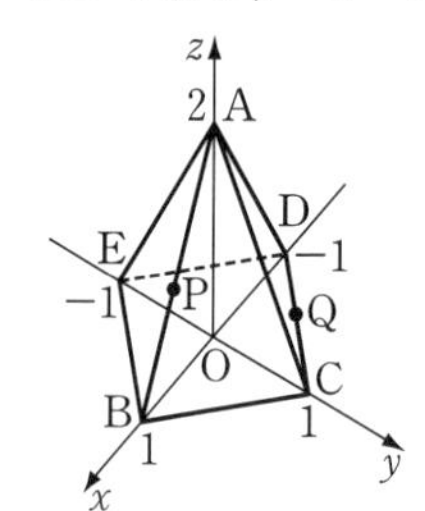

위의 그림과 같이 점 O를 좌표공간의 원점에, 선분 BD, CE, OA를 각각 x축, y축, z축 위에 놓고, 각 점의 좌표를 다음과 같이 정한다.

A(0, 0, 2), B(1, 0, 0), C(0, 1, 0),
D(−1, 0, 0), E(0, −1, 0)

이때,

$\overrightarrow{OP}=t\overrightarrow{OB}+(1-t)\overrightarrow{OA}=(t,\ 0,\ 2-2t)$,
$\overrightarrow{OQ}=t\overrightarrow{OD}+(1-t)\overrightarrow{OC}=(-t,\ 1-t,\ 0)$

이므로

$$\overrightarrow{PQ}=\overrightarrow{OQ}-\overrightarrow{OP}$$
$$=(-2t,\ 1-t,\ -2+2t)$$

$$\therefore\ |\overrightarrow{PQ}|^2=(-2t)^2+(1-t)^2+(-2+2t)^2$$
$$=9\left(t-\frac{5}{9}\right)^2+\frac{20}{9}\ (0<t<1)$$

따라서 $t=\frac{5}{9}$일 때 선분 PQ의 길이는 최소이다.

답 ④

10-8. 접기 전에 점 B가 있던 자리의 점을 B′이라고 하면 $\overrightarrow{AB'}=\overrightarrow{DC}$이므로

$$\overrightarrow{AB}\cdot\overrightarrow{DC}=\overrightarrow{AB}\cdot\overrightarrow{AB'}$$

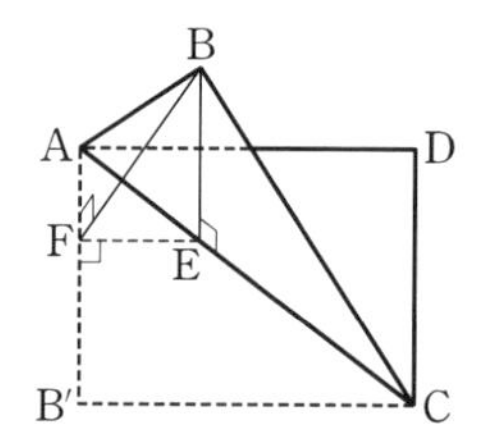

점 B에서 평면 ACD에 내린 수선의 발을 E, 점 E에서 선분 AB′에 내린 수선의 발을 F라고 하면 삼수선의 정리에 의하여 $\overline{BF}\perp\overline{AB'}$

$\angle$BAE$=\theta$라고 하면 $\angle$B′AE$=\theta$이고

$\cos\theta=\frac{\overline{AB}}{\overline{AC}}=\frac{3}{5}$이므로

$$\overline{AE}=\overline{AB}\cos\theta=\frac{9}{5},$$
$$\overline{AF}=\overline{AE}\cos\theta=\frac{27}{25}$$

$$\therefore\ \cos(\angle BAB')=\frac{\overline{AF}}{\overline{AB}}=\frac{9}{25}$$

$$\therefore\ \overrightarrow{AB}\cdot\overrightarrow{AB'}=\overline{AB}\times\overline{AB'}\cos(\angle BAB')$$
$$=3\times3\times\frac{9}{25}=\mathbf{\frac{81}{25}}$$

10-9.

위의 그림과 같이 점 H를 좌표공간의 원점에, 선분 HE, HG, HD를 각각 x축, y축, z축 위에 놓고, 각 점의 좌표를 다음과 같이 정한다.

A(4, 0, 8), B(4, 4, 8), C(0, 4, 8),
D(0, 0, 8), E(4, 0, 0), F(4, 4, 0),
G(0, 4, 0), H(0, 0, 0)

이때,

P(4, 0, 6), Q(4, 2, 8), R(2, 0, 8),
S(2, 4, 0), T(3, 1, 8)

이므로

$\overrightarrow{TP}=\overrightarrow{HP}-\overrightarrow{HT}=(1,\ -1,\ -2)$,

$\overrightarrow{QS}=\overrightarrow{HS}-\overrightarrow{HQ}=(-2,\ 2,\ -8)$

$\therefore\ \overrightarrow{TP}\cdot\overrightarrow{QS}=1\times(-2)+(-1)\times2+(-2)\times(-8)=\mathbf{12}$

10-10. (1) $\vec{p}=\vec{0}$ 또는 $\vec{q}=\vec{0}$ 일 때, 준 부등식은 성립한다.

$\vec{p}\neq\vec{0}$, $\vec{q}\neq\vec{0}$ 일 때, $\vec{p}$ 와 $\vec{q}$ 가 이루는 각의 크기를 θ라고 하면

$\vec{p}\cdot\vec{q}=|\vec{p}||\vec{q}|\cos\theta$

$|\cos\theta|\le1$이므로

$|\vec{p}\cdot\vec{q}|=|\vec{p}||\vec{q}||\cos\theta|\le|\vec{p}||\vec{q}|$

$\therefore\ |\vec{p}\cdot\vec{q}|\le|\vec{p}||\vec{q}|$ ……①

등호는 $\vec{p}=\vec{0}$ 또는 $\vec{q}=\vec{0}$ 또는 $\vec{p}\,/\!/\,\vec{q}$ 일 때 성립한다.

(2) $\vec{p}=(a,\ b,\ c)$, $\vec{q}=(x,\ y,\ z)$라고 하면 ①에서

$|ax+by+cz|$

$\le\sqrt{a^2+b^2+c^2}\sqrt{x^2+y^2+z^2}$

따라서

$(ax+by+cz)^2$

$\le(a^2+b^2+c^2)(x^2+y^2+z^2)$ …②

등호는 $a=b=c=0$ 또는 $x=y=z=0$ 또는 $a:b:c=x:y:z$ 일 때 성립한다.

***Note** ①은 $\vec{p}$, $\vec{q}$ 가 평면벡터일 때에도 성립한다.

따라서 $\vec{p}=(a,\ b)$, $\vec{q}=(x,\ y)$라고 하면 ①에서

$(ax+by)^2\le(a^2+b^2)(x^2+y^2)$ …③

등호는 $a=b=0$ 또는 $x=y=0$ 또는 $a:b=x:y$일 때 성립한다.

②, ③을 코시-슈바르츠 부등식이라고 한다. ⇦ 기본 수학(하) p. 152

10-11. $|\vec{a}|=\sqrt{6}$ 이므로

$p^2+q^2+1^2=6$ ……①

$\vec{a}\cdot\vec{b}=|\vec{a}||\vec{b}|\cos60^\circ$ 이므로

$(p,\ q,\ 1)\cdot(1,\ -1,\ 2)$

$=\sqrt{6}\times\sqrt{1^2+(-1)^2+2^2}\times\dfrac{1}{2}$

$\therefore\ p-q+2=3$ ……②

①, ②를 연립하여 풀면

$p=2,\ q=1$ 또는 $p=-1,\ q=-2$

$\therefore\ pq=2$ 답 ②

10-12.

$\overrightarrow{OA}$, $\overrightarrow{OB}$가 이루는 각의 크기를 θ라 하고, 점 B에서 직선 OA에 내린 수선의 발을 H라고 하면 $\overrightarrow{OB}$의 직선 OA 위로의 정사영의 크기는

$|\overrightarrow{OH}|=\big||\overrightarrow{OB}|\cos\theta\big|$

한편 $\overrightarrow{OA}\cdot\overrightarrow{OB}=|\overrightarrow{OA}||\overrightarrow{OB}|\cos\theta$이므로

$|\overrightarrow{OH}|=\big||\overrightarrow{OB}|\cos\theta\big|$

$=\dfrac{|\overrightarrow{OA}\cdot\overrightarrow{OB}|}{|\overrightarrow{OA}|}$ ……①

그런데

$|\overrightarrow{OA}|=\sqrt{2^2+4^2+(-6)^2}=2\sqrt{14}$,

$\overrightarrow{OA}\cdot\overrightarrow{OB}=2\times3+4\times4+(-6)\times(-1)=28$

①에 대입하면 $|\overrightarrow{OH}|=\mathbf{\sqrt{14}}$

10-13.

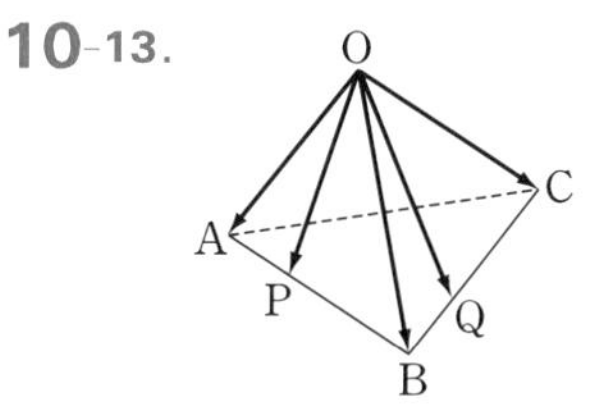

$\overrightarrow{OA}\cdot\overrightarrow{OC}=|\overrightarrow{OA}||\overrightarrow{OC}|\cos 60°$

$=4\times4\times\frac{1}{2}=8$

같은 방법으로 하면

$\overrightarrow{OB}\cdot\overrightarrow{OC}=\overrightarrow{OA}\cdot\overrightarrow{OB}=8$

$\therefore\ \overrightarrow{OP}\cdot\overrightarrow{OQ}$

$=\frac{\overrightarrow{OB}+2\overrightarrow{OA}}{3}\cdot\frac{\overrightarrow{OC}+2\overrightarrow{OB}}{3}$

$=\frac{1}{9}(\overrightarrow{OB}\cdot\overrightarrow{OC})+\frac{2}{9}(\overrightarrow{OB}\cdot\overrightarrow{OB})$

$+\frac{2}{9}(\overrightarrow{OA}\cdot\overrightarrow{OC})+\frac{4}{9}(\overrightarrow{OA}\cdot\overrightarrow{OB})$

$=\frac{1}{9}\times8+\frac{2}{9}\times16+\frac{2}{9}\times8+\frac{4}{9}\times8$

$=\boldsymbol{\frac{88}{9}}$

10-14. $\overrightarrow{OA}=\vec{a}$, $\overrightarrow{OB}=\vec{b}$, $\overrightarrow{OC}=\vec{c}$ 라고 하면

$\vec{a}\cdot\vec{b}=\vec{b}\cdot\vec{c}=\vec{c}\cdot\vec{a}$

$=1\times1\times\cos 60°=\frac{1}{2}$

$\vec{x}=k\vec{a}+l\vec{b}+m\vec{c}$ 로 놓으면

$\vec{x}\cdot\overrightarrow{OA}=(k\vec{a}+l\vec{b}+m\vec{c})\cdot\vec{a}$

$=k(\vec{a}\cdot\vec{a})+l(\vec{b}\cdot\vec{a})$

$+m(\vec{c}\cdot\vec{a})$

$=k+\frac{1}{2}l+\frac{1}{2}m=1$ ……①

같은 방법으로 하면 $\vec{x}\cdot\overrightarrow{OB}=2$, $\vec{x}\cdot\overrightarrow{OC}=3$에서

$\frac{1}{2}k+l+\frac{1}{2}m=2$ ……②

$\frac{1}{2}k+\frac{1}{2}l+m=3$ ……③

①, ②, ③에서

$k=-1,\ l=1,\ m=3$

$\therefore\ \boldsymbol{\vec{x}=-\overrightarrow{OA}+\overrightarrow{OB}+3\overrightarrow{OC}}$

10-15. x축 위의 점이므로 C$(x, 0, 0)$이라 하고, 원점을 O라고 하면

$\overrightarrow{CA}=\overrightarrow{OA}-\overrightarrow{OC}=(3-x, 1, 1)$,

$\overrightarrow{CB}=\overrightarrow{OB}-\overrightarrow{OC}=(1-x, 0, 1)$

$\overrightarrow{CA}\perp\overrightarrow{CB}$이므로

$\overrightarrow{CA}\cdot\overrightarrow{CB}=(3-x)(1-x)+1\times0+1\times1$

$=0$

$\therefore\ (x-2)^2=0\quad\therefore\ x=2$ 답 ③

10-16. $\vec{c}\,/\!/\,\vec{b}$ 이므로 0이 아닌 실수 k에 대하여

$\vec{c}=k\vec{b}=(k, -2k, -k)$

라고 하면

$\vec{d}=\vec{a}-\vec{c}=(-1-k, 1+2k, 3+k)$

그런데 $\vec{d}\perp\vec{b}$ 이므로

$\vec{d}\cdot\vec{b}=(-1-k)\times1+(1+2k)\times(-2)$

$+(3+k)\times(-1)$

$=-6-6k=0$

$\therefore\ k=-1$

$\therefore\ \boldsymbol{\vec{c}=(-1, 2, 1),\ \vec{d}=(0, -1, 2)}$

유제
풀이 및 정답

유제 풀이 및 정답

1-1. 포물선 위의 점을 P$(x,\ y)$라고 하자.

(1) $\sqrt{(x-3)^2+y^2}=|x-1|$이므로

$(x-3)^2+y^2=(x-1)^2$

$\therefore\ \boldsymbol{y^2=4(x-2)}$

(2) $\sqrt{(x+1)^2+(y-2)^2}=|x-3|$이므로

$(x+1)^2+(y-2)^2=(x-3)^2$

$\therefore\ \boldsymbol{(y-2)^2=-8(x-1)}$

(3) $\sqrt{x^2+(y-3)^2}=|y+1|$이므로

$x^2+(y-3)^2=(y+1)^2$

$\therefore\ \boldsymbol{x^2=8(y-1)}$

(4) $\sqrt{(x+1)^2+(y+2)^2}=|y-4|$이므로

$(x+1)^2+(y+2)^2=(y-4)^2$

$\therefore\ \boldsymbol{(x+1)^2=-12(y-1)}$

1-2. (1) $y^2-8x+4y+12=0$에서

$(y+2)^2=8(x-1)$ ……①

그런데 포물선 $y^2=8x$에서

꼭짓점 $(0,\ 0)$, 초점 $(2,\ 0)$,

준선 $x=-2$

이므로 포물선 ①에서

꼭짓점 $\boldsymbol{(1,\ -2)}$, 초점 $\boldsymbol{(3,\ -2)}$,

준선 $\boldsymbol{x=-1}$

(2) $x^2-4x-8y+28=0$에서

$(x-2)^2=8(y-3)$ ……②

그런데 포물선 $x^2=8y$에서

꼭짓점 $(0,\ 0)$, 초점 $(0,\ 2)$,

준선 $y=-2$

이므로 포물선 ②에서

꼭짓점 $\boldsymbol{(2,\ 3)}$, 초점 $\boldsymbol{(2,\ 5)}$,

준선 $\boldsymbol{y=1}$

1-3. 포물선 $y^2=4(x-a)$의 초점은 점 $(a+1,\ 0)$이고, 포물선 $y^2=-8x$의 초점은 점 $(-2,\ 0)$이다.

$\therefore\ a+1=-2 \quad \therefore\ \boldsymbol{a=-3}$

1-4. $4x-y^2+4y+4=0$에서

$(y-2)^2=4(x+2)$ ……①

포물선 $y^2=4x$의 초점은 점 $(1,\ 0)$이므로 ①의 초점은 점 $(-1,\ 2)$이다.

이 점과 직선 $3x-4y+1=0$ 사이의 거리는 $\dfrac{|3\times(-1)-4\times2+1|}{\sqrt{3^2+(-4)^2}}=\boldsymbol{2}$

1-5. 두 마을까지의 직선거리의 합이 최소인 점은 점 Q에서 포물선의 준선에 그은 수선이 포물선과 만나는 점이다.

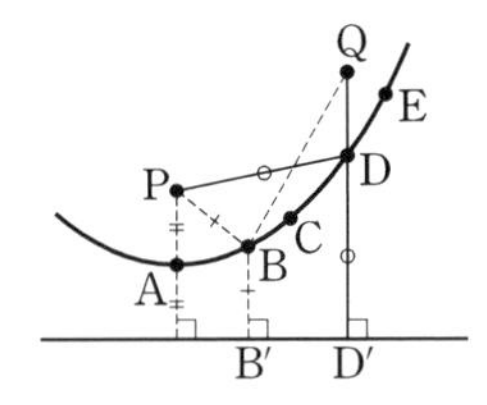

따라서 위의 그림에서 구하는 점은 **D**

**Note* 포물선 위에서 점 D가 아닌 점, 이를테면 점 B를 잡으면 위의 그림에서

$\overline{\mathrm{PB}}+\overline{\mathrm{BQ}}=\overline{\mathrm{B'B}}+\overline{\mathrm{BQ}}>\overline{\mathrm{D'Q}}$

$=\overline{\mathrm{D'D}}+\overline{\mathrm{DQ}}=\overline{\mathrm{PD}}+\overline{\mathrm{DQ}}$

따라서 점 D를 택하면 직선거리의 합이 최소가 된다.

1-6.

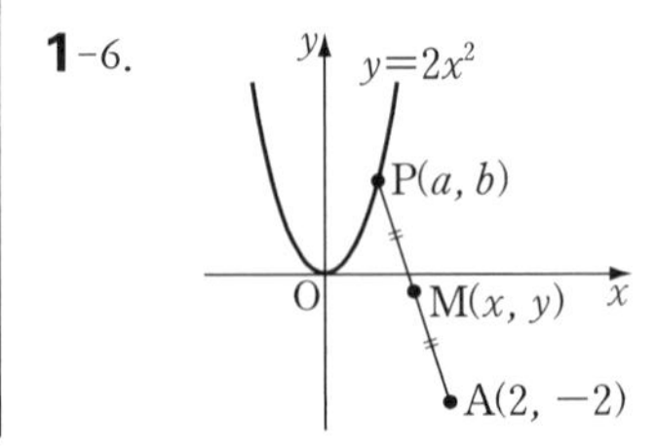

포물선 위의 점을 P$(a,\ b)$라고 하면

$$b=2a^2 \quad \cdots\cdots ①$$

선분 AP의 중점을 M$(x,\ y)$라고 하면

$$x=\frac{a+2}{2},\ y=\frac{b-2}{2}$$

$$\therefore\ a=2x-2,\ b=2y+2 \quad \cdots\cdots ②$$

②를 ①에 대입하면

$$2y+2=2(2x-2)^2 \quad \therefore\ \boldsymbol{y=4x^2-8x+3}$$

1-7. P$(a,\ b)$라고 하면 $b^2=4a$ $\cdots ①$

포물선의 초점은 F$(1,\ 0)$이고, 선분 PF를 2 : 1로 외분하는 점을 Q$(x,\ y)$라고 하면

$$x=\frac{2\times1-1\times a}{2-1},\ y=\frac{2\times0-1\times b}{2-1}$$

$$\therefore\ a=2-x,\ b=-y \quad \cdots\cdots ②$$

②를 ①에 대입하면

$$(-y)^2=4(2-x) \quad \therefore\ \boldsymbol{y^2=-4x+8}$$

1-8.

포물선 위의 점을 P$(a,\ b)$라고 하면

$$b=a^2 \quad \cdots\cdots ①$$

점 Q의 좌표를 $(x,\ y)$라고 하면 Q는 선분 PA를 2 : 1로 내분하는 점이므로

$$x=\frac{2\times2+1\times a}{2+1},\ y=\frac{2\times3+1\times b}{2+1}$$

$$\therefore\ a=3x-4,\ b=3y-6 \quad \cdots\cdots ②$$

②를 ①에 대입하면

$$3y-6=(3x-4)^2 \quad \therefore\ \boldsymbol{y=3x^2-8x+\frac{22}{3}}$$

1-9.

원 $x^2+y^2=1$에 외접하고 직선 $y=-2$에 접하는 원의 중심을 P$(x,\ y)$라고 하면 두 원의 중심 사이의 거리가 반지름의 길이의 합과 같으므로

$$\sqrt{x^2+y^2}=1+(y+2)$$

양변을 제곱하여 정리하면

$$\boldsymbol{x^2=6y+9}$$

*_Note_ 피타고라스 정리를 이용하여 다음과 같이 풀 수도 있다.

점 P$(x,\ y)$에서 x축에 내린 수선의 발을 H, 원점을 O라고 하면 위의 그림에서

$$\overline{OH}=|x|,\quad \overline{HP}=|y|,$$

$$\overline{OP}=1+(y+2)$$

이때, $\overline{OH}^2+\overline{HP}^2=\overline{OP}^2$이므로

$$x^2+y^2=\{1+(y+2)\}^2$$

$$\therefore\ \boldsymbol{x^2=6y+9}$$

1-10. $x=3+\cos\theta,\ y=\sin\theta$라고 하면 $\sin^2\theta+\cos^2\theta=1$이므로

$$(x-3)^2+y^2=1$$

따라서 점 P의 자취는 중심이 C$(3,\ 0)$이고 반지름의 길이가 1인 원이다.

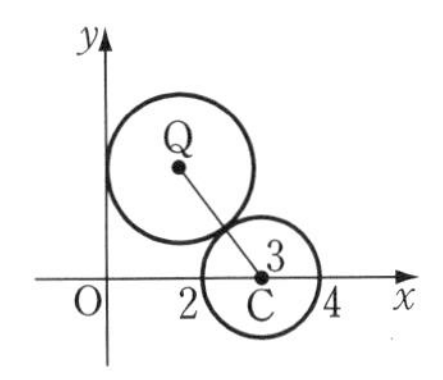

구하는 원의 중심을 Q$(x,\ y)$라고 하면 $\overline{QC}=x+1$이므로

$$\sqrt{(x-3)^2+y^2}=x+1$$

양변을 제곱하여 정리하면

$$\boldsymbol{y^2=8(x-1)}$$

1-11. 포물선 $x^2=4py$ 위의 점 $(x_1,\ y_1)$에서의 접선의 방정식은

$$x_1x=2p(y+y_1)$$

여기에서 $p=3$, $x_1=-6$, $y_1=3$인 경우이므로

$$-6x=6(y+3) \quad \therefore \ \boldsymbol{y=-x-3}$$

1-12. 포물선 $y^2=4px$에 접하고 기울기가 m인 직선의 방정식은

$$y=mx+\frac{p}{m}$$

(1) $m=5$, $p=-5$인 경우이므로

$$y=5x+\frac{-5}{5} \quad \therefore \ \boldsymbol{y=5x-1}$$

(2) $m=1$, $p=-5$인 경우이므로

$$y=1\times x+\frac{-5}{1} \quad \therefore \ \boldsymbol{y=x-5}$$

****Note*** 위에서는 공식 $y=mx+\dfrac{p}{m}$를 이용했으나, 접선의 방정식을 $y=mx+n$으로 놓고 포물선의 방정식과 연립하여 D=0임을 이용해도 된다.

1-13. 접점의 좌표를 (x_1, y_1)이라고 하면 접선의 방정식은

$$y_1y=-2(x+x_1)$$

이 직선이 점 $(0, 1)$을 지나므로

$$y_1=-2x_1 \qquad \cdots\cdots①$$

한편 점 (x_1, y_1)은 포물선 $y^2=-4x$ 위의 점이므로

$$y_1^2=-4x_1 \qquad \cdots\cdots②$$

①을 ②에 대입하면

$$(-2x_1)^2=-4x_1 \quad \therefore \ x_1^2+x_1=0$$

$$\therefore \ x_1=0, -1 \quad \therefore \ y_1=0, 2$$

따라서 접선의 방정식은

$$\boldsymbol{x=0, \ y=-x+1}$$

****Note*** 점 $(0, 1)$을 지나는 접선의 방정식을 $y=mx+1$로 놓고 판별식을 이용하여 풀 수도 있지만, 이 방정식은 x축에 수직인 직선을 나타낼 수 없음에 주의해야 한다.

따라서 이 경우에는 주어진 점을 지나고 x축에 수직인 접선이 있는지를 따로 확인해야 한다.

2-1. 조건을 만족시키는 점을 $\mathrm{P}(x, y)$라고 하면 $\overline{\mathrm{PF}}+\overline{\mathrm{PF'}}=6$

$$\therefore \ \sqrt{x^2+(y-\sqrt{5})^2}+\sqrt{x^2+(y+\sqrt{5})^2}=6$$

$$\therefore \ \sqrt{x^2+(y-\sqrt{5})^2}=6-\sqrt{x^2+(y+\sqrt{5})^2}$$

양변을 제곱하여 정리하면

$$9+\sqrt{5}\,y=3\sqrt{x^2+(y+\sqrt{5})^2}$$

다시 양변을 제곱하여 정리하면

$$\boldsymbol{9x^2+4y^2=36}$$

****Note*** 다음과 같이 구할 수도 있다.

구하는 자취의 방정식을

$$\frac{x^2}{a^2}+\frac{y^2}{b^2}=1 \ (b>a>0)$$

이라고 하면 $2b=6 \quad \therefore \ b=3$

또, $b^2-a^2=(\sqrt{5})^2$이므로 $a^2=4$

$$\therefore \ \boldsymbol{\frac{x^2}{4}+\frac{y^2}{9}=1}$$

2-2. 조건을 만족시키는 점을 $\mathrm{P}(x, y)$라고 하면 $\overline{\mathrm{PA}}+\overline{\mathrm{PB}}=8$

$$\therefore \ \sqrt{x^2+y^2}+\sqrt{(x-4)^2+y^2}=8$$

$$\therefore \ \sqrt{(x-4)^2+y^2}=8-\sqrt{x^2+y^2}$$

양변을 제곱하여 정리하면

$$2\sqrt{x^2+y^2}=x+6$$

다시 양변을 제곱하여 정리하면

$$3x^2-12x+4y^2-36=0$$

$$\therefore \ \boldsymbol{3(x-2)^2+4y^2=48}$$

****Note*** 타원의 중심은 두 초점을 잇는 선분의 중점임을 이용하여 구할 수도 있다.

곧, 선분 AB의 중점이 점 $(2, 0)$이고 $\overline{\mathrm{AB}}=4$이므로 구하는 점의 자취는 두 점 $(-2, 0)$, $(2, 0)$으로부터의 거리의 합이 8인 점의 자취(타원)를 x축의 방향으로 2만큼 평행이동한 것이다.

처음 타원의 방정식을

$$\frac{x^2}{a^2}+\frac{y^2}{b^2}=1 \ (a>b>0)$$

이라고 하면 $2a=8 \quad \therefore \ a=4$

또, $a^2-b^2=2^2$이므로 $b^2=12$

$$\therefore \frac{x^2}{16}+\frac{y^2}{12}=1$$

x축의 방향으로 2만큼 평행이동하면

$$\boldsymbol{\frac{(x-2)^2}{16}+\frac{y^2}{12}=1}$$

2-3. 준 식에서 $(x+2)^2+4(y-1)^2=4$

$$\therefore \frac{(x+2)^2}{2^2}+(y-1)^2=1 \quad \cdots\cdots ①$$

또, $\dfrac{x^2}{2^2}+y^2=1 \quad \cdots\cdots ②$

로 놓으면 타원 ①은 타원 ②를 x축의 방향으로 -2만큼, y축의 방향으로 1만큼 평행이동한 것이다.

그런데 ②에서

장축의 길이 4, 단축의 길이 2,

중심 $(0,\ 0)$, 초점 $(\pm\sqrt{3},\ 0)$

이므로 ①에 대해서는 다음과 같다.

장축의 길이 4, 단축의 길이 2,

중심 $(-2,\ 1)$, 초점 $(-2\pm\sqrt{3},\ 1)$

2-4. 타원의 다른 한 초점을 F′이라 하면

$$\overline{\mathrm{FP}}+\overline{\mathrm{F'P}}=2\times5=10$$

이므로

$$\overline{\mathrm{AP}}-\overline{\mathrm{FP}}=\overline{\mathrm{AP}}+\overline{\mathrm{F'P}}-(\overline{\mathrm{FP}}+\overline{\mathrm{F'P}})$$
$$=\overline{\mathrm{AP}}+\overline{\mathrm{F'P}}-10\ge\overline{\mathrm{AF'}}-10$$

따라서 $\overline{\mathrm{AP}}-\overline{\mathrm{FP}}$는 점 P가 직선 AF′ 위에 있을 때 최소이고, 최솟값은 $\overline{\mathrm{AF'}}-10$이다.

$$\therefore \overline{\mathrm{AF'}}-10=1 \qquad \therefore \overline{\mathrm{AF'}}=11$$

한편 $k^2=5^2-3^2=4^2$이므로 초점 F′의 좌표는 $(-4,\ 0)$ 또는 $(4,\ 0)$이다.

$$\therefore \sqrt{16+a^2}=11 \qquad \therefore \boldsymbol{a=\pm\sqrt{105}}$$

2-5. $x^2+3y^2-6x-12y+7=0 \quad \cdots\cdots ①$

$x^2+3y^2=c \quad \cdots\cdots ②$

①에서 $(x-3)^2+3(y-2)^2=14$

이것을 x축의 방향으로 -3만큼, y축의 방향으로 -2만큼 평행이동하면

$x^2+3y^2=14$이다.

이것이 ②와 일치하므로 $\boldsymbol{c=14}$

2-6. $x^2+2y^2=2 \quad \cdots\cdots ①$

$x^2+2y^2-2ax+8by=0 \quad \cdots\cdots ②$

②에서 $(x-a)^2+2(y+2b)^2=a^2+8b^2$

이 타원과 타원 ①이 서로 합동이 되기 위한 조건은

$$\boldsymbol{a^2+8b^2=2} \quad \cdots\cdots ③$$

또, 타원 ②의 중심의 좌표를 $(x,\ y)$라고 하면

$$x=a,\ y=-2b$$

$a=x,\ b=-\dfrac{1}{2}y$를 ③에 대입하면

$$x^2+8\times\left(-\frac{1}{2}y\right)^2=2 \qquad \therefore \boldsymbol{x^2+2y^2=2}$$

2-7. $\mathrm{A}(a,\ 0)$, $\mathrm{B}(0,\ b)$라고 하면

$\overline{\mathrm{AB}}=4$이므로

$$a^2+b^2=16 \quad \cdots\cdots ①$$

조건을 만족시키는 점을 $\mathrm{P}(x,\ y)$라고 하면

$$x=\frac{3\times0+1\times a}{3+1},\quad y=\frac{3\times b+1\times0}{3+1}$$

$$\therefore a=4x,\ b=\frac{4}{3}y$$

①에 대입하여 정리하면 $\boldsymbol{9x^2+y^2=9}$

2-8.

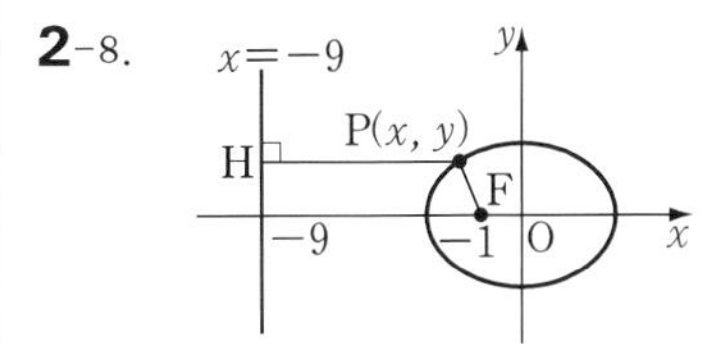

조건을 만족시키는 점을 $\mathrm{P}(x,\ y)$, 점 $(-1,\ 0)$을 F라 하고, 점 P에서 직선 $x=-9$에 내린 수선의 발을 H라고 하면

$$\overline{\mathrm{PF}}=\sqrt{(x+1)^2+y^2} \quad \cdots\cdots ①$$

$$\overline{\mathrm{PH}}=|x+9| \quad \cdots\cdots ②$$

그런데 문제의 조건에서

$$\overline{\mathrm{PF}}:\overline{\mathrm{PH}}=1:3 \qquad \therefore 3\overline{\mathrm{PF}}=\overline{\mathrm{PH}}$$

①, ②를 대입하면

$$3\sqrt{(x+1)^2+y^2}=|x+9|$$

$$\therefore\ 9\{(x+1)^2+y^2\}=(x+9)^2$$

$$\therefore\ \boldsymbol{8x^2+9y^2=72}$$

2-9.

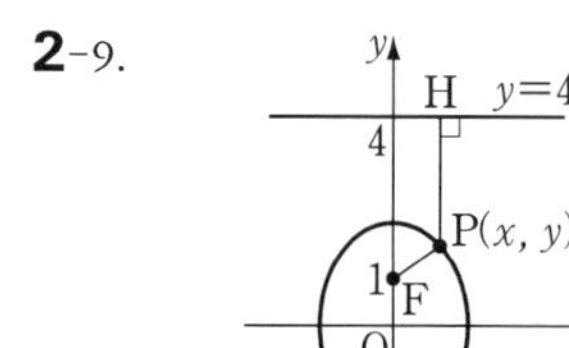

조건을 만족시키는 점을 P$(x,\ y)$, 점 $(0,\ 1)$을 F라 하고, 점 P에서 직선 $y=4$에 내린 수선의 발을 H라고 하면

$$\overline{PF}=\sqrt{x^2+(y-1)^2} \quad \cdots\cdots①$$

$$\overline{PH}=|4-y| \quad \cdots\cdots②$$

그런데 문제의 조건에서

$$\overline{PF}:\overline{PH}=1:2 \quad \therefore\ 2\overline{PF}=\overline{PH}$$

①, ②를 대입하면

$$2\sqrt{x^2+(y-1)^2}=|4-y|$$

$$\therefore\ 4\{x^2+(y-1)^2\}=(4-y)^2$$

$$\therefore\ \boldsymbol{4x^2+3y^2=12}$$

2-10. $9x^2+16y^2=144$에서 $\dfrac{x^2}{4^2}+\dfrac{y^2}{3^2}=1$

(1) 기울기가 1이므로

$$y=1\times x\pm\sqrt{4^2\times1^2+3^2}$$

$$\therefore\ \boldsymbol{y=x\pm5}$$

(2) 기울기가 -1이므로

$$y=-1\times x\pm\sqrt{4^2\times(-1)^2+3^2}$$

$$\therefore\ \boldsymbol{y=-x\pm5}$$

(3) 기울기가 $\sqrt{3}$이므로

$$y=\sqrt{3}\,x\pm\sqrt{4^2\times(\sqrt{3}\,)^2+3^2}$$

$$\therefore\ \boldsymbol{y=\sqrt{3}\,x\pm\sqrt{57}}$$

****Note*** 1° 타원 $\dfrac{x^2}{a^2}+\dfrac{y^2}{b^2}=1$에 접하고 기울기가 m인 직선의 방정식은

$$\boldsymbol{y=mx\pm\sqrt{a^2m^2+b^2}}$$

임을 이용하였다.

2° 공식을 이용하지 않고 판별식을 이용할 수도 있다.

이를테면 (1)에서 구하는 직선의 방정식을 $y=x+n$으로 놓으면

$$9x^2+16(x+n)^2=144$$

$$\therefore\ 25x^2+32nx+16n^2-144=0$$

접하므로

$$D/4=(16n)^2-25(16n^2-144)=0$$

$$\therefore\ n^2=25 \quad \therefore\ n=\pm5$$

$$\therefore\ \boldsymbol{y=x\pm5}$$

2-11. 타원 $\dfrac{x^2}{3}+\dfrac{y^2}{6}=1$에 접하고 기울기가 1인 직선의 방정식은

$$y=x\pm\sqrt{3\times1+6} \quad \therefore\ y=x\pm3$$

따라서 직선 $y=x+5$와 직선 $y=x+3$ 사이의 거리를 구하면 된다.

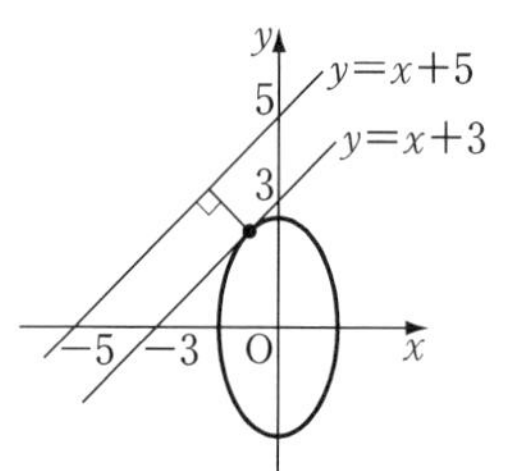

그런데 이 두 직선 사이의 거리는 직선 $y=x+5$ 위의 한 점 $(0,\ 5)$와 직선 $y=x+3$, 곧 $x-y+3=0$ 사이의 거리와 같으므로

$$\frac{|0-5+3|}{\sqrt{1^2+(-1)^2}}=\boldsymbol{\sqrt{2}}$$

2-12. (1) $2\times x+3\times(-1)y=5$

$$\therefore\ \boldsymbol{2x-3y=5}$$

(2) $4\times x+9\times2y=40$

$$\therefore\ \boldsymbol{2x+9y=20}$$

*$\boldsymbol{Note}$ 타원 $\mathrm{A}x^2+\mathrm{B}y^2=\mathrm{C}$ 위의 점 $(x_1,\ y_1)$에서의 접선의 방정식은

$$\mathbf{A}\boldsymbol{x_1x}+\mathbf{B}\boldsymbol{y_1y}=\mathbf{C}$$

임을 이용하였다.

2-13.

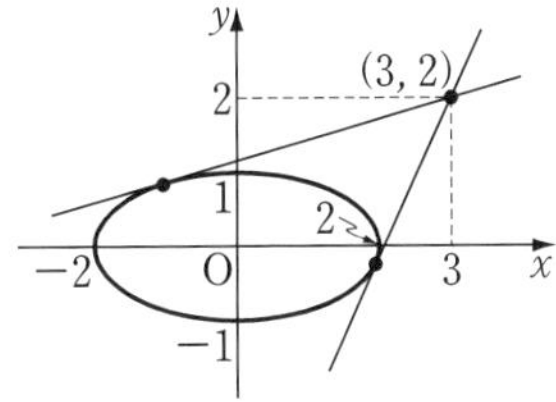

접점의 좌표를 $(x_1,\ y_1)$이라고 하면

$$x_1{}^2+4y_1{}^2=4 \qquad \cdots\cdots①$$

이고, 접선의 방정식은

$$x_1x+4y_1y=4$$

이 직선이 점 (3, 2)를 지나므로

$$3x_1+8y_1=4 \qquad \cdots\cdots②$$

①, ②에서 y_1을 소거하고 정리하면

$$25x_1{}^2-24x_1-48=0$$

이 방정식의 두 근을 α, β라고 하면 α, β는 두 접점의 x좌표이므로 구하는 중점의 x좌표는

$$\frac{1}{2}(\alpha+\beta)=\frac{1}{2}\times\frac{24}{25}=\boldsymbol{\frac{12}{25}}$$

3-1. 조건을 만족시키는 점을 $\mathrm{P}(x,\ y)$라고 하면 $|\overline{\mathrm{PF}}-\overline{\mathrm{PF'}}|=6$

$$\therefore\ \sqrt{x^2+(y-4)^2}-\sqrt{x^2+(y+4)^2}=\pm6$$

$$\therefore\ \sqrt{x^2+(y-4)^2}=\sqrt{x^2+(y+4)^2}\pm6$$

양변을 제곱하여 정리하면

$$3\sqrt{x^2+(y+4)^2}=\pm(4y+9)$$

다시 양변을 제곱하여 정리하면

$$\boldsymbol{9x^2-7y^2=-63}$$

*$\boldsymbol{Note}$ 다음과 같이 구할 수도 있다.

구하는 자취의 방정식을

$$\frac{x^2}{a^2}-\frac{y^2}{b^2}=-1\ (a>0,\ b>0)$$

이라고 하면 $2b=6 \quad \therefore\ b=3$

또, $a^2+b^2=4^2$이므로 $a^2=7$

$$\therefore\ \boldsymbol{\frac{x^2}{7}-\frac{y^2}{9}=-1}$$

3-2. 조건을 만족시키는 점을 $\mathrm{P}(x,\ y)$라고 하면 $|\overline{\mathrm{PF}}-\overline{\mathrm{PF'}}|=6$

$$\therefore\ \sqrt{(x-6)^2+y^2}-\sqrt{(x+2)^2+y^2}=\pm6$$

$$\therefore\ \sqrt{(x-6)^2+y^2}=\sqrt{(x+2)^2+y^2}\pm6$$

양변을 제곱하여 정리하면

$$3\sqrt{(x+2)^2+y^2}=\pm(4x+1)$$

다시 양변을 제곱하여 정리하면

$$7x^2-28x-9y^2-35=0$$

$$\therefore\ \boldsymbol{7(x-2)^2-9y^2=63}$$

*$\boldsymbol{Note}$ 쌍곡선의 중심은 두 초점을 잇는 선분의 중점임을 이용하여 구할 수도 있다.

곧, 선분 FF′의 중점이 점 (2, 0)이고 $\overline{\mathrm{FF'}}=8$이므로 구하는 점의 자취는 두 점 (4, 0), (−4, 0)으로부터의 거리의 차가 6인 점의 자취(쌍곡선)를 x축의 방향으로 2만큼 평행이동한 것이다.

처음 쌍곡선의 방정식을

$$\frac{x^2}{a^2}-\frac{y^2}{b^2}=1\ (a>0,\ b>0)$$

이라고 하면 $2a=6 \quad \therefore\ a=3$

또, $a^2+b^2=4^2$이므로 $b^2=7$

$$\therefore\ \frac{x^2}{9}-\frac{y^2}{7}=1$$

x축의 방향으로 2만큼 평행이동하면

$$\boldsymbol{\frac{(x-2)^2}{9}-\frac{y^2}{7}=1}$$

3-3. 준 식에서

$$(x-1)^2-4(y+2)^2=4$$

$$\therefore\ \frac{(x-1)^2}{2^2}-(y+2)^2=1 \qquad \cdots\cdots①$$

또, $\dfrac{x^2}{2^2}-y^2=1 \qquad \cdots\cdots②$

로 놓으면 쌍곡선 ①은 쌍곡선 ②를 x축의 방향으로 1만큼, y축의 방향으로

-2만큼 평행이동한 것이다.

그런데 ②에서

주축의 길이 4, 초점 $(\pm\sqrt{5},\ 0)$,

점근선 $y=\pm\dfrac{1}{2}x$

이므로 ①에 대해서는 다음과 같다.

주축의 길이 4, 초점 $(1\pm\sqrt{5},\ -2)$,

점근선 $y=\pm\dfrac{1}{2}(x-1)-2$

3-4. 점 P의 좌표를 $(x,\ y)$라고 하면

$$\overline{\mathrm{PA}}=\frac{|x+3y|}{\sqrt{1^2+3^2}}=\frac{|x+3y|}{\sqrt{10}},$$

$$\overline{\mathrm{PB}}=\frac{|x-3y|}{\sqrt{1^2+(-3)^2}}=\frac{|x-3y|}{\sqrt{10}}$$

$\overline{\mathrm{PA}}\times\overline{\mathrm{PB}}=10$이므로

$$\frac{|x+3y|}{\sqrt{10}}\times\frac{|x-3y|}{\sqrt{10}}=10$$

$$\therefore\ |x^2-9y^2|=100$$

$$\therefore\ \boldsymbol{x^2-9y^2=100,\ x^2-9y^2=-100}$$

3-5. 점 P의 좌표를 $(x,\ y)$라고 하면

$$\overline{\mathrm{PA}}=|y|,\ \overline{\mathrm{PB}}=|x|$$

$\overline{\mathrm{PA}}\times\overline{\mathrm{PB}}=1$이므로

$$|y|\times|x|=1\qquad\therefore\ |xy|=1$$

$$\therefore\ \boldsymbol{xy=1,\ xy=-1}$$

***Note** 1° 쌍곡선 $xy=1$, $xy=-1$의 점근선은 x축과 y축이다. 곧, 두 점근선이 직교하므로 이 쌍곡선은 직각쌍곡선이다.

2° 유리함수 $y=\dfrac{1}{x}$의 그래프는 두 초점의 좌표가 $(\sqrt{2},\ \sqrt{2})$, $(-\sqrt{2},\ -\sqrt{2})$이고, 주축의 길이가 $2\sqrt{2}$인 쌍곡선이다.

또, 유리함수 $y=-\dfrac{1}{x}$의 그래프는 두 초점의 좌표가 $(\sqrt{2},\ -\sqrt{2})$, $(-\sqrt{2},\ \sqrt{2})$이고, 주축의 길이가 $2\sqrt{2}$인 쌍곡선이다.

쌍곡선의 정의를 이용하여 확인해 보아라.

3-6. 조건을 만족시키는 점을 $\mathrm{P}(x,\ y)$라 하고, 점 P에서 직선 $x=1$에 내린 수선의 발을 H라고 하면

$$\overline{\mathrm{PF}}=\sqrt{(x-4)^2+y^2},\ \overline{\mathrm{PH}}=|x-1|$$

(1) 조건에서 $\overline{\mathrm{PF}}=\overline{\mathrm{PH}}$

$$\therefore\ \sqrt{(x-4)^2+y^2}=|x-1|$$

$$\therefore\ (x-4)^2+y^2=(x-1)^2$$

$$\therefore\ \boldsymbol{y^2-6x+15=0}$$

(2) 조건에서 $2\overline{\mathrm{PF}}=\overline{\mathrm{PH}}$

$$\therefore\ 2\sqrt{(x-4)^2+y^2}=|x-1|$$

$$\therefore\ 4\{(x-4)^2+y^2\}=(x-1)^2$$

$$\therefore\ \boldsymbol{3(x-5)^2+4y^2=12}$$

(3) 조건에서 $\overline{\mathrm{PF}}=2\overline{\mathrm{PH}}$

$$\therefore\ \sqrt{(x-4)^2+y^2}=2|x-1|$$

$$\therefore\ (x-4)^2+y^2=4(x-1)^2$$

$$\therefore\ \boldsymbol{3x^2-y^2=12}$$

3-7. 조건을 만족시키는 점을 $\mathrm{P}(x,\ y)$라 하고, 점 P에서 직선 $y=-2$에 내린 수선의 발을 H라고 하면

$$\overline{\mathrm{PF}}=\sqrt{x^2+(y-4)^2},\ \overline{\mathrm{PH}}=|y+2|$$

(1) 조건에서 $\overline{\mathrm{PF}}=\overline{\mathrm{PH}}$

$$\therefore\ \sqrt{x^2+(y-4)^2}=|y+2|$$

$$\therefore\ x^2+(y-4)^2=(y+2)^2$$

$$\therefore\ \boldsymbol{x^2-12y+12=0}$$

(2) 조건에서 $2\overline{\mathrm{PF}}=\overline{\mathrm{PH}}$

$$\therefore\ 2\sqrt{x^2+(y-4)^2}=|y+2|$$

$$\therefore\ 4\{x^2+(y-4)^2\}=(y+2)^2$$

$$\therefore\ \boldsymbol{4x^2+3(y-6)^2=48}$$

(3) 조건에서 $\overline{\mathrm{PF}}=2\overline{\mathrm{PH}}$

$$\therefore\ \sqrt{x^2+(y-4)^2}=2|y+2|$$

$$\therefore\ x^2+(y-4)^2=4(y+2)^2$$

$$\therefore\ \boldsymbol{x^2-3(y+4)^2=-48}$$

3-8. 자의 길이를 a, 실의 길이를 b라고 하면

$$\overline{PA}+\overline{PC}=a \quad \cdots\cdots ①$$
$$\overline{PB}+\overline{PC}=b \quad \cdots\cdots ②$$

①$-$②하면 $\overline{PA}-\overline{PB}=a-b$ (일정)

따라서 초점이 **A, B**인 쌍곡선의 일부

3-9. 점 $(0,\ -2)$를 지나고 기울기가 k인 직선의 방정식은 $y=kx-2$

$y=kx-2$를 $2(x-1)^2-3y^2=6$에 대입하고 정리하면

$$(2-3k^2)x^2-4(1-3k)x-16=0$$

이 방정식이 서로 다른 두 실근을 가지므로 $2-3k^2\neq0$이고

$$D/4=4(1-3k)^2+16(2-3k^2)>0$$

$2-3k^2\neq0$에서 $k\neq\pm\dfrac{\sqrt{6}}{3}$

$D/4>0$에서 $-3<k<1$

$$\therefore\ \boldsymbol{-3<k<1,\ k\neq\pm\frac{\sqrt{6}}{3}}$$

3-10. (1) $4\times3x-5\times2y=16$

$$\therefore\ \boldsymbol{6x-5y=8}$$

(2) $2\times2x-9\times y=-1$

$$\therefore\ \boldsymbol{4x-9y=-1}$$

***Note** 쌍곡선 $Ax^2+By^2=C$ 위의 점 $(x_1,\ y_1)$에서의 접선의 방정식은

$$\boldsymbol{Ax_1x+By_1y=C}$$

임을 이용하였다.

3-11. $9x^2-16y^2=-144 \quad \cdots\cdots ①$

에서 $\dfrac{x^2}{4^2}-\dfrac{y^2}{3^2}=-1$

따라서 초점의 좌표는

$$\left(0,\ \pm\sqrt{4^2+3^2}\right) \quad 곧,\ (0,\ \pm5)$$

이 중에서 y좌표가 양수인 점은 점 $(0,\ 5)$이고, 이 점을 지나고 주축에 수직인 직선의 방정식은

$$y=5 \quad \cdots\cdots ②$$

①, ②를 연립하여 풀면

$$(x,\ y)=\left(\frac{16}{3},\ 5\right),\ \left(-\frac{16}{3},\ 5\right)$$

이 점에서의 접선의 방정식은

$$9\times\frac{16}{3}x-16\times5y=-144,$$
$$9\times\left(-\frac{16}{3}\right)x-16\times5y=-144$$

$$\therefore\ \boldsymbol{3x-5y+9=0,\ 3x+5y-9=0}$$

3-12. 쌍곡선 $16x^2-9y^2=144$ 위의 점 $(a,\ b)$에서의 접선의 방정식은

$$16ax-9by=144$$

$y=0$을 대입하면 $x=\dfrac{9}{a}$

$x=0$을 대입하면 $y=-\dfrac{16}{b}$

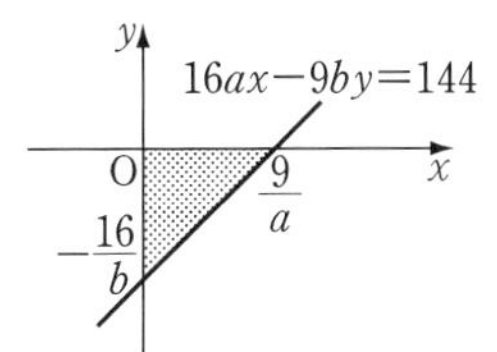

따라서 구하는 삼각형의 넓이는

$$\frac{1}{2}\times\frac{9}{a}\times\frac{16}{b}=\boldsymbol{\frac{72}{ab}}$$

3-13. $3x^2-4y^2=12$에서 $\dfrac{x^2}{4}-\dfrac{y^2}{3}=1$

(1) 기울기가 1이므로

$y=1\times x\pm\sqrt{4\times1^2-3} \quad \therefore\ \boldsymbol{y=x\pm1}$

(2) 기울기가 -2이므로

$$y=-2x\pm\sqrt{4\times(-2)^2-3}$$
$$\therefore\ \boldsymbol{y=-2x\pm\sqrt{13}}$$

(3) 기울기가 -1이므로

$$y=-1\times x\pm\sqrt{4\times(-1)^2-3}$$
$$\therefore\ \boldsymbol{y=-x\pm1}$$

***Note** 쌍곡선 $\dfrac{x^2}{a^2}-\dfrac{y^2}{b^2}=1$에 접하고 기울기가 m인 직선의 방정식은

$$\boldsymbol{y=mx\pm\sqrt{a^2m^2-b^2}}$$

임을 이용하였다.

3-14. 초점이 x축 위에 있으므로 쌍곡선의 방정식을

$$\frac{x^2}{a^2}-\frac{y^2}{b^2}=1\ (a>0,\ b>0)$$

로 놓을 수 있다.

초점의 좌표가 $(\pm6,\ 0)$이므로

$$a^2+b^2=6^2$$

꼭짓점의 좌표가 $(\pm4,\ 0)$이므로

$$a=4 \qquad \therefore\ b^2=20$$

$$\therefore\ \boldsymbol{\frac{x^2}{16}-\frac{y^2}{20}=1}$$

또, 접선의 기울기가 $\sqrt{3}$ 이므로

$$y=\sqrt{3}\,x\pm\sqrt{16\times(\sqrt{3}\,)^2-20}$$

$$\therefore\ \boldsymbol{y=\sqrt{3}\,x\pm2\sqrt{7}}$$

4-1. 크기와 방향이 각각 같은 벡터를 고르면

$$\boldsymbol{\overrightarrow{AB}=\overrightarrow{DC},\quad \overrightarrow{BC}=\overrightarrow{AD},}$$
$$\boldsymbol{\overrightarrow{AO}=\overrightarrow{OC},\quad \overrightarrow{BO}=\overrightarrow{OD}}$$

4-2. (1) 크기가 같은 벡터는 시점과 종점 사이의 거리가 같은 경우이므로

②와 ⑦과 ⑧, ③과 ⑤

(2) 방향이 같은 벡터는 평행하고 화살표 방향이 같은 경우이므로

①과 ⑥, ③과 ⑤

(3) 서로 같은 벡터는 크기와 방향이 각각 같은 경우이므로 (1), (2)에서

③과 ⑤

4-3. $\overrightarrow{AB}-\overrightarrow{DB}=\overrightarrow{AC}-\overrightarrow{DC}$를 증명해도 된다.

$$\overrightarrow{AB}-\overrightarrow{DB}=\overrightarrow{AB}+\overrightarrow{BD}=\overrightarrow{AD},$$
$$\overrightarrow{AC}-\overrightarrow{DC}=\overrightarrow{AC}+\overrightarrow{CD}=\overrightarrow{AD}$$
$$\therefore\ \overrightarrow{AB}-\overrightarrow{DB}=\overrightarrow{AC}-\overrightarrow{DC}$$
$$\therefore\ \overrightarrow{AB}+\overrightarrow{DC}=\overrightarrow{AC}+\overrightarrow{DB}$$

* ***Note*** $\overrightarrow{AB}+\overrightarrow{BD}+\overrightarrow{DC}+\overrightarrow{CA}=\overrightarrow{0}$ 이므로

$$\overrightarrow{AB}+\overrightarrow{DC}=-\overrightarrow{CA}-\overrightarrow{BD}$$
$$\therefore\ \overrightarrow{AB}+\overrightarrow{DC}=\overrightarrow{AC}+\overrightarrow{DB}$$

4-4. (1)

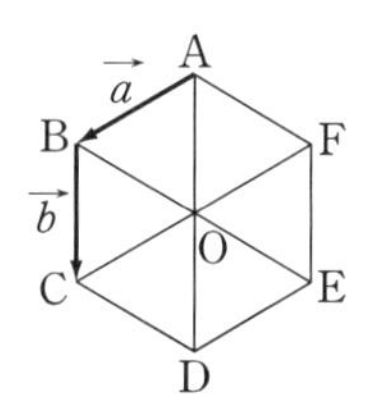

$$\overrightarrow{AC}=\overrightarrow{AB}+\overrightarrow{BC}=\boldsymbol{\vec{a}+\vec{b}}$$
$$\overrightarrow{EF}=-\overrightarrow{BC}=\boldsymbol{-\vec{b}}$$
$$\overrightarrow{CD}=\overrightarrow{BO}=\overrightarrow{AO}-\overrightarrow{AB}=\boldsymbol{\vec{b}-\vec{a}}$$
$$\overrightarrow{FA}=\overrightarrow{DC}=-\overrightarrow{CD}=-(\vec{b}-\vec{a}\,)$$
$$=\boldsymbol{\vec{a}-\vec{b}}$$

(2)

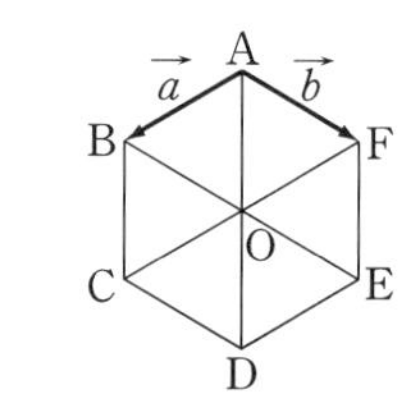

$$\overrightarrow{AC}=\overrightarrow{AB}+\overrightarrow{AO}$$
$$=\overrightarrow{AB}+(\overrightarrow{AB}+\overrightarrow{AF})=\boldsymbol{2\vec{a}+\vec{b}}$$
$$\overrightarrow{CF}=2\overrightarrow{BA}=-2\overrightarrow{AB}=\boldsymbol{-2\vec{a}}$$
$$\overrightarrow{CE}=\overrightarrow{BF}=\overrightarrow{AF}-\overrightarrow{AB}=\boldsymbol{\vec{b}-\vec{a}}$$

(3)

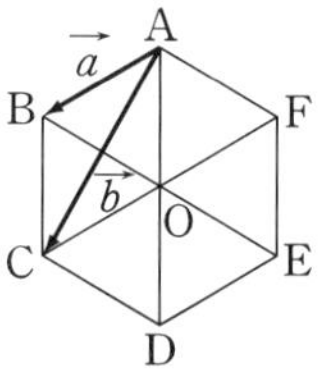

$$\overrightarrow{AF}=\overrightarrow{AC}+\overrightarrow{CF}=\vec{b}+(-2\vec{a}\,)$$
$$=\boldsymbol{-2\vec{a}+\vec{b}}$$
$$\overrightarrow{AE}=\overrightarrow{AF}+\overrightarrow{FE}=\overrightarrow{AF}+\overrightarrow{BC}$$
$$=\overrightarrow{AF}+(\overrightarrow{AC}-\overrightarrow{AB})$$
$$=(-2\vec{a}+\vec{b}\,)+(\vec{b}-\vec{a}\,)$$
$$=\boldsymbol{-3\vec{a}+2\vec{b}}$$

4-5. (1) $\overrightarrow{EB}=\frac{1}{3}\overrightarrow{AB}=\boldsymbol{\frac{1}{3}\vec{a}}$

(2) $\overrightarrow{\mathrm{CF}}=\frac{2}{3}\overrightarrow{\mathrm{CD}}=-\frac{2}{3}\overrightarrow{\mathrm{AB}}=-\boldsymbol{\frac{2}{3}\vec{a}}$

(3) $\overrightarrow{\mathrm{BD}}=\overrightarrow{\mathrm{BC}}+\overrightarrow{\mathrm{CD}}=\overrightarrow{\mathrm{BC}}-\overrightarrow{\mathrm{AB}}$

$=\boldsymbol{-\vec{a}+\vec{b}}$

(4) $\overrightarrow{\mathrm{OE}}=\overrightarrow{\mathrm{OB}}+\overrightarrow{\mathrm{BE}}=-\frac{1}{2}\overrightarrow{\mathrm{BD}}-\overrightarrow{\mathrm{EB}}$

$=-\frac{1}{2}(-\vec{a}+\vec{b})-\frac{1}{3}\vec{a}$

$=\boldsymbol{\frac{1}{6}\vec{a}-\frac{1}{2}\vec{b}}$

4-6.

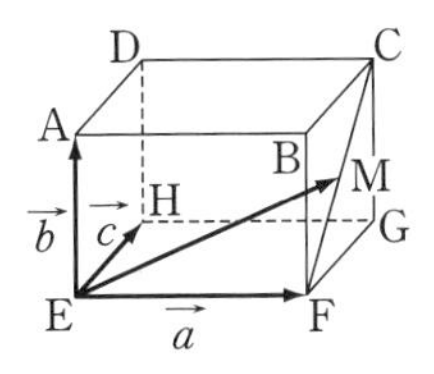

$\overrightarrow{\mathrm{EM}}=\overrightarrow{\mathrm{EF}}+\overrightarrow{\mathrm{FM}}=\overrightarrow{\mathrm{EF}}+\frac{1}{2}\overrightarrow{\mathrm{FC}}$

$=\overrightarrow{\mathrm{EF}}+\frac{1}{2}\overrightarrow{\mathrm{ED}}$

$=\overrightarrow{\mathrm{EF}}+\frac{1}{2}(\overrightarrow{\mathrm{EA}}+\overrightarrow{\mathrm{EH}})$

$=\vec{a}+\frac{1}{2}(\vec{b}+\vec{c})$

$=\boldsymbol{\vec{a}+\frac{1}{2}\vec{b}+\frac{1}{2}\vec{c}}$

4-7. (1) (좌변)$=(\overrightarrow{\mathrm{AB}}+\overrightarrow{\mathrm{AD}})$

$+(\overrightarrow{\mathrm{AB}}+\overrightarrow{\mathrm{AE}})+(\overrightarrow{\mathrm{AD}}+\overrightarrow{\mathrm{AE}})$

$=2(\overrightarrow{\mathrm{AB}}+\overrightarrow{\mathrm{AD}}+\overrightarrow{\mathrm{AE}})$

$=2(\overrightarrow{\mathrm{AC}}+\overrightarrow{\mathrm{CG}})=2\overrightarrow{\mathrm{AG}}$

$\therefore\ \overrightarrow{\mathrm{AC}}+\overrightarrow{\mathrm{AF}}+\overrightarrow{\mathrm{AH}}=2\overrightarrow{\mathrm{AG}}$

(2) (좌변)$=(\overrightarrow{\mathrm{AC}}+\overrightarrow{\mathrm{CG}})+(\overrightarrow{\mathrm{DB}}+\overrightarrow{\mathrm{BF}})$

$+(\overrightarrow{\mathrm{CA}}+\overrightarrow{\mathrm{AE}})+(\overrightarrow{\mathrm{BD}}+\overrightarrow{\mathrm{DH}})$

$=(\overrightarrow{\mathrm{AC}}+\overrightarrow{\mathrm{CA}})+(\overrightarrow{\mathrm{DB}}+\overrightarrow{\mathrm{BD}})$

$+4\overrightarrow{\mathrm{AE}}$

$=\vec{0}+\vec{0}+4\overrightarrow{\mathrm{AE}}=4\overrightarrow{\mathrm{AE}}$

$\therefore\ \overrightarrow{\mathrm{AG}}+\overrightarrow{\mathrm{DF}}+\overrightarrow{\mathrm{CE}}+\overrightarrow{\mathrm{BH}}=4\overrightarrow{\mathrm{AE}}$

4-8. (1) $m\vec{a}+n\vec{b}=(n-m)\vec{a}$

$+(m+1)\vec{b}$

에서 $\vec{a}$, $\vec{b}$는 영벡터가 아니고 서로 평행하지 않으므로

$m=n-m,\ n=m+1$

$\therefore\ \boldsymbol{m=1,\ n=2}$

(2) 세 점 A, B, C가 한 직선 위에 있으므로 $\overrightarrow{\mathrm{AC}}=k\overrightarrow{\mathrm{AB}}$를 만족시키는 실수 k가 존재한다.

$\therefore\ (m+1)\vec{a}+2\vec{b}=k(3\vec{a}-\vec{b})$

$\therefore\ (m+1)\vec{a}+2\vec{b}=3k\vec{a}-k\vec{b}$

$\vec{a}$, $\vec{b}$는 영벡터가 아니고 서로 평행하지 않으므로

$m+1=3k,\ 2=-k$

$\therefore\ k=-2,\ \boldsymbol{m=-7}$

4-9.

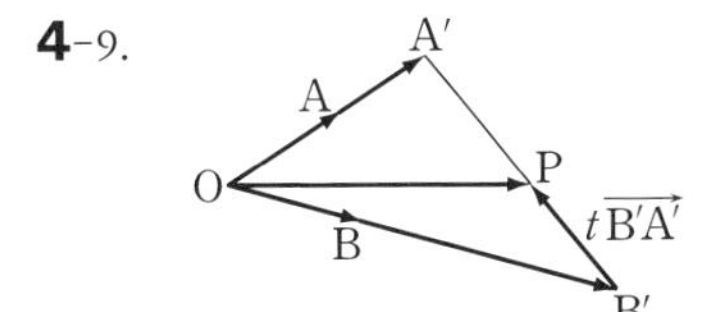

$2\overrightarrow{\mathrm{OA}}=\overrightarrow{\mathrm{OA'}}$, $3\overrightarrow{\mathrm{OB}}=\overrightarrow{\mathrm{OB'}}$이라고 하면

$\overrightarrow{\mathrm{OP}}=t\overrightarrow{\mathrm{OA'}}+(1-t)\overrightarrow{\mathrm{OB'}}$

$=\overrightarrow{\mathrm{OB'}}+t(\overrightarrow{\mathrm{OA'}}-\overrightarrow{\mathrm{OB'}})$

$=\overrightarrow{\mathrm{OB'}}+t\overrightarrow{\mathrm{B'A'}}$

그런데 $0\le t\le 1$이므로 점 P는 선분 B′A′, 곧 $\boldsymbol{2\overrightarrow{\mathrm{OA}}}$와 $\boldsymbol{3\overrightarrow{\mathrm{OB}}}$의 종점을 연결하는 선분 위를 움직인다.

4-10.

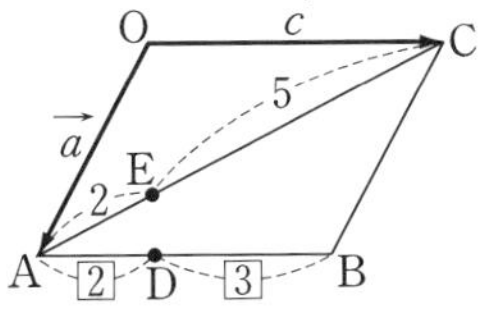

(1) $\overrightarrow{\mathrm{OD}}=\overrightarrow{\mathrm{OA}}+\overrightarrow{\mathrm{AD}}=\overrightarrow{\mathrm{OA}}+\frac{2}{5}\overrightarrow{\mathrm{AB}}$

$=\overrightarrow{\mathrm{OA}}+\frac{2}{5}\overrightarrow{\mathrm{OC}}=\vec{a}+\frac{2}{5}\vec{c}$

$=\boldsymbol{\frac{1}{5}(5\vec{a}+2\vec{c})}$

또, 점 E는 선분 AC를 2 : 5로 내분하는 점이므로

$$\overrightarrow{\mathrm{OE}}=\frac{2\overrightarrow{\mathrm{OC}}+5\overrightarrow{\mathrm{OA}}}{2+5}$$

$$=\frac{1}{7}(5\vec{a}+2\vec{c})$$

(2) $\overrightarrow{\mathrm{OD}}=\frac{1}{5}(5\vec{a}+2\vec{c})=\frac{1}{5}\times7\overrightarrow{\mathrm{OE}}$

$$=\frac{7}{5}\overrightarrow{\mathrm{OE}}$$

따라서 세 점 O, E, D는 한 직선 위에 있다.

4-11.

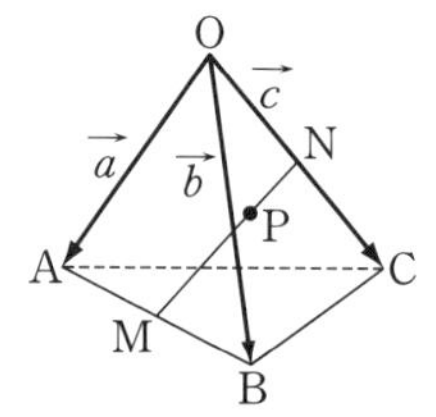

점 M은 모서리 AB의 중점이므로

$$\overrightarrow{\mathrm{OM}}=\frac{1}{2}(\overrightarrow{\mathrm{OA}}+\overrightarrow{\mathrm{OB}})=\frac{1}{2}(\vec{a}+\vec{b})$$

또, $\overrightarrow{\mathrm{ON}}=\frac{1}{2}\overrightarrow{\mathrm{OC}}=\frac{1}{2}\vec{c}$

(1) $\overrightarrow{\mathrm{MN}}=\overrightarrow{\mathrm{ON}}-\overrightarrow{\mathrm{OM}}$

$$=\frac{1}{2}\vec{c}-\frac{1}{2}(\vec{a}+\vec{b})$$

$$=\frac{1}{2}(\vec{c}-\vec{a}-\vec{b})$$

(2) 점 P는 선분 MN을 2 : 1로 내분하는 점이므로

$$\overrightarrow{\mathrm{OP}}=\frac{1}{3}(2\overrightarrow{\mathrm{ON}}+\overrightarrow{\mathrm{OM}})$$

$$=\frac{1}{3}\left\{2\times\frac{1}{2}\vec{c}+\frac{1}{2}(\vec{a}+\vec{b})\right\}$$

$$=\frac{1}{6}(\vec{a}+\vec{b}+2\vec{c})$$

4-12. 선분 AB의 중점을 C라고 하면

$$\overrightarrow{\mathrm{PC}}=\frac{1}{2}(\overrightarrow{\mathrm{PA}}+\overrightarrow{\mathrm{PB}})$$

$$\therefore\ \overrightarrow{\mathrm{PA}}+\overrightarrow{\mathrm{PB}}=2\overrightarrow{\mathrm{PC}}$$

$$\therefore\ |\overrightarrow{\mathrm{PA}}+\overrightarrow{\mathrm{PB}}|=2|\overrightarrow{\mathrm{PC}}|=r$$

$$\therefore\ |\overrightarrow{\mathrm{PC}}|=\frac{r}{2}$$

따라서 점 P와 점 C 사이의 거리가 일정하므로 점 P의 자취는 원이다.

답 ②

4-13. 선분 AB를 3 : 1로 내분하는 점을 C라고 하면

$$\overrightarrow{\mathrm{PA}}+3\overrightarrow{\mathrm{PB}}=4\times\frac{3\times\overrightarrow{\mathrm{PB}}+1\times\overrightarrow{\mathrm{PA}}}{3+1}$$

$$=4\overrightarrow{\mathrm{PC}}$$

따라서 선분 PC의 길이가 최소일 때 $\overrightarrow{\mathrm{PA}}+3\overrightarrow{\mathrm{PB}}$의 크기가 최소이다. 이때, 점 P는 점 C에서 직선 l에 내린 수선의 발이므로 점 P의 위치는 $\mathbf{P_3}$

4-14.

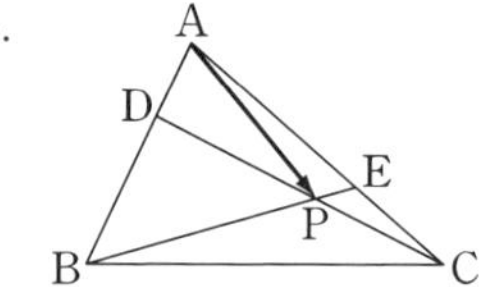

$\overrightarrow{\mathrm{AB}}=\vec{a}$, $\overrightarrow{\mathrm{AC}}=\vec{b}$로 놓으면

$$\overrightarrow{\mathrm{AD}}=\frac{1}{3}\vec{a},\ \overrightarrow{\mathrm{AE}}=\frac{2}{3}\vec{b}$$

△ABE에서

$\overline{\mathrm{BP}}:\overline{\mathrm{PE}}=m:(1-m)$ $(0<m<1)$

이라고 하면

$$\overrightarrow{\mathrm{AP}}=m\overrightarrow{\mathrm{AE}}+(1-m)\overrightarrow{\mathrm{AB}}$$

$$=m\times\frac{2}{3}\vec{b}+(1-m)\vec{a}$$

$$=(1-m)\vec{a}+\frac{2}{3}m\vec{b}\quad\cdots\cdots①$$

또, △ADC에서

$\overline{\mathrm{DP}}:\overline{\mathrm{PC}}=n:(1-n)$ $(0<n<1)$

이라고 하면

$$\overrightarrow{\mathrm{AP}}=n\overrightarrow{\mathrm{AC}}+(1-n)\overrightarrow{\mathrm{AD}}$$

$$=n\vec{b}+(1-n)\times\frac{1}{3}\vec{a}$$

$$=\frac{1-n}{3}\vec{a}+n\vec{b}\quad\cdots\cdots②$$

①, ②에서

$$(1-m)\overrightarrow{a}+\frac{2}{3}m\overrightarrow{b}=\frac{1-n}{3}\overrightarrow{a}+n\overrightarrow{b}$$

$\overrightarrow{a}$, $\overrightarrow{b}$는 영벡터가 아니고 서로 평행하지 않으므로

$$1-m=\frac{1-n}{3},\ \frac{2}{3}m=n$$

$$\therefore\ m=\frac{6}{7},\ n=\frac{4}{7}$$

$$\therefore\ \overrightarrow{AP}=\frac{1}{7}\overrightarrow{a}+\frac{4}{7}\overrightarrow{b}$$

$$=\boldsymbol{\frac{1}{7}\overrightarrow{AB}+\frac{4}{7}\overrightarrow{AC}}$$

5-1. (1) $2\overrightarrow{OA}-\overrightarrow{OB}=2(2,\ -1)-(-2,\ 3)$

$=(4,\ -2)+(2,\ -3)$

$=(6,\ -5)$

(2) $-\overrightarrow{OA}-3\overrightarrow{OB}=-(2,\ -1)-3(-2,\ 3)$

$=(-2,\ 1)+(6,\ -9)$

$=(4,\ -8)$

(3) $\overrightarrow{AB}=\overrightarrow{OB}-\overrightarrow{OA}$

$=(-2,\ 3)-(2,\ -1)=(-4,\ 4)$

따라서 (1), (2), (3)을 좌표평면 위에 나타내면 아래와 같다.

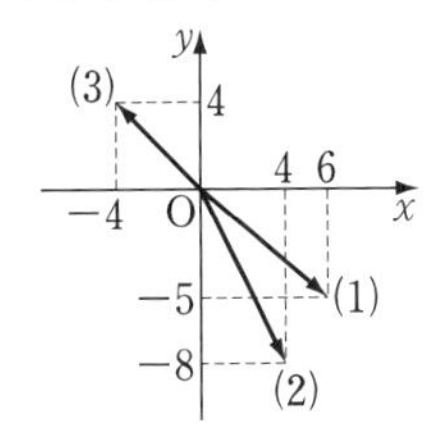

5-2. $p\overrightarrow{OA}+q\overrightarrow{OB}$

$=p(a_1\overrightarrow{e_1}+a_2\overrightarrow{e_2})+q(b_1\overrightarrow{e_1}+b_2\overrightarrow{e_2})$

$=\boldsymbol{(pa_1+qb_1)\overrightarrow{e_1}+(pa_2+qb_2)\overrightarrow{e_2}}$

5-3. $\overrightarrow{a}=(3,\ 2)$, $\overrightarrow{b}=(-2,\ 3)$이므로

$m\overrightarrow{a}+n\overrightarrow{b}=m(3,\ 2)+n(-2,\ 3)$

$=(3m,\ 2m)+(-2n,\ 3n)$

$=(3m-2n,\ 2m+3n)$

따라서 $m\overrightarrow{a}+n\overrightarrow{b}=\overrightarrow{0}$ 이면

$3m-2n=0,\ 2m+3n=0$

$\therefore\ \boldsymbol{m=0,\ n=0}$

5-4. (1) $\overrightarrow{p}=x\overrightarrow{a}+y\overrightarrow{b}$라고 하면

$(5,\ -3)=x(1,\ 1)+y(1,\ -1)$

$=(x,\ x)+(y,\ -y)$

$=(x+y,\ x-y)$

$\therefore\ x+y=5,\ x-y=-3$

$\therefore\ x=1,\ y=4$

$\therefore\ \boldsymbol{\overrightarrow{p}=\overrightarrow{a}+4\overrightarrow{b}}$

(2) $\overrightarrow{q}=x\overrightarrow{a}+y\overrightarrow{b}$라고 하면

$(-3,\ 2)=x(1,\ 1)+y(1,\ -1)$

$=(x,\ x)+(y,\ -y)$

$=(x+y,\ x-y)$

$\therefore\ x+y=-3,\ x-y=2$

$\therefore\ x=-\frac{1}{2},\ y=-\frac{5}{2}$

$\therefore\ \boldsymbol{\overrightarrow{q}=-\frac{1}{2}\overrightarrow{a}-\frac{5}{2}\overrightarrow{b}}$

(3) $\overrightarrow{r}=x\overrightarrow{a}+y\overrightarrow{b}$라고 하면

$(-1,\ 2)=x(1,\ 1)+y(1,\ -1)$

$=(x,\ x)+(y,\ -y)$

$=(x+y,\ x-y)$

$\therefore\ x+y=-1,\ x-y=2$

$\therefore\ x=\frac{1}{2},\ y=-\frac{3}{2}$

$\therefore\ \boldsymbol{\overrightarrow{r}=\frac{1}{2}\overrightarrow{a}-\frac{3}{2}\overrightarrow{b}}$

5-5. $\overrightarrow{a}+k\overrightarrow{c}=(5,\ 4)+k(3,\ 7)$

$=(5,\ 4)+(3k,\ 7k)$

$=(5+3k,\ 4+7k)$,

$\overrightarrow{b}-\overrightarrow{a}=(-2,\ 3)-(5,\ 4)$

$=(-7,\ -1)$

$(\overrightarrow{a}+k\overrightarrow{c})\,/\!/\,(\overrightarrow{b}-\overrightarrow{a})$이므로

$(5+3k,\ 4+7k)=m(-7,\ -1)$

을 만족시키는 0이 아닌 실수 m이 존재한다.

곧, $(5+3k,\ 4+7k)=(-7m,\ -m)$

$\therefore\ 5+3k=-7m,\ 4+7k=-m$

m을 소거하면 $5+3k=7(4+7k)$

$\therefore -46k=23 \quad \therefore \boldsymbol{k=-\frac{1}{2}}$

5-6. $\overrightarrow{OC}=m\overrightarrow{OA}+n\overrightarrow{OB}$로 놓으면

$(3, 3)=m(1, 2)+n(5, 1)$

곧, $(3, 3)=(m+5n, 2m+n)$

$\therefore m+5n=3, 2m+n=3$

$\therefore m=\frac{4}{3}, n=\frac{1}{3}$

$\therefore \overrightarrow{OC}=\frac{4}{3}\overrightarrow{OA}+\frac{1}{3}\overrightarrow{OB}$ ……㉠

한편 점 P는 직선 OC 위의 점이므로

$\overrightarrow{OP}=k\overrightarrow{OC}$ (k는 실수)

㉠을 대입하면

$\overrightarrow{OP}=\frac{4}{3}k\overrightarrow{OA}+\frac{1}{3}k\overrightarrow{OB}$

그런데 세 점 A, B, P는 한 직선 위의 점이므로

$\frac{4}{3}k+\frac{1}{3}k=1 \quad \therefore k=\frac{3}{5}$

$\therefore \boldsymbol{\overrightarrow{OP}=\frac{4}{5}\overrightarrow{OA}+\frac{1}{5}\overrightarrow{OB}}$

5-7.

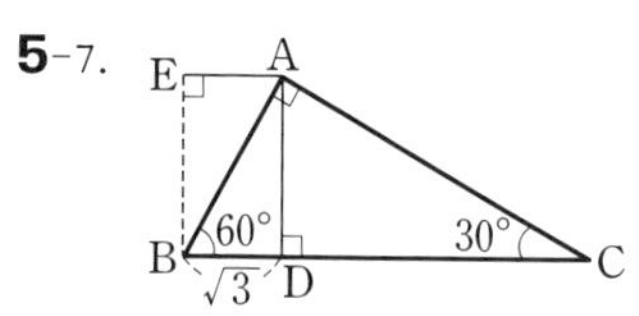

$\overline{AD}=\overline{BD}\tan 60°=\sqrt{3}\times\sqrt{3}=3$

이때, $\angle ACD=30°$이므로

$\overline{CD}=\overline{AD}\times\frac{1}{\tan 30°}=3\sqrt{3}$

$\therefore \overline{AC}=\overline{CD}\times\frac{1}{\cos 30°}=6$

(1) $\overrightarrow{CA}\cdot\overrightarrow{CD}=|\overrightarrow{CA}||\overrightarrow{CD}|\cos 30°$

$=6\times3\sqrt{3}\times\frac{\sqrt{3}}{2}=\boldsymbol{27}$

(2) 위의 그림과 같이 $\overrightarrow{AE}=\overrightarrow{DB}$가 되도록 점 E를 잡으면 $\angle EAC=150°$

$\therefore \overrightarrow{AC}\cdot\overrightarrow{DB}=\overrightarrow{AC}\cdot\overrightarrow{AE}$

$=|\overrightarrow{AC}||\overrightarrow{AE}|\cos 150°$

$=|\overrightarrow{AC}||\overrightarrow{AE}|\times(-\cos 30°)$

$=6\times\sqrt{3}\times\left(-\frac{\sqrt{3}}{2}\right)=\boldsymbol{-9}$

5-8. $|\vec{a}-\vec{b}|^2=|\vec{a}|^2-2(\vec{a}\cdot\vec{b})+|\vec{b}|^2$에 주어진 조건을 대입하면

$6^2=4^2-2(\vec{a}\cdot\vec{b})+5^2$

$\therefore \boldsymbol{\vec{a}\cdot\vec{b}=\frac{5}{2}}$

5-9. $|\vec{a}+\vec{b}|=2, |\vec{a}-\vec{b}|=1$의 양변을 각각 제곱하면

$|\vec{a}|^2+2(\vec{a}\cdot\vec{b})+|\vec{b}|^2=4$ …㉠

$|\vec{a}|^2-2(\vec{a}\cdot\vec{b})+|\vec{b}|^2=1$ …㉡

㉠+㉡하면 $2(|\vec{a}|^2+|\vec{b}|^2)=5$

$\therefore |\vec{a}|^2+|\vec{b}|^2=\frac{5}{2}$

㉠−㉡하면 $4(\vec{a}\cdot\vec{b})=3$

$\therefore \vec{a}\cdot\vec{b}=\frac{3}{4}$

$\therefore$ (준 식)$=\{4|\vec{a}|^2-4(\vec{a}\cdot\vec{b})+|\vec{b}|^2\}$

$+\{|\vec{a}|^2-4(\vec{a}\cdot\vec{b})+4|\vec{b}|^2\}$

$=5(|\vec{a}|^2+|\vec{b}|^2)-8(\vec{a}\cdot\vec{b})$

$=5\times\frac{5}{2}-8\times\frac{3}{4}=\boldsymbol{\frac{13}{2}}$

5-10. $|\vec{a}-3\vec{b}|^2=(\sqrt{13})^2$이므로

$|\vec{a}|^2-6(\vec{a}\cdot\vec{b})+9|\vec{b}|^2=13$

이때,

$\vec{a}\cdot\vec{b}=|\vec{a}||\vec{b}|\cos 60°$

$=|\vec{a}|\times1\times\frac{1}{2}=\frac{1}{2}|\vec{a}|$

이므로

$|\vec{a}|^2-6\times\frac{1}{2}|\vec{a}|+9\times1^2=13$

$\therefore (|\vec{a}|-4)(|\vec{a}|+1)=0$

$|\vec{a}|\ge0$이므로 $\boldsymbol{|\vec{a}|=4}$

5-11. $\vec{a}+\vec{b}+\vec{c}=\vec{0}$에서

$\vec{a}+\vec{b}=-\vec{c} \quad \therefore |\vec{a}+\vec{b}|^2=|\vec{c}|^2$

$\therefore\ |\vec{a}|^2+2(\vec{a}\cdot\vec{b})+|\vec{b}|^2=|\vec{c}|^2$

$\therefore\ (\sqrt{2})^2+2(\vec{a}\cdot\vec{b})+(\sqrt{6})^2=(\sqrt{14})^2$

$\therefore\ \vec{a}\cdot\vec{b}=3$

따라서 $\vec{a}$와 $\vec{b}$가 이루는 각의 크기를 θ라고 하면

$$\cos\theta=\frac{\vec{a}\cdot\vec{b}}{|\vec{a}||\vec{b}|}=\frac{3}{\sqrt{2}\times\sqrt{6}}=\frac{\sqrt{3}}{2}$$

$\therefore\ \theta=\mathbf{30^\circ}$

5-12. $\vec{a}-\vec{b}=(3,\ 2)$, $\vec{a}-\vec{c}=(2,\ 3)$ 이므로

$$(\vec{a}-\vec{b})\cdot(\vec{a}-\vec{c})=(3,\ 2)\cdot(2,\ 3)=12,$$

$|\vec{a}-\vec{b}|=\sqrt{3^2+2^2}=\sqrt{13}$,

$|\vec{a}-\vec{c}|=\sqrt{2^2+3^2}=\sqrt{13}$

$$\therefore\ \cos\theta=\frac{(\vec{a}-\vec{b})\cdot(\vec{a}-\vec{c})}{|\vec{a}-\vec{b}||\vec{a}-\vec{c}|}=\frac{12}{\sqrt{13}\times\sqrt{13}}=\mathbf{\frac{12}{13}}$$

5-13. $\vec{a}\cdot\vec{b}=(x,\ 1)\cdot(1,\ 3)=x+3$,

$|\vec{a}|=\sqrt{x^2+1}$, $|\vec{b}|=\sqrt{1^2+3^2}=\sqrt{10}$

이므로 $\vec{a}\cdot\vec{b}=|\vec{a}||\vec{b}|\cos 45^\circ$에서

$$x+3=\sqrt{x^2+1}\times\sqrt{10}\times\frac{1}{\sqrt{2}}$$

$\therefore\ \sqrt{5(x^2+1)}=x+3$ ……㉠

양변을 제곱하여 정리하면

$2x^2-3x-2=0$ $\quad\therefore\ x=-\frac{1}{2},\ 2$

이 값은 모두 ㉠을 만족시키므로

$$\boldsymbol{x=-\frac{1}{2},\ 2}$$

5-14. 원점 O에 대하여

(1) $\overrightarrow{AB}=\overrightarrow{OB}-\overrightarrow{OA}=(-3,\ 5)$,

$\overrightarrow{AC}=\overrightarrow{OC}-\overrightarrow{OA}=(1,\ 3)$

이므로

$|\overrightarrow{AB}|=\sqrt{(-3)^2+5^2}=\mathbf{\sqrt{34}}$,

$|\overrightarrow{AC}|=\sqrt{1^2+3^2}=\mathbf{\sqrt{10}}$,

$\overrightarrow{AB}\cdot\overrightarrow{AC}=(-3,\ 5)\cdot(1,\ 3)=\mathbf{12}$

(2) $\triangle ABC$

$$=\frac{1}{2}\sqrt{|\overrightarrow{AB}|^2|\overrightarrow{AC}|^2-(\overrightarrow{AB}\cdot\overrightarrow{AC})^2}$$

$$=\frac{1}{2}\sqrt{(\sqrt{34})^2\times(\sqrt{10})^2-12^2}=\mathbf{7}$$

5-15. $\vec{a}-3\vec{b}$와 $2\vec{a}+\vec{b}$가 서로 수직이므로

$(\vec{a}-3\vec{b})\cdot(2\vec{a}+\vec{b})=0$

$\therefore\ 2|\vec{a}|^2-5(\vec{a}\cdot\vec{b})-3|\vec{b}|^2=0$

조건에서 $|\vec{a}|=2|\vec{b}|$이므로

$8|\vec{b}|^2-5(\vec{a}\cdot\vec{b})-3|\vec{b}|^2=0$

$\therefore\ \vec{a}\cdot\vec{b}=|\vec{b}|^2$

따라서 $\vec{a}$와 $\vec{b}$가 이루는 각의 크기를 θ라고 하면

$$\cos\theta=\frac{\vec{a}\cdot\vec{b}}{|\vec{a}||\vec{b}|}=\frac{|\vec{b}|^2}{2|\vec{b}|\times|\vec{b}|}=\frac{1}{2}$$

$\therefore\ \theta=\mathbf{60^\circ}$

5-16. $\vec{a}+\vec{b}=(2+x,\ 5)$,

$\vec{a}-\vec{b}=(2-x,\ 1)$

이고 $(\vec{a}+\vec{b})\perp(\vec{a}-\vec{b})$이므로

$(2+x,\ 5)\cdot(2-x,\ 1)=0$

$\therefore\ (2+x)(2-x)+5=0$

$\therefore\ x^2=9$ $\quad\therefore\ \boldsymbol{x=\pm 3}$

5-17. $\vec{a}+x\vec{b}=(3,\ 4)+x(2,\ -1)$

$=(3+2x,\ 4-x)$,

$\vec{a}-\vec{b}=(1,\ 5)$

이고 $(\vec{a}+x\vec{b})\perp(\vec{a}-\vec{b})$이므로

$(3+2x,\ 4-x)\cdot(1,\ 5)=0$

$\therefore\ (3+2x)+5(4-x)=0$ $\quad\therefore\ \boldsymbol{x=\frac{23}{3}}$

5-18. $\vec{e}=(x,\ y)$라고 하면 $\vec{a}\perp\vec{e}$이므로 $(3,\ 4)\cdot(x,\ y)=0$

$\therefore\ 3x+4y=0$ ……㉠

또, $|\vec{e}|=1$이므로

$x^2+y^2=1$ ……㉡

①, ②를 연립하여 풀면

$x=\pm\frac{4}{5},\ y=\mp\frac{3}{5}$ (복부호동순)

$\therefore\ \vec{e}=\left(\frac{4}{5},\ -\frac{3}{5}\right),\ \left(-\frac{4}{5},\ \frac{3}{5}\right)$

5-19. 구하는 벡터를 $\vec{b}=(x,\ y)$라고 하면 $\vec{a}\perp\vec{b}$이므로

$(3,\ 1)\cdot(x,\ y)=0$

$\therefore\ 3x+y=0$ ……①

또, $|\vec{b}|=2\sqrt{10}$이므로

$x^2+y^2=40$ ……②

①, ②를 연립하여 풀면

$x=\pm2,\ y=\mp6$ (복부호동순)

$\therefore\ \vec{b}=(2,\ -6),\ (-2,\ 6)$

5-20. (1) $\vec{a}+t\vec{b}=(-1,\ 2)+t(1,\ 3)$

$=(-1+t,\ 2+3t)$

$\therefore\ |\vec{a}+t\vec{b}|^2=(-1+t)^2+(2+3t)^2$

$=10\left(t+\frac{1}{2}\right)^2+\frac{5}{2}$

따라서 $|\vec{a}+t\vec{b}|$는 $t=-\frac{1}{2}$일 때 최소이다.

(2) $\vec{a}+t_0\vec{b}=\vec{a}-\frac{1}{2}\vec{b}$

$=(-1,\ 2)-\frac{1}{2}(1,\ 3)$

$=\left(-\frac{3}{2},\ \frac{1}{2}\right)$

$\therefore\ (\vec{a}+t_0\vec{b})\cdot\vec{b}=\left(-\frac{3}{2},\ \frac{1}{2}\right)\cdot(1,\ 3)$

$=-\frac{3}{2}+\frac{3}{2}=0$

따라서 $\vec{a}+t_0\vec{b}$는 $\vec{b}$에 수직이다.

6-1. (1) $\overrightarrow{AP}\,/\!/\,\overrightarrow{AC}$이므로 0이 아닌 실수 t에 대하여 $\overrightarrow{AP}=t\overrightarrow{AC}$

$\therefore\ \vec{p}-\vec{a}=t(\vec{c}-\vec{a})$

$\therefore\ \vec{p}=\vec{a}+t(\vec{c}-\vec{a})$

$t=0$일 때 $\vec{p}=\vec{a}$이므로 점 P는 점 A와 일치한다.

따라서 직선 AC의 벡터방정식은

$\vec{p}=\vec{a}+t(\vec{c}-\vec{a})$ (단, t는 실수)

(2) 점 E는 선분 AC의 중점이므로 점 E의 위치벡터는 $\frac{\vec{a}+\vec{c}}{2}$

$\overrightarrow{EQ}\perp\overrightarrow{BC}$이므로 $\overrightarrow{EQ}\cdot\overrightarrow{BC}=0$

$\therefore\ \left(\vec{q}-\frac{\vec{a}+\vec{c}}{2}\right)\cdot(\vec{c}-\vec{b})=0$

6-2. 직선 l의 방정식은

$\frac{x-5}{2}=\frac{y+1}{3}$ ……①

이므로 l의 방향벡터는 $\vec{d}=(2,\ 3)$

(1) 점 A$(-1,\ 2)$를 지나고 방향벡터가 $\vec{d}=(2,\ 3)$인 직선의 방정식은

$\frac{x+1}{2}=\frac{y-2}{3}$

(2) ①에 $x=0$을 대입하면 $y=-\frac{17}{2}$이므로 B$\left(0,\ -\frac{17}{2}\right)$

두 점 B$\left(0,\ -\frac{17}{2}\right)$, C$(3,\ -1)$을 지나는 직선의 방정식은

$\frac{x-3}{0-3}=\frac{y+1}{-\frac{17}{2}+1}$

$\therefore\ \frac{x-3}{2}=\frac{y+1}{5}$

6-3. 직선 l의 방정식은 $\frac{x}{3}=\frac{y-2}{-2}$이므로 l은 점 $(0,\ 2)$를 지나고 방향벡터가 $\vec{d}=(3,\ -2)$인 직선이다.

따라서 H$(x,\ y)$라고 하면 점 H는 직선 l 위의 점이므로

$(x,\ y)=(0,\ 2)+t(3,\ -2)$

$\therefore\ x=3t,\ y=-2t+2$

$\therefore$ H$(3t,\ -2t+2)$

$\overrightarrow{AH}\perp\vec{d}$이므로 $\overrightarrow{AH}\cdot\vec{d}=0$

이때,

$\overrightarrow{AH}=(3t,\ -2t+2)-(1,\ -3)$

$=(3t-1,\ -2t+5)$

이므로

$(3t-1,\ -2t+5)\cdot(3,\ -2)=0$

$\therefore\ 3(3t-1)-2(-2t+5)=0$

$\therefore\ t=1 \quad \therefore\ \mathbf{H(3,\ 0)}$

두 점 $A(1,\ -3)$, $H(3,\ 0)$을 지나는 직선의 방정식은

$\dfrac{x-1}{3-1}=\dfrac{y+3}{0+3} \quad \therefore\ \dfrac{\boldsymbol{x-1}}{\mathbf{2}}=\dfrac{\boldsymbol{y+3}}{\mathbf{3}}$

***Note** 직선 AH는 점 $A(1,\ -3)$을 지나고 법선벡터가 $\vec{d}=(3,\ -2)$이므로 직선 AH의 방정식은

$3(x-1)-2(y+3)=0$

$\therefore\ \mathbf{3x-2y-9=0}$

6-4. 두 직선 g_1, g_2의 방향벡터를 각각 $\vec{d_1}$, $\vec{d_2}$라고 하면

$\vec{d_1}=(-1,\ 2),\ \vec{d_2}=(-3,\ 1)$

따라서 두 직선이 이루는 예각의 크기를 θ라고 하면

$$\cos\theta=\frac{|\vec{d_1}\cdot\vec{d_2}|}{|\vec{d_1}||\vec{d_2}|}=\frac{|(-1)\times(-3)+2\times1|}{\sqrt{(-1)^2+2^2}\sqrt{(-3)^2+1^2}}=\frac{1}{\sqrt{2}}$$

$\therefore\ \boldsymbol{\theta=45°}$

6-5. 두 점 A, B를 지나는 직선 g_1의 방향벡터를 $\vec{d_1}$이라고 하면

$\vec{d_1}=(-3,\ 0)-(2,\ -\sqrt{3})=(-5,\ \sqrt{3})$

두 점 C, D를 지나는 직선 g_2의 방향벡터를 $\vec{d_2}$라고 하면

$\vec{d_2}=(3\sqrt{3},\ -4)-(2\sqrt{3},\ -5)=(\sqrt{3},\ 1)$

$$\therefore\ \cos^2\theta=\frac{(\vec{d_1}\cdot\vec{d_2})^2}{|\vec{d_1}|^2|\vec{d_2}|^2}=\frac{(-5\times\sqrt{3}+\sqrt{3}\times1)^2}{\{(-5)^2+(\sqrt{3})^2\}\{(\sqrt{3})^2+1^2\}}=\mathbf{\frac{3}{7}}$$

***Note** $\cos(180°-\theta)=-\cos\theta$이지만 $\cos^2\theta$의 값을 구하는 것이므로, θ가 예각인지 둔각인지 생각하지 않아도 된다.

6-6. $l:\ \dfrac{x+2}{a}=y(=t)$

$m:\ x-4=\dfrac{y+2}{-2}(=s)$

(1) $l\perp m$이므로 두 직선 l, m의 방향벡터가 서로 수직이다.

$\therefore\ (a,\ 1)\cdot(1,\ -2)=0$

$\therefore\ a-2=0 \quad \therefore\ \boldsymbol{a=2}$

(2) 점 P는 직선 l 위의 점이므로 $P(2t-2,\ t)$로 놓을 수 있다.

또, 점 P는 직선 m 위의 점이므로 $P(s+4,\ -2s-2)$로 놓을 수 있다.

$\therefore\ 2t-2=s+4,\ t=-2s-2$

$\therefore\ t=2,\ s=-2 \quad \therefore\ \mathbf{P(2,\ 2)}$

(3) $A(2t-2,\ t)$로 놓으면 $t=0$에서

$A(-2,\ 0)$

$B(s+4,\ -2s-2)$로 놓으면

$s+4=0$에서 $s=-4 \quad \therefore\ B(0,\ 6)$

$l\perp m$이므로 $\overrightarrow{PA}\perp\overrightarrow{PB}$

이때,

$\overrightarrow{PA}=(-2,\ 0)-(2,\ 2)=(-4,\ -2)$,

$\overrightarrow{PB}=(0,\ 6)-(2,\ 2)=(-2,\ 4)$

$$\therefore\ \triangle PAB=\frac{1}{2}|\overrightarrow{PA}||\overrightarrow{PB}|=\frac{1}{2}\times\sqrt{20}\times\sqrt{20}=\mathbf{10}$$

6-7. $\vec{p}$의 종점의 자취는 두 점 $A(3,\ 5)$, $B(-1,\ -7)$을 지름의 양 끝 점으로 하는 원이다. 이때,

$\overline{AB}=\sqrt{(3+1)^2+(5+7)^2}=4\sqrt{10}$

이므로 원의 둘레의 길이는 $\boldsymbol{4\sqrt{10}\pi}$

6-8. (1) $\overrightarrow{p}\cdot(\overrightarrow{p}-\overrightarrow{a})=0$에서

$\overrightarrow{\mathrm{OP}}\cdot\overrightarrow{\mathrm{AP}}=0 \quad \therefore\ \overrightarrow{\mathrm{OP}}\perp\overrightarrow{\mathrm{AP}}$

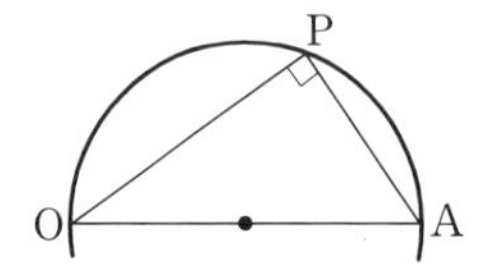

따라서 **원점 O와 점 A를 지름의 양 끝 점으로 하는 원**

(2) 주어진 식은

$\overrightarrow{p}\cdot\overrightarrow{p}-(\overrightarrow{a}+2\overrightarrow{b})\cdot\overrightarrow{p}+\overrightarrow{a}\cdot(2\overrightarrow{b})=0$

$\therefore\ (\overrightarrow{p}-\overrightarrow{a})\cdot(\overrightarrow{p}-2\overrightarrow{b})=0$

$2\overrightarrow{b}$의 종점을 B′이라고 하면

$\overrightarrow{\mathrm{AP}}\cdot\overrightarrow{\mathrm{B'P}}=0 \quad \therefore\ \overrightarrow{\mathrm{AP}}\perp\overrightarrow{\mathrm{B'P}}$

따라서 **위치벡터 $\overrightarrow{a}$, $2\overrightarrow{b}$의 종점을 지름의 양 끝 점으로 하는 원**

6-9. 점 P의 자취는 두 점 A, B를 지름의 양 끝 점으로 하는 원이다.

원의 중심을 C라고 하면 점 C는 선분 AB의 중점이므로

$\mathrm{C}\left(\dfrac{2+4}{2},\ \dfrac{-5+1}{2}\right)$ 곧, C(3, −2)

또, 반지름의 길이는

$\dfrac{1}{2}\overline{\mathrm{AB}}=\dfrac{1}{2}\sqrt{(4-2)^2+(1+5)^2}=\sqrt{10}$

따라서 원의 방정식은

$(x-3)^2+(y+2)^2=10$ ……㉮

직선 l의 방정식은 $x-1=\dfrac{y+1}{2}(=t)$이므로 l 위의 점의 좌표는 $(t+1,\ 2t-1)$로 놓을 수 있다.

이것을 ㉮에 대입하면

$(t+1-3)^2+(2t-1+2)^2=10$

$\therefore\ t^2=1 \quad \therefore\ t=\pm1$

따라서 교점의 좌표는

$t=1$일 때 (2, 1), $t=-1$일 때 (0, −3)

$\therefore\ \overline{\mathrm{QR}}=\sqrt{(0-2)^2+(-3-1)^2}=\boldsymbol{2\sqrt{5}}$

6-10.

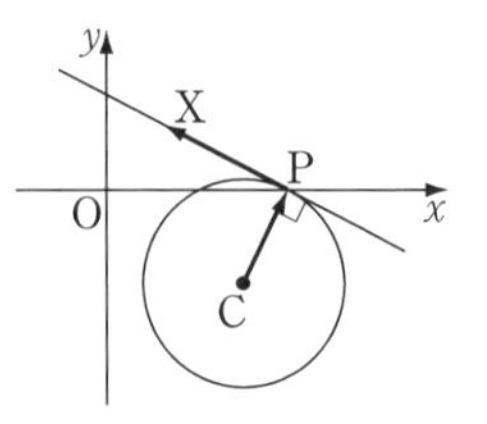

원의 중심을 C(3, −2), 접선 위의 점을 X$(x,\ y)$라고 하자.

$\overrightarrow{\mathrm{CP}}\perp\overrightarrow{\mathrm{PX}}$이므로 $\overrightarrow{\mathrm{CP}}\cdot\overrightarrow{\mathrm{PX}}=0$

이때,

$\overrightarrow{\mathrm{CP}}=(4,\ 0)-(3,\ -2)=(1,\ 2)$,

$\overrightarrow{\mathrm{PX}}=(x,\ y)-(4,\ 0)=(x-4,\ y)$

이므로 $(1,\ 2)\cdot(x-4,\ y)=0$

$\therefore\ \boldsymbol{x+2y-4=0}$

Note* 기본 문제 **6-8에 주어진 식을 공식처럼 이용해도 된다.

곧, 구하는 접선의 방정식은

$(4-3)(x-3)+(0+2)(y+2)=5$

$\therefore\ \boldsymbol{x+2y-4=0}$

6-11.

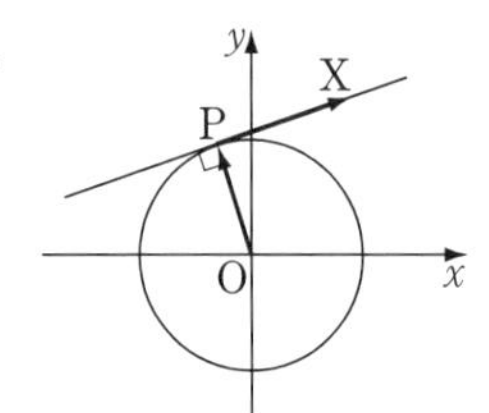

(1) 접선 위의 점을 X$(x,\ y)$라 하고, 두 점 P, X의 위치벡터를 각각 $\overrightarrow{p}$, $\overrightarrow{x}$라고 하면 $|\overrightarrow{p}|=|r|$

$\overrightarrow{\mathrm{OP}}\perp\overrightarrow{\mathrm{PX}}$이므로 $\overrightarrow{\mathrm{OP}}\cdot\overrightarrow{\mathrm{PX}}=0$

$\therefore\ \overrightarrow{p}\cdot(\overrightarrow{x}-\overrightarrow{p})=0$

$\therefore\ \overrightarrow{p}\cdot\overrightarrow{x}=|\overrightarrow{p}|^2=r^2$

이때, $\overrightarrow{p}=(x_1,\ y_1)$, $\overrightarrow{x}=(x,\ y)$이므로

$(x_1,\ y_1)\cdot(x,\ y)=r^2$

$\therefore\ \boldsymbol{x_1x+y_1y=r^2}$

(2) 점 P는 직선 $\dfrac{x-1}{3}=y-2(=t)$ 위의

점이므로 $P(3t+1,\ t+2)$로 놓을 수 있다.

한편 직선의 방향벡터를 $\vec{d}$라고 하면 $\vec{d}=(3,\ 1)$

$\overrightarrow{OP}\perp\vec{d}$이므로 $\overrightarrow{OP}\cdot\vec{d}=0$

$\therefore\ (3t+1,\ t+2)\cdot(3,\ 1)=0$

$\therefore\ 3(3t+1)+(t+2)=0$

$\therefore\ t=-\dfrac{1}{2}\qquad\therefore\ \mathbf{P}\left(-\dfrac{1}{2},\ \dfrac{3}{2}\right)$

또, 반지름의 길이는

$\overline{OP}=\sqrt{\left(-\dfrac{1}{2}\right)^2+\left(\dfrac{3}{2}\right)^2}=\dfrac{\sqrt{10}}{2}$

6-12. $\overrightarrow{PA}=(2-x,\ 6-y)$,

$\overrightarrow{PB}=(-2-x,\ 2-y)$

(1) $|\overrightarrow{PA}|=|\overrightarrow{PB}|$이므로

$\sqrt{(2-x)^2+(6-y)^2}$

$=\sqrt{(-2-x)^2+(2-y)^2}$

양변을 제곱하여 정리하면

$\boldsymbol{y=-x+4}$

**Note* $|\overrightarrow{PA}|=|\overrightarrow{PB}|$를 만족시키는 점 P의 자취는 선분 AB의 수직이등분선이다.

(2) $\overrightarrow{PA}+\overrightarrow{PB}=(2-x,\ 6-y)$

$+(-2-x,\ 2-y)$

$=(-2x,\ 8-2y)$

$|\overrightarrow{PA}+\overrightarrow{PB}|=4$이므로

$\sqrt{(-2x)^2+(8-2y)^2}=4$

양변을 제곱하여 정리하면

$\boldsymbol{x^2+(y-4)^2=4}$

6-13. $\overrightarrow{PA}+\overrightarrow{PB}+\overrightarrow{PC}$

$=(3-x,\ 2-y)+(-2-x,\ 1-y)$

$+(-1-x,\ -3-y)$

$=(-3x,\ -3y)$

$|\overrightarrow{PA}+\overrightarrow{PB}+\overrightarrow{PC}|=3$이므로

$\sqrt{(-3x)^2+(-3y)^2}=3$

양변을 제곱하여 정리하면

$\boldsymbol{x^2+y^2=1}$

7-1.

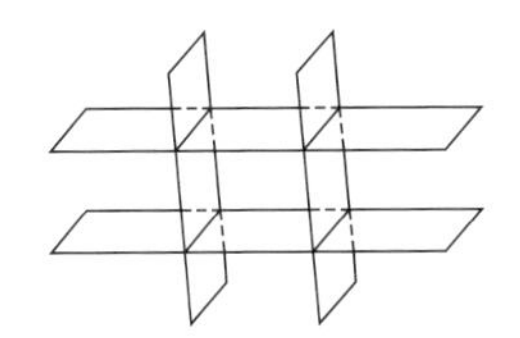

두 평면이 서로 평행하고, 나머지 두 평면도 서로 평행한 경우이다. 이 관계를 그림으로 나타내면 위와 같다.

따라서 나누어지는 공간의 개수는 9이다. 답 ③

7-2.

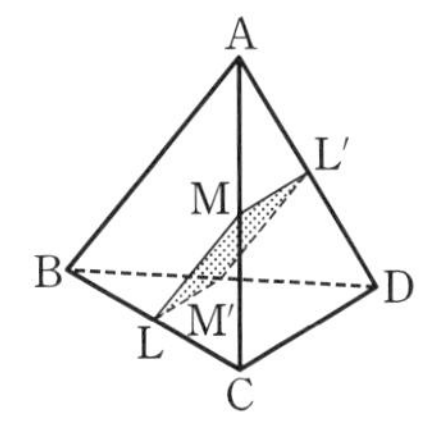

(1) 직선 LL′과 AC는 만나지도 않고 한 평면 위에 있지도 않으므로 꼬인 위치에 있다.

(2) △ABC에서 점 L, M은 각각 변 BC, AC의 중점이므로

$\overline{LM}/\!/\overline{AB},\ \overline{LM}=\dfrac{1}{2}\overline{AB}$ …①

△ABD에서 점 L′, M′은 각각 변 AD, BD의 중점이므로

$\overline{L'M'}/\!/\overline{AB},\ \overline{L'M'}=\dfrac{1}{2}\overline{AB}$ …②

①, ②에서 직선 LM과 L′M′은 평행하다.

(3) (2)에서 사각형 LML′M′은 평행사변형이므로 직선 LL′과 MM′은 한 점에서 만난다.

7-3. △ABD에서 점 L, N은 각각 변 AB, AD의 중점이므로

$\overline{LN}/\!/\overline{BD},\ \overline{LN}=\dfrac{1}{2}\overline{BD}$ ……①

$\triangle$CBD에서 점 R, P는 각각 변 BC, DC의 중점이므로

$\overline{RP} /\!/ \overline{BD},\ \overline{RP}=\frac{1}{2}\overline{BD}$ ……②

①, ②에서

$\overline{LN} /\!/ \overline{RP},\ \overline{LN}=\overline{RP}$ ……③

③에서 사각형 RPNL은 평행사변형이므로 선분 LP, NR는 서로 다른 것을 이등분하며 한 점에서 만난다.

같은 방법으로 하면 $\overline{LM} /\!/ \overline{QP}$이고 $\overline{LM}=\overline{QP}$이다.

따라서 사각형 QPML은 평행사변형이므로 선분 LP, MQ는 서로 다른 것을 이등분하며 한 점에서 만난다.

이상에서 선분 LP, MQ, NR는 한 점에서 만나고 서로 다른 것을 이등분한다.

7-4. $\overline{BC'} /\!/ \overline{AD'}$이므로 두 직선 AA′과 BC′이 이루는 각의 크기는 $\angle$A′AD′의 크기와 같다.

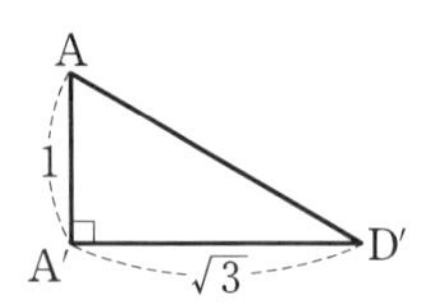

위의 그림에서 $\angle$A′AD′=**60°**

7-5. $\sqrt{3^2+4^2+5^2}=\mathbf{5\sqrt{2}}$ **(cm)**

7-6. 정육면체의 한 모서리의 길이를 x cm라고 하면 부피는 x^3 cm³이므로

$x^3=16\sqrt{2}=(2\sqrt{2})^3 \quad \therefore\ x=2\sqrt{2}$

따라서 대각선의 길이는

$\sqrt{x^2+x^2+x^2}=\sqrt{3}x=\mathbf{2\sqrt{6}}$ **(cm)**

7-7.

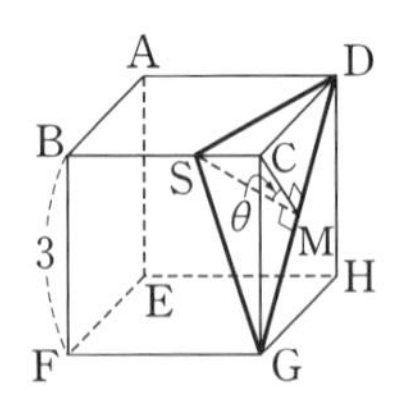

점 P, R가 각각 점 D, G에 오도록 $\triangle$PQR를 평행이동할 때, 점 Q가 이동한 점을 S라고 하면 $\triangle$DSG와 $\triangle$DCG가 이루는 예각의 크기는 θ이다.

선분 DG의 중점을 M이라고 하면

$\overline{CG}=\overline{CD}$이므로 $\overline{CM}\perp\overline{DG}$,

$\overline{SG}=\overline{SD}$이므로 $\overline{SM}\perp\overline{DG}$

$\therefore\ \angle CMS=\theta$

한편 $\overline{CM}=\frac{1}{2}\overline{CH}=\frac{3\sqrt{2}}{2},\ \overline{CS}=1$

이므로 직각삼각형 SCM에서

$\left(\frac{3\sqrt{2}}{2}\right)^2+1^2=\overline{SM}^2 \quad \therefore\ \overline{SM}=\frac{\sqrt{22}}{2}$

$\therefore\ \cos\theta=\frac{\overline{CM}}{\overline{SM}}=\frac{\frac{3\sqrt{2}}{2}}{\frac{\sqrt{22}}{2}}=\mathbf{\frac{3\sqrt{11}}{11}}$

**Note* $\overline{SC}\perp$(평면 CGHD)이므로 선분 SC는 평면 CGHD 위의 모든 직선과 수직이다.

따라서 $\overline{SC}\perp\overline{CM}$이므로 $\triangle$SCM은 $\angle$SCM=90°인 직각삼각형이다.

7-8.

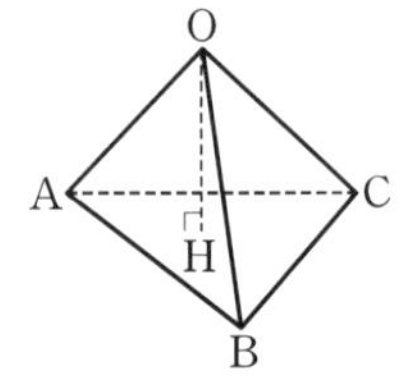

꼭짓점 O에서 $\triangle$ABC에 내린 수선의 발을 H라고 하면

$\overline{OA}\perp\overline{BC},\ \overline{OH}\perp\overline{BC}$

$\therefore$ (평면 OAH)$\perp\overline{BC}$

$\therefore\ \overline{AH}\perp\overline{BC}$ ……①

또, $\overline{OB}\perp\overline{AC},\ \overline{OH}\perp\overline{AC}$

$\therefore$ (평면 OBH)$\perp\overline{AC}$

$\therefore\ \overline{BH}\perp\overline{AC}$ ……②

①, ②에서 점 H는 $\triangle$ABC의 수심이다. 따라서 $\overline{CH}\perp\overline{AB}$이고 $\overline{OH}\perp\overline{AB}$이

므로 (평면 OHC)$\perp\overline{AB}$

$\therefore\ \overline{OC}\perp\overline{AB}$

* ***Note*** 삼각형의 각 꼭짓점에서 대변에 그은 수선은 한 점에서 만난다. 이 점을 삼각형의 **수심**이라고 한다.

7-9.

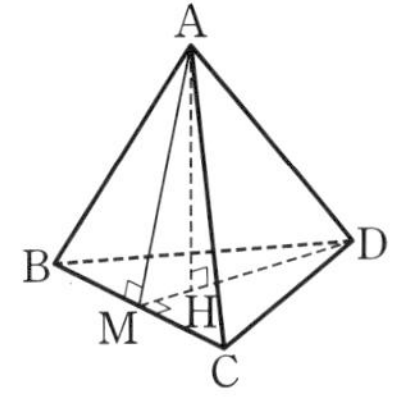

정사면체 ABCD의 한 모서리의 길이를 x cm라고 하면 위의 그림에서

$$\overline{DM}=\sqrt{\overline{DB}^2-\overline{BM}^2}=\sqrt{x^2-\left(\frac{1}{2}x\right)^2}=\frac{\sqrt{3}}{2}x,$$

$$\overline{DH}=\frac{2}{3}\overline{DM}=\frac{\sqrt{3}}{3}x$$

$$\therefore\ \overline{AH}=\sqrt{\overline{AD}^2-\overline{DH}^2}=\sqrt{x^2-\left(\frac{\sqrt{3}}{3}x\right)^2}=\frac{\sqrt{6}}{3}x$$

그런데 $\overline{AH}=6$ cm이므로

$$\frac{\sqrt{6}}{3}x=6\qquad\therefore\ x=\mathbf{3\sqrt{6}\ (cm)}$$

7-10.

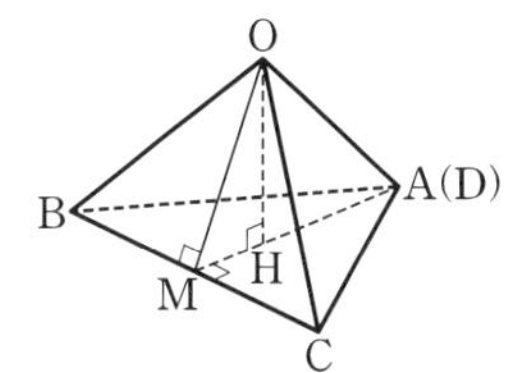

삼각뿔 OABC에서

$\overline{AB}=\overline{BC}=\overline{CA}=6$ cm,

$\overline{OA}=\overline{OB}=\overline{OC}=3\sqrt{2}$ cm

이므로

$\triangle OAH\equiv\triangle OBH\equiv\triangle OCH$

따라서 점 H는 정삼각형 ABC의 무게중심이다.

직선 AH와 직선 BC의 교점을 M이라고 하면

$\overline{BM}=\overline{CM},\ \overline{AH}:\overline{HM}=2:1$

$$\therefore\ \overline{AM}=\sqrt{\overline{AB}^2-\overline{BM}^2}=\sqrt{6^2-3^2}=3\sqrt{3}\ (cm),$$

$$\overline{AH}=\frac{2}{3}\overline{AM}=2\sqrt{3}\ (cm)$$

$$\therefore\ \overline{OH}=\sqrt{\overline{OA}^2-\overline{AH}^2}=\sqrt{(3\sqrt{2})^2-(2\sqrt{3})^2}=\mathbf{\sqrt{6}\ (cm)}$$

7-11.

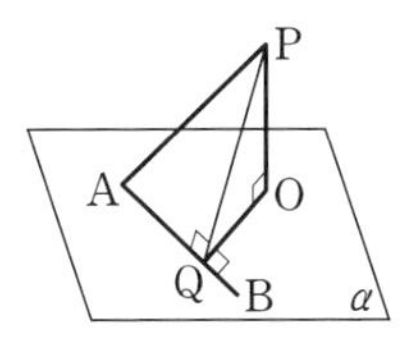

$\overline{PO}\perp\alpha,\ \overline{OQ}\perp\overline{AQ}$이므로 삼수선의 정리에 의하여 $\overline{PQ}\perp\overline{AQ}$이다.

따라서 $\triangle$PQA는 $\angle PQA=90^\circ$인 직각삼각형이므로

$$\overline{PQ}=\sqrt{\overline{AP}^2-\overline{AQ}^2}=\sqrt{7^2-(2\sqrt{6})^2}=5\ (cm)$$

또, $\triangle$PQO는 $\angle POQ=90^\circ$인 직각삼각형이므로

$$\overline{OQ}=\sqrt{\overline{PQ}^2-\overline{PO}^2}=\sqrt{5^2-4^2}=\mathbf{3\ (cm)}$$

7-12.

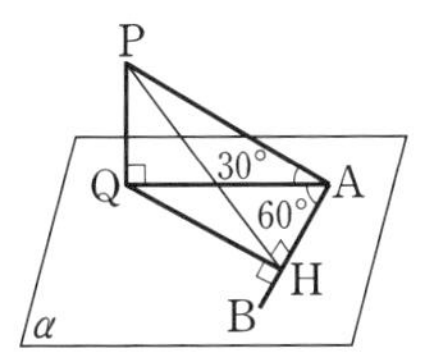

점 Q에서 직선 AB에 내린 수선의 발을 H라고 하면 삼수선의 정리에 의하여 $\overline{PH}\perp\overline{AB}$이다.

$\overline{AQ}=a$라고 하면

$$\overline{AH}=\overline{AQ}\cos 60^\circ=\frac{1}{2}a$$

또, $\cos 30^\circ=\dfrac{\overline{AQ}}{\overline{AP}}$에서

$$\overline{AP}=\dfrac{a}{\dfrac{\sqrt{3}}{2}}=\dfrac{2}{\sqrt{3}}a$$

$$\therefore\ \cos\theta=\dfrac{\overline{AH}}{\overline{AP}}=\dfrac{\dfrac{1}{2}a}{\dfrac{2}{\sqrt{3}}a}=\boldsymbol{\dfrac{\sqrt{3}}{4}}$$

7-13.

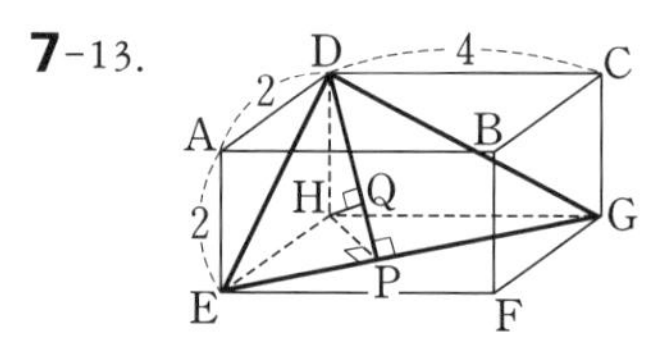

(1) $\overline{DH}\perp$(평면 EFGH), $\overline{DP}\perp\overline{EG}$이므로 삼수선의 정리에 의하여

$$\overline{HP}\perp\overline{EG}$$

따라서 $\triangle$EGH의 넓이 관계에서

$$\dfrac{1}{2}\times\overline{EG}\times\overline{HP}=\dfrac{1}{2}\times\overline{EH}\times\overline{HG}$$

$\overline{EG}=\sqrt{2^2+4^2}=2\sqrt{5}$이므로

$$\dfrac{1}{2}\times2\sqrt{5}\times\overline{HP}=\dfrac{1}{2}\times2\times4$$

$$\therefore\ \overline{HP}=\dfrac{4}{\sqrt{5}}$$

$$\therefore\ \overline{DP}=\sqrt{\overline{DH}^2+\overline{HP}^2}$$
$$=\sqrt{2^2+\left(\dfrac{4}{\sqrt{5}}\right)^2}=\boldsymbol{\dfrac{6\sqrt{5}}{5}}$$

(2) 사면체 HDEG의 부피 관계에서

$$\dfrac{1}{3}\times\triangle DEG\times\overline{HQ}=\dfrac{1}{3}\times\triangle HEG\times\overline{DH}$$

$$\therefore\ \dfrac{1}{3}\times\left(\dfrac{1}{2}\times2\sqrt{5}\times\dfrac{6\sqrt{5}}{5}\right)\times\overline{HQ}$$
$$=\dfrac{1}{3}\times\left(\dfrac{1}{2}\times2\times4\right)\times2$$

$$\therefore\ \overline{HQ}=\boldsymbol{\dfrac{4}{3}}$$

****Note*** 점 H에서 선분 DP에 내린 수선의 발을 Q′이라고 하면

$$\overline{HQ'}\perp\overline{DP}\qquad\cdots\cdots①$$

$\overline{HP}\perp\overline{EG}$, $\overline{DP}\perp\overline{EG}$이므로

(평면 DHP)$\perp\overline{EG}$

$$\therefore\ \overline{HQ'}\perp\overline{EG}\qquad\cdots\cdots②$$

①, ②에서 $\overline{HQ'}\perp$(평면 DEG)

따라서 점 Q′과 점 Q는 일치한다.

곧, 점 Q는 선분 DP 위에 있으므로 $\triangle$DHP의 넓이 관계를 이용하여 선분 HQ의 길이를 구해도 된다.

8-1. 선분 AB의 정사영을 선분 A′B′이라고 하면

$$\overline{A'B'}=\overline{AB}\cos 30^\circ=10\times\dfrac{\sqrt{3}}{2}$$
$$=\boldsymbol{5\sqrt{3}\ (cm)}$$

8-2. 타원 F의 정사영은 반지름의 길이가 3 cm인 원이고, 두 평면 α, β가 이루는 각의 크기는 60°이다.

따라서 F의 넓이를 S라고 하면

$\pi\times3^2=S\cos 60^\circ\quad\therefore\ S=\boldsymbol{18\pi\ (cm^2)}$

8-3.

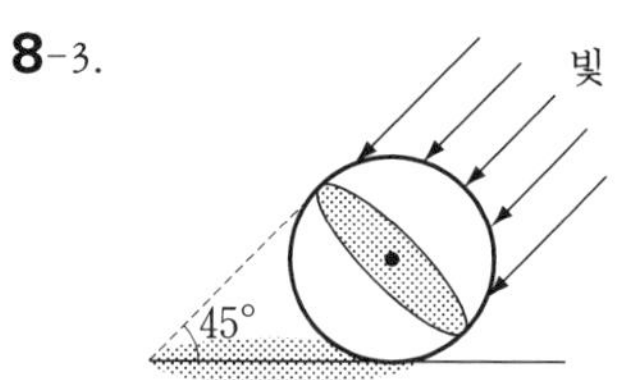

공의 그림자의 넓이를 S라 하고, 구의 중심을 지나고 빛의 방향에 수직인 평면으로 구를 자를 때 생기는 원의 넓이를 S′이라고 하자.

빛에 수직인 평면과 땅이 이루는 각의 크기가 45°이고, $S'=\pi\times10^2$이므로

$$\pi\times10^2=S\cos 45^\circ$$

$$\therefore\ S=\boldsymbol{100\sqrt{2}\,\pi\ (cm^2)}$$

8-4. 직선 l과 평면 α가 이루는 예각의 크기를 θ라고 하면

$$\overline{A'B'}=\overline{AB}\cos\theta$$

$$\therefore\ \cos\theta=\dfrac{\overline{A'B'}}{\overline{AB}}=\dfrac{2\sqrt{3}}{4}=\dfrac{\sqrt{3}}{2}$$

$$\therefore\ \theta=\boldsymbol{30^\circ}$$

8-5. 평면 α 위의 정삼각형의 넓이는

$$\frac{\sqrt{3}}{4}\times 2^2=\sqrt{3}$$

따라서 두 평면 α, β가 이루는 예각의 크기를 θ라고 하면

$$\frac{\sqrt{6}}{2}=\sqrt{3}\times\cos\theta \qquad \therefore\ \cos\theta=\frac{\sqrt{2}}{2}$$

$$\therefore\ \theta=\mathbf{45^\circ}$$

8-6. 판의 전체 넓이를 S라고 하면

$$S=16-\pi$$

또, 그림자의 넓이를 S′이라고 하면 S′은 판이 태양 광선과 수직을 이룰 때 최대이다. 이때, 판이 지면과 이루는 각의 크기는 30°이다.

$$\therefore\ S'\cos 30^\circ=S \qquad \therefore\ \frac{\sqrt{3}}{2}S'=16-\pi$$

$$\therefore\ S'=\boldsymbol{\frac{2\sqrt{3}}{3}(16-\pi)}$$

****Note***

△ABB′에서 사인법칙으로부터

⇦ 기본 수학 I p. 138

$$\frac{\overline{AB'}}{\sin\theta}=\frac{\overline{AB}}{\sin 60^\circ}$$

$$\therefore\ \overline{AB'}=\frac{2\sqrt{3}}{3}\overline{AB}\sin\theta$$

따라서 $\overline{AB}$가 일정하면 $\theta=90^\circ$일 때 $\overline{AB'}$이 최대이다.

8-7.

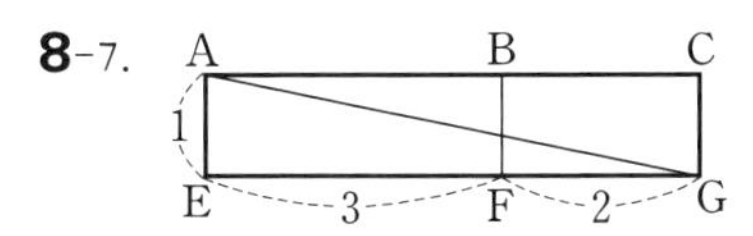

선분 BF를 지날 때의 전개도를 생각하면 위와 같으므로 이때의 최단 거리를 l_1이라고 하면

$$l_1=\sqrt{1^2+(3+2)^2}=\sqrt{26}$$

마찬가지로 선분 BC, DC를 지날 때의 최단 거리를 각각 l_2, l_3이라고 하면

$$l_2=\sqrt{2^2+(3+1)^2}=\sqrt{20},$$

$$l_3=\sqrt{3^2+(1+2)^2}=\sqrt{18}$$

따라서 최단 거리는 $\quad l_3=\mathbf{3\sqrt{2}}$

8-8. 원기둥의 옆면을 선분 PQ로 잘라 펼치면 아래와 같은 전개도를 얻는다.

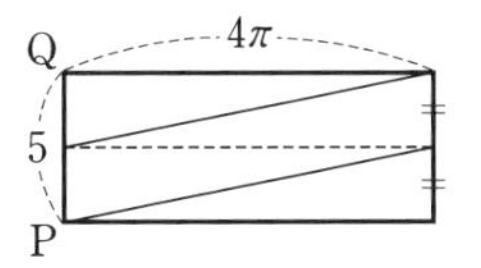

따라서 실의 길이를 l이라고 하면

$$l=2\sqrt{\left(\frac{5}{2}\right)^2+(4\pi)^2}=\boldsymbol{\sqrt{25+64\pi^2}}$$

8-9.

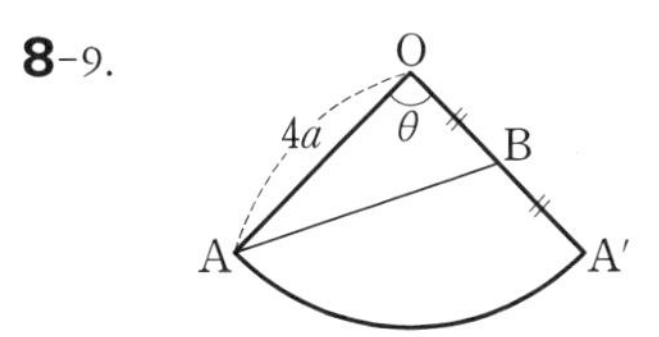

모선 OA로 원뿔의 옆면을 잘라 펼치면 위와 같은 부채꼴이 되고, 실의 길이는 선분 AB의 길이와 같다.

부채꼴의 중심각의 크기를 θ라고 하면

$$2\pi\times 4a\times\frac{\theta}{360^\circ}=2\pi\times a$$

$$\therefore\ \theta=90^\circ \qquad \therefore\ \angle AOB=90^\circ$$

$$\therefore\ \overline{AB}=\sqrt{\overline{OA}^2+\overline{OB}^2}$$

$$=\sqrt{(4a)^2+(2a)^2}=\mathbf{2\sqrt{5}\,\boldsymbol{a}}$$

8-10.

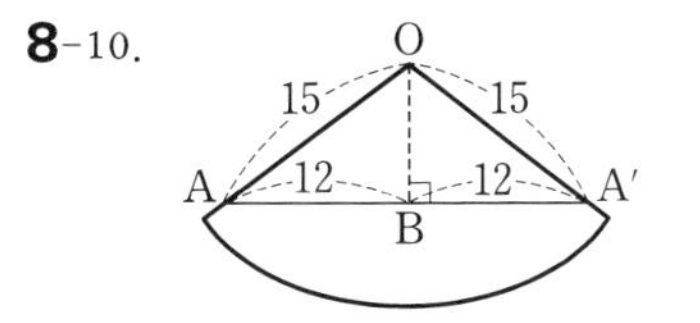

점 A를 지나는 모선으로 원뿔의 옆면을 잘라 펼치면 위와 같은 부채꼴이 되고, 끈이 감긴 부분은 선분 AA′이다.

꼭짓점 O에서 끈에 이르는 최단 거리는 선분 OB의 길이이므로

$$\overline{OB}=\sqrt{15^2-12^2}=\mathbf{9\,(cm)}$$

9-1. x축 위의 점을 P$(a, 0, 0)$이라 하면

$$\overline{AP}^2=(a-2)^2+(0-3)^2+(0-4)^2=a^2-4a+29,$$

$$\overline{BP}^2=(a-3)^2+(0-4)^2+(0-5)^2=a^2-6a+50$$

$\overline{AP}^2=\overline{BP}^2$이므로

$$a^2-4a+29=a^2-6a+50$$

$$\therefore\ a=\frac{21}{2}\qquad \therefore\ \left(\frac{\mathbf{21}}{\mathbf{2}},\ \mathbf{0},\ \mathbf{0}\right)$$

y축 위의 점을 Q$(0, b, 0)$이라고 하면

$$\overline{AQ}^2=(0-2)^2+(b-3)^2+(0-4)^2=b^2-6b+29,$$

$$\overline{BQ}^2=(0-3)^2+(b-4)^2+(0-5)^2=b^2-8b+50$$

$\overline{AQ}^2=\overline{BQ}^2$이므로

$$b^2-6b+29=b^2-8b+50$$

$$\therefore\ b=\frac{21}{2}\qquad \therefore\ \left(\mathbf{0},\ \frac{\mathbf{21}}{\mathbf{2}},\ \mathbf{0}\right)$$

z축 위의 점을 R$(0, 0, c)$라고 하면

$$\overline{AR}^2=(0-2)^2+(0-3)^2+(c-4)^2=c^2-8c+29,$$

$$\overline{BR}^2=(0-3)^2+(0-4)^2+(c-5)^2=c^2-10c+50$$

$\overline{AR}^2=\overline{BR}^2$이므로

$$c^2-8c+29=c^2-10c+50$$

$$\therefore\ c=\frac{21}{2}\qquad \therefore\ \left(\mathbf{0},\ \mathbf{0},\ \frac{\mathbf{21}}{\mathbf{2}}\right)$$

9-2. yz평면 위의 점 P의 좌표를 P$(0, b, c)$라고 하면

$$\overline{OP}^2=(0-0)^2+(b-0)^2+(c-0)^2=b^2+c^2,$$

$$\overline{AP}^2=(0-1)^2+(b-2)^2+(c-1)^2=b^2+c^2-4b-2c+6,$$

$$\overline{BP}^2=(0+1)^2+(b-0)^2+(c-1)^2=b^2+c^2-2c+2$$

$\overline{OP}^2=\overline{AP}^2$, $\overline{OP}^2=\overline{BP}^2$이므로

$$2b+c=3,\ c=1$$

$$\therefore\ b=1,\ c=1\qquad \therefore\ \mathbf{P(0,\ 1,\ 1)}$$

9-3. (1) 점 A의 yz평면 위로의 정사영 A′의 좌표는 $\mathrm{A}'(0, \sqrt{2}, 3)$

점 B의 yz평면 위로의 정사영 B′의 좌표는 $\mathrm{B}'(0, 0, 2)$

이때,

$$\overline{AB}=\sqrt{(4-1)^2+(0-\sqrt{2})^2+(2-3)^2}=2\sqrt{3},$$

$$\overline{A'B'}=\sqrt{(0-0)^2+(0-\sqrt{2})^2+(2-3)^2}=\sqrt{3}$$

구하는 예각의 크기를 θ라고 하면

$$\overline{A'B'}=\overline{AB}\cos\theta$$

$$\therefore\ \sqrt{3}=2\sqrt{3}\cos\theta\qquad \therefore\ \theta=\mathbf{60°}$$

(2) yz평면에 대하여 점 A와 대칭인 점을 A″이라고 하면 $\mathrm{A}''(-1, \sqrt{2}, 3)$

$\overline{AP}+\overline{BP}=\overline{A''P}+\overline{BP}\ge\overline{A''B}$이므로 최솟값은

$$\overline{A''B}=\sqrt{(4+1)^2+(0-\sqrt{2})^2+(2-3)^2}=\mathbf{2\sqrt{7}}$$

9-4. 점 C의 좌표를 C(x, y, z)라고 하면 선분 OC의 중점과 선분 AB의 중점은 같은 점이므로

$$\left(\frac{0+x}{2},\ \frac{0+y}{2},\ \frac{0+z}{2}\right)=\left(\frac{2+4}{2},\ \frac{-1+5}{2},\ \frac{5+(-3)}{2}\right)$$

$$\therefore\ x=6,\ y=4,\ z=2\qquad \therefore\ \mathbf{C(6,\ 4,\ 2)}$$

9-5. 점 C의 좌표를 C(x, y, z), 점 D의 좌표를 D(x', y', z')이라고 하면 대각선 AC의 중점, 대각선 BD의 중점, 점 M은 같은 점이므로

$$\left(\frac{2+x}{2},\ \frac{3+y}{2},\ \frac{4+z}{2}\right)=\left(\frac{1+x'}{2},\ \frac{2+y'}{2},\ \frac{-5+z'}{2}\right)$$

$=(0,\ -2,\ 3)$

$\therefore\ x=-2,\ y=-7,\ z=2,$

$x'=-1,\ y'=-6,\ z'=11$

$\therefore$ **C(−2, −7, 2), D(−1, −6, 11)**

9-6. 점 C의 좌표를 $C(x,\ y,\ z)$라고 하면 무게중심 G의 좌표가 G(2, 2, 1)이므로

$$\frac{2+0+x}{3}=2,\ \frac{0+1+y}{3}=2,$$

$$\frac{1+(-2)+z}{3}=1$$

$\therefore\ x=4,\ y=5,\ z=4 \quad \therefore$ **C(4, 5, 4)**

9-7. $\triangle A_nB_nC_n$의 무게중심 G_n의 좌표는

$$G_n\left(\frac{n}{3},\ \frac{n}{3},\ \frac{n}{3}\right)$$

$$\therefore\ l_n=\sqrt{\left(\frac{n}{3}\right)^2+\left(\frac{n}{3}\right)^2+\left(\frac{n}{3}\right)^2}=\frac{\sqrt{3}}{3}n$$

$\therefore\ l_1+l_2+l_3+\cdots+l_{12}$

$$=\frac{\sqrt{3}}{3}(1+2+3+\cdots+12)$$

$$=\frac{\sqrt{3}}{3}\times 78=\mathbf{26\sqrt{3}}$$

9-8.

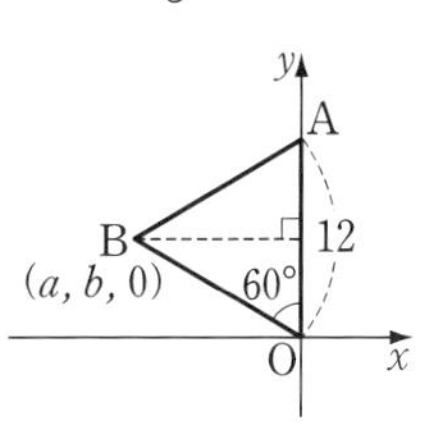

$\triangle$OAB는 정삼각형이고 A(0, 12, 0)이므로 한 변의 길이는 12이다.

점 B는 xy평면 위의 점이므로 점 B의 좌표를 $B(a,\ b,\ 0)$이라고 하면 $\overline{OB}=12$이고 $a<0,\ b>0$이므로

$$a=-12\sin 60°=-6\sqrt{3},$$

$$b=12\cos 60°=6$$

$\therefore\ B(-6\sqrt{3},\ 6,\ 0)$

꼭짓점 C에서 밑면 OAB에 내린 수선의 발을 H라고 하면 점 H는 $\triangle$OAB의 무게중심이다.

따라서 점 H의 좌표는

$$H\left(\frac{0+0+(-6\sqrt{3})}{3},\ \frac{0+12+6}{3},\ 0\right)$$

곧, $H(-2\sqrt{3},\ 6,\ 0)$

점 C의 z좌표를 z라고 하면 $C(-2\sqrt{3},\ 6,\ z)$이고 $\overline{OC}=12$이므로

$$(-2\sqrt{3})^2+6^2+z^2=12^2$$

$z>0$이므로 $\quad z=4\sqrt{6}$

$\therefore$ **C$(-2\sqrt{3},\ 6,\ 4\sqrt{6})$**

9-9. 구하는 구의 방정식을

$$x^2+y^2+z^2+Ax+By+Cz+D=0 \quad \cdots\cdots ㉮$$

이라고 하자.

㉮이 네 점 (0, 0, 0), (−2, 0, 0), (0, 2, 0), (0, 0, 2)를 지나므로 이 네 점의 좌표를 각각 ㉮에 대입하면

$D=0,\ -2A+D+4=0,$

$2B+D+4=0,\ 2C+D+4=0$

$\therefore\ A=2,\ B=-2,\ C=-2,\ D=0$

㉮에 대입하면

$$x^2+y^2+z^2+2x-2y-2z=0$$

$\therefore\ (x+1)^2+(y-1)^2+(z-1)^2=3$

따라서 **중심 (−1, 1, 1),**

반지름의 길이 $\sqrt{3}$

9-10. 구의 중심을 C라고 하면 점 C는 선분 AB의 중점이므로

$$C\left(\frac{1-3}{2},\ \frac{3+1}{2},\ \frac{-3-1}{2}\right)$$

곧, $C(-1,\ 2,\ -2)$

또, 구의 반지름의 길이는

$$\overline{AC}=\sqrt{(1+1)^2+(3-2)^2+(-3+2)^2}$$

$$=\sqrt{6}$$

이므로 구의 방정식은

$$(x+1)^2+(y-2)^2+(z+2)^2=6$$

yz평면과의 교선의 방정식은 구의 방정식에서 $x=0$일 때이므로

$$(0+1)^2+(y-2)^2+(z+2)^2=6$$

곧, $(y-2)^2+(z+2)^2=5$

따라서 중심 $(\mathbf{0}, \mathbf{2}, \mathbf{-2})$,

반지름의 길이 $\sqrt{\mathbf{5}}$

9-11. 반지름의 길이가 5인 구의 방정식을

$$(x-a)^2+(y-b)^2+(z-c)^2=25$$

라고 하자.

이 구와 xy 평면의 교선의 방정식은 구의 방정식에서 $z=0$일 때이므로

$$(x-a)^2+(y-b)^2+(0-c)^2=25$$

곧, $(x-a)^2+(y-b)^2=25-c^2$

이 방정식이 $(x-1)^2+(y-1)^2=9$와 일치해야 하므로

$a=1,\ b=1,\ 25-c^2=9 \quad \therefore\ c=\pm 4$

$\therefore\ (\boldsymbol{x}-\mathbf{1})^2+(\boldsymbol{y}-\mathbf{1})^2+(\boldsymbol{z}\pm\mathbf{4})^2=\mathbf{25}$

9-12. 구의 방정식에서

$$(x-1)^2+(y+3)^2+(z-2)^2=14$$

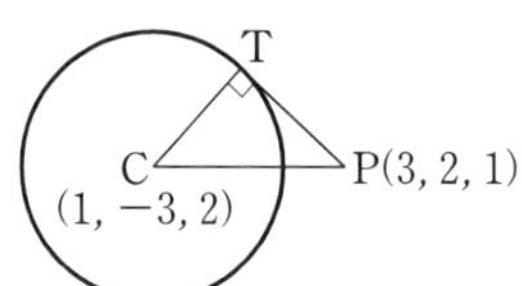

구의 중심을 C라고 하면 C(1, −3, 2)이므로 직각삼각형 TCP에서

$\overline{PT}^2=\overline{PC}^2-\overline{CT}^2$

$=\{(1-3)^2+(-3-2)^2+(2-1)^2\}-14$

$=16 \qquad \therefore\ \overline{\mathbf{PT}}=\mathbf{4}$

9-13. 조건을 만족시키는 점을 $P(x, y, z)$라고 하면

$\overline{PA}:\overline{PB}=1:2$ 곧, $2\overline{PA}=\overline{PB}$

$\therefore\ 4\overline{PA}^2=\overline{PB}^2$

그런데

$\overline{PA}^2=(x-3)^2+y^2+z^2,$

$\overline{PB}^2=x^2+(y+6)^2+z^2$

이므로

$$4\{(x-3)^2+y^2+z^2\}=x^2+(y+6)^2+z^2$$

$\therefore\ (x-4)^2+(y-2)^2+z^2=20$

따라서 중심 $(\mathbf{4}, \mathbf{2}, \mathbf{0})$,

반지름의 길이 $\mathbf{2\sqrt{5}}$

9-14. 구 $x^2+y^2+z^2=4$ 위의 점 B의 좌표를 $B(x_1, y_1, z_1)$이라고 하면

$x_1{}^2+y_1{}^2+z_1{}^2=4 \qquad \cdots\cdots ⓐ$

조건을 만족시키는 점을 $P(x, y, z)$라고 하면 점 P는 두 점

$A(2, -6, 4),\ B(x_1, y_1, z_1)$

을 연결하는 선분 AB의 중점이므로

$$x=\frac{2+x_1}{2},\ y=\frac{-6+y_1}{2},\ z=\frac{4+z_1}{2}$$

$\therefore\ x_1=2x-2,\ y_1=2y+6,\ z_1=2z-4$

이것을 ⓐ에 대입하면

$(2x-2)^2+(2y+6)^2+(2z-4)^2=4$

$\therefore\ (\boldsymbol{x}-\mathbf{1})^2+(\boldsymbol{y}+\mathbf{3})^2+(\boldsymbol{z}-\mathbf{2})^2=\mathbf{1}$

9-15.

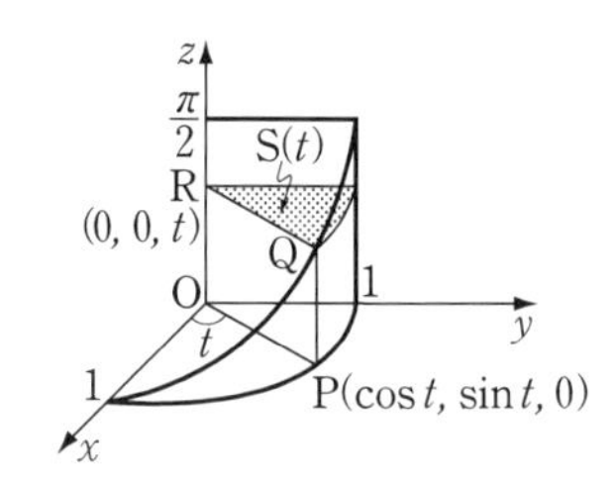

조건을 만족시키는 입체를 점 $R(0, 0, t)$를 지나고 z축에 수직인 평면으로 자른 단면은 반지름이 선분 RQ이고 중심각의 크기가 $\dfrac{\pi}{2}-t$인 부채꼴이다.

이 부채꼴의 넓이를 $S(t)$라고 하면

$$S(t)=\frac{1}{2}\times 1^2\times\left(\frac{\pi}{2}-t\right)=\frac{\pi}{4}-\frac{1}{2}t$$

따라서 구하는 부피를 V라고 하면

$$V=\int_0^{\frac{\pi}{2}} S(t)dt=\int_0^{\frac{\pi}{2}}\left(\frac{\pi}{4}-\frac{1}{2}t\right)dt$$

$$=\left[\frac{\pi}{4}t-\frac{1}{4}t^2\right]_0^{\frac{\pi}{2}}=\boldsymbol{\frac{\pi^2}{16}}$$

***Note** $x=\cos t,\ y=\sin t$로 놓으면 $x^2+y^2=1$이므로 $0\le t\le\dfrac{\pi}{2}$일 때, 점 P는 xy 평면 위의 원 $x^2+y^2=1$에서

$x \ge 0,\ y \ge 0$인 부분을 움직인다.

9-16. xy평면으로 두 구

$x^2+y^2+z^2=1,\ x^2+(y-2)^2+z^2=4$

를 자르면 두 구의 단면은 각각 두 원

$x^2+y^2=1,\ x^2+(y-2)^2=4$

이다.

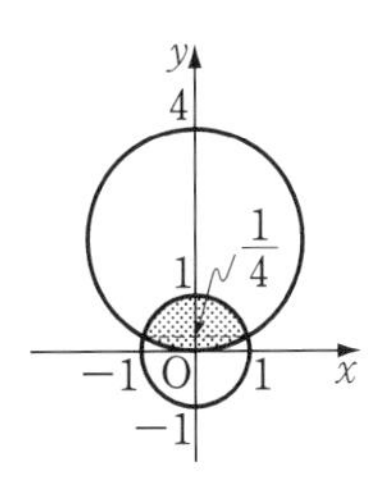

따라서 구하는 부피는 위의 그림의 점찍은 부분을 y축 둘레로 회전시켜 생기는 입체의 부피와 같다.

두 원의 방정식에서 x를 소거하면

$1-y^2+(y-2)^2=4 \quad \therefore\ y=\frac{1}{4}$

따라서 구하는 부피를 V라고 하면

$$\mathrm{V}=\pi\int_0^{\frac{1}{4}}\{4-(y-2)^2\}dy+\pi\int_{\frac{1}{4}}^{1}(1-y^2)dy$$

$$=\pi\left[-\frac{1}{3}y^3+2y^2\right]_0^{\frac{1}{4}}+\pi\left[y-\frac{1}{3}y^3\right]_{\frac{1}{4}}^{1}$$

$$=\boldsymbol{\frac{13}{24}\pi}$$

10-1. $\vec{a}=m\vec{b}+n\vec{c}$의 양변을 성분으로 나타내면

$(1, 2, 3)=m(2, 3, 4)+n(3, 4, 5)$

곧,

$(1, 2, 3)=(2m+3n, 3m+4n, 4m+5n)$

$\therefore\ 2m+3n=1,\ 3m+4n=2,\ 4m+5n=3$

$\therefore\ \boldsymbol{m=2,\ n=-1}$

10-2. $\vec{d}=x\vec{a}+y\vec{b}+z\vec{c}$의 양변을 성분으로 나타내면

$(5, 4, 3)=x(0, 1, 1)+y(1, 0, 1)+z(1, 1, 0)$

곧, $(5, 4, 3)=(y+z, x+z, x+y)$

$\therefore\ y+z=5,\ x+z=4,\ x+y=3$

$\therefore\ \boldsymbol{x=1,\ y=2,\ z=3}$

10-3. $\vec{a} /\!/ \vec{b}$이므로 $\vec{b}=m\vec{a}$를 만족시키는 0이 아닌 실수 m이 존재한다.

곧, $(2x-1, -3, 6)=m(2, y, -4)$

$\therefore\ (2x-1, -3, 6)=(2m, ym, -4m)$

$\therefore\ 2x-1=2m,\ -3=ym,\ 6=-4m$

$\therefore\ m=-\frac{3}{2},\ \boldsymbol{x=-1,\ y=2}$

10-4. 세 점 A, B, C가 한 직선 위에 있으므로 $\overrightarrow{\mathrm{AB}}=m\overrightarrow{\mathrm{AC}}$를 만족시키는 실수 m이 존재한다.

곧, 원점 O에 대하여

$\overrightarrow{\mathrm{OB}}-\overrightarrow{\mathrm{OA}}=m(\overrightarrow{\mathrm{OC}}-\overrightarrow{\mathrm{OA}})$

양변을 성분으로 나타내면

$(2, 4, 1)-(1, 5, -2)=m\{(a, 3, b+2)-(1, 5, -2)\}$

$\therefore\ (1, -1, 3)=((a-1)m, -2m, (b+4)m)$

$\therefore\ (a-1)m=1,\ -2m=-1,\ (b+4)m=3$

$\therefore\ m=\frac{1}{2},\ \boldsymbol{a=3,\ b=2}$

10-5. 원점 O에 대하여

$\overrightarrow{\mathrm{AB}}=\overrightarrow{\mathrm{OB}}-\overrightarrow{\mathrm{OA}}$
$=(-5, 3, -7)-(-2, -2, 0)$
$=(-3, 5, -7)$

$\overrightarrow{\mathrm{DC}}=\overrightarrow{\mathrm{OC}}-\overrightarrow{\mathrm{OD}}$
$=(4, 0, 1)-(7, -5, 8)$
$=(-3, 5, -7)$

$\therefore\ \overrightarrow{\mathrm{AB}}=\overrightarrow{\mathrm{DC}}$

$\therefore\ \overline{\mathrm{AB}} /\!/ \overline{\mathrm{DC}},\ \overline{\mathrm{AB}}=\overline{\mathrm{DC}}$

따라서 사각형 ABCD는 평행사변형이다.

10-6. 점 M은 선분 AC의 중점이므로 원점 O에 대하여

$\overrightarrow{OM}=\frac{1}{2}(\overrightarrow{OA}+\overrightarrow{OC})$
$=\frac{1}{2}\{(1, 3, 2)+(5, -5, 4)\}$
$=(3, -1, 3)$
$\therefore$ $\mathbf{M(3, -1, 3)}$

또, 점 D의 좌표를 $D(x, y, z)$라고 하면 $\overrightarrow{AB}=\overrightarrow{DC}$이므로

$\overrightarrow{OB}-\overrightarrow{OA}=\overrightarrow{OC}-\overrightarrow{OD}$
$\therefore$ $(2, 0, 0)=(5-x, -5-y, 4-z)$
$\therefore$ $5-x=2,\ -5-y=0,\ 4-z=0$
$\therefore$ $x=3,\ y=-5,\ z=4$
$\therefore$ $\mathbf{D(3, -5, 4)}$

10-7. (1) $\vec{u}=\vec{a}+\vec{b}$
$=(1, 2, 3)+(3, -4, 1)$
$=(4, -2, 4)$
$\therefore$ $|\vec{u}|=\sqrt{4^2+(-2)^2+4^2}=\mathbf{6}$

(2) $\vec{e}=\frac{1}{|\vec{u}|}\vec{u}=\frac{1}{6}(4, -2, 4)$
$=\left(\mathbf{\frac{2}{3}, -\frac{1}{3}, \frac{2}{3}}\right)$

(3) 벡터 $\vec{u}$가 x축, y축, z축의 양의 방향과 이루는 각의 크기를 각각 α, β, γ라고 하면

$\cos\alpha=\mathbf{\frac{2}{3}}$, $\cos\beta=\mathbf{-\frac{1}{3}}$, $\cos\gamma=\mathbf{\frac{2}{3}}$

10-8. 점 P가 직선 AB 위의 점이므로

$\overrightarrow{OP}=(1-t)\overrightarrow{OA}+t\overrightarrow{OB}$ (t는 실수) ……㉮

로 놓을 수 있다. 이때,

$\overrightarrow{OP}=(1-t)(3, 2, -1)+t(1, 2, 3)$
$=(3-2t, 2, -1+4t)$
$\therefore$ $\overrightarrow{PC}=\overrightarrow{OC}-\overrightarrow{OP}$
$=(3, 4, 4)-(3-2t, 2, -1+4t)$
$=(2t, 2, 5-4t)$

그런데 $\overrightarrow{PC}/\!/\overrightarrow{OB}$이므로 $\overrightarrow{PC}=k\overrightarrow{OB}$를 만족시키는 0이 아닌 실수 k가 존재한다.

곧, $(2t, 2, 5-4t)=k(1, 2, 3)$
$\therefore$ $2t=k,\ 2=2k,\ 5-4t=3k$
$\therefore$ $k=1,\ t=\frac{1}{2}$

㉮에 대입하면

$\mathbf{\overrightarrow{OP}=\frac{1}{2}\overrightarrow{OA}+\frac{1}{2}\overrightarrow{OB}}$

10-9.

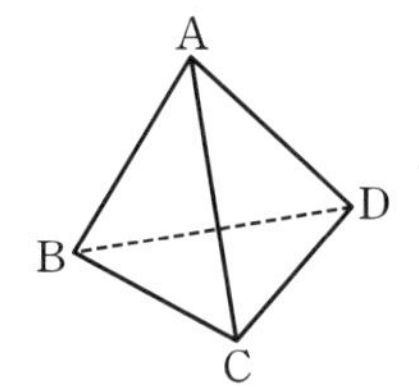

(1) $\overrightarrow{AB}$와 $\overrightarrow{AC}$가 이루는 각의 크기가 60°이므로

$\overrightarrow{AB}\cdot\overrightarrow{AC}=|\overrightarrow{AB}||\overrightarrow{AC}|\cos 60°$
$=2\times2\times\frac{1}{2}=\mathbf{2}$

(2) $\overrightarrow{AC}$와 $\overrightarrow{BD}$가 이루는 각의 크기가 90°이므로 ⇦ **기본 문제 7-6의 (1)**

$\overrightarrow{AC}\cdot\overrightarrow{BD}=|\overrightarrow{AC}||\overrightarrow{BD}|\cos 90°=\mathbf{0}$

(3)

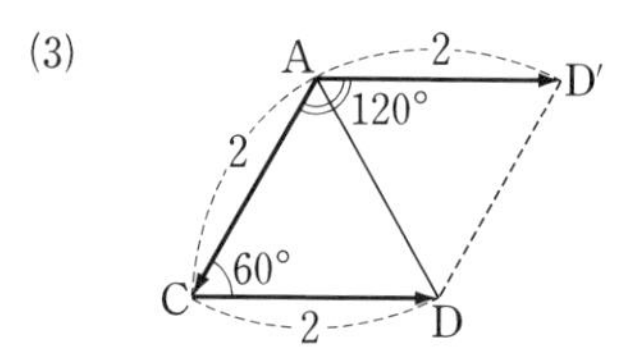

위의 그림에서 △ACD는 한 변의 길이가 2인 정삼각형이고 $\overrightarrow{AC}$, $\overrightarrow{CD}$ $(=\overrightarrow{AD'})$가 이루는 각의 크기는 120°이므로

$\overrightarrow{AC}\cdot\overrightarrow{CD}=|\overrightarrow{AC}||\overrightarrow{CD}|\cos 120°$
$=2\times2\times\left(-\frac{1}{2}\right)=\mathbf{-2}$

10-10. $\vec{a}-\vec{b}=(-3, 1, 2)$,
$\vec{a}-\vec{c}=(-2, 3, -1)$이므로

$(\overrightarrow{a}-\overrightarrow{b})\cdot(\overrightarrow{a}-\overrightarrow{c})$
$=(-3,\ 1,\ 2)\cdot(-2,\ 3,\ -1)$
$=6+3-2=7,$

$|\overrightarrow{a}-\overrightarrow{b}|=\sqrt{(-3)^2+1^2+2^2}=\sqrt{14},$

$|\overrightarrow{a}-\overrightarrow{c}|=\sqrt{(-2)^2+3^2+(-1)^2}=\sqrt{14}$

$\therefore\ \cos\theta=\dfrac{(\overrightarrow{a}-\overrightarrow{b})\cdot(\overrightarrow{a}-\overrightarrow{c})}{|\overrightarrow{a}-\overrightarrow{b}||\overrightarrow{a}-\overrightarrow{c}|}$

$=\dfrac{7}{\sqrt{14}\times\sqrt{14}}=\dfrac{1}{2}$

$\therefore\ \boldsymbol{\theta=60°}$

10-11. $\overrightarrow{a}\cdot\overrightarrow{b}=(x,\ 1-x,\ 0)\cdot(0,\ -1,\ 1)$
$=x-1,$

$|\overrightarrow{a}|=\sqrt{x^2+(1-x)^2+0^2}$
$=\sqrt{2x^2-2x+1},$

$|\overrightarrow{b}|=\sqrt{0^2+(-1)^2+1^2}=\sqrt{2}$

이므로 $\overrightarrow{a}\cdot\overrightarrow{b}=|\overrightarrow{a}||\overrightarrow{b}|\cos 135°$에서

$x-1=\sqrt{2x^2-2x+1}\times\sqrt{2}\times\left(-\dfrac{1}{\sqrt{2}}\right)$

$\therefore\ 1-x=\sqrt{2x^2-2x+1}$ ……①

양변을 제곱하여 정리하면

$x^2=0\quad\therefore\ x=0$

이 값은 ①을 만족시키므로 $\boldsymbol{x=0}$

10-12. **기본 문제 10-7의 모범답안**과 같이 좌표공간을 설정하고 각 점의 좌표를 정한다.

(1) $\overrightarrow{EC}=\overrightarrow{AC}-\overrightarrow{AE}=(4,\ 5,\ -3),$
$\overrightarrow{BD}=\overrightarrow{AD}-\overrightarrow{AB}=(-4,\ 5,\ 0)$

$\therefore\ \cos\alpha=\dfrac{|\overrightarrow{EC}\cdot\overrightarrow{BD}|}{|\overrightarrow{EC}||\overrightarrow{BD}|}$

$=\dfrac{|4\times(-4)+5\times5+(-3)\times0|}{\sqrt{4^2+5^2+(-3)^2}\sqrt{(-4)^2+5^2+0^2}}$

$=\boldsymbol{\dfrac{9\sqrt{82}}{410}}$

(2) 점 I의 좌표는 I(2, 0, 3)이므로

$\overrightarrow{BI}=\overrightarrow{AI}-\overrightarrow{AB}=(-2,\ 0,\ 3),$
$\overrightarrow{BD}=\overrightarrow{AD}-\overrightarrow{AB}=(-4,\ 5,\ 0)$

이때,

$|\overrightarrow{BI}|^2=(-2)^2+0^2+3^2=13,$
$|\overrightarrow{BD}|^2=(-4)^2+5^2+0^2=41,$
$\overrightarrow{BI}\cdot\overrightarrow{BD}=-2\times(-4)+0\times5+3\times0=8$

$\therefore\ \triangle\text{IBD}$
$=\dfrac{1}{2}\sqrt{|\overrightarrow{BI}|^2|\overrightarrow{BD}|^2-(\overrightarrow{BI}\cdot\overrightarrow{BD})^2}$
$=\dfrac{1}{2}\sqrt{13\times41-8^2}=\boldsymbol{\dfrac{\sqrt{469}}{2}}$

10-13. $\overrightarrow{a}\perp\overrightarrow{b}$이므로 $\overrightarrow{a}\cdot\overrightarrow{b}=0$

$\therefore\ (x,\ 2,\ z)\cdot(2,\ 0,\ 1)=0$

$\therefore\ 2x+z=0$ ……①

$\overrightarrow{a}\perp\overrightarrow{c}$이므로 $\overrightarrow{a}\cdot\overrightarrow{c}=0$

$\therefore\ (x,\ 2,\ z)\cdot(2,\ -3,\ 0)=0$

$\therefore\ 2x-6=0$ ……②

①, ②를 연립하여 풀면

$x=3,\ z=-6$

$\therefore\ |\overrightarrow{a}|=\sqrt{3^2+2^2+(-6)^2}=\boldsymbol{7}$

10-14. 구하는 벡터를 $\overrightarrow{u}=(x,\ y,\ z)$라고 하면 $\overrightarrow{a}\perp\overrightarrow{u}$이므로

$\overrightarrow{a}\cdot\overrightarrow{u}=x+y+z=0$ ……①

$\overrightarrow{b}\perp\overrightarrow{u}$이므로

$\overrightarrow{b}\cdot\overrightarrow{u}=2x-y+2z=0$ ……②

또, $|\overrightarrow{u}|=1$이므로

$x^2+y^2+z^2=1$ ……③

①, ②에서 $z=-x,\ y=0$

이것을 ③에 대입하면 $x=\pm\dfrac{1}{\sqrt{2}}$

$\therefore\ z=\mp\dfrac{1}{\sqrt{2}}$ (복부호동순)

$\therefore\ \overrightarrow{u}=\boldsymbol{\left(\dfrac{\sqrt{2}}{2},\ 0,\ -\dfrac{\sqrt{2}}{2}\right),}$
$\boldsymbol{\left(-\dfrac{\sqrt{2}}{2},\ 0,\ \dfrac{\sqrt{2}}{2}\right)}$

10-15. (1) $\overrightarrow{OA}=(2\sqrt{2},\ -1,\ 0),$
$\overrightarrow{OB}=(\sqrt{2},\ 5,\ 0)$이므로

$|\overrightarrow{OA}|^2=(2\sqrt{2})^2+(-1)^2+0^2=9$,

$|\overrightarrow{OB}|^2=(\sqrt{2})^2+5^2+0^2=27$,

$\overrightarrow{OA}\cdot\overrightarrow{OB}=2\sqrt{2}\times\sqrt{2}+(-1)\times5+0\times0=-1$

$\therefore\ \triangle OAB$

$=\frac{1}{2}\sqrt{|\overrightarrow{OA}|^2|\overrightarrow{OB}|^2-(\overrightarrow{OA}\cdot\overrightarrow{OB})^2}$

$=\frac{1}{2}\sqrt{9\times27-(-1)^2}=\boldsymbol{\frac{11\sqrt{2}}{2}}$

(2) $\overrightarrow{OC}\cdot\overrightarrow{OA}=(0,\ 0,\ 3)\cdot(2\sqrt{2},\ -1,\ 0)=0$

$\therefore\ \overrightarrow{OC}\perp\overrightarrow{OA}$

$\overrightarrow{OC}\cdot\overrightarrow{OB}=(0,\ 0,\ 3)\cdot(\sqrt{2},\ 5,\ 0)=0$

$\therefore\ \overrightarrow{OC}\perp\overrightarrow{OB}$

따라서 $\overrightarrow{OC}$는 평면 OAB와 수직이다.

이때, 사면체 OABC의 부피를 V라고 하면

$V=\frac{1}{3}\times\triangle OAB\times|\overrightarrow{OC}|$

$=\frac{1}{3}\times\frac{11\sqrt{2}}{2}\times3=\boldsymbol{\frac{11\sqrt{2}}{2}}$

찾 아 보 기

기본 수학의 정석

기하

1966년 초판 발행
총개정 제12판 발행

지 은 이 홍 성 대 (洪 性 大)

도 운 이 남 진 영
박 재 희

발 행 인 홍 상 욱

발 행 소 **성지출판(주)**

06743 서울특별시 서초구 강남대로 202
등록 1997.6.2. 제22-1152호
전화 02-574-6700(영업부), 6400(편집부)
Fax 02-574-1400, 1358

인쇄 : 보광문화사 · 제본 : 국일문화사

ISBN 979-11-5620-037-6 53410

수학의 정석 시리즈

홍성대 지음

개정 교육과정에 따른

수학의 정석 시리즈 안내

기본 수학의 정석 수학(상)
기본 수학의 정석 수학(하)
기본 수학의 정석 수학 I
기본 수학의 정석 수학 II
기본 수학의 정석 미적분
기본 수학의 정석 확률과 통계
기본 수학의 정석 기하

실력 수학의 정석 수학(상)
실력 수학의 정석 수학(하)
실력 수학의 정석 수학 I
실력 수학의 정석 수학 II
실력 수학의 정석 미적분
실력 수학의 정석 확률과 통계
실력 수학의 정석 기하